KB260479

개정증보2판 1쇄 인쇄 | 2026년 2월 6일
개정증보2판 1쇄 발행 | 2026년 3월 1일

지은이 | 이정기, 타블라라사 편집팀
펴낸곳 | (주)타블라라사
컨텐츠 담당 | 홍경진, 윤선영, 김수경, 엄연희, 문아현, 고민지, 최방숙, 최현아
편집디자인 | 홍경진
표지디자인 | IKOONG

출판등록 | 2016년 8월 10일(제 2019-000011호)
이메일 | quiz94@naver.com
홈페이지 | http://aidenmapstore.com

에이든
제주여행
가이드북

머리말이나 서문 부분은 좀 지루하기 마련입니다. 빨리 본문으로 넘어가고 싶은 생각이 드는 것도 사실인데요, 실용서적이 어떤 이유로 만들어졌는지를 알고 나면, 책을 훨씬 잘 활용할 수 있습니다. 이 책을 처음 보신다면 여행지를 찾기에 앞서, 펴내며 부분을 꼭 읽어주시기를 부탁드립니다.

제주의 여행비용이 해외여행 보다 상대적으로 높다고 느낄지라도, 단지 비용의 문제로 제주 여행을 멀리하기에는, 제주의 감성은 차원이 다르다. 제주가 주는 '위안 그리고 치유'의 감정은 해외여행에서는 쉽게 찾을 수 없었다. 잘 생각해보면 제주의 추억이 더 진하다고 해야할까? 에스프레소의 쌉쌀하면서 고소하고 되직한 목넘김처럼.

에이든 제주여행 가이드북은 2021년 초판 이후 5년 만에 '개정증보 2판'으로 업그레이드되어 돌아왔다. 그동안 가볼 곳들과 예쁜 장소들은 더 많아져서, 정보들을 취재-취합-정리하여 개정하였다.

이 책은 제주의 몇 곳을 골라 큐레이션하는 가이드북이 아니다. 제주 여행지 전체를 총정리한 일종의 '제주 여행 사전'에 가깝다. 사전처럼 아무 페이지나 펼쳐도 여행에 푹 빠질 수 있게 만들었다. AI 기술의 발달과 수많은 정보가 넘쳐나는 시대에, 검색 몇 번이면 웬만한 정보는 다 나온다. 그래서 에이든은 다른 질문에서 출발했다. '이번에 제주는 어디를 갈까?' 이 질문에 독자가 스스로 답을 찾을 수 있도록 하려면 어떤 책을 만들어야 할까?

그래서 제주에서의 역대 한국관광 100선, 최신 방문객 트렌드 등의 관광 통계, SNS 및 미디어 노출 빈도, 문화관광 홍보 자료, 저평가된 숨은 여행지들에 대한 수많은 여행객들의 리뷰를 모두 통합 분석해 1차로 3,000개의 여행지와 맛집 카페등을 선정하였다. 그중 "잠시 위안이 되며 행복해지는 장소"라는 에이든만의 기준으로 최종 1,700개 가량을 를 골라냈다.

에이든은 '여행지도'를 누구보다 잘만든다. - 잘만들 수 밖에 없는 이유가, 여행지도는 에이든 밖에 만들지 않는다.- 그만큼 충분한 지도 갯수에, 충분한 여행정보를 담아 삽입하였다. 여행지도만 보고서도 여행 계획이 세워질 수 있도록.

또 이 여행지 정보를 요약해 여행지를 쉽게 선택하고, 여행을 계획할 수 있도록 제작했다. 그 이후에 포털 사이트나 AI 이용은 독자의 몫이다. 기존의 여행서는 한 여행지에 많은 정보를 담으려는 구조적 한계를 가지고 있다. 그렇게 되면 많은 여행지를 추천해줄 수 없을 뿐 아니라, 실시간 반영이 어렵고 출간 이후 정보의 최신성은 더더욱 떨어질 수밖에 없다. 이러한 부분들까지 감안해 「에이든 제주여행 가이드북 개정증보 2판」으로 AI 시대에 맞게 업그레이드했다. 직접 발로 뛴 취재, 무수한 검색과 자료 수집, 수백 번의 팩트 체크와 사진 선별 끝에 모든 정보를 하나로 모아 '믿을 수 있는 콘텐츠'로 정제했다. 방대한 글로벌 데이터를 학습한 AI라 할지라도, 제주도 구석구석의 생생한 숨결과 미세한 변화까지 담아내기에는 한계가 있다. 그 빈틈을 에이든의 발로 뛴 취재로 채웠다.

에이든의 독자들은 말한다.
"미친 디테일", "여행에 진심인 출판사."

그 덕분에 「에이든 제주여행 가이드북」은 매년 국내여행 베스트셀러가 되었고, 이제는 스테디셀러가 되었다. 에이든이라는 이름을 알아보고 기다려주는 독자들도 생겼다.

타블라라사는 출판사이지만, 출판사에만 머물지 않는 혁신을 기반으로 한 콘텐츠 스타트업이다. 충분한 콘텐츠와 지도를 확보하면, 종이책에만 머무르지 않고 디지털 콘텐츠 시장에도 진출할 것이다. 과거 론리플래닛이 전 세계를 여행 콘텐츠로 묶어냈듯, 우리는 'aiden' 브랜드와 AI시대에 맞는 새로운 한국식 콘텐츠 스타일로 세계 시장에 도전할 것이다. 여행자들이 한눈에 '쏙' 이해하고 바로 사용할 수 있는 조각난 콘텐츠, 사진과 정보, 그리고 지도와 팁이 김밥처럼 정갈하게 배열된 한국 스타일의 콘텐츠를 전략으로 삼아 나아갈 것이다. 마케팅에만 의존해 브랜드를 키우지 않을 것이며, 콘텐츠만으로 여행자들에게 작은 빛이 될 것이다.

'타블라라사'는 라틴어로 '빈 서판'을 뜻한다.
아무것도 없는 백지에 그림을 그려가듯,
에이든은 아직 세상에 없는 여행 콘텐츠를
한 줄 한 줄, 하나씩 그려가고자 한다.

'에이든(aiden)'은 고대 아일랜드어로 '작은 불빛'이라는 뜻을 지녔다.
여러분의 여행 준비가 막막할 때,
그 여정을 환히 비춰주는 작은 빛이 될 것이다.

이 가이드북이 그 빛이 되어줄 수 있기를 진심으로 바란다.

2026년 1월 31일 이정기 JK.lee

01 지도로 제주 이해하기

1) 다양한 지도로 멀리서, 또 가까이 제주 이해하기
에이든 제주여행 가이드북에는 제주도 전체지도를 포함해
구역별 상세한 지도, 테마 지도까지 총 70여 장의 지도가
들어있어요. 그 어느 곳보다 자세하고 다양한 지도를 훑어
보며 지리를 파악하는 것이 여행의 첫걸음입니다.

2) 각 구역의 랜드마크를 살펴보세요.
제주도는 총 11권역의 구역으로 나뉘어 있어요. 성산일출
봉, 새별오름 등 내가 꼭 가고 싶은 대표 명소가 어느 구역
에 위치해 있는지 확인해 보세요.

3) 그다음에 테마지도를 살펴보세요.
오름, 인스차 사진 스팟, 꽃여행지, 독립서점, 소품샵 등 내
취향에 맞는 여행지 테마별 지도를 보고 가고 싶은 곳의 구
역을 확인해보세요.

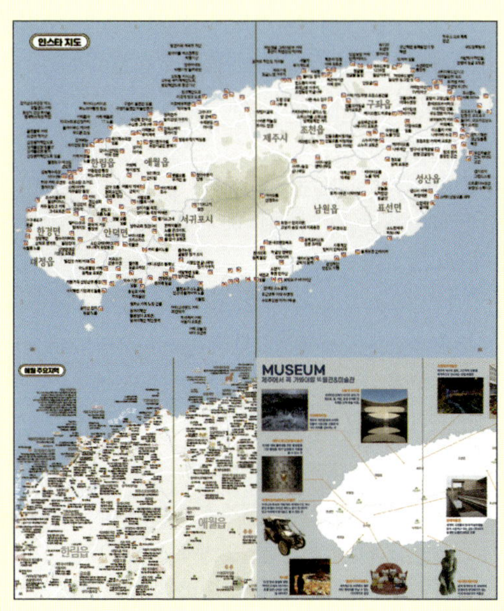

02 테마페이지에서 컨셉잡기

1) 계절별 제주의 모습을 확인하세요.
내 여행시기에 맞는 제주의 사계절 모습을 확인하고, 그 계
절에 가보고 싶은 여행지를 골라 내 여행의 테마를 잡아보
세요.

2) 다양한 테마별 플레이스를 확인하세요.
테마 페이지를 보면서 내가 인생 사진 스팟을 좋아하는지,
독립서점을 좋아하는지, 박물관을 좋아하는지, 소품샵을
좋아하는지 등 테마 페이지를 보면서 콘셉을 잡아 파악하고
체크해두세요.

3) 특별한 하룻밤, 감성 숙소를 찜해보세요.
제주에는 머무는 것 자체가 여행이 될만한 숙소가 많습니
다. 에이든에서 선정한 감성 숙소를 살펴보며 내 취향 저격
의 숙소를 확인해보세요.

03 본격적으로 가볼 곳 고르기

1) 구역별로 가볼만한 곳을 골라보세요.
테마 페이지를 지나면 여행지 목록이 구역별로 나뉘어서 나옵니다. 구역별로 살펴보면서 사진과 본문 그리고 파란 색 추천여행지를 중심으로 훑으면서 가고싶은 곳에 체크해 둡니다.

2) 맵 인덱스 번호를 활용해보세요.
모든 여행지(스팟)에는 맵 번호 라는게 있어요, 예를 들어 "새별오름"은 (302p C:3)로 표시되어 있으니 해당 지도로 가서 그 지도위 해당 스팟에 표시해두세요

3) 주변의 여행지와 맛집, 카페도 함께 체크하세요.
구역별 여행지 목록 페이지에는 에이든이 골라낸 추천 맛 집과 카페가 소개되어 있어요. 또, 지도에는 가이드북에 있 는 여행지를 포함하여 더 많은 여행지가 있습니다. 근처의 다른 여행지나 카페, 맛집들도 체크해 두세요.

04 지도위 표시로 동선 짜기

1) 지도위에 골라낸 여행지를 표시해보세요.
지도위에 선정한 여행지를 표시해 두시고, 이후에 지도위 에만 있는 다른 맛집이나 여행지도 지도위에서 골라 표시해 둡니다. 기본적으로 이 가이드북에는 1,700개가량의 스팟 이 소개되지만, 지도위에는 이 스팟 이외에도 1,000개 가 량의 스팟들이 추가로 포함되어 있습니다.

2) 하루 일정의 루트를 설계하세요.
이동 동선에 맞게 본인의 여행 루트를 설계합니다. 무리하 지 않는 선에서 하루 코스를 확정해보세요.

※ 에이든 제주여행 가이드북말고도 큰사이즈(A1사이즈) 의 방수종이로 만든 지도를 서점 또는 스마트스토어에서 판 매하고 있습니다. 한눈에 크게 보시길 원하시면 이 지도를 구매후 활용하시면 루트 설계에 큰 도움이 됩니다.

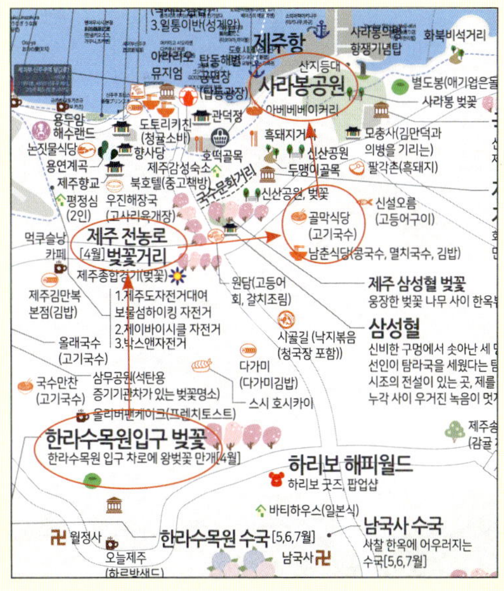

71
테마

01
MAP

인스타 지도

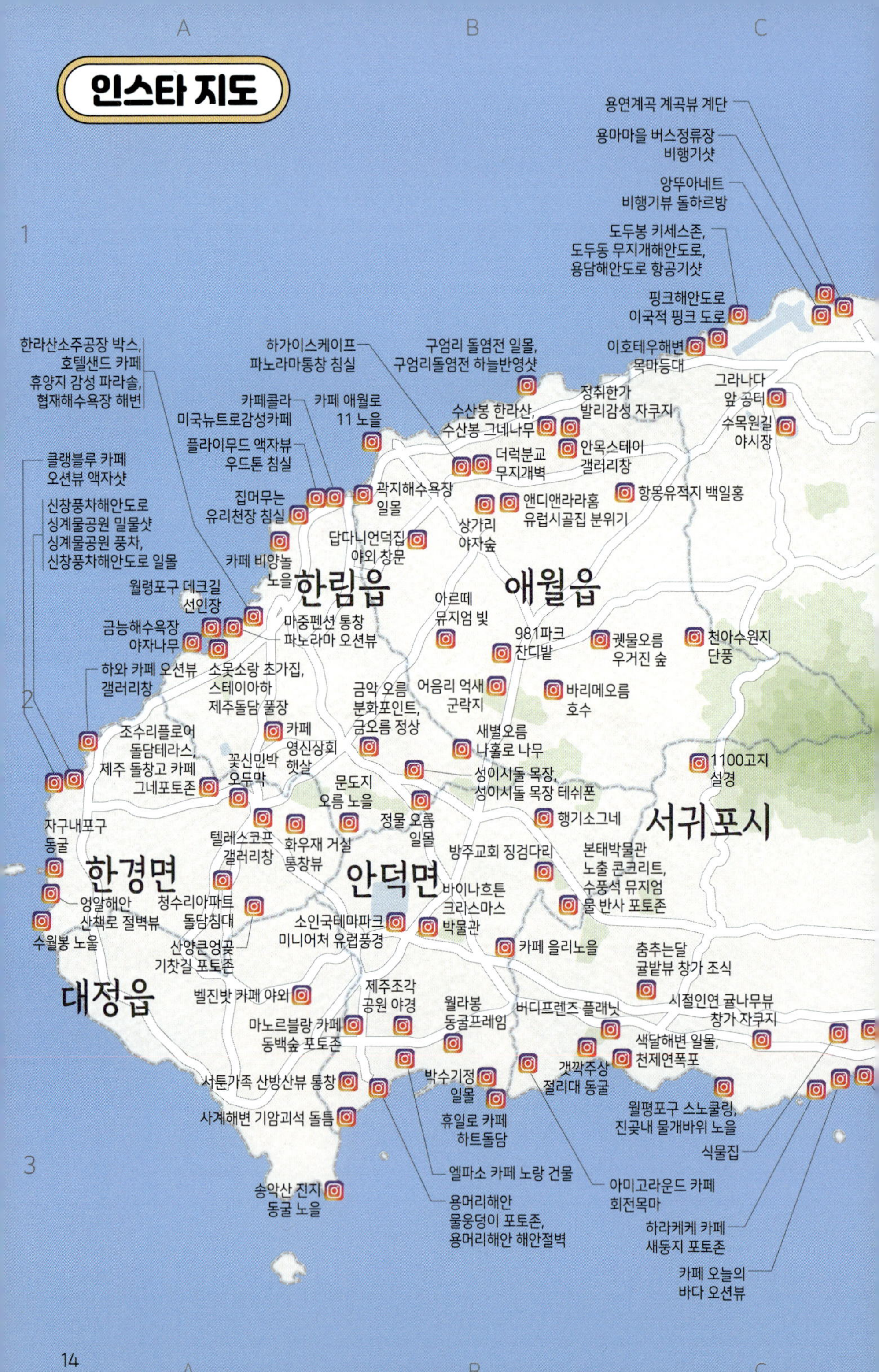

A B C

1

용연계곡 계곡뷰 계단
용마마을 버스정류장
비행기샷
앙뚜아네트
비행기뷰 돌하르방
도두봉 키세스존,
도두동 무지개해안도로,
용담해안도로 항공기샷
핑크해안도로
이국적 핑크 도로
이호테우해변
목마등대
그라나다
앞 꽁터
수목원길
야시장

한라산소주공장 박스,
호텔샌드 카페
휴양지 감성 파라솔,
협재해수욕장 해변

하가이스케이프
파노라마통창 침실

구엄리 돌염전 일몰,
구엄리돌염전 하늘반영샷

정취한가
발리감성 자쿠지

카페콜라
미국뉴트로감성카페

카페 애월로
11 노을

수산봉 한라산,
수산봉 그네나무

안목스테이
갤러리창

항몽유적지 백일홍

플라이무드 액자뷰
우드톤 침실

더럭분교
무지개벽

앤디앤라라홈
유럽시골집 분위기

클랭블루 카페
오션뷰 액자샷

신창풍차해안도로
싱계물공원 밀물샷
싱계물공원 풍차,
신창풍차해안도로 일몰

집머무는
유리천장 침실

곽지해수욕장
일몰

상가리
야자숲

2

월령포구 데크길
선인장

답다니언덕집
야외 창문

한림읍

애월읍

카페 비양놀
노을

아르떼
뮤지엄 빛

금능해수욕장
야자나무

마중펜션 통창
파노라마 오션뷰

981파크
잔디밭

궷물오름
우거진 숲

천아수원지
단풍

하와 카페 오션뷰
갤러리창

소못소랑 초가집,
스테이아하
제주돌담 풀장

금악 오름
분화포인트,
금오름 정상

어음리 억새
군락지

바리메오름
호수

조수리플로어
돌담테라스,
제주 돌창고 카페
그네포토존

카페
영신상회
햇살

새별오름
나홀로 나무

1100고지
설경

꽃신민박
오두막

문도지
오름 노을

성이시돌 목장,
성이시돌 목장 테쉬폰

자구내포구
동굴

한경면

텔레스코프
갤러리창

화우재 거실
통창뷰

정물 오름
일몰

행기소그네

서귀포시

엉알해안
산책로 절벽뷰

청수리아파트
돌담침대

안덕면

방주교회 징검다리

본태박물관
노출 콘크리트,
수풍석 뮤지엄
물 반사 포토존

수월봉 노을

산양큰엉곶
기찻길 포토존

바이나흐튼
크리스마스
박물관

카페 을리노을

춤추는달
귤밭뷰 창가 조식

대정읍

벨진밧 카페 야외

제주조각
공원 야경

월라봉
동굴프레임

버디프렌즈 플래닛

시절인연 귤나무뷰
창가 자쿠지

마노르블랑 카페
동백숲 포토존

색달해변 일몰,
천제연폭포

서툰가족 산방산뷰 통창

박수기정
일몰

갯깍주상
절리대 동굴

월평포구 스노쿨링,
진곶내 물개바위 노을
식물집

사계해변 기암괴석 돌틈

휴일로 카페
하트돌담

엘파소 카페 노랑 건물

아미고라운드 카페
회전목마

송악산 진지
동굴 노을

용머리해안
물웅덩이 포토존,
용머리해안 해안절벽

하라케케 카페
새둥지 포토존

카페 오늘의
바다 오션뷰

14

A B C

D
E
F
정글 그레이밤부 카페
양지 해변감성 액자뷰
하우스 오브 록록
펜션
우도망루등대
억새밭
새물깍
무지개도로
북촌리 창꼼
바위 포토존
모알보알 카페
빈백 테라스
W728
오션뷰
갤러리창
코난해변 풍력발전기 뷰
해변
서빈백사 하얀돌,
검멀레 동굴 포토존
제주가옥
낌 자쿠지
서우봉
둘레길 정자
청굴물
청굴물 돌길
제주드루앙
1236점
돌담자쿠지
오저여 일몰
수선화민박
통창뷰
1
스테이무드인디고
제주돌담뷰 욕조
빈도롱이 야외
화목난로 자쿠지,
조천늦장 하귤나무
북촌에가면
카페 장미
만장굴
차와무드별채
돌담뷰 동그란 창
카페한라산
TV액자샷
토끼썸 카페
오션뷰 피크닉
도련 감귤
나무 숲
나즌 숙소 입구
카페 자드부팡 프랑스풍건물
구좌읍
구름의하루
야외수영장
종달리 고망난돌
꼬스뗀뇨
카페 야자수
선흘의자동굴
의자포토존
비자림의
비자나무
훈데르트바서파크
이국적인 건물,
우도정원 야자수
오조포구 노을
반영샷, 오조포구
돌다리, 오조리감상소
액자 프레임
카페더콘테나 굴박스 앞,
스위스마을 스위스풍
알록달록한 거리
메이즈랜드 미로숲
조천읍
주시
송당무끈모루
나무사이 포토존
다랑쉬오름
일출
브라보비치 카페
야외배드
에코랜드 풍차
안돌오름비밀의숲,
안돌오름 비밀의숲
민트 카라반
아부오름
노을 맛집
이스틀리 카페
나무아래 수국
광치기해변
성산일출봉
배경
스누피가든
스누피 포토존
백약이오름
나무계단
호랑호랑 카페 배 포토존
빛의 벙커
웅장한 공간
유민미술관
안도 타다오
공간
사려니숲길
삼나무길
샤이니숲길
편백나무길
청초밭
동백 포토존
짱구네 유채꽃밭
원형 감귤장식
섭지코지
그랜드스윙
대록산
억새밭
따라비오름
노을 억새
성산읍
토끼나무존 나무터널
오늘은
녹차한잔
동굴샷
덴드리 카페
파란대문
드르쿰다in성산
유럽성 스튜디오
2
남원읍
표선면
스테이삼달오름 외부
신천목장
귤피밭
오름
호수
효명사 천국의문,
고살리 숲길 속괴 계곡풍경
요정의 집
소노캄제주
하트나무
내코원앙폭포
동백포레스트
창문 프레임
시류객잔
빈티지 인테리어
폴개우영 인테리어
하귤당 현무암
인테리어
위미리동백
군락지 동백
큰엉해안
한반도 지형
스노쿨링
루 야외 수영장
공원 야자나무숲
소천지
류영 한라산
보목포구 바다계단
3
D
E
F

오름 지도

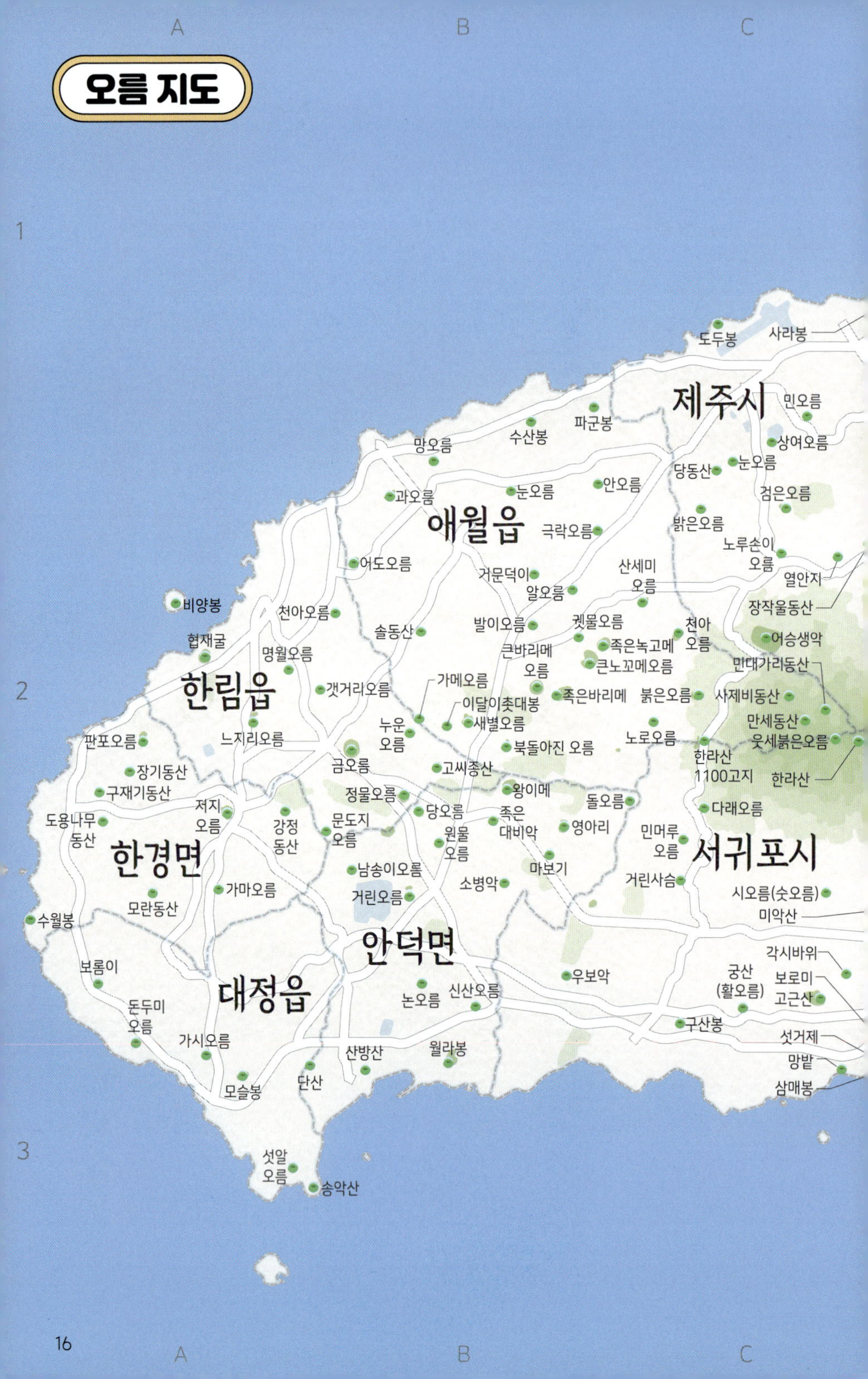
A
B
C
1
2
3
제주시
애월읍
한림읍
한경면
대정읍
안덕면
서귀포시
도두봉
사라봉
민오름
파군봉
수산봉
망오름
상여오름
눈오름
당동산
안오름
눈오름
과오름
검은오름
밝은오름
극락오름
노루손이
오름
여도오름
거문덕이
산세미
오름
열안지
알오름
비양봉
천아오름
솔동산
발이오름
궷물오름
천아
오름
장작울동산
어승생악
협재굴
족은녹고메
명월오름
큰바리메
오름
큰노꼬메오름
민대가리동산
갯거리오름
가메오름
족은바리메
붉은오름
사제비동산
이달이촛대봉
새별오름
만세동산
누운
오름
노로오름
윗세붉은오름
판포오름
느지리오름
북돌아진 오름
한라산
1100고지
한라산
금오름
고씨종산
장기동산
구재기동산
왕이메
정물오름
돌오름
다래오름
저지
오름
당오름
도용나무
동산
강정
동산
문도지
오름
족은
대비악
영아리
민머루
오름
원물
오름
마보기
남송이오름
소병악
거린사슴
시오름(숫오름)
가마오름
거린오름
모란동산
미악산
수월봉
각시바위
우보악
궁산
(활오름)
보로미
고근산
보롬이
신산오름
논오름
돈두미
오름
구산봉
섯거제
가시오름
산방산
월라봉
망밭
단산
모슬봉
삼매봉
섯알
오름
송악산

D
E
F
1
서우봉
벌러진 동산
입산봉
묘산봉
구사산
조천읍
구좌읍
원당봉
논오름
대락동산
목지동산
본술산
둔지봉
지미봉
능동산
어대오름
우도봉
감투동산
구그네오름
알밤오름
북오름
비자림
산신동산
성산일출봉
칡오름
당오름
웃밤
뒤굽은이 오름
돗오름
다랑쉬오름
두산봉
안세미오름
우진제비
체오름
당오름
윤드리오름
꾀꼬리오름
거문오름
안돌오름
높은오름
손자봉
용눈이오름
대왕산
큰노루
골체오름
거슨세미
아부오름
돌미오름
대수산봉
손이오름
민오름
부소악
민오름
백약이
성산읍
민오름
산굼부리
까끄래기오름
비치미오름
오름
낭끼오름
개오라오름
성불오름
개오름
세미오름
영주산
모구리오름
말찻
구두리오름
붉은오름
대록산
통오름
물찻오름
모지오름
남산봉
돌오름
마흐니
여문영아리
따라비오름
본지오름
사라오름
번널오름
갈마못
동수악
물영아리오름
설오름
병곳오름
갑선이오름
제석오름
민오름
소소롬 (쇠오름)
표선면
이승이 오름
사려니
여절악
남원읍
웅악
가세오름
수악
고아오름
토산봉
매오름
넉시악
영천악
자배봉
운지악
칡오름
동걸세
포제동산
설오름
2
3
17

한라산
애월읍
A B C
1117
1
렛츠런파크 제주
렛츠런파크 제주(승마)
궷물오름 우거진 숲
궷물오름
족은녹고메오름
큰노꼬메오름
바리메오름 호수
큰바리메오름
천아오름
천아수원지 단풍
카페사분의일(블렌딩 커피를) 핸드드립으로 내려주는 카페
미스틱3도 (동물체험할 수 있는 정원이 딸린 카페)
어승생승마장 (승마)
오라동 유채꽃밭
진짜 넓은 유채꽃밭[4,5월]
천왕사 단풍
한옥과 단풍은 가을을 느끼게 해주고...
[10,11월]
천왕사
천아계곡 단풍
제주의 아름다움을 단풍과 함께[10,11월]
어승생악
해발 1,168m 작은 한라산이라 불리는 산
작은 한라산 이라 불리며 짧은 시간,
왕복1시간에 등반 가능
'어승생' = '임금님께 바치는 말'
어리목탐방지원센터
제주 어승생악 일제동굴진지
2
한대오름
1100고지 단풍
오르지 않아도 되는 단풍길 걷기[10,11월]
삼형제 큰오름
1100고지 설경
1100고지
한라산 남벽 뷰 감상 가능
1100고지 람사르습지
돌오름
만세동산(오름)
2시간 4.5Km
윗세누운오름
병풍바위
윗세오름
5.8Km
2시간 30분
영실탐방안내소
영실탐방코스
한라산 영실코스 단풍
그냥 등산말고, 단풍 등산
[10,11월]
한라산
서귀포시
서귀포자연휴양림
운동화가 아니어도 괜찮아, 혼자 걸어봐도 좋아
제주의 숲에서 캠핑해보는 색다른 경험
법정이오름
3
본태박물관 노출 콘크리트,
수풍석 뮤지엄 물 반사 포토존
시오름
서귀포 치유의 숲
평균수령 60년 이상의 전국
최고의 편백 숲이 여러 곳에 조성
녹차 미로공원
제주다원
생각보다 어려운 녹차 미로와
곳곳의 포토존, 무인카페
중문레저·
UTV(ATV)
서귀포 천문과학 문화관
밤하늘의 천체 및 태양을 관찰할 수
있는 천체 망원경 보유
하늘아래수목원
18
A B C

별빛누리공원
한라생태숲
난대, 온대, 한대 식물을 한 장소에서 모두 볼 수 있는 곳
2층 전망데크에 오르면 한라산 정상 뷰 관람 가능
가벼운 산책으로 한라산 정상과 제주 앞바다를 볼 수 있는 곳
절물자연휴양림 수국
산책로에서 수국 무리를 감상[5,6,7월]
절물오름
절물자연휴양림
제주교래자연휴양림
전국 유일 곶자왈 생태체험 휴양림
야영 및 숙소 부대시설
1112번 도로 삼나무 숲길
단연코 우리나라에서 가장 아름다운 길
1112
관음사
사진찍기 좋은 독특한 분위기의 사찰
제주마방목지
한라산 중턱 넓은 초원 그리고
수많은 조랑말
순수 제주혈통의 조랑말이 있는
이곳은 천연기념물 347호
1117
관음사지구 안내소
사려니숲길 입구
샤이니숲길 편백나무길
1
제주시
붉은오름 자연휴양림
관음사코스 5시간 8.6Km
사려니숲길
비자림로에서 사려니오름에 이르는
약 15KM의 완만한 숲 산책로
편백 나무, 삼나무, 때죽나무 등의
다양한 종류의 나무가 가득
걸어도 걸어도 전혀 힘들지 않은
몸과 마음의 병이 치유되는 곳
물찻오름
성판악코스 4시간 30분 9.6km
속밭대피소
성판악매표소
사려니숲길 삼나무길
흙붉은오름
왕관바위
진달래밭대피소
(1시까지 도착해야
한라산 등반 가능)
사라오름
성널오름
붉은오름
삼나무길을 걸어
계단을 오르면
30분만에 정상 도착
백록담
사라오름 산정호수
한라산 성판악코스 단풍
가을 등반에는
성판악이지[10,11월]
사라오름 단풍
호수전망
단풍[10,11월]
전망데크
1131
남벽분기점
이승악오름 벚꽃
오름에 벚꽃이라니
[3,4월]
남원읍
위미리 3760
(위미리동백군락지)
토종 동백나무를 볼 수
있는 곳[11,12,1,2,3월]
휴애리 자연생활
공원 핑크뮬리
남원의 포토존[9,10,11월]
상효원 메리골드
가을에서 겨울까지 볼 수
있는 메리골드[9,10,11월]
효명사
천국의문
고살리 숲길
흐르는 물소리에 마음까지
촉촉해지는 숲길
1119
휴애리 매화
3~4월 개화
상효원 동백
한라산 뷰의 상효원
동백꽃[11,12,1,2,3월]
휴애리 자연생활
공원 수국
오색빛깔 아름다운
수국[4,5,6,7월]
상효원 수목원
상효원 튤립
4~5월 개화
튤립이 가득한 세상, 튤립축제
고살리 숲길
속괴
휴애리 자연생활공원
실컷 먹고 따고 감귤체험과 사계절
꽃들로 핫한 사진명소
상효원 수국
수국의 아름다움을
느껴봐[6,7월]
돈네코유원지
숲으로 에워싸인 투명한
청록빛 폭포
휴애리 자연생활공원 매화
매화 축제 체험[3,4월]
동백포레스트
쌀오름
돈내코로
동백 돌담
윈드1947 카트 테마파크
동백포레스트
창문 프레임
동백포레스트 동백
동백정원에서 커피
한잔?[11,12,1,2,3월]
번개과학관
양금석가옥

제주시
A B C
1
2
3
용연계곡,
용연구름다리,
나이롱책방
용두암
제주항
관덕정,
제주목 관아,
향사당,
오현단
도두봉
키세스존
도두항
제주국제공항
용두암
해수랜드
바이제주
제주향교
이호테우
해변 등대
도두봉
전망대
도두동무지개
해안도로
동문재래시장
삼성혈
용담2동
알작지
도두동
제주도 민속
자연사박물관
월대천
이호테우
해수욕장
제주민속
오일장
보덕사
외도동
하리보
해피월드
넥슨컴퓨터
박물관
민오름
제주
아트센터
돈키쥬쥬
한라수목원
수목원테마파크,
수목원길, 야시장
한라수목원입구 벚꽃,
한라수목원 수국
노형수퍼마켇
이상한선물가게앨리스
월정사
오라CC 진입로
겹벚꽃길
아날로그 감귤밭
(감귤체험)
제주러브랜드
신비의 도로
제주특별자치
도립미술관
방선문
방선문계곡
오라동
검은오름
연동
애월읍
노형동
열안지
노루손이
오름
오라동메밀밭,
오라동 청보리밭
천왕사
천왕사 단풍
어승생악
제주 어승생악
일제동굴진지
한라산
20
A B C

D
E
F
제주국제
여객터미널
복신미륵
삼양
해수욕장
불탑사
원당봉
·산지등대
제주
화북비석거리
삼양동유적
삼양동
조천읍
사라봉
화북동
1
사라봉
공원
모충사,사라봉
(모충사)의병항쟁
기념탑,보림사
김만덕기념관
감귤나무숲
제주 문화예술
진흥원
제주시
김경숙
해바라기농장
아라동
안세미오름
봉개동
월평꽃시장
제주 명도암
참살이마을
·오라동 유채꽃밭
남국사
수국
제주대학교
·은행나무 단풍,
제주대학교 벚꽃길
아침미소목장
제주4·3평화공원
제주어린이
교통공원
산천단
노루생태관찰원
산천단곰솔
제주별빛
누리공원
절물자연휴양림,
수국
민오름
세미오름
한라생태숲
절물오름
제주난타
마방목지
봉개동 왕벚나무
자생지 벚꽃
관음사
개오리오름
2
물장오리
3
돌오름
흙붉은오름
21

제주국제공항

용두암 해안도로

김희선 제주몸국
용담이호해안도로
파리바게뜨 제주국제공항점 (제주마음샌드)

카페라모나모베이커리
도두동무지개 해안도로
도두봉(제주 숨은 비경 중 하나)
도두봉전망대
코바나다이빙스쿨 (패들보드)
도두항

어영공원
바다를 마주보고 있는 공원
빽다방베이커리
제주사수점
도두봉 키세스존
도두동 무지개해안
도두동해녀의집(전복죽, 물회 삼미횟집(모듬회))

이호테우등대
빨간색, 하얀색 목마 등대를 배경으로 사진촬영을 꼭 해야 하는 곳

1.체험배낚시 전진호(배낚시)
2.이호털보 배낚시(배낚시)
3.서프로와(서핑)

순옥이네명가(소라,전복)
카페진정성 총점

이호테우해수욕장
공항에서 10분, 목마 등대모보며 방파제 산책

앳코너(통나무집)

시티투어버스
그라나다 앞 공터, 이호테우해변 목마등대

몽돌해변

알작지(제주의 몽돌해변)

코코코오보에펜션(료카)

카페 엔제리너스

제주시민속오일장
공항 가기 전에 꼭 들러봐! 끝자리 2, 7일에 열리는 오일장

노티드 제주DT

현사포구 제주이호테우해변 로점 앞 버베나
자매국수(고기국수)
황해식당 (갈치조림)

제주동베고기집 (돔베고기 점심세트)
돈사돈(흑돼지)
마농 제주본점
제주 하멜

돈키쥬쥬
넥슨컴퓨터박물관
볕아드는곳벤디
바닐라파르페 (쑥크림라떼)

구엄리돌염전
구엄리 돌염전 일몰

신의한모 (한치간장게장 낫또덮밥)
신의한모
그럼외도(돌멩이) 라떼
니모메(선셋)

슬로보트(바다전망)

섬앤썸 오션뷰
제주광해(갈치조림)

풍당제주 수상보트
쑝쑝렌탈샵 자전거
구엄어촌 체험마을
이타하우스 (게하)
광평도새기촌(흑돼지)

딱새우회
애월전동킥보드
문개항아리 (해물라면)
도시해녀 (해녀체험)
바다속고등어쌈밥 제주점(꺼멍라떼, 푸딩)
고등어쌈밥

닻
알작지(제주의 몽돌해변)
바이러닉 에스프레소 바

휘소(물의정원)
은희네해장국 (소고기해장국)

하귤별장 (야외데크)

노형수퍼마켇
1200평 규모에서 즐기는 미디어아트 전시.
스테이위드커피 (참봉뵈르, 핸드드립)

수목원길 야시장
그러므로part2

한라수목원

귤향기 농장

제주도립미술관
이상한선물가게앨리스(소품샵)

1.제주달콤풀빌라(풀빌라)
2.제주 까르ũ(풀빌라)
3.엔젤풀빌라(풀빌라)

신비의도시 (도깨비 도로)

카페 레크레 (돌담스무디)
카페사분의일 (핸드드립으로 내려주는 카페)

미스틱3도 (동물체험할 수 있는 정원이 딸린 카페)

1.노을리(선셋카페)
2. 노라바(문어라면)
3. 해성도두리 (흑돼지,토마토짬뽕)

수산유원지
수산저수지의 뚝방길, 숨은 명소, 출사 장소, 조용한 산책길

안목스테이 안목5감도(복층), 시오재(정원)

맛동산 감귤체험농장
애월읍 광령리 3227, 감귤체험

광령 초등학교
제주홀릭뮤지엄 &카페

항파두리 해바라기
[6~8월] 제주에서 매우 가까운 해바라기 밭

항파두리 나홀로 나무

고성숲길
미깡창고감귤밭 &카페

무수천
양쪽 바위벽에 흐르는 천, 기암절벽과 폭포, 호수가 있는 곳, 산책하기 좋음

아날로그 감귤밭

더럭 분교

LAVANT
따뜻한 커피와 팬케이크

애월 장전리 벚꽃
보는 것만으로도 풍성항 왕벚꽃 길[4월]

스테이장유7 (독채)

1136

스시애월(사시미an 도로초밥세트)

스테이느긋 (통창)
브리드앤스톤 (인피니티풀)

오담애월 (독채)

숨쉬는오늘 (독립서점)

너와의첫여행 (감귤체험가능, 흑돼지 돈가스)

스테이 온 (반려동물동반)

항파두리 유채꽃
[3,4월] 삼별초의 최후 격전지와 유채꽃

다도한가 (한옥)

항파두성

백제사
알레그라 제주 (이국적)

항파두리 코스모스
가을에는 역시 코스모스기[9,10월]

유수암마을 (자연생태마을)

항파두리 백일홍
백일 간의 백일홍 향연[8,9,10월]

극락로

항파두리 항몽유적지
몽골의 침입시 삼별초가 최후까지 항전한 곳. 전라도 전투에서 패하여 제주도로 건너와 이곳에 항파두성을 쌓음, 근처에 방문객을 위하여 꽃을 심어 놓음

프레라아(독채)

아이바가든
9개의 테마가 있는 미디어 아트 전시관

제주공룡랜드
국내 최대 공룡 테마파크, 30종 100여마리 공룡. 토이랜드, 조랑말체험장 (리모델링 여부확인 필)

하가리 연꽃마을 연화지

TONKATSU
서황(서황카츠)

상가리야자숲
이색적인 야자숲. 사진 찍기 좋은 곳

알레스아트
영화 속 음악을 라이브 바이올린 연주로 들을 수 있는 섀도우 콘서트가 열리는 곳.

골목카페옥수 (한옥카페)

화조원
아이와제주,다양한 조류 및 알파카 체험농장

아루요 (가츠동)

제주불빛정원 장미

제주불빛정원
제주장미정원, 제주야간명소

하우스오브레퓨즈
폐건물을 탈바꿈한 신상 복합문화공간. 카페, 레스토랑, 편집숍이 있으며 지하에는 전시관도 있어 식사, 쇼핑, 전시까지 모두 즐길 수 있다.

제주 오라동 청보리밭
푸른른 청보리 내 마음을 채우고[4,5월]

어승생약
해발 1,168m 작은 한라산이라 불리는 산 작은 한라산이라 불리며 짧은 시간 왕복1시간에 등반 가능 '어승생' = '임금님께 바치는 말'

국립제주 호국원

테디베어하우스 테지움
테디베어와 동물 인형들을 직접 만지고 사진찍을 수 있는 테마 파크 친절, 영유아도 놀기 좋음

렛츠런파크 제주
렛츠런파크 제주(승마)
제주승마공원 (승마)

애월읍

도치돌 알파카목장
알파카, 토끼, 염소, 양, 먹이주기 체험

무병장수 테마파크
제주 힐링명상센터, 국궁체험, 승마체험(승마 사전예약 필)

이끼숲소길 (이끼숲소길 에이드)

9.81 파크
그래비티 레이싱, 카트 실내 체험 게임존, 하늘그네,F&B

981파크 잔디밭

제주안전체험관

궷물오름 우거지 숲

궷물오름

천아오름

족은녹고메오름

큰노꼬메오름

어승생수지 단풍

천아수지 단풍

천아계곡 단풍
제주의 아름다움을 단풍과 함께[10,11월]

제주 어승생악 일제동굴진지

D
E
F
용담해안도로 항공기샷
듀포레(더티 크루아상)
앙뚜아네트 용담점
용두암
제주 공항 근처, 용의모습을 닮은 기암괴석의 해변
제주목 관아
조선시대 제주도의 행정 정치가 이루어지던 곳
1.미친부엌(크림짬뽕)
2.제주시새우리(딱새우김밥)
3.일통이반(성게알)
동문재래시장
집에 갈땐 두 손 무겁게
오메기떡, 문어빵, 큐브스테이크, 활어회 등 빼먹을 수 없는 먹거리 천국
제주국제여객터미널
제주항
산지등대
사라봉의병 항쟁기념탑
화북비석거리
팔각정, 신촌향사
마이다이버스
닭머르해안길 억새
멋진 해안길 옆 억새[10,11,12월]
닭머르해안
올레길 18코스로 아름다운 해안 절경으로 남들은 잘 모르는 커플 사진 촬영 명소
연복정
(전망 좋은 정자)
섬집오후
바당채(독채)
하루앤하루,
아날로그
우리집
삼양해수욕장
신경통에 으뜸인 반짝이는 검은 모래에 모살뜸(모래찜질) 어때?
원당사지
불탑사
점점(초당옥수수 아이스크림)
올레길 18코스
포근한여백(초록지붕)
제주패들보드서핑
낮은제주(오션뷰)
고요새(오션뷰)
닭머르 해안길 억새밭
신촌덕인당(보리빵)
스테이 스트레스리스(독채)
선현재(장작)
동경신촌(자쿠지숙소)
신촌포구
시사오하우스 제주(다이닝)
딜레탕트 조천함덕점(키슈 파이)
조천스테이(독채),
2.빈도롱이(독채),
1924서까래(독채),
조천늦장(돌집)
평화 통일 불사 리탑
아라리오 뮤지엄
탑동해변 공연장 (탑동광장)
사라봉공원
별도봉(애기업은돌, 자살바위)
사라봉 벚꽃
라운더리(캠핑테라스)
텐저린267감귤체험농장
돌담연가(정원)
용두암해수랜드
민뜨식당
용연계곡
제주향교
평정심(2인)
도토리키친(청믈소반)
관덕정
흑돼지거리
아베베베이커리
모충사(김만덕과 의병을 기리는 곳)
국립제주박물관
선사시대부터 조선시대까지 제주의 역사와 문화
글라 하우스(가든뷰)
새미동산(동백꽃밭, 감귤체험, 핑크뮬리)
향나당
제주감성숙소
북호텔(중고책방)
우진해장국(고사리육개장)
제주 전농로
신산공원
두맹이골목
신산공원, 벚꽃
팔각촌(흑돼지)
신설오름(고등어구이)
제주도 민속
자연사박물관
화산섬 제주의 탄생과 민속 유물들
감귤나무숲
감귤나무 숲
개똥이 동물원(동물체험,무료입장)
트라인커피(유명 바리스타가 내려주는 핸드드립 커피)
5L2F(크림크레마, 153커피)
국수문화거리
골막식당(고기국수)
남춘식당(콩국수, 멸치국수, 김밥)
[4월]벚꽃거리
제주종합경기(벚꽃)
1.제주도자전거대여 보물섬하이킹 자전거
2.제이바이시클 자전거
3.박스앤자전거
원담(고등어 회, 갈치조림)
제주 삼성혈 벚꽃
웅장한 벚꽃 나무 사이 한옥뷰[4월]
97
주김만복점(김밥)
시골길(낙지볶음)(청국장 포함)
삼성혈
신비한 구멍에서 솟아난 세 명의 선인이 탐라국을 세웠다는 탐라국 시조의 전설이 있는 곳, 제를 모시던 누각 사이 우거진 녹음이 멋져
제주시
올래국수(고기국수)
국수만찬 고기국수
다가미(다가미김밥)
스시 호시카이
제주송정농원(감귤 체험)
커피템플(슈퍼 클린 에스프레소)
제주 김경숙
해바라기 농장
해바라기 절정에 이르면 여름이어라[6,7,8월]
올리버팬케이크(프렌치토스트)
한라수목원입구 벚꽃
한라수목원 입구 차로에 왕벚꽃 만개[4월]
하리보 해피월드
하리보 굿즈, 팝업샵
1136
자연in PLANT827(데니쉬식빵)
월정사
오늘제주(하르방샌드)
한라수목원 수국[5,6,7월]
남국사
바티하우스(일본식)
남국사 수국
사찰 한옥에 어우러지는 수국[5,6,7월]
월평꽃시장
탑 승마클럽(승마)
제주 명도암 참살이마을
방선문계곡
방선문
카페 캄포(캄포라떼)
오드씽(아메리카노, 루꼴라 피자)
제주대학교
은행나무 단풍
노란색 컬러가 주는 가을의 감성[10,11월]
제주대학교 벚꽃길
제주에서 이른시기 피는 벚꽃길[4월]
아침미소목장
송아지 우유주기, 요구르트 체험목장, 카페
제주 4.3 평화공원
제주어린이 교통공원
아라 차경(수변)
제주대학교
제주러브랜드
밤에 가면 더 재밌어, 유쾌 발칙한 성 테마공원
골프존카운티 오라
오라CC 진입로
겹벚꽃길
제주도민 겹벚꽃 명소[4월]
산천단
산천단곰솔
봉개동 왕벚나무자생지 벚꽃
제주도 149호 천연기념물로 지정. 3월 말이 되면 우리나라에서 가장 먼저 벚꽃이 개화하는 곳으로도 유명[4월]
노루 생태관찰원
노루를 직접 관찰할 수 있는 곳, 노루먹이 체험
플라자 CC
제주 오라동
메밀꽃밭
바다까지 이어질 것 같은 넓은 꽃밭[5,6,9,10월]
제주난타
주방 도구를 악기처럼 활용하는 세계적인 퍼포먼스 '난타'의 제주 전용 극장. 오후 2시 전까지 예약하면 당일 공연도 관람 가능.
별빛누리 공원
(아이랑 가기 좋은 천문 과학관)
한라생태숲
난대, 온대, 한대 식물을 한 장소에서 모두 볼 수 있는 곳. 2층 전망데크에 오르면 한라산 정상 뷰 관람 가능. 가벼운 산책으로 한라산 정상과 제주 앞바다를 볼 수 있는 곳
절물자연휴양림 수국
산책로에서 수국 무리를 감상[5,6,7월]
절물오름
제주힐 CC
더시에나CC
1112번 도로
단연코 우리나라에서 가장 아름다운 길
오라동 유채꽃밭
진짜 넓은 유채꽃밭[4,5월]
1117
관음사지구안내소
관음사
사진찍기 좋은 독특한 분위기의 사찰
제주마방목지
한라산 중턱 넓은 초원 그리고 수많은 조랑말. 순수 제주혈통의 조랑말이 있는 이곳은 천연기념물 347호
사려니숲길 입구
삼나무 숲길
천왕사 단풍
한옥과 단풍은 가을을 느끼게 해주고[10,11월]
관음사코스 5시간 8.6Km
절물자연휴양림
삼나무 숲을 산책할 수 있는 다양한 시설이 갖춰진 천연림. 절물, '절 옆에 물이 있다'라는 의미
천왕사
사려니숲길 산수국
어리목탐방지원센터
23

애월
A B C
1
2
3
구엄리돌염전
구엄포구
구엄어촌 체험마을
구엄리
하귀2리
중엄리새물
수산봉
수산리
애월카페거리
애월항
고내리
신엄리
한담해수욕장
망오름
한담해안산책로
애월고등학교 벚꽃
애월한담공원
더럭분교
애월한담해안로 유채꽃
고내봉
(고내오름,고니오름
,망오름)
연화못
(연화지)
하가리
애월 장전리
벚꽃길
장전리
곽지해수욕장
과오름
곽지리
상가리
곰성리
금산공원
선운정사
남읍리
애월읍
하우스오브레퓨즈
거문덕이
어도오름
제주
양떼목장
제주 퍼피월드
테디베어사파리
화조원
렛츠런파크
제주
알레스아트
무병장수
테마파크
소길리
아르떼
뮤지엄
어음리
큰바리메오름
어음리
억새군락지
족은바리메
이달이
촛대봉
새별오름
새별오름 억새
한림읍
새빌
핑크뮬리
새별헤이요목장
봉성리
북돌아진 오름
드라마월드
24
A B C

D
E
F
1
2
3
하귀
1리
파군봉
하귀리
토토아뜰리에
(체험학습장)
항파두리
항몽유적지
제주홀릭뮤지엄
백제사
항파두리
백일홍,
코스모스
제주 공룡랜드
아이바가든
극락오름
제주불빛정원
고성리
유수암리
산세미오름
제주
유수암마을
궷물오름
족은녹고메
천아오름
큰노꼬메오름
붉은오름
(광령)
광령리
사제비동산
민대가리
동산
노로오름
한라산
1100고지
한대오름
제주시
하리보
해피월드
25

애월 주요지역
애월 카페거리
랜디스도넛 애월점 (제주도에서 가장 유명한 도넛 체인점)
썬셋클리프 (제주도 석양 전망이 가장 아름다운 곳)
봄날 (돌담과 해변을 배경으로 인생 사진을 찍어가자)
레이지펌프 (옛 콘크리트 건물을 개조해 만든 레트로 감성 카페)
하이엔드제주 (애인과 함께 방문하기 좋은 오션뷰 카페)
애월더선셋 (브런치가 맛있는 오션뷰 카페 레스토랑)
트라이브 (애월해변 노을 전망이 아름다운 오션뷰 카페)
콜린 제주점 (아이스 홍시 빙수가 맛있는 플랜테리어 카페)
푸린 제주애월점 (도쿄 미슐랭 3스타 레시피)
해지개 (선라이즈 에이드, 흑임자라떼)
제주광해(갈치조림)
닻 (딱새우회)
1.노을리(선셋카페)
2.노라바(문어라면)
3.해성도뚜리(흑돼지, 토마토짬뽕)
구엄리돌염전
구엄리 돌염전 일몰
풍당제주 수상보트
쑝쑝렌탈샵 자전거
애월고등학교 벚꽃
보는 것만으로도 풍성함
왕벚꽃 길 [3,4월]
애월해안도로
중엄리 새물
구엄어촌 체험마을
이티하우스 (게하)
코시롱(10첩 제주밥상)
잇칸시타 (스시)
수산봉
애월찜 (갈비찜)
하갈비국수 (갈비고기국수)
애월은혜전복제주애월본점 (전복돌솥밥, 전복물회)
호커센터 (발리식폭립)
제주카약올레
뜰에(갈치조림, 갈치구이), (통갈치조림 +갈치구이세트)
하루나의 뜰(독채)
다락쉼터 공중화장실
애월항 애월그때그집 (흑돼지)
고내 포구
애월흑돼지
애월한담해안로 유채꽃
야자나무와 유채꽃[3,4월]
청아투명카약
고이정본점 보리짚불구이 (보리짚불 흑돼지목살, 삼겹살)
피즈 (수제버거)
백반가든
카페 애월로11 노을
애월 우니담 (성게미역국)
만지식당 (돈카츠)
잇스타(돈까스)
남또리횟집 (도미회, 모둠회)
뚱딴자(활오복탕)
고스트타운 (귀신의집)
더럭분교 (따뜻한 커피와 팬케이크)
LAVANT
수산유원지
수산저수지의 뚝방길, 숨은 명소, 출사 장소, 조용한 산책길
애월 장전리 벚꽃
보는 것만으로도 풍성함
왕벚꽃 길 [4월]
곽지해수욕장 일몰
곽지해수욕장
현무암 독살(원담)을 이루는 곳이 파도가 잔잔하여
물놀이 하기 좋다.곽지해수욕장에는 용천수가 나오는
'과물 노천탕'이 있다.과물, '용천수가 솟아나는 우물' 의미
1.노리터 서핑 패들보드(서핑보드, 패들보드)
2.문서프(서핑보드)
제주시차(동백꽃과자)
카페콜라(코카콜라 박물관 겸 콜라 카페)
한담해변
임순이네밥집 (몸국, 고사리육개장)
집의기록상점 (메이플피칸쿠키)
애월한담공원
한담해안산책로
도새기술길(솔향기 가득한전원적인숲길)
브로콜리삼촌
강치비빔막
로맨틱새우 애월곽지본점 (레드빅뱅 쉬림프)
애월빵공장앤카페 (현무암 쌀빵)
메리무드(소품샵)
고내봉 (고내 오름,망오름)
모들한상 (돈가스, 보말 파스타)
하가이스케이프(독채)
휘언마스
스테이느굿 (통창)
하가리 연꽃마을 연화지
7~8월 제주도에서 가장 큰
연꽃을 메운 연꽃 무리
파스텔톤의 더럭분교옆 연꽃
더달달스테이(독채),
시온스테이(독채),
답다니언덕집(독채)
스시애월 (사시미앤 도로츠방세트)
브리지앤스톤 (인피니티풀)
오담애월 (독채)
숨쉬는오늘 (독립서점)
너와의첫여행 (감귤체험가능, 흑돼지 돈가스)
스테이 온 (반려동물동반)
유수암마을 (자연생태마을)
골목카페옥수 (한옥카페)
보배책방 (독립서점)
여리재 (풀빌라)
담잠(독채)
대웅지낭(가족) 쉬리니케이크 (조각케이크)
제주서가(자쿠지)
TONKATSU 서황(서황카츠)
상가리야자숲
납읍난대림지대
납읍초등학교 근처에있는
원시림을 방불케 하는 상록
활엽수림 천연기념물 제375호
하우스오브레퓨즈
폐건물을 탈바꿈한 신상 복합문화공간.
카페인어 (카페인어 크림라떼)
리버물제주(LP 감성 카페)
제주애단비 귀덕(풀빌라),
팜스빌리지 팜스조이
키즈 스파 펜션(풀빌라)
선운정사
저녁 해지고
가기 좋은 사찰
알레스아트 (쉐도우 공연, 디즈니&지브리)
풍낭너머 (독채)
인디언키친 본점(양갈비)
금산공원
스테이새별 앤오름(독채)
초롱 달
제주 어음리 빌레못 동굴
11,749m 세상에서
가장 긴 동굴
알레스아트
영화 속 음악을 라이브
바이올린 연주로 들을 수
있는 새도우 콘서트가
열리는 곳.
화조원
아이와제주,다양한 조류
및 알파카 체험농장
테디베어하우스 테지움
테디베어와 동물 인형들을 직접 만지고
사진찍을 수 있는 테마 파크
친절, 영유아도 놀기 좋음
면뽑는선생만두 빚는아내(한우수 육비두전골)
옥만이네 제주금능복재점 (옥만이해물갈비찜)
우무(커스 터드 푸딩)
플로웨이브 (제주낙화예미기팍)
제주애단비 마주
제주소품샵 올망
영국찻집 (영국식 홍차와 밀크티를 선보이는 티룸)
기독교순례길 2코스 (순교의길)
협재교회에서 시작해 대정읍까지
이어지는 23km, 7시간 거리의 순례길
저청교회, 이도종 목사 순교 터 등을 지난다
도치돌 알파카목장
알파카, 토끼, 염소, 양, 먹이주기 체험
도치돌목장 억새
수수포구
한림항 도선대합실
한림항
한림칼국수 (보말칼국수)
한라산소주(공장투어)
카페유주(까눌레로 유명한 프랑스 디저트 전문 베이커리)
가르송티미드 제주(소품샵, 제주소품샵 시키 협재점
제주양떼목장
아이와 함께 하기 좋은 곳
무병장수 테마파크
제주 힐링명상센터, 국궁체험,
승마체험(승마 사전예약 필)
이끼숲소길 (이끼숲소길 에이드)
용포리 포구
쉼127 키즈 가족 협재점(키즈펜션)
문쏘 제주협재점(황게카레,에그인헬)
광이멀스테이 (풀빌라)
아르떼 뮤지엄 빛
9.81 파크
그래비티 레이싱, 카트 실내 체험
게임존, 하늘그네,F&B
제주안전체험관
면뽑는선생만두빚는아내(만두전골)
명월성지
동명정류장
스테이만월(발담라떼)
주윤독채)
명월스테이
보뵤(돌하르방케이크)
명월 팽나무 군락
수령 50년 이상 된 팽나무들이
가로수로 군락을 이루고 있다.
멋스럽게 조용한 마을
봉성클래식 (독채)
아르떼뮤지엄
국내최대 몰입 미디어아트
10개의 다채로운 미디어
아트 전시
981파크 잔디밭
새별오름 억새
샛별, 이름조차도 아름다운 오름[10,11,12월]
어음리 억새군락지
어음리 억새군락지
아르떼뮤지엄 가는 자동차
도로엔 은색 억새군락
[10,11,12월]
큰바리메오름
바리메오름 호수
누운 섶 제주
한림읍
유년시절(오름)
새별오름
저녁 하늘 샛별과 같이
외롭게 있다고 하여 '새별오름'
가을 억새가 많은 저녁노을 감상의 성지
새빌 핑크뮬리
핑크 핑크한 핑크뮬리[9,10,11월]
한림공원 수선화1,2월
서담미가 카페 귤한가 (귤따기)
문수동그디(독채)
수월가
키친오즈 핑크뮬리
[9~11월] 카페 건물배경
사진촬영이 유명
협재차정 별뉘
제주성서식물원 비블리아
성경에 나오는 식물을
주제로 조성한 식물원.
똣똣라면 본점 (똣똣김밥,똣똣라면)
이달오름
새별오름 나홀로 나무
새별오름
새별오름 나홀로 나무
다래오름
새빌 카페
새별오름 옆, 빈티지한 분위기의 카페
협재굴,황금굴, 쌍용굴
제주돌 마을공원
서부농업기술센터 촛불맨드라미
이국적 풍경을 만들어주는
맨드라미[9,10월]
서부농업기술센터 코스모스
제주바다 하늘패러투어 (패러글라이딩)
금오름
협재해변에서 자동차로 15분만에 도착
주차장 주차후 등반(1주차장은 금오름
입구에 있어 2주차장보다 조금 등산
할 수도 있다.)
금악 오름 분화포인트
금악 오름
삼위일체대성당
성이시돌목장
우유부단
이시돌 목장우유로 만든
담백한 아이스크림과 밀크티
그린스케이프
새별프렌즈
알파카, 말, 포니, 당나귀, 양,
흑염소와 함께
힐링할 수 있는 체험농장

D
E
F

이호테우등대
빨간색, 하얀색 목마 등대를 배경으로
사진촬영을 꼭 해야 하는 곳

카페나모나모베이커리
도두동무지개 해안도로
도두봉(제주 숨은 비경 중 하나)
도두봉전망대
코바다이빙스쿨
(패들보드)

어영공원
바다를 마주보고
있는 공원

올레길 17코스
김희선
제주몽국

듀포레
(크루아상)

용두암

아라리오
뮤지엄
탑동해변
공연장
(탑동광장)

동문
재래
시장

1.체험배낚시 전진호(배낚시)
2.이호털보 배낚시(배낚시)
3.서프로와(서핑)

백다방베이커리
제주사수정

용연
바이제주(소품샵)

도토리키친
(정굴소바)

구름다리

관덕정

호떡골목

용두암 용연계곡
해수랜드

향사당

신산공원
벚꽃

도시해녀
(해녀체험)

순옥이네명가(소라,전복)
카페진정성 총점

도두항
도두동 무지개안도로
삼미횟집(모둠회)

도두해녀의집(전복죽, 물회),

파리바게트
제주국제공항점
제주마음샌드

제주향교

우진해장국
(고사리육개장)

제주감성숙소
(중고책방)

국수문화거리

제주 삼성혈 벚꽃
삼성혈

몽돌해변

이호테우
해수욕장

앳코너(통나무집)

시티투어버스

베이크앤그릴(치아바타)

착한집(왕갈치조림)

제주 전농로
[4월]벚꽃거리

원담(고등어
회, 갈치조림)

슬로보트(바다전망)
그럼외도(돌멩이 라떼)
니모메모에 선셋)
외도339

알작지(제주의
몽돌해변)

코코로오보에펜션(료칸)
그라나다 앞 공터,
이호테우해변 목마등대

제주김만복 본점(만복이네김밥)

제주종합경기(벚꽃)

스시 호시카이
(오미카세)

시골ц(낙지볶음)

신의한모
(한치간장게장)
낫또덮밥

현사포구 제주이호테우해변
공중화장실

로점 앞 버베나

자매국수(고기국수)

솔ика식당
(가브리살)

노티드 제주DT
올래국수(고기국수)

삼무공원(석탄용
증기기관차가
있는 벚꽃명소)

1.제주자전거대여
보물섬하이킹 자전거
2.제이바이시클 자전거
3.박스앤자전거

다가마
(다가마
김밥)

바다속고등어쌈밥
(고등어쌈밥)

휴소(물의정원)

월대천

섬타르 제주공항점
(에그타르트)

황화식당
(갈치조림)

규태네양곱창
(양곱창모둠)

요미우돈교자
제주연동점
(넓적우동)

국수만찬
(고기국수)

올리버팬케이크(프렌치토스트)

파군봉
(바굼지오름)

하귤별장
(야외데크)

은희네해장국
(소고기해장국)

제주돔베고기집
(돔베고기 점심세트)

늘봄흑돼지
(삼겹살,목살)

숙성도
(숙성흑돼지)

국시트멍
(고기국수)

돈키쥬쥬

넥슨컴퓨터박물관
별이드는곳벤디

한라수목원입구 벚꽃
한라수목원 입구 차로에 왕벚꽃 만개[4월]

하리보
해피월드

안목스테이 안목5감도(복층),
시오재(정원)
토토아뜰리에
(쿠킹클래스)

맛동산
감귤체험농장
애월읍 광령리 3227,
감귤체험

돈사돈(흑돼지)

마농 제주본점

블루메베이글
(콘치즈 베이글,
소금 베이글)

바닐라파레트
(쑥크림라떼)

제주아트센터

월정사

민오름
제주 시내와 한라산을
한눈에 볼 수 있는 오름

한라수목원 수국
[5,6,7월]

항파두리 해바라기
[6~8월]제주에서 매우 가까운
해바라기 밭

광령
초등학교

미깡자고감귤밭
&카페

노형수퍼마켓
1200평 규모에서
즐기는 미디어아트 전시.

스테이위드커피
(잠봉뵈르, 핸드드립)

수목원테마파크
플레이박스VR, 얼음
미끄럼틀, 초콜릿만들기
체험 등 아이들과
함께하기 좋은 곳

오늘제주
(하르방샌드)

카페 캄포
(캄포라떼)

항파두리
나홀로 나무
고성숲길

제주홀릭뮤지엄
(다채로운 포토존을
꾸며놓은 설대 관광지.)

두갓(귤따기 체험을
즐길수 있는 앤틱카페

귤향기 농장
노형동 160(1100로 3118)
체험은 어두워지기 전에 오세요

그러므로part2(카페라떼와 잘
어울리는 커피번 맛집)

방선계곡

오드씽(아메리카노,
루꼴라 피자)

올레길 16코스

항파두성

제주기가던
백제사

무수천
양쪽 바위벽에 흐르는 천,
기암절벽과 폭포, 호수가
있는 곳, 산책하기 좋음

아날로그
감귤밭

이상한선물가게앨리스(소품샵)

제주도립미술관
물가에 떠 있는 듯한 모습이
인상적인 미술관

방선문

항파두리 백일홍
백일 간의 백일홍 향연[8,9,10월]

제주공룡랜드

1.제주달콤풀빌라(풀빌라)
2.제주 까르마(풀빌라)
3.엔젤풀빌라(풀빌라)

신비의도로
(도깨비 도로)

제주러브랜드
밤에 가면 더 재밌어, 유쾌
발칙한 성 테마공원

오라CC 진입로
겹벚꽃길
제주도민 겹벚꽃 명소[4월]

항파두리 유채꽃 [3,4월]

극락오름

아이바가든
9개의 테마가 있는
미디어 아트 전시관

카페 레크레
(돌담스무디)

카페사분의일
(핸드드립으로
내려주는 카페)

골프존카운티
오라

다도한가
(한옥)

제주불빛정원 장미

미스틱3도
(동물체험할 수 있는
정원이 딸린 카페)

제주 오라동
청보리밭

제주 오라동
메밀꽃밭
바다까지 이어질 것 같은
넓은 꽃밭[5,6,9,10월]

바루오
가츠동

제주불빛정원
제주장미정원, 제주야간명소

푸르른 청보리 내 마음을
채우고[4,5월]

어승생승마장
(승마)

오라동 유채꽃밭
진짜 넓은 유채꽃밭[4,5월]

렛츠런파크
제주

렛츠런파크
제주(승마)

1117

애월읍

천아수원지
단풍

국립제주 호국원
천왕사

천왕사 단풍
한옥과 단풍은 가을을 느끼게
해주고...[10,11월]

제주승마공원
(승마)

어승생악
해발 1,168m 작은 한라산이라 불리는 산
작은 한라산'이라 불리며 짧은 시간
왕복1시간에 등반 가능
'어승생' = '임금님께 바치는 말'

궷물오름 우거진 숲

궷물오름

천아오름

천아계곡 단풍
제주의 아름다움을
단풍과 함께[10,11월]

어리목탐방지원센터

족은녹고메오름

제주 어승생악
일제동굴진지

큰노꼬메오름

1100고지 단풍
오르지 않아도 되는 단풍길
걷기[10,11월]

한대오름

삼형제
큰오름

1100고지
설경

1100고지
한라산 남벽 뷰 감상 가능

1100고지
람사르습지

만세동산(오름)

2시간 4.5Km

윗세누운오름

병풍바위

선작지왓
(윗세오름) 철쭉

윗세오름

왕관바위

백록담

전망데크

남벽분기점

한림

A   B   C
1
2
3

수원리
평수포구
대림ㄹ
한수리

비양도등대
비양도
한림항
서복전시관
제주소품샵 시키 협재점
가르송티미드 제주
옹포포구
옹포리
협재포구
명월성지
동명리
협재해수욕장
금능해수욕장
금능포구
한림공원
한림공원 수선화, 튤립
금능석물원
협재굴,황금굴,쌍용굴
월령포구
과수원피스 농원
협재리
카페 키친오즈
핑크뮬리
명월리
월령 선인장
군락지
느지리오름
월령리
제주맥주 양조장
금능리
상명리
더마파크
(승마장)
제주
돌마을공원
제주성서식물원
비블리아
서부농업기술센터
맨드라미,코스모스
월림리
제주도립
김창열미술관
한경면
유동룡미술곤

D
E
F
1
2
3
애월읍
한림읍
천아오름
상대리
갯거리오름
금오름
금악리
성이시돌목장
나홀로나무
그리스신화박물관,
트릭아이미술관
정물오름
제주탐나라
공화국
문도지오름
D
E
F
29

곽지해수욕장 일몰
곽지해수욕장
현무암 독살(원담)을 이루는 곳이 파도가 잔잔하여 물놀이 하기 좋다.
곽지해수욕장에는 용천수가 나오는 '과물 노천탕'이 있다.
과물, '용천수가 솟아나는 우물' 의미
집의기록상점
(메이플피칸쿠키)
귀덕궤물 동산
(작은 언덕 공원)
제주애단비 귀덕(풀빌라),
팜스빌리지 팜스조이
키즈 스파 펜션(풀빌라)
리버브제주(LP 감성 카페)
제주시차(동백꽃과자)
카페콜라(코카콜라
박물관 겸 콜라 카페)
카페인어
(카페인어 크림라떼)
비양놀
(비양도뷰 카페)
카페
비양놀
노을
비양도등대
비양봉 정상에 있는 흰색 등대.
등대로 올라가는 길에 있는
대나무 숲은 숨은 사진 명소.
평수포구
수수주택
면뽑는선생만두
빚는아내(한우수
육만두전골)
옥만이네 제주금능협재점
(옥만이해물갈비찜)
한림항
도선대합실
우무(커스터드 푸딩)
한림항
플로웨이
(제주낙화오메기)
비양도
비양도항
한림칼국수
(보말칼국수)
한라산소주(공장투어)
보아비양
바당길(전복뚝배기,톳칼국수)
웨이뷰 협재바다 OCEANVIEW
별돈별 협재해변점
(흑돼지)
하늘고래블루(독채)
카페유주
가르송티미드 제주(소품샵),
제주소품샵 시키 협재점
면뽑는선생만두빚는아내(만두전골)
협재해수욕장
제주공항에서 30킬로미터, 제주에서 으뜸가는 석양 명소
협재해변 앞의 비양도는 어린왕자 보아뱀의 모양
안녕협재씨
(딱새우장비빔밥)
협재포구
수우동
협재칼국수
어랑이(독채)
한형수정원
명월성지 동명정류장
(밭담라떼)
명월스테이
호텔샌드(선인장몽테)
잔물결 협재점(잔물결블렌드커피)
쉼표(오메기오곡라떼, 봉글락샌드위치)
협재더꽃돈
돼지굽는
정원
한림공원 매화,튤립
3~4월 개화
명월 팽나무 군
수령 50년 이상된
팽나무들이 가로수로
군락을 이루고 있다.
멋스럽게 조용한 마을
피어22(태왁, 랍스터테일)
금능해수욕장
제갈양 제주
협재점(갈치조림)
금능포구 금능해수욕장
야자나무
과수원피스 농원
금능더꽃돈
서담미가
한림공원
수선화,1,2월
한림공원
이국적인 테마
식물원과 용암 동굴
협재차경 별뉘
수월가
월령 선인장 군락지
어디서든 쉽게 볼 수 없는
선인장 군락
문워크(풀빌라)
싱싱잇(칸테일바,
흑돼지 바베큐)
월령포구
금능석물원
돌하르방 및
얼굴 석상 가득
제주라라하우스
(풀빌라)
액티브파크
실내클라이밍,
카트 키즈카페
제주성서식물원
비블리아
협재굴,황금굴,
쌍용굴
판포포구
스노쿨링으로 유명한
이색물놀이 장소
해거름전망대
해 질 무렵 조용히 낙조를
감상하기 좋은 곳
금능남로 유채꽃길
라온프라이빗CC~제주
선인장마을까지 이어지는
유채꽃 드라이브 코스
제주맥주 양조장
사전 예약제로 운영되는 양조장
투어(에일 생맥주 시음 가능)
제주돌하우스공원
서부농업기술센터
촛불맨드라미
이국적 풍경을 만들어주는
맨드라미[9,10월]
바다를본돼지(전복뚝배기)
짚불도 제주판포점(목살, 삼겹살)
오지힐 그라운즈(호주식 비건 베이커리 카페)
울트라마린(당근케이크)
코코메아(미트파이)
더마파크
기마공연, 승마체험,카트등
즐길거리가 많은 곳
저지문화
예술인마을
풍차와 전복
(전복돌솥밥, 전복버터구이)
판포리아(독새기 음료세트)
벨진우영(독채)
마루나키친
(황게 크림파스타)
더마카트
카트레이싱
제주현대미술관
현대미술 작품과
야외 조각작품 감상
월림차경
다이브자이언트 제주
프리다이빙
휴앤플
서쪽아이(풀빌라)
채훈이네 해장국
(고사리육개장,해장국)
싱계물공원풍차
비체올린 카약
숲속 1km 수로길 및 공원
비체올린 능소화
비체올린
버베나
서부농업기술센터
코스모스
코스모스는 돌담길에
있어야 제맛[9,10월]
유동룡미술관
(아미타준 미술관)
클랭블루(풍력발전
기와 바다 전망)
데미안
(돈까스정식)
문화예술공공수장고
옷뜨르항아리
(보말칼국수,
고가국수)
제주도립김창열미
테이크타임커피
로스터스(귤슈페너)
싱계물공원
오형제 풀빌라
제주돌창고
(수영장이
있는 카페)
방림원
와랑식탁
(해장하라게라면)
웨스트 그라운드
(애플망고빙수)
두모산책
클랭블루 수동(독채)
유람 위드북스
김흥수
아틀리에
한경해안로
풍차로 가는 길 (신창풍차 해안도로)
(싱계물 오션라떼)
라이엔네 풀빌라 스테이
저지예술
정보화마을
소리소문(독립서점)
마중 오름
그린사이공
(돼지BBQ바게트샌드위치)
땡큐드라이버
스테이
조수리 장미마을
제주돗
(근고기)
가메창
(암메)
수리담(독채)
산노루 제주점
(말차라떼,말차팥라떼)
아홉굿마을
1000개의 의자를 구경할 수
있는 곳, 무한도전 촬영
저지오름
둘레가 약 900m, 깊이가 약 60m쯤
되는 매우 가파른 깔때기형 산상분화구
무위의 공간
용수리포구
제주 차귀도
요트투어
천주교 용수성지
한국 최초의 신부 김대건
신부가 제주에 표착한
것을 기념하는 곳.
올레길
13코스
낙천의자공원
초대형 의자와 사진
찍을 수 있는 곳.
생각하는 정원
1만2천평 대지에 7
개의 소정원
환상숲 곶자왈공원
천연 원시림 곶자왈 공원, 매시간
정각의 숲 해설 듣기는 필수
제주 차귀도
카페데스틸
(오란프레소)
별밭스테이(독채)
물드리네
(염색체험)
청수마방
(라구볼로네제)
이릭(보닉방,
말차 크림라떼)
제주환상전기자전거
절부암(제주도 기념물 제9호, 조선시대
조난당한 남편의 사연이 있는)
청수리아파트(독채)
제주 유리의 성
유리공예 조각품으로
이루어진 테마파크
올레길 12코스
차귀도유람선
카멜리아운 차귀도
제주소품샵
별돈별 정원점
(제주산흑돼지)
한경면
곽지해수욕장
곽지해수욕장 일몰
제주환상전기자전거
서부농업기술센터 코스모스
제주시차 15-B코스
올레길 15-B코스
신창 · 풍차 해안도로
금능 해안도로
올레길 14코스

E
F
애월 카페거리
뜰에(갈치조림, 갈치구이), 애월 갈치
암행어사 (통갈치조림+갈치구이세트)
애월고등학교 벚꽃
하루나의 뜰(독채)
다락쉼터 공중화장실
핫칸사타 (스시)
노을리 (연탄빵)
수산봉한라산
수산유원지
파군봉 (바군지오름)
똥판지(활오복탕)
고스트타운 (귀신의집)
스테이달하(독채), 스테이고스란 (전통가옥)
수산봉
토토아뜰리에 (원데이 쿠킹클래스)
맛동산 감귤체험농장
은혜전복 전복돌솥밥
호커센터 (발리식폭립)
애월항 애월그때그집 (흑돼지)
고내 포구
애월 우니담 (성게미역국)
남도리횟집 (도미회, 모둠회)
안목스테이 안목5감도(복층), 시오재(정원)
제주카야알레
피즈 (수제버거)
백번가든 (흑돼지)
만지식당 (다카츠)
잇수다(돈까스)
LAVANT (따뜻한 커피와 팬케이크)
항파두리 해바라기
[6~8월] 제주에서 매우 가까운 해바라기 밭
슬로우리제주 (독채)
고성숲길
한담해변
애월한담해안로 유채꽃
야자나무와 유채꽃(3,4월)
메리무드(소품샵)
애월 장전리 벚꽃
보는 것만으로도 풍성한 왕벚꽃 길[4월]
스테이장유7 (독채)
항파두리 나홀로 나무
가투명카약
고내봉 (고내 오름,망오름)
휘연재
스테이닝굿 (통창)
브리드앤스톤 (인피니티풀)
오담애월 (독채)
스시애월 (사시미앤 도로초밥세트)
1136
항파두리 유채꽃
[3,4월] 삼별초의 최후 격전지와 유채꽃
항파두성
오각 (유리천장)
백제사
선운네납
고사리 육개장
애월한담공원
1.노리터 서핑 패들보드(서핑보드, 패들보드)
2.문서프(서핑보드)
하가리 연꽃마을 연화지
7~8월 제주도에서 가장 큰 연꽃을 메운 연꽃 무리
파스텔톤의 더럭분교옆 연못
너와의첫여행
(감귤체험가능, 흑돼지 돈가스)
숨쉬는오늘 (독립서점)
항파두리 코스모스
가을에는 역시 코스모스지[9,10월]
다도한가 (한옥)
알레그라 제주 (이국적)
항파두리 백일홍
백일 간의 백일홍 향연[8,9,10월]
제주공룡랜드
브로콜리삼춘
로맨틱새우 애월곽지본점 (레드빅뱅 쉬림프)
애월빵공장앤카페 (현무암 쌀빵)
보배책방 (독립서점)
여리재 (풀빌라)
금산공원
더럭달스테이(독채), 시온스테이(독채), 답다니언덕집(독채)
유수암마을 (자연생태마을)
TONKATSU 서황(서황카츠)
항파두리 항몽유적지
몽골의 침입시 삼별초가 최후까지 항전한 곳. 전라도 전투에서 패하여 제주도로 건너와 이곳에 항파두성을 쌓음, 근처에 방문객을 위하여 꽃을 심어 놓음
아이바가든
오크라 (수제돈가스)
인디언키친 본점(양갈비)
댕유지낭 (가족) 쉬리니케이크 (조각케이크)
제주서가(자꾸지)
납읍난대림지대
납읍초등학교 근처에있는 원시림을 방불케 하는 상록 활엽수림 천연기념물 제375호
상가리야자숲
이색적인 야자숲. 사진 찍기 좋은 곳
골목카페옥수 (한옥카페)
화조원
아이와제주,다양한 조류 및 알파카 체험농장
아루요 (가츠동)
프레리아(독채)
제주불빛정원 장미
제주불빛정원
제주장미정원, 제주야간명소
선운정사
올레길 15-A코스
스테이새별 앤오름(독채)
제주 어음리 빌레못 동굴
11,749m 세상에서 가장 긴 동굴
알레스아트
영화 속 음악을 라이브 바이올린 연주로 들을 수 있는 섀도우 콘서트가 열리는 곳.
테디베어하우스 테지움
테디베어와 동물 인형들을 직접 만지고 사진찍을 수 있는 테마 파크 친절, 영유아도 놀기 좋음
하우스오브레퓨즈
폐건물을 탈바꿈한 신상 복합문화공간. 카페, 레스토랑, 편집숍이 있으며 지하에는 전시관도 있어 식사, 쇼핑, 전시까지 모두 즐길 수 있다.
알레스아토 (쉐도우 공연, 디즈니&지브리)
제주애단비 마주
제주소품샵 오망
영국찻집 (영국식 홍차와 밀크티를 선보이는 티룸)
기독교순례길 2코스 (순교의길)
협재교회에서 시작해 대정음까지 이어지는 23km, 7시간 거리의 순례길 저청교회, 이도종 목사 순교 터 등을 지난다
도치돌 알파카목장
알파카, 토끼, 염소, 양, 먹이주기 체험
렛츠런파크 · 제주
렛츠런파크 제주(승마)
제주승마공원 (승마)
애월읍
광이멀스테이 (풀빌라)
제주양떼목장
아이와 함께 하기 좋은 곳
아르떼뮤지엄
아르떼 뮤지엄 빛
국내최대 몰입 미디어아트 10개의 다채로운 미디어 아트 전시
무병장수 테마파크
제주 힐링명상센터, 국궁체험, 승마체험(승마 사전예약 필)
이끼숲소길 (이끼숲소길 에이드)
궷물오름 우거진 숲
궷물오름
봉성클래식 (독채)
누운 섬 제주
한림읍
유년시절(오름)
9.81 파크
그래비티 레이싱, 카트 실내 체험 게임존, 하늘그네,F&B
981파크 잔디밭
제주안전체험관
어음리 억새군락지
아르떼뮤지엄 가는 자동차 도로에 은색 억새군락 [10,11,12월]
어음리 억새군락지
바리메오름 호수
큰바리메오름
엘리시안제주 CC
족은녹고메오름
큰노꼬메오름
똣똣라면 본점 (똣똣김밥,똣똣라면)
새별오름 억새
샛별, 이름조차도 아름다운 오름[10,11,12월]
새별오름
저녁 하늘 샛별과 같이 외롭게 있다고 하여 '새별오름' 가을 억새가 많은 저녁노을 감상의 성지
새빌 핑크뮬리
핑크 핑크한 핑크뮬리[9,10,11월]
금오름
협재해변에서 자동차로 15분만에 도착 주차장 주차후 등반(1주차장은 금오름 입구에 있어 2주차장보다 조금 등산 할수 있다.)
이달오름
새빌 카페
새별오름 옆, 빈티지한 분위기의 카페
다래오름
한대오름
삼위일체대성당
성이시돌목장
아이스크림과 이국적 건축물에서의 사진촬영으로 유명한 곳
금악 오름
새별오름 나홀로 나무
새별오름 나홀로나무
우유부단
이시돌 목장우유로 만든 담백한 아이스크림과 밀크티
성이시돌 목장 테쉬폰
제주당(제주오메기 빵,농부의건강주스)
새별프렌즈
알파카, 말, 포니, 당나귀, 양, 흑염소와 함께 힐링할 수 있는 체험농장
돌오름
제주바다 하늘패러투어 (패러글라이딩)
그리스신화박물관
새별레저ATV (ATV)
블랙스톤제주 CC
문도지 오름 노을
정물 오름일올
정물오름
트릭아이미술관
스타벅스 제주금악DT점
왕이메오름
삼나무숲길이 멋진 분화구가 있는 오름
제주탐나라 공화국
올레길 14-1코스
돌오름
안덕면
행기소 그네
한라산아래첫마을 영농조합법인 (제주메밀비비작면, 제주메밀비빔냉면)
오설록 티 뮤지엄
전망대에 올라 차밭을 한눈에 감상하기, 티스톤 예약 강력추천
원물오름 앞 갯무꽃
토이파크 (장난감 전시)
무민랜드
핀란드 캐릭터 무민의 스토리가 담긴 공간
포도뮤지엄
현대미술을 전시,관람할 수 있는 복합문화공간
서광다원
수평선까지 닿아있는 제주 최대규모 녹차밭
지아정원 키즈 가족펜션(풀빌라)
안덕면 겹동백길
겹동백이니 얼마나 풍성하겠어[11,12,1,2,3월]
무민랜드
방주교회
제주 7대 아름다운 건축물 관광지는 아니지만 특이한 건물로 많은 사람이 찾는 곳
남송이오름 (남소로기)
위이(무화과 케이크)
제주 아트서커스
수줍은 언니네(독채)
동광리 수국
담벼락에 피어난 수국의 아름다움[6,7,8월]
핀크스 포도호텔

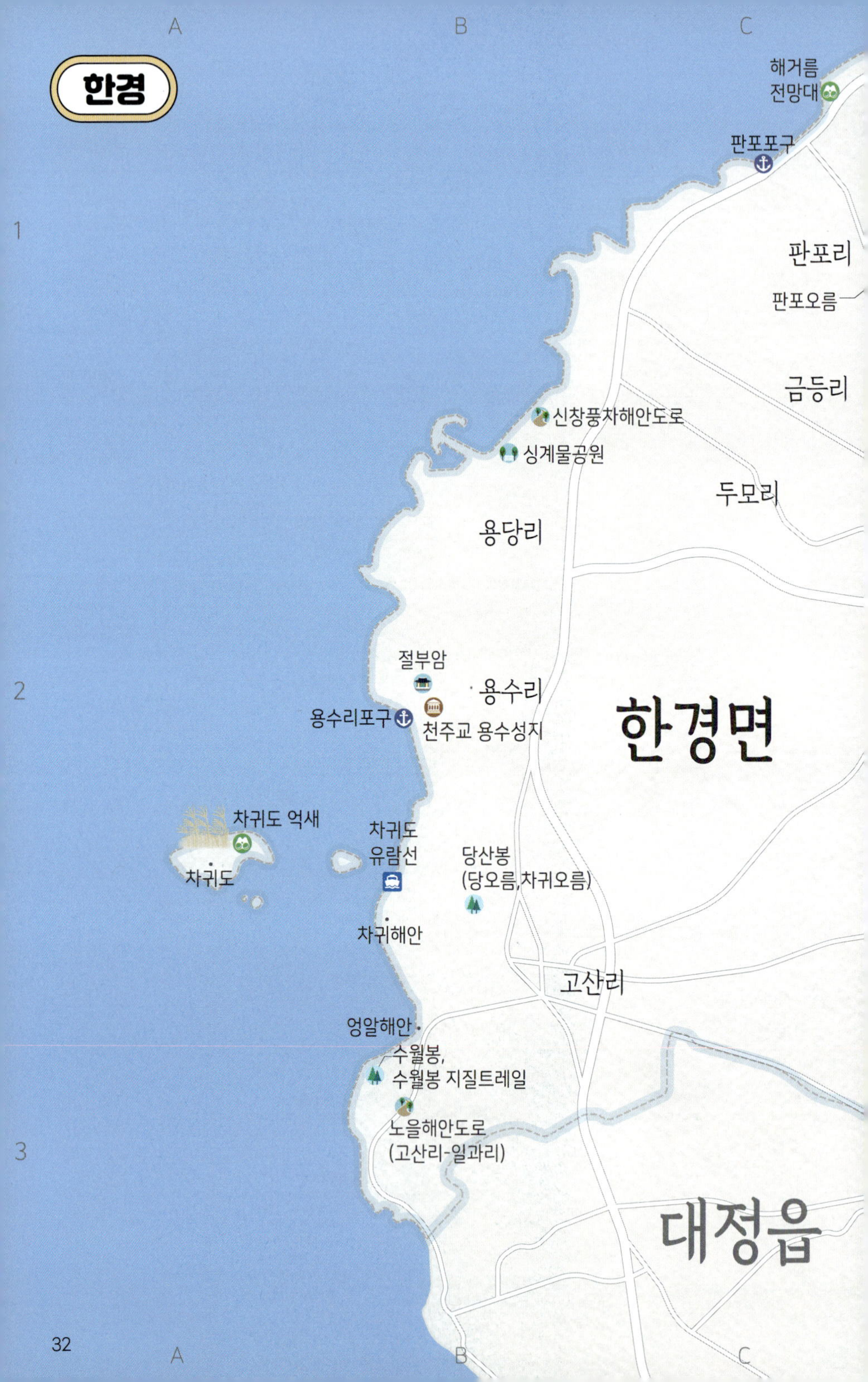
A
B
C
한경
1
2
3
해거름 전망대
판포포구
판포리
판포오름
금등리
신창풍차해안도로
싱계물공원
두모리
용당리
절부암
용수리
용수리포구
천주교 용수성지
한경면
차귀도 억새
차귀도
차귀도 유람선
당산봉 (당오름, 차귀오름)
차귀해안
고산리
엉알해안
수월봉, 수월봉 지질트레일
노을해안도로 (고산리-일과리)
대정읍

D
E
F
1
2
3
한림읍
비체올린(카약)
제주현대
미술관
저지문화
예술인마을
문화예술
공공수장고
방림원
저지오름
아홉굿마을
낙천의자공원
물드리네
가메창
(암메)
저지리
생각하는 정원
(분재예술원)
환상숲곶자왈공원
낙천리
청수리
제주 유리의 성
가마오름
제주 가마오름
일제동굴진지
반딧불이마을
청수리
연화못 연꽃
산양곶자왈
산양리

한경 주요지역
A B C
금능해수욕장
호텔샌드(선인장몽테)
잔물결 협재점(잔물결블렌드커피)
쉼표(오메기오곡라떼, 봉글락샌드위치)
피어22(태왁, 랍스터테일)
3~4월 개화 한림공원 매화, 튤립
제갈양 제주
협재점(갈치조림)
금능포구
금능석물원
돌하르방 및 얼굴 석상 가득
한림공원
월령 선인장 군락지
어디서든 쉽게 볼 수 없는
선인장 군락
월령포구
일렁이는
액티브파크
섭재(독채)
판포포구
스노쿨링으로 유명한
이색물놀이 장소
해거름전망대
해 질 무렵 조용히 낙조를
감상하기 좋은 곳
협재굴,황금굴,
쌍용굴
금능남로 유채꽃길
라온프라이빗CC~제주 선인장마을까지
이어지는 유채꽃 드라이브 코스
제주맥주 양조장
사전 예약제 투어(에일 생맥주 시음 가능)
바다를본돼지(전복뚝배기)
오지힐 그라운즈(호주식 비건 베이커리 카페)
판포리아(독새기 음료세트)
벨진우영(독채)
마루나키친
(황게 크림파스타)
데미안
(돈까스정식)
더마파크
기마공연, 승마체험, 카트등
즐길거리가 많은 곳.
제주돌마을공원
더마카트
카트레이싱
풍차와 전복
(전복돌솥밥, 전복버터구이)
다이브자이언트 제주
프리다이빙
서쪽아이(풀빌라)
휴앤풀
비체올린 카약
숲속 1km 수로길 및 공원
비체올린 승마소화
서부농업기술센터
코스모스, 촛불 맨드라미
월림차넹
채훈이네 해장국
(고사리육개장,해장국)
싱계물공원풍차
클랭블루(풍력발전
기와 바다 전망)
오형제 풀빌라
제주돌창고
(수영장이 보말칼국수, 고기국수)
있는 카페)
웃뜨르항아리
테이크타임커피
로스터스(귤슈페너)
싱계물공원
풍력발전기와 바다,
물 위를 걷는 육교
웨스트그라운드
(애플망고빙수)
두모산책
클랭블루 수동(독채)
제주돗
(근고기)
한경해안로
(신창풍차 해안도로)
풍차로 가는 길
(싱계물 오션라떼)
그 해 여름(수제청 음료)
유람 위드북스
저지예술
정보화마을
신창풍차
해안도로 일몰
블루웨이
프리다이브
클랭블루
스테이(2인)
땡큐드라이버
저지오름
매우 가파른 깔때기형 산상화구
소리소문(독립서점)
무위의 공간
그린사이공
(돼지BBQ바게트샌드위치)
라이엔네 풀빌라 스테이
산노루 제주점
(말차라떼,말차팥라떼)
아홉굿마을
1000개의 의자를 구경할 수
있는 곳, 무한도전 촬영
별밭스테이(독채)
제주돗
수리담(독채)
용수리포구
천주교 용수성지
한국 최초의 신부 김대건
신부가 제주에 표착한
것을 기념하는 곳.
올레길
13코스
생각하는 정원
1만2천평 대지에 7개의 소정원
청수미방
(라구볼로네제)
묘한식당
(흑돼지돔베카츠)
차귀도 억새
독특한 형태인
차귀도 배경과
억새[9,10,11월]
제주 차귀도
요트투어
제주환상전기자전거
카페데스틸
(오란프레소)
절부암(제주도 기념물 제9호, 조선시대
조난당한 남편의 사연이 있는)
낙천의자공원
초대형 의자와 사진
찍을 수 있는 곳.
청수리아파트(독채)
봄빛코티지(독채)
가마오름
올레길 12코스
카멜리아문 차귀도
제주소품샵
한경면
제주 가마오름
일제동굴진지
차귀도유람선
당산봉
오름,일몰명소
당오름
별별촌 정원점
(제주산흑돼지)
청수곶,펠몽여관(독채)
차귀도
자구내포구
금자매식당(전복성게돌
솥밥, 전복돌솥밥정식,
양념게장정식)
하소로커피
(직접 로스팅한
원두가 인기있는
핸드드립 카페)
몽땅(제주수제
롤치즈돈까스)
1.차귀도달래배낚시(배낚시)
2.진성배낚시(배낚시)
3.대물호(배낚시)
엉알해안
산책로
한경가든
(순살갈치조림)
고도17
엄블랑짬뽕
(해물짬뽕, 탕수육)
산양큰엉곶
숲속의 작은마을을 재현한 곳에
다양한 포토존이 있다. 기차포토존,
백설공주 오두막이 유명하다.
수월봉 노을
수월봉
지질트레일
수월봉
해 질 무렵 보이는 저녁노을이 으뜸인
곳 수월정에서 보이는 차귀도와
차귀해안의 절경,주차 후 1분
엉알해안
해안절벽과 올레길 그리고 아름다운
석양이 있는 유네스코 세계지질공원
반딧불이마을 청수리
매년 6월 초~7월 한 단간
반딧불이 축제가 열리는 곳.
제주 곶자왈 도립공원
곶자왈이란 암괴들이 불규칙하게
널려있는 지대에 형성된 숲(숲 트레킹)
스퀘어베이(우영우촬영지)
제주포슬
(포슬옥수수케이크)
무릉차경(곶자왈)
올레길 11코스
신도포구
미완성(개방감)
1132
신도1400(야자수)
녹남봉오름 백일홍
무릉2리
탐라는일상(독채)
도구리알
배를 타고 나가지 않아도
돌고래 떼를 볼 수 있는 곳.
미쁜제과
(미쁜크림라떼,
아메리카노)
스테이 알오에이 인 제주(마당)
무릉소운(프라이빗)
제주도예촌
1136
트뮴(삼각지붕)
스테이가랑(풀빌라)
LLLF(허니문, 고소미)
대정읍
1120
제주놀 3320(독채)
어쩌다 영락(독채)
애플망고1947
(제주애플망고빙수,제
주애플망고추스)
영락리 방파제
대정읍 앞바다에서
돌고래 조망
밧밧(모로코)
대정성지
(정약용 조카 정난주 마리아
묘가 있는 천주교 성지)
스테이 안도감 제주
(빈티지)
초콜릿박물관
가시오름
마라도
북마크게스트하우스
(게스트하우스)
날외15(그래놀라와 오디가
들어간 건강한 수제요거트)
주주스튜디오 제주
(소품샵)
감저카페
(탐쟁이
덩쿨이 멋진)
인스밀(이국적인 야자수
전망을 즐길 수 있는 카페)
모슬포한라전복 본점
(전복돌솥밥)
동일리포구
소금밭
(석양)
34

명월 팽나무 군락
수령 50년 이상 된 팽나무들이 가로수로 군락을 이루고 있다. 멋스럽고 조용한 마을
누운 섶 제주
서담미가
문수동그디(독채)
수월가
카페 굴한가 (귤따기)
협재차경 별뉘
한림읍
제주성서식물원 비블리아
성경에 나오는 식물을 주제로 조성한 식물원.
뚝뚝라면 본점 (뚝뚝김밥,뚝뚝라면)
금오름
협재해변에서 자동차로 15분만에 도착 주차장 주차후 등반(1주차장은 금오름 입구에 있어 2주차장보다 조금 등산 할수 있다.)
금악 오름 문화포인트
유년시절(오름)
봉성클래식 (독채)
아르떼뮤지엄
국내최대 몰입 미디어아트 10개의 다채로운 미디어 아트 전시
아르떼 뮤지엄 빛
9.81 파크
그래비티 레이싱, 카트 실내 체험 게임존, 하늘그네,F&B
981파크 잔디밭
무병장수 테마파크
제주 힐링명상센터, 국궁체험, 승마체험(승마 사전예약 필)
제주안전체험관
이끼숲소길 (이끼숲소길 에이드)
새별오름 억새
샛별, 이름조차도 아름다운 오름[10,11,12월]
새별오름
저녁 하늘 샛별과 같이 외롭게 있다고 하여 '새별오름' 가을 억새가 많은 저녁노을 감상의 성지
이달오름
새별오름 나홀로 나무
새별오름 나홀로나무
어음리 억새군락지
아르떼뮤지엄 가는 자동차 도로에 은색 억새군락 [10,11,12월]
어음리 억새군락지
바리메오름 호수
큰바리메오름
엘리시안제주 CC
새빌 핑크뮬리
핑크 핑크한 핑크뮬리 [9,10,11월]
다래오름
새빌 카페
새별오름 옆, 빈티지한 분위기의 카페
우유부단
이시돌 목장우유로 만든 담백한 아이스크림과 밀크티
제주당(제주오메기빵,농부의건강주스)
새별프렌즈
알파카, 말, 포니, 당나귀, 양, 흑염소와 함께 힐링할 수 있는 체험농장
아덴힐리조트&골프클럽
삼위일체대성당
성이시돌목장
아이스크림과 이국적 건축물에서의 사진촬영으로 유명한 곳
성이시돌 목장 테쉬폰
새별레저ATV (ATV)
스타벅스 제주금악DT점
트릭아이미술관
그리스신화박물관
왕이메오름
삼나무숲길이 멋진 분화구가 있는 오름
저지문화예술인마을
갤러리와 조각품이 모여있는 복합 예술공간
제주현대미술관
유동룡미술관(아마타준 미술관)
유동룡 건축가의 건축철학을 느낄 수 있는곳 예약 필수. 티라운지 추천
제주도립김창열미술관
김창열 화백의 물방울 작품을 만나 볼 수 있다.
방림원
국내 최초 야생화 식물원
김흥수 아틀리에
마중의집
문화예술공공수장고
블랙스톤제주 CC
정물 오름일월
정물오름
안덕면 겹동백길
겹동백이니 얼마나 풍성하겠어[11,12,1,2,3월]
행기소 그네
한라산아래첫마을 영농조합법인 (제주메밀비비작선면, 제주메밀비빔냉면)
환상숲 곶자왈공원
천연 원시림 곶자왈 공원, 매시간 정각의 숲 해설 듣기는 필수
맛있는풀부엌(문어오일링귀니)
명리동식당(흑돼지)
제주 유리의 성
유리공예 조각품으로 이루어진 테마파크
알동네집(흑돼지)
제주탐나라공화국
올레길 14-1코스
문도지 오름
돌오름
오설록 티 뮤지엄
전망대에 올라 차밭을 한눈에 감상하기, 티스톤 예약 강력추천
서광다원
수평선까지 닿아있는 제주 최대규모 녹차밭
남송이오름 (남소리기)
제주신화월드
신화워터파크
신화테마파크
신화역사공원 샤스타데이지
로봇플래닛
안덕면
원물오름 앞 갯무꽃
토이파크 (장난감 전시)
지아정원 키즈 가족펜션(풀빌라)
수줍은 언니네(독채)
무로이 (플랫화이트, 아메리카노)
제주 아트서커스
동광리 수국
담벼락에 피어난 수국의 아름다움[6,7,8월]
위이(무화과 케이크)
동광리농촌 체험마을
동광가경(수번)
거린오름 (북오름)
토마스마켓 (플리마켓)
뽀로로앤타요 테마파크 제주
스테이바링 (수영장)
포도뮤지엄
핀크스 포도호텔
무민랜드
핀란드 캐릭터 무민의 스토리가 담긴 공간
방주교회
본태박물관
본태박물관 노출 콘크리트
수풍석 뮤지엄
에가톳 캐빈(캐빈)
카멜리아힐 동백꽃
느끼며 알게되는 동백꽃의 아름다움[1,2,3,4월]
송하농장 홍가시 [4,5월]
카멜리아힐 수국
봄을 지나 여름으로 가는 길에 [5,6,7월]
카멜리아힐
비밀의 화원이 있다면 이곳일까? 동백꽃 붉은 융단이 깔리는 사진 명소
대유ATV 수렵사격랜드
바이나흐튼 크리스마스박물관
소인국테마파크
미니어처 사이즈 세계의 랜드마크가 전시될 테마공원
'서광리123' 핑크뮬리 [9,10,11월]
헬로키티 아일랜드
피규어뮤지엄
프리튀르 (수제 도너츠)
파더스가든
파더스가든(귤따기) 한라의향기(귤따기)
카멜리아힐 핑크뮬리
가을 손님 맞을 준비 끝 [9,10,11월]
제주 유리박물관
노리매공원 핑크뮬리 [9,10,11월]
모모언니바다간 식 서귀포 본점 (문어해물라면)
베이크샵스니프 (버터버터 시나몬롤)
노리매공원 매화
예원스테이(옹벽)
노리매공원 매화
기억해 제주(소품샵)
풀베개 (스윗풀베개)
이상한 나라의 앨리스
서광카트체험장(카트) 하늘여행 행글라이더체험장
점보빌리지
서광춘희 (돈코츠라멘)
'서광리123' 핑크뮬리 [9,10,11월]
서광곶자왈 생태탐방로
곶자왈을 입장료 없이 감상할 수 있는 곳.
세계자동차& 피아노박물관
세계 명품 클래식카와 어린이 교통 체험장
aaa jeju (비엔나커피, 티라미수)
오전열한시 (전복 볶음밥 육쌈동치미)
그건그렇고 (독립서점)
안성리 수국길
마을 비포장 양옆으로 풍성하게 꽃피운 수국. 안성리 998 [5,6,7월]
봉순이네흑돼지
크래커스 대정점(돌담 창 햇살), 청춘부부(감귤창고 감성카페)
카페덕국2180 (루프탑테라스와 귤밭)
그리니 제주(독채)
화순곶자왈생태탐방숲길
화산활동으로 생긴 요철 지형의 숲
세계자동차& 피아노박물관
세계 명품 클래식카와 어린이 교통 체험장
서귀포 화순서동로 (화순리) 유채꽃
차장 밖으로 보이는 유채꽃길[3,4월]
춘심이네 본점 (통갈치구이, 뼈없는은갈치조림)
중문고등어쌈밥 (묶은지고등어쌈밥)
중문미락촌
제주실탄사격장
실내 권총사격장,이색 체험장
숙성도 중문점 (숙성 흑돼지)
예래동 벚꽃길
카페 마노르블랑 동백꽃 [1,2,3,4월]
마노르블랑 (수국 가득한 야외정원)
마노르 블랑 핑크뮬리 [9~11월]
페를로 (성게어란 파스타)
하영담아 감귤농장
루나피크닉
자연속에서 만나는 명화 컬렉션
안덕면사무소 수국길
덕면 면사무소와 안덕면 산방로 푸른 수국 길 [5,6,7월]
포레스트제이 카우셰드
소서감산 (사랑방)
BISTRO 낭 (채끝스테이크)
군산오름 앞 갯무꽃
군산오름
고려 목종 때 폭발한 오름. 천년밖에 안된 산. 서귀포 앞바다를 한눈에 볼 수 있는 오름
제주소품샵 제주베네핏
잇쓴사계 (본가사,짬뽕)
거멍국수 (고기국수)
산방산
395미터로 우뚝 솟은 전형적인 종상화산, 산방(山房)이라는 의미는 산수의 동굴을 의미. 해식동굴이 있기 때문
루나폴
12만평 규모의 미디어 아트, 야간형 디지털 테마파크
루나폴야경
화순양로(독채)
안덕계곡
건강과성 박물관
엄청난 규모의 성 테마 박물관
더트리브
카멜베이지 (독채)
대왕수천예래 생태공원
풀스테이 소랑제(풀빌라)
추사 김정희 유배지
어린왕자 감귤밭
제주추사관
단산
바굼지오름
대정향교
제주커피수목원
춘미향(정식)
보로스름 스테이디움 2호점
산방산탄산온천
[3,4월]산방산 유채꽃
제주 시점 (소품샵)
숲이 되는 시간(독채)
오라디오라 (산방산 유채꽃 전망)
BISTRO 낭 (한우 스테이크)
엘파소 (블루코코넛)
순천미향(갈치조림)
치미품(토끼모양 아이스크림) 하멜기념비
황우치해변
산방굴사
원앤온리
유엔아이
비밀역 (파르페)
화순가옥 (독채)
산방산 유람선
산방산초가집 (전복해물전골)
중앙식당 (성게보말죽)
제주 진미 마돈가 (말고기)
우무레 민박 (말고기)
색달식당(갈치)
산방산 유채꽃
비고르서프 &프리다이빙
올레길 9코스
올레길 8코스
미니메리 게하 (제주보말죽)
해실(독채)
난드르바당(흑돼지)
갯깍주상절리대
갯깍주상절리대 동굴
예래포구
색달해변 일몰
논짓물해안 제주해양캐밍
설쿰바당해변
알뜨르비행장
화순금모래해수욕장
박수기정일몰
대평포구
박수기정
35

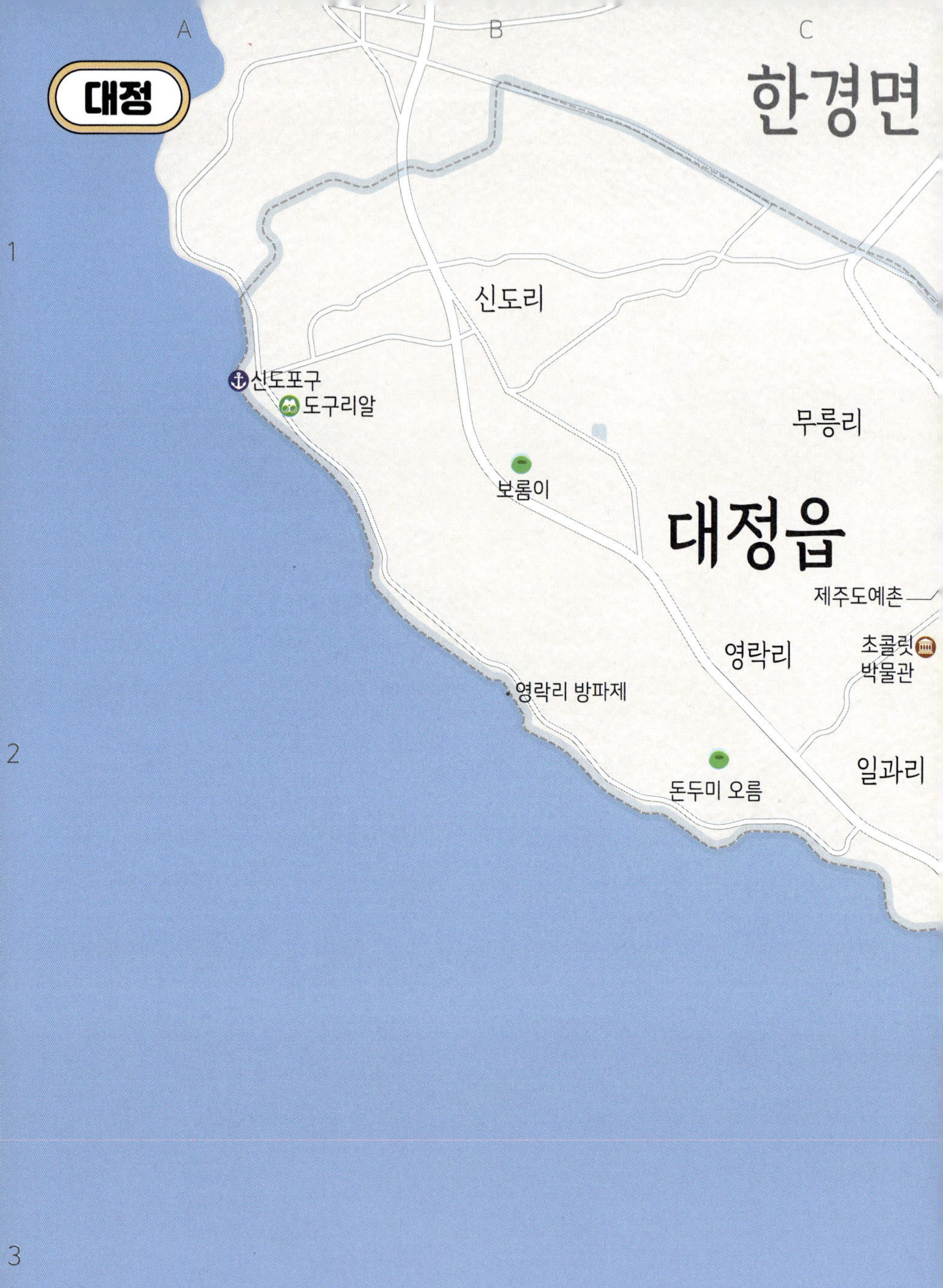
대정
A
B
C
한경면
1
신도리
신도포구
도구리알
무릉리
보롬이
대정읍
제주도예촌
영락리
초콜릿
박물관
영락리 방파제
2
돈두미 오름
일과리
3
A
B
C

D
E
F
1
2
3
구엄리
노리매공원
매화, 핑크뮬리
제주곶자왈
도립공원
신평리
보성리
안성리
추사 김정희
유배지
제주추사관
안덕면
가시오름
동일리
모슬봉
동일리 포구
하모리
대정읍사무소
모슬포성당
상모리
모슬포항
알뜨르 비행장
일제지하벙커
동알오름
마라도 정기
여객선(운진항)
하모해수욕장
제주 송악산 외륜
일제 동굴진지,
송악산 진지동굴
알뜨르 비행장
섯알오름
송악산
송악산 둘레길 수국

대정 주요지역

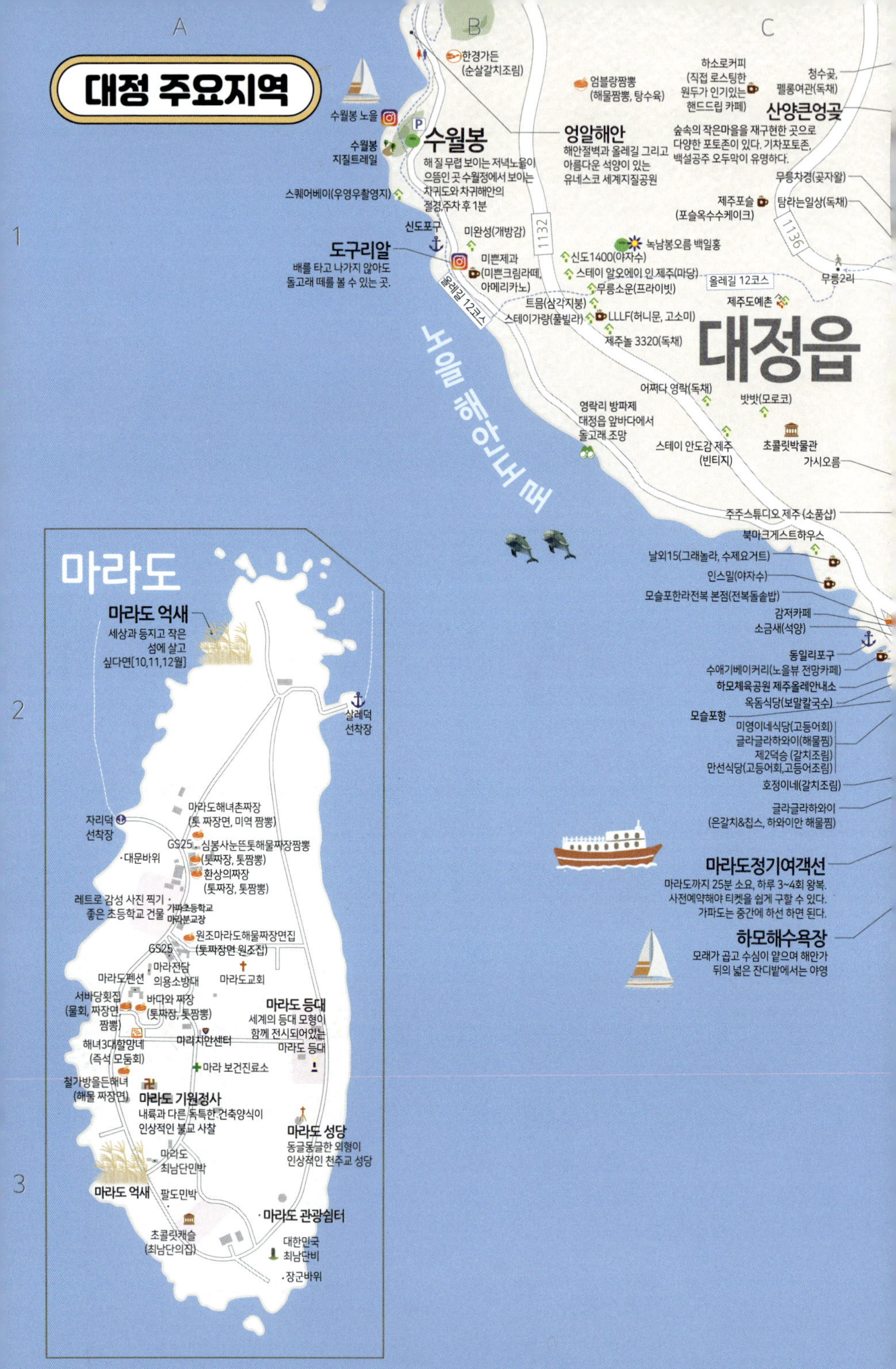

A
B
C
1
2
3
한경가든
(순살갈치조림)
엄블랑짬뽕
(해물짬뽕, 탕수육)
하소로커피
(직접 로스팅한
원두가 인기있는
핸드드립 카페)
청수곶,
펠롱여관(독채)
산양큰엉곶
숲속의 작은마을을 재구현한 곳으로
다양한 포토존이 있다. 기차포토존,
백설공주 오두막이 유명하다.
수월봉 노을
수월봉
지질트레일
수월봉
해 질 무렵 보이는 저녁노을이
으뜸인 곳 수월정에서 보이는
차귀도와 차귀해안의
절경.주차 후 1분
엉알해안
해안절벽과 올레길 그리고
아름다운 석양이 있는
유네스코 세계지질공원
스퀘어베이(우영우촬영지)
무릉차경(곶자왈)
제주포슬
(포슬옥수수케이크)
탐라는일상(독채)
1132
1136
신도포구
미완성(개방감)
녹남봉오름 백일홍
도구리알
배를 타고 나가지 않아도
돌고래 떼를 볼 수 있는 곳.
미쁜제과
(미쁜크림라떼,
아메리카노)
신도1400(야자수)
스테이 알오에이 인 제주(마당)
무릉소운(프라이빗)
올레길 12코스
무릉2리
올레길 12코스
제주도예촌
트름(삼각지붕)
스테이가량(풀빌라)
LLLF(허니문, 고소미)
제주놀 3320(독채)
대정읍
노을 해안로
어쩌다 영락(독채)
밧밧(모로코)
영락리 방파제
대정읍 앞바다에서
돌고래 조망
스테이 안도감 제주
(빈티지)
초콜릿박물관
가시오름
주주스튜디오 제주 (소품샵)
북마크게스트하우스
날외15(그래놀라, 수제요거트)
인스밀(야자수)
모슬포한라전복 본점(전복돌솥밥)
감저카페
소금새(석양)
동일리포구
수애기베이커리(노을뷰 전망카페)
하모체육공원 제주올레안내소
옥돔식당(보말칼국수)
모슬포항
미영이네식당(고등어회)
글라글라하와이(해물찜)
제2덕승 (갈치조림)
만선식당(고등어회,고등어조림)
호정이네(갈치조림)
글라글라하와이
(은갈치&칩스, 하와이안 해물찜)
마라도정기여객선
마라도까지 25분 소요, 하루 3~4회 왕복.
사전예약해야 티켓을 쉽게 구할 수 있다.
가파도는 중간에 하선 하면 된다.
하모해수욕장
모래가 곱고 수심이 얕으며 해안가
뒤의 넓은 잔디밭에서는 야영
마라도
마라도 억새
세상과 등지고 작은
섬에 살고
싶다면[10,11,12월]
살레덕
선착장
자리덕
선착장
마라도해녀촌짜장
(톳 짜장면, 미역 짬뽕)
GS25
심봉사눈뜬톳해물짜장짬뽕
(톳짜장, 톳짬뽕)
환상의짜장
(톳짜장, 톳짬뽕)
·대문바위
레트로 감성 사진 찍기 ·
좋은 초등학교 건물
가파초등학교
마라분교장
원조마라도해물짜장면집
(톳짜장면 원조집)
GS25
마라전담
의용소방대
마라도교회
마라도펜션
서바당횟집
(물회, 짜장면,
짬뽕)
바다와 짜장
(톳짜장, 톳짬뽕)
마라도 등대
세계의 등대 모형이
함께 전시되어있는
마라도 등대
마라치안센터
해녀3대할망네
(즉석 모둠회)
마라 보건진료소
철가방을든해녀
(해물 짜장면)
마라도 기원정사
내륙과 다른 독특한 건축양식이
인상적인 불교 사찰
마라도 성당
동글동글한 외형이
인상적인 천주교 성당
마라도
최남단민박
마라도 억새
팔도민박
·마라도 관광쉼터
초콜릿캐슬
(최남단의집)
대한민국
최남단비
·장군바위
A
B
C

반딧불이마을 청수리
매년 6월 초~7월 초 한 달간
반딧불이 축제가 열리는 곳.
서광다원
제주항공우주박물관
거린오름 (북오름)
카멜리아힐 동백꽃
느끼면 알게되는 동백꽃의
아름다움[1,2,3,4월]
에가틋 캐빈(캐빈)
제주 곶자왈 도립공원
곶자왈이란 암괴들이 불규칙하게
널려있는 지대에 형성된 숲숲 트래킹
로봇플래닛
신화역사공원 샤스타데이지
트로이테마 농원(승마)
바이나호튼
크리스마스박물관
서광보말칼국수
(보말칼국수, 성게미역국)
토마스마켓 (플리마켓)
송하농장 홍가시 [4,5월]
카멜리아힐 수국
봄을 지나 여름으로
가는 길에 [5,6,7월]
헬로키티 아일랜드
노리매공원 핑크뮬리
핑크 해지는 사진을 찍고
싶다면[9,10,11월]
모모언니바다간 식 서귀포 본점
(문어물파리면)
기억해 제주(소품샵)
서광춘희 돈코츠라멘
프리튀르 (수제 도너츠)
피규어뮤지엄
카페 울리 노을
카멜리아힐
비밀의 화원이 있다면 이곳일까?
동백꽃 붉은 융단이 깔리는 사진 명소
노리매공원
사계절 꽃과 식물과 함께 찍는
인생사진, 봄철 매화축제
예원스테이(옹벽)
풀빵과 (스윗풀빵)
이상한 나라의 앨리스
서광카트체험장(카트)
하늘여행 행글라이더체험장
소인국테마파크
파더스가든
파더스가든(귤밭)
한라의향기(귤밭)
aaa jeju (비엔나커피, 티라미수)
제주 유리박물관
카멜리아힐 핑크뮬리
가을 손님 맞을 준비 끝
[9,10,11월]
노리매공원 매화 [3,4월]
애플망고1947 (제주애플망고빙수)
안성리 수국길
마을 비포장 양쪽으로 풍성하게 꽃피운
수국, 안성리 998 [5,6,7월]
정보 빌리지
서광리 곶자왈 생태탐방로
곶자왈을 입장료 없이
감상할 수 있는 곳.
서귀포 화순서중로 (화순리) 유채꽃
차창 밖으로 보이는 유채꽃길[3,4월]
세계자동차&피아노박물관
세계 명품 클래식카와
어린이 교통 체험장
그건그렇고 (독립서점)
크래커스 대정점(돌담 창 햇살, 청년부부(감귤창고 감성카페)
마노르블랑 동백꽃
애기동백은 포토존과 함께[1,2,3,4월]
마노르블랑 (수국 가득한 야외정원)
일일시호일 (자쿠지)
카페덕수리2180 (루프탑테라스와 귤밭)
화순곶자왈생태탐방숲길
화산활동으로 생긴 요철 지형의 숲
춘심이네 본점
(통갈치구이, 뼈없는은갈치조림)
제주실탄사격장
실내 권총사격장,이색 체험장
대정성지
마노르 블랑 핑크뮬리 [9~11월]
루나피크닉
자연속에서 만나는 명화 컬렉션
안덕면사무소 수국길
덕연 면사무소와 안덕면
산방로 푸른 수국 길 [5,6,7월]
소서귤산 (사랑방)
포레스트제이 카우셰드
중문고등어쌈밥
(묵은지고등어쌈밥)
중문미로파크 숙성도 중문점
(숙성 흑돼지)
BISTRO 낭 (채끝스테이크)
군산오름
고려 목종 때 폭발한
오름. 천년밖에 안된
산. 서귀포 앞바다를
한눈에 볼 수 있는 오름
제주소품샵 제주베네핏
어린왕자감귤밭
추사 김정희 유배지
제주추사관
제주커피 수목원
돗툼 (돔마크)
산방산
395미터로 우뚝 솟은 전형적인 종상화산,
산방(山房)이라는 의미는 산수의 동굴을
의미. 해식동굴이 있기 때문
잇뽕사계 (본카츠 짬뽕)
거멍국수 (고기국수)
BISTRO 낭 (한우 스테이크)
화순양위(독채)
건강과성 박물관
엄청난 규모의 성 테마 박물관
더리트리브
중앙식당 (성게보말죽)
모슬봉
단산
정상에서 형제섬,
가파도, 마라도를
볼 수 있다.
대정향교
제주향교 수목원
춘미향(정식)
산방산 탄산온천
바굼지오름
[3,4월]산방산 유채꽃
제주 시점 (소품샵)
스테이 숲이 되는 시간(독채)
유엔아이
순천미향(갈치조림)
산방굴사
원앤오리
비밀의 (파르페)
산방산초가집 (전복해물찜)
화순리 (독채)
제주 진미 마돈가 (말고기)
우무레 민박 (독채)
올레길 9코스
BISTRO 낭 (채끝스테이크)
풀스테이 소랑제(풀빌라)
카멜베이스 (독채)
예래동 벚꽃길
색달식당(갈치)
미니메리 게하 (제주보말죽)
제주해조네 보말성게전문점 (제주보말죽)
해쉴(독채)
난드르바당(흑돼지)
예래포구 제주해양레저 파크(씨워킹)
알뜨르비행장
2차 대전 당시
일본군이 제주도민을
강제동원하여 만든
전투기 격납고
스테이더몽 2호점
어떤바람 (독립서점)
그레이그로브 (사계전망 카페)
현무암라멘
숲이 되는 시간(독채)
오라디오라
치치퐁(토끼모양 아이스크림)
하멜기념비
·비고르서프 &프리다이빙
황우치해변
산방산 유람선
대평 포구
올레길 8코스
박수기정돌물 (제주보말죽)
논짓물해안
1.난드르호선상낚시
2.프라다 선상낚시
3.알라딘호선상낚시
산방식당(밀냉면)
모슬포성당
옥돔식당(보말전복손칼국수)
부두식당(제철모듬회, 고등어회)
덕승식당(갈치조림과 구이)
제주해양사업단 하모씨워킹
바불 제주 풀빌라
보로스름
독립서점
뷰스트
화순금모래해수욕장
가파도와 마라도, 산방산이
배경인 해변
1.휴일로(하트 돌담)
2.카페 두가시(당근케이크)
3.카페루시아 본점(아메리카노)
설쿰바당해변
사계해수욕장
용머리해안
180만 년 전 수중 화산 폭발로 만들어진
각종 동굴과 단층이 모여서 절경이 탄생
용머리해안 물웅덩이가 포토존
1.커피스케치 (브라운 치즈를 듬뿍
넣은 달콤한 크로플 맛집)
2.소색채본(산방산 뷰가 멋진 카페)
박수기정
절벽이 장관,바가지로 마실
샘물이 솟는 절벽이라는 의미
송악카트 체험장
형제섬보말칼국수
제주산방산 본점
(보말칼국수, 보말죽)
4.3유적지 섯알오름학살터
큰돈가 본점
(흑제지근고기)
용머리 하멜상선 전시관
플레이사계 지오단길
산방산 아래 트렌디한 인스타그램 감성의 골목형 상가.
1. 토끼트멍(무늬오징어,돌문어볶음)
2. 제주선채향(전복칼국수)
사일리커피
형제섬
마라도가는여객선
송악산 둘레길
송악산 진지동굴
진지동굴 노을
제주스쿠바로파 (스쿠버다이빙)
송악산
산방산, 한라산, 마라도의 모습이
한눈에 섭지코지 못지않게
해안절경이 아름다운 곳
사계 어촌체험마을
해녀 물질 체험을 즐길 수 있는 곳.
1시간 동안 뿔소라, 성게 등의
해산물을 직접 채취할 수 있다.
송악산 수국정원
5~7월 송악산 정상에서부터 가파도를
향해 뻗은 분화구를 따라 흘러내린 듯
길게 늘어선 수국밭
상동포구
블랑로쉐(우도 땅콩아이스크림)
가파도
천천히 걷기 좋은 '키 작은 섬'
가파도 청보리
영화속 주인공이 되는
법[4,5,6,7월]
마라도가는 여객선
송악산선착장에서 마라도까지
30분 소요 하루 8~9회 왕복
편도 1인 18,000원 왕복
살레덕선착장
마라도
제주가 왜 아름다운 섬인지 자연스레 알게 되는 곳
섬 둘레 4.2km, 대한민국 최남단 신비의 섬
자리덕선착장
대한민국 최남단비
마라도 억새

안덕

1
A
B
C

당오름
원물오름
도너리오름
토이파크
동광리
서커스월드
공연장
남송이오름
제주신화월드,
트랜스포머 오토봇
얼라이언스 (신화월드)
오설록 티 뮤지엄
신화워터파크
동광리농촌
체험마을
서광다원
제주 항공우주
박물관
거린오름
서광리
헬로키티
아일랜드
토마스마켓
소인국
테마파크
바이나흐튼
크리스마스박물관

2
서광리123
핑크뮬리
서광리 곶자왈
생태탐방로
피규어
뮤지엄

안덕면

덕수리

서귀포 화순서동로
(화순리) 유채꽃

안덕면사무소
수국길
안덕계곡
화순리

대정읍
카페 마노르블랑
동백꽃
건강과 성 박물관
감산리

산방산
탄산온천
단산(바굼지오름),
파군봉(바굼지오름)
산방산 유채꽃
안성리 수국길,
동광리 수국
월라봉
대정향교
산방산
제주커피수목원
산방굴사, 산방사
화순금모래 해수욕장
사계리
하멜기념비
황우치해변
산방산 유람선
플레이사계
지오단길
용머리해안
사계 어촌체험마을
사계해변
사계해안도로

3
A
B
C

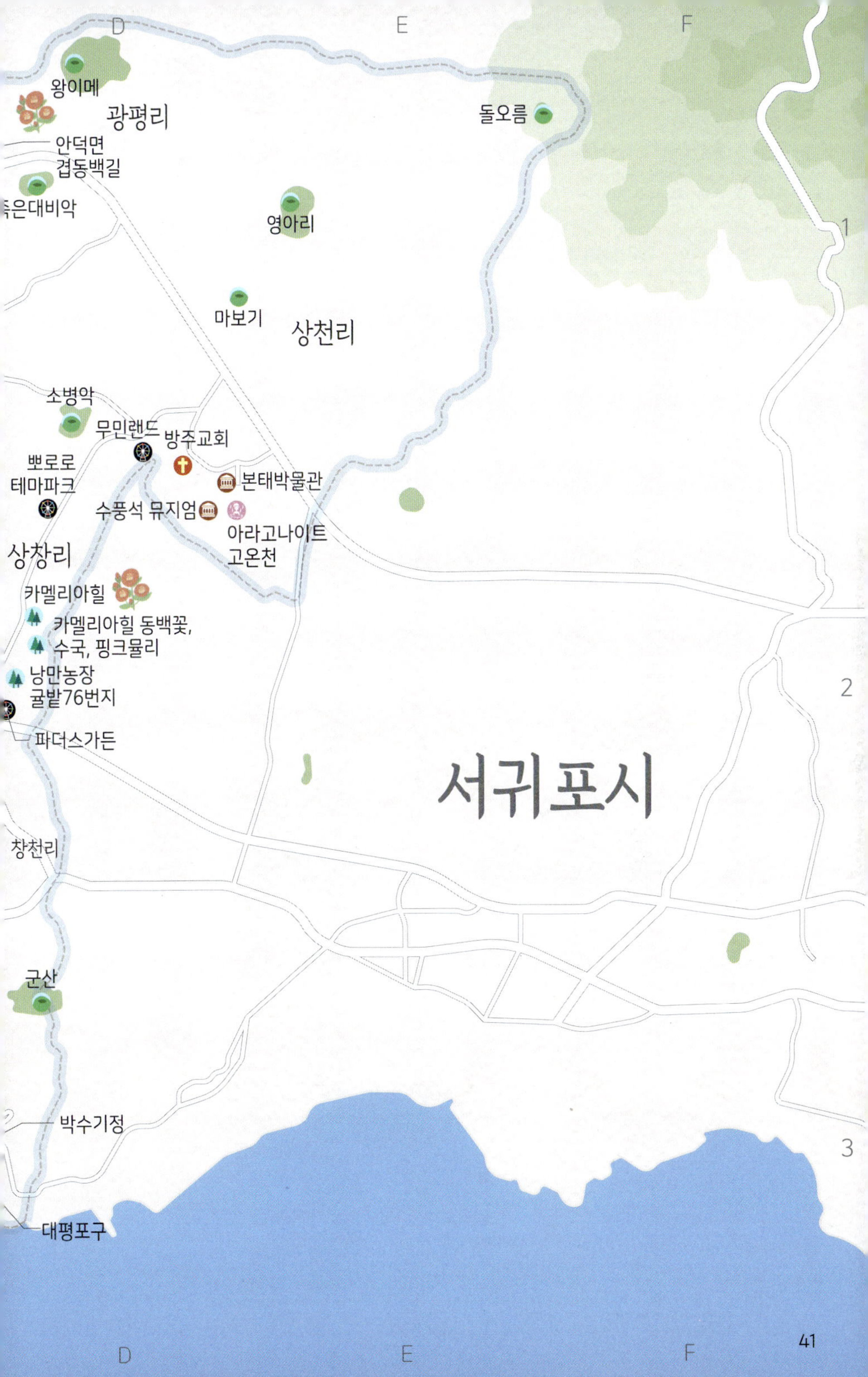

D
E
F
왕이메
광평리
안덕면
겹동백길
죽은대비악
영아리
돌오름
마보기
상천리
소병악
무민랜드
방주교회
뽀로로
테마파크
본태박물관
수풍석 뮤지엄
아라고나이트
고온천
상창리
카멜리아힐
카멜리아힐 동백꽃,
수국, 핑크뮬리
낭만농장
귤밭76번지
파더스가든
서귀포시
창천리
군산
박수기정
대평포구
1
2
3
D
E
F

A
B
C
1116
1120
1116
1100 제주 해안도로
42

유년시절(오름)
새별오름 억새
새별오름
저녁 하늘 샛별과 같이 외롭게 떠 있다고 하여 '새별오름' 가을 억새가 많은 저녁노을 감상의 성지
어음리 억새군락지
엘리시안제주 CC

액티브파크
실내클라이밍, 카트 키즈카페
섭재(독채) 사진촬영이 유명
금능남로 유채꽃길
협재굴,황금굴, 쌍용굴

제주성서식물원
비블리아
성경에 나오는 식물을 주제로 조성한 식물원
똣똣라면 본점
(똣똣김밥, 똣똣라면)
금오름
협재해변에서 자동차로 15분만에 도착 주차장 주차후 등반(1 주차장이 금오름 입구에 있어 2 주차장보다 조금 등산 거리가 있다.)
이달오름
새별오름
나훌로 나무
새별오름 나훌로나무
새빌 핑크뮬리
[9,10,11월]
새빌 카페
새별프렌즈

제주맥주 양조장
사전 예약제로 운영되는 양조장 투어(에일 생맥주 시음 가능)
서부농업기술센터
촛불맨드라미
이국적 풍경을 만들어주는 맨드라미[9,10월]
제주바다 하늘패러투어 (패러글라이딩)
금악 오름 문화포인트
삼위일체대성당
우유부단
이시돌 목장우유로 만든 담백한 아이스크림과 밀크티
아덴힐리조트&골프클럽

제주돌마을공원
더마파크
더마카트 카트레이싱
서부농업 기술센터 코스모스
제주현대미술관
현대미술 작품과 야외 조각작품 감상 윌링차경
저지문화예술인마을
갤러리와 조각품이 모여있는 복합 예술공간, 다양하고 독특한 창작품들을 볼 수 있다.
금악 오름
성이시돌목장
아이스크림과 이국적 건축물에서의 사진촬영으로 유명한 곳
성이시돌 목장 테쉬폰
그리스신화박물관
새별레저파크 (ATV)
스타벅스 제주금악DT점

문화예술공공수장고 미디어아트 전시관
웃뜨르향이리
(보말칼국수, 고기국수)
저지예술 정보화마을
어오네스테 이(독채)
김동수 아틀리에
방림원
국내 최초 야생화 식물원 (2000여종 이상의 다양한 야생화)
유동룡미술관(아미타준 미술관)
유동룡 건축가의 건축철학을 느낄 수 있는곳 예약 필수. 티라운지 추천
제주도립김창열미술관
김창열 화백의 물방울 작품을 만나 볼 수 있다.
블랙스톤제주 CC
정물 오름일몰
정물오름
트릭아이미술관
안덕면 겹동백길
겹동백이나 얼마나 풍성하겠어[11,12,13월]

가메창 (암메)
소리소문(독립서점)
뚱보아저씨(갈치구이)
텔레스코프
저지오름
생각하는 정원
1만2천평 대지에 7 개의 소정원
마중 오름
문도지 오름
문도지 오름
노을
올레길 14-1코스
돌오름
제주탐나라 공화국
원물오름 앞 갯무꽃
토이파크 (장난감 전시)
안덕면
지아정원 키즈 가죽펜션(풀빌라)
동광리 수국
담벼락에 피어난 수국의 아름다움[6,7,8월]

무위의 공간
청수미방 (라구볼로네제)
청수리아파트(독채)
봄빛코티지(독채)
가마오름
제주 가마오름 일제동굴진지
묘안식당 (흑돼지동베까츠)
이립(보늬밤, 말차 크림라떼)
명리동식당 (흑돼지)
맛있는풀부엌(문어오일링귀니)
물통식당(흑돼지)
알동네집(흑돼지)
환상숲 곶자왈공원
천연 원시림 곶자왈 공원, 매시간 정각의 숲 해설 듣기는 필수
제주 유리의 성
유리공예 조각품으로 어루어진 테마파크
오설록 티 뮤지엄
전망대에 올라 차밭을 한눈에 감상하기, 티스톤 예약 강력추천
서광다원
수평선까지 닿아있는 제주 최대규모 녹차밭
무로이(무화과 케이크)
위이(무화과 아메리카노)
제주 아트서커스
스테이바림 (수영장)
에가툿 캐빈(캐빈)

오오오하우스
(풀빌라), 청수곶, 펠롱여관(독채)
양가형제(경버거)
몽땅(제주수제 롤치즈돈까스)
제주항공우주박물관
아이들과 함께 즐기는 다양한 항공기 체험
남송이오름 (남소기)
제주신화월드
신화워터파크
호미(호미 뭐귀)
동광차경(수변)
동광리농촌 체험마을
뽀로로앤타요 테마파크 제주
카멜리아힐 동백꽃
[1,2,3,4월]

반딧불이마을 청수리
매년 6월 초~7월 초 한 달간 반딧불이 축제가 열리는 곳.
산양큰엉곶
제주 곶자왈 도립공원
곶자왈이란 암괴들이 불규칙하게 널려있는 지대에 형성된 숲(숲 트레킹)
무릉장경(곶자왈)
신화테마파크
신화역사공원 샤스타데이지
로봇플랫넷
트로이테마 농원(승마)
거린오름 (북오름)
서광보말칼국수 (보말국수, 성게미역국)
바이나흐튼 크리스마스박물관
토마스마켓 (플리마켓)
카멜리아힐
[5,6,7월]카멜리아힐 수국
헬로키티 아일랜드
피규어뮤지엄
카멜리아힐 핑크뮬리
[9,10,11월]

올레길 11코스
탐라는일상(독채)
노리매공원 핑크뮬리
핑크 해지는 사진을 찍고 싶다면[9,10,11월]
노리매공원
사계절 꽃과 식물과 함께 찍는 인생사진, 봄철 매화축제
모모언니바다간 식 서귀포 본점 (문어해물라면)
기억해 제주(소품샵)
풀베개 (스윗풀베개)
이상한 나라의 앨리스
소인국테마파크
미니어처 사이즈, 세계의 랜드마크가 전시된 테마공원
파더스가든
파더스가든(귤따기) 한라의향기(귤따기)
중문미로파크
제주 유리박물관

애플망고1947
(제주애플망고빙수,제 주애플망고주스)
제주어린왕자 펜션(풀빌라)
노리매공원 매화
니들이 매화를 알아?[3,4월]
벨진밧(빌라독채)
제주소품샵 제주베네핏
서광카트체험장(카트)
하늘여행 행글라이더체험장
서광춘희 (돈코츠라멘)
서광 곶자왈 생태탐방로
곶자왈을 입장료 없이 감상할 수 있는 곳.
정보 빌리지
중문고등어쌈밥 (묵은지고등어쌈밥)
춘심이네 본점 (뼈없는은갈치조림)
소서감산 (사랑방)
BISTRO 낭 (채끝스테이크)

대정성지
(정약용 조카 정난주 마리아 묘가 있는 천주교 성지)
a tiny little peace(독채)
어린왕자감귤밭
(카페에서 즐기는 감귤밭과 동물 체험)
카페 마노르블랑 동백꽃
애기동백은 포토존과 함께[1,2,3,4월]
마노르 블랑 핑크뮬리
[9~11월] 예쁜 찻잔으로 가득한 카페뷰
마노르블랑 (수국 가득한 야외정원)
서귀포 화순서동로 (화순리) 유채꽃
차창 밖으로 보이는 유채꽃길[3,4월]
카페덕수리2180
(루프탑테라스와 귤밭)
그리니 제주(독채)
일일시호일 (자쿠지)
화순곶자왈생태탐방숲길
화산활동으로 생긴 요철 지형의 숲
안덕면사무소 수국길
포레스트제이 카우셰드
BISTRO 낭
건강과성 박물관
더리트리브
안덕계곡
군산오름 앞 갯무꽃

가시오름
올레길 11코스
모슬봉
감저카페 (담쟁이 덩쿨이 멋진)
소금새 (섬양)
주주스튜디오 제주 (소품샵)
산방식당 (밀냉면)
추사 김정희 유배지
제주추사관
단산
산방산,송악산과 마주보고 있으며 정상에서 형제섬, 가파도,마라도를 볼 수 있다.
산방산 탄산온천
[3,4월] 산방산 유채꽃
바굼지오름
대정향교
제주커피 수목원
돗통
돈마호리
잇뽕사계 (본까츠 짬뽕)
거멍국수 (고기국수)
산방산
395미터로 우뚝 솟은 전형적인 종상화산, 산방(山房)이라는 의미는 산수의 동굴을 의미. 해식동굴이 있기 때문
산방굴사
중앙식당 (한우 스테이크)
BISTRO 낭 (성게보말국)
산방가옥(독채)
루나폴
루나폴야경
12만평 규모의 미디어 아트, 야간형 터치형 테마파크
비밀역 (파르페)
화순가옥 (독채)
올레길 9코스
산방산초집 (전복해물뚝갈) 한눈에 볼 수 있는 오름
더리트리브
군산오름
서귀포 앞바다를

모슬포성당
돌담으로 둘러싸인 역사적인 성당.
만선식당 모슬포항(고등어회,고 등어조림)
옥돔식당(보말칼국수)
알뜨르비행장
2차 대전 당시 일본군이 제주도민을 강제동원하여 만든 전투기 격납고
케이제주(씨워킹), 아라호(배낚시), M1971(요트투어)
대정항교
제주 시점 (소품샵)
춘미향(정식)
보로소름 스테이더움 2호점
어떤바람 (독립서점)
제주커피 수목원
유엔아이
오라디오라
[산방산 유채꽃 전망]
설쿰바당해변
사계해수욕장
뷰스트
(현무암러빗)
그레이그로브 (사계전망 카페)
바불 제주 풀빌라 (수영장)
용머리해안
용머리해안
물웅덩이 포토존
하멜기념비
황우치해변
순천미향(갈치조림)
화순금모래해수욕장
가파도와 마라도, 산방산이 배경인 해변
박수기정
대평포구
색달식당(갈치)
제주 진미 마돈가 (말고기)
산방산 유람선

플레이사계 지오단길
산방산 아래 트렌디한 인스타그램 감성의 골목형 상가.
올레길 8코스
1.휴일로(하트 돌담)
2.카페 두가시(당근케이크)
3.카페루시아 본점(아메리카노)
1.난드로호선상낚시
2.프라다 선상낚시
3.알라딘호선상낚시

안덕 주요지역
D
E
F
바리메오름 호수
큰바리메오름
다래오름
한대오름
1100고지 단풍
오르지 않아도 되는 단풍길 걷기[10,11월]
삼형제 큰오름
1100고지 설경
1100고지
1100고지 람사르습지
1100고지
한라산 남벽 뷰 감상 가능
만세동산(오름)
선작지왓 (윗세오름) 철쭉
윗세누운오름
윗세오름
병풍바위
영실탐방안내소
영실탐방코스
2시간 30분 5.8Km
한라산 영실코스 단풍
그냥 등산말고, 단풍 등산[10,11월]
왕이메오름
삼나무숲길이 멋진 분화구가 있는 오름
돌오름
행기소 그네
포도뮤지엄
현대미술을 전시,관람할 수 있는 복합문화공간
무민랜드
핀란드 캐릭터 무민의 스토리가 담긴 공간
핀크스 포도호텔
방주교회
제주 7대 아름다운 건축물 관광지는 아니지만 특이한 건물로 많은 사람들이 찾는 곳
법정악 전망대
정상에 오르면 파노라마 뷰가 펼쳐지는 전망대.
본태박물관
세계적인 건축가 안도타다오의 작품. 노출 콘크리트와 빛, 물이 조화롭게 어우러진 건축미. 세계적인 거장들의 작품과 우리나라 전통공예 전시
법정이오름
서귀포자연휴양림
운동화가 아니어도 괜찮아, 혼자 걸어봐도 좋아 제주의 숲에서 캠핑해보는 색다른 경험
거린사슴
시오름
본태박물관 출콘크리트
아라고나이트 고온천
미네랄이 풍부하고 독특한 우유 빛깔의 아라고나이트 고온천수를 경험할 수 있는 곳. 가족 단위로 방문하기 좋다.
서귀포 치유의 숲
평균수령 60년 이상의 전국 최고의 편백 숲이 여러 곳에 조성
수풍석 뮤지엄
롯데스카이힐 제주 CC
제주다원
생각보다 어려운 녹차 미로와 곳곳의 포토존, 무인카페
클럽엘제주 컨트리클럽
녹차 미로공원
1115
대유ATV수렵사격랜드
중문레저 UTV(ATV)
서귀포 천문과학 문화관
밤하늘의 천체 및 태양을 관찰할 수 있는 천체 망원경 보유
하늘아래수목원
그건그렇고(독립서점)
제주실탄사격장
숙성도 중문점 (숙성 흑돼지)
김서프제주(서핑), 제주배럴서핑 스쿨(서핑)
선물가게바나나 제주 소품샵 서귀포중문점 (소품샵)
천제연폭포
총 3단으로 이루어진 폭포
법화사지 배롱나무
엉또폭포
비가 많이 와야만 볼 수 있는 신비의 폭포
도순다원
고근산
서귀포시와 서귀포 앞바다가 한눈에 보이는 곳
씨플로우 프리다이빙
예래동 벚꽃길 [3,4월]
1.연돈(돈까스), 2.숙성도(숙성흑삼겹), 3.형제도식당 (갈치한상)
중문향토오일장
끝자리 3일, 8일에 열리는 오일장
법화사
스테이월든(독채)
감따남 (시그니처 꾸울라떼)
곳곳(귤밭)
제주스테이 바우다(창호지청)
서유의섬 풀빌라
삼미흑돼지
중문동 벚꽃길
예래동 주민센터부터 구 중문동 주민센터까지 벚꽃 드라이브 길[3,4월]
1136
뜻밖의발견(조용한 빈티지 카페)
모루헌 (독채)
대양수천예래 생태공원
여미지식물원
스토리캐슬 EP.1 더 신데렐라
제주운정이네 (갈치조림)
중문 모멘드식당 (제주산흑돼지)
국수바다 본점 (고기국수, 비빔고기국수)
한국야구 명예의 전당
서귀포시청 제2청사
화고 신시가지점 (숙성 흑돼지)
식물집
서귀포 예래 생태마을
박물관은 살아있다
그림 포레스트
둘레길 중문 본점
볼스카페
중문별장 (커피 아마카세, 코소롱라떼)
돈이랑 본점 (돼지고기 근고기)
사서책방&1급마크 (독립서점)
돈블랙(흑돼지)
서귀피안 (오션뷰)
테디베어뮤지엄,초콜릿랜드
엉덩물계곡 유채꽃 [3,4월]
무비랜드
왁스뮤지엄
폭포샵
수두리보말칼국수
가람돌솥밥
아프리카 박물관
조안베어 뮤지엄
진곳내 울개바위 노을
플레이웍스 (일러스트샵)
워터월드 제주 (미디어전시관)
제주 월드컵 경기장
세리월드
종합 레저 테마파크로 카트,승마, 미로공원등 즐길거리가 다양하다.
카페귤꽃다락
벙커하우스 (봄날,딸기라떼)
갯깍
주상절리대
중문색달해변
수질평가 1위 해변 깨끗한 바다, 수영이나 해양스포츠에 제격
꽃귤농장
약천사
제주젯트 주상보트
월평올레
답다니 수국
이곳이 수국 맛집[6,7월]
월평포구
제주곰집 (흑돼지 오겹살)
러디스 핑크오션라떼
법환동 청소년 문화의집
제스토리 (소품샵)
법환포구
속골(제주도민이 즐겨찾는계곡)
갯깍주상절리대 동굴
제주국제컨벤션센터 면세점 위치
올레길 8코스
대포포구
디스커버제주 돌고래탐사
월평포구 스노쿨링
강정천
강정천
서건도 카페텐저린 (흑돼지 오겹살)
두머니물(범섬과 유채꽃이 아름다운 곳,법환동 1541)
예래포구
제주해양레저 파크(씨워킹)
더클리프(브런치와 칵테일을 즐길 수 있는 오션뷰 카페)
제주국제평화센터
액트몬제주점
카페오놀 (도순 애플망고케이크)
올레길 7코스
강정항
논짓물해안
대포주상절리대
베릿내공원
서귀포 엉덩물계곡 유채꽃
중문관광단지
범섬
43

서귀포
안덕면
한라산 1100고지
1100고지습지
1100고지 단풍
다래오름
한라산 영실
서귀포 자연휴양림
서귀포자연휴 법정악전망다
민머루오름
제주다원
서귀포천문과학문화관
영남동
도순동
도순다원
제주 유리박물관
중문동
법화사지
활오름
중문미로파크
색달동
초콜릿랜드, 테디베어 뮤지엄 제주
구산봉
박물관은 살아있다
천제연 폭포
여미지 식물원
중문동 벚꽃길
푸조시트로엥 자동차박물관
강정동
예래동 벚꽃길
군산
서귀포 예래생태마을
엉덩물계곡
베릿내공원
약천사
플레이웍스
쉬리의언덕
새연교
조안 베어뮤지엄
답다니 수국
대왕수천예래 생태공원
갯깍주상 절리대
별내린전망대
아프리카 박물관
중문색달 해수욕장
제주국제 평화센터
대포포구
예래포구
대포 주상절리대
월평포구
제주국제 컨벤션센터
강정천

D
E
F
1
백록담
웃세붉은
오름
한라산
한라산 영실코스 단풍
남원읍
호근동
동백길
상효원
수목원
상효원 동백,
메리골드, 수국
시오름
(숫오름)
돈내코유원지
미악산
상효동
서귀포
치유의 숲
번개과학관
영천악
2
서귀포시
칡오름
토평동
포제동산
엉또폭포
한국야구
명예의 전당
걸매생태공원
서귀포
감귤박물관
신효동
고근산
서귀포
하논분화구
동홍동
서귀포 도심공원
팜파스
서홍동
서귀포
칠십리시공원
이중섭 문화거리,
이중섭미술관,
이중섭주거지,
소암기념관
하효동
하논마르
제주월드컵 경기장
세리월드,
동화속으로
숨도
서귀포
올레시장
보목동
미로공원,워터월드
삼매봉
정방폭포
SOS박물관,
세계성문화
박물관
돔베낭길
선녀탕
자구리공원
보목마을
제지기오름
속골
외돌개
서귀동
소천지
법환동
법환포구
황우지해안
새연교
서귀포항
보목포구
서건도
황우지해안 열두굴
새섬
서귀포잠수함,
서귀포유람선
서귀포 시립 기당미술관,
삼매봉도서관,세계 조가비 박물관
문섬
범섬
D
E
F
3

서귀포 주요지역

A
B
C

1100고지 단풍
오르지 않아도 되는 단풍길 걷기[10,11월]

1100고지
한라산 남벽 뷰 감상 가능

1100고지 람사르습지

만세동산(오름)
선작지왓 (윗세오름) 철쭉
윗세누운오름
병풍바위
윗세오름
2시간 4.5Km

한대오름

1100고지 설경

삼형제 큰오름

영실탐방안내소

영실탐방코스
2시간 30분
5.8Km

한라산 영실코스 단풍
그냥 등산말고, 단풍 등산[10,11월]

돌오름

포도뮤지엄
현대미술을 전시,관람할 수 있는 복합문화공간

방주교회
제주 7대 아름다운 건축물 관광지는 아니지만 특이한 건물로 많은 사람들이 찾는 곳

법정악 전망대
정상에 오르면 파노라마 뷰가 펼쳐지는 전망대.

서귀포시

핀크스 포도호텔

본태박물관
세계적인 건축가 안도타다오의 작품. 노출 콘크리트와 빛, 물이 조화롭게 어우러진 건축미. 세계적인 거장들의 작품과 우리나라 전통공예 전시

거린사슴

법정이오름

서귀포자연휴양림
운동화가 아니어도 괜찮아, 혼자 걸어봐도 좋아 제주의 숲에서 캠핑해보는 색다른 경험

시오름

본태박물관 노출 콘크리트

아라고나이트 고온천
미네랄이 풍부하고 독특한 우유 빛깔의 아라고나이트 고온천수를 경험할 수 있는 곳. 가족 단위로 방문하기 좋다.

수풍석 뮤지엄

제주다원
생각보다 어려운 녹차 미로와 곳곳의 포토존, 무인카페

클럽엘제주 컨트리클럽

서귀포 치유의 숲
평균수령 60년 이상의 전국 최고의 편백 숲이 여러 곳에 조성

롯데스카이힐 제주 CC

녹차 미로공원

중문레저. UTV(ATV)

서귀포 천문과학 문화관
밤하늘의 천체 및 태양을 관찰할 수 있는 천체 망원경 보유

하늘아래수목원

1115

대유ATV수렵사격랜드
• ATV, 수렵, 사격

호근동 동백길
시골길에 피어있는 붉은 동백길.
주소: 호근동 1323-1 [11,12,1,2,3월]

오전열한시(전복볶음밥 육쌈동치미)

선물가게바나나 제주 소품샵 서귀포중문점 (소품샵)

천제연폭포
총 3단으로 이루어진 폭포

법화사지 배롱나무

도순다원

엉또폭포
비가 많이 와야만 볼 수 있는 신비의 폭포

고근산
서귀포시와 서귀포 앞바다가 한눈에 보이는 곳

곳곳(귤밭)

김서프제주(서핑), 제주배럴서핑스쿨(서핑)

숙성도 중문점 (숙성 흑돼지)

1.연돈(돈까스), 2.숙성도(숙성흑삼겹), 3.형제도식당 (갈치한상)

중문향토오일장
끝자리 3일, 8일에 열리는 오일장

법화사

스테이월든(독채)

감따남 (시그니처 뀨울라떼)

예래동 벚꽃길
조용하게 즐기는 벚꽃 예래생태공원 [3,4월]

서유의섬 풀빌라

중문동 벚꽃길
예래동 주민센터부터 구 중문동 주민센터까지 벚꽃 드라이브 길[3,4월]

뜻밖의발견(조용한 빈티지 카페)

호근모루(가족)

그건그렇고 (독립서점)

제주스테이 비우다(참호지청)

삼미흑돼지

1136

한국야구 명예의 전당 경기장

서귀포시청 제2청사

모루헌(노을)

서귀포 예래 생태마을

버디프렌즈 플래닛(생태문화) 여미지식물원

제주운정이네 (갈치조림)

중문 모메든식당 (제주산흑돼지)

국수바다 본점 (고기국수, 비빔고기국수)

화고 신시가지점 (숙성 흑돼지)

서귀피안 (오션뷰)

까망돼지 중문점

고집돌우럭

스토리캐슬 EP.1 더 신데렐라

돈이랑 본점 (돼지고기 근고기)

1132

사서책방&1급마크 (독립서점)

세리월드
종합 레저 테마파크로 카트 승마, 미로공원등 즐길거리가 다양하다.

대왕수천예래 생태공원

박물관은 살아있다

그림 포레스트

둘레길 중문 본점

수두리보말칼국수

폴스카페

중문별장 (커피 아마카세, 코소롱라떼)

플레이웍스 (일러스트샵)

워터월드 제주 (미디어전시관)

하라케케 (말차라떼)

제주 월드컵 경기장

테디베어뮤지엄.초콜릿랜드

폭포샷

가람돌솥밥

진곳내 물개바위 노을

꽃귤농장

답다니 수국
이곳이 수국 맛집[6,7월]

제주곰집 (흑돼지 오겹살)

러디스 (핑크오션라떼)

속골(제주도민이 즐겨찾는계곡)

제스토리 (소품샵)

엉덩물계곡 유채꽃 [3,4월]

왁스뮤지엄

아프리카 박물관

조안베어 뮤지엄

약천사

제주제트 수상보트

월평올레

월평포구

강정천

법환포구

갯깍 주상절리대

중문색달해변
수질평가 1위 해변 깨끗한 바다, 수영이나 해양스포츠에 제격

제주국제컨벤션센터 면세점 위치

디스커버제주 돌고래탐사

월평포구 스노쿨링

강정항

서건도

두머니물(범섬과 유채꽃이 아름다운 곳.법환동 1541

카페저리 (흑돼지 오겹살)

돔베낭길

더클리프(브런치와 칵테일을 즐길 수 있는 오션뷰 카페)

제주국제평화센터
남북평화, 세계 평화에 기여한 분들의 밀랍인형

대포포구

올레길 8코스

카페오늘 (도순 애플망고케이크)

올레길 7코스

액트몬제주점
1000평 규모의 엔터테인먼트 오락실

중문관광단지

대포주상절리대
화산 분출 후 용암 표면이 균등한 수축으로 수직 방향으로 생겨난 돌기둥이 주상절리.

퍼시픽 마리나 요트투어
유럽형 럭셔리 요트 상그릴라 호를 타고 서귀포 앞바다 관광

베릿내공원

서귀포 엉덩물계곡 유채꽃

범섬

D
E
F
왕관바위
진달래밭대피소
(시까지 도착해야
한라산 등반 가능)
사라오름
성널오름
사라오름
한라산 성판악코스 단풍
가을 등반에는
성판악이지[10,11월]
사라오름
산정호수
수망리 마흐니숲길
사람 손길 닿지 않은 순수한 숲
사라오름 단풍
호수전망
단풍[10,11월]
전망데크
백록담
남벽분기점
한라산
한남사려니오름숲
하루 300명만 입장할 수 있는
제주의 가장 오래된 삼나무 숲.
방문일 최소 3일 전까지 숲나들e
홈페이지에서 선착순 예약.
이승악오름 벚꽃
오름에 벚꽃이라니
[3,4월]
이승악
쭉 뻗은 삼나무숲과 메밀밭으로 유명한 오름
돌낭예술원
현무암과 식물이 예술 작품처럼
어우러진 석부작 테마공원.
머체왓
숲길
머체왓숲길
방문객 지원센터
상효원 백일홍
여름에 볼 수 있는 꽃[6,7,8,9월]
위미리 3760
(위미리동백군락지)
토종 동백나무를 볼 수
있는 곳[11,12,1,2,3월]
상효원 메리골드
가을에서 겨울까지 볼 수
있는 메리골드[9,10,11월]
효명사
천국의문
고살리 숲길
흐르는 물소리에 마음까지
촉촉해지는 숲길
휴애리 자연생활
공원 핑크뮬리
남원의 포토존[9,10,11월]
편백포
레스트
상효원 동백
한라산 뷰의 상효원
동백꽃[11,12,1,2,3월]
우리들 CC
상효원
수목원 카페델보스케
(한라봉주스, 크로플)
고살리 숲길
속괴
휴애리 자연생활
공원 수국
오색빛깔 아름다운
수국[4,5,6,7월]
휴애리 매화
3~4월 개화
상효원 튤립
4~5월 개화
튤립이 가득한 세상, 튤립축제
휴애리 자연생활공원 동백꽃
애기동백이
뭐야?[11,12,1,2,3월]
돈내코유원지
숲으로 에워싸인
투명한 청록빛 폭포
휴애리 자연생활공원
실컷 먹고 따고 감귤체험과 사계절
꽃들로 핫한 사진명소
상효원 수국
수국의 아름다움을
느껴봐[6,7월]
쌀오름
레몬뮤지엄(제주레몬
아이스크림, 레몬따기체험)
휴애리 자연생활공원 귤밭
내가 직접 따는 감귤맛은
어떨까?[10,11,12,1월]
원앙폭포
두 개의 물줄기가 떨어지는 폭포
사진명소로 유명하다.
돈내코로
동백 돌담
사우스프레스트
(전복버터리조또)
휴애리 자연생활공원 매화
매화 축제 체험[3,4월]
동백포레스트
동백포레스트 동백
동백정원에서 커피
한잔?[11,12,1,2,3월]
윈드1947
카트 테마파크
담소요(야외 정원,
카페, 편집샵)
동백포레스트
창문 프레임
수란재(돌담)
가을동화감귤밭
양금석가옥
천지연폭포
계곡으로 떨어지는 폭포의 모습이
한편의 동양화 같은 곳
친봉산장
(봉뷔이)
미미파스타
(딱새우파스타)
무량제주(가마솥누룽지 빙수),
CAFE EPL(태왁도시락)
위미리 수국길
소담스러운
수국[5,6,7월]
봉봉감귤체험
농장(귤따기)
뙤미(순대국밥,보말국)
위미1리 어촌체험마을
쉼터체험농장
(감귤, 황금향)
서귀포 감귤박물관
감귤 테마 박물관, 감귤체험
카페미깡감귤밭
(귤따기 체험)
공사이도
(야외자쿠지)
이음새교육농장
라바북스
(독립서점)
판도제주
제주동백
제주 벨룸 리조트
제주화(온실파티룸)
평선(귤밭체험)
하례감귤 체험농장
라룬블루(제주
애플망고빙수,
붕어소금빵)
일송회수산수목원
(활어회)
수옥(수영장)
쇼소깍 산물 관광농원
감귤체험과 농기구박물관등
즐길거리가 있다.
카페서연의집
('건축학개론'
촬영지,서연의
집 케이크)
위미항
제주흑돈세상수라간
(흑오겹살)
서귀포 올레시장
아케이드 형태의 서귀포에서 가장 큰 시장
고요편지(독립서점)
쇼소깍
남진호,착한배낚시
(배낚시)
제주에인감귤밭
(에이드)
공천포식당
(한치물회)
섬소나이 위미점(짬뽕)
걸매생태
공원 매화
고씨네천지국수(멸고국수)
이중섭문화거리
베케(차콩크
림라떼)
하효일
(下孝日)(독채)
쇼소깍
(카약)
호텔창고펜션
(야외자쿠지)
공천포
바공식당(가정식백반),
동선제면가(물망국수)
서귀포
하논분화구
아리(튀김우동)
쇼소깍
올레
서귀포 다이브센터
(스쿠버다이빙,
스노클링)
중앙통닭 올레삼다정
(마농치킨) (갈치)
다정이네 올레시장 본점(매운멸치고추김밥)
오는정김밥
테라로사
(핸드드립)
효돈천
쇼소깍
해양레저타운
수상보트
솜반천
연리지
(독채)
네거리식당
(갈치국)
나원회포차
구들민박감귤체험농장
서귀포시 토평동 804
보목
마을
쇼소깍
투명카약, 수상자전거 체험하러 줄 서는 곳
지하수와 바닷물이 만나는 곳, 쇼소깍이라는
이름은 쇠는 '소', 소는 '웅덩이', 깍은 '끝'을 의미
숨도
(독채)
이중섭 미술관
보래드 베이커스
(맛있는 스콘)
소정방폭포
폭포높이가 7m가량으로
여름철 물맞이 장소로 인기
정방폭포 동쪽의 아담한 폭포
하효쇼소깍해변
오버더센스(듄스 아메리카노,
페퍼로니 피자)
삼매봉
소암기념관
왕종미술관
담소
보목
마을
서귀포칠십
리시공원
이중섭
거주지
자구리
공원
게스트하우스
게우지코지 카페 (수준급 커피를
맛볼 수 있는 오션뷰 카페)
삼매봉도서관
선녀탕
새연교
서귀포유람선
서귀맨션
허니문하우스
(수리남촬영지)
소천지
올레길 6코스
보목포구
캡틴호
(놀래기, 우럭, 쥐치가 잘
잡히는 낚시체험장)
황우지해안
숨은 명소, 천연
수영장이 펼쳐지는 곳
새섬
서귀포항
서복전시관
(진시황의 명에
제주에온 서복)
소천지 투영 한라산
제지기 오름
바위산으로 험한 산세를
보이는 오름
지귀도
60빈스
(바질에그 샌드위치)
외돌개
우뚝 솟은 바위, 올레길
7코스
문섬
섶섬
정방폭포
해안으로 바로 떨어지는
해안폭포로 아시아에서는
찾아보기 힘든 비경
천지연, 천제연과 더불어
제주 3대 폭포 중에 하나
서귀포잠수함
서귀포 문섬의 아름다운 연산호를
감상할 수 있는 서귀포 잠수함 체험

남원
A
B
C
1
사라오름
단풍
성널오름
(성판악)
신례리
동수악
하례리
이승이오름
이승이오름
벚꽃
휴애리
자연생활공원
수악
2
휴애리 자연생활공원
굴밭, 동백꽃, 매화,
수국, 핑크뮬리
고살리숲길
담소요
동백포레스트
동백
양금석가옥
동걸세
서귀포시
3
쇠소깍
48
A
B
C

표선면
D
E
F
1
마흐니
리
흐니숲길
물영아리오름
수망리
해비치CC
입구 벚꽃
민오름
여절악
한남리
신흥리
사려니오름숲
머체왓숲길
남원읍
술원
고이오름
토종흑염소목장
경흥농원
동백
신흥2리마을
동백마을
위미리 3760
(위미리동백 군락지)
의귀리
위미리
자배봉
구시물
태흥리
남원리
위미1리
어촌체험마을
위미리
수국길
카페 동박낭
동백꽃
금호리조트
제주아쿠아나
코코몽에코파크
제주점, 대발이파크
위미동백
나무군락
선광사
큰엉해안경승지
위미항
제주동백
수목원
론
집
2
3
D
E
F

남원 주요지역
한라산
서귀포시
성판악코스 4시간 30분 9.6km
속밭대피소
왕관바위
진달래밭대피소
(1시까지 도착해야
한라산 등반 가능)
선작지왓
(윗세오름) 철쭉
백록담
전망데크
윗세오름
남벽분기점
사라오름
사라오름
산정호수
성널오름
5.16도로숲터널
'이상한 변호사 우영우' 촬영지
성판악매표소
사려니숲길
삼나무길
한라산 성판악코스 단풍
가을 등반에는
성판악이지[10,11월]
사라오름 단풍
호수전망
단풍[10,11월]
수망리 마흐니숲길
사람 손길 닿지 않은 순수한 숲
한남사려니오름숲
하루 300명만 입장할 수 있는
제주의 가장 오래된 삼나무 숲.
방문일 최소 3일 전까지 숲나들e
홈페이지에서 선착순 예약.
이승악
쭉 뻗은 삼나무숲과 메밀밭으로 유명한 오름
이승악오름 벚꽃
오름에 벚꽃이라니
[3,4월]
위미리 3760
(위미리동백군락지)
토종 동백나무를 볼 수
있는 곳[11,12,1,2,3월]
상효원 백일홍
여름에 볼 수 있는 꽃[6,7,8,9월]
상효원 메리골드
가을에서 겨울까지 볼 수
있는 메리골드[9,10,11월]
효명사
천국의문
고살리 숲길
흐르는 물소리에 마음까지
촉촉해지는 숲길
휴애리 자연생활
공원 핑크뮬리
[9,10,11월]
상효원 동백
한라산 뷰의 상효원
동백꽃[11,12,1,2,3월]
상효원
수목원
우리들 CC
고살리 숲길
속괴
휴애리 자연생활
공원 수국
[4,5,6,7월]
상효원 튤립
4~5월 개화
튤립이 가득한 세상, 튤립축제
카페델보스케
(한라봉주스, 크로플)
돈내코유원지
숲으로 에워싸인
투명한 청록빛 폭포
휴애리 자연생활공원 귤밭
[10,11,12,1월]
휴애리 자연생활공원
실컷 먹고 따고 감귤체험과 사계절
꽃들로 핫한 사진명소
휴애리 자연생활
공원 동백꽃[11,12,1,2
상효원 수국
수국의 아름다움을
느껴봐[6,7월]
서귀포 치유의 숲
평균수령 60년 이상의 전국
최고의 편백 숲이 여러 곳에 조성
쌀오름
돈내코로
동백 돌담
레몬뮤지엄(제주레몬
아이스크림, 레몬따기체험)
휴애리 자연생활공원 매화
[3,4월]
동백포레스트
원앙폭포
두 개의 물줄기가 떨어지는 폭포
사진명소로 유명하다.
사우스포레스트
(전복버터리조또)
수란재(돌담)
담소요(야외 정원,
카페, 편집샵)
동백포레스트 동
[11,12,1,2,3월]
하늘아래
수목원
서귀포시
윈드1947
카트 테마파크
친봉산장
(봉낙이)
가을동화감귤밭
양금석가옥
미미파스타
(딱새우파스타)
무량제주(가마솥누룽지 빙수),
CAFE EPL(태왁도시락)
쉼터체험농장(감귤, 황금향)
호근동
동백길
천지연폭포
계곡으로 떨어지는 폭포의 모습이
한편의 동양화 같은 곳
제주 벨롬 리조트
제주화(온실파티룸)
서귀포 감귤박물관
감귤 테마 박물관, 감귤체험
평온(귤밭체험)
카페미깡감귤밭
(귤따기 체험)
봉봉감귤체험
농장(귤따기)
뛰미(순대국밥,보말
위미1리 어촌체험
씨플로우
프리다이빙
제주에인감귤밭
(에이드, 프렌치토스트)
수욕(수영장)
제주흑돈세상수라간
(흑오겹살)
서귀포 올레시장
아케이드 형태의 서귀포에서 가장 큰 시장
하례감귤 체험농장
쇠소깍 산물 관광농원
감귤체험과 농기구박물관등
즐길거리가 있다.
이음새교육장
라푼블루(제주
애플망고빙수)
카페서연의집
곳곳(귤밭)
모루헌
(독채)
호근모루(가족)
걸매생태공원 매화
3~4월 개화
고씨네천지국수(멸고국수)
아리(튀김우동)
이중섭문화거리
고요편지(독립서점)
베케(차콩크
림라떼)
하효日
(下孝日)(독채)
쇠소깍
카약
공사이도
(야외자쿠지)
공천포식당
(한치물회)
서귀포 다이브센터
(스쿠버다이빙,
스노클링)
공천포
서귀포시립기당미술관
세계 조가비 박물관
숨도(구 석부작
테마공원)
솜반천
(물놀이)
연리지
(독채)
네거리식당
(갈치국)
중앙통닭 올레삼다정
(마농치킨)
(갈치)
다정이네 올레시장 본점(매운닭치고추김밥)
오는정김밥
나원회파차
(맛있는 스콘)
구들민박감귤체험농장
서귀포시 토평동 804
보래드 베이커스
쇠소깍
올레
쇠소깍
해양레저타운
수상보트
서귀피안
(오션뷰)
이중섭 미술관
소암기념관
왈종미술관
소정방폭포
폭포높이가 7m가량으로
여름철 물맞이 장소로 인기
정방폭포 동쪽의 아담한 폭포
테라로사
(핸드드립)
쇠소깍
지하수와 바닷물
만나는 곳
하라케케
(말차라떼)
동베낭길
삼매봉
벙커하우스
(봄날,딸기라떼)
속골(제주도민이
즐겨찾는계곡)
60빈스
(바질에그 샌드위치)
삼매봉도서관
서귀포칠십
리시공원
선녀탕
서귀포유람선
이중섭
거주지
자구리
공원
허니문하우스
(수리남촬영지)
소천지
담소
게스트하우스
올레길 6코스
하효쇠소깍해변
오버더센스(툭스 아메리카노,
페퍼로니 피자)
게우지코지 카페(수준급 커피
맛볼 수 있는 오션뷰 카페)
보목
마을
보목포구
법환포구
두머니돌
외돌개
제주에서 가장 아름다운
산책길. 우뚝 솟은 바위,
올레길 7코스
범섬
황우지해안
숨은 명소, 천연 수영장이
펼쳐지는 곳.근처 황우지해안
열두굴(일제 군사용 동굴)
새섬
새연교 일몰
서귀포항
문섬
서귀포잠수함
서귀포 문섬의 아름다운 연산호를
감상할 수 있는 서귀포 잠수함 체험
서복전시관
(진시황의 명에
제주에온 서복)
소천지 투명 한라산
정방폭포
해안으로 바로 떨어지는
해안폭포로 아시아에서는
찾아보기 힘든 비경
천지연, 천제연과 더불어
제주 3대 폭포 중에 하나
섶섬
제지기 오름
바위산으로 험한 산세를
보이는 오름
캡틴호
(놀래기, 우럭, 쥐치가 잘
잡히는 낚시체험장)
황우지해안
선녀탕 스노쿨링
지귀도

D
F
1118
따라비오름 억새
가시리마을
한라산 전망 억새
[10,11,12월]
녹산로 유채꽃 도로
유채꽃은 꽃밭보다 꽃길이지 [3,4월]
따라비오름
쉽게 오를 수 있고 가을 억새풀이 가득한 오름
오늘은 녹차 한잔 동굴샷
무명고택(독채)
김정문알로에 알로에숲
온실 알로에 숲
오늘은녹차한잔 (향긋한 녹차 한잔에 녹차 족욕까지)
오늘은카트 레이싱(카트)
물영아리(오름)
물이 많은 마을, 람사르 습지보호구역
가시림수목원
동백꽃, 메타세콰이어길이 있는 작은 수목원
가시리 마을 벚꽃
제주 시골 그리고 벚꽃[3,4월]
수민문화 (독립서점)
갑선이오름
에드타임(독채)
해비치 CC
돌낭예술원
현무암과 식물이 예술 작품처럼 어우러진 석부작 테마공원.
해비치CC입구 벚꽃
제주 도민만 아는 벚꽃 명소[3,4월]
가시리농어촌체험 (조랑말체험)
가시리 마을에서 운영하는 조랑말 체험공원. 쿠키 만들기 체험을 할 수 있는 카페와 조랑말 박물관도 추천.
가시리사무소
스테이 무어
포토갤러리 자연사랑미술관
브리드인제주
가시식당(두루치기), 나목도식당(삼겹살, 두루치기)
옷귀마테마 타운(승마)
머체왓 숲길
수레국화가 아름다운 한적한 제주길, 총 거리 6.7km 2시간 30분
1119
택하다, 스테이
가스름식당(토종흑돼지삼겹살), 나목도식당(삼겹살)
가시리마을
유채꽃 드라이브 코스(녹산로)와 유채꽃 축제로 유명한 마을. 미술관, 카페, 공방, 밥집등이 있는 작은 제주마을
머체왓숲길 방문객 지원센터
수망다원 (녹차, 말차라떼)
열대과일농장 유진팜 (바나나, 파파야, 귤따기)
소소름 (쇠오름)
편백포레스트
염소먹이주기체험, 숲속놀이터, 짚라인, 클라이밍등 다양한 놀거리가 있어 아이들과 가기좋은 여행지
수망일기 (핸드메이드 인형으로 꾸며진 동화 감성 카페)
보내다제주 (귤따기)
한아름식당 (흑돼지 생고기)
단심 : 스테이정연
가세오름
광동식당 (흑돼지 두루치기)
요정의 집
심플토산 (독채)
1136
동백마을 방문자센터
하례감귤체험농장 (귤 따기 체험)
북살롱 이마고 (독립서점)
부쉬코너
경흥농원 동백
노란 귤밭과 어우러지는 붉은 동백[12,1,2,3월]
신흥2리마을 동백마을
제주감성독채숙소 스테이비움
카페멜빌 (멜빌플레이트)
자배봉
코스가 짧고 완만해 어린이도 가능.
귤림동화(독채)
느긋한 시절
몽중정원
희애루
남원읍
자파리 감귤체험장 (감귤, 황금향 체험)
푸른한곰아저씨 (독립서점)
별하비 스테이
제주 판타스틱버거 (베이직버거)
소노캄제주 하트나무
춘식이와옥희 (소품샵)
녹음실 제주
우미(크림라떼, 귤라떼)
미깡밭스테이 삼삼은구(독채)
모카다방 (유기농 재료를 사용한 구움과자가 맛있는 곳)
여기고씨네 (딱새우회, 머리튀김)
최남단 체험 감귤농장 (가외밭 농촌생태공원)
구시물
태흥2리 어촌계횟집 (활어 모듬회, 고등어회)
제주외가(독채)
위미리 수국길
제주도작은집 (독채)
세러데이아이랜드 (정통 이탈리아식 식료료를 판매하는 곳)
나름의 고요 (독채)
올레길 4코스
라바북스 (독립서점)
쁘띠동백 (소품샵)
코코몽에코파크
가족형 어린이 놀이공원
나름의 고요
소이연가 (독채)
큰엉식당 서귀포본점 (갈치조림)
내노키카페 (스노우푸딩, 귤샷라떼)
제주파인비치펜션(캠핑장)
관도제주
취향의섬 (보리개역커피)
금호리조트 제주아쿠아나
풀목집(돌집)
에어그라운드(캠핑장)
제주동백 수목원
선광사
로빙화
아주르블루
소요0617 (소요 시그니처 12p 피자)
스테이하얀달
일송회수산 (활어회)
모노클제주 (아인슈페너, 스콘)
모노하
마므레(바베큐)
소싯적(독채)
남원 포구
범일분식 (순대백반, 순대한접시)
남진호, 착한배낚시 (배낚시)
올레길 5코스
카페 동박낭 동백꽃
애기동백군락과 커피한잔[11,12,1,2,3월]
큰엉해안경승지
큰엉해안 한반도 지형
큰엉 이라는 뜻은 제주 사투리로 '큰 언덕' 큰 바윗덩어리가 많은 1.5km의 해안산책로 한반도 지형의 사진을 찍을 수 있는 사진 명소
위미항
위미동백나무군락
향기 그윽한 붉은색 동백 융단이 깔리는 숲, 1월~4월 만개
태웃개
용천수가 흐르는 노천탕. '우리들의 블루스'촬영지 스노쿨링 스팟
섬소나이 위미점(짬뽕)
바공식당(가정식백반), 동선제면가(물망국수)
51

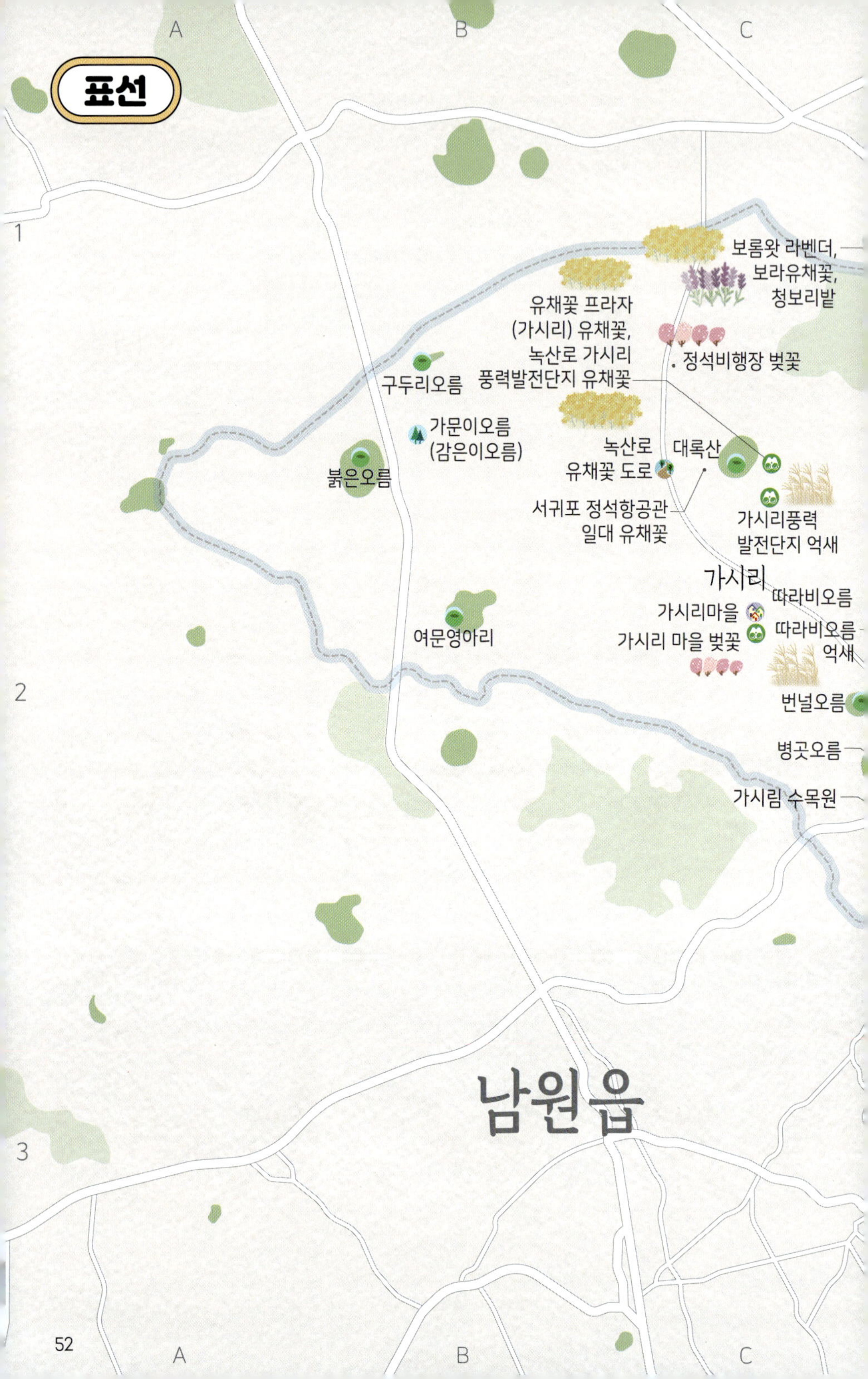

표선

A B C

1

보롬왓 라벤더,
보라유채꽃,
청보리밭

유채꽃 프라자
(가시리) 유채꽃,
녹산로 가시리
풍력발전단지 유채꽃

정석비행장 벚꽃

구두리오름

가문이오름
(감은이오름)

붉은오름

녹산로
유채꽃 도로

대록산

가시리풍력
발전단지 억새

서귀포 정석항공관
일대 유채꽃

가시리

따라비오름

가시리마을

따라비오름
억새

가시리 마을 벚꽃

여문영아리

번넬오름

2

병곳오름

가시림 수목원

남원읍

3

A B C

D
E
F
1
2
3
백약이오름 가는 산간 도로
백약이오름
좌보미
좌보미 알오름
개오름
청초밭 동백
와일드오차드
성읍리
팜파스 그라스
영주산
성산읍
모지오름
정의향교,
제주 성읍마을 고창환 고택,
제주 성읍마을 고평오 고택
정의현성
성읍민속마을
표선면
설오름
포토갤러리
자연사랑미술관
갑선이오름
세계술박물관
하천리
가시리농어촌체험
(조랑말체험)
제석오름
소소름(쇠오름)
가세오름
제주 허브동산
소금막해변
표선 해수욕장
당케포구
토산리
세화리
표선리
제주허브동산 허브
제주민속촌
토산봉
제주민속촌 수국
매오름
53

표선 주요지역

A B C

절물오름
1112번 도로 삼나무 숲길
단연코 우리나라에서 가장 아름다운 길
1112
사려니숲길 입구

갓전시관
성미가든 (닭고기샤브샤브)
삼다마을목장 (목장체험, 썰매)
제주 센트럴파크
갈갈 팜 랜드 (동물 먹이주기 체험)
샤이니숲길 편백나무길
샤이니 숲길
카페갤러리(앤틱 가구로 꾸며진 갤러리형 카페)
교래 삼다수마을
제주 여누카페 (우도 땅콩 크림라떼)
말로(정원 산책과 포니 먹이주기 체험할 수 있는 카페)
삼다수숲길

렛츠런팜제주
6~8월 해바라기밭 만으로도 가볼만 한 곳 목장의 예쁜 꽃길에서 인생 사진도 찍을 수 있는 곳

전망대

산굼부리
높이는 불과 28m 그런데 구덩이 깊이는 100m 구덩이(굼부리)가 깊은 특이한 오름

산굼부리 억새
낮은 오름과 억새[10,11,12월]

제주오름승마 랜드(승마)
제주동화마을 (지브리 테마 공원)
코리카페 제주점 (제주 감귤 미니 파운드 케이크)
탐라승마장
카페 글렌코 (스코틀랜드풍 정원)

거슨새미
제주관광 승마(승마)
카페 글렌코 핑크뮬리 [9,10,11월]
카페 글렌코 샤스타데이지
송당 무런모루 (인스타 스팟)
송당승마장(승마)
공간7
블루보틀 제주 라(놀라플로트)
제주 스카이워터쇼 (가족과 볼만한 스카이워터쇼)
성불오름

목장카페 드르쿰다
보롬왓 맨드라미
목장카페 발디
스테이 느릇
보롬왓
"꽃이 지지않는 곳 같아" 메밀꽃밭(5,6,9,10)과 라벤더밭(7,8월) 그리고 청보리밭(4,5월) 보라유채꽃(3,4월) 비밀스러운 수국 길까지 사계절 모습이 다 아름다워

렛츠런팜 해바라기밭

붉은오름 자연휴양림

가문이오름 (감은이오름)

사려니숲길 붉은오름 방향 입구

서귀포 정석항공관 일대 유채꽃 및 벚꽃
드라이브는 유채꽃과 함께 [3,4월]

가시리풍력발전단지 억새
가시리 초원의 억새무리. 녹산로 464-78 [10,11월]

대록산 억새밭 큰사슴이오름 (대록산)

정석항공관

유채꽃프라자
[3,4월] 유채꽃프라자 옆에 조성된 드넓은 유채꽃밭.

포니밸리(승마)

따라비오름 노을 억새

녹산로 벚꽃 도로
4월, 유채꽃 뒤편으로 어우러진 벚꽃길

가시리마을

녹산로 유채꽃 도로
유채꽃은 꽃밭보다 꽃길이지 [3,4월]

따라비오름 억새
한라산 전망 억새 [10,11,12월]

따라비오름
쉽게 오를 수 있고 가을 억새풀이 가득한 오름

사려니 숲길

물찻오름

붉은오름
삼나무길을 걸어 계단을 오르면 30분만에 정상 도착

수망리 마흐니숲길
사람 손길 닿지 않은 순수한 숲

물영아리(오름)
물이 많은 마을, 람사르 습지보호구역

해비치 CC

가시림수목원
동백꽃, 메타세콰이어길이 있는 작은 수목원

해비치CC입구 벚꽃
제주 도민만 아는 벚꽃 명소[3,4월]

가시리농어촌체험 (조랑말체험)
가시리 마을에서 운영하는 조랑말 체험공원. 쿠키 만들기 체험을 할 수 있는 카페와 조랑말 박물관도 추천.

스테이무어
택하다, 스테이
가스름식당(토종흑돼지삼겹살), 나목도식당(삼겹살)

소소름 (쇠오름)

한남사려니오름숲
하루 300명만 입장할 수 있는 제주의 가장 오래된 삼나무 숲. 방문일 최소 3일 전까지 숲나들e 홈페이지에서 선착순 예약.

돌낭예술원
현무암과 식물이 예술 작품처럼 어우러진 석부작 테마공원.

옷귀마테마 타운(승마)

머체왓 숲길
수레국화가 아름다운 한적한 제주숲길, 총 거리 6.7km 2시간 30분

머체왓숲길 방문객 지원센터

수망다원 (녹차, 말차라떼)

열대과일농장 유진팡 (바나나, 파파야, 귤따기)

보내다제주 (귤따기)

단심 : 스테이정연

하례감귤체험농장 (귤 따기 체험)

심플토산 (독채)

휴애리 자연생활 공원 핑크뮬리

위미리 3760 (위미리동백군락지)
토종 동백나무를 볼 수 있는 곳[11,12,1,2,3월]

1119

편백포레스트
염소먹이주기체험, 숲속놀이터,짚라인,클라이밍등 다양한 놀거리가 있어 아이들과 가기좋은 여행지

요정의 집

수망일기 (핸드메이드 인형으로 꾸며진 동화 감성 카페)

경흥농원 동백
노란 귤밭과 어우러지는 붉은 동백[12,1,2,3월]

1136

동백마을 방문자센터

신흥2리마을 동백마을
느긋한 시절

별하비스테이

휴애리 매화
3~4월 개화

휴애리 자연생활공원 동백꽃
애기동백이 뭐야?[11,12,1,2,3월]

귤림동화(독채)

휴애리 자연생활 공원 수국

휴애리 자연생 활공원

동백포레스트

휴애리 자연생활공원 귤밭
내가 직접 따는 감귤맛은 어떨까?[10,11,12,1월]

자배봉
코스가 짧고 완만해 어린이도 가능.

부쉬코너

남원읍

자파리 감귤체험장 (감귤, 황금향 체험)

제주외가(독채)
푸근한곰아저씨(독립서점)
춘식이와옥희(소품샵)
모카다방 (유기농 재료를 사용한 구움과자가 맛있는 곳)

동백포레스트 동백
동백포레스트 동백정원에서 커피 창문 프레임 한잔?[11,12,1,2,3월]

양금석가옥

우미(크림라떼, 귤라떼)

미깡밭스테이 삼삼은구(독채)

구시물

제주도작은집 (독채)

최남단 체험 감귤농장 (가외물 농촌생태공원)

코코몽에코파크
가족형 어린이 놀이공원

태흥2리 어촌계횟집 (활어 모듬회, 고등어회)

내노키카페 (스노우푸딩) 귤샷라떼

나름의 고요 (독채)

나름의 고요

풀목집(돌집)
제주파인비치 펜션(캠핑장)
에어그라운드(캠핑장)

올레길 4코스

54

D E F

아부오름 갯무꽃밭
아부오름
문석이 오름
동거문오름
스누피가든
피너츠의 에피소드를 재현해놓은 자연휴식공간
제주 자연이 주는 느낌과 테마가든에서
성산읍
감귤랜드귤체험장 스테이묘해 (이국적)
수와키 (독채)
고성오일시장
제주커피박물관 Baum
컬러인제주
백약이오름 가는 산간 도로
백약이오름
푸른 초원과 나무계단
꽃을 든 커플사진을 많이 찍는 곳
백약이 오름 가는 산간도로
성산바다 (갈치조림)
짱구네 유채꽃밭
원형 강굴장식
빛의 벙커
해저 광케이블 시설이
전시 시설로 재탄생
대수산봉
송당리 메밀꽃밭 [5,6,9,10월] 송당리 산164-4
짱구네 유채꽃밭
산책하기 제격인
[12,1,2,3월]
빛의 벙커
웅장한 공간
와일드오차드
120만 평 규모의 유기농 녹차밭. 티
테이스팅, 농장 투어, 차밭 투어
제주해양 동물박물관
팜파스 그라스
풍성한 느낌의
팜파스 [10,11,12,1월]
성읍리 갯무꽃
아일랜드플라워
목장형 동물 체험 카페
올레길 2코스
온평리 환해장성
혼인지
혼인 신화가 전해오는
연못, 전통 혼례 체험
청초밭 동백
[11,12,1,2,3월]
어라운드폴리(독채)
베니스랜드
베니스의 축소판,
곤돌라타고 한바퀴
제주아리랑 혼
제주아리랑과 태권뮤지컬 공연장
뷰 제주하늘
혼인지 수국
연못주변 수국밭[6,7월]
제주전시컨벤션센터
유건에오름
다이나믹메이즈
실내 어드벤처 스포츠 테마파크
아이 어른 같이하는 미로탈출 게임 등 다수 체험놀이
성산 브런치 난산리다방
& 조아가지구 (버섯크림
스프, 브런치)
소게(양옥집)
온평 포구
온평바다한그릇 (해물라면)
OK승마장
영주산(오름)
천국의 계단(보랏빛 산수국
계단, 수국철 6~7월)
제주 성산 난산리 식당
(양식 코스 요리)
난산리큰집
(게스트하우스)
올레돔펜션(독채)
낙타트래킹
노바운더리 제주
(리조트/파스타)
스테이 연화
제주고사리맛집복돼지식당
(고사리주물럭무한리필)
제주 달로와
풀빌라
만덕이네(갈치조림정식,전
복문어흑돼지두루치기)
통오름
올레길 3A 코스
오드리물(자쿠지)
정의향교,
고창환 고택,
고평오 고택
성읍랜드
승마,카트, ATV, 맡당근주기체험 등
즐길거리가 많은 곳
성산 브런치 카페
난산리다방
(버섯크림 감자뇨끼)
표선·세화해안도로
(세화리-민속촌박물관)
초가헌(기름떡,
아메리카노)
정의현성
성읍칠십리식당
(흑돼지오겹살)
옛날팥죽(새알팥죽)
일출랜드
신비로운 지하동굴 속에서
영감 폭포, 천연동굴을
중심으로 한 자연컨셉
테마랜드
독자봉
카페아오오(올디너츠,
올디시나몬)
남산봉
(망오름)
무명고택(독채)
미천굴
마이올 제주 풀빌라
감성숙소(오션뷰)
올레길 3B 코스
제이아일랜드
(동유리창 밖으로 보이는
멋진 바다전망 카페)
김정문알로에
알로에숲
성읍민속마을
1423년(세종 5년) 현청이 생긴 이후
조선 말기까지 '정의현' 소재지였던 곳
전통 초가 가옥들이 현무암의 돌담
사이에 분포
불특정식당(디너,런치)
오늘은
녹차한잔
고흐의 정원
오늘은카트
레이싱(카트)
아줄레주
(리스본 감성이 느껴지는
에그타르트 맛집)
달리야드(족욕탕)
스테이삼달오름
(풀빌라)
신풍 포구
가시리 마을 벚꽃
제주 시골 그리고
벚꽃[3,4월]
신풍리 해바라기
돌담과 해바라기[7,8,9월]
김영갑갤러리 두모악
20년간 제주만 사진에 담았던
작가의 미술관, 차분한 정원과
카페에서 쉬어가기
신천목장 귤피밭
신풍 신천 바다목장
제주올레 3코스에 해당하는 곳으로 해안 옆 목장이 이색적
아름다운 해안가 옆, 말이 뛰는 초원 위를 걷는 기분
관광 목장이 아니므로 지정된 올레길로만 이동
수민문화 (독립서점)
갑선이오름
몽상화(독채)
표선면
하이재(독채)
신풍리 체험
휴양 마을
포토갤러리 자연사랑미술관
브리드인제주
가시식당(두루치기),
나목도식당(삼겹살, 두루치기)
세계술박물관
여름정원
(3단 도시락 브런치,
여름말차샷라떼)
스테이제주이음
신천아트빌리지
마을 곳곳을 수놓은 51점의
벽화 작품들이 있는 해변 마을
가시리마을
유채꽃 드라이브 코스(녹산로)와 유채꽃 축제로 유명한
마을. 미술관, 카페, 공방, 밥집등이 있는 작은 제주마을
검은여식당
(갈치조림)
오아로(가족여행)
13월의제주
(독채)
소금막해수욕장
도민이 추천하는 조용한 해변. 수심이 얕고
완만해 주로 서핑 초보들이 파도를 즐기는 곳.
표선여가(독채)
아키아서핑스쿨
서프포인트(서핑)
제주허브동산 허브
허브로 할수 있는 모든것
[9,10,11월]
당포로나인 돈카츠(왕치즈롤까스)
당케올레국수(보말칼국수)
해미원(모듬회)
웨이브
(수제버거)
표선해비치 해수욕장
무릎 정도의 해수면이 백 미터 이상 펼쳐지는 얇고 넓은 해수욕장
그래서 수영하지 않는 사람들이 걷기에도 좋고 아이들이 놀기에 딱 좋다.
한아름식당
(흑돼지 생고기)
지깍
가세오름
제주허브동산
낮보다 밤에 가봐, 반짝이는
조명작품 사이 향긋한 허브향
제주촌집(오겹살)
표선우동가게(돈까스)
표선 7부두(부두라떼,포토죤,
카페 젠타일스(심휼라떼, 임마누엘라떼)
광동식당
(흑돼지 두루치기)
북살롱 이마고
(독립서점)
제주촌집
(흑돼지오겹살)
표선수산마트
(광어회 고등어회)
제주올레
공식안내소
당케포구
표선어촌식당
(옥돔지리탕, 물회)
카페멜빌
(멜빌플레이트)
제주감성독채숙소
스테이비움
해비치 호텔 & 리조트
제주민속촌
다카포(모래놀이할수 있는 카페)
희애루
솔엮수
(스페셜티
핸드드립)
제주민속촌 수국
대장금 촬영지에 수국무리[6,7월]
표선칼국수(고기칼국수, 매생이보말전),
표선 돌담칼국수(보말죽칼국수),
자연산전문 해미원횟집(다금바리회),
당포로나인(왕치즈롤카츠)
제주 판타스틱버거
(베이직버거)
몽중정원
소노캄제주
하트나무
오롤(오션뷰)
올레길 4코스
녹음실 제주
여기고씨네
(딱새우회, 머리튀김)
표선 해안도로
55

성산
구좌읍
A
B
C
1
2
3
수산리
낭끼오름
제주해양
동물박물관
난산리
베니스랜드
제주공룡동물농장
모구리오름
통오름
삼달리
남산봉
(망오름)
신풍리
김영갑 갤러리
두모악
고흐의
정원
신풍리
해바라기
어멍아방
잔치마을
신천리
표선면
A
B
C

D
E
F
시흥리
두산봉
오조리
성산항
성산포항
시인이생진시비거리
성산리
성산포 해녀물질공연장
유채꽃재배단지
성산일출봉
고성오일시장
광치기해변
빛의 벙커
고성리
드르쿰다 in 성산
제주커피
박물관
Baum
대수산봉
신양마을
구네
채꽃밭
신양 섭지코지 해변
아쿠아 플라넷 제주
유민미술관(지니어스 로사이)
신산·신양 해안도로
(신산리-섭지코지)
섭지코지
서귀포
섭지코지 유채꽃
혼인지
온평리
환해장성
혼인지 수국
온평리
산읍
신천
목장
1
2
3
D
E
F

성산 주요지역

구좌읍

김녕미로공원
길을 잃는 즐거움. 키만큼
큰 나무 벽에 갇히면
하늘이 더 파랗게 보여

오리온 제주용암수
무료로 운영되어 아이와
견학하기 좋은 오리온
제주용암수 홍보관.

아일랜드 라운지
아이보리
매직(독채)

그계절
(식물이 함께하는
싱그러운 카페)

만장굴
유네스코 세계자연유산
땅이 쏙 들어갈걸? 겉옷 필수
세계 최장길이 자연동굴

제주흐름
(2인독채)

선흘곶자왈
(제주도
국가지질공원)

선흘 동백동산 (동백나무
10여만 그루가 숲을 이룸)

자드부팡(벽돌빵)

선흘감리교회
카페 동백(티라미수)
카페 세바(핸드드립
커피,제주 보리빵)

선흘감리교회
샤스타데이지

비케이브 (비케이브라떼,
비케이브요거트)

선흘림
(불멍)

카페 비케이브
촛불맨드라미

카페 비케이브 백일홍

둔지오름

스테이선흘숲
(안채, 사랑채,
실외 자쿠지)

이공팔오(통 유리창 안으로
들어오는 채광 멋진 카페)

한올랜드

메이즈랜드 장미

메이즈랜드
미로 박물관도 구경하고 미로
체험도 할 수 있는 곳

비자림
500~800년된 비자나무
2,500여 그루가 있는 곳
천년을 버텨온 원시림

로미뮤직하우스
(LP카페, 줄리뱅쇼)

종종제주(소품샵)

송당나무
(유리온실에서
산책할 수 있는 곳)

제주
오메기파크

오헬로
(독채)

제주라프
선흘방주할머니식당 다이나믹한 짚와이어/짚라인
(검정콩국수,콩요리)

섭섭이네
(흑돼지풍당커리
흑돼지한입카츠정식)

월랑소운

다랑쉬오름 일출

다랑쉬오름
둘레가 약 1.5킬로미터, 깊이 115
미터로 원뿔모양의 분화구

월랑봉

동굴의다원 다희연
동굴카페, 녹차밭, 짚라인, 카트투어

윗밤오름

선흘리 벵뒤굴

우연히,그 곳
(고소한 크림 듬뿍
아인슈페너 맛집)

송당아진
심심주택

고사리커피
(고사리커피(귤피차
커피), 쌀 다쿠아즈)

풍림다방
(진한 바닐라맛의
커피 풍 림브레붸)

아끈다랑쉬오름

아끈다랑쉬
오름 억새
억새군락의 끝판왕[9,10,11,12월]

캐릭파크

캔디원

선녀와 나무꾼 테마공원
어릴적 추억의 장소

사근이오름

치저스(한치리조또아란치니)

송당미학(독채)

송당일상

송당본향당

동당서림
(독립서점)

용눈이오름
환상적인 알몸을 감상하기 좋은 오름
제주에서 가볍게 산책할 수 있는 하나의
오름을 고른다면 바로 이곳

상춘재
(멍게비빔밥)

포레스트 공룡사파리

오름나그네(보말칼국수)

제주 세계자연유산센터

거친오름

체오름

밧돌오름

송당끈끈모루
나무사이 포토존

디포레카라반
파크 (캠핑장)

아부오름 갯무꽃밭
제주에서만 볼 수 있는
야생화[5,6,7월]

높은오름
제주 동부에서 가장 높은 오름

용눈이오름 억새
억새군락의 끝판왕
[9,10,11,12월]

탱크야놀자(ATV)

제주오름승마
랜드(승마)

거문오름
세계유네스코 자연유산 등재
학술적, 자연유산적 가치가 높은

안돌오름 비밀의숲
삼나무와 편백나무가
빽빽이 들어선 예쁜 숲

안돌오름

안돌오름 백일홍

안돌오름
비밀의숲

새미오름(초보자가
오르기 쉬운 오름.)

송당
무끈모루

안도르(돌땅크라떼,안돌오름)

아부오름

아부오름
노을 맛집

거슨새미

문석이
오름

동거문오름

산굼부리
높이는 불과 28m 그런데 구덩이
깊이는 100m 구덩이(굼부리)가
깊은 특이한 오름

제주동화마을
(지브리 테마 공원)

**카페 글렌코
핑크뮬리**
[9,10,11월]

제주관광 승마(승마)

송당 무끈모루
(인스타 스팟)

스누피가든
피너츠의 에피소드를 재현해놓은 자연휴식공간
제주 자연이 주는 느낌과 테마가든에서

코리코카페 제주점
(제주 감귤 미니
파운드 케이크)

카페 글렌코 샤스타데이지

송당승마장(승마)

공간7

블루보틀 제주 카페
(놀라플로트,제주녹
차땅콩호떡)

송당리 메밀꽃밭
[5,6,9,10월] 송당리 산164-4,
백약이 오름 가는 중간
아부오름도 오르고 메밀꽃밭
사진도 찍고

백약이오름 가는
산간 도로

백약이 오름 가는 산간도로

탐라승마장

카페 글렌코
(스코틀랜드풍 정원)

제주 스카이워터쇼
(가족과 볼만한
스카이워터쇼)

성불오름

청초밭 동백 포토존

백약이오름
푸른 초원과 나무계단
꽃을 든 커플사진을 많이 찍는 곳

와일드오차드
120만 평 규모의 유기농
녹차밭. 티 테이스팅,
농장 투어, 차밭 투어

청초밭 동백
아이와 함께 동백꽃
군락[11,12,1,2,3월]

베니스랜드
베니스의 축소판,
곤돌라타고 한바퀴

보롬왓 맨드라미

스테이 느릇

보롬왓
"꽃이 지지않는 곳 같아" 메밀꽃밭[5,6,9,10]과
라벤더밭[7,8월] 그리고 청보리밭[4,5월],
보라유채꽃[3,4월] 비밀스러운 수국 길까지
사계절 모습이 다 아름다워

목장카페 드르쿰다
제주흑돼보리라떼

팜파스 그라스
풍성한 느낌의
팜파스[10,11,12,1월]

어라운드폴리(독채)

뷰 제주하늘

가시리풍력발전단지 억새
가시리 초원의 억새무리. 녹산로
464-78 [10,11월]

목장카페 밭디
제주아리랑과 태권뮤지컬 공연장

제주아리랑 혼
제주아리랑과 태권뮤지컬 공연장

이어도승마장(승마)

알프스승마장포니(승마)

석장항공관

억새밭

큰사슴이오름
(대록산)

유채꽃프라자
[3,4월] 유채꽃프라자 옆에
조성된 드넓은 유채꽃밭.
카페에서 유채꽃 보며
커피한잔의 여유

포니밸리
(승마)

낙타트래킹
노바운더리 제주
(리조또,파스타)

초가달빛(흑돼지라자냐)

OK승마장

영주산(오름)
천국의 계단(보랏빛 산수국
계단, 수국철 6~7월)

**서귀포 정석항공관
일대 유채꽃 및 벚꽃**
드라이브는 유채꽃과 함께 [3,4월]

다이나믹메이즈
노을 억새

다이나믹메이즈
실내 어드벤쳐 스포츠 테마파크
아이 어른 같이하는 미로탈출
게임 등 다수 체험놀이

스테이 연화

제주 고사리맛집복돼지식당
(고사리주물럭무한리필)

일출랜드
신비로운 지하동굴 속에서
영감 폭발. 천연동굴 미천굴을
중심으로 한 자연컨셉
테마랜드

녹산로 벚꽃 도로
4월, 유채꽃 뒤편으로 어우러진 벚꽃길

따라비오름
노을 억새

정의향교,
고창환 고택,
고평오 고택

정의현성

따라비오름 억새
한라산 전망 억새
[10,11,12월]

성읍칠십리식당
(흑돼지오겹살)
옛날팥죽(새알팥죽)

남산봉
(망오름)

가시리마을

녹산로 유채꽃 도로
유채꽃은 꽃밭보다 꽃길이지 [3,4월]

따라비오름
쉽게 오를 수 있고 가을
억새풀이 가득한 오름

성읍랜드
승마,카트, ATV,
말당근주기체험 등
즐길거리가 많은 곳

무명고택(독채)

오늘은 녹차
한잔 동굴샷

오늘은녹차한잔
(향긋한 녹차 한잔에
녹차 족욕까지)

김정문알로에
알로에숲
온실 알로에 숲

오늘은카트
레이싱.카트

성읍민속마을
1423년(세종 5년) 현청이 생긴 이후
조선 말기까지 '정의현' 소재지였던 곳
전통 초가 가옥들이 현무암의 돌담
사이에 분포

58

종달리 해안도로
세화해수욕장
구좌 용문사앞 해변
평대리해수욕장
별방진
왜구를 막기위해 1510년 축성한 방호소
세화포구
명진전복
(전복돌솥밥)
하우스 오브 록록 (펜션)
카페한라산
우도산호해변
홍조 단괴 백사장으로 진정한 에메랄드 빛 해변. 남태평양이나 동남아 유명해안에 와 있는 듯한 느낌
하고수동해수욕장
부드러운 모래와 얕은 수심의 해수욕장
모어모어 (말차수플레)
윤스타 피자앤 파스타(화덕피자)
토끼섬
토끼섬 문주란 자생지
우도꽃길 (수제우도 땅콩아이스크림)
블랑로쉐(환상적인 뷰와 땅콩크림라떼가 유명)
제주 해녀박물관
제주 해녀의 역사와 삶을 엿볼 수 있는 장소
아코제주 티러리소품&
암앙돈가스 치즈 흑돼지 돈가스
하도핑크 (딱새우리조또)
하도카약 우도, 토끼섬 전망
제주 하도리 철새도래지
하도해변
투명한 물빛과 고운 모래
파도소리해녀촌 (해물칼국수, 보말뿔소라칼국수)
비양도
제주의 대표적인 캠핑 성지 우도에 딸린 작은 섬
우도해녀식당 (문어해물전복 칼국수)
안녕육지사람
임진고택
세화돌담칼국수 (보말죽칼국수, 고기칼국수)
종달리 수국길
창밖으로 보이는 수국길[5,6,7월]
꼬스뗀뇨 (꼬스뗀뇨라떼)
카페살레 (우도땅콩아이스크림)
우도마을
세화민속오일장
끝자리 0일, 5일에 열리는 오일장
철새 천연기념물 희귀새도래및 서식지 (철새도래지, 출사장소)
소금바치 순이네 (돌문어볶음)
우도정원
야자 숲, 핑크뮬리등으로 꾸며진 정원
서빈백사
우도 내륙
우도 유채꽃
[3,4월] 섬 전체가 노란색으로 물들때. 우도 섬의 1/40 유채꽃밭
포멜로 제주
제주해녀 항일운동기념탑
지미봉(지미오름, 정상까지 15분, 올레 21코스
종달리전망대
달그리안 (라떼)
제주 본섬 뷰
Jimmys
원조 땅콩아이스크림
밭318(우땅아이스크림)
검멀레해수욕장
우도봉 아래 협곡에 있는 검은 모래 해변
두산봉
10분만 오르면 탁 트인 풍경을 볼 수 있는 뷰 포인트. 코스가 짧고 길이 잘 정비되어 있어 아이들도 쉽게 오를 수 있다.
종달수다뜰 (13첩 한정식, 갈치조림 백반)
이스트 포레스트 (전복리조또)
소심한책방 (독립서점)
엉불턱우도전망대
해녀의부엌
해녀의 삶을 표현한 공연과 함께 음식도 즐길 수 있다.
천진항
훈데르트윈즈 (보뽐에이드)
우도짜장맨
우도 등대공원
동안경굴
우도 8경중 하나로 썰물때만 동굴 안으로 들어 갈 수 있다.
제주풀무질 (독립서점)
순희밥상 (순희밥상)
해월정(순멸칼국수)
종달리해변
우도와 성산 일출봉을 한눈에. 올레길 21코스
훈데르트바서파크
훈데르트바서 작품과 우도의 아름다움을 담은 테마파크
올레길 1코스
알오름
말미오름(두산봉,제주도 올레길 1코스 첫 번째 오름)
종달리 해안도로
시흥리
보라바치비
아일랜드에프(배낚시), 우도잠수함
제주 올레1코스 안내소
휴일기록(바비큐)
오룬 (곰돌이우유, 오른라떼)
성산봉죽칼국수
성산항
해일리 카페(해일리 수플레)
시인이생진시비거리
'바다 시인' 이생진 시인을 기리는 의미로 조성된 산책로.
새벽숯불단든 (봄 그리고 가을점) (흑돼지오겹살, 흑돼지목살)
이브이트립 (전동스쿠터)
오조해녀의집 (전복죽, 전복회)
성산흑돼지두루치기 카페더라이트
성산일출봉
182미터 높이의 유네스코 세계자연 유산. 10만 년 전 용암 분출로 만들어진 수성화산, 전망대까지 도보 25분
새벽숯불단든(흑돼지생오겹)
복자씨연탄구이
오조포구 노을 반영샷
올레길 1코스
성산바다풍경 (똑배기)
성산마씸(마쌈정식)
수마포해안
바다의집 (백반정식, 고등어구이)
식산봉(바오름, 고도 60미터의 측화산)
아뽀밍고 애플망고
수마
성산포
섭지코지로 (돔베고기정식)
코마마 (랍스타 볶음밥)
성산읍
제주레일바이크
용눈이 오름 옆, 제주 대자연을 2,3,4인승으로 달릴 수 있는 레일 바이크
유채꽃재배단지
성산일출봉 배경의 유채꽃밭[3,4월]
성산포 해녀물질공연장
전망좋은횟집&흑돼지(전망딱깅활어회)
어니스트밀크 본점 (한아름목장 우유로 만든 수제요거트)
도렐 제주 본점 (너티 클라우드)
광치기해변
성산일출봉을 가장 멋지게 볼 수 있는 곳. 성산일출봉과 섭지코지 사이의 용암 해변
고성오일시장
아케이드 천장이 있는 매월 열리는 전통시장. '우리들의 블루스'의 시장 장면 촬영지
스테이묘해 (이국적)
도렐 (도렐모카와너티클라우드)
광치기해변 성산일출봉 배경
커큐민흑돼지(엘조림 흑돼지패밀리세트)
수와키 (독채)
부촌(성게미역국) 꽃가람(고기국수)
돈이랑 (흑돼지)
호랑호랑 성산카페(수제홍차라떼)
감귤랜드귤체험장
제주커피박물관 Baum
보룡제과(마늘바게트)
어머니닭집
쇠와꽃 승마장
빛의 벙커
해저 광케이블 시설로 전시 시설로 재탄생
빛의 벙커 웅장한 공간
컬러인제주
드르쿰다 in 성산
망고레이 필리핀디저트카페 (생망고빙수)
짱구네 유채꽃밭
원형 강귤장식
짱구네 유채꽃밭
산책하기 제격인 [12,1,2,3월]
대수산봉
성산바다 (갈치조림)
신양마을
랜딩커피(성산앞바다 디저트카페)
서귀피안 베이커리(크로와상)
제주해양 동물박물관
아일랜드플라워
목장형 동물 체험 카페
제주감성소품샵 산도록рт
가시아방국수(고기국수)
아쿠아플라넷 제주 프리다이빙
아쿠아 플라넷 제주
아쿠아리움과 공연, 수중 뮤지컬과 해녀 할머니의 물질시연은 꼭 봐야 해
제주전시컨벤션센터
유건에오름
신양섭지해수욕장
일출명소
서귀포 섭지코지 유채꽃
두말할 필요 없는 유채꽃길[3,4월]
유민 유민 아르누보 뮤지엄
유민 아르누보 뮤지엄
아르누보 뮤지엄 안도 타다오 공간
섭지코지
'코지'는 곶(바다로 돌출한 육지)의 제주 방언 3월 중순에는 유채꽃이 만발. 2km의 해안 절경이 각종 드라마 촬영지로 유명
혼인지
혼인 신화가 전해오는 연못, 전통 혼례 체험
온평리 환해장성
혼인지 수국
연못주변 수국밭[6,7월]
올레길 2코스
신산·신양 해안도로
성산 브런치 난산리다방 & 조아가지구 (버섯크림 스프, 브런치)
소게(양옥집)
온평 포구
온평바다에그릇 (해물라면)
바랑쉬 게스트하우스
제주 성산 난산리 식당 (양식 코스 요리)
난산리큰집 (게스트하우스)
올레돔펜션(독채)
올레길 2코스
올레길 3A 코스
성산 브런치 카페 난산리다방 (버섯크림 감자뇨끼)
오드리들 (자쿠지)
표선·세화해안도로 (세화리·민속촌박물관)
제주 달로와 (풀빌라)
오름
독자봉
미천굴
카페아오오(올디너스, 올디시나몬)
마이올 제주 풀빌라 감성숙소(오션뷰)
제이아일랜드 (통유리창 밖으로 보이는 멋진 바다전망 카페)
올레길 3B 코스
고흐의 정원

구좌
A
B
C
김녕 해안도로(한동리-김녕리)
김녕신비바닷길
김녕 해수욕장
구좌 풍력발전기
월정리 해수욕장
김녕금속공예 벽화마을
금룡사
월정리
월정리카페거리
묘산봉
입산봉
용천동굴
구좌 방파제
1
동복리
김녕리
김녕사굴
행원리
김녕 미로공원
한동리
만장굴[UNESCO 세계자연유산]
구좌읍
조천읍
한울랜드
둔지오름
비자림
2
어대오름
메이즈랜드
북오름
덕천리
돗오름
송당본향당
당오름
거친오름
밧돌오름
높은오름
안돌오름
송당리
송당 무끈모루
거슨세미
아부오름 갯무꽃밭
아부오름
거미오름
3
스누피가든
문석이 오름
제주 송당리 메밀꽃밭
카페 글렌코 핑크뮬리
민오름
비치미오름
성불오름
60
A
B
C

D
E
F
1
로봇스퀘어
평대리 해수욕장
세화 해변
구좌 용문사 앞 해변
별방진
토끼섬 문주란 자생지
제주 해녀 박물관
평대리
해녀항일 운동기념탑
하도리
하도해수욕장
제주 하도리 철새도래지
종달리 수국길
종달리 전망대
지미봉
2
종달리
종달리 해변
세화리
상도리
종달리 해안도로
다랑쉬오름
아끈다랑쉬
아끈다랑쉬 오름 억새
윤드리오름
용눈이오름
손자봉
용눈이오름 억새
성산읍
3

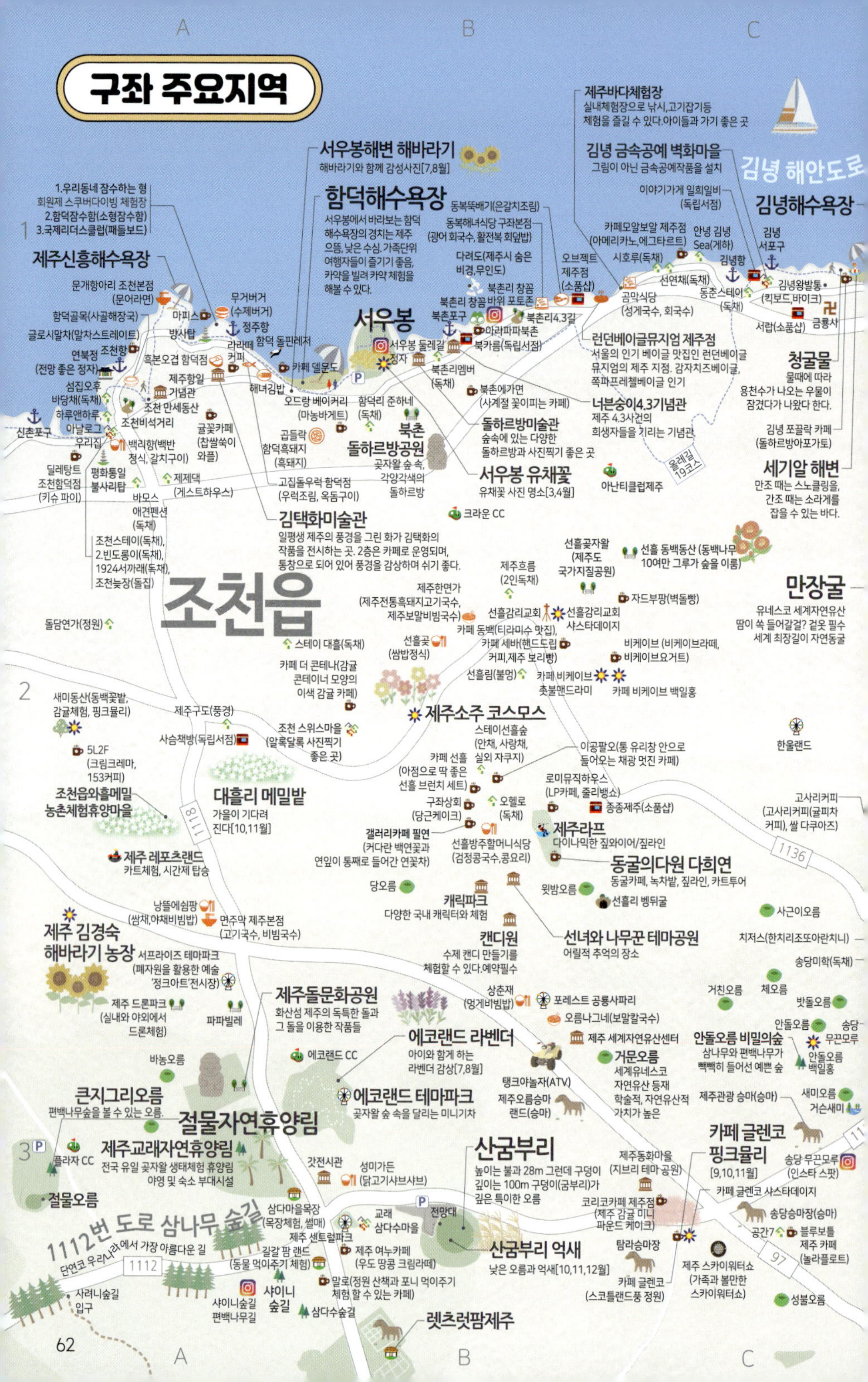

구좌 주요지역

서우봉해변 해바라기
해바라기와 함께 감성사진[7,8월]

함덕해수욕장
서우봉에서 바라보는 함덕
해수욕장의 경치는 제주
으뜸. 낮은 수심. 가족단위
여행자들이 즐기기 좋음.
카약을 빌려 카약 체험을
해볼 수 있다.

제주바다체험장
실내체험장으로 낚시, 고기잡이등
체험을 즐길 수 있다. 아이들과 가기 좋은 곳

김녕 금속공예 벽화마을
그림이 아닌 금속공예작품을 설치

김녕 해안도로

김녕해수욕장

1.우리동네 잠수하는 형
회원제 스쿠버다이빙 체험장
2.함덕잠수함(소형잠수함)
3.국제리더스클럽(패들보드)

제주신흥해수욕장

문개항아리 조천본점
(문어라면)
함덕골목(사골해장국)
글로시말차(말차스트레이트)
연북정
(전망 좋은 정자)
섬질오후
바당채(독채)
하루앤하루,
아날로그,
우리집
신촌포구
딜레탕트
조천함덕점
(키슈 파이)

마피스
무거버거
(수제버거)
정주항
방사탑
라라떼 함덕 돌핀레처
커피
흑본오겹 함덕점
제주항일
기념관
조천 만세동산
조천비석거리
굴꽃카페(찹쌀쑥이
와플)

동북뚝배기(은갈치조림)
동북해녀식당 구좌본점
(광어 회국수, 활전복 회덮밥)
다려도(제주시 숨은
비경, 무인도)
북촌리 창꼼
북촌리 창꼼 바위 포토존
북촌포구
아라파파북촌
북카름(독립서점)
북촌리멘버
(독채)
북촌에가면
(사계절 꽃이피는 카페)

카페모알보알 제주점
(아메리카노, 에그타르트)
시호루(독채)
선연채(독채)
곰막식당
(성게국수, 회국수)

안녕 김녕
Sea(게하)
김녕항
동춘스테이
(독채)

김녕
서포구
김녕왕발통
(킥보드, 바이크)
김녕항
서랍(소품샵)
금룡사

서우봉 둘레길
정자

오브젝트
제주점
(소품샵)

제주돌핀레처
해녀김밥
오드랑 베이커리
(마농바게트)
곱들락
함덕흑돼지
(흑돼지)
고집돌우럭 함덕점
(우럭조림, 옥돔구이)

서우봉

북촌
돌하르방공원
곶자왈 숲 속,
각양각색의
돌하르방

돌하르방미술관
숲속에 있는 다양한
돌하르방과 사진찍기 좋은 곳

서우봉 유채꽃
유채꽃 사진 명소[3,4월]

런던베이글뮤지엄 제주점
서울의 인기 베이글 맛집인 런던베이글
뮤지엄의 제주 지점. 감자치즈베이글,
쪽파프레첼베이글 인기

너븐숭이4.3기념관
제주 4.3사건의
희생자들을 기리는 기념관.

크라운 CC

아난티클럽제주

올레길
19코스

청굴물
물때에 따라
용천수가 나오는 우물이
잠겼다가 나왔다 한다.

김녕 포꼴락 카페
(돌하르방아포가토)

세기알 해변
만조 때는 스노클링을,
간조 때는 소라게를
잡을 수 있는 바다.

김택화미술관
일평생 제주의 풍경을 그린 화가 김택화의
작품을 전시하는 곳. 2층은 카페로 운영되며,
통창으로 되어 있어 풍경을 감상하며 쉬기 좋다.

제주흑름
(2인독채)

선흘곶자왈
(제주도
국가지질공원)

자드부팡(벽돌빵)

선흘 동백동산 (동백나무
10여만 그루가 숲을 이룸)

만장굴
유네스코 세계자연유산
땅이 쑥 내려갈걸? 겉옷 필수
세계 최장길이 자연동굴

조천읍

제주한연가
(제주전통흑돼지고기국수,
제주보말칼국수)

스테이 대홀(독채)

선흘곶
(쌈밥정식)

선흘감리교회
카페 동백(티라미수 맛집),
카페 세바(핸드드립)
커피,제주 보리빵

선흘감리교회
샤스타데이지

선흘림(불멍)

카페 비케이브
촛불맨드라미

비케이브 (비케이브라떼,
비케이브요거트)

카페 비케이브 백일홍

한울랜드

돌담연가(정원)

새미동산(동백꽃밭,
감귤체험, 핑크뮬리)

제주구도(풍경)

5L2F
(크림크레마,
153커피)

조천읍와흘메밀
농촌체험휴양마을

사슴책방(독립서점)

조천 스위스마을
(알록달록 사진찍기
좋은 곳)

대흘리 메밀밭
가을이 기다려
진다[10,11월]

제주소주 코스모스

스테이선흘숲
(안채, 사랑채,
실외 자쿠지)

카페 선흘
(아점으로 딱 좋은
선흘 브런치 세트)

구좌상회
(당근케이크)

오헬로
(독채)

이공팔이(통 유리창 안으로
들어오는 채광 멋진 카페)

로미뮤직하우스
(LP카페, 줄리빵소)

종종제주(소품샵)

고사리커피
(고사리커피(귤피차
커피), 쌀 다쿠아즈)

1136

제주 레포츠랜드
카트체험, 시간제 탑승

낭뜰에쉼팡
(쌈채, 야채비빔밥)

면주막 제주본점
(고기국수, 비빔국수)

갤러리카페 필연
(커다란 백연꽃과
연잎이 통째로 들어간 연꽃차)

선흘방주할머니식당
(검정콩국수, 콩요리)

제주라프
다이나믹한 짚와이어/짚라인

동굴의다원 다희연
동굴카페, 녹차밭, 짚라인, 카트투어

윗밤오름

선흘리 벵뒤굴

고사리커피

당오름

캐릭파크
다양한 국내 캐릭터와 체험

사근이오름

치저스(한치리조또아란치니)

송당미학(독채)

제주 김경숙
해바라기 농장
서프라이즈 테마파크
(폐자원을 활용한 예술
'정크아트'전시장)

제주 드론파크
(실내와 야외에서
드론체험)

파파빌레

바농오름

캔디원
수제 캔디 만들기를
체험할 수 있다. 예약필수

선녀와 나무꾼 테마공원
어릴적 추억의 장소

상춘재
(멍게비빔밥)

포레스트 공룡사파리

오름나그네(보말칼국수)

거친오름

체오름

밧돌오름

안돌오름

송당
무끈모루

안돌오름 비밀의숲
삼나무와 편백나무가
빽빽히 들어선 예쁜 숲

안돌오름
백일홍

제주돌문화공원
화산섬 제주의 독특한 돌과
그 돌을 이용한 작품들

에코랜드 라벤더
아이와 함께 하는
라벤더 감상[7,8월]

에코랜드 CC

제주 세계자연유산센터

탱크야놀자(ATV)

거문오름
세계유네스코
자연유산 등재
학술적, 자연유산적
가치가 높은

제주오름승마
랜드(승마)

제주관광 승마(승마)

새미오름
거슨새미

큰지그리오름
편백나무숲을 볼 수 있는 오름.

절물자연휴양림

에코랜드 테마파크
곶자왈 숲 속을 달리는 미니기차

갓전시관

성미가든
(닭고기샤브샤브)

산굼부리
높이는 불과 28m 그런데 구덩이
깊이는 100m 구덩이(굼부리)가
깊은 특이한 오름

제주동화마을
(지브리 테마 공원)

카페 글렌코
핑크뮬리
[9,10,11월]

송당 무끈모루
(인스타 스팟)

플라자 CC

제주교래자연휴양림
전국 유일 곶자왈 생태체험 휴양림
야영 및 숙소 부대시설

절물오름

삼다마을목장
(목장체험, 썰매)

교래
삼다수마을

제주 센트럴파크

제주 여누카페
(우도 땅콩 크림라떼)

전망대

코리코카페 제주점
(제주 감귤 미니
파운드 케이크)

카페 글렌코 샤스타데이지

송당승마장(승마)

공간7
제주 카페
(놀라플로트)

블루보틀

1112번 도로 삼나무 숲길
단연코 우리나라에서 가장 아름다운 길

1112

갈갈 팜 랜드
(동물 먹이주기 체험)

말로(정원 산책과 포니 먹이주기
체험할 수 있는 카페)

산굼부리 억새
낮은 오름과 억새[10,11,12월]

탐라승마장

제주 스카이워터쇼
(가족과 불만한
스카이워터쇼)

카페 글렌코
(스코틀랜드풍 정원)

성불오름

사려니숲길
입구

샤이니숲길
편백나무길

샤이니
숲길

삼다수숲길

렛츠럿팜제주

D
E
F

제주밭담 테마공원
제주 전통의 돌담문화를 볼 수 있는 곳, 진빌레 밭담길

월정리해수욕장
에메랄드빛 바다와 수많은 카페 커플 여행자들이 꼭 들렀다 가는 곳!

월정리 해안도로

코난해변
수심이 얕고 에메랄드빛의 바다. 스노쿨링으로 유명하다.

구좌풍력발전기
1. 월정투명카약
2. 제주웨이브서핑
3. 월정퀵서프

월정리 카페거리

그초록 (아보카도 커피)

구좌방파제
어등포해녀촌
(회정식, 우럭정식)

구좌읍 우럭튀김
민경이네어등포식당
(우럭정식, 민경이물회)

월정리이춘옥원조고등어쌈밥김녕구좌점 (고등어묵은지찜)

디어브리즈 (소품샵)

큰손상회 (소품샵)

제주감성자쿠지 독채스테이 그솔

워너비 제주 (소품샵)

아일랜드 라운지
전동휠, 오락실 체험이 가능한 아이들 체험 실내공간

Avec 0426 (독채)

세화해수욕장
파란 바다를 배경, 의자 사진 찍는 그곳!

종달리 해안도로

용천동굴

김녕사굴

김녕미로공원
길을 잃는 즐거움. 키만큼 큰 나무 벽에 갇히면 하늘이 더 파랗게 보여

오리온 제주용암수
무료로 운영되어 아이와 견학하기 좋은 오리온 제주용암수 홍보관.

월정리갈비밥 (11첩 정식)

떡하니 문어떡볶이

아이보리 매직 (독채)

그계절 (식물이 함께하는 싱그러운 카페)

비수기애호가 (구좌 당근 케이크)

말젯문 (돌문어크림알밥)

톰톰카레 (치즈카레, 시금치카레)

벵디 (돌문어덮밥, 뿔소라톳덮밥)

평대리해수욕장

구좌 용문사앞 해변

하우스 오브 록록 (펜션)

별방진
왜구를 막기위해 1510년 축성한 방호소

토끼섬
토끼섬 문주란 자생지

세화포구

숙자네순가락젓가락 (갈치조림+통갈치구이)

명진전복(전복돌솥밥)

청파식당횟집(활고동어회)

모모장
예쁜 바닷가에 시끌벅적 벌어지는 플리마켓. 매월 5일, 20일 11시~2시 사이에 세화 해변 앞 질그랭이 센터에서 반짝 열린다.

포멜로 제주

아코제주 (인테리어소품)

제주 해녀박물관
제주 해녀의 역사와 삶을 엿볼 수 있는 장소

카페한라산

모어모어 (말차슈플레)

하도핑크 (딱새우리조또)

윤스타 피자앤 파스타(화덕피자)

올레길 21코스

하도카약
우도, 토끼섬 전망

하도해변

제주 하도리 철새도래지

종달리 수국길
창밖으로 보이는 수국길[5,6,7월]

꼬스뗀뇨 (꼬스뗀뇨라떼)

세화 돌담칼국수 (보말죽칼국수, 고기칼국수)

철새 천연기념물 희귀새도래지 및 서식지 (철새도래지, 출사장소)

지미봉(지미오름, 정상까지 15분, 올레 21코스)

둔지오름

세화민속오일장
"시장 앞 푸른 바다 감상하며 문어꼬치 먹기" 끝자리 0일, 5일에 열리는 오일장

얌얌돈가스 (치즈 흑돼지 돈가스)

임진고택

제주풀무질 (독립서점)

세화 돌담칼국수

제주해녀 항일운동기념탑

이스트포레스트 (전복리조또)

소심한책방 (독립서점)

온온종달 (독채)

순희밥상 (순희밥상)

해월정 (보말칼국수)

메이네

종달차경메리골드 (독채)

구좌읍

비자림
500~800년된 비자나무 2,500여 그루가 있는 곳 천년을 버텨온 원시림 그리고 피톤치드로 가득한 산림욕 항균효과가 뛰어난 비자 열매, 몸이 건강해지는 여행

두산봉
10분만 오르면 탁 트인 풍경을 볼 수 있는 뷰 포인트. 코스가 짧고 길이 잘 정비되어 있어 아이들도 쉽게 오를 수 있다.

종달수다뜰 (13첩 한정식, 갈치조림 백반)

종달리해변
종달리 해안도로

보라비치

메이즈랜드 장미

메이즈랜드
미로 박물관도 구경하고 미로 체험도 할 수 있는 곳

제주 오메기파크

비자림의 비자나무

월랑소운

올레길 1코스

알오름

말미오름(두산봉,제주도 올레길 1코스 첫 번째 오름)

시흥리

제주 올레1코스 안내소

휴일기록(바비큐) 오른 (곰돌이우유, 오른라떼)

송당나무 (유리온실에서 산책할 수 있는 곳)

다랑쉬오름 일출

다랑쉬오름 철쭉

다랑쉬오름 갯무꽃

송당일상

다랑쉬오름
둘레가 약 1.5킬로미터, 깊이 115 미터로 원뿔모양의 분화구

월랑봉

아끈다랑쉬 오름

섭섭이네 (흑돼지짬뽕당귀리)

풍림다방(브레쩨)

아끈다랑쉬 오름 억새
억새군락의 끝판왕[9,10,11,12월]

제주레일바이크
용눈이 오름 옆, 제주 대자연을 2,3,4 인승으로 달릴 수 있는 레일 바이크

새벽숲불가든 (봄 그리고 가을점) (흑돼지오겹살, 흑돼지목살)

새벽숲불가든(흑돼지생오겹)

우연히, 그 곳 (아인슈페너)

송당 본향당 (독립서점)

동당서림 (독립서점)

용눈이오름
환상적인 일몰을 감상하기 좋은 오름 제주에서 가볍게 산책할 수 있는 하나의 오름을 고른다면 바로 이곳

고성오일시장
아케이드 천장이 있는 매월 열리는 전통시장. '우리들의 블루스'의 시장 장면 촬영지

바다의집 (백반정식, 고등어구이)

아부오름 갯무꽃밭 [5,6,7월]

높은오름
제주 동부에서 가장 높은 오름

용눈이오름 억새
억새군락의 끝판왕 [9,10,11,12월]

아부오름

노을 맛집

문석이 오름

동거문오름

스누피가든
피너츠의 에피소드를 재현해놓은 자연휴식공간 제주 자연이 주는 느낌과 테마가든에서

어니스트밀크 본점 (한아름목장 우유로 만든 수제요거트)

수와키 (독채)

감귤랜드귤체험장

스테이묘해 (이국적)

부촌(성게미역국) 꽃가람(고기국수)

보룡제과(마늘바게트)

어머니닭집

성산읍

송당리 메밀꽃밭 [5,6,9,10월]

제주커피박물관 Baum

컬러인제주

백약이오름 가는 산간 도로

백약이오름

팡구네 유채꽃밭 원형 감귤장식

빛의 벙커
해저 광케이블 시설이 전시 시설로 재탄생 빛의 벙커 웅장한 공간

성산바다 (갈치조림)

대수산봉

청초밭 동백
아이와 함께 동백꽃 군락[11,12,1,2,3월]

짱구네 유채꽃밭
산책하기 제격인 [12,1,2,3월]

백약이 오름 가는 산간도로

와일드오차드
120만 평 규모의 유기농 녹차밭. 티 테이스팅. 농장 투어. 차밭 투어

성읍리 갯무꽃

제주해양 동물박물관

아일랜드플라워
목장형 동물 체험 카페

혼인지

온평리 환해장성

1132
1112
1119

조천
A
B
C
1
2
3
제주신흥해수욕장
제주 항일기념관
조천비석거리
방사탑
닭머르해안길
억새
연북정
신흥리
닭머르 해안
조천만세동산
신촌리
조천리
평화통일
불사리탑
김택화미술관
대흘리
새미동산
와흘리
조천읍와흘메밀
농촌체험휴양마을
서프라이즈
테마파크
파파빌레
바농오름
제주 돌문화공원
큰지그리오름
교래자연휴양림
삼다마을목장
1112도로
삼나무 숲길
삼다수숲길
사려니숲길
교래리
제주시
말찻
물찻오름
한라산
성판악
한라산 성판악
코스 단풍
64

D
E
F
1
북촌포구
북촌리 창꼼
너븐숭이4.3기념관
북촌리 4.3길
서우봉
서우봉 유채꽃
돌하르방
미술관
서우봉해변
해바라기
북촌리
함덕 해변
함덕리
선흘 동백동산
(선흘곶자왈,
제주도 국가지질공원)
조천읍
구좌읍
제주소주
코스모스
알밤오름
대흘리
메밀밭
선흘리
선녀와나무꾼
테마공원
캐릭파크
와산리
다희연
웃밤
선흘리 벵뒤굴
[유네스코 세계자연유산]
우진제비
꾀꼬리오름
제주 세계
자연유산센터
포레스트
사파리
에코랜드 테마파크
거문오름
에코랜드
라벤더
민오름
갓전시관
산굼부리 부소악
제주 센트럴
파크
까끄래기오름
교래
삼다수 마을
산굼부리
억새
2
렛츠런팜 제주
렛츠런팜
해바라기밭
3
D
E
F

조천 주요지역

아침미소목장
송아지 우유주기, 체험목장, 카페
봉개동 왕벚나무 자생지 벚꽃
제주 명도암 참살이마을
제주 4.3 평화공원
제주어린이 교통공원
노루 생태관찰원
노루를 직접 관찰할 수 있는 곳, 노루먹이 체험
절물자연휴양림 수국
산책로에서 수국 무리를 감상[5,6,7월]
제주돌문화공원
화산섬 제주의 독특한 돌과 그 돌을 이용한 작품들
큰지그리오름
제주교래자연휴양림
전국 유일 곶자왈 생태체험 휴양림
야영 및 숙소 부대시설
플라자 CC
절물오름
한라생태숲
더시에나CC
제주힐CC
제주마방목지
한라산 중턱 넓은 초원 그리고 수많은 조랑말. 순수 제주혈통의 조랑말이 있는 이곳은 천연기념물 347호
절물자연휴양림
삼나무 숲을 산책할 수 있는 다양한 시설이 갖춰진 천연림. 절물, '절 옆에 물이 있다'라는 의미
1112번 도로 삼나무 숲길
단연코 우리나라에서 가장 아름다운 길
1112
사려니숲길 입구
삼다마을목장 (목장체험, 썰매)
제주 센트럴파크
길갈 팜 랜드 (동물 먹이주기 체험)
교래
삼다수마을
갓전시관
성미가든 (닭고기샤브샤브)
제주 여누카페 (우도 땅콩 크림라떼)
말로(정원 산책과 포니 먹이주기 체험 할 수 있는 카페)
샤이니숲길
샤이니숲길 편백나무길
삼다수숲길
카페갤러리(앤틱 가구로 꾸며진 갤러리형 카페)
면주막 제주본점 (고기국수, 비빔국수)
파파빌레
에코랜드 CC
에코랜드 라벤더[7,8월]
에코랜드 테마파크
곶자왈 숲 속을 달리는 미니기차
캔디원
수제 캔디 만들기를 체험할 수 있다.예약필수
상춘재 (멍게비빔밥)
포레스트 공룡사파리
제주오름승마 랜드(승마)
제주 세계자연유산센터
거문오름
세계유네스코 자연유산 등재
학술적, 자연유산적 가치가 높은
거친오름
체오름
안돌오름 비밀의숲
안돌 오름
송당 무끈모루
밧돌오름
새미오름
거슨새미
아부오름 갯무꽃밭
아부오름 노을 맛집
산굼부리
높이는 불과 28m 그런데 구덩이 깊이는 100m 구덩이(굼부리)가 깊은 특이한 오름
산굼부리 억새
낮은 오름과 억새[10,11,12월]
전망대
제주동화마을 (지브리 테마 공원)
코리코카페 제주점 (제주 감귤 미니 파운드 케이크)
탐라승마장
카페 글렌코 (스코틀랜드풍 정원)
카페 글렌코 핑크뮬리 [9,10,11월]
카페 글렌코 샤스타데이지
제주관광 승마(승마)
송당 무끈모루 (인스타스팟)
송당승마장(승마)
공간7
블루보틀 제주 카페 (놀라플로트,제주녹 차땅콩호떡)
제주 스카이워터쇼 (가족과 볼만한 스카이워터쇼)
스누피가든
송당리 메밀꽃밭
[5,6,9,10월] 송당리 산164-4, 백야이 오름 가는 중간 아부오름도 오르고 메밀꽃밭 사진도 찍고
청초밭 동백 포토존
와일드오차드
120만 평 규모의 유기농 녹차밭. 티 테이스팅, 농장 투어, 차밭 투어
보롬왓 맨드라미
성불오름
스테이 느릇
보롬왓
"꽃이 지지않는 곳 같아" 메밀꽃밭[5,6,9,10]과 라벤더밭[7,8월] 그리고 청보리밭[4,5월], 보라유채꽃[3,4월] 비밀스러운 수국 길까지 샤계절 모습이 다 아름다워
목장카페 드르쿰다
제주흑당보리라떼
제주아 리랑 혼
목장카페 밭디
포니밸리 (승마)
초가달빛
낙타트래킹
노바운더리 제주 (리조또,파스타)
제동목장
렛츠럿팜제주
6~8월 해바라기밭 만으로도 가볼만 한 곳 목장의 예쁜 꽃길에서 인생 사진도 찍을 수 있는 곳
가시리풍력발전단지 억새
가시리 초원의 억새무리. 녹산로 464-78 [10,11월]
정석항공관
억새밭
대록산
큰사슴이오름 (대록산)
유채꽃프라자
[3,4월] 유채꽃프라자 옆에 조성된 드넓은 유채꽃밭. 카페에서 유채꽃 보며 커피한잔의 여유
다이나믹메이즈
실내 어드벤처 스포츠 테마파크 아이 어른 같이하는 미로탈출 게임 등 다수 체험놀이
렛츠런팜 해바라기밭
붉은오름 자연휴양림
가문이오름 (감은이오름)
서귀포 정석항공관 일대 유채꽃 및 벚꽃
드라이브는 유채꽃과 함께 [3,4월]
녹산로 벚꽃 도로
4월, 유채꽃 뒤편으로 어우러진 벚꽃길
가시리마을
녹산로 유채꽃 도로
유채꽃은 꽃밭보다 꽃길이지 [3,4월]
따라비오름 노을 억새
따라비오름 억새
한라산 전망 억새 [10,11,12월]
따라비오름
쉽게 오를 수 있고 가을 억새풀이 가득한 오름
성읍랜드
승마,카트, ATV, 말당근주기체험 등 즐길거리가 많은 곳
사려니숲길
비자림로에서 사려니오름에 이르는 약 15KM의 완만한 숲 산책로 편백 나무, 삼나무, 때죽나무 등의 다양한 종류의 나무가 가득 걸어도 걸어도 전혀 힘들지 않은 몸과 마음의 병이 치유되는 곳
사려니숲길 붉은오름 방향 입구
물찻오름
붉은오름
삼나무길을 걸어 계단을 오르면 30분만에 정상 도착
사려니숲길 삼나무길
성판악코스 4시간 30분 9.6km
성판악대표소
5.16도로숲터널
'이상한 변호사 우영우' 촬영지
수망리 마흐니숲길
사람 손길 닿지 않은 순수한 숲
성널오름
물영아리(오름)
물이 많은 마을, 람사르 습지보호구역
가시리 마을 벚꽃
제주 시골 그리고 벚꽃[3,4월]
가시림수목원
동백꽃, 메타세콰이어길이 있는 작은 수목원
수민문화 (독립서점)
갑선이오름
가시리사무소
해비치 CC
해비치CC입구 벚꽃
제주 도민만 아는 벚꽃 명소[3,4월]
가시리농어촌체험 (조랑말체험)
스테이 무어
67

우도

A　B　C

1

우도 봉수대
봉수대는 조선 시대에 쓰였던 통신수단
우도 등대와 함께 사진 찍기 좋다

우도망루등대 등대
망루등대

우도자연식당
(해물짬뽕)

달봉펜션
&카페

우도올레펜션

우도
치안센터

우도물들이 해녀의집
(보말죽, 전복죽, 해물라면)

하하호호
(마늘 흑돼지 버거,
땅콩 흑돼지 버거)

파도소리해녀촌
(보말칼국수)

물꼬해녀의집
(톳칼국수,문어라면)

CU

파평
윤씨공원

스테이인우도
(펜션)

볼레낭펜션

우도
깨끗한 물과 해변은 제주 본섬에서 볼 수 없는 풍경
성산항에서 15분, 소가 누운 형상을 한 섬

안녕육지사람
흑돼지 땅콩 버거가 맛있는
브런치 카페. 직접 만든 우도
땅콩 잼도 판매한다

블랑로쉐
바다 전망 예쁜 카페
땅콩 크림 라떼, 땅콩
아이스크림 추천

하고수동해수욕장
부드러운 모래와 얕은 수심의
해수욕장

비양도
제주의 대표적인
캠핑 성지
우도에 딸린 작은 섬

등머울펜션

비양도등대

제주올레 1-1코스
우도 전체를 한 바퀴 돌아보는
11.5km, 4시간 거리 올레길

해적 (우도 톳 비빔밥)
해적 테마 식당)

카페살레

온오프
(바다전망,
돈가스맛집)

머하맨
(돌문어라면,뽈소라라면)

우도상회
(해물뚝배기,
흑돼지 오겹살)

노을 승마장
바닷길을 따라 승마
체험할 수 있는 곳

우도면 파전리
(꽃게짬뽕라면,
해산물 라면)

초원게스트
하우스

섬소나이
크림짬뽕 백짬과 반죽에
톳을 넣어 만든 피자

우도해광식당
(보말칼국수)

달콤아재
(땅콩 아이스크림,
한라봉 아이스크림)

조일리비양동
마을회관

해와달그리고섬
유기농 식재료를 사용한
회 비빔밥, 비빔국수

우도사랑
펜션

우도교회

우도체육관,
우도축구장

오로라식당
(고등어구이 정식)

우도제일교회

따띠빵빵
(땅콩 아이스크림,
수제버거)

하우목동항

풍원 (한치 주물럭,
돼지주물럭, 한라산 볶음밥)

서광리사무소

우도 보물섬레져
ATV, 스쿠터, 전기자전거
대여해주는 곳

제주 우도 유채꽃
우도를 가득 메우는 유채꽃의
향연[3,4월]

우도성당

우도피아펜션

회양과 국수군
(회국수, 해물탕)

우도다올펜션

로뎀가든
(흑돼지주물럭,
한치주물럭)

하나로마트

우도 내륙
제주 본섬 뷰

영일동포구

우도왕자이야기
(땅콩 아이스크림,
한라봉 아이스크림)

우도정원
버베나

우도정원 백일홍

우도정원 야자수

우도119
지역센터

소섬전복
(전복밥,
전복뚝배기)

봉자게스트하우스

우도해바라기
게스트하우스&펜션

홍조단괴
해수욕장 야영장

헬로우도(우도 땅콩 방수)

호로락
전복게우밥(내장볶음밥),
해물칼국수 맛있는 곳

밭318(우땅아이스크림)

우도산호해변
홍조 단괴 백사장으로 진정한 에메랄드 빛 해변
남태평양이나 동남아 유명 해안에 와 있는 듯한 느낌

망동산

우도팔경
동굴보트

검멀레 동굴
썰물 때는 걸어서 들어가 볼 수 있는 해식동굴

우도 올레보트
서빈백사에서 검멀레 해안까지
이동하는 30분간의 보트 투어

우도파출소

우도저수지

검멀레해수욕장
우도봉 아래 협객에 있는
검은 모래 해변. 썰물시
고래가 살았다는 전설의
동안경굴 관람 가능

봉끄랑
인증 사진 필수인
레인보우 수제버거,
땅콩 버거, 블랙 버거

우도해변
빌리지펜션

뽀요요
펜션카페

우도 아이스크림
연구소

슈가탱크
맛으로 입소문 난 땅콩 라떼와
땅콩 아이스크림

우도 등대공원

검멀레 동굴 포토존

우도해녀
항일기념비

등머을레져
스쿠터, 전기자전거
대여해주는 곳

훈데르트윈즈(보롬에아트)

훈데르트바서파크
이국적인 건물

땅콩 아이스크림 거리

톨칸이해변

우도봉

쇠머리오름
우도봉의 가장 높은 봉우리인
쇠머리오름에 오르면
우도 전경을 내려다볼 수 있다

천진항

산호레저
ATV, 스쿠터,
전기자전거 대여해주는 곳

A　B　C

2

3

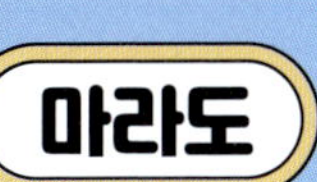
마라도

마라도 억새
세상과 등지고 작은 섬에
살고 싶다면[10,11,12월]

살레덕선
착장

자리덕
선착장

마라도해녀촌짜장
(톳 짜장면, 미역 짬뽕)

GS25

심봉사눈뜬톳해물짜장짬뽕
(톳짜장, 톳짬뽕)

· 대문바위

환상의짜장
(톳짜장, 톳짬뽕)

레트로 감성 사진 찍기   가파초등학교
좋은 초등학교 건물   마라분교장

마라도별장식당
(해물톳짜장면)

원조마라도해물짜장면집
(톳짜장면 원조집)

· GS25

마라전담
의용소방대

마라도교회

서바당횟집
(물회, 짜장면,
짬뽕)

· 마라도펜션

바다와 짜장
(톳짜장, 톳짬뽕)

해녀3대할망네
(즉석 모둠회)

마라치안센터

마라
보건진료소

마라도 등대
세계의 등대 모형이 함께
전시되어있는 마라도 등대

철가방을든해녀
(해물 짜장면)

마라도 기원정사
내륙과 다른 독특한 건축양식이
인상적인 불교 사찰

마라도 성당
동글동글한 외형이
인상적인 천주교 성당

마라도
최남단민박

마라도 억새   팔도민박

마라도 관광쉼터 ·

대한민국
최남단비

장군바위 ·

추자도
비양도
차귀도
한경면
p.370
한림읍
p.338
애월읍
p.300
제주시
p.252
조천읍
p.654
구좌읍
p.614
우도
p.596
성산읍
p.566
표선면
p.540
남원읍
p.512
안덕면
p.416
서귀포시
p.456
대정읍
p.394
가파도
마라도

02
테마

SPRING
제주의 봄

성산일출봉
매년 봄이면 웅장한 성산일출봉과 함께 유채꽃밭을 한눈에 볼 수 있다. 광치기해변 혹은 섭지코지가 대표적인 장소.

서귀포 유채꽃 축제
표선면 가시리 일대에서 열리는 축제로 10만m²에 달하는 유채꽃밭과 풍력발전기가 사진 포인트

제주민속촌
제주 전통 초가와 돌담 사이로 유채꽃이 피며 제주의 옛 풍경을 감상할 수 있다.

서우봉 산책로 유채꽃
함덕 해변 옆 서우봉 산책로에 조성된 유채꽃밭. 에메랄드빛 바다와 노란 꽃

녹산로

가시리 녹산로 차도를 따라 노란 유채
꽃과 분홍 벚꽃이 동시에

산방산

높게 솟은 산방산 아래로 유채꽃밭이 드넓게 펼쳐져 그림 같은 사진을
찍을 수 있는 봄의 성지

별방진

조선시대 고즈넉한 옛 성곽을 따라 피어난 노
란 유채꽃

돌담과 유채

봄철 제주에서만 볼 수 있는 풍경. 까만 현무암
과 대비되는 노란 물결

제주대학교 벚꽃
제주대 캠퍼스 진입로를 따라 터널을 이루는 왕벚나무. 벚꽃이 절정에 달
하는 3월 말~4월 초에 인기 있는 명소

녹산로
유채와 함께 흩날리는 벚꽃을 볼 수 있는 드라이브 명소

삼성혈 벚꽃
탐라의 시조가 태어난 유서 깊은 성지. 고즈넉한 분위기 속
에서 만개한 벚꽃을 감상할 수 있다.

장전리 벚꽃 축제
애월읍 장전리의 벚꽃 축제. 풍성한 왕벚꽃이 터널을 이루며 밤에
LED로 더욱 화려한 벚꽃놀이를 즐길 수 있다.

한라산 철쭉
한라산 윗세오름의 선명한 분홍빛 철쭉. 고지대라 꽃이 늦게 펴 5월
중순 이후 늦봄에 방문해야 볼 수 있다.

렛츠런팜 꽃양귀비
드넓은 목장에 붉은색 꽃양귀비가 가득 피어 동화 속 정원에 온 듯한
인생 사진을 남길 수 있는 곳.

초록색 물결이 펼쳐지는 제주도의 대표적인 차밭. 녹차 수확 시기인 봄이면 더욱 싱그럽고 푸른 색을 띤다.

넓은 들판에 수천 송이의 다채로운 튤립을 심어 네덜란드에 온 듯한 풍경을 선사하는 정원

이호테우등대와 청보리밭

이호테우해변 가까이에 있어 상징적인 말 등대와 푸른 바다를 배경으로 사진을 남길 수 있는 청보리밭 명소

가파도 청보리밭

섬 전체가 청보리로 뒤덮여 장관을 이루는 곳. 4월에 청보리축제가 열린다. 서귀포 운진항에서 배로 10분 거리.

SUMMER
제주의 여름

신창풍차해안
해안도로를 따라 푸른 바다 위 풍력발전기가 줄지어 있어 시원한 풍경을 감상할 수 있는 드라이브 코스.

월평포구
물이 맑고 깊어 낚시와 스노클링을 즐길 수 있는 서귀포 월평동의 숨겨진 포구

형제섬
일출과 일몰 명소로 유명하며 썰물 때는 바닷길 이 열리는 신비로운 두 개의 작은 섬.

협재해변

에메랄드빛 바다, 얕은 수심, 고운 백사장, 비양도가 보이는 풍경으로 제주의 대표적인 인기 해수욕장

월정리 해수욕장

파란바다와 하얀 풍차, 검은 현무암
완벽한 제주 여름 바다 조합

세기알해변

제주의 대표적인 스노클링 성지로, 해외에 온 듯한 투명한 에메랄드빛 해변을 즐길 수 있는 곳.

해안도로 수국
6월 초부터 피기 시작해 중순에 절정을 이루는 제주
도의 여름 수국. 파란색 꽃이 바다와 어우러지며 낭
만을 더한다.

이호테우해변 및 등대
특한 말 등대가 상징인 곳. 여름에는 야간에도 개방되고 해변포차가 들어서서 밤
바다와 일몰을 즐기기 좋다.

신창풍차해안도로
파란 여름 바다를 따라 달리는 하얀 풍차
월정리 해수욕장 투명 카약
파도가 잔잔하고 수심이 얕아 투명 카약을
타기 제격인 곳
애월 투명카약
맑은 물을 더욱 가까이에서 투명하게 바라보는 경험

성이시돌목장

푸른 초원에서 한가로이 풀을 뜯는 말을 볼 수 있는 이국적인 풍경의 사진 명소

송악산

속이 시원해질 정도로 탁 트인 바다를 해안 절벽 위에서 조망할 수 있는 오름 위 올레길 코스

비자림

천년 넘은 비자나무 군락지가 드리우는 서늘한 그늘 아래 산책

산방산
여름이면 푸르른 녹음으로 덮이며 산 중턱의 산방굴사
에서 시원한 바다 풍경을 조망할 수 있다.

쇠소깍
검은 현무암 절벽 사이로 흐르는 물 위에서 카약과 테우를 타며
시원한 여름을 즐길 수 있는 곳.

혼인지
제주 동부 온평리의 혼인 설화 유적지로, 여름에는
수국이 탐스럽게 피어나는 장소.

보롬왓
6월 중순부터 보랏빛 라벤더가 만개하는 곳.
넓은 들판에서 이국적인 여름 꽃을 즐길 수 있다.

신창풍차해안도로
바람이 가득한 시원한 드라이브 필수 코스

우도서빈백사해수욕장
부서진 산호 조각이 쌓여 흰 모래처럼 보이는 독특한 해변으로,
투명하고 맑은 바다를 즐길 수 있다.

우도검멀레해수욕장
독특한 검은 모래와 주상절리가 절경을 이루며, 짜릿한 보트를
타고 해식동굴을 볼 수 있다.

정방폭포

국내에서 유일하게 바다로 직접 떨어지는 폭포로, 시원한 물줄기가 여름 더위를 식혀준다.

협재 해수욕장

파란 바다와 알록달록한 파라솔의 조합

월정리 투명 카약

에메랄드 빛 바다에 동동.
물 위에서 즐기는 투명하게 빛나는 바다

AUTUMN
제주의 가을

제주시와 서귀포를 잇는 고지대 도로. 10월 하순 절정을 이루는
단풍 터널은 가을 드라이브 명소.

완만한 곡선의 오름을 따라 은빛 억새가 파도처럼 일렁이는 장관
을 볼 수 있는 가을 사진 스폿.

따라비오름 억새
여러 봉우리가 이어진 오름으로 전망이 뛰어나
며, 억새가 오름 전체를 덮어 가을 정취가 깊은 곳.

산굼부리 억새
분화구(굼부리) 둘레를 따라 드넓게 펼쳐진 억새
밭이 압권인 곳. 제주도의 대표 억새 명소.

성이시돌 목장
초원 위 이국적인 테쉬폰 건축물과 함께 빈티지
감성 가득한 사진을 찍기 좋은 인기 사진 스폿.

성산일출봉 해국
해안가 바위 틈에서 피는 보랏빛 국화로, 가을철
성산일출봉 아래에서 흔히 볼 수 있다.

감나무와 마을
주황빛으로 익어가는 바닷가 마을

제주 민속촌
제주 옛집과 어우러지는 가을 풍경. 옥수수를 말리는 토속적인 풍경을
즐기며 여유롭게 산책할 수 있다.
용눈이오름
가을이 빚어낸 오름의 곡선. 가장 제주다운 순간을 걸어보자.
마노르블랑 핑크뮬리
가을이 되면 대규모 핑크뮬리 정원이 조성되는 안덕면 카페. 분홍빛 물결 속에서
사진 찍기 좋은 명소.

오라동 메밀밭

가을에 하얀 메밀꽃이 광활하게 피는 제주시 오라동의 메밀밭. 한라산을 배경으로
사진을 남기기 좋다.

마라도

대한민국 최남단 마라도. 가을이면 섬 전체가 은빛 억새로
출렁이는 이국적인 풍경이 특징.

한라산

윗세오름, 관음사, 성판악 코스가 대표적인 한라산 단풍 명소.
10월 중순부터 단풍이 물들기 시작한다.

용눈이 오름
바람이 닿는 곳마다 출렁이는 은빛 억새 물결

1100도로
굽이치는 길 끝에 한라산이 놓여있는 곳. 단풍이 안내하는 가을의 절정

비양도
우도 북동쪽에 위치한 섬 속의 작은 섬. 숨은 캠핑 명소로 조용하고 평화로운 가을 바다를 즐길 수 있다.

WINTER
제주의 겨울

한라산
제주 최고봉에서 즐기는 웅장한 설경. 눈이 내리는 당일보다는
그 다음 날의 풍경이 가장 아름답다.

오백나한
한라산 영실 코스에서 만날 수 있는 기암괴석 봉우리.
눈이 쌓이면 신비로움이 더해진다.

돌하르방
한번 내렸다 하면 설국으로 변하는 제주.
돌하르방이 묵묵히 겨울 눈을 이고 자리
를 지키고 있다.

귤나무
차가운 눈 이불 속 달콤한 노란 알맹이

1100도로
눈이 내리면 하얀 눈꽃 터널을 볼 수 있는 환상적인 드라이브 코스.
다만 길이 미끄러우므로 안전 장비 필수.

안덕면 겹동백길
붉고 탐스러운 겹동백꽃이 만개하는 곳으로, 12월부터 4월까지
개화 기간이 길어 오래 만끽할 수 있다.
제주동백수목원
남원읍의 동백 전문 수목원. 국내 최대 규모의 애기동백나무 숲
이 있어 겨울 인생 사진 찍기 제격!

제주동백수목원
붉게 물든 동백로드와 은은한 귤향기
성산일출봉
제주의 대표적인 해돋이 명소. 바다에서 해가 떠오르며 웅장한 성산일출봉과 어우러져 새해 첫 해돋이 명소로 제격.

백록담
겨울이면 순백의 눈이 덮인 모습을 볼 수 있다.
성판악, 관음사 코스로 등반 가능하며 사전 예약 필수.

한라산 상고대
가장 높은 곳에서 만난, 한라산 겨울 왕국

1100도로
눈꽃 터널 아래 구름속을 달리는 듯한 곳

한라산 사라오름
성판악 코스 중간에 위치한 오름으로 겨울에는 거대한 아
이스링크처럼 얼어붙은 호수가 장관을 이룬다.

1100고지 습지
데크길 위에 쌓인 고요한 발자국. 1100고지 습지가 잠시 멈춘 겨울을 걷다.

섭지코지
푸른 바다와 하얀 파도가 만나는 겨울 섭지코지, 거친 바람조차 낭만이 되는 제주의 동쪽 끝

제주돌문화공원
조천읍의 넓은 공원으로 옛 가옥과 돌담, 장독대 위로 눈이 쌓여 고즈넉한 겨울 풍경을 만들어낸다.

12 THINGS TO DO
제주에서 꼭 해볼만한 것들

노형수퍼마켙

1. 박물관 미술관 관람

제주에서만 볼 수 있는 특색 있는 전시를 경험해 보는 건 어떨까? 세계적인 건축가 안도 다다오가 설계한 본태 박물관에서 거장들의 현대 미술 작품을 감상한다거나, 세계자동차&피아노 박물관에서 우리나라 최초의 자동차와 로댕이 조각한 피아노를 찾아보자. 스누피가든, 무민랜드, 헬로키티 아일랜드 같은 인기 캐릭터 테마파크를 방문하여 재미있는 사진을 남기거나, 빛의 벙커, 노형 슈퍼마켙, 아르떼뮤지엄, 루나폴에서 화려한 몰입형 미디어 아트를 경험해 보는 것도 좋다.

비양도

2. 부속섬 투어

제주는 본섬뿐만 아니라, 주변의 부속 섬들을 둘러보는 것 또한 그 이상의 매력을 지니고 있다. 청보리가 물결치는 가파도, 천 년의 시간을 품은 신비로운 섬 비양도, 낚시꾼들의 천국 추자도, 해안 절벽과 기암괴석이 장관을 이루는 차귀도 등 부속 섬들은 저마다의 독특하고 색다른 아름다움을 간직하고 있다. 제주의 숨겨진 매력을 찾아 부속 섬 여행을 떠나보는 것은 어떨까.

3. 오름·지질 트레일 탐방

제주에는 약 360여 개의 오름이 있어 2시간 정도만 투자하면 멋진 풍광을 즐길 수 있다. 세계자연유산인 거문오름, 수려한 다랑쉬오름 등 오름마다 독특한 매력이 있어 선택의 폭이 넓다. 도슨트 투어를 활용하면 더욱 깊이 있는 경험이 가능하다. 또한 제주에는 화산의 역사를 보여주는 지질 명소인 주상절리대가 발달해 있다. 이는 용암이 급격히 식어 육각형 기둥 모양으로 굳어진 형태로, 중문 대포 해안의 주상절리대가 가장 대표적이며 자연의 신비로움을 느끼게 한다.

중문·대포 해안

백약이오름

4. 해양·공중 액티비티

제주를 가장 적극적으로 즐길 수 있는 계절 여름, 푸른 바다를 무대로 서핑과 패들보드, 투명 카약, 스노클링, 다이빙, 씨워킹, 요트 투어까지 등 다채로운 해양 액티비티를 즐길 수 있다. 특히 산소 헬멧을 쓰고 바닷속을 걷는 씨워킹은 바다 풍경을 온몸으로 체험하는 액티비티. 또한 제주는 바람이 많이 부는 지역 특성상 하늘을 나는 패러글라이딩을 경험하기 좋다. 금악오름, 함덕 서우봉 등에서 제주 최고의 풍경을 내려다보며 하늘을 날아보는 건 어떨까.

월정 투명카약

패러글라이딩

12. THINGS TO DO 제주에서 꼭 해볼만한 것들

5. 숲길 걷기

제주에는 비자림이나 사려니숲길처럼 잘 알려진 명소 외에도 교래자연휴양림이나 서귀포 치유의 숲 등 조용히 사색하며 걷기 좋은 아름다운 숲길이 많다. 울창한 숲이 주는 피톤치드를 마시며 몸과 마음을 재충전하는 시간을 가져보자.

6. 체험

제주를 여행하다 보면 체험형 농장에서 감귤, 바나나, 열대 과일 등을 직접 수확하고 싱싱한 과일으 맛보는 즐거움을 누릴 수 있다. 또한 귤, 한라산, 푸른 바다, 동백꽃 등 제주를 모티브로 한 향초, 비누 같은 특별한 기념품을 공방에서 직접 만들며 제주 여행의 추억을 간직할 수 있다. 넓은 제주의 자연 속에서 승마, 당나귀, 낙타 타기나 알파카, 꽃사슴 등 다양한 동물에게 먹이를 주며 교감하는 이색적인 시간을 가져보길 추천.

7. 자전거 라이딩

제주의 아름다운 자연을 조금 더 가까이에서 느끼고 싶다면 자전거 여행을 추천한다. 해안을 따라 자전거 도로가 잘 조성되어 있어, 코스마다 색다르게 펼쳐지는 제주의 절경을 만끽하며 달릴 수 있다. 대여 업체에서 자신에게 맞는 자전거를 렌탈해 여행을 시작해 보자.

제주시티투어 버스

8. 시티투어 버스 여행

렌터카 없이 제주 유명 관광지를 여행할 수 있는 방법, 바로 시티투어 버스를 이용하는 것이다. 1일권을 구매하면 하루 동안 정해진 동선을 따라 자유롭게 타고 내릴 수 있어 복잡한 대중교통 노선과 비용에 대한 고민 없이 여행을 즐길 수 있다. 제주의 주요 명소들을 대부분 포함해 여행 코스를 짜기에도 편리. 최근에는 낮 시간 투어 외에도 제주의 아름다운 밤을 만끽할 수 있는 야밤 버스도 운행 중. 특히 나홀로 여행자에게 추천.

한라산

9. 한라산 등반

사계절 언제 찾아도 그 계절만의 아름다움을 보여주는 우리나라 최고봉 한라산. 많은 이들이 한번쯤 제대로 올라보고 싶어하는 곳이다. 백록담 등반 코스로는 비교적 완만한 성판악 코스와 거칠지만 풍경이 아름다운 관음사 코스가 있으며, 이 두 코스는 사전 예약이 필요하다. 아름다운 윗세오름을 둘러보고 싶다면, 짧은 시간 안에 쉽게 오를 수 있는 영실 코스를, 가벼운 산행을 즐기고 싶다면 어승생악 코스를 추천. 자신의 체력과 선호도에 맞추어 한라산을 경험해 보자.

10. 돌고래 관찰

파도가 잔잔하고 날씨가 온화하다면 제주 야생돌고래를 만나기 좋은 날. 대표적인 돌고래 포인트는 동일리 해안도로 일대와 신도포구, 신산리 해안도로 일대다. 미쁜제과 삼거리 일대도 해안가와 가까워 돌고래를 관찰하기 좋다. 돌고래가 먹이 활동을 하는 아침 일찍이나 해 질 녘에 도전하면 관찰될 확률이 높다. 대정읍 영락리 방파제 앞, 관찰 가능

11. 전통시장·플리마켓·독립책방

제주만의 감성이 담긴 장소들을 방문해 보자. 해안가 시장에서 싱싱한 회를 맛보고, 민속오일장, 세화 벨롱장, 구좌읍 모모장, 수목원길 야시장 등 개성 넘치는 장터와 플리마켓을 구경하는 재미가 쏠쏠하다. 소박한 분위기의 독립책방도 제주의 매력. 책방 주인의 손 글씨 추천사가 있는 소심한 책방, 팝업북이 많은 사슴책방, 제주 작가 시집이 많은 시옷 서점, 빵을 파는 달책빵 등 이색 책방에서 취향에 맞는 책을 발견하는 행운을 누려보시길.

12. 어촌 체험

제주 바다에서는 오랜 경력을 가진 선장님이 포인트를 콕콕 짚어주는 배낚시 체험과 현직 해녀와 함께하는 해녀 체험을 즐길 수 있다. 배를 타고, 밤에는 반짝이는 제주 생갈치를, 낮에는 계절별로 다양한 어종을 직접 잡아보는 특별한 경험을 해 보자. 해녀 복장을 갖추고 바닷속에서 문어와 뿔소라 등을 채취하는 이색적인 경험도 추천.

FLOWER
제주에서 꼭 봐야할 꽃들

수선화
봄을 알리는 꽃송이
수선화. 12~3월

유채꽃
까만 현무암 돌담 사이
노란 유채꽃. 3~5월

벚꽃
파란 하늘 아래 분홍빛
벚꽃 터널. 3~4월

메밀꽃
몽글몽글한 구름밭을 걷는
느낌의 메밀꽃밭. 6~7월

귤
제주 대표 과일
귤꽃: 5월 초
열매: 10월~2월

억새
해 질 녘 황금빛 물
결이 장관인 억새.
9~11월

녹차
싱그러운 초록
융단 녹차밭.
5~6월

사진ⓒ한국관광 콘텐츠랩

수국
파랑, 분홍의 탐스럽고
커다란 꽃이 피는 수국꽃.
6~7월

해바라기
태양을 닮은꽃 해바라기.
6~7월

동백
한겨울 눈 속에서도 피
어나는 빨간 꽃 동백.
12~2월

양귀비꽃
개양귀비 또는 꽃양귀비로
불리는 붉은 꽃 양귀비. 5~6월

핑크뮬리
은은한 핑크색 물결이
아름다운 핑크 뮬리. 9~11월

서우봉 유채꽃,
해바라기
함덕해수욕장
서우봉 둘레길 갯무꽃
선흘강리교회
샤스타데이지
카페 비케이브 백일홍
카페 비케이브
촛불맨드라미
구좌읍
메이즈랜드
장미
종달리
수국길
제주 우도
유채꽃
우도정원
버베나
우도정원 백일홍
대흘리
메밀밭
제주소주
코스모스
아부오름
갯무꽃밭,
제주 송당리
메밀꽃밭
다랑쉬오름 철쭉
다랑쉬오름 갯무꽃
아끈다랑쉬
오름 억새
김경숙
기 농장
조천읍
에코랜드
라벤더
안돌오름 백일홍
용눈이오름
억새
성산읍
광치기해변
유채꽃
산굼부리 억새
카페 글렌코
핑크뮬리
짱구네
유채꽃밭
렛츠런팜
해바라기밭
카페 글렌코
샤스타데이지
보롬왓 라벤더,
보라유채꽃,
청보리밭
맨드라미
성읍리 갯무꽃
혼인지
수국
왕벚나무
벚꽃
정석비행장
벚꽃, 유채꽃
녹산로 유채꽃 도로,
유채꽃 프라자(가시리)
유채꽃, 녹산로 가시리
풍력발전단지 유채꽃
가시리풍력
발전단지 억새
신풍리
해바라기
산 성판악
소 단풍
남원읍
해비치CC
입구 벚꽃
가시리
마을 벚꽃
표선면
이승악오름
벚꽃
휴애리 자연생활공원
귤밭, 동백꽃, 매화,
수국, 핑크뮬리
경흥
농원 동백
제주허브
동산 허브
원
일홍
위미리 3760
(위미리동백군락지) 동백
제주민속촌
수국
동백,
동백포레스트 동백
수국
카페 동박낭
동백꽃
위미리
수국길

제주의 계절별 꽃
1월 2월 3월 4월 5월 6월 7월 8월 9월 10월 11월 12월
수선화
매화
유채꽃
벚꽃
튤립
청보리
양귀비
수국
메밀꽃
라벤더
연꽃
해바라기
억새·팜파스
핑크뮬리
귤
동백꽃
열매
꽃
열매

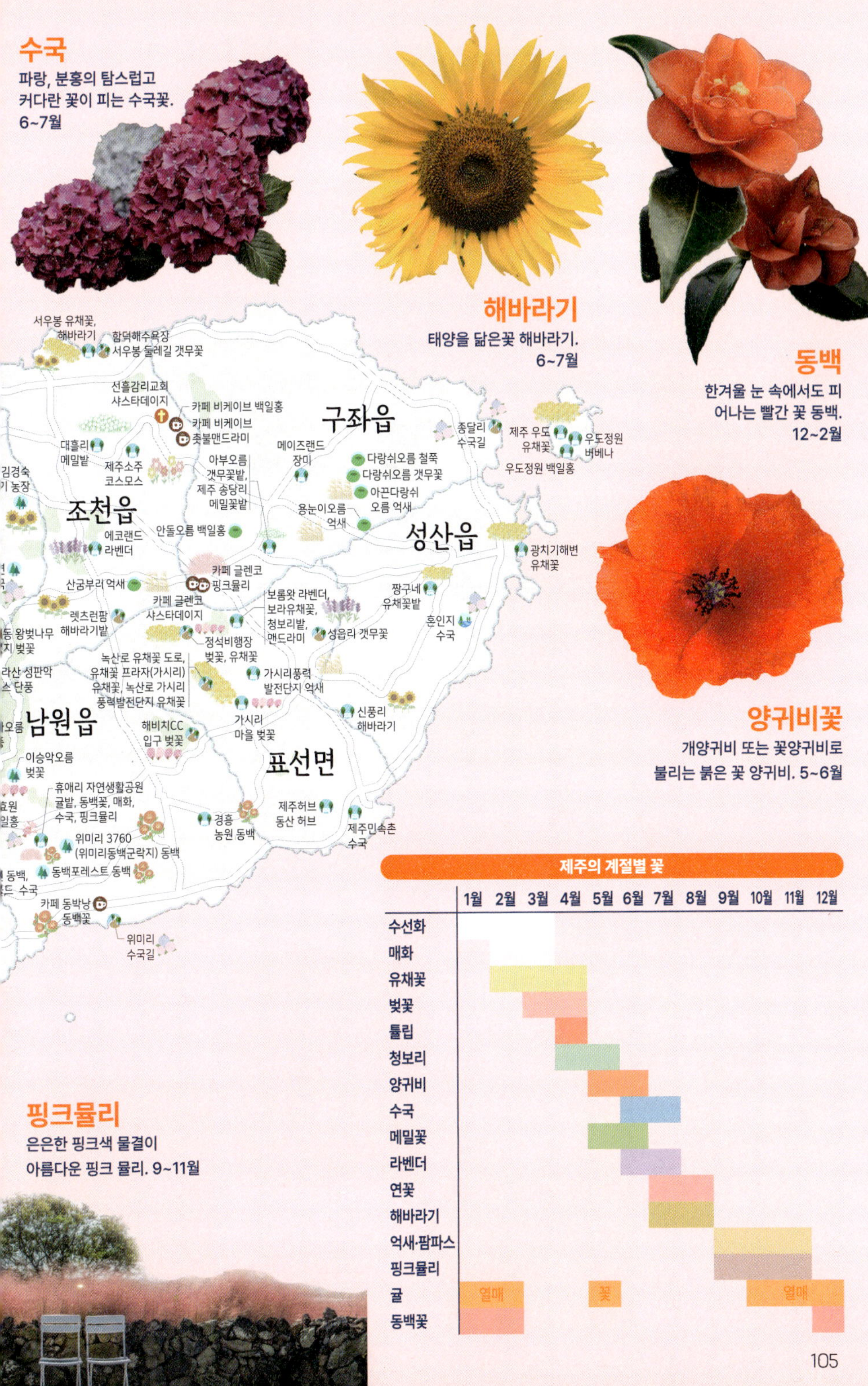

105

FLOWER
제주에서 꼭 봐야할 꽃들

12월~2월
동백꽃

차가운 겨울 속 붉게 피어나는 제주의 상징. 육지보다 붉고 선명하며 탐스럽다.

대표명소 : 카멜리아힐, 휴애리 자연생활공원

1월 말~3월 초
수선화

추사 김정희가 아꼈던 꽃. 추운 겨울에도 은은한 향과 고결한 자태를 뽐낸다.

대표명소 : 한림공원, 추사 김정희 유배지

3월 말~4월 초
벚꽃

유채꽃에게 봄의 배턴을 이어받아 섬을 물들이는 꽃. 겹벚꽃이 봄을 마무리한다.

대표명소 : 전농로 벚꽃거리, 제주대학교 벚꽃길

4월 중순~5월 중순
청보리

꽃보다 더 큰 감동을 주는 봄 식물. 바람에 일렁이는 모습 그 자체가 힐링.

대표명소 : 가파도, 오라동 청보리밭

2월 말~3월 초
매화

봄의 시작을 알리는 꽃. 꽃샘추위에도 꽃망울을 터트려 '설중매'라고도 불린다.

대표명소 : 노리매 공원, 걸매생태공원

2월 말~4월
유채꽃

제주의 봄을 대표하는 노란 꽃. 겨울 동안 웅크렸던 마음까지 활짝 피어나게 한다.

대표명소 : 산방산, 엉덩물 계곡

4월 초~4월 말
튤립

형형색색 화려한 색감의 대표적인 봄꽃. 화사하면서도 밝은 에너지를 준다.

대표명소 : 보롬왓, 상효원

5월~6월 초
양귀비

들판을 화려하게 수놓는 붉은 꽃. 파란 하늘과 대비되어 더욱 선명한 느낌이다.

대표명소 : 렛츠런팜 제주, 항파두리 항몽 유적지

한라산부터 푸른 바다까지, 아름다운 꽃들이 펼쳐내는 제주의 사계절. 화사한 유채꽃부터 탐스러운 동백꽃까지, 제주에서 놓쳐서는 안 될 꽃들의 향연이 기다린다. 매 계절 다른 아름다움을 선사하는 제주 꽃을 만나러 가보자.

6월~7월 초
수국

소담하게 피어나는 파스텔 빛 아름다움, 싱그러운 제주의 여름을 대표하는 꽃.

대표명소 : 카멜리아힐, 상효원

6월 중순~7월
라벤더

보랏빛 물결이 이국적인 분위기를 만드는 꽃. 은은하면서도 상쾌한 향이 난다.

대표명소 : 보롬왓, 제주 허브동산

7월~8월
해바라기

태양을 똑 닮은 노란 꽃. 해를 따라 고개를 돌리며, 여름의 절정을 알린다.

대표명소 : 김경숙 해바라기 농장, 항파두리 항몽유적지

9월 말~11월 초
핑크뮬리

분홍빛 안개를 닮은 대표적인 가을 식물. 몽환적인 분위기를 연출한다.

대표명소 : 마노르블랑, 카페 새빌

5월~6월, 9월~10월
메밀꽃

제주 바람 따라 일렁이는 하얀 눈송이 같은 꽃. 달빛 아래 더욱 아름답다.

대표명소 : 오라동 메밀밭, 와흘 메밀마을

7월~8월
연꽃

진흙에서 피어나는 여름 꽃. 연못을 가득 채운 청아한 아름다움.

대표명소 : 하가리 연화지, 한림공원 연못정원

9월 말~11월
억새·팜파스

제주의 가을을 상징하는 은빛 물결. 팜파스는 키가 크고 풍성한 서양 억새다.

대표명소 : 산굼부리, 팜파스 갈대정원(국세공무원교육원)

귤꽃: 5월 초/열매: 10월~2월
귤

봄에는 향긋한 귤꽃이, 겨울에는 주황빛 감귤이 청량한 제주 대표 과일.

대표명소 : 제주에인 감귤밭, 아날로그 감귤밭

GOODS
제주에서 꼭 사와야 하는 것들

천혜향&한라봉&귤

신선하고 당도 높은 귤은 필수 품목. 천혜향은 감귤보다 크고 껍질이 얇으며, 한라봉은 표면이 울퉁불퉁하고 꼭지가 툭 튀어나온 것이 특징이다. 감귤 농장에서 직접 따는 체험을 하거나, 시장에서 쉽게 구매할 수 있다.

구매처 : 직판장, 전통시장

땅콩&땅콩제품

우도에서 나는 땅콩은 아주 고소하고 맛이 좋기로 유명하다. 최근엔 우도의 땅콩으로 만든 '제품'들이 더 인기몰이 중이다. 땅콩 타르트나 땅콩 캐러멜, 땅콩 초코 찰떡파이, 땅콩 아이스크림, 땅콩막걸리 등 취향에 따라 사볼 것을 추천한다.

구매처 : 우도

오메기떡

차조로 만든 반죽에 팥고물을 묻혀 먹는 제주도의 대표 음식이다. 최근엔 흑임자, 해바라기씨, 콩가루 등 다양한 고명을 활용한 제품들이 등장해 선택의 폭이 넓어졌다. 대부분 당일 발송이 가능하니 택배로도 이용할 수 있다.

구매처 : 전통시장, 전문매장

감귤 초콜릿

제주 기념품의 대표 상품. 가격적으로 부담스럽지 않아 선물용으로 늘 인기 있다. 최근에는 맛과 포장 디자인 모두 세련되게 진화하고 있는데, 건조 감귤인 감귤칩에 초콜릿을 묻혀 감귤맛을 더욱 제대로 느낄 수 있는 상품들이 그 주인공이다.

구매처 : 기념품 숍, 전통시장

감귤 막걸리

한중일 정상회담의 만찬주로 내어졌던, 제주도의 감귤 막걸리! 탄산이 많이 들어있는 감귤 막걸리는, 톡 쏘는 탄산과 상큼한 귤 향이 일품이다. 박스 포장된 패키지나 캔맥주 패키지도 있어 선물용으로도 좋다.

구매처 :

오메기술

오메기떡을 누룩과 함께 발효시킨 전통술이다. 쌉쌀하면서도 부드럽다. '앉은뱅이 술'이라 불릴 만큼 달콤하고 목넘김이 좋다. 제주도의 돼지고기와 함께 먹으면 딱이다. 색다른 전통주를 체험해보고 싶다면 오메기술을 추천한다. 매우 귀한 선물이 될 것이다.

구매처 : 기념품 숍, 양조장

마음샌드

제주공항에서만 한정 판매하는 파리바게뜨 쿠키. 제주도를 상징하는 재료인 우도땅콩, 한라봉, 제주우유맛 세 가지를 판매한다. 국내선 출발 3층 1번 게이트 앞 제주공항점을 포함해 딱 세 곳에서만 구매할 수 있다. 파리바게뜨 앱에서 예약 가능.

구매처 : 파리바게뜨 제주공항 렌트카하우스점, 제주공항점, 제주공항 탑승점

갈치&옥돔

제주도의 대표 생선. 대부분 당일에 잡아 판매하며, 진공포장 및 택배 서비스까지 갖추고 있어 제주도에 왔다면 꼭 사 가야 할 아이템이다. 당일 배송, 늦어도 하루 배송이 가능하다.

구매처 : 동문시장 등 전통시장

사진ⓒ한국관광 콘텐츠랩

한정된 개수로 예약해야만 구매할 수 있는 먹거리부터 제주 특산물을 모티브로 한 재미있는 굿즈 등 소장 가치 있는 물건들. 여행을 추억하고 친구나 직장동료의 선물로 주기 좋은 오직 제주에서만 살 수 있는 제주 한정 쇼핑목록을 소개한다.

향초

제주를 상징하는 바다, 석양, 돌고래, 수국, 파도 등 다양한 아이템들이 향초 안에 고스란히 담겨 있다. 제주의 계절, 제주의 추억이 그대로 녹아있는 향초를 구입한다면, 향초를 태우는 그때그때마다 제주를 추억할 수 있을 것이다. 제주의 감성을 담뿍 담고 있어 선물하기에도 좋다.

구매처 : 소품샵

카카오프렌즈 제주 에디션

제주에서만 살 수 있는 한정판 카카오 프렌즈 굿즈를 노려보자. 감귤 어피치, 해녀 어피치, 잠수복 입은 춘식이, 하르방 춘식이, 감귤 춘식 등 다양한 디자인의 카카오프렌즈 봉제인형, 피규어, 파우치, 퍼즐, 볼펜 등 굿즈를 판매한다.

구매처 : 제주공항 면세점 카카오프렌즈 매장

제주 화투

돌하르방, 해녀 등 제주만의 디자인으로 재탄생한 화투가 최근 재미있는 이색 선물로 인기를 끌고 있다. 일반적인 빨간색 화투가 아닌 감귤을 닮은 주황색 화투로 디자인된 것도 있어 기념품 쇼핑이 더욱 즐겁다.

구매처 : 기념품 숍

마그넷

여행지에서 마그넷을 수집하는 취미가 있다면 제주에서도 놓칠 수 없다. 한라산, 감귤, 해녀, 동백꽃, 돌하르방, 유채꽃 등 제주도를 상징하는 다채로운 디자인으로 선택의 폭이 넓다.

구매처 : 기념품 숍

감귤 모자

제주 관광지와 소품샵 어딜 가든 보이는 쨍한 주황색의 감귤 모자. 정수리에는 초록색 꼭지가 달려 있어 귀여움을 더한다. 제주에 왔다는 확실한 여행 인증샷을 남길 수 있는 귀여운 기념품이다.

구매처 : 기념품 숍

한라산 소주 미니어처

제주 대표 소주 '한라산'을 아담한 80ml 크기로 구매할 수 있다. 오리지널과 순한맛이 골고루 구성된 세트로도 판매하며, 제주도를 표현한 패키지가 깔끔하고 귀여워 선물용으로 좋다. 한라산소주 공장 투어 후 공식 샵에서 구매도 가능.

구매처 : 기념품 숍, 한라산소주 공장투어

흑돼지 육포

제주 직영 농장에서 직접 키우고 가공, 제조, 유통하는 제주산 흑돼지 육포. 오리지널, 마늘맛, 매운맛 등 다양한 취향대로 선택할 수 있다. 이색 기념품으로 인기이며, '라산샤퀴테리'의 육포가 유명하다.

구매처 : 라산샤퀴테리

제주 한정 인스턴트 라면

제주에서만 먹을 수 있는 독특한 인스턴트 라면이 있다. 흑돼지 라면 '돗멘', 딱새우 라면 '딱멘', 돌문어 딱새우 라면 '문딱' 등 다양한 종류를 판매하며 컵라면, 봉지라면 모두 있어 취향껏 구매하기 좋다.

구매처 : 기념품 숍, 전통시장, 하나로마트

FOOD
제주에서 꼭 먹어봐야할 음식

사면이 바다로 둘러싸여 있고 기후마저 따뜻한 제주는 우리의 입맛을 사로잡는 갖가지 싱싱한 음식들이 다양하다. 해녀가 갓 잡아 올린 싱싱하고 먹음직스러운 해산물, 제주 전통 흑돼지 요리, 지방이 적어 담백하고 육질이 부드러운 말고기 요리, 제주만의 독특한 향토 음식들은 제주를 방문한다면 꼭 한번은 먹어봐야 할 음식이다.

흑돼지 구이

고기의 질이 좋고, 맛도 훌륭한 제주 흑돼지. 특히 구워 먹으면 쫄깃한 식감과 진한 육즙이 일품이다. 풍미를 살려주는 멜젓에 콕 찍어 먹어 보자.

돔베고기

삶은 돼지고기를 도마 위에 덩어리째 썰어 내는 제주 향토 음식. 야들야들하고 촉촉한 제주도식 흑돼지고기 수육을 뜻한다.

고등어 요리

EPA와 DHA가 풍부한 고등어. 활고등어회, 고등어조림, 고등어구이가 맛있다. 특히 싱싱한 고등어회는 제주에서만 맛볼 수 있는 별미.

딱새우

회로 먹으면 신선한 단맛이 느껴지는 딱새우. 딱새우찜이나 덮밥, 딱새우장으로도 즐겨 먹는다. 랍스터급 쫀득한 식감이 매력적.

전복

쫄깃한 식감으로 사랑받는 제주 보양식. 신선한 회나 고소한 구이는 물론 전복죽, 전복뚝배기, 전복돌솥밥 등 다양하게 즐길 수 있다.

모둠회

제주 바다의 제철 활어와 싱싱한 해산물을 한번에 즐길 수 있는 메뉴. 참돔, 도다리, 딱새우, 고등어, 갈치 등이 자주 올라온다.

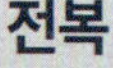

옥돔구이

제주 고급 어종인 옥돔을 소금 간하여 숯불에 노릇하고, 바삭하게 구운 제주 향토 음식. 비리지 않고 담백한 맛이 일품이다.

우럭 튀김

바삭하게 튀겨낸 통우럭에 달콤짭짤한 특제 양념과 아삭한 양파를 듬뿍 얹은 음식. 쫄깃한 우럭 살이 완벽한 밥도둑이다.

@butterchickenvibe

자리 물회

제주 자리돔을 뼈째 썰어 넣고, 된장으로 구수한 맛을 낸 제주 전통 물회. 시원한 국물과 오독오독 씹히는 식감이 별미다.

@jasperk1010

해산물 뚝배기

청정 제주 바다의 전복, 딱새우, 조개 등 싱싱한 해산물을 넣고 푹 끓여낸 음식으로 시원한 국물이 일품이다. 해장으로도 한 끼 식사로도 좋다.

몸국

돼지고기 삶은 진한 육수에 모자반을 넣고 걸쭉하게 끓인 국. 제주의 집안 행사 때 나누어 먹던 음식으로 베지근한 맛이 특징.

보말국

보말(고둥) 속살과 미역을 넣고 푹 끓인 제주 향토 음식. 메밀가루를 넣어 걸쭉하게 먹기도 한다. 숙취에 좋아 전날 과음했다면 추천.

각재기국

각재기(전갱이)와 배추에 된장을 옅게 풀어 끓여낸 국. 시원하고 담백한 맛이 특징. 혈관 건강과 원기 회복에 좋은 보양식.

@2_tae_0

성게국

성게알과 미역을 넣어 끓인 제주 향토 음식. 단백질과 철분이 풍부해 귀한 손님에게 대접하던 보양식이다. 제주 여행 시 꼭 맛봐야 할 특식.

@jji_yoo.yoon

고사리해장국

푹 삶은 고사리와 돼지고기에 메밀가루를 넣어 걸쭉하게 끓인 제주식 해장국. 뭉근한 식감에 진한 감칠맛이 특징으로 숙취 해소에 좋다.

갈치 요리

비타민과 필수 아미노산이 풍부한 갈치. 갈지조림과 통갈치구이가 대표 메뉴이며, 활갈치로 즐기는 갈치회와 담백한 갈칫국도 인기.

고기국수

돼지뼈를 푹 고아낸 육수에 국수를 말고, 수육을 듬뿍 올려낸 제주 대표 향토 음식. 잔칫날 먹던 국수로 진하고 깔끔한 맛이 일품이다.

회 국수

신선한 회와 아삭한 채소, 쫄깃한 국수를 새콤달콤한 양념에 비벼 먹는 제주의 별미. 풍성한 회와 식감 좋은 국수가 어우러져 입맛을 돋운다.

해물 라면

제주 해산물이 듬뿍 들어간 라면. 보통 라면보다 깊고 시원한 국물 맛이 특징이며, 해장에도 좋다. 문어라면, 딱새우라면도 인기.

모닥치기

떡볶이, 김밥, 튀김, 만두 등 여러 음식을 한 접시에 푸짐하게 담아내는 제주만의 종합 분식 메뉴. 분식 러버들에게 추천.

제주 스타일 김밥

전복 내장이나 흑돼지, 튀긴 유부, 고사리 등 특색 있는 재료로 만든 특별한 맛. 제주 김만복 김밥, 오는정 김밥 등이 유명하다.

수제 버거

제주산 식재료를 사용해 일반 버거와는 다른 특별한 맛. 두툼하고 육즙 많은 흑돼지 버거와 탱글한 딱새우 버거가 유명하다.

흑돼지 돈가스

제주에서는 흑돼지 통등심으로 만든 돈가스를 맛볼 수 있다. 두툼한 고기와 풍부한 육즙, 바삭한 튀김 옷이 어우러져 식감과 풍미가 좋다.

청귤 소바

시원한 소바에 제주 청귤을 얇게 썰어 올린 여름철 별미. 탱글탱글한 면과 쯔유, 청귤이 만나 청량하고 깔끔한 맛이 일품이다.

말고기

육지 사람에게는 낯설지만 저지방, 고단백 건강식이다. 육회, 구이, 탕, 샤브샤브 등 다양하게 즐길 수 있으니 한 번쯤 도전해 보자.

땅콩 디저트

청정 자연에서 자라 고소함이 남다른 우도 땅콩. 땅콩 아이스크림, 샌드, 구움과자, 초콜릿 등 다양한 디저트를 취향에 맞게 즐겨 보자.

쑥/말차 디저트

제주 자연의 깊은 향을 담은 쑥과 말차. 쑥보리빵, 쑥절미, 말차 아이스크림 등을 맛보며 쌉싸름한 풍미를 느껴 보길 추천.

감귤 디저트

감귤의 섬 제주에 왔다면 상큼한 감귤 디저트는 필수. 초콜릿과 타르트, 케이크와 파이까지 감귤의 새콤달콤한 맛을 느껴 보자.

오메기떡

쫄깃한 쑥떡과 달콤한 팥이 어우러진 제주 향토 떡. 전통적인 팥 고물 외에도 흑임자, 콩가루, 견과류 등 선택의 폭이 다양하다.

보리빵

제주 보리가루로 만든 빵, 제주 대표 간식이다. 조금 투박하지만 쫀득한 식감과 담백하고 구수한 맛 덕분에 자꾸만 손이 간다.

제주 로컬 맥주

감귤, 흑보리 등 제주 특유의 재료를 사용한 로컬 수제 맥주를 즐겨 보자. 제주맥주 등 다양한 브루어리에서 시원함을 맛볼 수 있다.

ACTIVITY

제주에서 꼭 해봐야할 액티비티

익사이팅한 체험으로 즐겨요

여행을 좀 더 라이브 하게 즐길 수 있는 액티비티의 천국 제주! 바닷물이 유난히도 맑아 물속을 훤히 들여다볼 수 있는 제주 바다에서는 해양 액티비티를, 하늘 위에서 에메랄드빛 바다를 보며 오름과 평야 위를 날아오를 수 있는 패러글라이딩을, 아름다운 자연 속에서 맘껏 질주하고 싶을 때는 ATV와 루지를 타보자!

요트

제주의 푸른 바다를 누비며 여유롭게 다과를 즐기거나 낚시를 해볼 수 있는 요트 투어. 최근 낭만적인 선셋 투어와 야생 돌고래 요트 투어가 인기. 제주 바다를 다양하게 즐길 수 있는 좋은 방법이다.

서핑

사계절 언제나 서핑을 즐기기 좋은 제주. 초보자는 함덕 서우봉해수욕장과 세화해수욕장, 곽지해수욕장, 중급자 이상은 파도가 좋은 중문 색달해수욕장, 이호테우해수욕장, 표선해수욕장을 추천.

패들보드

서프보드를 타고, 노를 저으며 바다를 즐기는 해양 레저. 파도가 잔잔한 곳에서 즐기기 좋다. 월정리해변, 곽지해변, 김녕해변 등 아름다운 해변에서 인생샷을 남길 수 있어 인기.

스쿠버 다이빙

제주도를 가장 적극적으로 즐길 수 있는 해양 액티비티 스쿠버다이빙. 전문 강사에게 1:1로 강습받아 체험하거나 자격증도 딸 수 있다.

잠수함

물에 젖을 걱정 없이 푸른 바닷속을 직접 탐험하는 이색 체험. 창문 너머로 신비로운 바닷속 산호 군락과 열대어 등 다양한 해양 생물을 생생하게 관람할 수 있다. 서귀포, 우도 등에서 탑승 가능.

패러글라이딩

바람을 타고 하늘을 날며 푸른 바다와 오름 등 제주의 자연경관을 즐길 수 있는 항공 액티비티. 금오름과 함덕 서우봉에서 전문가와 함께 체험 가능하다.

유람선

입담 좋은 선장님의 안내를 받아 섬의 뒷모습을 보거나 주상절리, 폭포 등 해안을 돌며 한 시간 정도 유람할 수 있다. 서귀포, 성산포, 차귀도, 산방산 유람선에서 탈 수 있다.

카트, 루지

짜릿한 속도감을 즐기는 액티비티. 카트는 레이싱 트랙에서 직접 운전하며 스피드를 즐기는 반면, 루지는 무동력 카트로 중력 가속도를 느끼며 경사면 트랙을 빠르게 내려온다.

ATV

울퉁불퉁한 오프로드를 질주하는 짜릿한 경험. 사륜 오토바이 ATV는 커다란 바퀴로 제주의 초원과 오름 주변, 자연 속 비포장 도로를 거침없이 달린다. 별도의 운전면허 없이 주행할 수 있다.

카약, 카누

투명 카약, 카누의 노를 저으며 맑은 바닷속을 들여다보는 힐링 액티비티. 애월 한담해안산책로로 등 아름다운 해안에서 즐길 수 있으며, 체험 시간을 해 질 녘에 맞춘다면, 바다 위에서 제주의 일몰까지 감상할 수 있다.

스노클링

간단한 마스크와 호흡 장비를 착용하고, 유영하며 바닷속을 들여다보는 해양 체험. 맑고 얕은 바다 표면에서 즐긴다. 판포포구, 김녕 세기알해변, 세화해수욕장 등이 인기 스노클링 포인트.

씨워킹

특수 헬멧을 쓰고 바닷속을 걷는 이색 액티비티. 수영 실력과 관계없이 즐길 수 있다. 다양한 해양 생물과 인생샷을 남겨 보자. 하모해수욕장, 이호테우해수욕장, 함덕해수욕장에서 체험 가능.

ACTIVITY
제주에서 꼭 해봐야할 액티비티

요트

바다 한가운데, 요트 위에서 즐기는 특별한 경험. 선셋, 돌고래 투어 등이 인기.

평균 1인당 비용 : 45,000원 ~ 50,000원(주간 코스 기준)

승마

제주에 왔다면 말과 교감해 보자. 트랙, 초원, 숲길, 해안 등 다양한 코스가 있다.

평균 1인당 비용 : 9,000~20,000원대(기본 코스 기준)

잠수함

신비로운 바닷속을 안전하게 탐험하는 방법. 창문 너머로 수심별 생태계를 관찰할 수 있다.

평균 1인당 비용 : 37,000원 ~ 56,000원 선(온라인 할인가 기준)

ATV

제주 자연 속 오프로드를 거침없이 질주하는 사륜 오토바이. 거친 매력이 일품이다.

평균 1인당 비용 : 25,000원 ~35,000원 선(1인, 기본 코스 기준)

카약

직접 노를 저어 에메랄드빛 바다를 누비는 이색 체험. 투명 바닥 아래 물고기를 찾아보자.

평균 1인당 비용 : 10,000원 ~20,000원

카트

레이싱 트랙을 달리며 속도 경쟁을 즐기는 모터 액티비티. 짜릿한 속도감을 느껴 보자.

평균 1인당 비용 : 19,000원 선 (1인, 단거리, 온라인가 기준)

패러글라이딩

발아래 펼쳐진 바다와 오름, 감귤밭. 하늘을 날며 만끽하는 제주의 아름다움.

평균 1인당 비용 : 85,000~ 100,000원 선(기본 비행 기준)

짚라인

와이어를 타고 하늘을 가로지르며 제주의 풍경을 즐기는 공중 하강 레저

평균 1인당 비용 : 21,100원 ~32,000원 선(온라인 할인가 기준)

푸른 바다 위 서핑부터 한라산 트레킹, 숲속 승마까지 해상과 육상을 넘나들며 여행의 생동감을 불어넣어 주는 제주 액티비티. 짜릿한 도전과 잊을 수 없는 추억을 만들고 싶다면, 지금 바로 제주의 모험 속으로 뛰어들자!

스노클링

간단한 장비만으로 수심이 얕은 바다를 유영하며 해양 생물을 관찰하는 대중적인 액티비티.

평균 1인당 비용 : 25,000원 ~40,000원 선(장비 대여 포함)

유람선

제주 바다의 물살을 가르며, 주요 명소들을 감상할 수 있는 유람선 투어.

평균 1인당 비용 : 15,000원 ~20,000원(온라인 할인가 기준)

패들보드

균형을 잡고 보드 위에 서서 노를 저으며 바다를 느끼는 해양 레저. 초보자에게 추천.

평균 1인당 비용 : 45,000원 ~60,000원 선(장비 대여 포함)

스쿠버 다이빙

호흡 장치를 착용하고 다이빙하여, 깊은 바닷속 해양 생물과 지형을 탐험하는 해양 레저.

평균 1인당 비용 : 100,000원 선 (체험 다이빙 기준)

배낚시

물고기를 낚는 짜릿한 손맛! 배 위에서 생생한 바다를 느끼는 인기 액티비티.

평균 1인당 비용 : 20,000~ 30,000원대 (주간 낚시 기준)

캠핑

바다, 숲, 오름 등 제주의 자연 속에서 즐기는 낭만적이고 편안한 시간.

평균 1인당 비용 : 30,000원 ~ 50,000원대(캠핑 사이트 기준)

서핑

파도 위 보드에서 균형을 잡으며 자유와 스릴을 만끽하는 해양 익스트림 스포츠.

평균 1인당 비용 : 50,000원 ~60,000원 선(장비 대여 포함)

SUNRISE&SUNSET
제주에서 꼭! 일출·일몰 여행지

산과 바다
에서 뜨고
지는 해

사면이 바다로 둘러싸인 제주도에서 보통 바다 위의 일출을 떠올리겠지만 오름이나 산에서 보는 일출도 굉장히 멋있다. 일출 명소로는 한라산 정상, 성산일출봉이 있는 광치기 해변, 서우봉, 형제 해안도로, 따라비오름, 지미봉 등이 있다

용담해안도로 **일몰**
드라이브 코스로도 좋은 용담 해안도로에서 평화롭고 낭만적인 일몰

일몰
닭머르해안길
닭머르 바위 위에 정자까지 이어진 산책길에서 만나는 일몰

일출 **일몰**
함덕 서우봉해변
유채꽃 배경의 바다 위로 일출과 일몰을 모두 볼 수 있는 명소

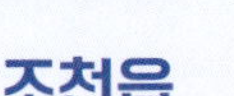

일몰
새별오름
오름 아래로 펼쳐진 들판을 물들이는 노을과 억새 물결

지미봉 **일출**
정상에서만 볼 수 있는 종달리밭 모자이크, 우도와 성산일출봉 뒤로 떠오르는 태양을 한눈에

일몰
남원 큰엉해안경승지
한반도 실루엣 사이로 보이는 붉은색과 파란색의 그라데이션

따라비오름 **일출**
붉은빛으로 물든 억새 뒤로 펼쳐진 가시리 풍력단지의 풍경 조망

광치기 해변 **일출**
용암 지질 위에 자라난 녹색 이끼와 성산 일출봉 옆으로 뜨는 일출을 한 프레임에 담기

CAFE
제주에서 꼭 가봐야 하는 카페 - 서북부

해 질 녘 가장 빛나는 감성

해 질 녘, 황금빛으로 물드는 수평선이 통유리창 너머로 펼쳐지는 카페들. 애월, 협재, 비양도로 이어지는 제주 서북부 해안은 에메랄드빛 바다를 배경으로 아름다운 감성을 담은 특별한 카페들이 모여있다. 낭만적인 노을과 함께 하루를 완벽하게 마무리하러 가보자.

비양놀
비양도를 볼 수 있으며, 특히 일몰이 멋진 곳으로 해가 질 즈음 방문할 것을 추천. 비양놀 비엔나가 시그니처

사진ⓒ한국관광 콘텐츠랩

웨이뷰 협재바다 oceanview
커다란 통창이 있는 세련된 인테리어로, 전 좌석에서 협재 바다를 감상할 수 있다 특색 있는 베이커리 메뉴로 유명.

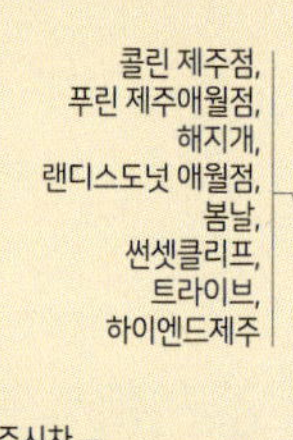

카페데스틸
제주 건축문화대상을 수상한 아름다운 공간에서 특별한 커피를 맛볼 수 있는 카페.

울트라마린 제주
통유리창 너머의 판포 항 노을 풍경이 환상적인 오션뷰 카페.

썬셋클리프
제주의 아름다운 석양을 감
상할 수 있는 탁 트인 오션뷰
카페. 위스키 베이스의 야생
화 등 칵테일이 대표 메뉴.
사진ⓒ한국관광 콘텐츠랩

노을리
흑연탄빵으로 유명한 대형 베이커리
카페. 창을 향해 놓인 빈백에 앉아
멋진 노을을 감상하기 좋다. 사진ⓒ한국관광 콘텐츠랩

자연in PLANT827
다양한 식물과 꽃으로 꾸며진 야외 정원과
실내 공간 모두 포토존이 되어주는 카페.
프로그램도 알찬 복합 문화 공간이다.

그럼외도
한적한 분위기에서 조용히 쉬다
갈 수 있는 감성 카페. 제주를 담은
탐라주악이 대표 메뉴. 사진ⓒ한국관광 콘텐츠랩

플로웨이브
제주 화산 지형과 용암을 모티브로
한 복합문화공간. 아름다운 낙화축
제 '라바플라워'가 진행되는 곳.

CAFE
제주에서 꼭 가봐야 하는 카페 - 서남부

바다와 산 제주만의 풍경

제주 돌담, 야자수 정원 등 자연 속에서 색다른 쉼을 선사하는 제주 서남부의 카페들. 산방산, 송악산의 웅장한 자연과 황우지 해변의 고즈넉함이 공존하는 제주 서남부에서 휴식과 사색의 시간을 경험해 보자.

무로이

미술관처럼 특이하고 모던한 디자인의 카페. 내부 정원도 예쁘게 꾸며 놓았다.
사진ⓒ한국관광 콘텐츠랩

소색채본

산방산을 배경으로, 용머리해안을 바라보는 곳에 위치한 카페. 유채꽃이 피는 계절에 가면, 바다와 꽃이 어우러진 풍경을 감상할 수 있다.

인스밀

야자수가 보이는 탁 트인 전망을 배경으로 사진 찍기 좋은 카페. 직접 수확한 보리로 만든 미숫가루, 보리개역이 인기 메뉴

사일리커피

하모방파제 근처에 있어 오션뷰가 멋지다.
사진ⓒ한국관광 콘텐츠랩

뷰스트

형제섬이 보이는 3층 포토존으로 SNS에서 유명한 곳. 네모난 창이 푸른 바다를 담은 액자같다.
사진ⓒ한국관광 콘텐츠랩

포레스트제이 카우셰드

귤밭 속 우사와 돌창고를 개조해 만든 카페다. 시그니처 숲라떼가 대표 메뉴.

중문별장

고즈넉한 돌집을 카페로 만들었다. 바리스타의 설명을 들으며 4가지 커피를 즐길 수 있는 디스커버 커피 오마카세가 대표 메뉴.

베케

싱그러운 정원에서 산책할 수 있는 카페.자연생태 해설가와 함께하는 식물산책 프로그램도 있다.

서귀포시

60빈스

푸른 바다와 절벽을 감상하며 브런치와 커피를 즐길 수 있는 카페. 실내는 레트로한 인테리어로 아늑한 분위기.

사진ⓒ한국관광 콘텐츠랩

휴일로

아름다운 바다 전망과 하트 돌담으로 유명한 사진 촬영 맛집.

CAFE
제주에서 꼭 가봐야 하는 카페 - 동북부

동화 속 풍경 같은 감성

아기자기한 감성과 달콤한 디저트가 함께하는 카페에서 주인공이 되어보고 싶다면, 제주 동북부 지역으로 향하자. 감각적인 포토 스팟과 싱그러운 초록 정원이 동화 속 한 장면처럼 펼쳐져 자연스레 셔터를 누르게 만든다.

홀리데이홀릭
붉은 벽돌 건물에 초록색 문과 창문, 한눈에 들어오는 빈티지한 외관을 가진 카페.

사진ⓒ한국관광 콘텐츠랩

5L2F
조용한 마을에 위치한 동화 속 산장 느낌의 예쁜 카페. 친절한 사장님이 직접 로스팅한 커피를 맛볼 수 있다.

자드부팡
초록 숲속에 한가운데 서 있는 붉은 벽돌 건물이 마치 동화 속 풍경 같은 카페.

사진ⓒ한국관광 콘텐츠랩

런던베이글뮤지엄 제주
바다를 바라보며 다양한 베이글 메뉴들을 맛볼 수 있는 곳. 함께 먹는 크림치즈도 다양해 취향대로 선택할 수 있다.

카페 동백
통유리창 밖으로 보이는 넓은 들판 풍경이 아름다운 감성 카페. 콘프리터가 대표 메뉴.

사진ⓒ한국관광 콘텐츠랩

김녕 쪼끌락 카페
돌하르방 음료와 디저트를
맛볼 수 있는 카페다. 돌하르
방 아포가토가 대표 메뉴.

그초록
고소한 맛 아보카도
커피와 아보카도 샌드
위치가 유명한 곳.

꼬스뗀뇨
바다 앞에 위치한 탁 트인 느낌의 대형 카페.
층고가 높고, 자리가 널찍하게 배치되어 있
어 조용히 집중하기에도 좋다.

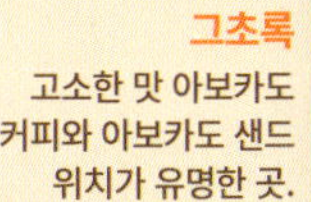

카페 글렌코
스코틀랜드 글렌코 지방의 초원을
모티브로 한 정원 딸린 카페.

그계절
푸릇푸릇한 식물들이 반겨주는 싱그러운 카페.
상큼한 에이드 여름방학과 바질 토스트가 인기. 메뉴.

CAFE
제주에서 꼭 가봐야 하는 카페 - 동남부

아름다운 전망 속 힐링

성산일출봉, 우도, 녹차밭 등 웅장한 자연 경관을 품은 압도적인 전망과 함께, 여유로운 시간을 보낼 수 있는 넓고 아름다운 정원까지. 자연 속 힐링을 만끽할 수 있는 제주 동남부 카페로 발걸음을 옮겨보자.

목장카페 밭디

밭디'는 제주도 방언으로 '밭에'라는 뜻. 카페, 승마, 말 먹이 주기, 이색 자전거 등 다양한 체험을 할 수 있는 곳이다.

오늘은녹차한잔

넓은 녹차밭과 동굴 포토존, 녹차 족욕, 카트 레이싱 등 다양한 체험을 즐길 수 있는 이색 카페.

사진ⓒ한국관광 콘텐츠랩

수망다원

유기농으로 녹차를 직접 재배하는 다원 카페로, 초록초록한 차밭뷰가 매력적인 곳이다.

사진ⓒ한국관광 콘텐츠랩

한라산

라룬블루, 무량제주, 카페서연의집

세러데이아일랜드

이탈리아에서 사랑받는 오렌지 향 식전주 아페롤 스프리츠를 맛볼 수 있는 유럽 감성 카페.

모노클제주

테라스가 넓어 야외에서 넓은 정원을 보며 커피를 즐길 수 있다. 파티시에가 직접 구운 다양한 빵을 맛볼 수 있는 곳.

사진ⓒ한국관광 콘텐츠랩

오른

해안도로에 위치하여 뷰가 좋고,
세련된 인테리어가 인상적이다.

어니스트밀크 본점
제주 한아름목장에서 공수해온
우유로 만든 수제 요거트 전문점.

덴드리
그리스식 건물 외관이 멋
스러운 디저트 카페. 귤 체
험 농장을 함께 운영한다..

카페더라이트
성산일출봉과 우도 바다 전망을 모두
즐길 수 있는 오션뷰 카페. 다양한 메뉴
에 제주의 자연을 담아냈다.

서귀피안 베이커리
이국적인 인테리어를 자랑하는, 전 좌석
이 섭지코지 오션뷰인 매력적인 곳.

SNS SPOT
제주에서 꼭! 인스타 감성 플레이스

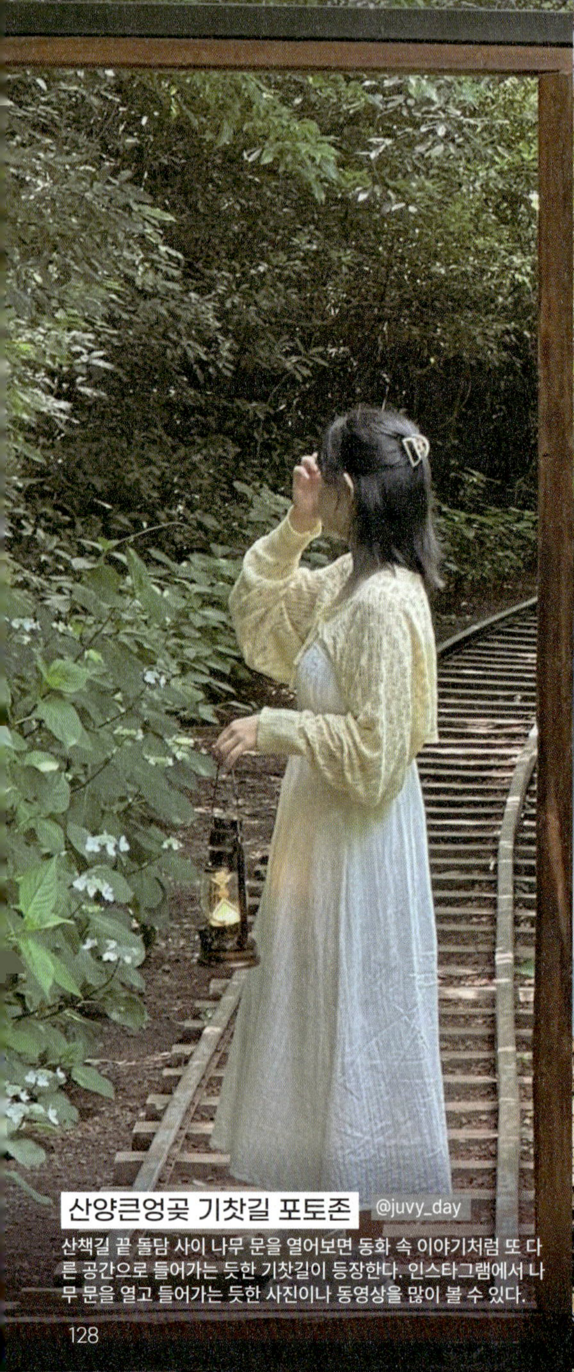

산양큰엉곶 기찻길 포토존

@juvy_day

산책길 끝 돌담 사이 나무 문을 열어보면 동화 속 이야기처럼 또 다른 공간으로 들어가는 듯한 기찻길이 등장한다. 인스타그램에서 나무 문을 열고 들어가는 듯한 사진이나 동영상을 많이 볼 수 있다.

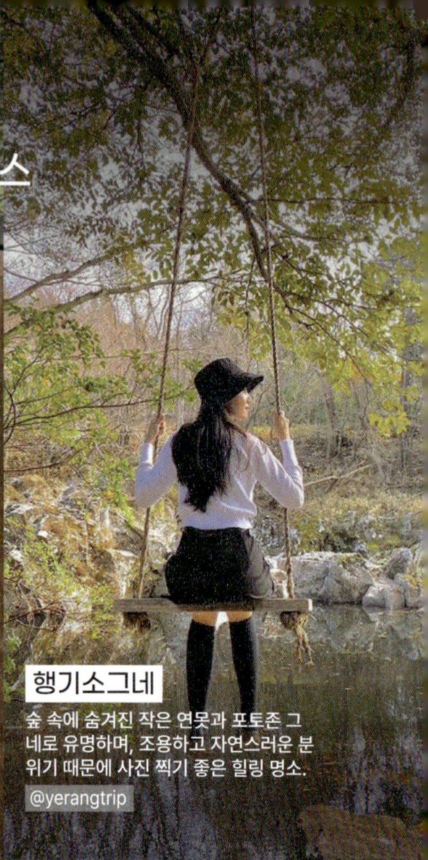

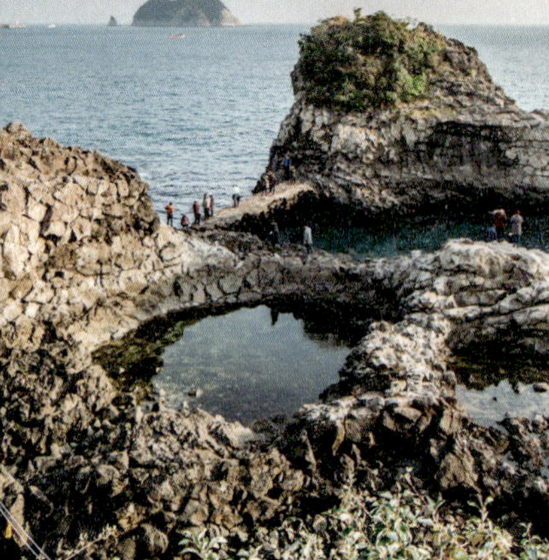

행기소그네

숲 속에 숨겨진 작은 연못과 포토존 그네로 유명하며, 조용하고 자연스러운 분위기 때문에 사진 찍기 좋은 힐링 명소.

@yerangtrip

황우지해안 선녀탕

바위 병풍이 둘러져 파도가 심하지 않은 자연 수영장으로 스노클링과 수영을 즐길 수 있는 장소다. 파도가 일렁이는 선녀탕 바위 위에 앉아 바위섬 배경의 사진을 찍는 것으로 유명한 인스타 핫플

큰엉해안 한반도 포토존
한반도 실루엣 사이 붉은색과 파란
색의 글라데이션을 배경으로 실루엣
샷을 찍을 수 있는 사진 명소

돌문화공원
옥상에 자리한 원형 수상 무대 '하늘 연못'이 인생샷 명소로 유명한
공원. 잔디밭으로 이루어진 100만 평 부지에 제주 돌 문화를 주제
로 한 광활한 공원이 자리하고 있다. 오백장군 석상, 돌하르방 군
락지, 제주 전통 초가집 마을 앞 등 포토존이 풍부하다.
@kimjeenee

구엄리돌염전 하늘반영샷
비온후 돌염전에 물이고이면 하늘 반영
샷을 찍을수있는 핫플

129

SNS SPOT 제주에서 꼭! 인스타 감성 플레이스

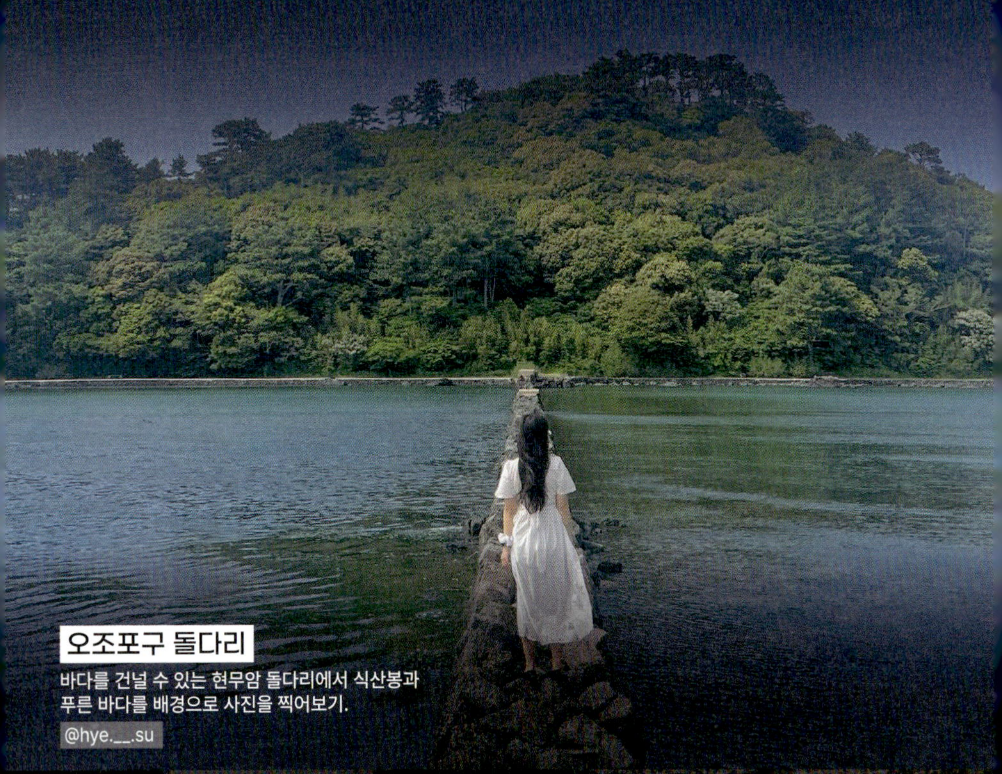

오조포구 돌다리

바다를 건널 수 있는 현무암 돌다리에서 식산봉과 푸른 바다를 배경으로 사진을 찍어보기.

@hye.__.su

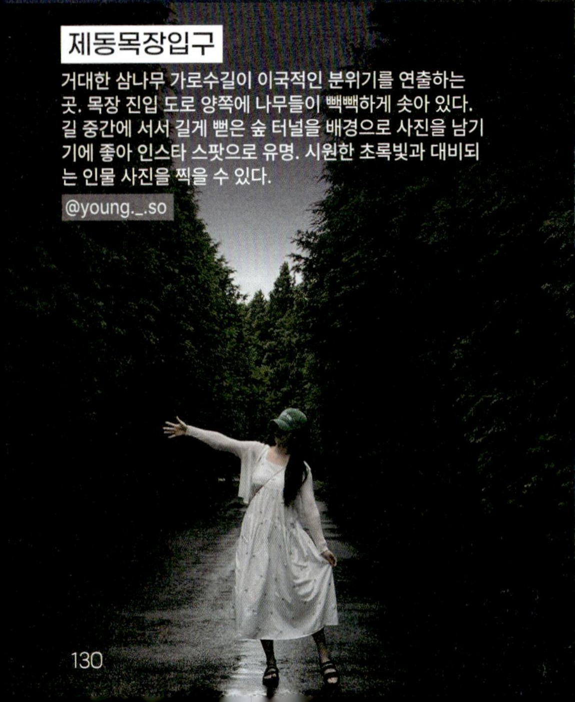

제동목장입구

거대한 삼나무 가로수길이 이국적인 분위기를 연출하는 곳. 목장 진입 도로 양쪽에 나무들이 빽빽하게 솟아 있다. 길 중간에 서서 길게 뻗은 숲 터널을 배경으로 사진을 남기기에 좋아 인스타 스팟으로 유명. 시원한 초록빛과 대비되는 인물 사진을 찍을 수 있다.

@young._.so

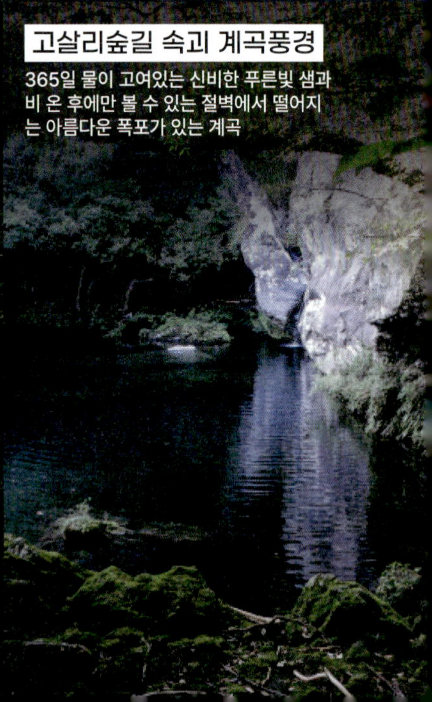

고살리숲길 속괴 계곡풍경

365일 물이 고여있는 신비한 푸른빛 샘과 비 온 후에만 볼 수 있는 절벽에서 떨어지는 아름다운 폭포가 있는 계곡

용머리해안 해안절벽

겹겹이 쌓여있는 화산지층이 이색적인 이곳은 용이 머리를 세우고 바다로 들어가는 형상을 한 제주에서 가장 오래된 화산지형이다. 용머리 해안의 해식 절벽을 배경 삼아 사진을 찍거나 바위 위에 올라 하늘과 함께 사진을 찍으면 멋진 사진을 찍을 수 있다.

금오름 정상

산 정상의 대형 분화구에 작은 호수를 가지고 있는 오름. 일몰이 아름답고 맑은 날에는 한라산을 조망할 수 있는 곳

스누피가든 스누피 포토존

윔 퍼피 레이크 테마정원의 연못에는 나루터 끝에 홀로 앉아있는 스누피가 있는데 스누피 옆에 앉아 다정하게 어깨동무하고 나란히 앉은 뒷모습을 찍는 사진이 인기 있다

도두동 무지개해안도로

아름다운 에메랄드빛 계곡을 내려가는 길에 서서 사진을 찍어 보자. 용연계곡의 용연정 정자 바로 옆으로 계곡 산책로로 내려가는 돌계단이 있다. 돌계단 중간까지 내려가서 위에서 아래로 내려다보고 계곡의 푸른물과 함께 사진을 찍으면 인생 샷 완성. 돌계단이 가파르니 주의. 용연계곡은 제주시 서쪽 해안 용두암에서 동쪽으로 약 200m 지점에 있는 한천의 하류 지역의 기암 계곡이다. 근처에 용연 구름다리도 있다.

용담해안도로 항공기샷

제주도로 착륙하는 비행기와 함께 항공기 샷을 찍을 수 있는 곳이다. 용담레포츠공원에 주차하거나, '제주대게회'를 검색한 후 걸어서 이동해 볼 것을 추천한다. 건너편 해안가에 있는 벤치에서 찍으면 머리 위를 지나는 비행기를 담을 수 있다.

용연계곡 계곡뷰 계단

아름다운 에메랄드빛 계곡을 내려가는 길에 서서 사진을 찍어 보자. 용연계곡의 용연정 정자 바로 옆으로 계곡 산책로로 내려가는 돌계단이 있다. 돌계단 중간까지 내려가서 위에서 아래로 내려다보고 계곡의 푸른물과 함께 사진을 찍으면 인생 샷 완성. 돌계단이 가파르니 주의. 용연계곡은 제주시 서쪽 해안 용두암에서 동쪽으로 약 200m 지점에 있는 한천의 하류 지역의 기암 계곡이다. 근처에 용연 구름다리도 있다.

@sun_ae_

협재포구 노을뷰

에메랄드빛 바다와 손에 잡힐 듯 가까운 비양도가 만들어내는 경관이 아름다운 곳. 포구의 방파제 끝이나 해안도로를 따라 걷는 길, 비양도가 정면으로 보이는 인근 카페의 통창 좌석이 포토 스팟으로 소문났다. 일몰을 감상하기에도 좋은 곳이니 해가 질 녘에 방문해 보자.

송당무끈모루 나무사이

커다란 나무 사이로 파란 하늘과 초록의 들판, 멀리 보이는 산까지 한 프레임에 담을 수 있는 명소이다. 웨딩스냅 촬영지로도 유명하다. 내비로 찾 아갈 경우, '구좌읍 송당리 2089'로 검색해서 가면 정확하다.

박수기정 일몰

절벽이 병풍처럼 둘러져 있는 제주도 최대의 해안절벽으로, 아름다운 일몰 명소로도 유명하다. 대평포구에서 박수기정 방향으로 가다 보면 몽돌해변이 나타나는데, 일몰 무렵 해변 왼쪽에 서면 지는 태양과 박수기정을 함께 한 컷에 담을 수 있다.

MUSEUM
제주에서 꼭 가봐야할 박물관&미술관

수풍석 뮤지엄
세계적인 건축가 이타미 준의 작품으로, 물, 바람, 돌을 주제로 한 독특한 건축 예술 작품.

아르떼뮤지엄
제주의 자연을 빛과 소리로 만들어 시공간을 초월한 미디어 아트를 선보이는 곳

제주도립 김창열 미술관
천자문 위에 흘러내릴 듯한 물방울을 그린 '물방울 화가' 김창렬의 작품을 볼 수 있는 곳

사진ⓒ한국관광 콘텐츠랩

세계자동차&피아노박물관
우리나라 최초의 자동차와 세계에서 단 하나뿐인 로뎅이 조각한 피아노 등이 전시되어 있고 야외에서 꽃사슴도 볼 수 있는 곳

루나폴
12만 평의 정원에 형형색색의 조명과 미디어아트를 입힌 나이트 디지털 테마파크

사진ⓒ한국관광 콘텐츠랩

헬로키티아일랜드
세계적으로 사랑받는 헬로키티 캐릭터를 만날 수 있는 아기자기한 공간

사진ⓒ한국관광 콘텐츠랩

국립제주박물관

제주의 역사와 문화, 고고학적 유물을 체계적으로 전시하는 국립 박물관

사진ⓒ한국관광 콘텐츠랩

하리보 해피월드

초대형 미디어 체험 전시로, 귀여운 하리보 캐릭터와 젤리 테마의 환상적인 공간에서 다채로운 인증샷.

해녀박물관

유네스코 무형유산인 제주 해녀의 역사, 문화, 생활상을 생생하게 보여주는 박물관

사진ⓒ한국관광 콘텐츠랩

빛의 벙커

음악과 미디어의 역동적인 작품으로 재탄생한 거장들의 작품들이 펼쳐지는 비밀의 벙커

본태박물관

세계적 거장들의 현대 미술작품을 많이 소장하고 있는 안도 다다오가 설계한 노출콘크리트 건물

스누피가든

스누피의 일상에 들어가 스누피와 그의 친구들을 만날 수 있는 테마 숲길

테디베어뮤지엄

살아 움직이는 듯 섬세하게 만들어진 테디베어가 있는 국내 최대규모의 박물관

사진ⓒ한국관광 콘텐츠랩

이중섭미술관

우리 민족의 아픔을 '소' 라는 모티브에 투영해 위로를 건넸던 이중섭의 작품을 만날 수 있는 곳

아르떼 뮤지엄

제주의 자연을 주제로 파도, 빛, 꽃을 미
디어 아트로 구현해낸 몰입형 전시장

수풍석 미술관
물, 바람, 돌 테마의 미술관으로, 건축가
이타미 준이 설계한 공간 자체가 하나의
작품 같은 곳.
수(水)뮤지엄의 메인 공간
풍(風) 뮤지엄의 나무 복도
석(石) 뮤지엄의 하트 모양 창문

국립제주박물관

탐라시대부터 지금까지 제주 역사
와 문화를 한눈에 볼 수 있는 무료
박물관

개방감 있는 박물관 로비

제주 돌담을 연상시키는 외관

박물관 정면의 모습

제주 유물을 모은 상설전시실

제주 역사와 자연을 담은 실감영상실

돌담 컨셉의 스누피가든 입구

스누피가든

실내 전시관과 야외 정원을 산책하며 만화 '피너츠'의 스누피와 친구들을 만날 수 있는 테마 공간

카페 스누피의 당근케이크

실내 전시관의 스쿨버스 포토존

스누피와 사진 찍을 수 있는 호숫가

야외 가든의 비글스카우트 캠프

본태박물관

안도 다다오 특유의 노출 콘크리트 건물
에서 감상하는 현대 미술 작품

안도 다다오의 트레이드 마크인 노출
콘크리트와 물이 있는 박물관 외관

제4전시관의 화려한 상여 작품

전통 상례에서 사용된 꼭두 인형 전시

다양한 모습의 꼭두 장식

벽면을 가득 채운 고흐의 자화상

벽부터 바닥까지 이어지는 몰입형 전시

세계자동차&피아노 박물관

전 세계에서 수집한 100여 대의 자동차와 로댕이 만든 단 하나뿐인 피아노를 실물로 만날 수 있는 곳

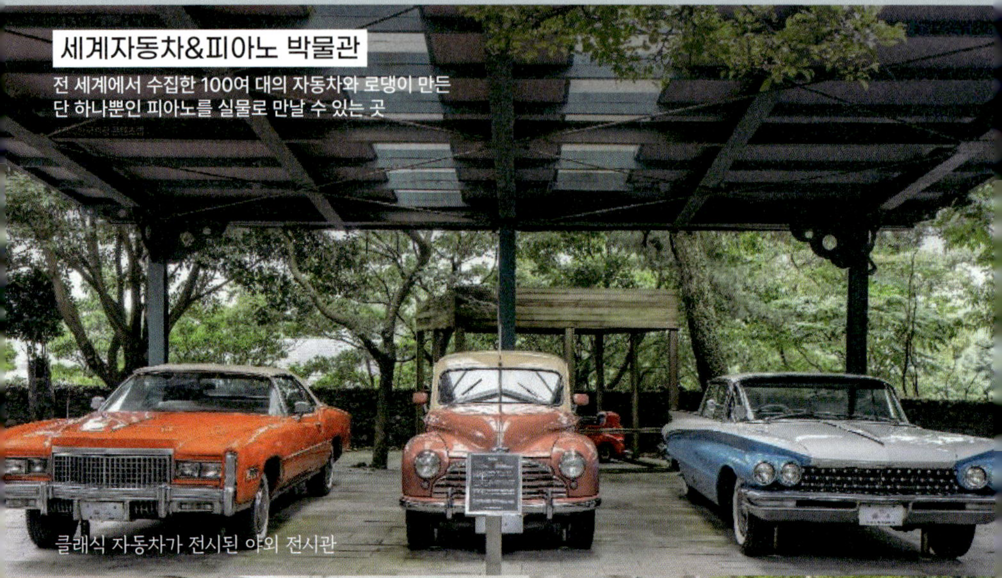

클래식 자동차가 전시된 야외 전시관

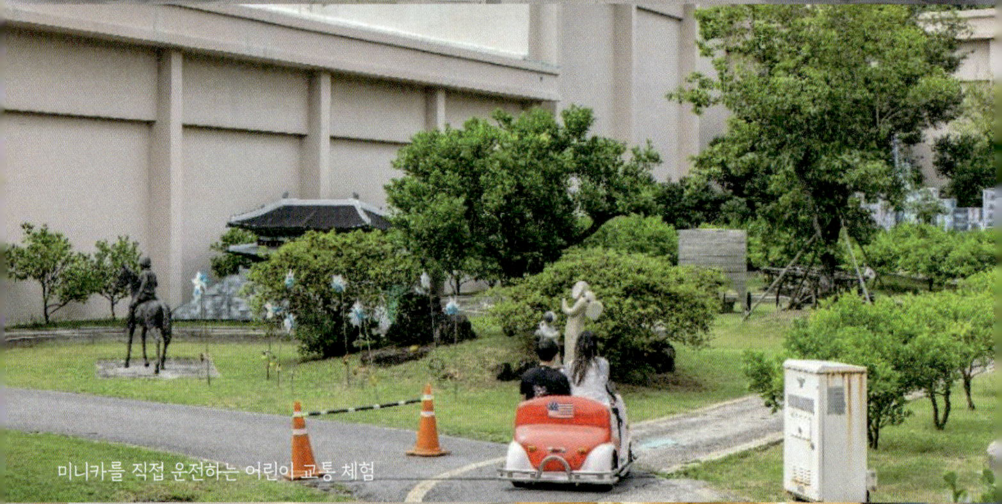

미니카를 직접 운전하는 어린이 교통 체험

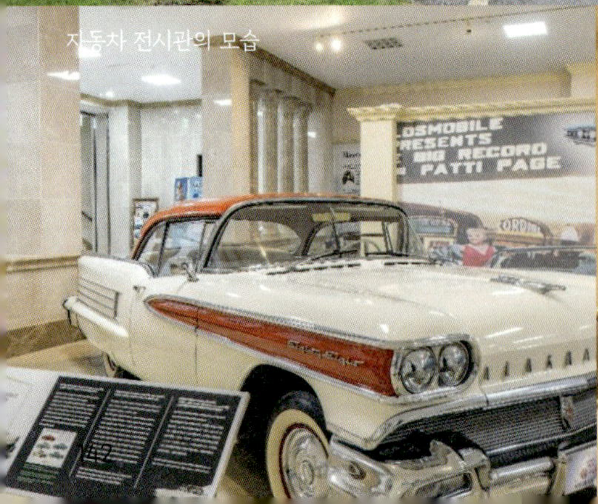

자동차 전시관의 모습

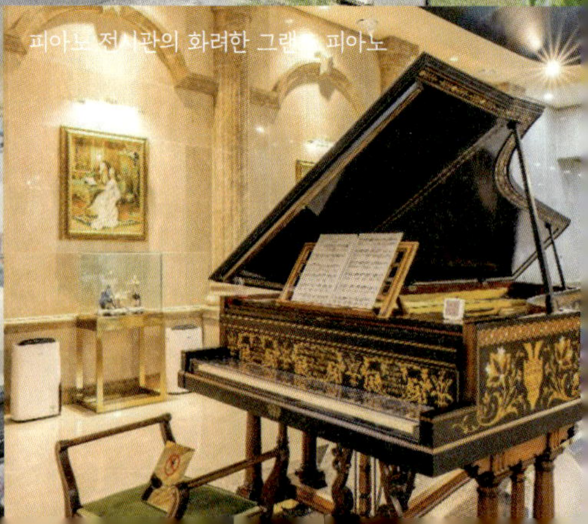

피아노 전시관의 화려한 그랜드 피아노

이중섭의 대표작 <황소>

회화 속 소를 재해석한 입체 작품

미술관 야외 공원의 소 동상

제주도립 김창열미술관

화가 김창열의 대표작 '물방울' 연작을 중심으로 독특
한 예술 세계를 소개하는 미술관

분수대가 있는 빛의 정원

숲이 보이는 통창의 모습

김창열 화백의 물방울 회화

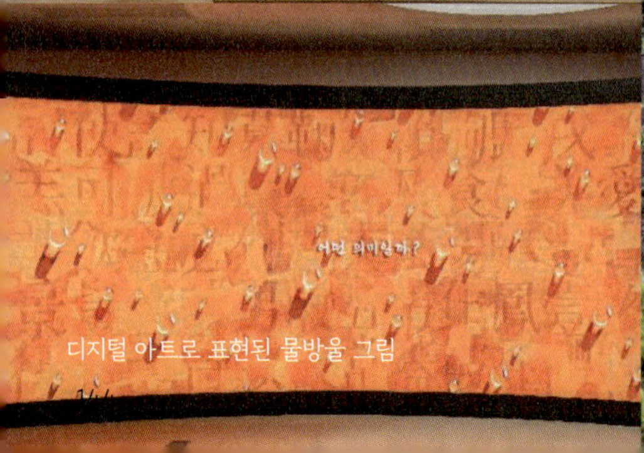

디지털 아트로 표현된 물방울 그림

야외 공원의 설치 작품

헬로키티 아일랜드
헬로키티 전시, 포토존, 굿즈샵까지 모두
갖춘 사랑스러운 테마 박물관
아기자기한 침실 컨셉 포토존
캐릭터 상품이 가득한 1층 기프트숍
대형 키티가 있는 실내 포토존
헬로키티의 상징인 리본 모양 아치형 입구
아이들이 놀 수 있는 2층 체험 공간

GENERAL STORE
제주에서 꼭 가봐야 하는 소품샵

추억 한조각 소장하기 여행의 소중한 기억을 오래도록 간직하고, 진심이 담긴 선물을 하고 싶다면 소품샵 투어는 필수. 제주도의 아름다운 자연과 독특한 문화를 담아낸 핸드메이드 작품부터 감각적인 리빙 소품까지, 제주에서만 만날 수 있는 특별한 기념품 찾아볼까?

제주소품샵 올망
자개 모빌 클래스가 유명한 애월 소품샵

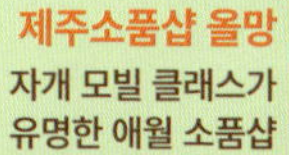

메라무드
파스텔 톤의 키치한 무인 소품샵

제주소품샵 시키 협재점
힙하고 키치한 협재 무인 소품샵

가르송티미드 제주
귀여운 가르송티 미드 협재 소품샵.

제주소품샵 르데
귀여운 제주 감성 서귀포 무인 소품샵

선물가게바나나 제주 소품샵 서귀포중문점
기념품을 한번에 사기 좋은 규모 있는 소품샵

오브젝트 제주점
제주 한정 최고심
굿즈샵

이상한선물가게앨리스
마지막 날 들리기 좋은 공항
근처 대형 소품샵

종종제주
유니크한 캐릭터
굿즈 총집합!

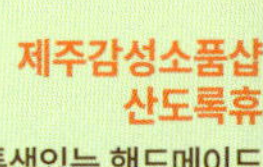

제주감성소품샵
산도록휴
특색있는 핸드메이드
제주 소품샵

제스토리
왠만한 제주 기념품을 다 살 수 있는 2층 소품샵

춘식이와옥희
감귤모자가 인기인
애견용품 소품샵

바이제주
바닷가 바로 앞, 공항 가기 전 마지막으로 쇼핑하기 좋은 제주 최대 규모의 기념품샵

다양한 기념품이 진열된 모습

내부에서 볼 수 있는 바다 풍경

돌하르방 인형 포토존

동백꽃이 그려진 2층 건물 외관

제주소품샵 올망

아기자기한 소품과 귀여운 고양이를 만날 수 있는 자개
모빌 공방 겸 소품샵

하얀 단독주택을 개조한 소품샵 외관

소품샵 앞의 아기자기한 정원

소품샵을 상징하는 로고

GENERAL STORE 제주에서 꼭 가봐야 하는 소품샵

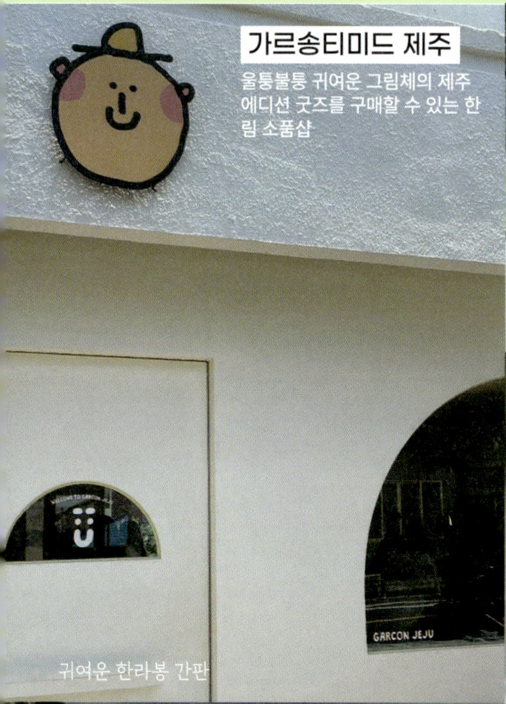

가르송티미드 제주

울퉁불퉁 귀여운 그림체의 제주 에디션 굿즈를 구매할 수 있는 한림 소품샵

귀여운 한라봉 간판

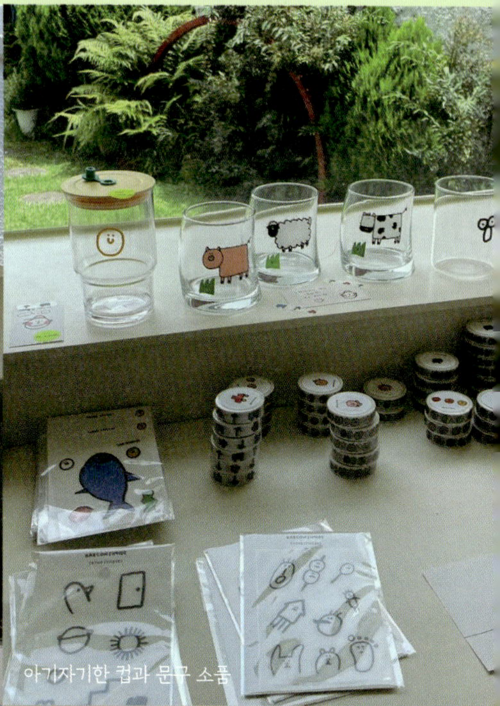

아기자기한 컵과 문구 소품

소품샵 옆의 카페 포토존

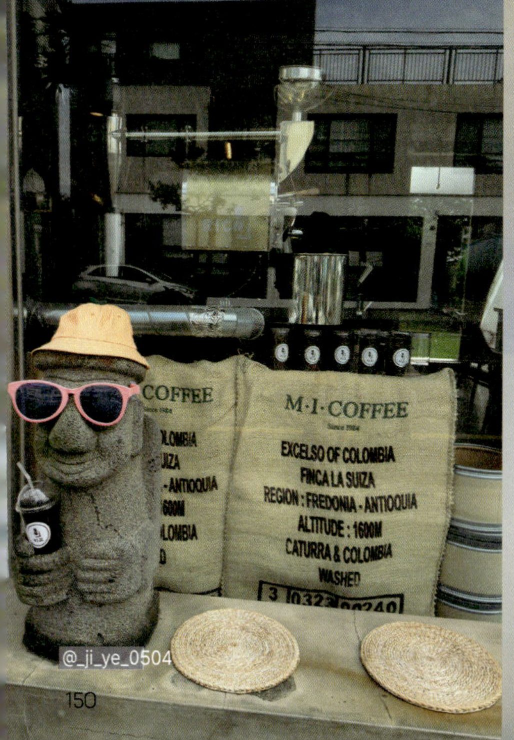

@_ji_ye_0504

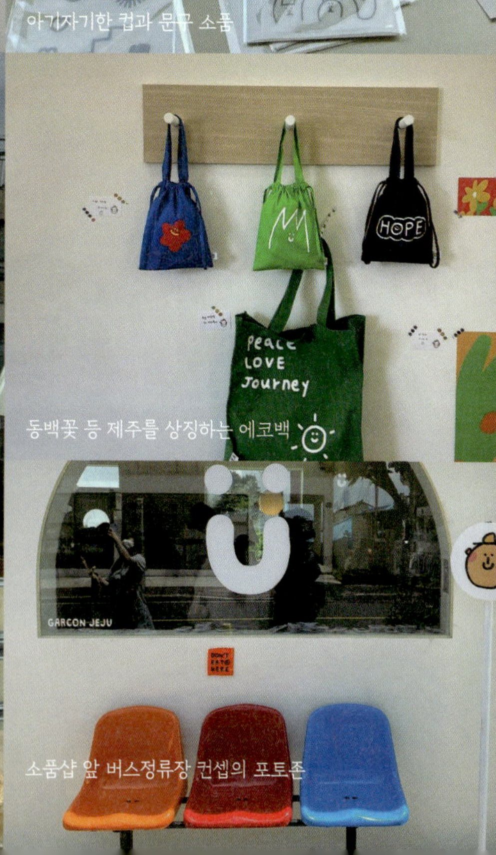

동백꽃 등 제주를 상징하는 에코백

소품샵 앞 버스정류장 컨셉의 포토존

감각적인 소품샵의 모습
제주소품샵 르데
힙한 감성의 아이템으로 가득한
산방산 옆 무인 소품샵
개성 있는 엽서와 소품
키치한 감성의 주방 소품과 액세서리
제주의 풍경을 담은 문진과 트레이
@hjhj__b

제주소품샵시키 협재점

사랑스럽고 키치한 분위기의 취향 저격 24시 무인 소품샵

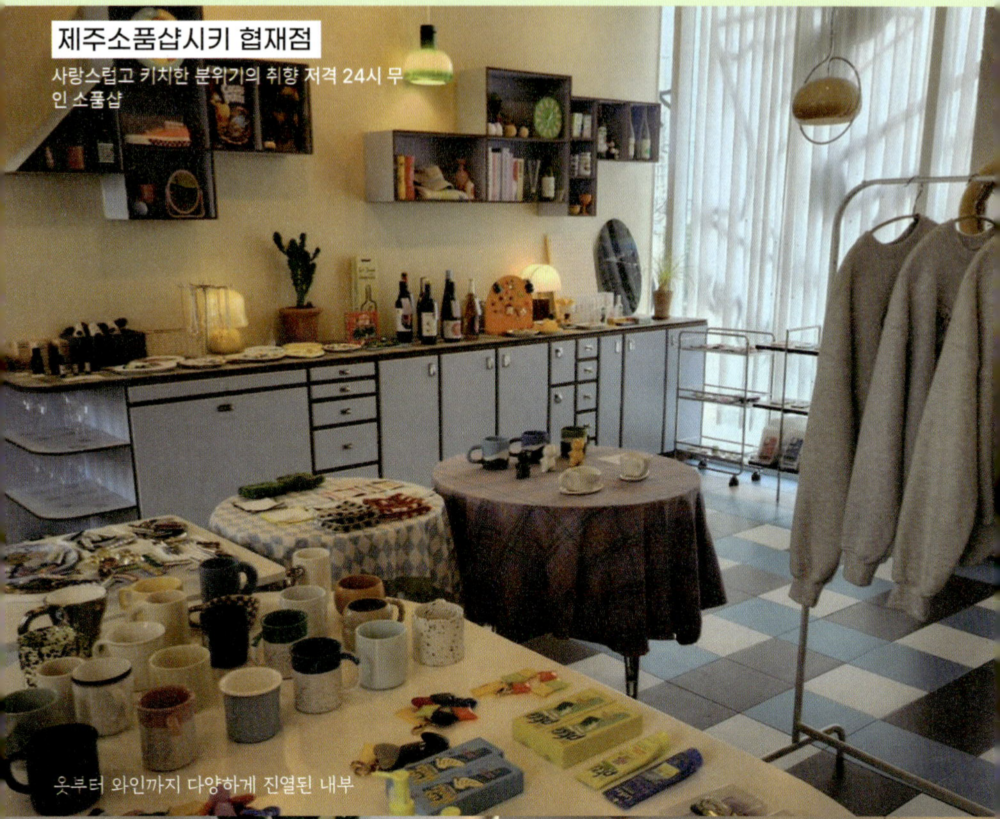

옷부터 와인까지 다양하게 진열된 내부

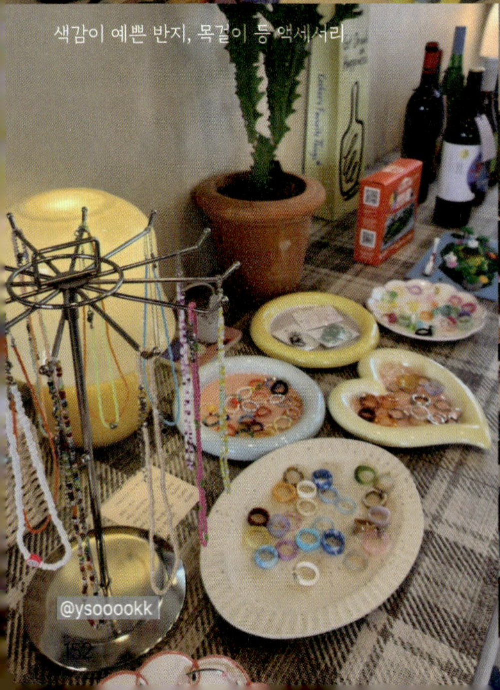

색감이 예쁜 반지, 목걸이 등 액세서리

@ysoooookk

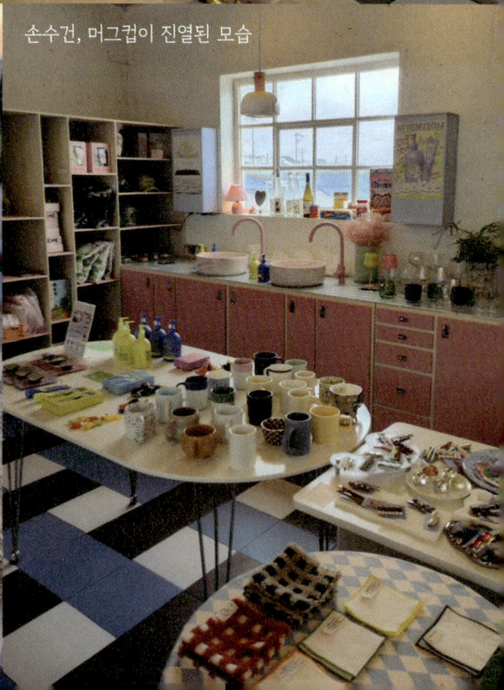

손수건, 머그컵이 진열된 모습

고양이 얼굴을 표현한 파우치

위트 있는 돌고래 바나나 모형의 매장 외관

메리무드
파스텔 톤의 키치한 무인 소품샵

소품샵 안에서 보이는 애월 바다의 모습

알록달록한 색상이 눈에 띄는 입간판

아기자기한 감성의 키링 트리 포존

케이크, 계란후라이 등 독특한 디자인 소품

종종제주
어디서도 보지 못한 유니크한 캐릭터 굿즈가 알차게
채워진 소품샵
독특한 디자인의 인형 소품
제주 컨셉의 마그넷
인기 제품인 무직타이거 캐릭터 굿즈
제주의 모습을 담은 엽서와 도자기 제품
le petit vingtieme
도자기 파손주의
빈티지한 감성의 탄탄 소품
@hodols

제주감성 소품샵 산도록휴

섭지코지 앞 작은 돌집에서 만나는 수제 비누와 소창 수건

돌집을 개조해 만든 소품샵 내부

핸드메이드 비누와 컵받침

직접 제작하는 소창 수건

@lim_bohyeok

제스토리
제주도 작가 300팀의 기념품으로 2층까지 가득 채운 대형 소품샵
동백꽃이 그려진 소품샵 외관
매장 앞 돌담 포토존
해녀, 돌고래 등 제주를 담은 마그넷과 모빌
@pakrmisun

카멜리아문 차귀도 제주소품샵
차귀도 가는 길 들르기 좋은 아기자기한 선물 가게

소품샵 외관의 모습

문어 인형, 감귤 모자 등 귀여운 기념품

감귤, 해녀 디자인의 문구류와 소품

소품샵 입구의 모습

큰손상회
지비츠, 마그넷, 키링을 취향대로 골라서
만드는 빈티지 감성 소품샵

파란색 욕실 타일이 독특한 외관

소품샵 앞 입간판

INDIE BOOKSTORE

제주에서 꼭 가봐야 하는 독립서점 – 제주 서부

제주의 시선으로 본 책

제주만의 시선으로 세상을 바라보는 독립출판물과 이야기를 만나고 싶다면, 매력적인 독립서점들을 놓치지 말자. 책방 주인의 진심이 담긴 큐레이션과 고요하고 아늑한 분위기 속에서 잠시 제주도 여행을 눈으로 읽어보자.

소리소문
죽기 전에 가봐야할
세계의 서점 150

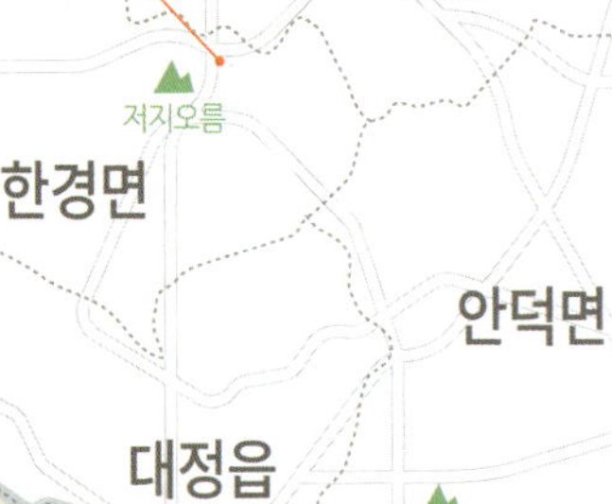

어떤바람
산방산 근처 강아지가 있는 독립서점

사서책방&1급마크
사서 출신 책방지기의 큐레이션 서점

고요편지
알코올 기운에 책
읽어본 사람~

그건그렇고
남들은 잘 모르는 독립
서적 찾고 있다면

책

책방 소리소문 마당의 동백꽃

문장을
필사할 수
있는 작가
의 방

소리소문

벨기에 Lannoo Publishers에서 선정한 <죽기 전에 가봐야 할 세계의 서점 150>에 한국 서점 최초로 등록된 곳. 책이 잘 큐레이션 되어 있어 누구나 한 권 사게 되는 곳.
주소: 제주 제주시 한경면 저지동길 8-31
@sorisomoonbooks

설명만 보고 구매하는 블라인드북

小里小文

어떤바람

산방산 근처의 작은 독립서점. 커피를 함께 판매하며, 자유롭게 열람할 수 있는 책이 있다. 아늑한 통창 자리가 인기.

주소: 제주 서귀포시 안덕면 산방로 374

담쟁이 덩굴이 뒤덮은 책방, 어떤바람

책방의 고양이/직원

어떤바람의 다양한 큐레이션 책

그건그렇고

서귀포 중문의 작은 책방. 누구나 편하게 책을 고를 수 있도록 계산할 때 외에
는 책방지기가 숨어있는 배려가 눈에 띄는 곳. 커피, 맥주도 판매한다.

주소: 제주 서귀포시 상예로 224

사서책방&1급마크
사서 출신 책방지기가 운영하는 서점. '책방'은 제주어로 책방이라는 뜻이다.
가방, 지갑 등 소품을 만드는 작업실 '1급마크'가 함께 있어 구경하기 좋다.
주소 : 제주 서귀포시 일주서로 313 1층
책방에 놓인 옛날 자개장과 재봉틀
소품=1급마크
책=사서책방
@librarian_bookshop

INDIE BOOKSTORE
제주에서 꼭 가봐야 하는 독립서점 - 제주 동부

만춘서점
어른도 아이도 가기
좋은 함덕 서점!

북카름
고양이가 반겨주는
아늑한 동네 책방

사슴책방
아이들과 가기 좋은 그림책방

푸근한곰아저씨
등대가 보이는 오션
뷰 노란 무인 책방

제주풀무질
강아지가 반겨주는
따뜻한 우드톤 책방

이야기가게 일희일비
뮤지컬 작가와 희곡 작가가 만났다

**밤수지맨드라미
북스토어**
어쩌면 우리나라에서
가장 먼 우도 책방

구좌읍

우도면

다랑쉬오름

성산읍

통오름

표선면

소심한책방
금방 품절되는 숨겨둔
책이 인기인 책방

수민문화
한 달에 딱 1번의 기회

동당서림
탐정에 소질 있는 친구에게 선물하기 좋은 '비밀책'

이야기가게 일희일비

극작가 부부가 함께 운영하는 곳. 김녕포구의 골목을 산책
하다보면 연극무대에서 나타난 것 마냥 아담한 서점이 나
타난다.

주소 : 제주 제주시 구좌읍 김녕항3길 26

@1joy1sorrow

푸근한 곰아저씨

입장료가 있는 독특한 프라이빗 서점. 한 팀당 5,000원을 내고 입장하는 대신 30분 동안 다른 손님 없이 머물 수 있으며, 책이나 소품을 구매하면 입장료를 제하고 결제해준다.

주소 : 제주 서귀포시 남원읍 태신해안로 125 2층

INDIE BOOKSTORE   제주에서 꼭 가봐야 하는 독립서점

동당서림   @dongdang.books

구좌읍의 독립서점. 아담한 규모지만 세계문학전집을 비롯해
다양한 책을 판매한다. 키워드와 문장 힌트만 보고 사는 비밀
책이 인기.

주소: 제주 제주시 구좌읍 중산간동로 2262 1층

서점 운영일

도장을 닮은 서점 명패

아담한 서점 내부

힌트만 보고 구매하는 비밀 책

풀무질

강아지 광복이가 반겨주는 따뜻한 책방. 폭 넓은 종류의 독립서적과 그림책이 준비되어 있다. 직접 만든 책갈피도 판매한다.

주소 : 제주 제주시 구좌읍 구좌로 53 제주풀무질

@jejupulmujil

고운 조각보 창문가리개

강아지 광복이가 기다리는 풀무질 외관

책방의 커다란 통유리창

명륜동 성균관대 옆에서부터 이어졌을 풀무질의 사회과학책들

책방의 초록색 출입문

창문 밖은 당근밭

소심한 책방 @sosimbook

종달리의 동네 책방. 매월 책방의 자체 베스트셀러 리스트를
벽면에 걸어둬서 책을 고를 때 참고하기 좋다. 블라인드북 '
숨겨둔 책'도 인기.

주소: 제주 제주시 구좌읍 종달동길 36-10

블라인드북 '숨겨진 책'과
책방지기의 추천문구를 찾아보는 재미

북카름

아지트처럼 아늑한 분위기의 책방. 사전에 예약하면 독서 공간에서 책을 읽으며 음료를 마실 수 있다. 1인 1시간 1만원.

주소: 제주 제주시 조천읍 북촌9길 17 북카름

@book.kareum

만춘서점

1호점과 2호점이 나란히 위치한 함덕 독립서점. 1호점은 무인으로 운영되며, 계산은 2호점에서 하면 된다. 문진, 문장 연필 등 자체 굿즈도 판매.

주소 : 제주 제주시 조천읍 함덕로 9 제1동호, 제2동호

무인으로 운영되는 1호점

책과 굿즈를 판매하는 2호점

1호점 내부

붉은 벽돌 외관의 2호점

사슴책방
정원이 아름다운 그림 책방. 1층에는 국내
외의 다양한 그림책이 있고, 2층에서는 음
료와 빵을 판매해 아이들과 방문하기 좋다.
주소: 제주 제주시 조천읍 중산간동로
698-73
비밀의 정원 으로 가는 책방 입구
건물을 돌아서
나무대문으로
들어오세요!!
책방의 작은 정원
WE'RE
OPEN

수민문화 @suminmunhwa.

한 달에 한 번만 문을 여는 독특한 서점. 오픈일은 인스타그램에 공지하며, 오픈일 외에는 북스테이 공간으로 운영된다.

주소 : 제주 서귀포시 표선면 가시로592번길 25

03

액티비티

A
B
C
1
2
3
제이바이시클 자전거,
박스앤자전거
체험배낚시 전진호,
제주 이호털보 배낚시,
서프로와(서핑),
코바다이빙스쿨
제주도자전거대여
보물섬하이킹 자전거
바이크트립 자전거
애월전동
킥보드
쓩쓩렌탈샵
애월점
레이저
서바이벌M
숲연구소
꿈지락
귤향가
농장
노리터 서프 서핑스쿨,
제주도서핑 문서프
제주카약올레,
청아투명카약
왕복짚라인 제주
아날로그
감귤밭
제주시
귀덕바다
투명카약
애월읍
올레바당체험마을·
제주체험마을·
어승생승마장
협재해녀다방
&해녀체험
제주양떼목장,
도치돌 알파카목장
제주승마공원,
렛츠런파크 제주
다이브자이언트
제주 프라이다이빙
카페 귤한가
(귤따기)
9.81 파크
(카트)
액티브파크
(클라이밍)
한림읍
제주맥주(양조장)·
더마파크(카트)
새별프렌즈
신창
투명카약
비체올린
(카약)
제주바다
하늘패러투어
(패러글라이딩)
새별레져
ATV
서귀포시
블루웨이
프리다이브
제주 차귀도 요트투어
한경면
안덕면
제주환상전기자전거
토이레저
제주 토이 승마장
차귀도 달래배낚시,
진성배낚시, 대물호,
차귀도유람선
신화
워터파크
하영담아 감귤농장
(귤따기)
위랜드카트장
중문오프로드
체험장
레이저아레나엑스 제주점
트로이테마
농원(승마)
파더스가든
(귤따기)
제주에인 감귤밭
대정읍
서광카트체험장,
하늘여행
행글라이더체험장
제주실탄사격장
제주배럴 서핑스쿨
씨플로우
김서프제주(서핑)
감귤카트
디스커버제주
중문승마공원
프라라이프
유리바닥보트
퍼시픽 마리나
요트투어
제주제트 수상보트
그랑블루요트투어
세리월드
카트체험
아라호(배낚시),
M1971 요트투어
아일랜드에프 선상낚시
난드르호선상낚시,
프라다 선상낚시 배낚시,
알라딘호선상낚시배낚시
꽃귤농장
서귀포 다이브센터
스쿠버다이빙
송악카트
체험장
비고르서프
제주해양사업단 하모씨워킹
서귀포
잠수함
제주스쿠바아로파
(스쿠버다이빙)

D
E
F
1
2
3
우리동네 잠수하는 형
(스쿠버다이빙),
제주잠수함, 함덕잠수함,
국제리더스클럽(패들보드)
월정투명카약
제주웨어브서핑,
월정퀵서프,
타라타 전동킥보드
감녕
요트투어
제주해양레저
파크 씨워킹
해녀태왁
서프앤조이,
제주패들보드서핑
함덕 돌핀레저
조천읍
구좌읍
하도카약
우도올레보트
수상보트
텐저린267
감귤체험농장
감귤나무숲
이브이트립
(전동킥보드,
전기자전거)
우도잠수함
레포츠랜드
(짚라인, 카트)
제라진 어드벤쳐
제주라프
제주
레일바이크
오조리레저파크
온앤온서프
(서핑)
탑 승마클럽
제주오름 승마랜드,
탱크야놀자(ATV)
디포레카라반
파크(캠핑)
제주농원
(귤따기)
광치기승마체험
아침미소
목장
제주 드론파크
삼다마을목장
제주관광승마
너도나도 ATV
송당승마장/
ATV체험장
탐라승마장
뷰 제주하늘
이어도승마장
아쿠아
플라넷 제주
프리다이빙
길갈 팜 랜드
목장카페 밭디
목장카페 드르쿰다
낙타 트래킹
OK승마장
알프스
승마장포니
성산읍
졸띠해변승마,
쇠와꽃 승마장,
드르쿰다 in 성산
카라반(캠핑장)
오늘은
카트레이싱
남원읍
표선면
제주소랑
ATV
아카아
서핑스쿨
옷귀마테마
타운(승마)
열대과일농장
유진팡
보내다제주
(귤따기)
서프포인트
(스노클링)
윈드1947
테마파크(카트)
편백포레스트
보내다제주
최남단 체험 감귤농장
(가뫼물 농촌생태공원)
쇠소깍
(카약)
하례감귤
체험농장
쉼터체험농장
(귤따기)
제주파인비치펜션,
에어그라운드(캠핑)
착한배낚시,
남진호
캡틴호
(배낚시)
쇠소깍해양
레저타운
수상보트
디퍼프리다이브 제주
프리다이빙

ACTIVITY
제주 추천 액티비티 - 서북부

레이저서바이벌M

개인전, 팀전, 스나이퍼전 등 자유롭게 즐기는 레이저 서바이벌 체험장

이용요금
- 2경기 15,000원
- 3경기 20,000원
- 1경기 추가 6,000원

운영시간
- 10:00~18:00. 연중무휴
- 17:45 입장 마감

승룡호 배낚시체험

방어, 참돔, 한치, 어떤 걸 잡을까? 아이들과 즐기기 좋은 이색 낚시 체험.

이용요금
- 부시리·잿방어 지깅 낚시 70,000원
- 싹~!다잡아 낚시 50,000원
- 참돔 타이라바 낚시 60,000

운영시간
- 00:00~24:00. 연중무휴

어승생승마장

제주 시내 위치, 10만 평 승마장에서 즐기는 안전한 승마 체험.

이용요금
- 체험승마코스(2.5km,20분) 60,000원
- 스페셜 A코스 120,000원
- 말 당근먹이 체험 5,000원

운영시간
- 09:00~18:00. 연중무휴

제이바이시클 자전거

자전거 여행에 필요한 장비들 알차게 갖춘 자전거 대여점

이용요금
- (알루미늄프레임27.5) MTB 27단 15,000원
- (카본프레임 29) MTB 30단 20,000원
- 전기 미니벨로 25,000원

운영시간
- 07:00~20:00. 연중무휴

왕복짚라인 제주

제주의 바람을 가르며 느끼는 스릴! 출발점까지 자동으로 올라가는 왕복짚라인.

이용요금
- 탑승권 정가 40,000원
- 당일 재탑승 15,000원

운영시간
- 09:30~20:00. 연중무휴

제주패들보드 서핑클럽

숙소 할인&카페 할인 쿠폰 제공되는 패들보드 서핑 체험장

이용요금
- 서핑 강습(수트, 장비 포함) 80,000원
- 패들보드 강습(수트, 장비 포함) 80,000원

운영시간
- 09:00~18:00. 연중무휴

9.81파크 제주

레이싱과 실내 레이저 서바이벌, 범퍼카까지! 신나는 액티비티 가득한 테마파크.

이용요금
- 981 풀패키지(1인) 52,500원
- 아이와 함께 풀패키지(2인) 79,500원

운영시간
- 09:00~18:20. 연중 무휴
- 레이싱: 종료 40분 전 탑승 가능

도시해녀

1일 해녀가 되어, 문어와 뿔소라를 잡는 해녀체험을 운영하는 곳.

이용요금
- 09:00~15:00. 연중무휴.
- 9시, 11시, 13시 하루 3번 체험 진행

운영시간
- 해녀체험(14세 이상) 60,000원
- 해녀수중 스튜디오 60,000원"

시원한 바다 위를 가르는 해양 레저의 짜릿함, 오름과 초원을 달리는 승마의 자유로움까지. 청정 자연 속에서 몸을 움직이며 제주 서북부 지역의 아름다움을 활기차게 느껴보자.

제주승마공원

고즈넉한 곶자왈 숲길, 말과 교감하며 힐링할 수 있는 승마 체험장.

이용요금
- 09:30~17:00 운영
- 16:30 입장 마감.
  매주 화요일 휴무

운영시간
- 곶자왈(숲길)A(15분) 44,000원
- 곶자왈(숲길)B(30분) 66,000원
- 마리랑승마(2시간) 150,000원

사진ⓒ한국관광 콘텐츠랩

쑹쑹렌탈샵 자전거 애월점

해안도로 달리기 전 필수 코스! 미니 스쿠터와 전기 자전거 빌릴 수 있는 곳

이용요금
- 전기스쿠터 종일권 40,000원
- 전기자전거 종일권 35,000원

운영시간
- 10:00~19:00. 연중무휴

퐁당제주 수상보트

투명카약부터 제트보트, 수상 오토바이 등 스릴 해양 레저 액티비티까지!

이용요금
- 투명카약 15,000원
- 스피드보트 40,000원
- 제트보트 1인 30,000원

운영시간
- 10:00~18:00. 연중무휴
  (12:00~13:00 휴게시간)

귀덕바다 투명카약

청정한 귀덕 바다에서 제주를 느껴보자! 투명카약 체험을 운영하는 곳.

이용요금
- 성인 10,000원
- 청소년(14세~19세) 9,000원
- 소인(13세 이하) 5,000원

운영시간
- 09:00~18:00. 연중무휴
- 18:00 탑승 마감

사진ⓒ한국관광 콘텐츠랩

제주 차귀도요트투어

다양한 요트 체험 프로그램을 운영하는 곳. 돌고래섬 요트 투어가 가장 인기!

이용요금
- UNESCO 돌고래섬 요트투어
  48,000원
- 로맨틱 선셋투어(70분) 60,000원
- 럭셔리 낚시투어(100분)
  78,000원

운영시간
- 10:00~19:00. 연중무휴

신창 투명카약

사계절 내내 풍력발전기를 배경으로 물놀이할 수 있는 투명카약 체험장

이용요금
- 투명카약 체험 10,000원

운영시간
- 09:00~19:00. 연중무휴
  일몰 30분 전까지 영업.

진성배낚시

차귀도 해안에서 즐기는 배낚시 체험. 다양한 배를 이용해 안정적으로 운항.

이용요금
- 주간 체험배낚시(2시간)
  12,000원
- 주간 체험배낚시(3시간)
  25,000원

운영시간
- 08:00~20:00 풍랑주의보,
  기상 악화시 휴무

차귀도유람선

차귀도의 아름다운 풍경을 감상하며, 돌고래도 만날 수 있는 유람선 투어 운영.

이용요금
- 섬탐방 투어 성인 15,000원
- 섬탐방 노을투어 성인 20,000원
- 돌고래 유람투어 성인 27,000원
  (할인가, 변동 가능)

운영시간
- 09:00~18:00. 연중무휴

ACTIVITY
제주 추천 액티비티 - 서남부

감귤카트

귀여운 감귤 카트 타고 스피드를 즐겨 보자! 짜릿한 속도감의 카트레이싱.

이용요금
- 어른/청소년/어린이 25,000원
- 경로/유공자 17,500원
- 2인승 추가요금(어린이) 8,000원
- 2인승 추가요금(어른) 10,000원

운영시간
- 09:00~18:00. 연중무휴

윈드1947 테마파크

1,947m 코스 레이싱카트와 실내 비비탄 서바이벌을 모두 체험할 수 있는 곳

이용요금
- 2인용-기본형(3회전) 40,000원
- 바이벌-배틀존(비비탄) 20,000원

운영시간
- 10:00~18:30. 연중무휴
- 11:30~12:30 카트정비 시간

사진ⓒ한국관광 콘텐츠랩

중문오프로드체험장

초원과 오름을 달리는 오프로드 체험장. ATV, 랭글러, 몬스터버기카 보유.

이용요금
- ATV200cc(약 25분) 40,000원
- 랭글러(약 20분) 80,000원
- 몬스터버기카(약 20분) 90,000원

운영시간
- 10:00~17:00. 연중무휴 16:40 입장 마감

중문카트

스트레스가 싹 풀리는 쾌속 질주! 직진과 급커브가 어우러진 카트 체험장.

이용요금
- 카트 성인/청소년/소인 25,000원

운영시간
- 09:00~18:00. 연중무휴

제주실탄사격장

영화의 주인공이 된 듯한 짜릿한 경험! 최신 장비를 갖춘 실탄 사격장

이용요금
- 실탄사격 12발 35,000원
- B.B탄사격 15,000원
- 시뮬레이션사격 10,000원

운영시간
- 10:00~19:00. 연중무휴
- 18:30 입장 마감

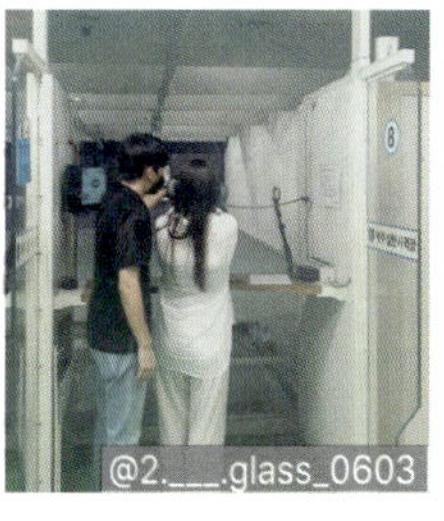

쇠소깍해양레저타운 수상보트

수면 위를 나는 듯한 스피드와 스릴을 제트보트와 함께 느껴보자!

이용요금
- 제트보트 성인/소인 25,000원

운영시간
- 09:00~17:00. 연중무휴
- 기상악화시 운행불가/탑승 1일 전 전화 예약

그랑블루요트투어

제주 바다 위에서 주상절리와 한라산의 웅장함을 감상할 수 있는 요트 투어.

이용요금
- 럭셔리 요트투어(낚시 포함) 48,000원

운영시간
- 09:00~18:00. 연중무휴

사진ⓒ한국관광 콘텐츠랩

퍼시픽 마리나 요트투어

주상절리대를 배경으로 즐기는 제주의 낭만. 럭셔리한 요트 투어.

이용요금
- 요트투어+음료권 대인 46,000원 선셋요트투어+음료권 대인 51,000원

운영시간
- 09:00~18:50. 연중무휴
- 예약 및 출항 문의 09:00~18:00

사진ⓒ한국관광 콘텐츠랩

제주 서남부에서 도전하는 짜릿한 액티비티 코스! 울퉁불퉁한 오프로드 체험으로 거친 땅을 달리거나, 카트 체험장에서 속도 경쟁을 즐기며 스트레스를 날려버리자.

제주제트 수상보트

주상절리를 가까운 거리에서 볼 수 있는 스릴 제트보트

이용요금

- 주상절리 제트보트 30,000원
- 모터보트(천천히 관람) 30,000원
- 주상절리(4인이상 출발) 배낚시 (1시간) 30,000원

운영시간

- 09:00~18:00. 연중무휴

사진ⓒ한국관광 콘텐츠랩

제이제이서핑스쿨

잔잔한 색달해변 앞, 매년 국제서핑대회가 열리는 유명 서핑장.

이용요금

- 서핑강습(장비렌탈) 60,000원
- 보드렌탈(3시간) 30,000원
- 3+1강습 이벤트 180,000원

운영시간

- 00:00~24:00. 연중무휴

새별레져ATV

힐링과 스릴을 동시에! 광활한 초원과 비포장 코스를 달리는 ATV 체험장.

이용요금

- 새별오프로드 40,000원
- 새별코스 40,000원
- 세미코스 30,000원

운영시간

- 10:00~17:00. 연중 무휴 5월 이후 하절기 17:30까지

@minsun0328

위랜드카트장

초록 자연 속 짜릿한 카트 체험장. 페인트볼 사격장을 함께 운영.

이용요금

- 카트 1인승 25,000원
- 카트 2인승 35,000원

운영시간

- 10:00~18:00. 연중 무휴

@happyyouandme82

서광카트체험장

드리프트 카트체험과 사격체험을 함께 즐길 수 있는 곳.

이용요금

- 1인승 15,000원
- 2인승 25,000원
- 카트 2인승+사격 30발 40,000원

운영시간

- 09:00~18:00. 연중무휴

송악카트체험장

바다, 송악산, 유채꽃을 배경으로 카트체험 할 수 있는 곳.

이용요금

- 성인(20세 이상) 25,000원
- 청소년(14-19세) 25,000원

운영시간

- 09:00~18:00. 연중무휴
- 동절기(11월~2월) 영업시간 09:00~17:00

제주해양사업단 하모씨워킹

바닷 속을 걸어보는 씨워킹, 돌고래 투어, 스노클링까지!

이용요금

- 하모돌고래투어 60,000원
- 씨워킹 50,000원
- 스노클링 40,000원

운영시간

- 09:00~19:00. 연중무휴

@woo1023014

하늘여행 행글라이더 체험장

18m 상공에서 제주 전경을 내려다볼 수 있는 행글라이더 체험장

이용요금

- 1인 이용 12,000원

운영시간

- 7-8월 10:00~18:00
- 9-11월 3-6월 10:00~17:30
- 12-2월 10:00~17:00

@brohome_n

ACTIVITY
제주 추천 액티비티 - 동북부

제라진 어드벤쳐

제주의 거친 땅을 달리는 오프로드 투어. 광대한 자연을 느낄 수 있는 곳.

이용요금
- 투어체험 1인 49,000원 엥그리/프라이빗3인승 200,000원

운영시간
- 10:00~18:00. 연중무휴

레포츠랜드

레이싱카트, 짚라인, 서바이벌 등 다양한 액티비티를 즐길 수 있는 레저테마파크.

이용요금
- 카트1인승(단거리) 19,000원
- 제주카트2인승(단거리) 29,000원

운영시간
- 09:00~18:00. 연중무휴
- 카트 체험 시 17:45 마감

사진ⓒ한국관광 콘텐츠랩

탐라승마장

역사와 전통을 가진 승마장. 짧은 코스로 초보자도 즐길 수 있는 승마 체험.

이용요금
- 탐라코스 15,000원
- 산책코스 40,000원

운영시간
- 09:00~17:00. 연중무휴
- 동절기 09:00~16:00

사진ⓒ한국관광 콘텐츠랩

함덕 국제리더스클럽

반잠수정 체험, 해양 스포츠로 바다를 온몸으로 느낄 수 있는 곳

이용요금
- 반잠수정(에어컨/피딩/낚시) 0~45,000원
- 투명카약(피딩체험가능) 20,000~25,000원

운영시간
- 09:00~18:00. 연중무휴

사진ⓒ한국관광 콘텐츠랩

함덕 돌핀레저

물놀이하기 좋은 함덕해수욕장 앞에서 펼쳐지는 해양 레저 체험

이용요금
- 빅3!와플보트,바나나보트,밴드웨곤 70,000원
- 제트보트 30,000원

운영시간
- 10:00~18:00. 연중무휴

제주라프

드넓은 녹차밭과 호수를 가로지르는 아찔한 짚라인 체험. 힐링족욕도 운영

이용요금
- 짚라인 35,000원
- 힐링족욕 12,000원

운영시간
- 짚라인 09:30~18:00/ 족욕 09:00~18:00.
- 17:00 발권 마감, 연중무휴

아름다운 비치 감성과 시원한 바다의 재미를 동시에 잡고 싶다면, 제주 동북부 해안 액티비티를 놓치지 말 것. 함덕과 김녕 해변의 눈부신 에메랄드빛 바다는 카약, 스노클링, 서핑 등 다채로운 해양 액티비티를 즐길 수 있는 최적의 장소라는 사실.

제주관광 승마

푸른 들판과 한라산을 바라보며 승마체험 할 수 있는 곳.

이용요금
- 단거리 20,000원
- 중거리 30,000원

운영시간
- 하절기 09:00~17:00
- 동절기 09:30~16:45

김녕요트투어

아름다운 김녕 바다에서 즐기는 낭만적인 요트 투어. 바다낚시 체험도 진행.

이용요금
- 일반투어(60분)
  성인/ 청소년 60,000원
- 선셋투어(70분)
  성인/ 청소년 70,000원

운영시간
- 10:00~18:00. 연중무휴

송당승마장 /ATV체험장

온 가족이 함께하는 ATV와 승마 체험! 밧줄놀이터도 즐길 수 있는 곳.

이용요금
- ATV 체험 23,000원
- 승마 기본코스 9,000원
  (할인가, 변동 가능)

운영시간
- 09:00~17:00. 연중무휴
  당일 이용은 전화 문의.

월정투명카약

맑은 바다 위에서 즐기는 투명 카약 체험. 제주 자연을 만끽할 수 있는 곳.

이용요금
- 중학생(만 12세) 이상 15,000원
- 초등학생(만 11세) 이하 10,000원

운영시간
- 10:00~18:00. 연중무휴

캐럿서프 제주월정

월정리 해변과 가까운 곳! 단체 강습도 가능하며 귀여운 당근 서핑 보드가 특징.

이용요금
- 입문강습 50,000원
- 유소년 입문강습(부모님 동반) 50,000원

운영시간
- 09:30~19:00. 연중무휴
  기상 악화 시 휴무

김녕왕발통

바이크 타고 월정리 해안도로와 김녕 앞바다를 신나게 달리자

이용요금
- 전동바이크 1시간 20,000원
- 전동바이크 종일권 45,000원
- 전기자전거 1시간 14,000원
- 전기자전거 종일권 40,000원

운영시간
- 09:00~21:00. 연중무휴
- 19시 이후 이용은 전화예약 필수

제주도서핑 라인업서프 하도

입문 강습에서 가족 서핑, 해돋이 서핑까지! 다양한 서핑 프로그램이 있는 곳.

이용요금
- Lv1. 입문강습 60,000원

운영시간
- 00:00~24:00. 연중무휴
  풍랑경보, 태풍 시 휴무

제주레일바이크

용눈이오름 자락, 제주의 정취를 느낄 수 있는 레일바이크 체험!

이용요금
- 2인승 34,000원
- 3인승 45,000원

운영시간
- 하절기(3~10월) 09:00~17:30
- 동절기(11~2월) 09:00~17:00
  기상 악화 시 전화 문의

ACTIVITY
제주 추천 액티비티 - 동남부

남원읍
그랑블루호

배 타고 바다낚시, 직접 잡은 싱싱한 물고기를 선상에서 회로 즐기는 짜릿함

이용요금
- 체험배 낚시 2시간(낚시대,미끼 포함) 가격 20,000원
- 야간 한치, 갈치낚시 60,000원

운영시간
- 매일 하절기 07:00 - 22:30
- 야간(6월~10월)18:30 - 22:30

남원읍
열대과일농장 유진팜

농장투어와 동물들 먹이주기, 귤, 바나나따기 체험이 있는 곳

이용요금
- 생태체험(농장투어+동물먹이 주기체험)중학생 이상 11,500원 / 어린이 6,000원 24개월 미만 유아 무료

운영시간
- 10:00~18:00. 연중무휴
- 16:30 입장마감

사진ⓒ한국관광 콘텐츠랩

남원읍
제주하늘바당ATV

울창한 숲길과 마방목지코스를 즐기는 ATV와 승마체험 코스도 함께 운영

이용요금
- ATV세미코스(약10분) 15,000원
- 승마체험(약 10분) 20,000원

운영시간
- 09:00~18:00까지 운영. 연중무휴(마지막 회차 17시) 1시간 간격으로 회차 선택가능

남원읍
최남단체험감귤농장

농촌생태체험과 레일타기, 감귤따기 체험, 블루베리체험을 할 수 있는 곳

이용요금
- 농장이용료(곤충,파충류와동물, 야자수)7,000원
- 귤1kg따기+시식+농장+레일 19,900원

운영시간
- 09:30 - 18:00. 연중무휴

남원읍
하례감귤체험농장

타이벡 감귤농장에서 사진도 찍고, 감귤따기 체험도 진행되는 곳

이용요금
- 타이벡감귤따기체험3KG 20,000원 (만 3세 이상부터 어른 가격과 동일)

운영시간
- 09:00 - 17:00.연중무휴 16:30 입장마감

남원읍
남진호

30년 낚시 경력의 선장님이 함께하는 낚시배. 야간 갈치낚시 가능

이용요금
- 주간 배낚시(2시간) 20,000원
- 주간 배낚시(3시간) 30,000원
- 야간 갈치낚시 5시간 100,000원

운영시간
- 09:00~18:00. 연중무휴

남원읍
옷귀마테마타운

승마 뿐만 아니라 ATV체험까지 함께 즐길 수 있는 곳.

이용요금
- 승마체험 (10분) 20,000원
- 승마체험 (30분) 50,000원
- 승마체험 (90분) 120,000원

운영시간
- 09:00~17:00 (11:50-13:00 휴게시간)

성산읍
뷰 제주하늘

오름과 초원 사이! 온가족이 승마를 즐길 수 있는 곳. ATV 체험도 운영.

이용요금
- 승마 목장코스 25,000원
- ATV A코스19,000원

운영시간
- 09:00~17:00. 연중무휴 16:30 매표 마감

따뜻하고 목가적인 분위기 속에서 제주 자연을 직접 느껴보는 체험 활동이 풍부한 제주 동남부. 탐스러운 감귤을 직접 따며 상큼한 향기에 취하고, 귀여운 조랑말을 쓰다듬으며 힐링도 받아보자.

성산읍
쇠와꽃 승마장

성산일출봉 최고의 풍경과 함께하는 광치기해변 승마 체험

이용요금
- 해안승마체험(광치기해변) 50,000원
- 숲승마체험(숲길) 25,000원
- 트랙코스 2바퀴 10,000원

운영시간
- 09:00~18:00. 연중무휴

성산읍
우도 잠수함

잠수함 타고 즐기는 우도 바다 속 체험. 산호와 물고기를 만날 수 있는 곳.

이용요금
- 성인, 중고생 55,000원
- 소인 35,000원

운영시간
- 09:40~15:40. 연중무휴

성산읍
졸띠해변승마

말을 타고 성산일출봉, 우도를 배경으로 멋진 사진을 남길 수 있는 곳.

이용요금
- 트랙 3바퀴 10,000원
- 트랙 5바퀴 15,000원
- 올레길코스(약 1.2km) 30,000원

운영시간
- 09:30~18:00 악천후 시 휴무

성산읍
온앤온서프

서핑 초보도 성산 일출봉과 에메랄드빛 바다 전망을 바라보며 서핑할 수 있는 곳.

이용요금
- 비기너서핑강습(3시간) 60,000원
- 서핑보드렌탈(스펀지/3시간) 30,000원

운영시간
- 09:00~20:00. 연중무휴

성산읍
이어도승마장

드넓은 초원에서 어린이와 초보자도 재미있게 즐길 수 있는 승마 체험.

이용요금
- 기본코스(6~7분) 11,000원
- 초원코스(10분내외) 18,000원

운영시간
- 09:00~16:30. 연중무휴

사진ⓒ한국관광 콘텐츠랩

표선면
목장카페 드르쿰다

다양한 액티비티가 한 곳에! 승마와 카트, 사격을 즐길 수 있는 곳.

이용요금
- 승마A(1.9km) 45,000원
- 카트(1인) 18,000원
- 사격(30발) 10,000원

운영시간
- 09:00~18:00. 연중무휴 레저 발권 마감 16:50

표선면
조랑말체험공원

확 트인 초원에서 말과 교감하며 승마 체험을 할 수 있는 곳.

이용요금
- 승마체험 A코스 12,000원
- 목장산책+트랙 50,000원
- 1시간 체험 100,000원

운영시간
- 09:00~18:00. 연중무휴

표선면
OK승마장

단거리부터 1시간 코스까지 다양한 성읍민속마을 근처 야외 승마체험장

이용요금
- A코스 27,500원
- B코스 38,500원

운영시간
- 09:30~17:00
- 하절기(17:00입장마감)
- 동절기(16:30입장마감)

사진ⓒ한국관광 콘텐츠랩

04
감성 숙소

평정심
앳코너
제주 도두 트로피칼
코코로오보에펜션
풀빌라 펜션
클라우드 애월
휘소
하귤별장
스테이고스란
시오재
안목스테이 안목5감도
브리드앤스톤
풀벗
아그리투리스모,
어나더제주
스테이느긋
휘연재
다도한가
오각
아라
브로콜리삼춘
슬로우스테이
여리재
제주서가
알레그라 제주
수수주택
스테이 온
클램블루
스테이,
두모산책
제주애단비
댕유지낭
마주
보아비양
제
애월읍
라이엔네
풀빌라
스테이
곁곁
풀빌라
하늘고래블루
누운 섶
제주
명월스테이
협재차경
수월가
별뉘
일렁이는
유년시절
휴앤풀
서담미가
월림차경
한림읍
오형제
풀빌라
클램블루수동
안덕면
땡큐드라이버
서귀
공공연
스퀘어베이,
스테이
미완성
무위의 공간
고도17
한경면
스테이바림
동광차경
에가톳 캐빈
청수곶
하다책숙소
신도1400
탐라든일상,
무릉차경
자단연원
예원스테이
제주독채펜션 감성숙소
사우나 노천탕 돌집 훈온
일일시호일
제주스테이 비우다
서유의섬
밧밧
오 마이
풀빌라
곳
스테이가량,
스테이
코티지
소서감산
제주토끼
호
스테이 알오에이
안도감 제주
대정읍
소소로이
인 제주,
무릉소운,
소금새
트믐
바불 제주 풀빌라

D
E
F
1
2
3
수피아제주
김녕점
물결그림
북촌리멤버
스테어 보스케
김녕별장,
동춘스테이
월정느루
제주감성자쿠지
독채스테이 그슬
로그우리집,
조천늦장
순간 스테이
시사오하우스제주,
선현재
구좌읍
송당아진
하도하도
3200
스테이소도
여기가우도
포근한여백
임진고택
라운더리
돌담연가
선흘림
메이네
글라 하우스
제주구도
조천읍
송당아진
월랑소운
휴일기록
심심주택
송당미학
송당일상
스테이묘해
공간7
성산읍
스테이 느릇
스테이 연화
소게
오드리물
표선면
마이올 제주 풀빌라
감성숙소
달리야드
남원읍
몽상화
스테이무어
택하다, 스테이
브리드인제주
오아로
표선여가,
스테이제주이음
단심 : 스테이정연
지깍
제주감성독채숙소
스테이비움
희애루
부쉬코너
오름
몽중정원,
느긋한 시절,
녹음실 제주,
별하비스테이
수란재
나름의 고요
풀목집
평온
콴도제주
스테이하얀달
모노하
공사이도

STAY
동남부

느긋한 시절

조용한 마을, 구옥을 다듬어 만든 스테이. 새로운 공간이지만 기존의 돌담과 오래된 대문 등은 여전히 남아 있다. 큰 창 너머 보이는 고즈넉한 자연 풍경과 나무의 결을 살린 빈티지한 가구, 소품과 조명들이 잘 어우러져 느긋하고 여유로운 분위기를 풍긴다. 이곳에서 경험한 와인과 소품 등을 구매할 수 있는 '느긋한 상점'이 있다. 조식 제공.

제주 서귀포시 남원읍 신흥앞동산로 88-6
@good._.season

차분한 분위기의 거실과 통창

빨간 지붕의 구옥을 개조한 외관

몽중정원

두 가지 컨셉으로 이루어진 고요한 독채 스테이. A는 리틀
포레스트 느낌이 가득한 공간, B는 카페를 닮은 공간이다.
두 공간 모두 높은 층고와 상단 유리창으로 개방감이 느
껴지며, 화이트&베이지&우드가 어우러져 따뜻한 느낌이
든다. 하늘을 마주할 수 있는 야외 노천탕과 넓은 뒷마당
이 있다. 봄이되면 이곳에 유채꽃이 만개한다. 노천탕 온
수 무료. 연박 할인
제주 서귀포시 남원읍 신흥앞동산로 72-2 전체
@mj___garden

깔끔한 침실의 모습

간단한 조리를 할 수 있는 미니 주방

뒷마당이 보이는 침실

소게

80년대 제주 양옥집과 돌창고를 리모
델링한 독채 숙소. 큰 창이 많은 베이
지&우드톤 실내는 채광이 좋아 따뜻한
분위기. 동백나무 아래 노천탕과 사계절
온수풀도 준비되어 있다. 다실에서 조
용히 차를 음미하거나, 캠프파이어 공
간에서 불멍하며 여유로운 시간을 보내
기 좋은 곳. 캠프파이어 세트 유로, 수영
장 7-9월 온수 미제공, 반려동물 동반
시 추가 요금
제주 서귀포시 성산읍 난산로 8-4
@stay_soghe

코너 창이 매력적인 실내 공간

독채 앞마당과 입구

실내와 연결된 단독 수영장

잔잔한 파도 소리가 들려오는 제주 바닷가 앞 독채 펜션. 안거리, 밖거리, 별채 총 3개의 독립된 공간으로 구성되어 있다. 실내는 베이지&우드톤 따뜻한 분위기. 안거리와 밖거리 모두 실외 수영장이 있으며, 안거리는 실내, 밖거리는 실외에 자쿠지를 갖추었다. 별채는 원룸형 독채. 아침에는 일출, 저녁에는 석양을 바라보며 힐링할 수 있는 곳. 수영장, 자쿠지 이용 유료
제주 서귀포시 표선면 가마행남로 24
@jeju_orle

빈티지한 우드톤의 침실 모습

숙소 앞마당에서 보는 노을

실내 자쿠지에서 보이는 바다 풍경

굴밭 가득한 조용한 마을에 자리 잡고 있는 스테이. 귤창고와 박공지붕, 온실의 햇살을 모티브로 개방감과 아늑함이 동시에 느껴지는 곳. 자쿠지와 중정, 정원이 있는 복층 구조 Corner No.1과 프리스탠딩 욕조, 정원이 있는 Corner No.2로 구성되어 있다. 프라이빗한 정원과 산책길이 있고, 귤나무, 삼나무, 녹나무 등 제주의 자연을 느끼기 좋다. 자쿠지 온수 무료. 연박 할인
제주 서귀포시 남원읍 남한로417번길 44
@jeju_bushcorner

희애루

어른과 아이 모두가 쉴 수 있는 가족 스테이. 키즈 바디용품은 물론 물놀이 장난감과 보드게임이 준비되어 아이들도 즐겁게 머무를 수 있는 곳. 사계절 내내 따뜻한 자쿠지는 아이들부터 어른까지 즐거운 물놀이를 즐길 수 있다. 자동 블라인드가 설치되어 더욱 프라이빗한 곳. 밤이 되면 정원 불멍 화로에 모여 달콤한 마시멜로우를 먹으며 특별한 추억을 만들어보면 어떨까? 연박 할인

제주 서귀포시 표선면 세화로26번길 3

@hielu_jeju

돌담과 야자수로 꾸민 숙소 외관

우드톤의 쾌적하고 넓은 주방

프라이빗하게 물놀이를 즐길 수 있는 실내 자쿠지

 동남부

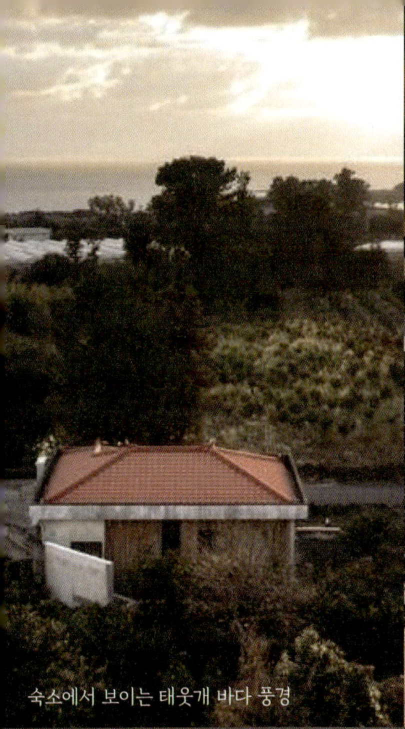

숙소에서 보이는 태웃개 바다 풍경

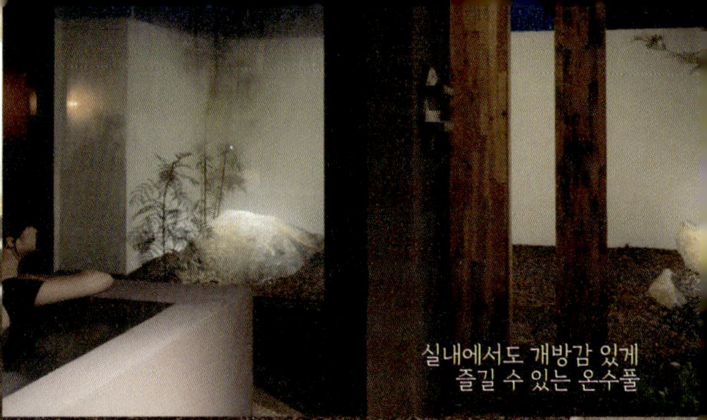

실내에서도 개방감 있게
즐길 수 있는 온수풀

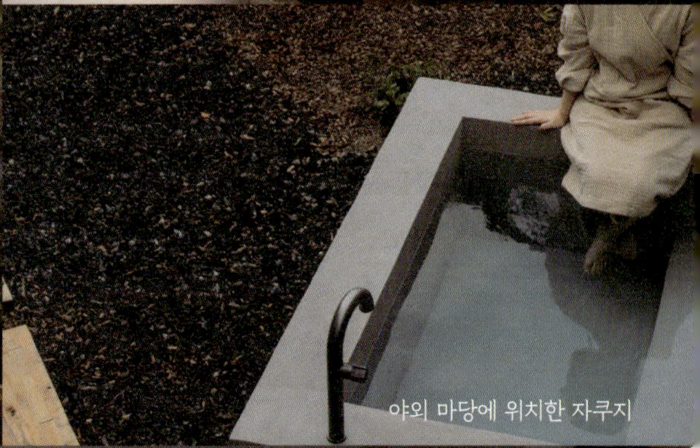

야외 마당에 위치한 자쿠지

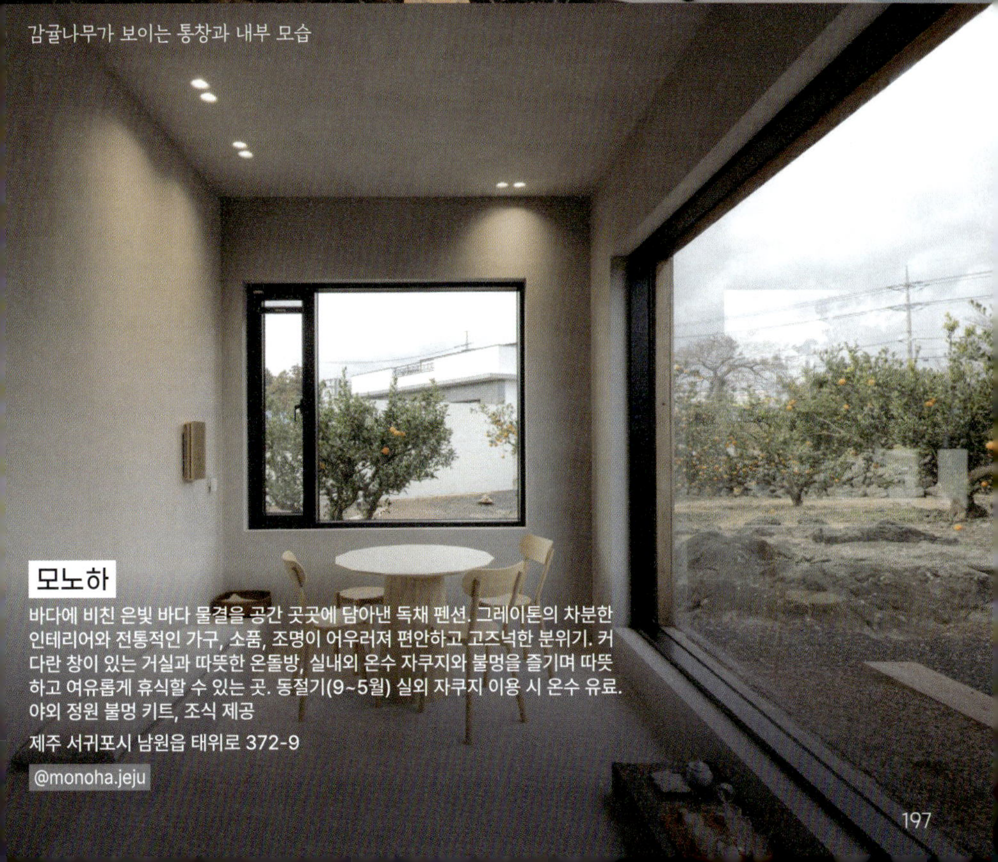

감귤나무가 보이는 통창과 내부 모습

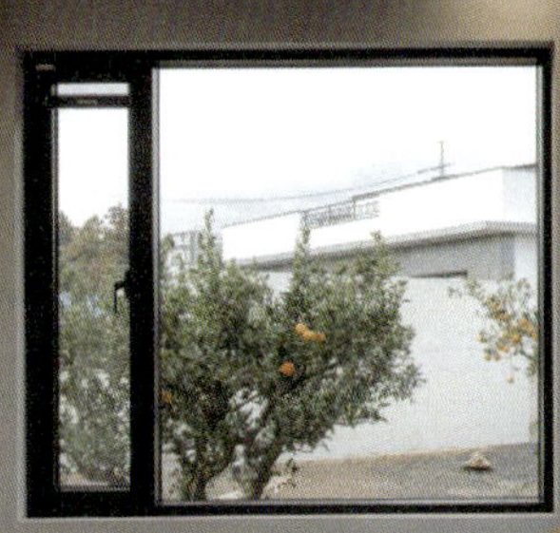

모노하

바다에 비친 은빛 바다 물결을 공간 곳곳에 담아낸 독채 펜션. 그레이톤의 차분한 인테리어와 전통적인 가구, 소품, 조명이 어우러져 편안하고 고즈넉한 분위기. 커다란 창이 있는 거실과 따뜻한 온돌방, 실내외 온수 자쿠지와 불멍을 즐기며 따뜻하고 여유롭게 휴식할 수 있는 곳. 동절기(9~5월) 실외 자쿠지 이용 시 온수 유료. 야외 정원 불멍 키트, 조식 제공

제주 서귀포시 남원읍 태위로 372-9

@monoha.jeju

STAY 동남부

불멍을 즐길 수 있는 마당의 모습

구옥 특유의 구조를 살린 실내

마이올 제주 풀빌라 감성숙소

제주 바다의 해돋이를 감상할 수 있는 오션뷰 독채 풀빌라. 거실 큰 창으로 야자수와 수영장이 보이는 이국적인 분위기로 1층과 2층 전체를 사용할 수 있다. 실내 미온수 수영장과 야외 노천탕, 무비룸과 오션뷰 차실, 화로대 등 다양한 공간이 있다. 특히 노천탕은 바다를 바라보며 하루의 피로 풀고, 온전한 휴식을 즐기기 좋다. 수영장, 노천탕 온수, 화로터 유료
제주 서귀포시 성산읍 신산중앙로27번길 4 마이올 제주 풀빌라 감성숙소
@myall.jeju

사계절 사용할 수 있는 미온수 수영장

이국적인 휴양지 느낌의 숙소 외관

택하다, 스테이

제주 구옥의 멋을 살린 독채 스테이. 실내는 화이트와 우드의 조화로 깔끔하면서도, 옛집의 기둥을 그대로 남겨 고즈넉한 분위기. 간살 창 사이로 쏟아지는 은은한 햇살이 따뜻한 곳. 소파에 앉아 창밖 제주의 풍경을 감상할 수 있다. 감귤나무가 보이는 야외 자쿠지와 돌벽으로 둘러싸인 야외 샤워시설에서 피로를 풀고, 바비큐와 불멍을 즐겨 보자. 13세 이하 투숙 제한.
제주 서귀포시 표선면 원님로652번길 118 택하다, 스테이
@baristag_stay

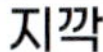

지깍

오직 단 한 팀만 받는 '미국 별장 감성' 독채 풀빌라. 숙소 앞 커다란 야자수가 이국적이다. 미온수 수영장과 자쿠지가 마련되어 있으며, 낭만적인 바비큐장과 불멍 공간에서 특별한 추억을 남길 수 있는 곳. 하늘을 보며 즐기는 야외 샤워실과 수영장에서 바로 연결되어 실내 샤워실을 갖추어 편리하다. 프라이빗 테라스에서 온전히 나만을 위한 시간을 보낼 수 있다. 연박 할인
제주 서귀포시 표선면 돈오름로22번길 56 지깍
@z_kkak

물놀이를 하며 간식을 즐길 수 있는 플로팅 트레이

야자수 아래에서 즐길 수 있는 불멍 시설

담으로 둘러싸인 프라이빗 수영장

실내와 바로 연결되는 단독 풀

스테이묘해

하얀 건물과 야자수 나무가 어우러져 이국적인 분위기를 자아내는 복층 독채 펜션. 실내는 전면 통창과 높은 층고, 원목 가구와 식물이 덕분에 따뜻하고 편안한 분위기. 폴딩도어를 열면 실내와 야외 자쿠지를 오갈 수 있고, 불멍 공간, 넓은 정원이 있어 아이들과 함께 머물기 좋은 곳. 발뮤다 토스터기, 건조기 등 다양한 전자제품을 갖추어 편의성을 더했다. 야외 자쿠지 온수 유료
제주 서귀포시 성산읍 산성효자로 95-7
@stay_myohae

복층 높이의 커다란 통창이 있는 독채

돌창고를 개조한 휴식 공간

시크한 매력의 검은색 외관

폴딩도어로 개방감을 느낄 수 있는 주방

몽상화

나무로 둘러싸인 산책하기 좋은 마당이 있는 까만 외관의 숙소. 채광이 좋게 천장이 오픈된 돌창고 는 작은 정원을 품고 있고 앉아 쉬기 좋은 데크가 있다. 모던한 인테리어의 실내에는 다도 공간이 있어 바깥 풍경을 보며 힐링할 수 있다. 이곳에서 가장 예쁜 야외 자쿠지는 낮은 틈으로 고사리 정 원이 보인다. 기준 4인, 최대 5인

제주 서귀포시 성산읍 풍천로273번길 84 단 독주택

@mongsangwha

공사이도

앞으로는 바다, 뒤로는 숲이 감싼 프라이빗 독채 스테이. 갤러리처럼 심플하고 깔끔한 분위기가 특징. 두 개의 독채 공간 모두 침실, 화장실, 거실, 주방, 야외 자쿠지, 중정 등 내부 구조는 동일하지만 외부 공간은 서로 다른 모습이다. space GONG은 숙소 앞 정원과 함께 바다 풍경이 펼쳐지고, space DO는 하얀 벽으로 둘러싸여 더욱 프라이빗하다. 연박 할인

제주 서귀포시 남원읍 하신위로 133

@gongsaido.jeju

돌집을 개조한 ㄱ자 숙소의 모습

하도하도3200

제주 돌집을 새롭게 해석한 독채 스테이. 침실과 다이닝룸이 함께 있는 독특한 구조와 바다가 보이는 폴딩도어와 툇마루, 아이가 뛰어놀 수 있는 넓은 마당까지. 특별한 휴식을 제공한다. 다른 집보다 높은 곳에 위치해 세화 해변과 마을의 지붕이 내려다보인다. 다락으로 올라가는 계단 밑 노천탕은 높은 돌담이 있어 파도 소리를 들으며 프라이빗한 휴식이 가능하다. 노천탕 7, 8월만 운영

제주 제주시 구좌읍 면수1길 38-2 하도하도3200

@hadohado1929

독특한 구조의 개방감 있는 넓은 실내

영화를 보며 즐길 수 있는 자쿠지

물결그림

60년 된 구옥을 개조해 과거와 현재가 공존하는 아늑한 숙소. 건물과 건물 사이, 이름처럼 잔잔한 물결 정원이 있다. 물에 비친 제주의 하늘과 야자수의 모습이 평화롭다. 한옥 느낌 가득한 따스한 실내와 돌담 옆 프라이빗 자쿠지까지 온전한 휴식을 즐기기 좋다. 자쿠지에서도 영화 감상 가능. 제주 곱들락한집 수상, 한국관광공사 선정 독채 숙소. 자쿠지 1일 1회 무료.
제주 제주시 조천읍 함덕5길 8-7 물결그림
@mulgyeol_geulim

돌담과 어우러지는 야외 수공간

돌담과 어우러지는 프라이빗 자쿠지

한옥적인 요소가 있는 실내 공간

야경과 반영이 아름다운 야외 수공간

월정느루

월정리 작은 마을, 60년 된 제주 돌집을 리모델링해 만든 독채 펜션. '느루 쉼'과 '느루 온' 두 개의 공간으로 운영되며 깔끔한 베이지&우드톤의 조화가 아늑하고 따뜻한 느낌을 준다. 각각의 개별 정원에 자쿠지가 있어 파도 소리를 들으며 휴식할 수 있다. 특히 느루 온은 야외에 넓은 데크와 테이블이 있어 자연을 느끼며 힐링하기 좋다. 5박 6일까지만 예약 가능. 연박 할인

제주 제주시 구좌읍 월정3길 51-3
@woljeong_neuru

돌담으로 둘러싸인 자쿠지 시설

느긋하게 차를 마실 수 있는 다도 용품

통창으로 나무가 보이는 풍경

감성적인 우드 소품으로 꾸민 주방

월랑소운

끝없이 펼쳐진 오름과 한라산을 마주하고 있는 독채 스테이. 사진가 부부가 만들었다. '월랑'과 '소운'으로 이루어져 있으며, 붉은 동백정원과 노란 하귤정원이 이곳의 시그니처. 제주 야생차를 즐기는 다도 공간과 폴딩도어로 자연과 연결된 온수 자쿠지는 온전한 휴식을 제공한다. 별을 보며 불멍도 즐길 수 있는 곳. 아이와 방문하기 좋다. 웰컴 푸드, 조식 제공. 연박 할인

제주 제주시 구좌읍 세송로 632

@stay_soun

수피아제주 김녕점

두 개의 독채 객실로 구성된 휴양지 감성 이색적인 스테이. '시에나'는 붉은 타일과 우드 소재 인테리어로 따뜻한 분위기, '니스'는 화이트톤 유럽풍 인테리어로 밝은 느낌이다. 두 채 모두 사계절 온수 자쿠지가 마련되어 있어 피로를 풀기 좋다. 일리 커피머신, 다이슨 에어랩, 발뮤다 토스터기 등 다양한 가전이 제공, 편의성이 높다. 에탄올 난로 이용 가능

제주 제주시 구좌읍 김녕로1길 59 수피아제주

@soopia_jeju

통창을 보며 쉴 수 있는 휴식 공간

창문 밖으로 제주 시골밭이 보이는 풍경

임진고택

약 300년 역사의 제주 고택을 고쳐 만든 특별한 스테이. 고즈넉하고 고급스러운 분위기가 특징이며 안커리동과 모커리동으로 이루어져 있다. 고택의 느낌을 그대로 살린 깔끔한 실내는 감각적인 가구들로 꾸며져 있어, 과거와 현재가 공존하는 느낌. 헛간을 개조한 바이닐쇠막에서는 LP 음악을 감상하며 특별한 시간을 보낼 수 있다. 연박 할인
제주 제주시 구좌읍 상도로 16-13 임진고택
@imjingotaek

제주 고택을 개조해 만든 외관

마당이 보이는 격자 창과 다도 공간

기존 서까래를 살려 만든 주방 공간

심심주택

한적한 시골길 끝자락에 위치한 독채 숙소. 윗집과 아랫집이 유리브릿지로 연결된 독특한 구조가 특징으로, 개방 시 하나의 집으로 이용할 수 있다. 브릿지 창 너머로 보이는 동백나무가 마치 살아있는 한 폭의 그림처럼 제주의 사계절을 담아낸다. 프라이빗한 자쿠지에서 제주의 풍경을 바라보며 여행의 피로를 풀기 좋고, 아늑하고 포근한 침실에서 숙면을 취할 수 있다. 웰컴 선물 제공. 연박 할인
제주 제주시 구좌읍 중산간동로 2223-26 심심주택
@simsim_jutaek

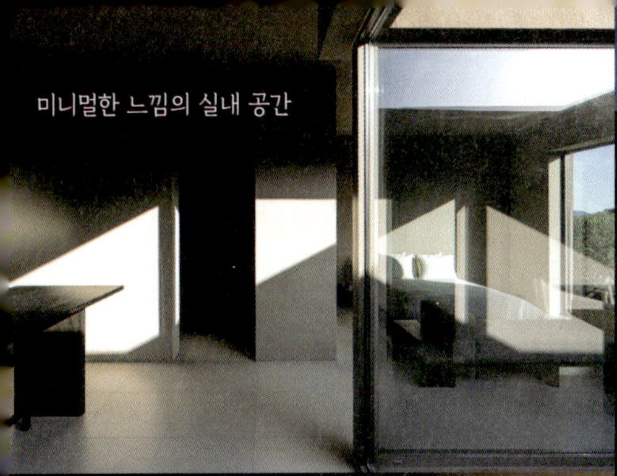

미니멀한 느낌의 실내 공간

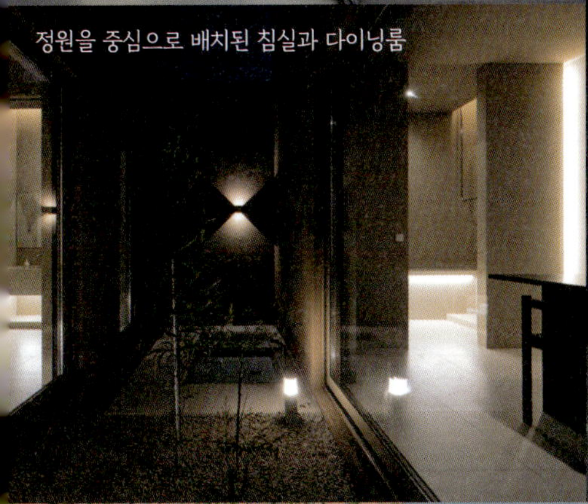

정원을 중심으로 배치된 침실과 다이닝룸

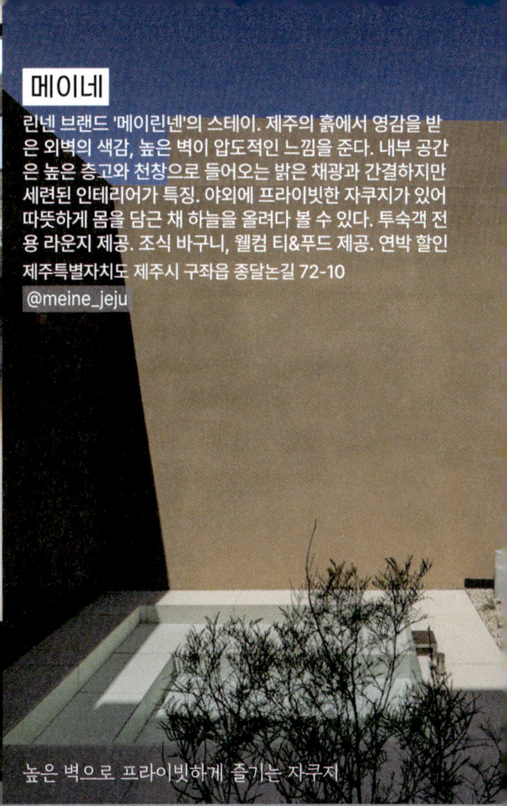

메이네

린넨 브랜드 '메이린넨'의 스테이. 제주의 흙에서 영감을 받은 외벽의 색감, 높은 벽이 압도적인 느낌을 준다. 내부 공간은 높은 층고와 천창으로 들어오는 밝은 채광과 간결하지만 세련된 인테리어가 특징. 야외에 프라이빗한 자쿠지가 있어 따뜻하게 몸을 담근 채 하늘을 올려다 볼 수 있다. 투숙객 전용 라운지 제공. 조식 바구니, 웰컴 티&푸드 제공. 연박 할인

제주특별자치도 제주시 구좌읍 종달논길 72-10

@meine_jeju

높은 벽으로 프라이빗하게 즐기는 자쿠지

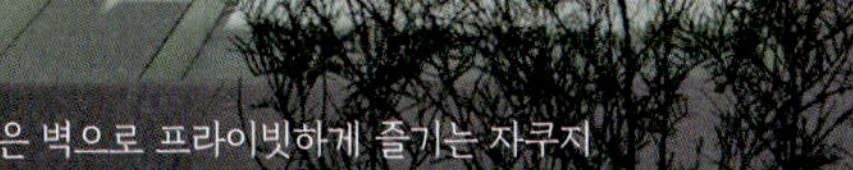

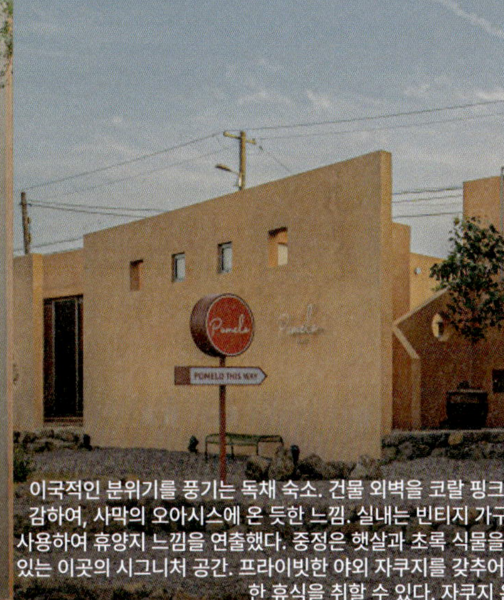

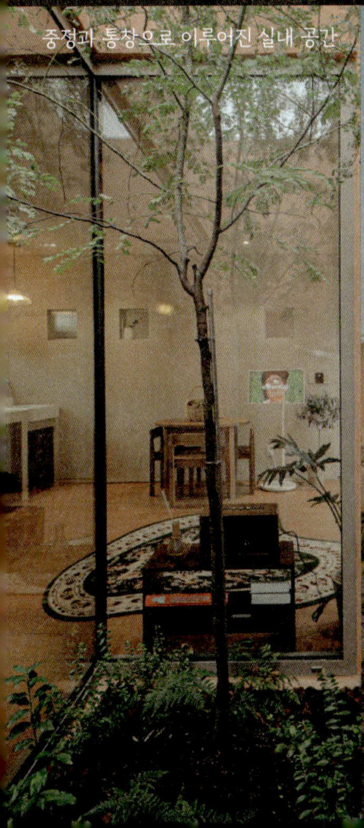

중정과 통창으로 이루어진 실내 공간

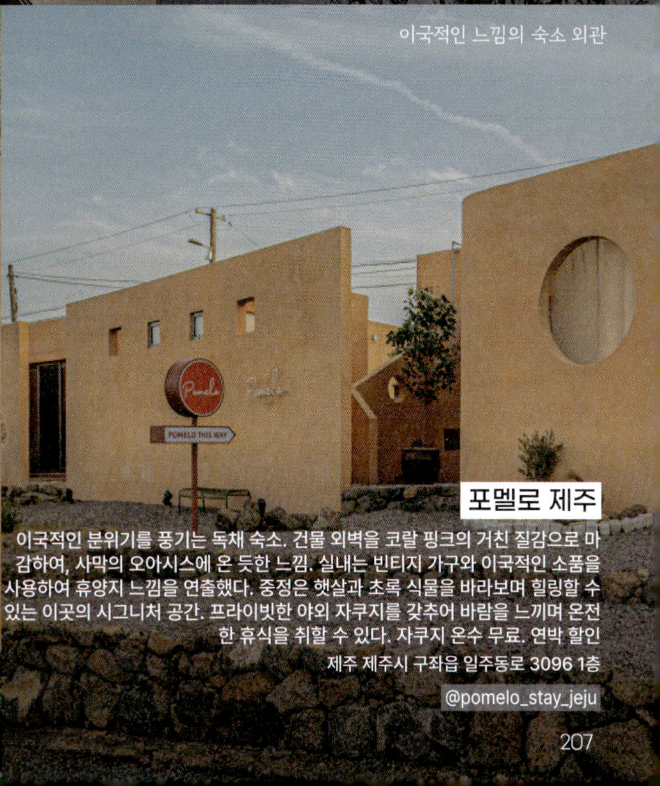

이국적인 느낌의 숙소 외관

포멜로 제주

이국적인 분위기를 풍기는 독채 숙소. 건물 외벽을 코랄 핑크의 거친 질감으로 마감하여, 사막의 오아시스에 온 듯한 느낌. 실내는 빈티지 가구와 이국적인 소품을 사용하여 휴양지 느낌을 연출했다. 중정은 햇살과 초록 식물을 바라보며 힐링할 수 있는 이곳의 시그니처 공간. 프라이빗한 야외 자쿠지를 갖추어 바람을 느끼며 온전한 휴식을 취할 수 있다. 자쿠지 온수 무료. 연박 할인

제주 제주시 구좌읍 일주동로 3096 1층

@pomelo_stay_jeju

송당일상

제주의 오랜 돌집과 헛간을 고쳐 만든 아늑한 독채 스테이. 목재 트러스 천장과 따뜻한 회벽의 조화가 제주다운 소박한 분위기를 만들어낸다. 내추럴한 다이닝룸과 이어진 테라스에서 야외 바비큐를 즐길 수 있고, 돌담 아래 노천탕에서 하루의 피로를 씻어낼 수 있다. 텃밭의 친환경 제철 식재료를 직접 수확하는 특별한 기쁨도 누릴 수 있는 곳.

제주 제주시 구좌읍 비자림로 1818-3

@daily_songdang

북촌리멤버

부모님 모시고 방문하기 좋은 고즈넉한 독채 펜션. 요리해 먹기 좋은 주방과 차 한 잔의 여유를 즐길 수 있는 정원, 자쿠지가 마련되어있다. 최대 6인까지 묵을 수 있으며, 부모님 동반형 예약 시 할인 혜택을 제공한다.

제주 제주시 조천읍 북촌북길 58-7

@jeju_bukchon_remember

김녕별장

바닷가 마을의 고즈넉함을 담은 프라이빗 독채 숙소. 큰 창문 밖으로 돌담과 정원 풍경을 온전히 감상할 수 있는 자연 친화적인 공간이다. 알텍 스피커에서 흘러나오는 음악과 실내 정원의 싱그러움이 편안한 휴식을 돕는다. 폴라로이드 대여 및 필름10매 제공. 유료 조식 서비스. 연박 할인

제주 제주시 구좌읍 김녕로11길 5-5 김녕별장

@gimnyeong_house

돌담연가

사계절 아름다운 600평 정원이 펼쳐진 복층 숙소다. 큰 창 너머 푸른 자연이 보이는 대형 실내 자쿠지가 있어 아이는 수영장처럼, 어른은 스파처럼 즐길 수 있는 곳. 실내는 화이트톤에 자연광이 쏟아지는 밝은 분위기. 유아 의자와 튜브 등 유아 용품이 갖추어 아이와 함께하게 머무르기 좋다. 반려동물 1마리 동반 가능(10kg 미만) 불멍, 자쿠지 사용 시 추가 요금. 연박 할인

제주 제주시 조천읍 조와로5길 45-2 1층
@doldamyeonga

시적인순간 스

도심의 편의시설과 어촌마을의 풍경을 함께 누릴 곳에 위치. 동그란 외관과 통유리가 인상적이다. 로 독립된 마당과 바비큐, 화로대, 야외 온수 자쿠 어 하루의 피로를 풀기에 좋다. 뱅앤올룹슨 베오사 에서 흘러나오는 음악을 감상하며 여유를 즐겨보자 산 BBQ 세트 별도 문의. 조식 유료 제공. 웨버, 코펜 화로대 유료. 연

제주 제주시 조천읍 신촌북3길 67 시적
@the_poetic_mo

호스트의 집과 이웃한 집, AH1876은 오래된 돌집, AH1976은 구옥을 고쳐 만든 숙소다. 특히 AH1976는 멋스러운 트러스 지붕과 슬라이딩 도어는 옛날 할머니집에 온 것 같은 감성을 자아낸다. 아늑한 다실, 편안한 소파에 모여 앉아 대화를 나누고, 오픈 욕조에서 여유를 즐기기 좋다. 집 안 곳곳에서 옛집의 흔적도 찾아보자. AH1876룸 6박 이상 예약 시 40%할인

제주 제주시 조천읍 조천7길 30-2

@analog__h

구옥 특유의 감성을 그대로 살린 숙소의 모습

레트로 느낌의 침실과 거실

STAY
서남부

트믐

균형을 의미하는 이름답게 대칭을 이루는 삼각 모양 지붕이 인상적인 독채 숙소. 실내는 화이트&우드가 어우러진 밝은 공간으로 곡선미를 살렸다. 1층은 주방과 다이닝, 평상 공간, 2층은 삼각 지붕 모양의 독특한 공간에 침실과 테라스가 있다. 야외 자쿠지에서 석양을 바라보며 편안한 휴식을 즐길 수 있는 곳. 자쿠지 온수 1일 1회 가능. 트믐 블렌딩 티 제공.

제주 서귀포시 대정읍 무릉전지로35번길 26-32
@t2np

피라미드를 닮은 숙소 외관

풍경을 액자처럼 담아내는 주방의 코너 창

삼각 지붕과 돌담이 어우러진 습

탁 트인 테라스에서 보이는 바다 풍경

무릉차경

곳자왈 근처, '차경'과 '무릉' 두 공간이 이웃하는 독채 펜션. 농가주택을 리모델링한 차경은 기존 대들보와 기둥을 살리고, 그 위에 목재를 덧씌워 고즈넉하고 차분한 분위기. 갤러리 카페 컨셉, 복층 구조 무릉은 높은 층고와 통유리창이 어우러져 밝고 화사한 분위기다. 두 곳 모두 거실 창 너머 돌담과 자연을 바라보는 것만으로도 힐링되는 곳. 야외 자쿠지 무료. 조식 제공. 연박 할인

제주 서귀포시 대정읍 무릉인항로14번길 4

@mureung20

높은 층고로 개방감이 좋은 유리창

실내에서 즐길 수 있는 돌담과 제주 자연

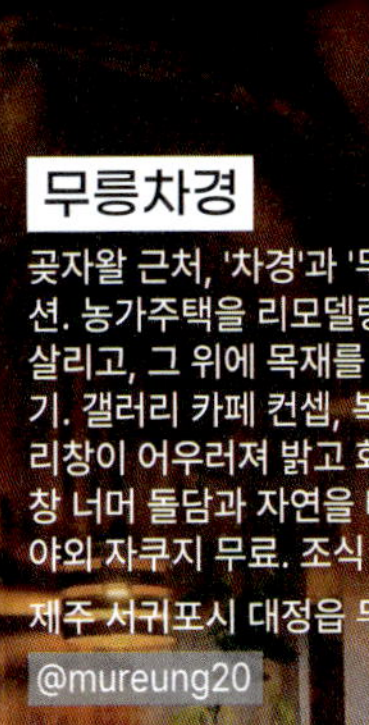

빈티지한 느낌의 목재 거실과 소파

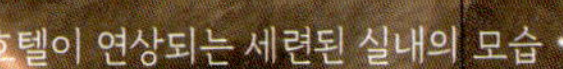

호텔이 연상되는 세련된 실내의 모습

스테이가량

호텔 인테리어의 오션뷰 독채 풀빌라. 사이좋게 지붕을 나누어 쓰고 있는 두 공간 사이에 자쿠지가 있어 날씨에 상관 없이 이용할 수 있다. 사계절 24시간 온수풀도 운영. 주변에 높은 건물이 없어 시원한 오션뷰와 일몰을 어느 장소에서든 감상 가능하다. 바비큐 존과 불멍 화로도 갖추어져 있다. 기준 2인 최대 4인.

제주 서귀포시 대정읍 무릉사장로 6 제주 풀빌라 스테이가량

@stay_garyang

야자수와 조명이 어우러진 야경

야외에 마련된 프라이빗 수영장

이국적인 감성의 흰색 외관

밧밧

깨끗한 흰색 건물과 사막을 표현한 작은 정원이 어우러진 모로코 감성 독채 스테이. 단 한 팀이 분리된 공간인 밧A, B를 모두 사용한다. 밧A는 야외 수영장과 옥상 테라스가, 밧B는 야외 자쿠지가 있는 공간으로, 두 공간 각각 침실, 거실, 주방, 실내 자쿠지를 갖추고 있다. 야외 수영장 사계절 온수 제공
제주 서귀포시 대정읍 영락사독로122번길 29 밧밧
@bat_bat

통창 너머로 나무가 보이는 실내

전면 바다 뷰를 가진 침실

숙소에서 즐길 수 있는
초록색 밭 풍경

스퀘어베이

전 객실 오션뷰 숙소. 창밖으로 바다를 보며 스파를 할 수 있는데 운이 좋으면 돌고래를 볼 수도 있다. 전체 2인 객실이지만, 2층 오션룸은 미취학 아동 1인 추가는 가능. 미리 신청과 결제를 하면 맛있는 조식을 즐길 수 있다. 객실로 가져와 먹는 방식. 사전 신청 시 얼리체크인과 레이트체크아웃 가능.
제주 서귀포시 대정읍 노을해안로 700 스퀘어베이
@s___3084_square_bay

화이트 톤의 높은 층고를 지닌 주방

자갈이 깔린 마당과
독채 외관

미완성

독채 숙소. 화이트톤의 깔끔한 분위기다. 높은 층고와 마당이 보이는 통창 덕분에 탁 트인 개방감이 느껴지며, 실내 자쿠지가 있어 아기들도 물놀이도 즐길 수 있다. 식기세척기, 스타일러 등 다양한 가전제품으로 편의성을 높였다. 닌텐도 게임기도 준비되어 있어 심심할 틈이 없는 곳. 연박 할인
제주 서귀포시 대정읍 도원로 39-7
@unfinished_jeju

무릉소운

온전히 프라이빗한 시간을 보낼 수 있는 복층 구조 독채 숙소. 거실은 바다와 하늘을 함께 바라볼 수 있는 긴 통창이 있어 따뜻하고 여유로운 분위기. 실내 공간의 넓은 자쿠지에서는 통창 너머 펼쳐지는 환상적인 노을을 바라보며 편안하게 휴식할 수 있다. 작은 티룸도 갖춘 곳. 디너와 와인을 즐길 수 있는 레스토랑 '무릉소운 더 테이블'도 함께 운영. 연박 할인

제주 서귀포시 대정읍 무릉전지로35번길 26-20 1층 무릉소운

@mureung_soun

평온

하나의 마당에 안채와 바깥채로 이루어진 독채 숙소. 안채는 화이트&우드가 어우러진 4인 객실로 야외 자쿠지도 함께 즐길수 있는 공간, 바깥채는 미드센추리 인테리어가 감각적인 2인 객실로 큰 창으로 정원의 풍경이 보이는 공간이다. 두 객실 모두 실내의 큰 창에서 귤나무가 있는 정원을 바라보며 휴식할 수 있다. 야외 자쿠지 유료. 귤밭 체험은 공지 확인 필수. 연박 할인

제주 서귀포시 토평로74번길 11-5 (토평동)

@pyeongon_jeju

돌담 특유의 감성이 남아있는 외관

따뜻한 우드톤의 다이닝룸

신도1400

100년이 넘은 돌담이 있는 곳. 과거 농작물 보관창고였던 돌집을 리모델링한 독채 숙소. 두 그루의 대형 야자수와 푸른 잔디가 어우러진 정원이 있어 자연 속 여유를 느낄 수 있다. 실내는 화이트&우드 인테리어로 아기자기한 소품과 액자, 따뜻한 조명이 어우러져 아늑한 분위기. 야자수가 보이는 거실 창가에 앉아 추억이 담긴 사진을 남겨도 좋다. 웰컴 하이볼 제공. 연박 할인

제주 서귀포시 대정읍 도원남로151번길 12-1 1층

@sindo_1400

간단한 조리를 할 수 있는 주방

호근머들

앞으로는 범섬이 보이는 바다, 뒤로는 작은 오름과 한라산이 펼쳐진 곳에 위치한 독채 풀빌라. 가장 제주스러운 건축 자재인 돌이 건물 하단부를 지탱하는 모습이다. 가, 나, 다 세 동 모두 높은 층고와 바다가 보이는 넓은 창이 어우러져 쾌적하다. 수영장 유료, 영유아 동반 사전 요청 시 온수 무료 제공. 2개 동 예약 시 1개 수영장, 3개 동 예약시 2개 수영장만 이용 가능

제주 서귀포시 태평로 105 B동

@hogeunmeodeul

바다와 섬이 보이는 수영장

야자수와 테이블이 있는 숙소 마당

바불 제주 풀빌라

마치 지중해를 떠올리게 하는 화이트톤 독채 풀빌라. 화이트 마이크로 시멘트와 친환경 재생목을 사용한 우드톤 인테리어로, 원목 실링팬과 가구, 소품들로 포인트를 주어 깨끗하고 여유로운 분위기다. 대형 수영장에 몸을 담근 채, 한라산과 송악산, 서쪽 하늘의 아름다운 일몰을 감상할 수 있다. 수영장 옆 바비큐존 위치. 사계절 온수 제공. 연박 할인

제주 서귀포시 대정읍 송악관광로177번길 130 바불 제주 풀빌라

@staycation_babool

창문을 열 수 있는 실내 자쿠지

정겨운 양옥집을 개조한 숙소 외관

소소로이

할아버지가 직접 지은 집을 리모델링한 가족 스테이. 귤나무가 있는 마당과 군더더기 없이 깔끔한 숙소 모든 공간이 서로를 더 깊이 이해하는 기회가 된다. 다양한 보드게임과 대화를 이끄는 질문 카드, LP룸을 즐기며 웃음꽃을 피우는 사이 편안한 대화를 나눌 수 있다. 넓은 자쿠지에서 함께 피로를 풀고, 2층 거실 우편함에 가족에게 전하고 싶었던 마음을 담아보자. BBQ 유료.

제주 서귀포시 천제연로 167-1

@sosoroy_jeju

모던한 느낌의 거실과 주방 공간

햇빛이 잘 드는 다이닝룸

포인트가 되는 붉은 벽돌

제주토끼

싱그러운 감귤 과수원에 위치한 숙소로, 붉은 벽돌 외관이 특징이다. 2인 객실인 더블룸과 3인까지 머무를 수 있는 트윈룸으로 운영한다. 화이트톤 인테리어가 깔끔한 분위기. 테라스의 절반 정도는 붉은 벽돌을 엇갈리게 쌓아 올려 햇살이 은은하게 스며들면서도 프라이빗하다. 이곳에 앉아 여유로운 시간을 보내 보자. 직접 구운 빵을 조식으로 제공. 10세 이상 숙박 가능. 연박 할인

제주 서귀포시 법화로 70-2 제주토끼

@jejutokki

아담하지만 아늑한 침실

수옥

시내가 내려다 보이는 귤밭에 위치한 독채 풀빌라. 수옥A, 수옥B 두 공간으로 이루어져 있다. A는 화이트&우드톤, 곡선미가 느껴지는 환한 공간, B는 베이지&우드톤 이국적인 공간이다. 두 공간 모두 사계절 온수 수영장을 갖추고 있다. 고전 게임기와 역할 놀이 세트가 준비된 플레이룸도 있어 아이를 동반한 가족에게 추천. 감귤따기 체험은 공지 확인 필수. 수영장 온수 무료. 연박 할인

제주 서귀포시 지장샘로182번길 133 수옥

@jeju_suok

소서감산

마을 사랑방이었던 작은 집을 휴식이 필요한 사람들의 별장으로 바꾸었다. 구옥을 개조해 구불구불 멋스러운 서까래가 보이는 본채, 모든 공간이 통유리로 되어 있어 침대에 누우면 눈앞에 정원이 펼쳐지는 신축 별채, 돌창고 개조한 라운지로 이루어져 있다. 자쿠지에 몸을 담그거나, 야자수를 바라보며 나만의 시간을 보내기 좋다. 자연 속 휴식을 즐길 수 있는 곳. 연박 할인

제주 서귀포시 안덕면 감산중로 2

@soseo_gamsan

STAY 서남부

오 마이 코티지

유럽 시골 마을의 한 장면이 떠올리며 만든 스테이. 꽃과
나무가 가득하다. '귤밭정원'과 '작은 집', 총 2개의 독채
숙소로 이루어져 있으며 내부는 우드&베이지 인테리어,
낮은 층고로 따뜻하고 아늑한 느낌. 각 객실 뒤편에 개별
정원이 있어 프라이빗한 시간을 보낼 수 있다. 귤밭정원에
는 야외 1인 자쿠지가 있어, 일상의 피로를 풀기 좋다. 카
페 '오마이살롱'을 함께 운영. 조식 제공
제주 서귀포시 안덕면 덕수회관로74번길 32 오마이코티지
@ohmycottage_jeju

예원스테이

견고한 옹벽으로 둘러싸여 성처럼 프라이빗한 복층 독채 스테이. 곶자왈을 닮은 듯한 중정이 고즈넉하다. 실내는 높은 층고와 중정이 보이는 큰 창이 어우러진 화이트톤 공간으로, 비비드한 색감의 가구와 액자를 배치해 산뜻한 분위기. 돌벽과 이끼, 초록 식물로 꾸며진 실내 자쿠지와 아늑한 실외 불멍 공간에서 오롯이 나를 위한 시간을 보낼 수 있다. 연박 할인

제주 서귀포시 대정읍 중산간서로 2324-16

@stay_yewon

제주 곶자왈 분위기의 중정

붉은 지붕과 야자수로 이국적인 수영장

서유의섬 풀빌라

붉은 지붕과 하얀 외벽이 시선을 사로잡는 독채 풀빌라. 실내는 높은 층고와 모던한 인테리어가 특징으로, 감성적인 가구와 소품으로 꾸며져 편안한 분위기. 개방감 있는 실내와 수영장이 있는 아늑한 야외 공간이 있어, 고요한 시간을 보내기 좋다. 야외수영장, 자쿠지 온수 유료, 반려동물 동반 예약 시 문의. 연박 할인

제주 서귀포시 중문로 135　@seoyu_island

커다란 팬던트 조명이 포인트인 주방

수영장이 한눈에 보이는 거실 공간

붉은 자갈을 깐 숙소 마당

곳곳

감귤밭과 500평 정원이 있는 붉은 벽돌집. 곳과 곳곳, 두 채의 공간이 나란히 서 있다. 실내는 천창과 유리블록, 벽돌이 어우러져 모던한 분위기. 가구 또한 붉은 벽돌의 색감과 닮아 있어 차분하다. 두 곳 모두 야외 테라스와 야외 온수탕이 있으며, 곳곳의 야외 벽난로와 곳곳의 화롯대에서 불멍을 즐기며 생각을 비울 수 있다. 웰컴 푸드 제공. 연박 할인

제주 서귀포시 학수암로 31 붉은벽돌집

@staygotgot

붉은 벽돌로 빈티지한 느낌의 외관

유리블록으로 유니크하면서 아늑한 침실

휴식하기 좋은 야외 자쿠지

아기자기한 감성의 숙소 외관

일일시호일

돌담과 작은 정원, 야자수가 어우러진 아늑한 느낌의 독채 숙소. 이중 '소록'은 침실에서 창밖 풍경을 그대로 감상할 수 있는 공간, '소담'은 침실이 안쪽에 아늑하게 자리잡은 공간이다. 두 곳 모두 따스한 햇살이 들어오는 실내 자쿠지를 갖추어 일상과 여행의 피로를 풀고, 여유를 즐기기 좋다. 일리 커피머신에서 건조기까지 다양한 가전을 갖추어 길게 머물기 좋은 곳. 연박 할인

제주 서귀포시 안덕면 덕수서로174번길 5-6

@jeju_ililsihoil

평상과 아치형 입구가 특징인 침실

햇빛이 잘 들어오는 실내 자쿠지

감귤 나무로 둘러싸인 스테이. 100년 넘은 구옥을 리모델링한 곳이다. 모던한 느낌의 안끄레와 구옥 느낌의 바끄레, 야외 수영장과 산책로, 정원을 모두 누리며 휴식을 즐길 수 있다. 아동 용품 옵션 선택 시 비눗방울과 레고블록, 튜브 등이 제공되어 아이들도 즐거운 시간을 보낼 수 있다. 가족 여행객에게 추천. 웰컴 키트 제공. 수영장 7, 8월 온수 미제공. BBQ 유료

제주 서귀포시 호근북로 26 호근모루

@hogeunmoru

오래된 구옥에 모던한 통창이
조화를 이루는 외관

구옥 서까래를 그대로 살린 욕실

실내와 바로 연결되는 야외 온수풀

하다책숙소

책 한 권의 여유를 느낄 수 있는 온화한 게스트하우스.
숙소 곳곳에 책이 비치되어 있고, 숙소 곳곳에 책 읽을
만한 의자와 테라스도 마련되어 있다. 조식 신청 가능.
입실 16:00, 퇴실 11:00.
제주 서귀포시 안덕면 서광동로20번길 14 b동
@hadabookstay

STAY
서북부

청수곶

청수, 산양곶자왈이 내려다보이는 언덕에 자리한 펜션. 한라산과 멀리 산방산까지 한눈에 들어오는 탁 트인 전망을 자랑한다. 3층 구조의 모던하고 깔끔한 독채로, 1층에는 야외 자쿠지가, 2층에는 전망 좋은 야외 온수풀이 마련되어 있어 자연을 즐기며 힐링하기 좋다. 침실은 폴딩도어를 열면 정원과 연결되어 싱그럽다. 수영장 동절기 미운영(12-3월)

제주 제주시 한경면 대한로 800-8

@stay_csg

독특한 모양의 펜션 외관

전망을 보며 물놀이를 할 수 있는 2층 온수풀

노을 풍경을 즐기기 좋은 1층 자쿠지

3층에서 내려다보는 주방의 모습

명월스테이

제주 전통 가옥을 리모델링한 독채 스테이. 안채와 바깥채가 있는 구조로, 오직 한 팀만을 위해 열리는 프라이빗한 공간 이다. 실내는 높은 층고와 전통적인 장식, 소품으로 깔끔하 고 따뜻한 분위기. 실내 사우나와 넓은 자쿠지, 자쿠지에서 즐기는 다도를 통해 진정한 힐링을 경험할 수 있다. 안마기 기, 노래방 기기, 각종 게임기가 준비되어 지루할 틈이 없다.

제주 제주시 한림읍 명월성로 128-2
@myeongwol_stay

안목스테이 안목5감도

편안한 공간에서 오감을 힐링할 수 있는 복층 독채 숙소. 화이트톤 인테리어에 수제작한 목재 가구와초록 식물이 어우러져 따스한 분위기가 느껴진다. 층고가 높은 거실과 주방, 침실과 다락방 등으로 구성된 공간으로, 다락방에 오르면 멀리 애월 바다의 모습을 감상할 수 있다. 유료 신청 시 제주 로컬 식재료로 정성껏 만든 조식을 제공한다. 장박 할인
제주 제주시 애월읍 예원북길 29
@anmok_stay

직접 제작한 우드 가구로 채워진 거실 겸 주방 공간

이국적인 흰색 건물과 어우러지는 유채꽃밭

돌담을 보며 반신욕을 즐길 수 있는 원형 욕조

귤밭과 돌담이 보이는 노을 풍경

클랭블루 스테이

귤밭과 제주의 돌담으로 둘러싸인 독채 스테이. 신창가옥 '솔개'와 '솔래'는 구옥을 개조하여 공간 곳곳에 옛 감성이 녹아있다. 일반 독채의 경우, 실내는 화이트톤으로 꾸며져 깔끔한 분위기. 특히 코너 통창과 액자처럼 시선이 머무는 창들을 통해 정원, 돌담, 귤나무가 어우러진 풍경을 감상하기 좋다. 저녁 무렵 아름다운 노을을 만끽해 보자. 연박 할인

제주 제주시 한경면 용금로 257
@kleinblue_stay

통창으로 채광이 좋은 침실

처마에서 비가 내리는 듯한 모습의 수공간

아라 차경

한옥의 'ㄷ'자 구조를 모티브로 한 독채 펜션으로, '벨라다'와 '몸냥' 두 공간이 있다. 그 중 앞마당에 수변이 있는 '벨라다'에서는 스위치를 켜면 처마에서 수변으로 비가 내리는 모습이 연출되는데, 그 모습이 꽤 운치 있다. 수변과 돌담으로 둘러싸인 야외 자쿠지도 힐링 공간. 실내는 노출 콘크리트가 목재 가구, 따뜻한 조명과 어우러져 세련되고 따뜻한 분위기를 자아낸다.
제주 제주시 한북로 331-9
@stay_arachakyung_jeju

다도와 휴식을 즐길 수 있는 공간

감각적인 디자인의 소파와 휴식 공간

노출 콘크리트가 포인트인 주방

휘연재

약 100년의 역사가 있는 초가집을 현대적으로 재해석한 독채 숙소. 서까래를 살린 천장과 나무 창살 창문의 고전적인 인테리어와 정원을 감상할 수 있는 자쿠지. 안채와 바깥채 사이를 잇는 통로에는 정원석으로 디딤돌을 만들고 하늘을 볼 수 있는 유리천장으로 공간을 분리. 11자 구조의 건물이 하나로 이어진 넓은 공간. 곳곳에 공간을 채우는 공예품과 작품들이 전시되어 있고 LP와 턴테이블, 서적이 구비. 취사 가능. 기준 4인 최대 5인

제주 제주시 애월읍 상가북8길 16 휘연재

@jeju_huiyeonjae

오각

바다의 수평선이 보이는 언덕 위에 자리잡은 숙소. 초록 잔디를 중심으로 본채, 바깥채, 별채 수영장이 있다. 화이트, 우드, 초록이 어우러진 본채는 제주 시내와 바다를 감상할 수 있는 곳. 야자수가 보이는 자쿠지 공간이 있다. 별채 수영장은 높은 유리 천장이 있어 낮에는 쏟아지는 햇살을 느끼고, 밤에는 별을 보며 휴식할 수 있다. 연박 할인

제주 제주시 애월읍 광령평화9길 28-26

@ogak_jeju

복층으로 이루어진 숙소의 모습

깔끔한 흰색 침구가 세팅된 침실

야자수와 카라반을 보며 물놀이를 할 수 있는 수영장

여리재

조용한 마을에 위치해 여유를 즐기기 좋은 독채 숙소. 사계절 온수 수영장이 있는 복층 독채 풀빌라 1동,
실내 자쿠지로 피로를 풀 수 있는 2동, 귤밭뷰 스튜디오형 원룸인 3동과 4동 총 4개의 독채로 이루어져
여행 목적에 따라 선택이 가능하다. 야자수와 카라반이 보이는 1동 수영장은 인생샷 명소. 수영장 온수
무료(7~9월 제외), BBQ 유료

제주 제주시 애월읍 곽납로 136-18 1동
@yeori_jae

제주서가

제주 자연을 담은 독채형 숙소. 3개 동 각각 수영장 또는 자쿠지, 정원 등 주요 휴식 공간이 독립적으로 제공되어 외부인의 접촉 없이 자유로운 시간을 즐길 수 있다. 실내는 라탄 소재의 소재의 가구와 소품을 활용해 이국적이면서도 현대적인 멋을 살렸다. 주변의 푸른 자연을 바라보며 몸과 마음에 쉼을 줄 수 있는 곳. 불멍, BBQ 유료. 연박 할인

제주 제주시 애월읍 상가로4길 21-85 1층
@jeju_seoga

넓은 잔디밭이 있는 숙소 마당

발리 감성의 길쭉한 야외 수영장

통창으로 수영장이 보이는 침실

스테이느굿

발리 감성이 느껴지는 독채 풀빌라. 거실은 마주보는 양쪽이 통창으로 되어 있어 수영장과 돌담뷰를 모두 즐길 수 있다. 넓은 잔디 정원과 대형 미온수 수영장이 있고, 유아 어메니티가 준비되어 있어 가족 단위 여행객에게 딱 맞는 곳. 웰컴키즈존. 동절기(12-2월) 야외 수영장 미운영. 야간 수영 시 빔프로젝터 연출 가능. BBQ, 불멍 유료, 사전 예약 필수. 연박 할인
제주 제주시 애월읍 오당빌레길 30 스테이느굿
@stay__negeut

수수주택

조용한 주택가, 단독 주택 2층을 스테이로 꾸민 곳. 1층에 카페가 있지만 완벽하게 분리되어 프라이빗한 시간을 보낼 수 있다. 실내는 화이트와 따뜻한 목재가 만나 아늑한 분위기. 테라스에서 비양도와 한라산 전망을 감상하고, 실내 자쿠지와 아늑한 다락방 서재에서 온전한 휴식을 경험할 수 있는 곳. 해질 무렵, 노을을 따라 산책해 보는 것도 좋다. 연박 할인
제주 제주시 한림읍 수원3길 1 2층
@su_su_jt

2층을 단독으로 사용할 수 있는 숙소

층고가 높아 개방감 있는 다이닝룸

정겨운 주택가에 있는 숙소 입구

시오재

단독 정원과 다락이 있는 복층 독채 펜션으로 A와 B 두 개 동 완벽히 분리되어 있다. 실내는 화이트와 우드가 어우러진 아늑한 분위기. 전면이 높은 유리창으로 정원 풍경을 감상할 수 있다. 동그란 창문 너머, 아름다운 풍경이 보이는 다도실과 야외 불멍존, 야외 자쿠지 등 숙소 곳곳이 힐링 공간으로 가득하다. 자쿠지 1회 무료 이용. 불멍존 유료, 사전 예약 필수. 연박 할인

제주 제주시 애월읍 예원북길 31 시오재
@sio.jae

같은 모양의 두 동이 나란히 있는 모습

화이트와 우드톤이 어우러진 실내

프라이빗하게 즐길 수 있는 수영장 공간

해변처럼 곡선으로 만들어진 대형 수영장

휴앤풀

작은 해변을 닮은 대형 수영장이 있는 독채형 풀빌라. '휴'와 '풀', 두 객실은 동일한 구조, 크기, 세팅을 가진 독립된 공간으로 중정에 하귤나무가 자라고 있다. 실내에도 자쿠지가 마련되어 있어 원하는 수온으로 따뜻한 물놀이를 즐길 수 있다. 캠핑 감성으로 꾸며진 옥상 테라스에 올라 아름다운 노을과 탁 트인 바다를 감상하는 것도 추천. 수영장 11-22시 운영. 연박 할인

제주 제주시 한경면 판포2길 33
@hyu_n_full

아일랜드스테이

제주시 중심가에 위치한 숙소. 실내의 부드러운 곡선미와 밝고 아늑한 인테리어가 돋보이는 곳이다. 자쿠지, 욕조, 시어터 객실 등 다양한 타입이 마련되어 있으며, 특히 시어터룸은 빔프로젝트와 자쿠지, 아늑한 다다미가 준비되어 영화를 감상하며 휴식하기 좋다. 루프탑에 오르면 제주의 바다와 산, 시내 풍경을 한눈에 담을 수 있다. 3, 4층에 위치. 엘리베이터 없음. 연박 할인

제주 제주시 임항로 36-1 3, 4층

@islandstay23

아치형 통로가 포인트인 침실

루프탑 공간에 마련된 야외 테이블

하귤별장

공동 마당을 사이로 STAY A와 STAY B가 서로 마주보고 있는 구조. 두 숙소 모두 침실과 거실 및 주방, 욕실, 야외 데크와 자쿠지, BBQ 공간을 갖추었다. STAY B가 조금 더 아담한 크기. 실내는 풍경을 액자처럼 담아내는 창이 곳곳에 배치되어 보는 즐거움이 있다. 하귤나무 아래에 앉아 차를 마시거나 책을 읽으며 나만의 시간을 가져보자. 연박 할인

제주 제주시 대통길 132

@cloudaewol

제주 돌집을 개조한 모습

주방의 커다란 통창

아늑한 침실의 통창

나무 데크와 테이블이 있는 마당

휘소

하루 한 팀만 이용하는 프라이빗한 독채 스테이다. 건물이 서로 마주 보는 ㄷ구조
로 되어 있는 것이 특징이다. 차분한 분위기의 다도 공간과 노천 온천탕, 물의 정원
에서 떨어지는 폭포 소리를 즐기며 오롯이 나에게 집중하는 시간을 보낼 수 있다.
물이 흐르는 공간에서 요가를 즐겨도 좋다. 스테이 곳곳에 놓인 오브제나 소품들도
감상해 보자. 연박 할인
제주 제주시 우령8길 28
@hwiso.jeju

고운 모래와 물로 장식된 독특한 마당

사선으로 이루어진 통창

차분하게 차를 즐길 수 있는 다도 공간

단정한 우드톤의 실내

대나무숲이 있는 온천탕

공공연

소월'과 '사월' 두 공간으로 이루어진 독채 숙소다. 돌담으로 둘러싸인 야외 자쿠지에서 제주의 아름다운 노을과 밤하늘의 쏟아지는 별을 바라보며 특별한 휴식을 즐길 수 있다. 특히 사월은 부드러운 원형 침실을 갖춘 공간으로, 다도방과 영화 감상 시설이 마련되어 있어 조용하고 아늑한 휴식을 원하는 사람에게 완벽한 곳. 반려동물 동반 시 사전 문의 필수. 연박 할인
제주 제주시 한경면 용수2길 25 공공연
@gong.gong.yeon

돌담으로 둘러싸인 자쿠지

두 동으로 이루어진 숙소 외관

반달 모양의 수영장

수월가

위에서 바라보면 밝은 보름달을 닮은 원형 독채 스테이. 원하면 언제나 마음껏 유영할 수 있는 반달 모양 온수 수영장이 있다. 돌벽이 있어 더 아늑한 자쿠지는 문을 열면 수영장과 연결된다. 다도를 함께 즐기며 생각을 덜어낼 수 있는 공간. 밤이 되면 화로대에 모여 장작 타는 소리를 즐기며 도란도란 이야기 나누어도 좋다. BBQ 유료. 연박 할인
제주 제주시 한림읍 중산간서로 4601
@suwolga_jeju

높은 흰색 벽으로 프라이빗한 독채 숙소

곁겹 풀빌라

하얀 건물, 야자수가 어우러져 이국적인 분위기를 자아내는 프라이빗 풀빌라. LA 대저택과 발리의 감성을 담아낸 본채와 동남아 분위기를 재현한 별채, 두 독채로 이루어져 있다. 본채는 넓은 야외 온수풀과 태닝 베드를, 별채는 야외 자쿠지와 라탄 체어를 두어 편안한 시간을 보낼 수 있다. 어디서 사진을 찍어도 포토존이 되는 곳, 인생샷을 남겨 보자. 연박 할인

제주 제주시 한림읍 한림로 224-6 제주곁겹

@gyeotgyeop

통창과 온수풀이 있는 풀빌라동

두모산책

고즈넉한 귤밭에 자리잡은 스테이로 풀빌라동과 자쿠지동, 두개의 독채로 이루어져 있다. 풀빌라동은 야외 사계절 온수풀에서 자유롭게 물놀이를 즐길 수 있으며, 둥근 하늘을 감상할 수 있는 큐브박스가 특징. 자쿠지동은 노출 콘크리트로 감싸 안은 프라이빗 노천탕에서 귤밭과 하늘을 바라보며 따뜻한 휴식을 만끽할 수 있다. 두 객실은 실내 커넥팅이 가능하다. BBQ 유료

제주 제주시 한경면 한원복5길 20 두모산책

@walkindumo_jeju

세련된 회색 벽돌로 이루어진 외관

둥근 하늘을 볼 수 있는 공간

채광이 좋고 아늑한 침실

여기가우도

우도 해안도로에 위치한 독채 숙소. A동과 B동 두 채가 나란히 바다를 바라보고 있다. 두 곳 모두 통창 너머 오션뷰를 바라보며 힐링할 수 있다. 실내 대형 자쿠지 역시 제주 돌담과 바다가 보이는 창이 있어, 인생샷을 남길 수 있다. 특히 유아 장난감과 튜브 욕실용품 등 유아 어메니티가 구비되어 있어 아이를 동반한 가족이 머무르기 좋다. 자쿠지 미사용 시 20% 할인. 연박 할인
제주 제주시 한경면 한원복5길 20 두모산책
@jeju_udo_stay

우도 바다가 한눈에 보이는 거실

A

벽으로 둘러싸여 있어 프라이빗한 숙소 입구

세련된 조명이 있는 욕실

실내 대형 자쿠지

따뜻한 감성의 주방

빨간 벽돌집 외관

빨간 벽돌을 쌓아 만든 야외 노천탕

빈티지한 느낌의 욕실

브로콜리삼춘

바닷가 30초 거리에 위치한 빨간 벽돌집이다. 할머니의 취향이 가득했던 공간을 따뜻하고 편안한 숙소로 만들었다. 우드톤 실내는 크고 작은 식물과 소품들이 어우러저 고즈넉한 느낌. 안채와 바깥채 모두 노천탕과 이끼정원이 있어, 자연 속에서 힐링할 수 있다. 노천탕 유료. 웰컴 푸드 제공. 2박 이상만 예약 가능. 연박 할인은 별도 문의

제주 제주시 애월읍 곽지1길 26-6

@broccoli_samchoon

우드톤으로 통일되어 아늑한 실내

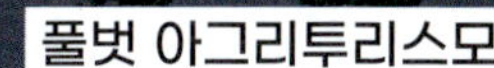

풀벗 아그리투리스모

유기농 한라봉 과수원을 정원 삼아 협재의 자연을 느낄 수 있는 곳. '귤향', '귤꽃', '풀벗' 세 동으로 이루어져 있다. 2인 객실인 귤향과 귤꽃동은 침대 옆 가로로 놓인 창으로 아침 햇살을 느낄 수 있는 공간, 4인 객실인 풀벗동은 기다란 거실 전면 창으로 한라봉 정원의 경치를 감상할 수 있는 공간이다. 한라봉 정원은 새 소리를 들으며 조용히 사색하기 좋다. 연박 할인

제주 제주시 한림읍 협재2길 93-14
@pulbeut__agriturismo

한라봉 정원이 보이는 숙소 전경

크고 작은 아치로 이루어진 숙소 외관

야외에서 즐길 수 있는 온수풀

베이지톤의 실내와 통창

누운 섶 제주

한림의 울창한 숲에 포근히 둘러싸인 독채 스테이. 하얀색 건물에 여러 개의 커다란 아치가 더해져 율동감이 느껴지는 외관이 특징. 베이지톤으로 통일된 공간에 묵직한 나무 가구를 배치해 깔끔하면서도 고급스러운 분위기. 이국적인 타일로 마감한 사계절 온수풀이 있으며, 물놀이 후 장작 불멍을 즐길 수 있는 화로대도 준비되어 있다. 장작 1회 무료 제공. 연박 할인

제주 제주시 한림읍 누운오름로 203-50
@nuun_seop_jeju

멋스러운 서까래와 돌담이 있는 실내

클라우드 애월 @cloudaewol

50년 된 돌집을 리모델링한 숙소로 실내에 노출된 서까래와 돌담에서 제주스러움을 느낄 수 있는 공간이다. 옛스러운 전통 가구와 소품을 구경하는 재미도 쏠쏠한 곳. 넓은 잔디 마당과 야외 노천탕 있어 몸과 마음을 안정시키기 좋은 곳. 정원이 액자처럼 보이는 자리에 앉아 차를 즐겨도 좋다. 객실은 코지룸과 마일드룹으로 구성되어 있으며, 세탁 공간은 공용이다.
제주 제주시 애월읍 중엄3길 36-2 클라우드 애월

담쟁이 덩굴로 덮인 돌집 풍경

야외에서 즐기는 노천탕

대형 창문 너머로 보이는 수영장

서담미가

먼 바다와 숲이 어우러진 풍경을 감상할 수 있는 프라이빗 풀빌라. 실내는 화이트&우드 인테리어가 고급스럽고 아늑한 분위기. 높은 층고와 넓은 창문 덕분에 자연의 빛과 바람을 느끼며 힐링하기 좋은 곳. 전 객실 숲속뷰 온수 수영장을 갖추었으며, 수영장 폴딩도어를 열면 마치 자연 속에서 휴식하는 느낌을 받을 수 있다. 연박 할인
제주 제주시 한림읍 협재로 325 서담미가
@seodammiga

야자수와 돌담으로 둘러싸인 숙소 전경

슬로우스테이

인적이 드문 귀문 마을에 위치한 스테이. 오래된 구옥의 고즈넉함과 현대적인 요소가 조화를 이루는 곳. 화이트와 우드 인테리어에 현무암 파티션을 더해 깔끔하면서도 제주의 감성이 돋보이는 공간으로 꾸몄다. 본채와 별채 모두 제주 바다를 감상하며 자쿠지를 즐기는 특별한 휴식을 즐길 수 있다. 야외 데크 테이블에 앉아 파도 소리를 듣는 것만으로도 힐링이 되는 곳.

제주 제주시 한림읍 귀덕11길 31
@slowstay.jeju

구옥과 돌담을 그대로 살린 숙소 전경

믄 창이 있는 다이닝룸

돌담과 귤나무가 보이는 풍경

클랭블루수동

돌집 주택을 제주 감성 그대로 재현한 스테이. 귤밭이 보이는 물부엌이 외부에 있는 '앙끄레', 원룸구조로 주방이 없고, 욕조가 있는 '모커리', 돌집을 그대로 리모델링한 자쿠지 독채 숙소 '한원가옥'으로 이루어져 있다. 반려동물 동반이 가능해 소중한 반려견과 함께 지낼 수 있다. 구옥을 그대로 살려 다소 불편함이 있는 곳. 사용 공간 확인 후 예약할 것. 연박 할인
제주 제주시 한경면 수동1길 3
@kleinblue_sudong

오형제 풀빌라 @o_hyung_jae

제주의 향기와 게으를 권리, 쉼이라는 모티브로 만들어진 스테이. 5개의 객실 모두 개별 야외 온수 수영장과 개별 사우나, 미니 정원을 갖추고 있어 프라이빗하다. 복층 구조, 높은 층고가 특징인 실내는 화이트톤 깔끔한 인테리어에 비비드한 색상의 소파로 포인트를 주었다. 큰 창문 밖으로 펼쳐진 야외 수영장과 제주 자연을 바라보며 온전한 힐링을 경험할 수 있다. 연박 할인
제주 제주시 한경면 신한로 183-28

거실에서 바로 이어지는 야외 수영장

05 제주시

#아침미소목장
#용담해안도로
#제주대학교 단풍
@sinbiej_ej
#오라동메밀밭

#용두암
#도두동 무지개해안도로
#노형수퍼마켙

#도두봉키세스존
@hwany_ca
#용연계곡
@sun_ae_
#한라생태숲
#이호테우등대

#제주대학교 벚꽃
#나바론하늘길
@jjeong_5678
#절물자연휴양림
#두멩이골목

제주시
A
B
C
제주항
용연계곡,
용연구름다리,
나이롱책방
관덕정,
제주목 관아,
향사당,
오현단
용두암
용두암
해수랜드
바이제주
제주향교
삼성혈
도두봉
키세스존
도두항
제주국제공항
동문재래시장
도두봉
전망대
도두동무지개
해안도로
용담2동
제주도 민속
자연사박물관
이호테우
해변 등대
도두동
보덕사
알작지
이호테우
해수욕장
제주민속
오일장
하리보
해피월드
월대천
넥슨컴퓨터
박물관
민오름
제주
아트센터
외도동
돈키쥬쥬
한라수목원
수목원테마파크,
수목원길, 야시장
한라수목원입구 벚꽃,
한라수목원 수국
노형수퍼마켙
이상한선물가게앨리스
월정사
오라CC 진입로
겹벚꽃길
방선문
아날로그 감귤밭
(감귤체험)
제주러브랜드
제주특별자치
도립미술관
방선문계곡
신비의 도로
오라동
애월읍
검은오름
연동
열안지
노형동
노루손이
오름
오라동메밀밭,
오라동 청보리밭
천왕사
천왕사 단풍
어승생악
제주 어승생악
일제동굴진지
한라산
A
B
C

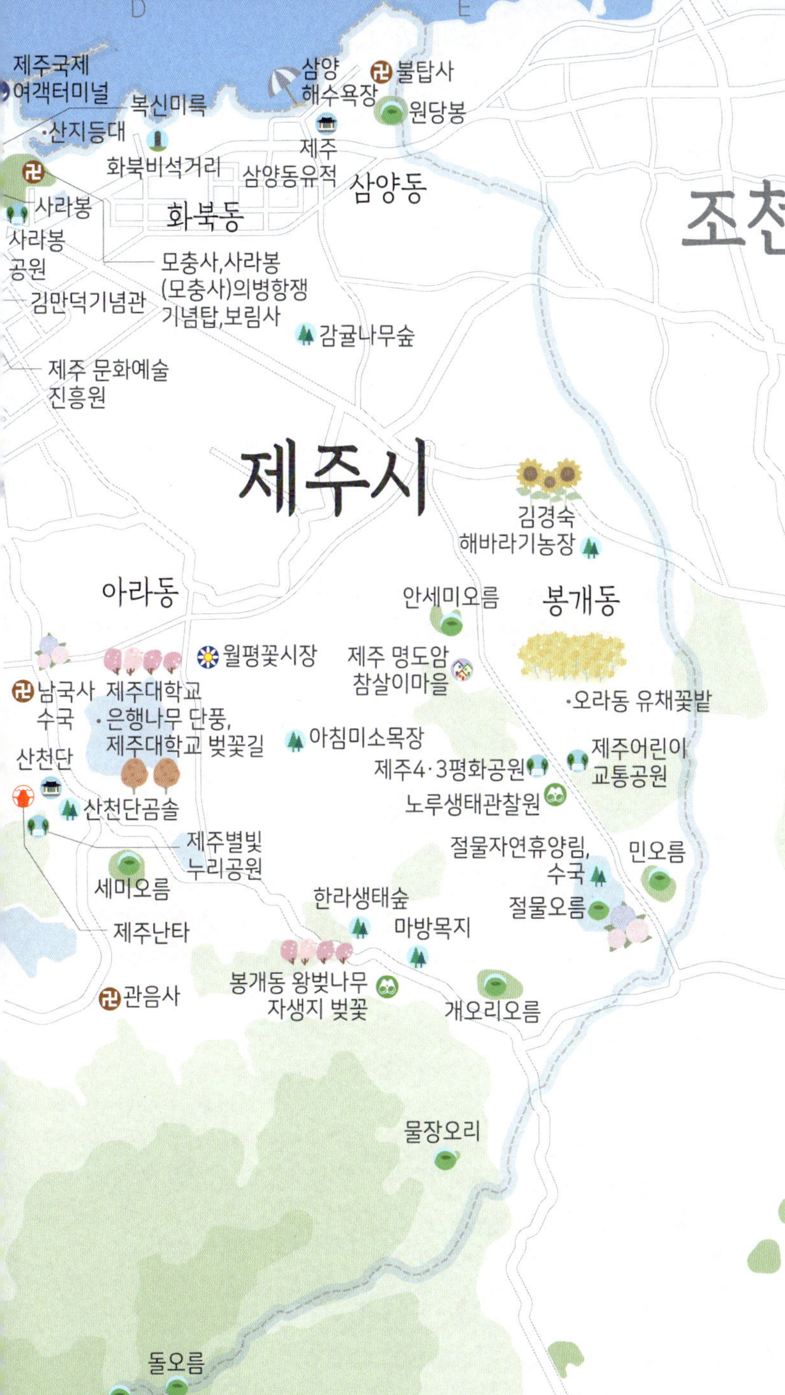
D
E
F
제주국제
여객터미널
복신미륵
삼양
해수욕장
불탑사
원당봉
산지등대
제주
화북비석거리
삼양동유적
삼양동
조천읍
사라봉
화북동
1
사라봉
공원
모충사,사라봉
(모충사)의병항쟁
기념탑,보림사
김만덕기념관
감귤나무숲
제주 문화예술
진흥원
제주시
김경숙
해바라기농장
아라동
안세미오름
봉개동
월평꽃시장
제주 명도암
참살이마을
남국사
수국
제주대학교
·은행나무 단풍,
제주대학교 벚꽃길
·오라동 유채꽃밭
산천단
아침미소목장
제주4·3평화공원
제주어린이
교통공원
산천단곰솔
노루생태관찰원
2
제주별빛
누리공원
절물자연휴양림,
수국
민오름
세미오름
한라생태숲
절물오름
제주난타
마방목지
관음사
봉개동 왕벚나무
자생지 벚꽃
개오리오름
물장오리
3
돌오름
흙붉은오름
E
F

제주공항 주변
제주국제공항
용두암 해안도로
김희선 제주몸국
용담이호해안도로
파리바게뜨 제주국제공항점 (제주마음샌드)
카페나모나모베이커리
도두동무지개 해안도로
도두봉(제주 숨은 비경 중 하나)
도두봉전망대
코바다이빙스쿨 (패들보드)
도두항
어영공원
바다를 마주보고 있는 공원
빽다방베이커리 제주사수점
도두봉 키세스존
도두동 무지개해안
이호테우등대
빨간색, 하얀색 목마 등대를 배경으로 사진촬영을 꼭 해야 하는 곳
1.체험배낚시 전진호(배낚시)
2.이호털보 배낚시(배낚시)
3.서프로와(서핑)
순옥이네명가(소라,전복)
카페진성섭 종점
앳코너(통나무집)
코로로오에펜션(료칸)
그라나다 앞 공터,
이호테우해변 목마등대
카페 엔제리너스
현자포구 제주이호테우해변 로점 앞 버베나
자매국수(고기국수)
황화식당 (갈치조림)
도두해녀의집(전복죽, 물회)
삼미횟집(모듬회)
시티투어버스
제주시민속오일장
공항 가기 전에 꼭 들러와! 끝자리 2일, 7일에 열리는 오일장
노티드 제주DT
이호테우해수욕장
공항에서 10분, 목마 등대보며 방파제 산책
몽돌해변
신의한모 (한치간장게장 낫또덮밥)
슬로보트(바다전망)
그럼외도(돌멩이 라떼)
니모메(선셋)
알작지(제주의 몽돌해변)
월대천
1.노올리(선셋카페)
2. 노라바(문어라면)
3. 해성도뚜리 (흑돼지,토마토짬뽕)
구엄리돌염전
구엄리 돌염전 일몰
섬앤썸 오션뷰
풍당제주 수상보트
쑝쑝렌탈샵 자전거
제주광해(갈치조림)
애월전동킥보드
바이러닝 에스프레소 바 제주점(꺼멍라떼, 푸딩)
휴소(물의정원)
은희네해장국 (소고기해장국)
하귤별장 (야외데크)
제주동베고기집 (동베고기 점심세트)
돈사돈(흑돼지)
마농 제주본점 (돌문어집)
돈키쭈쭈
넥슨컴퓨터박물관
별이되는곳벤디
제주 하멜
바닐라파레트
노형수퍼마켓
1200평 규모에서 즐기는 미디어아트 전시.
스테이위드커피 (참봉뵈르, 핸드드립)
수목원길 야시장
그러므로part2
쑥티라떼
살랑제주 애월찜 (독채) (갈비찜)
중엄리 새물
구엄어촌 체험마을
이타하우스 (게하)
문개항아리 (해물라면)
바속고등어쌈밥 (고등어쌈밥)
딱새우회
도시해녀 (해녀체험)
광평도새기촌(흑돼지)
파군봉 (바굼지오름)
맛동산 감귤체험농장
애월읍 광령리 3227, 감귤체험
애월읍 17코스
똥돈지(활오복탕)
고스트타운 (귀신의집)
남또라횟집 (도미회, 모듬회)
잇칸시타 (스시)
스테이달하(독채), 스테이고스란 (전통가옥)
노을리 (연탄빵)
코시롱(10첩 제주밥상)
수산봉한라산
수산봉
수산유원지
수산저수지의 뚝방길, 숨은 명소, 출사 장소, 조용한 산책길
토토아뜰리에 (원데이 쿠킹클래스)
광령 초등학교
미깡창고감귤밭 &카페
제주홀릭뮤지엄
노형수퍼마켓
수목원길 야시장
더럭 분교
LAVANT (따뜻한 커피와 팬케이크)
해성도뚜리 (흑돼지)
슬로우리제주 (독채)
안목스테이 안목5감도(복층), 시오재(정원)
항파두리 해바라기
[6~8월] 제주에서 매우 가까운 해바라기 밭
항파두리 나홀로 나무
고성숲길
한라수목원
귤향기 농장
제주도립미술관
이상한선물가게앨리스(소품샵)
애월 장전리 벚꽃
보는 것만으로도 풍성함 왕벚꽃 길[4월]
스테이애월(사시미앤 도로초밥세트)
스테야 느긋 (통창)
브리드앤스튜 (인피니티풀)
오담애월
숨쉬는오늘 (독립서점)
항파두리 유채꽃
[3,4월] 삼별초의 최후 격전지와 유채꽃
다도한가 (한옥)
오각(유리천장)
백제사
알레그라 제주 (이국적)
무수천
양쪽 바위벽에 흐르는 천, 기암절벽과 폭포, 호수가 있는 곳, 산책하기 좋음
아날로그 감귤밭
1.제주달콤풀빌라(풀빌라)
2.제주 까르피(풀빌라)
3.엔젤풀빌라(풀빌라)
신비의도로 (도깨비 도로)
카페 레크레 카페사분의일 (돌담스무디) (핸드드립으로 내려주는 카페)
너와의천여행 (감귤체험가능, 흑돼지 돈가스)
스테이 온 (반려동물동반)
항파두리 코스모스
가을에는 억시 코스모스지[9,10월]
항파두리 백일홍
백일 간의 백일홍 향연[8,9,10월]
제주공룡랜드
국내 최대 공룡 테마파크, 30종 100 여마리 공룡. 토이랜드, 조랑말체험장 (리모델링 여부확인 필)
미스틱3도 (동물체험할 수 있는 정원이 딸린 카페)
하가리 연꽃마을 연화지
TONKATSU 서황(서황카츠)
유수암마을 (자연생태마을)
골목카페옥수 (한옥카페)
항파두리 항몽유적지
몽골의 침입시 삼별초가 최후까지 항전한 곳. 전라도 전투에서 패하여 제주도로 건너와 이곳에 향파두성을 쌓음, 근처에 방문객을 위하여 꽃을 심어 놓음
극락오름
프레리아(독채)
아이바가든
9개의 테마가 있는 미디어 아트 전시관
제주 오라동 청보리밭
푸르른 청보리 내 마음을 채우고[4,5월]
어승생승마
상가리야자숲
이색적인 야자숲. 사진 찍기 좋은 곳
화조원
아이와제주,다양한 조류 및 알파카 체험농장
아루요 (가츠동)
제주불빛정원 장미
제주불빛정원
제주장미정원, 제주야간명소
국립제주 호국원
알레스아트
영화 속 음악을 라이브 바이올린 연주로 들을 수 있는 섀도우 콘서트가 열리는 곳.
테디베어하우스 테지움
테디베어와 동물 인형들을 직접 만지고 사진찍을 수 있는 테마 파크 친절, 영유아도 놀기 좋음
하우스오브레퓨즈
폐건물을 탈바꿈한 신상 복합문화공간. 카페, 레스토랑, 편집숍이 있으며 지하에는 전시관도 있어 식사, 쇼핑, 전시까지 모두 즐길 수 있다.
어승생악
해발 1,168m 작은 한라산이라 불리는 산 작은 한라산'이라 불리며 짧은 시간 왕복1시간에 등반 가능 '어승생' = '임금님께 바치는 말'
애월읍
천아수원지 단풍
도치돌 알파카목장
알파카, 토끼, 염소, 양, 먹이주기 체험
렛츠런파크 · 제주
렛츠런파크 제주(승마)
제주승마공원 (승마)
무병장수 테마파크
제주 힐링명상센터, 국궁체험, 승마체험(승마 사전예약 필)
981파크 잔디밭
제주안전체험관
이끼숲소길 (이끼숲소길 에이드)
9.81 파크
그래비티 레이싱, 카트 실내 체험 게임존, 하늘그네,F&B
멜롯오름 우거진 숲
궷물오름
족은녹고메오름
큰노꼬메오름
천아오름
천아계곡 단풍
제주의 아름다움을 단풍과 함께[10,11월]
제주 어승생악 일제동굴진지
254

D
E
F
용담해안도로 항공기샷
두포레(더티 크루아상)
앙뚜아네트 용담점
용두암
제주 공항 근처, 용의모습을
닮은 기암괴석의 해변
제주목 관아
조선시대 제주도의 행정
정치가 이루어지던 곳
1.미원부엌(크림짬뽕)
2.제주시새우리
(딱새우김밥)
3.일통이반(성게알)
아라리오
뮤지엄
탑동해변
(탑동광장)
용두암
해수랜드
짓물회당
용연계곡
제주향교
평정밥 우진해장국
(2인) (고사리육개장)
쿠슬낭
카페
제주 전농로
[4월]벚꽃거리
제주종합경기(벚꽃)
주김만복
점(김밥)
올래국수
(고기국수)
국수만찬 삼무공원(석탄용
고기국수 증기기관차가 있는 벚꽃명소)
올리버팬케이크(프렌치토스트)
한라수목원입구 벚꽃
한라수목원 입구 차로에 왕벚꽃 만개[4월]
월정사
오늘제주
(하르방샌드)
한라수목원 수국 [5,6,7월]
남국사
방선문계곡
방선문
오드씽(아메리카노,
루꼴라 피자)
제주러브랜드
밤에 가면 더 재밌어, 유쾌
발칙한 성 테마공원
골프존카운티 오라CC 진입로
오라 겹벚꽃길
제주도민 겹벚꽃 명소[4월]
제주 오라동
메밀꽃밭
바다까지 이어질 것 같은
넓은 꽃밭[5,6,9,10월]
오라동 유채꽃밭
진짜 넓은 유채꽃밭[4,5월]
천왕사 단풍
한옥과 단풍은 가을을 느끼게
해주고...[10,11월]
천왕사
어리목탐방지원센터
도토리키친
(청귤소바)
향사당
제주감성숙소
호박골목
호떡골목
신산공원
두맹이골목
흑돼지거리
모충사(김만덕과
의병을 기리는)
팔각흑(흑돼지)
호보텔(중고핸폰)
신산공원, 벚꽃
국수문화거리
원담(고등어
회, 갈치조림)
사굴길(낙지볶음
(청국장 포함)
다가미
(다가미김밥)
스시 호사카이
골막식당
(고기국수)
남춘식당(콩국수, 멸치국수, 김밥)
신설오름
(고등어구이)
제주 삼성혈 벚꽃
웅장한 벚꽃 나무 사이 한옥뷰[4월]
삼성혈
신비한 구멍에서 솟아난 세 명의
선인이 탐라국을 세웠다는 탐라국
시조의 전설이 있는 곳, 제를 모시던
누각 사이 우거진 녹음이 멋져
제주송정농원
(감귤 체험)
하리보 해피월드
하리보 굿즈, 팝업샵
바티하우스(일본식)
남국사 수국
사찰 한옥에 어우러지는
수국[5,6,7월]
카페 캄포
(캄포라테)
제주대학교
은행나무 단풍
노란색 컬러가 주는
가을의 감성[10,11월]
아라 차경(수변)
제주대학교 벚꽃길
제주에서 이른시기 피는
벚꽃길[4월]
제주대학교
산천단
산천단곰솔
봉개동 왕벚나무자생지 벚꽃
제주도 149호 천연기념물로 지정. 3월
말이 되면 우리나라에서 가장 먼저 벚꽃이
개화하는 곳으로도 유명[4월]
별빛누리 공원
(아이랑 가기 좋은
천문 과학관)
제주난타
주방 도구를 악기처럼 활용하는
세계적인 퍼포먼스 '난타'의 제주
전용 극장. 오후 2시 전까지
예약하면 당일 공연도 관람 가능.
관음사지구안내소
관음사
사진찍기 좋은 독특한
분위기의 사찰
아침미소목장
송아지 우유주기, 요구르트
체험목장, 카페
한라생태숲
난대, 온대, 한대 식물을 한 장소에서
모두 볼 수 있는 곳. 2층 전망데크에
오르면 한라산 정상 뷰 관람 가능.
가벼운 산책으로 한라산 정상과
제주 앞바다를 볼 수 있는 곳
제주마방목지
한라산 중턱 넓은 초원
그리고 수많은 조랑말. 순수
제주혈통의 조랑말이 있는
이곳은 천연기념물 347호
절물자연휴양림
삼나무 숲을 산책할 수 있는 다양한
시설이 갖춰진 천연림. 절물, '절
옆에 물이 있다'라는 의미
관음사코스 5시간 8.6Km
동문재래시장
집에 갈맨 두 손 무겁게
오메기떡, 문어빵, 큐브스테이크,
활어회 등 빼먹을 수 없는 먹거리 천국
제주국제여객터미널
제주항
산지등대
사라봉의병
항쟁기념탑
사라봉공원
아베베베이커리
사라봉 벚꽃
화북비석거리
별도봉(애기업은돌, 자살바위)
국립제주박물관
선사시대부터 조선시대까지
제주의 역사와 문화
제주도 민속
자연사박물관
화산섬 제주의 탄생과
민속 유물들
감귤나무숲
감귤나무 숲
커피템플(슈퍼
클린 에스프레소)
자연in PLANT827(데니쉬식빵)
월평꽃시장
닭머르해안길 억새
멋진 해안길 옆 억새[10,11,12월]
닭머르해안
올레길 18코스로 아름다운 해안 절경으로
남들은 잘 모르는 커플 사진 촬영 명소
점점(초당옥수수
아이스크림)
삼양해수욕장
신경통에 으뜸인 반짝이는 검은
모래에 모살뜸(모래찜질) 어때?
1.서프앤조이
2.제주패들보드서핑
낮은제주
(오션뷰)
고요새
(오션뷰)
포근한여백
(초록지붕)
올레길 18코스
제주삼양유적
원동봉
(원당오름)
라운더리
(캠핑테라스)
글라 하우스
(가든뷰)
닭머르
해안길
억새밭
신촌덕인당
(보리빵)
스테이 스트레스리스(독채)
선현재(장작)
팔각정, 신촌향사
닭머르해안길 억새
마이다이버스
동경신촌
(자쿠지숙소)
신촌포구
연북정
(전망 좋은 정자)
섬집오후
바당채(독채)
하루앤하루,
아날로그
우리집
시사오하우스
제주(다이닝)
딜레탕트
조천함덕점
(키슈 파이)
평화
통일
불사
리탑
조천스테이(독채),
2.빈도롱이(독채),
1924서까래(독채),
조천늦장(돌집)
텐저린267감귤체험농장
돌담연가(정원)
새미동산(동백꽃밭,
감귤체험, 핑크뮬리)
개똥이 동물원
(동물체험,무료입장)
트라인커피(유명
바리스타가 내려주는
핸드드립 커피)
5L2F
(크림크레마,
153커피)
제주시
제주 김경숙
해바라기 농장
해바라기 절정에 이르면
여름이어라[6,7,8월]
탑 승마클럽(승마)
제주 명도암
참살이마을
제주 4.3 평화공원
제주어린이
교통공원
노루 생태관찰원
노루를 직접 관찰할 수
있는 곳, 노루먹이 체험
절물자연휴양림 수국
산책로에서 수국 무리를 감상[5,6,7월]
제주힐 CC
더시에나CC
플라자 CC
절물오름
1112번 도로
단연코 우리나라에서 가장 아름다운 길
삼나무 숲길
사려니숲길
입구
사려니숲길 산수국
255

제주특별자치도립미술관 "제주 문화 예술이 함께하는 미술관"

제주 도민의 문화 예술 충족 공간이자 제주 미술 문화 발전을 위해 조성된 미술관. 제주의 하늘과 억새, 한라산 모두를 감상할 수 있어 멋스러운 건물 자체만으로도 방문할 가치가 있다. 장리석 기념관, 시민갤러리, 상설 전시관, 옥외 전시장 등으로 구성되어 있고 특히 외부 공간은 작은 음악회나 휴식, 산책 공간으로 조성되어 있다. 화~일 09:00~18:00 운영, 매주 월요일 휴관. 7~9월은 22:00까지 야간 운영. 관람시간 종료 30분 전 매표 마감. 전시 별 관람료 상이. (254p C:2) 사진ⓒ한국관광 콘텐츠랩

제주 제주시 1100로 2894-78　　#억새 #음악회 #미술관

천왕사(제주)
"울창한 숲과 사찰"

예능 프로그램 '효리네 민박'에서 이효리와 아이유가 찾아 유명세를 얻었던 절이다. 대웅전 옆으로 난 계곡길은 신비하리만치 아름다운데, 특히 가을에 이 사찰의 진가를 알 수 있다. 기암절벽 아래 붉게 물든 단풍은 그야말로 장관이다. 사찰 옆에는 한라산에서 유일한 폭포라는 선녀폭포가 있다. (255p D:3) 사진ⓒ한국관광 콘텐츠랩

제주 제주시 1100로 2528-111
#효리네민박 #용바위 #선녀폭포

이상한선물가게앨리스
"마지막 날 들리기 좋은 공항 근처 대형 소품샵"

아이들과 가기 좋은 대형 소품샵. 1층에는 제주 소품, 초콜릿, 식료품, 술, 인형 등 모든 종류의 기념품을 구매할 수 있다. 인형 포토존이 있으며, 지하에는 실내 액션 페인팅, RC카를 유료 체험할 수 있어 아이들에게 천국이다. 야외에는 연못이 있는 정원이 꾸며져 있다. 공항 근처로 제주 마지막 날 방문 추천. 주차 가능. 매일 10:00~22:00 (254p C:2)

미스틱3도 `카페`
"동물체험할 수 있는 정원이 딸린 카페"

넓은 정원을 가진 한라산 전망 디저트 카페. 정원 곳곳에서 동물들과 교감하며 당근 주기 체험을 할 수 있는데, 카페 음료 주문 후 입장할 수 있다. 구좌 당근 주스, 녹차 새순 한라봉 아이스티가 대표 메뉴. 흑돼지 잠봉 샌드위치도 인기. 매일 08:30~19:00 영업. (254p C:2) 사진ⓒ한국관광 콘텐츠랩

제주 제주시 1100로 2894-49 1층
#한라산전망 #동물체험 #정원

귤향기
"무농약 감귤 체험농장"

노지 감귤, 하우스 감귤을 수확하고 귤청을 만들 수 있는 무농약 감귤 체험농장. 농장에서 마음껏 귤을 따 먹고 남은 1 kg는 집까지 가져갈 수 있다. 귤청 만들기 체험은 사전 예약 필수. 함께 판매하는 귤차, 유자차, 귤잼도 맛있다. 매일 09:00~18:00 영업. 1인 1kg 체험료 7,000원. (254p C:2)

제주 제주시 1100로 3118
#노지감귤 #귤청만들기 #무농약 #귤차 #유자차

제주 제주시 1100로 3045 블루동
#공항근처소품샵 #대형소품샵 #액션페인팅체험

넥슨컴퓨터박물관 "아시아 최초 컴퓨터 박물관"

아시아 최초의 컴퓨터 박물관으로 컴퓨터의 역사는 물론 추억의 게임도 체험해 볼 수 있는 곳이다. 아이와 함께 추억의 레트로 게임을 해볼 수도 있다. 컴퓨터와 게임을 좋아하는 사람들의 필수 방문 코스이다. 화~일 10:00~18:00 운영, 17:30 매표 마감. 매주 월요일 휴관. 성인 8,000원. (254p C:2) 사진ⓒ한국관광 콘텐츠랩

제주 제주시 1100로 3198-8   #레트로게임 #컴퓨터

방선문계곡
"신선이 내려온 곳"

신선이 내려와 이곳에 머물렀다는 전설이 있는 곳이다. 암반과 기암괴석들이 골짜기를 이루고 있다. 예부터 수많은 선비와 시인 묵객들이 찾아와 풍류를 즐겼던 곳으로 영주 10경에 꼽힐 만큼 뛰어난 절경을 품고 있으며, 2013년엔 그 가치를 인정받아 국가지정문화재 명승 제92호로 지정되었다. 한적하게 제주의 자연을 감상하며 걷기에 참 좋은 곳이다. (255p D:2)

사진ⓒ한국관광 콘텐츠랩

제주 제주시 거북새미길 48-26
#신선 #풍류 #영주10경

마방목지 추천
"한라산 중턱의 넓은 초원만큼 이색적인 곳도 없지!"

제주에서 서귀포로 넘어가는 한라산 중턱 1131번 도로에 있는 말을 키우는 이국적이고 넓은 초원. 순수 제주 혈통의 조랑말이 있는 이곳은 천연기념물 347호로 지정되어 있다. 우리나라 말의 50%는 제주에 있는 이유는 이곳과 같은 넓은 초원이 한몫을 했을 것이란 의견이 많다. (255p F:2)

제주 제주시 516로 2480   #조랑말 #초원 #승마체험

한라생태숲 `추천` "가벼운 마음으로 지나가다 들러봐. 혼자 걸으며 사색하기 좋은 곳!"

난대, 온대, 한대 식물을 한 장소에서 모두 볼 수 있는 곳이다. 2층 전망데크에 오르면 한라산 정상 뷰를 즐길 수 있다. 힘들지 않게 동네 공원을 산책하는 느낌으로 한라산 정상과 제주 앞바다를 볼 수 있어 더 매력적이다. 3~10월 매일 09:00~18:00, 11~2월 매일 09:00~17:00 운영. 운영 시간 종료 1시간 전 입장 마감. 입장료 무료. (255p F:2)

제주 제주시 516로 2596   #식물원 #전망대 #한라산전망

오드씽 카페 `카페`
"넓은 수영장과 유리온실"

오드씽은 넓은 정원과 수영장이 딸려있는 카페로, 밤에는 분위기 좋은 펍으로 운영해 파티가 열린다. 풀장 한가운데 거대한 원형 테이블이 있는데, 바닥이 비쳐 보이는 투명한 재질로 되어있어 여기에 앉으면 마치 물속에 폭 들어가 앉은 듯한 느낌을 준다. 오드씽 카페 내부도 유리온실처럼 꾸며져 있어 사진찍기 좋은 공간이 많다.(255p D:2)

제주 제주시 고다시길 25
#수영장 #투명의자 #파란색

제주항 "때로는 배타고 제주로"

제주 연안 여객선과 국제 여객선을 이용할 수 있는 항구. 제주 연안 여객선 터미널(2부두)은 모포, 추자 우수영, 여수, 완도, 고흥(녹동) 구간을, 제주 국제 여객선 터미널(7부두) 구간은 완도, 추자 완도, 모포, 부산 구간을 운행한다. (255p D:1)

제주 제주시 건입동 1435-6   #제주연안여객선 #국제여객선

사라봉 벚꽃 `추천` "박물관 그리고 오름 그리고 벚꽃"

봄에 국립 제주 박물관을 방문한다면 사라봉으로 벚꽃 산책도 즐겨보자. 사라봉은 높이 148m의 야트막한 산으로 가볍게 들렀다 올 수 있다. 해 질 녘 노을과 벚꽃이 함께하는 전망도 아름답다. 네비에 제주시 건입동 국립제주박물관 혹은 사라봉 입구를 찍고 하차. 대중교통 이용 시 순환 8888번 혹은 465-2번 버스를 타고 이화아파트 혹은제주출입국관리소에서 하차. (255p D:1)

제주 제주시 건입동 387-1   #3,4월 #사라봉 #벚꽃 #편한산책

신설오름 `맛집`
"김치에 싸먹는 돔베고기와 몸국"

몸국과 돔베고기가 맛있는 식당. 특히 돔베고기는 야들야들 부드럽고 멜젓 찍어서 김치에 싸먹으면 더 맛있다. 고기국수에는 고춧가루가 조금 들어가 느끼하지 않고 몸국 국물은 시원하고 담백하다. 현지인이 많이 찾는 가성비 좋은 곳. 주차불가. 가격은 돔베고기 20,000원, 몸국 9,000원. 08:00~ 16:00 (15:00 라스트오더) 월요일 휴무. (255p E:1)

제주 제주시 고마로17길 2
#몸국 #돔베고기 #현지인

은희네해장국 `맛집`
"아침부터 줄서는 해장국"

소고기, 선지, 우거지가 듬뿍 들어간 해장국 맛집. 대파가 수북하게 쌓여 있고 매콤한 다대기도 올라가 있다. 건더기가 많고 국물은 담백해서 그릇을 싹싹 비울수 있다. 깍두기, 김치 반찬도 맛있다. 이른 아침부터 대기해야 할만큼 손님이 많다. 가격은 소고기해장국 11,000원, 해장국/내장탕 8,000원. 06:00~ 15:00 목요일 휴무.(254p B:2)

제주 제주시 고마로13길 8
#해장국 #로컬맛집 #웨이팅

모충사
"순국열사 김만덕"

일제강점기 순국열사 김만덕을 기리기 위해 세워진 사원. 내부에 의병항쟁기념탑, 청동 동상, 순국 지사 조봉호 기념비 등이 설치되어 있고, 매년 가을 무렵 의녀 김만덕을 추모하는 축제도 개최된다. (255p E:1) 사진ⓒ한국관광 콘텐츠랩

제주 제주시 건입동 1427-13
#순국열사 #의녀 #김만덕

복신미륵
"행운을 가져다주는 미륵보살"

사람들에게 행운을 가져다준다는 미륵보살 불상. 동자복과 서자복 한 쌍으로 이루어져 있으며 제주도 민속자료 제1호로 지정되어 있다. (253p D:1) 사진ⓒ한국관광 콘텐츠랩

제주 제주시 건입동 1275-13
#미륵보살 #불상 #행운

제주목 관아 추천 "고대부터 조선시대까지 관청"

서울의 상징인 남대문과 같이 제주의 상징인 곳. 탐라국 시대(고대)부터 조선시대까지 정치·행정· 문화의 중심지였던 오랜 역사를 가진 관아시설이다. 그 역사적 가치를 인정받아 사적 제380호로 지정되었으며, 현재의 모습으로 복원되었다. 관아 내부에는 관덕정이 위치해 있다. 매일 09:00~18:00 운영, 입장 마감 17:30. 연중무휴. 5~10월에는 야간개장 진행(18:00~21:00). 성인 1,500원. (255p D:1)

제주 제주시 관덕로 25

#제주의상징 #관덕정 #사적제380호

관덕정 "제주에서 가장 오래된 건축물"

제주목 관아 안에 위치한 관덕정으로 보물 제322호로 지정되어 있다. 제주에서 가장 오래된 건축물 중에 하나이다. 조선 세종 때 안무사 신숙청이 군사훈련청으로 세운 매우 웅장한 규모의 정자이다. 고즈넉한 장소로 잠시 쉬어가기 좋다. (255p D:1)

제주 제주시 관덕로 19

#보물 #오래된건축물 #정자

동문재래시장 추천 "제주 방문 필수 코스! 다양한 먹을거리와 볼거리가 가득한 곳"

제주도에서 가장 오래된 재래시장이다. 야시장 구경부터 풍성한 먹거리까지 시장 인심이 넉넉한 곳이다. 가성비 좋은 포장회와 공항 면세점보다 싼 가격의 선물용 초콜릿 등 제주도의 다양한 특산물을 저렴하게 구입할 수 있다. 제주공항에서 차로 15분 거리며, 공영주차장이 있어서 접근성이 좋다. 자정까지 야시장도 운영한다. 매일 08:00~21:00 운영. 야시장은 11~4월 18:00~24:00, 5~10월 19:00~24:00 운영. 연중무휴. (255p D:1)

제주 제주시 관덕로14길 20   #재래시장 #야시장 #가성비

흑돼지거리

"쫄깃하고 고소한 흑돼지고기"

제주도의 대표 음식 흑돼지! 제주항 근처에 흑돼지 전문점 맛집이 밀집해 있는 곳이다. 30년 이상의 오랜 전통을 자랑하는 곳이기도 하다. 고소하고 쫄깃한 식감의 흑돼지를 부위별로 맛볼 수 있고 꽃멸치젓(멜 젓)을 곁들여 먹으면 더욱 별미이다. 주변에 동문재래시장과 탑동 방파제 등이 있어 언제나 관광객들로 북적이며 그만큼 활기찬 거리이다. (255p D:1)

제주 제주시 관덕로15길
#흑돼지 #전통 #맛집

올래국수 맛집

"고기국수의 성지"

돼지사골 육수에 중면을 넣고 부드러운 돔베고기를 얹힌 고기국수 맛집. 고기국수 성지 중에 하나라 항상 웨이팅이 있지만 회전율은 빠른 편. 부추와 다대기를 넣으면 돼지국밥처럼 진한 맛이 더 우러난다. 양도 많고 저렴. 주차 불가. 인근 유료 주차장 이용 시 음식값 1,000원 할인. 가격은 고기국수 10,000원. 08:00~ 15:00, 일요일 휴무.(255p D:2)

제주 제주시 귀아랑길 24
#고기국수 #웨이팅 #주차할인

호떡골목

"동문재래시장의 호떡거리"

제주 동문재래시장에서 대표적인 길거리 음식인 호떡을 맛볼 수 있는 골목이다. 다른 먹거리도 많지만 이곳의 맛있는 호떡은 꼭 먹어보자. (255p D:1)

제주 제주시 동문로 16
#먹거리 #호떡

나이롱책방

"서재 이용권이 있는 아늑한 서점"

독특하고 재미있는 책들이 큐레이션되어 있는 서점. 신발을 벗고 들어가야 하며, 책 읽기에 집중할 수 있는 서점이다. 내부는 책을 구매한 사람만 촬영 가능하다. 3만 원 이상 구매 시 책을 읽을 수 있는 서재에 입장 가능하다. 유효 기간이 없어 원할 때 서재 이용권을 사용할 수 있다. 2층에 위치. 12:00~19:00 (매달 2, 4번째 수, 목 정기 휴무) (252p C:1) 사진ⓒ한국관광 콘텐츠랩

제주 제주시 관덕로8길 17 2층   #서재이용권 #조용한서점

동문시장

"아, 맞다 오메기떡! 여기서 사자"

공항과 가까워 마지막 기념품을 구매하기 좋은 제주 시내의 대표적인 상설 시장. 관광객이 많이 찾는 곳인 만큼 귤, 오메기떡, 초콜렛처럼 선물로 인기 있는 품목 위주로 모여있다. 매일 저녁에는 야시장이 열린다. 다만 인파가 많아 혼잡하고 주차도 오래 걸리니 참고. 동문시장 공영주차장(유료) 이용. 연중무휴 08:00~20:00 운영 (야시장 동절기 18:00~24:00, 하절기 19:00~24:00) (255p D:1)

제주 제주시 동문로 16   #공항근처시장 #상설야시장

노형수퍼마켙 추천 "흑백이었다가 풀컬러였다가!"

1200평 규모에서 즐기는 미디어아트 전시. 흑백 사진 속에 들어온 듯한 옛날 수퍼마켓 공간을 지나면 총천연색의 화려한 미디어 아트가 펼쳐져 확실한 반전을 경험할 수 있다. 다양한 테마의 미디어 아트 영상을 배경으로 사진을 남기기 좋다. 음료와 디저트를 판매하는 카페 '노형다방'도 운영한다. 성인 15000원. 네이버예약 이용 시 할인가에 예매 가능. 09:00~19:00 운영, 18:00 입장 마감. (254p C:2) 사진ⓒ한국관광 콘텐츠랩

제주 제주시 노형로 89　#미디어아트 #이색체험

월대천
"물놀이 가능한 하천, 숨은 명소"

한라산의 물줄기와 제주도의 바닷물이 만나는 제주의 숨은 비경으로, 외도천이라고도 부른다. 건천이 많은 제주에서 유일하게 물놀이를 할 수 있는 하천으로, 물이 맑고 하류는 얕아 물놀이하기 좋다. 500년 된 팽나무와 250년 된 소나무 등 오래된 나무들이 멋스러운 곳이다. (254p B:2)

제주 제주시 내도동 898
#숨은비경 #외도천 #물놀이

제주 하멜 카페
"입에서 살살 녹는 치즈케이크를 맛보자"

부드럽고 진한 치즈케이크로 유명한 곳. 테이크아웃 매장으로, 매장 내 취식이 불가하다. 당일 구매의 경우 품절이 잦아, 사전 현장 방문 예약 후 픽업할 것을 추천. 제주 여행 기념품으로도 좋다. 매일 11:00~18:00 영업. (254p C:2)

제주 제주시 노형2길 51-3
#디저트맛집 #치즈케이크 #여행기념품

신비의 도로
"일명 도깨비 도로"

노형동 제2횡단도로(1100번 도로) 입구. 주변 지형에 의한 착시 현상으로 내리막길이 오르막길로 보이는 도로이다. 차의 시동을 끄고 기어를 'N'로 해놓으면 오르막길에 차가 올라가는 재미있는 현상을 목격할 수 있다. 일명 도깨비도로라고도 부른다. (254p C:2) 사진ⓒ한국관광 콘텐츠랩

제주 제주시 노형동 291-17
#착시현상 #도깨비도로

도두항

"방파제에서 즐기는 짜릿한 손맛"

도두봉의 서쪽 기슭에 위치한 항구로 방파제 낚시 포인트여서 낚시꾼들에게 유명한 곳이다. 아름다운 바다 일몰을 볼 수 있는 선셋 운항 유람선을 여기에서 탈 수 있다. 주변에 가성비 좋은 회 맛집부터 낚시용품점, 숙박시설이 있어 편리하게 이용할 수 있다. (254p C:1) 사진ⓒ한국관광 콘텐츠랩

제주 제주시 도공로 2
#방파제낚시 #일몰 #선셋유람선

순옥이네명가 `맛집`

"성게, 전복, 한치가 가득한 물회"

한치 물회 맛집. 새콤달콤 자극적이지 않고 슴슴한 맛이 남다르다. 전복, 문어, 소라, 돌멍게, 해삼, 전복내장, 성게 등이 골고루 나오는 모듬해산물도 추천. 대기가 있지만 회전율이 빠르다. 가격은 물회, 전복뚝배기 17,000원, 모듬해산물 50,000원, 매일 09:00~ 21:00 (15:30~ 17:00 브레이크타임) (254p C:1) 사진ⓒ한국관광 콘텐츠랩

제주 제주시 도공로 8
#물회 #해산물모듬 #웨이팅

도두동무지개해안도로 `추천` "알록달록 무지개 돌담길"

해안 도로를 따라 이어지는 알록달록 무지개색 돌담길이 유명한 곳이다. 현지인들에게 인기 많은 조깅 코스이기도 하다. 공항 가까이에 있는 곳이니 잠시 들러 바다와 무지개 돌담과 함께 에쁜 사진을 남겨보는 것은 어떨까. 돌담 위 재미있는 조형물 감상은 덤이다. (254p C:1)

제주 제주시 도두일동 1734   #해안도로 #무지개 #돌담길

도두봉 키세스존 `추천` "줄서서 사진찍는 포토명소"

도두봉 정상에 있는 사진 명소이다. 공항 근처에 있어서 가볍게 산책하기 좋은 코스이기도 하다. 나무숲에서 정상 쪽 하늘을 바라보는 모양이 키세스 초콜릿 모양을 닮았다고 해서 키세스존이라 불린다. 워낙 인기 있는 장소라서 줄을 서서 기다리지만 그 기다림을 보상받는 인생 샷을 얻을 수 있다. 올레 17코스에 있다. (254p C:1)

제주 제주시 도두일동 산1   #도두봉 #정상 #인생샷

도두해녀의집 `맛집` "전복 2마리 전복특물회"

도두봉 전망대 근처 전복물회와 전복죽 맛집. 전복 2마리가 올라가는 전복특물회는 슴슴한 된장 베이스 양념에 중독성이 있는 맛이다. 한치물회는 금방 품절이 되기 때문에 서두르는 것이 좋다. 오징어젓갈 반찬양념도 다른 식당과 다르고 독특하다. 가격은 전복죽 14,000원, 전복물회 12,000원. 매일 10:00~ 20:00 (15:30~ 17:00 브레이크타임) (254p C:1)

제주 제주시 도두항길 16   #전복물회 #한치물회 #전복죽

제주 문화예술진흥원
"사진전이나 공모전 전시"

제주 전통문화를 보전하고 널리 알리는 공공 기관. 시민과 관광객을 위한 공연을 개최하거나, 공연장을 대관해 주거나, 제주 청년 작가전, 국제문화교류전 등 굵직한 공모전을 개최하고 있다. (253p D:1) 사진ⓒ한국관광 콘텐츠랩

제주 제주시 동광로 69
#전통문화 #공연장 #공모전

보덕사(제주)
"문화재가 있는 사찰"

제주 도심에 있는 전통 사찰 보덕사. 일제강점기 순국열사인 김만덕의 정신을 기리는 행사가 열리는 곳으로도 유명하다. 이곳의 목조여래좌상은 제주도 문화재자료 7호로 등록되어 있다. (252p C:1) 사진ⓒ한국관광 콘텐츠랩

제주 제주시 독짓골8길 26
#전통사찰 #순국열사 #김만덕

원담 `맛집`
"묵은지양파에 찍어먹는 고등어회"

고등어회가 포함된 모듬회가 신선하고 맛있는 식당. 고등어회 위에 묵은지양파에 올려 김에 싼 다음 특제 양념에 찍어 먹는다. 쌈채소도 넉넉하다. 회를 먹고나면 주는 맑은 지리탕은 고추가 들어가 칼칼하고 시원하다. 가격은 고등어회 60,000~ 100,000원, 갈치조림

다가미 `맛집`
"계란, 참치, 멸치로 꽉찬 김밥"

계란, 무장아찌, 어묵, 당근, 오이, 우엉이 들어간 다가미 김밥으로 유명한 곳. 재료가 실해서 한줄만 먹어도 배부르다. 볶음 참치와 양배추가 들어간 참치로얄김밥과 멸치와 무짱아찌가 들어간 왕김밥도 인기메뉴. 슴슴하고 담백한 맛. 예약/현장 주문 모두 가능. 가격은 다가미김밥 3,500원, 참치로얄 5,500원. 07:00~ 15:00 일요일 휴무. (255p D:2)

제주 제주시 도남로 111
#김밥맛집 #참치김밥 #가성비

55,000원, 고등어구이 10,000원. 16:00~ 24:00 화요일 휴무. (255p D:1)

제주 제주시 동광로1길 13
#고등어회 #지리탕 #갈치조림

제주4·3평화공원 "잊지말자 우리의 역사"

잊지 말아야 할 제주 4.3 사건을 되새기고 희생자의 넋을 기리기 위해 조성된 공간이다. 주요 시설은 위령제단, 위령 광장, 봉안관과 역사를 담는 그릇이라는 뜻의 평화기념관 등이 있다. 어린이체험관은 별도로 운영된다. 제주도의 아픈 역사를 고찰하고 기억하는데 의미 있는 장소이다. 연중 무휴, 24시간 운영. 입장료 무료. (255p F:2)

제주 제주시 명림로 430　#4.3사건 #희생자 #추모

감귤나무숲
"다양한 컨셉의 포토존"

넓은 감귤농장에서 사진도 찍고 아이와 함께 감귤 체험하기도 좋은 곳이다. 다양한 콘셉트의 포토존에서 사진을 찍으며 즐길 수 있다. 7~8월에는 청귤 따기 체험, 청귤청 만들기 체험을 운영한다. 매일 10:00~13:00, 14:00~17:00 운영. 감귤 체험(2kg) 13,000원. (255p E:1)

제주 제주시 도련남3길 81
#감귤농장 #감귤체험 #포토존

그라나다 앞 공터　추천　"비행기와 초근접 샷 찍기"

날아오르는 비행기와 함께 사진을 찍을 수 있는 그라나다 카페. 제주공항 근처에 있는 카페의 옥상이나 공터에서 비행기와 함께 인생사진을 남겨보자. 연속사진 찍기 모드로 촬영하는 것을 추천한다. (254p C:1)

제주 제주시 도공로 86-1　#그라나다 #카페 #공터 #옥상 #비행기샷 #항공샷

절물자연휴양림 `추천` "많은 사람들이 이곳을 제주 1순위 여행지라고 말해"

쭉쭉 뻗은 삼나무 숲길로 유명한 휴양림. 삼나무 숲 사이로 한 폭의 수채화 작품 같은 산책로가 나 있는데, 두 시간 코스로 제주의 삼나무 숲을 느끼면서 산책할 수 있다. 절물 오름에 오르면 멋스럽게 한라산을 조망할 수 있다. 휴양림에는 약수터, 연못, 잔디광장, 폭포 등의 시설이 있다. 절물은 '절 옆에 물이 있다'라는 뜻이다. 매일 07:00~17:00 운영. 성인 1,000원. (255p F:3)

제주 제주시 명림로 584   #삼나무숲길 #트래킹

노루생태관찰원
"노루 먹이주기 체험"

야생 노루를 관찰하고 먹이주기 체험도 할 수 있는 곳이다. 거친오름 둘레길에서 가볍게 산책도 하며 야생 노루와 자연을 관찰할 수 있다. 제주 노루의 종류와 생태에 대한 전시와 노루 모형 만들기 체험 프로그램도 진행. 아이와 어른 모두 만족하는 장소다. 매일 09:00~18:00 운영, 17:00 매표 마감. 입장료 성인 1,000원. 먹이 주기 체험 (1,000원)과 노루 모형 만들기(3,000원) 체험료는 별도. (255p F:2) 사진ⓒ한국관광 콘텐츠랩

제주 제주시 명림로 520
#거친오름 #둘레길 #노루

제주어린이교통공원
"안전사고 없는 세상을 위해"

아이들이 안전사고 예방법을 교육받고 즐겁게 체험해 볼 수 있는 곳이다. 어린이 교통안전, 생활안전, 재난안전교육 프로그램 등이 운영된다. 안전교육 선생님이 직접 교육을 진행한다. 시간대 별로 10명(보호자 포함) 이내로 인원이 제한된다. 월~토 10:00~12:00, 13:00~17:00 운영. 일요일 휴관. 입장료 무료. (255p F:2)

제주 제주시 명림로 437
#안전교육 #사고예방 #체험교육

봉개동 왕벚나무자생지 벚꽃

봉개동 왕벚나무 자생지는 제주도 149호 천연기념물로 지정되었다. 3월 말이 되면 우리나라에서 가장 먼저 벚꽃이 개화하는 곳으로도 유명하다. 왕벚나무라는 이름답게 일반 벚꽃보다 꽃이 더 탐스럽다. 네비에 제주시 봉개동 산78번지를 찍고 이동. (255p F:2)

제주 제주시 봉개동 산37
#3,4월 #왕벚나무 #천연기념물

보림사(제주)

제주불교 성지순례길 3코스 '보시의 길'(부처님이 수천 년 동안 이어온 불법으로 세상을 전하는 길이라는 뜻) 중심에 있는 사찰. 보시의 길은 대원정사-월영사-수정사지(수정사·광제사)-알작지해변-장안사-용두암-해륜사(서자복)-동자복-사라봉(사라사·보림사·원명선원)-삼양해수욕장-원당사지(불탑사·원당사·문강사)를 거치는 총 45km 길이의 불교 순례길이다. 사진ⓒ한국관광 콘텐츠랩

제주 제주시 사라봉동길 61
#보시의길 #불교 #순례길

사라봉공원 `추천`

한라산 전망을 바라볼 수 있는 도심 공원. 산책로와 전망대, 운동기구, 도서관, 박물관, 수영장, 배드민턴장 등 다양한 문화 체육시설이 갖추어져 있다. LED 조명이 설치되어 있어 밤 산책하기도 좋다.(255p D:1) 사진ⓒ한국관광 콘텐츠랩

제주 제주시 사라봉길 75　#도심공원 #산책로 #한라산전망

김경숙해바라기농장 `추천`

75만 송이의 노란빛 해바라기로 가득한 농장이다. 부부가 운영하는 개인 사유지로 입장료가 있지만 선물을 사면 입장료가 빠진 금액으로 구매할 수 있다. 제주의 유채꽃, 동백꽃과는 다른 매력을 느낄 수 있는 곳이다. 해바라기 만개 시기(6월 하순)에 방문해 볼 것을 추천한다. 매일 09:00~19:00 운영. 해바라기 만개할 때는 입장료 5,000원, 그외에는 3,000원. (255p F:2) 사진ⓒ한국관광 콘텐츠랩

제주 제주시 번영로 854-1　#해바라기 #절경

산지등대 "100년 역사의 무인등대"

제주 도심과 가깝고 그림 같은 풍경이 아름다운 무인등대. 100년 넘는 역사를 가지고 있어 2021년 3월에 '이달의 등대'로 선정되기도 했다. 이곳에서 고백하면 사랑이 이루어진다는 전설이 내려오고 있다. (255p D:1)

제주 제주시 사라봉동길 108-1   #무인등대 #고백 #사랑

관음사 추천 "사찰을 돌며 힐링하는 곳"

한라산 동쪽 중턱에 자리한 빼어난 경관의 큰 규모의 사찰. 관광지와는 다른 매력으로, 조용히 사찰을 산책하면서 힐링하기 좋은 장소이다. 한라산 등반 코스의 출발지이기도 하다. (255p E:3)

제주 제주시 산록북로 660   #사찰 #힐링 #한라산등반

사라봉(모충사) 의병항쟁기념탑
"항일 의병을 기억해야만 해"

사라봉 모충사 경내에는 제주 출신 항일 의병을 기리는 제주 의병항쟁기념탑이 세워져 있다. 이 기념탑은 제주도민들과 재일 동포들이 돈을 모아 설립한 탑이라고 한다. 매년 현충일이나 항일 의병항쟁 관련 기념일에는 축제도 열린다. (255p D:1) 사진ⓒ한국관광 콘텐츠랩

제주 제주시 사라봉길 75
#항일의병 #재일동포 #현충일

김만덕기념관
"조선시대 의인 김만덕"

조선 시대의 의인 김만덕을 기리고 있는 박물관. 김만덕은 조선 시대 때 굶주리고 있는 가난한 제주 서민들을 위해 나눔 활동을 펼친 여성 상인이다. 김만덕 관련 유물과 작품, 기념물 등을 전시하고 있다. 화~일 09:00~18:00 운영, 매주 월요일 휴관. 관람료 무료. (253p D:1) 사진ⓒ한국관광 콘텐츠랩

제주 제주시 산지로 7
#김만덕 #여성 #의인

삼성혈 [추천] "탐라국 전설"

탐라국을 창시한 3성씨(제주 고씨, 제주 양씨, 제주 부씨)의 시조가 용출한 전설의 장소이다. 한반도의 가장 오래된 사적지로 국가지정문화재 제134호 지정되어 있다. 시조에 대한 제의가 이루어지는 곳이며, 울창한 소나무 숲 사이를 산책하기에도 좋다. 매일 09:00~18:00 운영, 17:30 매표 마감. 성인 4,000원. (255p D:1)

제주 제주시 삼성로 22　#탐라국 #시조 #제의

삼양해수욕장
"뜨끈한 검은 모래로 찜질 한 판"

검은 모래로 유명한 독특한 해변. 용암이 부서지며 생긴 검은 모래는 철분과 마그네슘이 풍부하고 피부 질환과 관절통에 효과가 있어 모래 찜질을 하기 좋다. 관광객보다는 도민들이 주로 이용하는 한적한 곳으로, 파도가 세서 서핑과 패들보트를 즐기기도 좋다. 해수욕장 운영 기간에는 샤워장과 탈의실 이용 가능. (255p E:1) 사진ⓒ한국관광 콘텐츠랩

제주 제주시 삼양동
#검은모래해변 #모래찜질체험

서문수산 [맛집]
"나만 알고 싶은 해산물 스시 코스"

시장 안에 위치한 해산물 스시 오마카세 식당. 매일 아침마다 쉐프가 직접 고른 신선한 해산물과 제철 식재료로 코스를 구성한다. 숙성회, 연어, 참치, 초밥, 볶음우동 등 메뉴가 그때그때 다르다. 100% 예약제이며 당일 취소는 불가하다. 가격은 코스요리(2~6인) 150,000~ 400,000원. 17:00~ 22:00 화요일 휴무.

제주 제주시 서문로4길 13-2
#해산물 #스시 #오마카세

제주 전농로 벚꽃거리 [추천]
"벚꽃은 이 길에서 봐야 제맛이지!"

대한적십자사 제주도지사 앞부터 삼성혈 방향 KT 제주지사까지 1km가량의 왕벚꽃 거리. 2차선의 양쪽 벚나무가 벚꽃 터널을 이루고 있어 제주를 대표하는 벚꽃 명소로 불린다. 삼성혈 주차장 또는 제주민속자연사 박물관 주차장 또는 복개주차장을 이용하자. 벚꽃은 3cm가량으로 분홍색 또는 백색의 꽃으로 피며, 군락을 이룬 곳은 눈이 온것 같다. 벚꽃이 떨어질 때 꽃비가 되기도한다. (255p D:1)

제주 제주시 삼도1동 1230
#3, 4월 #벚꽃터널 #삼성혈

제주향교
"공자를 모시는 성균관 대성전"

대한민국에서 성균관 대성전 다음으로 큰 대성전. 역사적 가치를 인정받아 우리나라 보물 제1902로 지정되었다. 매년 봄, 가을 두 차례 유교 제례 행사인 '석전대제'를 개최한다. 매일 06:00~18:00 운영. 입장료 무료. (255p D:1)

사진ⓒ한국관광 콘텐츠랩

제주 제주시 서문로 43
#대성전 #보물 #석전대제

우진해장국 　맛집
"육개장과 해장국 성지"

돼지고기를 잘게 찢고 고사리를 듬뿍 넣은 육개장으로 유명한 식당이다. 칼칼하지 않은데도 속이 뻥 뚫리는 시원한 맛이 일품. 해장국은 사골육수로 선지와 사태가 들어있다. 반찬으로 나오는 오징어젓갈과 함께 먹으면 더 맛있다. 웨이팅이 길다. 가격은 해장국, 육개장, 몸국 모두 10,000원. 본관 06:00~ 22:00, 별관 08:00~ 16:00 화요일 휴무. (255p D:1) 사진ⓒ한국관광 콘텐츠랩

제주 제주시 서사로 11
#해장국 #고사리육개장 #웨이팅

용마마을 버스정류장 비행기샷
"비행기 컨셉 사진"

용마 마을버스 정류장은 버스보다는 비행기를 기다리는 장소로 더 유명하다. 정류장 가운데 서서 이륙하는 비행기를 바라보고 사진을 찍으면 인생 샷 완성. 버스 정류장은 반대편 주차장에 주차 공간이 있다. 차가 많이 다니는 길이니, 주의하여 사진을 찍어보자. (14p C:1)

제주 제주시 서해안로 626
#용마마을 #버스정류장 #비행기샷

제주민속자연사박물관
"제주의 모든 것, 2천원에 알려줄게"

제주도의 민속 유물부터 자연사 전시까지 한 번에 볼 수 있는 박물관. 로비에 들어서면 비양도에서 발견된 거대한 참고래의 뼈가 있고, 근현대 생활사 전시실에는 제주의 옛날 양장점, 백화점을 재현한 거리가 있어 사진 찍기 좋다. 전시가 알차서 아이와 함께 방문하는 것을 추천. 10시부터 16시까지 매 정시마다 해설 제공. 성인 2000원. 09:00~ 18:00 운영, 매표 마감 17:30. 월요일 휴관. (255p D:1)

제주 제주시 삼성로 40
#제주도박물관 #아이와가기좋은곳

카페진정성 종점 `카페`
"제주 바다를 보며 커피 한잔 어때요?"

커다란 창 너머 제주 바다를 감상할 수 있는 카페. 테이블이 창가를 정면으로 바라보게 배치되어, 바다를 바라 보며 커피를 즐길 수 있다. 풀 블렌딩, 오리지널 골드 밀크티가 시그니

앙뚜아네트 `카페`
"눈과 입이 즐거운 카페"

바다 바로 앞에 위치해 오션뷰를 즐길 수 있는 카페. 공항 근처에 위치해 비행기가 지나가는 모습도 볼 수 있다. 크림 라떼인 용두암 클라우드, 현무암 클라우드가 시그니처. 베이커리 메뉴도 다양하며, 동백꽃빵이 인기. 매일 08:00~20:00 영업. (255p D:1)

제주 제주시 서해안로 671
#오션뷰 #베이커리카페 #제주공항카페

처. 공항 근처에 위치해 비행기 타기 전 들르기 좋다. 매일 09:00~21:00 영업. (254p C:1)

제주 제주시 서해안로 124
#제주바다카페 #공항근처 #오션뷰

듀포레 `카페`
"루프탑에서 비행기샷을 찍어보자"

제주 바다 뷰가 아름다운 카페. 르꼬르동 출신 파티시에가 만드는 훌륭한 베이커리가 일품이다. 더티 카이막 팡도르, 카이막 라떼가 대표 메뉴. 공항 근처에 위치해 3층 루프탑에서 비행기샷을 찍을 수 있다. 매일 10:00~21:00 영업. (255p D:1) 사진ⓒ한국관광 콘텐츠랩

제주 제주시 서해안로 579
#오션뷰 #비행기샷 #제주공항카페

바이제주
"제주 여행 추억을 원목에 담아드려요"

제주 공항 근처 최대 규모의 소품샵. 제주 여행 사진을 원목에 인화하는 우드 프린트가 인기. 용담 해안도로에 위치하며 건물 후면에 대형 주차장이 있다. 매일 09:00~21:30 (252p C:1)

제주 제주시 서해안로 626 A, B동
#공항근처소품샵#우드프린트#이색소품

고요새 오션뷰
"프레임너머 고요한 제주의 바다"

'고요하고 오롯한 나의 요새'라는 이름에 딱 맞는 카페. 테라스를 액자의 사각 프레임처럼 뚫어놓아 어디에서 찍어도 분위기 있는 사진이 찍힌다. 테라스 밖으로 보이는 바다와 야자수가 멋스럽다. 오션뷰 맛집. (255p E:1)

제주 제주시 선사로8길 11
#고요새 #카페 #테라스 #오션뷰 #야자수

용두암해수랜드
"비행기 타기 전 따뜻한 찜질 어때?"

제주 국제공항 아침 비행기를 탈 때 이용하기 좋은 찜질방이다. 해수 사우나와 불한증막, 남녀 수면실을 갖추고 있고 식당과 매점에서 간단한 먹거리도 판매한다. 통유리창 밖으로 보이는 야자수와 바다 풍경이 아름답다. 매일 05:00~22:00 운영. 성인 목욕 9,000원, 찜질방(12시간 기준) 12,000원. (255p D:1) 사진
ⓒ한국관광 콘텐츠랩

제주 제주시 서해안로 630
#공항근처 #찜질방 #바다풍경

제주삼양동유적
"선사시대로 고고!"

한반도 선사시대 유적지로 고고 지질학의 역사적 가치를 가지고 있는 곳이다. 아이들과 함께 토기, 장식구, 가옥 등을 보며 선사시대의 생활상을 학습하기가 좋은 장소이다. 매일 09:00~18:00 운영. 관람료 무료.(255p E:1)
사진ⓒ한국관광 콘텐츠랩

제주 제주시 선사로2길 13
#선사시대 #유적지 #역사

제주난타 "두드릴수록 풀리는 스트레스"

주방 도구를 악기처럼 활용하는 세계적인 퍼포먼스 '난타'의 제주 전용 극장. 오후 2시 전까지 예약하면 당일 공연도 관람할 수 있어, 여행 중 갑자기 비가 올 때 방문하기 좋다. 다만 관람석은 경사가 높은 계단으로 이동해야 하므로 거동이 불편하다면 앞 좌석은 추천하지 않는다. 공연 시간은 약 1시간 30분. 관람석 자리에 따라 5~7만원. (255p D:2)

제주 제주시 선돌목동길 56-26   #난타공연장 #실내공연장

논짓물식당 `맛집` "공항근처 갈치조림 맛집"

공항 근처에 있는 갈치조림 맛집이다. 갈치는 살이 많고 무는 푹 익어 부드럽다. 양념이 달큼짭짤해서 밥과 비벼먹기 좋다. 실내는 넓고 쾌적하며 주차도 편리. 가격은 생물갈치조림(2인/3인/4인) 65,000~ 110,000원, 우럭조림(중/대/특대) 50,000~ 85,000원. 10:30~ 21:30 (15:30~ 17:00 브레이크타임) 일요일 휴무. (255p D:1) 사진ⓒ한국관광 콘텐츠랩

제주 제주시 성화로9길 10   #갈치조림 #생물갈치 #공항근처

제주별빛누리공원
"밤하늘 별을 관찰해보자"

밤하늘에 가득한 별을 관찰하고 우주의 신비를 경험할 수 있는 장소이다. 4D 상영관, 천체투영실, 관측실 등이 있으며 다양한 체험 프로그램이 운영되고 있다. 아이들과 함께 하기에 좋은 장소이다. 화~일 15:00~23:00 운영, 매주 월요일 정기휴무. 성인 통합관람료(4D영상관+천체투영실+천체관측실) 5,000원, 선택 관람료 2,000원. (255p E:2) 사진ⓒ한국관광 콘텐츠랩

제주 제주시 선돌목동길 60 　#별 #우주 #아이

그러므로part2 　카페
"카페라떼와 잘 어울리는 디저트 맛집"

한라수목원 인근 모던한 카페. 넓은 정원이 있어 여유로운 분위기다. 진한 에스프레소와 시원한 우유가 어우러진 메리하하가 시그니처. 에그타르트, 에끌레어 등 디저트 메뉴도 맛있다. 반려동물 동반 가능. 10:00~21:00 영업, 매주 월요일 휴무. (254p C:2) 사진ⓒ한국관광 콘텐츠랩

제주 제주시 수목원길 16-14
#메리하하 #디저트

한라수목원 　추천　 "희귀, 멸종 위기 식물의 안식처"

희귀식물을 비롯, 909종의 식물이 있는 수목원. 멸종 위기 식물을 볼 수 있는 이곳은 서식지 보전 기관으로 지정되었다. 천천히 걸으면서 식물을 주의 깊게 관찰해보자. 야외전시원은 연중무휴 상시개방하며, 야외 산책로는 23:00까지 관람 가능. 실내 시설은 09:00~18:00(동절기는 17:00). 입장료 무료. (254p C:2)

제주 제주시 수목원길 72 　#희귀식물 #정원

카페 레크레 　카페　 "멀리 한라산을 바라보며 즐기는 달콤한 휴식"

한 가족이 살던 주택을 리모델링한 카페. 넓은 창 너머로 한라산이 보인다. 'Recre'라는 이름처럼 휴식을 취하기 좋은 여유로운 분위기가 특징. 이곳의 시그니처 메뉴는 달콤한 돌담 스무디로, 오레오 가루를 올려 제주 현무암을 표현했다. 이밖에도 제주 청귤, 감귤을 활용한 음료와 비엔나 커피도 인기. 모카번, 소금빵 등 베이커리 메뉴도 다양하다. 주차 가능. 매일 10:30~19:00 영업, 11월부터 18:30 마감. (254p C:2)

제주 제주시 신비마을1길 54 　#주택#휴식#한라산뷰#돌담스무디

카페사분의일 `카페`

"블렌딩 커피를 핸드드립으로 내려주는 카페"

다양한 블렌딩 커피를 취급하는 핸드드립 전문 카페. 드립커피와 촉촉한 프렌치토스트가 대표 메뉴다. 쿠키, 바스크 치즈케이크 등 디저트 메뉴도 매장에서 직접 만들어 더욱 맛있다. 10:30~18:00 영업, 휴무 시 인스타그램 공지. (254p C:2)

제주 제주시 신비마을1길 1-3
#핸드드립 #스콘 #프렌치토스트

카페 캄포 `카페` "제주 시내를 한눈에 담다, 커피 맛집, 노을 맛집"

큰 통창 너머로 제주 시내와 바다의 모습을 한눈에 담을 수 있는 베이커리 카페. 유니크한 원목 가구들은 같은 건물에 위치한 공방과 콜라보한 것. 대표 메뉴인 캄포라떼는 피스타치오 크림이 듬뿍 올라간 크림라떼로, 핸드드립 커피와 소금빵, 바스크 치즈케이크 등도 인기. 환상적인 노을과 야경도 감상할 수 있는 명소. 월 1회 지역상생 플리마켓이 열린다. 주차 가능. 매일 10:00~22:00 영업 (255p D:2)

제주 제주시 아란서길 170 1층　　　#통창#가구#캄포라떼#일몰#제주시내뷰

산천단곰솔

"500년 넘은 나무들을 볼 수 있어"

천연기념물 제160호로 지정되어 있는 현재까지 알려진 제주도의 수목 중 가장 큰 나무들이다. 수령은 500~600년으로 추정되고 있으며 이중 몇 그루는 풍해로 가지들이 한쪽으로 치우쳐 생장하고 있다. (255p E:2) 사진ⓒ한국관광 콘텐츠랩

제주 제주시 아라일동 375-4
#천연기념물 #수목

돈키쥬쥬

"귀여운 동물들과 만나는 곳"

아이들이 좋아하는 귀엽고 다양한 동물들이 있는 체험형 동물원이다. 실외 동물원과 실내 동물원이 있으며 규모는 작지만 먹이주기, 만져보기, 교감하기 등의 다양한 체험이 가능한 곳이다. 회차 별로 입장이 가능하다. 화~일 10:30~19:00, 월요일 휴무. 성인 6,000원. (254p C:2)

제주 제주시 수목원서길 118
#동물 #체험 #아이

흙붉은오름

"붉은 흙이 가득한 오름"

'주체오름' 또는 오름을 구성하는 흙이 붉은색을 띤다고 해서 '흙붉은오름'이라 불린다. 분화구 안쪽으로는 돌담으로 둘러싸인 밭이 있고 쑥부쟁이와 민들레 등이 자생하고 있다. 근래 이곳에 대규모로 송이를 채취하는 일이 많아지면서 크게 훼손되었으나 복구 노력이 이루어지고 있다. (253p D:3)

제주 제주시 아라1동 산67-18
#주체오름 #송이

월정사(제주)

"홍매화로 아름다운 사찰"

매년 겨울 싹을 틔우는 홍매화 풍경이 아름다운 사찰. 진한 홍매화와 연한 분홍빛으로 은은하게 물든 분홍 매화가 우아하다. 전나무 숲길도 걸어 볼 만하다. (255p D:2) 사진ⓒ한국관광 콘텐츠랩

제주 제주시 아연로 216-5
#홍매화 #사찰 #전나무숲길

오늘제주 `카페`

좋은 재료로 만드는 하르방 디저트 전문점. 테이크아웃 매장으로 제주도를 떠나기 전, 기념 선물 구입 차 방문하기 좋다. 귀여운 하르방 모양 마들렌 하르방느와 감귤 또는 우도 땅콩 크림이 들어 있는 하르방샌드를 판매한다. 각각 개별로도, 세트로도 구매 가능하며, 하르방느 베스트 5종과 하르방샌드 반반 선물 세트도 있다. 입구에 포토존이 있다. 주차 가능. 매일 10:00~19:00 영업. (255p D:2)

제주 제주시 아연로 235-2 1층
#하르방#디저트#마들렌
#샌드#테이크아웃

김희선 제주몸국 `맛집`

"가성비 좋은 향토음식점"

제주향토음식인 몸국, 고사리육개장, 성게미역국이 맛있는 식당. 전반적으로 짜지 않고 깔끔한 맛이다. 고등어구이는 살이 통통하고 바삭해서 식사와 함께 주문하는 단골 메뉴. 저렴하고 양이 많아 가성비 좋다. 가격은 몸국, 고사리육개장 9,000원, 성게미역국, 고등어구이(반찬) 12,000원. 07:00~ 15:00 (14:40 라스트오더) 일요일 휴무. (255p D:1)

제주 제주시 어영길 45-6
#몸국 #고등어구이 #가성비

하리보 해피월드 `추천` "곰돌이 젤리섬으로 초대합니다!"

젤리 브랜드 하리보의 체험형 테마파크로 아시아에서 최초로 오픈. 젤리섬을 컨셉으로 알록달록한 포토존과 미디어 아트 전시가 마련되어 있으며, 미션을 수행하고 보물 젤리를 수집하면 선물과 교환할 수 있다. 아기자기한 분위기로 어린 아이들이 즐거워하는 체험이 많다. 기프트숍에는 제주에서만 구매할 수 있는 한정판 굿즈 판매. 성인 18000원. 10:00~19:00 운영, 18시 입장 마감. (255p D:2)

제주 제주시 아연로 444-1   #하리보테마파크 #이색체험

올리버팬케이크 `카페`

"정성이 담긴 미국식 팬케이크를 맛보고 싶다면"

제주에 반한 미국의 예술가, 올리버씨가 차린 미국식 팬케이크 전문점. 화이트와 옐로우가 어우러진 인테리어가 산뜻하고 귀엽다. 크림 앙글레이즈 소스, 허니버터와 함께 주물팬에 올려 제공되는 크림브륄레 프렌치토스트와 다양한 토핑이 올려진 팬케이크가 인기. 정성 가득한 플레이팅 덕분에 눈까지 즐거워지는 곳. 맛있는 음식을 즐기며 대화하기 좋다. 주차 가능. 매일 09:00~19:00 영업. (255p D:2)

제주 제주시 연북로 242 1층
#미국식 #팬케이크 #프렌치토스트 #브런치

민오름 "낮은 오름, 멋진 전망"

제주 시내에 있는 몇 안 되는 오름이다. 30분 정도 오르면 멋진 풍경이 펼쳐진다. 등산로가 잘 정비되어 있고 운동시설이 있어 도민들이 자주 찾는 곳이다. 정상에 오르면 탁 트인 제주 시내와 한라산을 조망할 수 있다. 민오름이 여러 개 있어 주소 확인을 잘 하고 가야 한다. (252p C:2)

제주 제주시 오라2동 산12　#오라동민오름 #제주시내 #도심속산책로

시골길 맛집
"낙지볶음과 청국장의 조합"

낙지볶음과 청국장을 함께 먹을 수 있는 식당. 고소한 참기름밥에 매콤한 낙지볶음을 얹고 구수한 청국장을 곁들여 먹는 맛이 색다르다. 양념은 진해 보이지만 자극적이지 않다. 낙지볶음에 소면을 넣어주기 때문에 양도 푸짐하다. 가격은 낙지볶음(소/중) 24,000~36,000원(청국장 포함). 12:00~ 20:30 토~일요일 휴무. (255p D:2) 사진ⓒ한국관광 콘텐츠랩

제주 제주시 연동13길 9

#낙지볶음 #청국장 #가성비

스시 호시카이 맛집 "비싸도 제값하는 스시 오마카세"

BTS 지민, 김연경 선수가 먹고 간 스시 오마카세 식당. 8년간 숙성한 식초를 샤리에 넣어 밥맛부터 남다르다. 신선한 특급 생선과 갈치, 자리돔 같은 제주 특산 해산물을 다루고 있어 초밥도 특색있게 구성된다. 예약필수. 가격은 오마카세(점심/저녁) 130,000원~ 230,000원. 매일 12:00~ 21:00 (15:00~ 18:00 브레이크타임) (255p D:2)

제주 제주시 오남로 90　#스시 #오마카세 #BTS맛집

먹쿠슬낭카페 `카페` "공항 가기 전 들리는 애플망고 디저트 맛집"

정원에 큰 먹쿠슬낭이 있는 카페다. 먹쿠슬낭은 '멀구슬나무'의 제주 방언. 제주 건축문화대상 수상 건축물로 층고가 높고, 밀짚 파라솔, 라탄 의자 등으로 꾸며져 쾌적한 휴양지 느낌이다. 제주산 생애플망고 빙수와 애플망고 주스, 생망고 토스트가 대표 메뉴. 공항과 가까워 입도, 출도 시 가볍게 방문하기 좋은 곳. 운영 시간 변동이 있으니 사전 확인 필수. 주차 가능. 매일 10:00~19:00 영업. (255p D:1)

제주 제주시 오라로 24   #멀구슬나무#애플망고#빙수#토스트#공항

커피템플 `카페` "커피에 진심, 국가대표 바리스타가 운영하는 카페"

감귤밭에 위치해 자연 속에서 커피 한 잔의 여유를 즐길 수 있는 카페다. 대한민국 국가대표 바리스타가 운영하는 곳. 슈퍼 클린 에스프레소와 탠저린 카푸치노가 이곳의 시그니쳐 메뉴. 핸드드립 커피의 품질도 뛰어나다. 다양한 종류의 원두와 드립백이 있어 선물용이나 기념품으로 구입하기 좋다. 직원들의 친절한 서비스가 돋보이는 곳. 반려동물 동반 가능, 주차 가능. 매일 09:00~18:00 영업 (255p E:2) 사진ⓒ한국관광 콘텐츠랩

제주 제주시 영평길 269   #국가대표#바리스타#슈퍼클린#탠저린

제주향노당제주성지
"왜구는 정말 지긋지긋"

제주특별자치도 기념물 3호로 지정된 옛 제주 성터. 왜구의 침입을 막기 위해 세워진 방어시설로, 일제강점기에 일부 훼손되었으나 현재 남수각 부분이 복원되어 선조들의 지혜를 엿볼 수 있다. 사진ⓒ한국관광 콘텐츠랩

제주 제주시 오현길 61
#기념물 #옛성터 #방어시설

오라동메밀밭 추천
"30만 평은 축구장 100개보다도 큰 거래!"

국내 최대 규모, 30만 평에 이르는 엄청난 크기의 메밀밭. 제주 메밀꽃은 5월과 10월, 1년에 두 번 절정을 이룬다. 메밀꽃밭을 둘러볼 수 있도록 꽃밭 사이에 길이 나 있다. 팝콘 같은 하얀 메밀꽃밭을 만끽해보자. 편한 운동화 착용 필수. 매일 09:00~18:00, 17:30 입장 마감. 성인 4,000원. (255p D:3)

제주 제주시 오라이동 산76   #메밀밭 #가을

오라동 유채꽃밭
"진짜 넓은 유채꽃밭"

봄을 맞은 오라동에는 노랗게 물든 유채꽃밭이 광활하게 펼쳐진다. 유채꽃 사이사이에 설치된 조형물과 함께 사진을 찍어보자. 산책로는 비포장 도로며, 비교적 경사가 있기 때문에 운동화를 신고 입장하는 것을 추천. 네비에 제주시 오라2동 산76을 찍고 이동. 매일 09:00~18:00 영업. (255p D:3)

제주 제주시 오라이동 산76
#4,5월 #비포장도로 #시골길 #포토존

오라동 청보리밭 추천 "푸르른 청보리 내 마음을 채우고"

봄에는 청보리가, 여름에는 메밀꽃이 만발하는 청보리밭. 청보리가 시들면 곧 메밀이 싹 터 메밀꽃이 만발한다. 시기별로 청보리 축제, 메밀꽃 축제도 개최된다. 구석구석 포토존이 잘 마련되어 있어 사진 촬영 장소로도 인기가 많다. (254p C:3)

제주시 오라2동 산 76번지 일대   #4,5월 #계절축제 #포토존

제주아트센터
"대형 공연이 열리는 곳"

제주도 내 대형 공연이나 각종 콘서트 등이 열리는 전문 공연장이다. 천 명 이상 입장이 가능하고 최신식 영상 장비 및 시스템을 갖추고 있으며 무대와 객석이 가까워서 더욱 실감나게 공연을 감상할 수 있다. (252p C:2)

제주 제주시 오남로 231
#공연 #콘서트

어영공원
"바다를 보며 그네를 타보자!"

제주공항 근처에 있는 공원으로, 공원에서 제주 바다를 볼 수 있다. 놀이터가 있어 아이와 함께하기 좋고, 그네를 타며 바다를 볼 수 있다.제주 올레길 17코스에 포함되어 있다. (254p C:1)

제주 제주시 용담삼동 2396-16
#바닷가공원 #커플여행 #공항근처

제주시민속오일시장
"제주에서 가장 큰 오일장"

제주도에서 가장 큰 규모로 열리는 오일장이다. 매월 2일, 7일, 12일, 17일, 22일, 27일에 열리는 장으로, 동문과 서문 시장보다 옛 장터의 정취가 고스란히 남아있다. 싱싱하고 저렴한 농산물부터 없는 물건이 없을 정도로 다양한 물건을 판매한다. 안쪽 중앙길에는 맛집이 많으니 꼭 방문해 보자. 08:00~18:00 운영. (254p C:2)

제주 제주시 오일장서길 26
#오일장 #옛시장 #맛집

제주종합경기장 일대 벚꽃 "벚꽃 축제가 열리는 그곳"

벚꽃 철이 되면 벚꽃축제가 열리는 제주종합경기장. 제주종합경기장은 놀이터와 클라이밍 장, 복싱장 등 다양한 시설을 갖추고 있다. 네비게이션에 제주시 오라일동 3817-2를 찍고 이동. (255p D:2)

제주 제주시 오라일동 1149-3   #3월 #4월 #놀이터 #벚꽃축제

오라CC 진입로 겹벚꽃길 "제주도민 겹벚꽃 명소"

오라CC 골프장은 제주도민들에게 겹벚꽃 명소로 이름난 곳이다. 관광객의 발길이 드물기 때문에 예쁜 벚꽃을 두 눈과 사진기에 오롯이 담을 수 있다. 네비게이션에 제주시 오라2동을 찍고 오라CC 입구 방향으로 이동. (255p D:2)

제주 제주시 오라이동289-3   #3,4월 #겹벚꽃 #드라이브코스 #조용한분위기

용연계곡 "바다와 민물이 만나는 곳"

바다와 민물이 만나는 곳으로 에메랄드빛 물색으로 유명하다. 옛날 '용의 놀이터'로 불리던 것에서 유래했다. 용연계곡 경관을 더 잘 볼 수 있는 용연 구름다리는 꼭 방문해 보자. (255p D:1)

제주 제주시 용담1동 2581-4   #에메랄드물빛 #용의놀이터 #용연구름다리

용담이호해안도로 "너무도 유명한 올레길 17코스"

용두암부터 도두봉(이호해수욕장)까지 이어지는 해안 도로(정식 명칭 서해안로). 올레길 17 코스 중 일부이다. 드라이브 중간중간 바다를 볼 수 있는 공원이 잘 조성되어 있다. 해안을 따라 카페, 맛집, 호텔 등이 밀집되어 있다. (254p C:1) 사진ⓒ한국관광 콘텐츠랩

제주 제주시 용담삼동 2572-2   #서해안로 #올레17코스 #드라이브

돈사돈 
"한눈팔지 않고 언제나 한결같은 흑돼지 맛집"

육즙 가득 퀄리티 좋은 흑돼지를 먹을 수 있는 곳. 소금만 찍어먹어도 맛있는 목살이 인기 메뉴 .비린맛 없는 멜젓에 찍어먹으면 더 맛있다. 연탄불에 직접 구워줘서 편하다. 쫄깃한 껍데기와 고기 잔뜩 넣고 끓인 김치찌개도 별미. 테이블 간격도 넓고 쾌적. 가격은 흑돼지(2인/3인) 66,000~ 88,000원. 12:00~ 22:00 화요일 휴무. (254p C:2)

제주 제주시 우평로 19
#목살 #연탄불 #김치찌개

용연구름다리
"구름다리 위에서 멋진 풍경"

바다와 민물이 만나는 용연계곡 위를 걸으며 아름다운 풍경을 감상할 수 있는 다리이다. 예쁜 야경을 볼 수 있는 것은 물론, 흔들리는 다리로 색다른 재미가 있는 곳이다. 날씨가 좋은 날에는 신비한 에메랄드 빛깔의 계곡물을 볼 수 있다. 공항에서 가까워서 잠시 들렀다가 용두암과 함께 산책하기에도 좋다. 용두암 공영주차장을 이용할 것을 추천한다. (303p F:1)

제주 제주시 용담이동 2581
#용연계곡 #야경 #용두암

불탑사(제주)
"현무암으로 만든 석탑이 있는 사찰"

제주도 현무암으로 축조한 고려 시대 5층 석탑으로 유명한 사찰이다. 한국 최남단에 있는 고려 시대 5층 석탑이자 우리나라에서 유일하게 화산석으로 만들어진 고려 시대 5층 석탑이다. 한라산 둘레길 '보시의 길' 마지막 코스이기도 하다. (255p F:1) 사진ⓒ한국관광 콘텐츠랩

제주 제주시 원당로16길 41
#고려석탑 #화산석석탑#보시의길

용두암 `추천` "한 번쯤은 용의 머리를 찾으러 가보자!"

암석 모양이 용의 머리를 닮았다 하여 '용두암'이라 불린다. 제주 공항에서 매우 가까우며 용두암 해안 도로를 따라 조금만 이동하면 애월 해안 도로가 나온다. 용두암 옆에는 해녀들이 직접 잡은 수산물을 맛볼 수 있다. (255p D:1)

제주 제주시 용두암길 15
#해안도로 #드라이브

마농 제주본점 `맛집`
"양식으로 즐기는 해산물"
파스타 피자 레스토랑. 매콤한 향신료와 토마토 소스로 맛을 낸 돌물어스튜와 향긋한 바질전복파스타는 이곳에서만 먹을 수 있는 메뉴. 등심 찹 스테이크도 적당한 굽기에 소스가 맛있어서 인기. 가격은 돌문어스튜 33,000원, 전복로제파스타 22,000원, 찹 스테이크 200g 37,000원. 11:00~ 21:00 (15:00~ 17:00 브레이크타임) (254p C:2)

제주 제주시 우평로 45-1
#스튜 #파스타 #스테이크

용담해안도로 항공기샷
"바다와 비행기를 한 컷 안에 담기"
제주도로 착륙하는 비행기와 함께 항공기샷을 찍을 수 있는 곳이다. 용담레포츠공원에 주차하거나, '제주대게회'를 검색한 후 걸어서 이동해 볼 것을 추천한다. 건너편 해안가에 있는 벤치에서 찍으면 머리 위를 지나는 비행기를 담을 수 있다. (255p D:1)

제주 제주시 용담삼동
#비행기샷 #항공샷 #착륙샷

제주돔베고기집 맛집
"성시경 먹을텐데 출연 돔베고기집"

돔베고기 전문점. 15:30까지 주문 가능한 점심세트가 인기다. 국수세트는 멸치고추국수, 비빔국수, 편육, 돔베고기, 보쌈무로 구성되어 있고 고기세트는 국수대신 몸국과 순두부찌개를 준다. 가격은 국수점심세트 2인 28,000원, 고기점심세트 2인 30,000원. 11:30~ 23:00 (15:00~ 16:30 브레이크타임) 매월 다섯번째 일요일 휴무 (254p C:2) 사진ⓒ한국관광 콘텐츠랩

제주 제주시 월랑로4길 6   #돔베고기 #점심세트 #가성비

그럼외도 카페 "제주 현무암을 닮은 돌멩이 라떼"

한적한 분위기에서 조용히 쉬다 갈 수 있는 감성 카페. 제주를 담은 탐라주악이 대표 메뉴. 더치 큐브에 흑설탕 시럽과 우유를 넣은 돌멩이 라떼와 상큼한 귤소르베가 인기. 10:00~18:00 영업, 매주 화요일 휴무. (254p B:2) 사진ⓒ한국관광 콘텐츠랩

제주 제주시 월대3길 16   #돌멩이라떼 #탐라주악

화북비석거리
"관리들의 공덕이 새겨진 비석들"

육지에서 제주로 들어오는 첫 관문인 화북포구. 이곳엔 지방관리들이 부임하거나 떠날 때 자신의 공적을 기념하고자 많은 비를 세웠었다. 현재 13개의 비석이 남아있으며, 비석거리 앞 해안에는 삼별초의 입도를 막기 위해 쌓은 환해장성이 있다. (255p E:1)

제주 제주시 화북일동 4591
#화북포구 #지방관리 #기념비

국수문화거리
"국수 맛집이 한 곳에!"

제주 시민의 소울푸드인 고기국수 맛집이 몰려 있는 거리이다. 고기 육수는 돼지사골을 우려낸 육수에 굵은 면과 돼지고기 수육을 올려 먹는 국수이다. 어느 집을 들어가도 실패를 맛보기 힘들다. 고기국수뿐만 아니라 멸치국수, 비빔국수, 두부국수 등 다양한 종류의 국수도 맛볼 수 있다. (255p D:1)

제주 제주시 일도2동 1050-1
#고기국수 #멸치국수 #두부국수

볕이드는곳벨디 맛집 "제주에서 파리를 느껴보자"

수목원길 한쪽에 위치해 초록초록한 카페. 바로 옆에 에펠탑 조형물이 있어 제주에서 파리를 느낄 수 있다. 아이스크림 라떼, 수제 자몽차가 인기. 부채살 큐브 스테이크와 제주 흑돼지 토마토 스튜 등 브런치 메뉴도 준비되어 있다. 매일 10:00~22:00 영업. (254p C:2) 사진ⓒ한국관광 콘텐츠랩

제주 제주시 은수길 65

#한라수목원카페 #연동카페 #애견동반

오현단 "16세기 다섯 현인을 기리는 제단"

제주도 기념물 1호로 지정된 기념물 겸 제단. 16~17세기경 이곳에 머물렀던 다섯 현인을 기리고 있다. 경내에 귤림서원 묘정비, 노봉 선생 흥학비, 향현사 유허비 등이 남아있다. (252p C:1) 사진ⓒ한국관광 콘텐츠랩

제주 제주시 이도1동   #기념물 #제단 #현인

귤림서원
"제주에서 만나는 조선시대 한옥"

제주도에서 조선시대로 돌아간 듯한 느낌을 받을 수 있는 곳으로, 제주공항에서 차로 15분 거리에 위치해 있다. 제주 중등교육의 발상지로, 조선시대 유교 교육기관이었다. 지금의 국립 대학과 비슷한 역할을 한다.

제주 제주시 이도일동 1438

#유교 #교육기관 #조선시대

산지천
"동문시장 근처 예술문화공간"

제주 동문시장 근처 하천 산지천을 기반으로 한 예술 문화 공간이다. 하천 길을 따라 갤러리, 공연장, 푸드코트 등 문화예술 체험공간이 늘어서 있고, 먹거리 축제인 '산지천 축제'도 열린다. 사진ⓒ한국관광 콘텐츠랩

제주 제주시 일도일동 1498

#예술문화공간 #산지천축제

이호테우해수욕장 추천 "말등대로 유명한 해수욕장"

제주 시내와 공항에서 가장 가까운 거리의 해수욕장이다. 교통편이 편리하고 야영장, 휴게소, 탈의실 등 편의시설이 잘 갖춰져 있다. 해수욕뿐만 아니라 서핑, 낚시하는 사람들로 북적이는 곳이기도 하다. 석양을 배경으로 이곳의 명물 말등대에서 사진을 꼭 남겨보자. (254p C:2)

제주 제주시 이호일동 1781-6　　#해수욕 #서핑 #낚시

두멩이골목 "그림 옷을 입은 오래된 골목"

제주의 옛 골목길이 공공 미술 프로젝트 추진으로 벽화마을로 재탄생했다. 바닥의 번호를 따라 다양한 테마의 벽화를 구경하는 재미가 있다. 탐방객을 위한 편의시설도 마련되어 있고 골목 주민들의 따뜻한 정감도 느낄 수 있는 곳이다. (15p D:1)

제주 제주시 일도이동 1006-11　　#공공미술프로젝트 #벽화마을 #골목길

제주국제여객터미널

"대형 배와 멋진 일몰이 어우러진 풍경"

해외에서 크루즈가 들어오는 여객선 터미널이다. 제주 연안은 물론 해외로 배를 타고 갈 수 있는 곳이다. 차량 선적을 할 경우 차량 선적 후 셔틀버스를 타고 여객터미널로 배에 탑승해야 한다. 정박해 있는 대형 배와 멋진 바닷가 일몰을 볼 수 있다. (255p D:1)

제주 제주시 임항로 193
#크루즈 #대형배 #일몰

고집돌우럭 제주공항점 맛집

"조림, 찜, 구이로 먹는 우럭"

우럭 요리 전문점. 조림, 튀김, 시래기찜 등 메뉴가 다양하다. 보통은 옥돔구이, 쌈채소, 미역국, 밥까지 포함된 세트 메뉴로 주문한다. 조림국물에 고사리 얹혀 양배추쌈에 싸먹으면 더 맛있다. 어린이 식사도 있다. 가격은 런치 24,000~ 35,000원, 디너 33,000~ 63,000원. 매일 10:00~ 21:30 (15:00~ 17:00 브레이크타임)

제주 제주시 임항로 30
#우럭조림 #세트메뉴 #양배추쌈

니모메 맛집 "티라미수가 맛있는 빈티지 카페"

통유리창으로 애월 앞바다가 보이는 빈티지 카페. 마스카포네치즈 크림과 에스프레소를 넣은 니모메 티라미수가 대표 메뉴. 오렌지와 키위가 어우러진 음료 때때로 맑음도 추천. 매일 10:00~22:00 영업.(254p B:2)

제주 제주시 일주서로 7335-8   #빈티지 #티라미수 # 때때로맑음

신산공원 "제주시민을 위한 휴식공간"

88 올림픽 성화의 국내 도착을 기념하여 세워진 공원. 걷기에도 뛰기에도 좋아 아이들이 마음껏 놀기 좋은 장소이다. 도심에 위치하여 제주시민들의 사랑을 받는 휴식 공간이기도 하다. 공원 근처에 국수문화거리가 있어서 간단하게 식사를 할 수 있다. (255p D:1)

제주 제주시 일도이동 830
#88올림픽 #성화 #국수문화거리

칠돈가 본점 맛집
"공항 근처 돼지고기 구이집"

13년째 운영중인 돼지고기 구이집. 고기 퀄리티가 좋아 육즙이 가득하고 씹는 맛이 좋다. 특히 목살이 인기가 많다. 고기를 다 먹고나면 꽃게된장찌개나 비빔냉면으로 마무리해 보자. 인근 차량 픽드롭 가능. 가격은 근고기(백돼지/흑돼지) 54,000~ 66,000원. 12:00~ 22:20 (15:00~ 17:00 브레이크타임, 21:30 라스트오더) 수요일 휴무.

제주 제주시 일주서로 7779
#목살구이 #픽드롭 #공항근처

황해식당 맛집
"가정식 스타일 갈치조림"

공항 근처에 있는 가성비 좋은 갈치조림 식당. 갈치를 토막내서 차곡차곡 쌓아서 내주는데 매콤한 조림양념에 간장게장까지 맛있어서 밥 한그릇이 순삭이다. 좌석이 많고 넓지만 식사시간에는 웨이팅이 있다. 가격은 갈치조림, 고등어조림, 고등어구이 15,000원, 통갈치구이 40,000원. 10:00~ 18:40 (18:00 라스트오더) 목요일 휴무. (254p C:2) 사진©
한국관광 콘텐츠랩

제주 제주시 일주서로 7682
#갈치조림 #간장게장 #공항근처

외도339 `카페`
"넓은 애견 운동장이 있는 오션뷰 베이커리 카페"

탁 트인 오션뷰를 볼 수 있는 베이커리 카페. 1층은 화이트톤의 깨끗한 인테리어, 2층은 묵직하고 모던한 느낌이다. 삼구 소금크림라떼, 삼구 말차 소금크림라떼가 이곳의 시그니처다. 깊은 말차의 씁쓸한 맛이 일품인 제주 말차라떼도 인기. 반려동물 동반 가능존과 넓은 애견 운동장이 있는 곳. 제주 기념품 및 소품도 판매. 주차 가능. 매일 09:00~23:00 영업. (303p D:1)

제주 제주시 일주서로 7345
#오션뷰#베이커리#아몬드#소금#애견운동장

숙성도 제주본점 `맛집` "교차숙성흑돼지, 720숙성삼겹"

숙성 흑돼지를 한정 판매하는 흑돼지구이 맛집. 제주 흑돼지를 진공포장해 워터에이징, 드라이에이징까지 교차 숙성을 거친다. 960숙성뼈등심과 720뼈목살이 대표메뉴. 매일 11:30~22:00 영업, 21:10 입장 및 주문 마감. (303p E:1) 사진ⓒ한국관광 콘텐츠랩

제주 제주시 제원길 30 2, 3층　　#교차숙성돼지고기 #깊은맛 #뼈등심 #뼈목살

국립제주박물관
"제주도의 모든 것"

제주도의 섬 생성부터 역사와 문화를 다양한 자료와 유물을 통해 배우는 고고역사박물관이다. 다양한 체험과 교육 프로그램이 운영되고 있어 아이들과 함께 방문하기 좋다. 박물관 주변에는 자연을 즐길 수 있는 산책로가 있다. 화~일 09:00~18:00 운영, 입장 마감 17:30. 매주 월요일 휴관. 관람료 무료. (255p E:1) 사진ⓒ한국관광 콘텐츠랩

제주 제주시 일주동로 17
#고고역사박물관 #교육 #아이

제주대학교 벚꽃길 `추천` "이른 시기 봄을 알리는 벚꽃길"

제주대학교 입구부터 제주대학로를 따라 제주대사거리 방향으로 1km가량 이어진 벚꽃길. 벚꽃은 3cm가량으로 분홍색 또는 백색의 꽃으로 피며, 군락을 이룬 곳은 눈이 온 것 같다. 벚꽃이 떨어질 때 꽃비가 되기도 한다. (255p E:2)

제주 제주시 제주대학로 102　#캠퍼스 #벚꽃 #낭만

제주대학교 은행나무 단풍 "노란색 컬러가 주는 가을의 감성"

탑동해변공연장
"야외 음악공연이 펼쳐지는 무대"

탑동 해변을 배경으로 다양한 음악 공연이 펼쳐지는 야외무대. 한여름 밤의 예술축제, 제주 외국인 커뮤니티 제전 등 제주를 대표하는 여러 축제도 이곳에서 열린다. (255p D:1) 사진ⓒ한국관광 콘텐츠랩

제주 제주시 중앙로 2
#야외무대 #축제

제주대학교 입구와 교수아파트(교직원 아파트) 진입로 주변으로 노란 은행나무잎이 학생들과 가을 손님을 반겨준다. 10월에는 푸릇푸릇한 은행잎을, 11월 즈음이면 노랗게 물든 단풍잎을 감상할 수 있다. (255p E:2)

제주 제주시 제주대학로 102
#10,11월 #제주대입구 #교수아파트

향사당 "제주 한량들의 놀이터"

제주 한량들이 놀던 정자. 문이 열렸을 때만 들어가 볼 수 있다. 잘 알려지지 않아 조용히 쉬어 갈 수 있는 장소. 한량이 놀던 공간이 궁금하다면 방문해보자. 시기에 따라 개방 여부가 달라지니 주의. 2025년 기준 제주 헤리티지 방문자 센터가 이곳에서 운영되고 있다. (255p D:1)

제주 제주시 중앙로12길 29　　#한옥 #민심 #힐링

남국사 수국 "사찰 한옥에 어우러지는 수국"

매년 여름이 되면 남국사 사찰 방문객들을 수국이 반겨준다. 주차장부터 본당 가는 길목이 모두 푸른 수국밭이다. 관광객이 많지 않아 조용한 분위기에서 수국과 사찰의 고요한 분위기를 즐길 수 있다. 네비게이션에 제주시 중앙로 731-16(제주시 아라1동 499-1)을 찍고 이동. (255p D:2)

사진ⓒ한국관광 콘텐츠랩-김계호

제주 제주시 중앙로 738-16　　# 6,7월 #본당가는길 #수국 #조용한분위기

국시트멍 맛집
"변함없는 여름 별미 냉국수"

문형배 헌법재판관이 다녀간 국수집. 사골 육수에 부드러운 돼지고기가 올라간 고기국수와 사과와 배로 양념한 새콤달콤 비빔국수가 대표메뉴다. 고기국수는 담백하고 진한 국물이지만 청양고추를 가미하면 칼칼하게 먹을 수 있다. 전체적으로 깔끔하고 정갈한 맛. 오픈주방이다. 가격은 국수류 모두 10,000원. 매일 09:00~ 19:00 (18:30 라스트오더) (303p E:1)

제주 제주시 진군길 31-3　　#고기국수 #비빔국수 #오픈주방

일통이반 맛집
"깨끗하고 달달한 성게알 맛집"

성게알과 보말죽 전문점. 돌멍게, 뿔소라, 전복 등 해산물이 모두 싱싱하고 달아서 다른 반찬이 필요없다. 특히 성게알은 양도 많고 깨끗해서 인기가 많다. 보말죽은 양이 많아 1그릇이면 충분. 가격은 왕보말죽 13,000원, 성게알(냉동/생) 35,000~ 45,000원, 뿔소라회 25,000원. 12:00~ 23:30 (22:50 라스트오더) 화요일 휴무. (255p D:1) 사진ⓒ한국관광 콘텐츠랩

제주 제주시 중앙로2길 25
#성게알 #보말죽 #모듬해물

제주중앙지하상가
"동문시장과 연결되는 지하상가"

동문시장과 연결되는 쇼핑의 즐거움이 있는 지하상가이다. 의류, 화장품, 음식점 등 다양한 물건과 먹거리가 있다. 날씨에 상관없이 쾌적하게 쇼핑할 수 있는 곳. 주차장이 협소해서 동문 공영주차장을 이용하는 것이 좋다.

제주 제주시 중앙로 60 제주중앙지하상가
#제주의을지로상가 #지하상가 #동문시장

바닐라파레트 카페
"따뜻한 공간에서 즐기는 달콤한 디저트"

아치형 창문과 바닐라빛 공간, 아기자기한 소품들이 따뜻한 느낌을 주는 카페. 큰 유리볼에 우유 얼음과 제철 과일을 담고, 아이스크림과 소르베를 올린 과일 빙수로 유명하다. 꾸덕하고 진한 프랑스식 디저트 테린느와 쑥크림라떼, 바닐라 크림라떼도 인기 메뉴. 이밖에도 치즈케이크와 크로플, 스모어쿠키 등 다양한 디저트를 맛볼 수 있다. 반려동물 동반 가능. 주차 가능. 평일 09:00~22:00, 주말 11:30~21:00 영업. (254p C:2)

제주 제주시 진군길 56-2 1층
#바닐라#과일빙수#테린느

아침미소목장 추천 "아름다운 자연 속 낙농 체험 목장"

소규모 체험형 목장으로 아이를 동반한 가족 단위 손님에게 인기 있는 장소이다. 양, 송아지에게 우유주기 체험도 하고 아이스크림과 치즈를 직접 만들어볼 수도 있다. 만들기 체험은 반드시 예약이 필요하다. 카페도 운영하며 크림치즈와 아이스크림 맛집으로 유명하다. 드넓은 초원과 다양한 포토존에서 사진도 찍어보자. 수~월 10:00~17:00, 16:30 마감. 매주 화요일 휴무. 입장료 없음. 체험료는 별도.(255p E:2) 사진ⓒ한국관광 콘텐츠랩

제주 제주시 첨단동길 160-20 #목장 #체험교육 #포토존

골막식당 맛집 "현지인이 가는 고기국수 노포"

현지인들이 이용하는 고기국수 노포다. 저렴한 가격에 퀄리티 좋은 고기국수를 먹을 수 있어 인기. 고기가 두툼하고 쫄깃해서 씹는 맛이 좋다. 곁들여 먹는 김치도 맛깔나다. 아삭한 야채와 함께 먹는 비빔고기국수는 여름별미. 전용 주차장 보유. 가격은 고기국수 8,000원, 비빔국수 9,000원. 매일 06:30~ 18:00 (17:30 라스트오더) (255p D:1)

제주 제주시 천수로 12　#고기국수 #가성비 #노포

추자도 `추천` "바다낚시꾼들의 천국"

다양한 어종으로 바다낚시꾼들에겐 천국인 곳이다. 제주항 여객터미널에서 쾌속선을 타고 1시간 정도면 도착한다. 추자도 올레길 18-1코스를 탐방하기 위해 방문하는 관광객도 많다. 3~6년 절여 감칠맛이 끝내주는 추자 멸치 액젓이 유명하다.

제주 제주시 추자면 추자도　　#낚시 #올레18-1코스 #추자멸치액젓

남춘식당 `맛집`
"김밥과 함께 즐기는 콩국수"

고기국수, 멸치국수, 비빔국수 등 여러가지 국수와 김밥을 먹을 수 있는 식당. 여름에는 진하고 고소한 콩국수와 새콤달콤한 비빔국수가 인기다. 김밥은 짭짤하게 간이 되어 있어 자꾸 땡기는 맛. 가볍게 한 끼하기 좋지만 웨이팅이 필요하다. 가격은 콩국수 11,000원, 고기국수 9,000원, 멸치국수 7,000원. 11:00~ 16:30 일요일 휴무. (255p D:1) 사진ⓒ한국관광 콘텐츠랩

제주 제주시 청귤로 12
#콩국수 #비빔국수 #웨이팅

나바론 하늘길 추자도 전경
"확트인 바다와 추자도"

추자도의 능선을 따라 걷는 나바론하늘길을 트레킹 하다 보면, 추자도의 전경을 한눈에 볼 수 있다. 제법 높은 고도에 아찔한 절벽 트레킹이지만, 확 트인 시야와 아름다운 추자도를 한 프레임에 담을 수 있다. (14p C:1)

제주 제주시 추자면 대서리 산186　　#나바론하늘길 #트레킹 #섬트레킹

추자도 등대 "여객선과 화물선의 안전 지킴이"

제주 바다를 가로지르는 여객선과 화물선들의 안전한 운행을 이끄는 등대. 추자도는 제주항에서 9:30분 출발하는 배를 타고 약 2시간 동안 이동하면 도착하고, 4:30분 출발하는 배를 타고 나올 수 있다.

제주 제주시 추자면 신양리 434-2　　#등대 #여객선 #화물선

자매국수 　맛집
"아침식사로 좋은 고기국수"

고기국수 맛집. 부드러운 고기가 많이 들어 있고 진한 국물은 아침 해장용으로 딱이다. 둘이라면 고기국수, 비빔국수, 물만두까지 주문하면 든든하다. 캐치테이블로 예약/대기 가능. 가격은 고기국수/비빔국수 10,000원, 돔베고기(소/대) 19,000~ 36,000원. 매일 09:00~ 18:00 (14:30~ 16:10 브레이크타임, 17:50 라스트오더) (254p C:2)

제주 제주시 항골남길 46　　#고기국수 #비빔국수 #아침식사

마음에온 　카페
"제주 청정수로 내린 원두커피 바당커피"

고즈넉한 분위기에서 조용히 쉬다 갈 수 있는 한옥 카페. 유기농 원두와 제주 청정수를 사용해 더 부드러운 바당커피와 고소하고 달콤한 청보리 라떼, 수제 레몬청을 사용한 칠성 라떼가 시그니처. 달콤 고소한 치즈곶감말이도 대표 메뉴다. 월~목, 주말 10:00~20:00, 금 12:00~20:00 영업. 사진ⓒ한국관광콘텐츠랩

제주 제주시 칠성로길 29-1 1층
#한옥카페 #제주바당커피
#제주청보리라떼 #칠성라떼

아라리오뮤지엄 탑동시네마
"전시관이 3개, 컨템포러리 아트 전시관"

탑통에 있는 컨템포러리(동시대의 가장 새로운 콘셉트) 아트 전시관이다. 오래된 건물을 최대한 살려 리모델링하여 탑동 시네마, 동문모텔 1, 동문모텔 2 전시관을 운영 중이다. 인상적인 작품이 많아 미술 작품에 관심 있다면 3개관을 모두 볼 수 있는 통합관람권을 추천한다. 화~일 10:00~19:00 운영, 매주 월요일 휴관. 탑동시네마 입장료 성인 15,000원, 동문모텔 20,000원. 통합권 24,000원. (255p D:1)

제주 제주시 탑동로 14
#아트전시관 #미술 #관람

알작지 "몽돌소리 경쾌하니 몽돌해변"

파도에 부딪혀 들려오는 몽돌 소리가 경쾌한, 제주에선 보기 힘든 몽돌해변이다. 예전보다 몽돌이 많이 유실되었지만 공항 근처라 가볍게 산책하기 좋은 코스이다. 몽돌을 제주 밖으로 가지고 나가는 것은 금지이며, 걸리면 벌금을 내야 한다. (254p B:2)

제주 제주시 테우해안로 60　　#몽돌 #공항

천아계곡 단풍 "제주의 아름다움을 단풍과 함께"

한라산 둘레길과 이어진 천아오름과 천아 계곡은 가을 단풍이 예쁘게 물드는 곳으로 유명하다. 네비게이션에 제주시 중앙로 731-16(제주시 아라1동 499-1)을 찍고 이동, 주차장이 협소하므로 길 초입(해안동 산 217-3)에 주차하는 것을 추천. (254p C:3)

제주 제주시 해안동 산217　　#10,11월 #한라산 #초입주차

바이러닉 에스프레소 바 제주점 [카페]

"뷰에 진심, 커피에 진심, 푸딩에 진심"

바이러닉 에스프레소 바의 시그니처 매장. 오션뷰가 시원하게 펼쳐진 대형 카페로 차분하고 세련된 분위기. 흑임자 베이스의 꺼멍라떼가 이곳의 시그니처 메뉴. 푸딩과 클래식 콘파냐도 인기 있다. 커피와 푸딩, 버터바, 아몬드 튀일을 선택해 구성할 수 있는 바이러닉 모닥치기 세트도 추천. 예약 시 포토그래퍼와 사진 촬영 가능(유/무료). 반려동물 동반 가능. 주차 가능. 매일 09:00~19:30 영업. (254p B:2)

제주 제주시 테우해안로 96
#오션뷰#꺼멍라떼#푸딩#모닥치기#사진

천아수원지 단풍
"억새와 단풍, 가을 감성 가득"

억새와 단풍을 함께 즐길 수 있는 한라산 속 천아수원지! 10월 말에서 11월 초에 방문하면 제주도에서 가장 멋진 단풍을 만날 수 있다. 크고 작은 바위들 위로 알록달록 물든 한라산의 단풍을 사진에 담아보자. (254p C:3)

제주 제주시 해안동 산217-3
#한라산둘레길 #단풍 #억새 #가을

어승생악 `추천` "작은 한라산"

'임금님께 바치는 말'이란 뜻을 지닌 어승생악은 해발 1,168m 높이로 작은 한라산이라는 별명을 갖고 있다. 정상까지 대부분 계단으로 이루어져 있으며, 별명처럼 짧은 시간에 한라산을 등반하는 느낌을 얻어 갈 수 있다. 정상에 오르면 백록담 정상은 물론 다양한 오름과 바다를 볼 수 있고 250m의 분화구가 있다. 정상까지 편도 1.3km로 왕복 1시간가량 소요된다. (254p C:3)

제주 제주시 해안동 산220-12　　#작은한라산 #백록담 #분화구

아날로그 감귤밭

"감귤 따고 사진 찍고"
아날로그 감성으로 가득 찬 감귤 체험장이자 카페이다. 감귤 따기 체험은 물론 포토존에서 촬영이 가능하다. 농약을 치지 않은 귤 밭인 만큼 카페 역시 유기농 음료를 운영 중이다. 감귤이 열리는 매월 10월부터 운영한다. 토~목 10:00~18:00 운영, 매주 금요일 휴무. 입장료(감귤 1kg 포함) 8,000원. (254p C:2)

제주 제주시 해안마을5길 124-85 1층
#감성 #감귤따기 #포토존

두갓 `카페` "귤따기 체험을 즐길 수 있는 앤틱카페"

창밖으로 귤밭 풍경이 보이는 사랑스러운 앤틱 카페. 크림치즈와 요거트가 들어가 상큼한 퐁귤과 제주 당근케이크가 대표 메뉴다. 수제 감귤 에이드와 두갓보리미숫가루도 인기. 11월~1월 사이에 방문하면 감귤 체험도 즐길 수 있다. 10:00~17:00 영업, 매주 수요일 휴무. (303p D:2)

제주 제주시 해안마을북길 13-39　　#감귤체험 #당근케이크 #보리미숫가루

월평꽃시장

"꽃 구경과 커피 타임을 한 번에"

17,000평 규모의 넓은 공간 안에 꽃시장과 자연 in PLANT827 카페가 조성된 곳. 규모가 워낙 커서 수목원같은 분위기를 자아낸다. 다양한 계절 꽃과 유실수, 화분 등 판매. 다육식물, 수국, 철쭉 등 꽃과 식물들 사이에서 사진 남기기 좋다. 입장료 없이 무료 개방. (255p E:2)

제주 제주시 월평동 827
#꽃시장 #수목원 #카페

자연in PLANT827 `카페` "월평꽃시장 안 가든형 카페"

다양한 식물과 꽃으로 꾸며진 야외 정원과 실내 공간 모두 포토존이 되어주는 카페. 월평꽃시장 부지 내에 위치한 가든형 카페로 족욕 체험, 동물 먹이 주기 체험 등 프로그램도 알찬 복합 문화 공간이다. 빵 종류가 풍부하고 당근주스처럼 제주도 특색이 보이는 메뉴도 판매한다. (255p E:2)

제주 제주시 월평동 827   #월평꽃시장 #가든형카페 #포토존

스테이위드커피 `카페`

"스페셜티 커피 전문가와 떠나는 커피 미각여행"

제주의 풍경과 함께 조용한 시간을 보낼 수 있는 로스터리 카페. 다양한 스페셜티 원두가 준비되어 있으며, 시향 후 선택할 수 있다. 바리스타와 대화하며 자신의 커피 취향을 찾아가는 커피 미각여행 프로그램이 있는 곳. 시그니처 핸드드립 커피와 베이글 루꼴라 샌드위치 또는 잠봉뵈르 크루아상 브런치 세트를 12시까지 한정 수량 판매한다. 커피 미각여행은 예약 필수. 주차 가능. 평일 08:30~17:30, 주말 08:30~18:00 영업.(254p C:2) 사진ⓒ한국관광 콘텐츠랩

제주 제주시 해안마을5길 29
#로스터리#스페셜티#미각여행#브런치

06

애월읍

BUS STOP
중엄새물
#애월해안도로
#곽지해수욕장
#아르떼뮤지엄

#새별오름 들불축제
#곽지해수욕장
#한담해변투명카약

#항파두리나홀로나무
@reummmy_
@mj6_6
#상가리야자숲
@ssunmiya_a
@keun_c
#켓몰오름
#바리메오름호수
098

#어욱리억새군락지
@eunsunkong
#한담해안산책로

애월

A · B · C
1 · 2 · 3

구엄리돌염전
구엄포구
구엄어촌 체험마을
중엄리새물
구엄리
하귀2리
수산봉
수산리
신엄리

애월카페거리
한담해수욕장
한담해안산책로
애월한담공원
애월한담해안로 유채꽃
곽지해수욕장
애월항
애월고등학교 벚꽃
고내리
망오름
고내봉
(고내오름,고니오름
,망오름)
더럭분교
연화못
(연화지)
하가리
애월 장전리
벚꽃길
장전리

과오름
곽지리

곰성리
금산공원
상가리
선운정사
남읍리
애월읍
하우스오브레퓨즈
거문덕이
어도오름
제주
양떼목장
제주 퍼피월드
테디베어사파리
화조원
렛츠런파크
제주
알레스아트
소길리
무병장수
테마파크
아르떼
뮤지엄
어음리
큰바리메오름
어음리
억새군락지
족은바리메
이달이
촛대봉
새별오름
새별오름 억새
한림읍
새빌
핑크뮬리
새별헤이요목장
봉성리
북돌아진 오름
드라마월드

하귀
1리
파군봉
귀리
토토아뜰리에
(체험학습장)
항파두리
항몽유적지
제주홀릭뮤지엄
백제사
항파두리
백일홍,
코스모스
제주 공룡랜드
아이바가든
극락오름
제주불빛정원
고성리
유수암리
산세미오름
제주
유수암마을
궷물오름
족은녹고메
천아오름
큰노꼬메오름
붉은오름
(광령)
광령리
사제비동산
민대가리
동산
노로오름
한라산
1100고지
한대오름
제주시
하리보
해피월드
D
E
F
1
2
3

애월 주요지역

애월 카페거리
랜디스도넛 애월점 (제주도에서 가장 유명한 도넛 체인점)
썬셋클리프 (제주도 석양 전망이 가장 아름다운 곳)
봄날 (돌담과 해변을 배경으로 인생 사진을 찍어가자)
레이지펌프 (옛 콘크리트 건물을 개조해 만든 레트로 감성 카페)
하이엔드제주 (애인과 함께 방문하기 좋은 오션뷰 카페)
애월더선셋 (브런치가 맛있는 오션뷰 카페 레스토랑)
트라이브(한정해변 노을 전망이 아름다운 오션뷰 카페)
콜린 제주점 (아이스 홍시 빙수가 맛있는 플랜테리어 카페)
푸린 제주애월점 (도쿄 미슐랭 3스타 레시피)
해지개 (선라이즈 에이드, 흑임자라떼)

제주광해(갈치조림)
닻
(딱새우회)
1.노올리(선셋카페)
2. 노라바문어라면
3. 해성도뚜리(흑돼지,토마토짬뽕)
구엄리돌염전
구엄리 돌염전 일원
풍당제주 수상보트

애월고등학교 벚꽃
보는 것만으로도 풍성한
왕벚꽃 길[3,4월]

애월 해안도로

쑹쑹렌탈샵 자전거
중엄리 이티하우스
새물 (게하)
구엄어촌 코시롱(10첩
체험마을 제주밥상)
잇칸시타
(스시)
수산봉

하갈비국수
(갈비고기국수)
애월은혜전복제주애월본점
(전복돌솥밥, 전복물회)
호커센터
(발리식폭립)
제주카약올레

뜰에(갈치조림,
갈치구이), (통갈치조림
+갈치구이세트)
하루나의 뜰(독채)
다락쉼터
공중화장실
애월항 애월그때그집
(흑돼지)
고내
포구
애월 우니담
(성게미역국)
뚱딴지(활오복탕)
고스트타운
(귀신의집)
남또리횟집
(도미회,
모둠회)
LAVANT
(따뜻한 커피와 팬케이크)
수산유원지
수산저수지의 뚝방길,
숨은 명소, 출사 장소,
조용한 산책길

애월한담해안로 유채꽃
야자나무와 유채꽃[3,4월]
곽지해수욕장 일몰
곽지해수욕장
현무암 독살(원담)을 이루는 곳이 파도가 잔잔하여
물놀이 하기 좋다.곽지해수욕장에는 용천수가 나오는
'과물 노천탕'이 있다. 과물, '용천수가 솟아나는 우물' 의미
1.노리터 서핑 패들보드(서핑보드, 패들보드)
2.문서프(서핑보드)
제주시차(동백꽃과자)
카페콜라(코카콜라
박물관 겸 콜라 카페)
카페인어
(카페인어 크림라떼)

고이정본점 보리짚불구이
(보리짚불 흑돼지목살, 삼겹살)
청아투명카약
한담해변
임순이네밥집 (몽국,
고사리육개장)
카페 애월로11
노을
피즈
(수제버거)
백번가든
애월한담공원
한담해안산책로
도새기숲길(솔향기
가득한 한적한 숲길)
브로콜리삼춘
강치비빔박
로맨틱새우 애월곽지본점
(레드빅뱅 쉬림프)
애월빵공장앤카페
(현무암 쌀빵)
심바카페
(바나나튀김카페)
귀여운동산
(작은 언덕 공원)
오크라
(수제돈가스)
리버제주(LP 감성 카페)
제주애단비 귀여(풀빌라),
팜스빌라지 팜스조이
키즈 스파 펜션(풀빌라)
풍낭너머
(독채)
인디언키친
본점(양갈비)
애월돼지
만지식당
(돈카츠)
잇쑤대돈까스
메리우드(소품샵)
고내봉 (고내
오름,망오름)
고내봉 (고내
오름,망오름)
모들한상
(돈가스, 보말
파스타)
휘연재
하가리 연꽃마을 연화지
7~8월 제주도에서 가장 큰
연못을 메운 연꽃 무리
파스텔톤의 더럭분교옆 연못
더럭분교
알록달록 무지갯
빛 사진 명소
하가이스케이프(독채)
스테이너굿
(통창)
더럭달스테이(독채),
시온스테이(독채),
답다니언덕집(독채)
애월 장전리 벚꽃
보는 것만으로도 풍성한
왕벚꽃 길[4월]
스시애월
(사시미맨
도로초밥세트)
브리드앤스톤
(인피니티풀)
오담애월
(독채)
숨쉬는오늘
(독립서점)
너와의첫여행
(감귤체험가능,
흑돼지 돈가스)
스테이 온
(반려동물동반)
유수암마을
(자연생태마을)

보배책방
(독립서점)
여리재
(풀빌라)
담잠(독채)
댕유지낭(가죽)
쉬리니케이크
(조각케이크)
제주서가(자쿠지)
납읍난대림지대
납읍초등학교 근처있는
원시림을 방불케 하는 상록
활엽수림 천연기념물 제375호
상가리야자숲
TONKATSU
서황(서황카츠)
골목카페옥수
(한옥카페)
하우스오브레퓨즈
폐건물을 탈바꿈한 신상 복합문화공간.

과오름
금산공원
제주 어음리
빌레못 동굴
11,749m 세상에서
가장 긴 동굴
알레스아트
영화 속 음악을 라이브
바이올린 연주로 들을 수
있는 새도우 콘서트가
열리는 곳.
화조원
아이와제주,다양한 조류
및 알파카 체험농장
테디베어하우스 테지움
테디베어와 동물 인형들을 직접 만지고
사진찍을 수 있는 테마 파크
친절, 영유아도 놀기 좋음

스테이새별
앤오름(독채)
초록 달
영국찻집 (영국식
홍차와 밀크티를
선보이는 티룸)
제주양떼목장
아이와 함께 하기 좋은 곳
도치돌 알파카목장
알파카, 토끼, 염소, 양,
먹이주기 체험
도치돌목장 억새

선운정사
저녁 해지고
가기 좋은 사찰
알레스아트

옥만이네 제주금능협재점
(옥만이해물갈비찜)
플로웨이브
(제주낙화오메기떡)
제주애단비 마주
제주소품샵 오망
기독교순례길
2코스 (순교의길)
협재교회에서 시작해 대정읍까지
이어지는 23km, 7시간 거리의 순례길
저청교회, 이도종 목사 순교 터 등을 지난다
아르떼
뮤지엄 빛
무병장수 테마파크
제주 힐링명상센터, 국궁체험,
승마체험(승마 사전예약 필)
이끼숲소길
(이끼숲소길 에이드)

수수주택
동도대합실
한림항
도선대합실
한림항
우무(커스
터드 푸딩)
한림칼국수
(보말칼국수)
한라산소주(공장투어)
카페유주(까눌레로 유명한
프랑스 디저트 전문
베이커리)
가르송티미드
제주(소품샵,
제주소품샵
시키 협재점)
영국찻집
광이멀스테이
(풀빌라)
아르떼뮤지엄
국내최대 몰입 미디어아트
10개의 다채로운 미디어
아트 전시
9.81 파크
그래비티 레이싱, 카트 실내 체험
게임존, 하늘그네,F&B
981파크
잔디밭
제주안전체험관

용포리
포구
쉼127 키즈 가족 협재점(키즈펜션)
면뽑는선생만두빛는아내(만두전골)
명월성지 동명정류장
스테이만월 (밭담라떼)
주월담(독채),
명월스테이
뵤뵤(돌하르방케이크)
명월 팽나무 군락
수령 50년 이상 된 팽나무들이
가로수로 군락을 이루고 있다.
멋스럽게 조용한 마을
누운 섬 제주
봉성클래식
(독채)
유년시절(오름)
새별오름 억새
샛별, 이름조차도 아름다운
오름[10,11,12월]
새별오름
저녁 하늘 샛별과 같이
외롭게 있다고 하여 '새별오름'
가을 억새가 많은 저녁노을 감상의 성지
어음리 억새군락지
아르떼뮤지엄 가는 자동차
도로에 은빛 억새군락
[10,11,12월]
큰바리메오름
바리메오름 호수
새빌 핑크뮬리
핑크 핑크한 핑크뮬리[9,10,1]

한림읍

한림공원
수선화[1,2월]
서담미가
카페 귤한가
(귤따기)
협재차경 별뉴
키친오즈 핑크뮬리
[9~11월] 카페 건물배경
사진촬영이 유명
협재굴,황금굴,
쌍용굴
서부농업기술센터
촛불맨드라미
이국적 풍경을 만들어주는
맨드라미[9,10월]
서부농업기술센터
코스모스
제주돌
마을공원
문수동그디(독채)
수월가
제주성서식물원
비블리아
성경에 나오는 식물을
주제로 조성한 식물원.
제주바다
하늘패러글라이딩투어
(패러글라이딩)
금악 오름
문화포인트
금악
오름
똣똣라면 본점
(똣똣김밥,똣똣라면)
금오름
협재해변에서 자동차로 15분만에 도착
주차장 주차후 등반(1주차장은 금오름
입구에 있어 2주차장보다 조금 등산
할수 있다.
삼위일체대성당
성이시돌목장
이달오름
새별오름
나홀로 나무
새별오름
나홀로나무
다래오름
우유부단
이시돌 목장우유로 만든
담백한 아이스크림과 밀크티
새빌 카페
새별오름 옆, 빈티지한
분위기의 카페
새별프렌즈
알파카, 말, 포니, 당나귀, 양,
흑염소와 함께
힐링할 수있는 체험농장
그린스케이프

곽지해안도로 도너리해안

302

D
E
F
이호테우등대
빨간색, 하얀색 목마 등대를 배경으로 사진촬영을 꼭 해야 하는 곳
1.체험배낚시 전진호(배낚시)
2.이호텔보 배낚시(배낚시)
3.서프로와(서핑)
카페나모나모베이커리
도도동무지개 해안도로
도두봉(제주 숨은 비경 중 하나)
도두봉전망대
코바다이빙스쿨(패들보드)
백다방베이커리
제주사수정
도두봉 키세스존
도도항
도두동 무지개해안도로
순옥이네명가(소라,전복)
도두해녀의집(전복죽, 물회)
카페진정성 종점
삼미횟집(모듬회)
어영공원
바다를 마주보고 있는 공원
올레길 17코스
김희선 제주묵국
바이제주(소품샵)
듀포레(크루아상)
용두암
용연 구름다리
아라리오 뮤지엄
탑동해변 공연장(탑동광장)
관덕정
동문 재래 시장
도시해녀(해녀체험)
몽돌해변
이호테우 해수욕장
이호테우해수욕장
앳코너(통나무집)
현사포구 제주이호테우해변 공중화장실
로점 앞 버버낙
코코로보오에펜션(료카)
그라나다 앞 공터, 이호테우해변 목마등대
제주민속오일장
공항 가기 전에 꼭 둘러봐! 끝자리 2일, 7일에 열리는 오일장
시티투어버스
착한집(왕갈치조림)
제주김만복 본점(만복이네김밥)
용두암 용연계곡 해수랜드
제주향교
향사당
제주감성숙소(고사리육개장)
호텔북(중고책방)
우진해장국
북호텔(중고책방)
제주국제공항점 제주마음샌드
파리바게뜨
평정심(2인)
제주 전농로 [4월] 벚꽃거리
제주종합경기(벚꽃)
베이크앤그릴(치아바타)
제주도리키친(청귤소바)
용두암 용연계곡
제주감성숙소
신산공원
국구문화거리
제주 삼성혈 벚꽃
삼성혈
원담(고등어 회, 갈치조림)
시골길(낙지볶음)
슬로보트(바다전망)
그럼외도(돌멩이 라떼)
니모메모메 선셋
신의한모(한치간장게장)
낫또덮밥
바다속고등어쌈밥(고등어쌈밥)
파군봉(바굼지오름)
은희네해장국(소고기해장국)
하귤별장(야외데크)
자메국수(고기국수)
황해식당(갈치조림)
섬타르 제주공항점(에그타르트)
제주돔베고기집(돔베고기 점심세트)
돈사돈(흑돼지)
규태네양곱창(양곱창모듬)
숙성도(숙성흑돼지)
솔지식당(가브리살)
올래국수(고기국수)
노티드 제주DT
삼무공원(석탄용 증기기관차가 있는 벚꽃명소)
요미우돈교자
제주연동점(넓적우동)
국수만찬(고기국수)
올리버팬케이크(프렌치토스트)
다마미(다마미 김밥)
한라수목원입구 벚꽃
한라수목원 입구 차로에 왕벚꽃 만개[4월]
하리보 해피월드
민오름
제주 시내와 한라산을 한눈에 볼 수 있는 오름
바티하우스
한라수목원 수국 [5,6,7월]
카페 캄포(캄포라떼)
오드씽(아메리카노, 루꼴라 피자)
안목스테이 안목5감도(복층), 시오재(정원)
토토아뜰리에(쿠킹클래스)
항파두리 해바라기
[6~8월]제주에서 매우 가까운 해바라기밭
맛동산 감귤체험농장
애월읍 광령리 3227, 감귤체험
올레길 17코스
광령 초등학교
제주힐링뮤직숲 &카페(다채로운 포토존을 꾸며놓은 실내 관광지.)
미깡창고감귤밭 &카페
늘봄흑돼지(삼겹살,목살)
국시트멍(고기국수)
돈키쮸쮸
넥슨컴퓨터박물관
볕이드는곳벤다
제주아트센터
월정사
오늘제주(하르방샌드)
한라수목원
희귀식물과 멸종위기 식물로 이색적인 수목원 다른 세상에 온 듯한 느낌적인 느낌!
그러므로part2(카페라떼와 잘 어울리는 커피번 맛집)
방선문계곡
방선문
항파두리 나홀로 나무
고성숲길
스테이위드커피(잠봉뵈르, 핸드드립)
두갓(귤따기 체험을 즐길수 있는 앤틱카페)
수목원테마파크
플레이박스VR, 얼음 미끄럼틀, 초콜릿만들기 체험 등 아이와 함께하기 좋은 곳
수목원길 야시장
무수천
양쪽 바위벽에 흐르는 천, 기암절벽과 폭포, 호수가 있는 곳, 산책하기 좋음
아날로그 감귤밭
이상한선물가게앨리스(소품샵)
귤향기 농장
노형동 160(1100로 3118) 체험은 어두워지기 전에 오세요
올레길 16코스
항파두성
제주기와 백제사
아이바가든
9개의 테마가 있는 미디어 아트 전시관
제주공룡랜드
카페 레크레(돌담스무디)
카페사분의일(핸드드립으로 내려주는 카페)
신비의도로(도깨비 도로)
제주도립미술관
물가에 떠 있는 듯한 모습이 인상적인 미술관
제주러브랜드
밤에 가면 더 재밌어, 유쾌 발칙한 성 테마공원
골프존카운티 오라
오라CC 진입로 겹벚꽃길
제주도민 겹벚꽃 명소[4월]
항파두리 백일홍
백일 간의 백일홍 향연[8,9,10월]
항파두리 유채꽃 [3,4월]
극락오름
제주불빛정원 장미
제주불빛정원
제주장미정원, 제주야간명소
항파두리 항몽유적지
몽골의 침입시 삼별초가 최후까지 항전한 곳. 전라도 전투에서 패하여 제주도로 건너와 이곳에 항파두성을 쌓음. 근처에 방문객을 위하여 꽃을 심어 놓음
미스틱3도(동물체험할 수 있는 정원이 딸린 카페)
제주 오라동 청보리밭
푸르른 청보리 내 마음을 채우고[4,5월]
어승생승마장(승마)
제주 오라동 메밀꽃밭
바다까지 이어질 것 같은 넓은 꽃밭[5,6,9,10월]
오라동 유채꽃밭
진짜 넓은 유채꽃밭[4,5월]
1117
렛츠런파크 제주
렛츠런파크 제주(승마)
1117
애월읍
제주승마공원(승마)
괸물오름 우거진 숲
물오름
족은녹고메오름
큰노꼬메오름
천아수원지 단풍
천아오름
천아계곡 단풍
제주의 아름다움을 단풍과 함께[10,11월]
국립제주 호국원
천왕사
어승생악
해발 1,168m 작은 한라산이라 불리는 산 작은 한라산'이라 불리며 짧은 시간 왕복1시간에 등반 가능 '어승생' = '임금님께 바치는 말'
천왕사 단풍
한옥과 단풍은 가을을 느끼게 해주고...[10,11월]
어리목탐방지원센터
제주 어승생악 일제동굴진지
관음사코스 5시간 8.6Km
2시간 4.5Km
만세동산(오름)
왕관바위
선작지왓(윗세오름) 철쭉
백록담
전망데크
한대오름
1100고지 단풍
오르지 않아도 되는 단풍길 걷기[10,11월]
삼형제 큰오름
1100고지 설경
1100고지
1100고지
한라산 남벽 뷰 감상 가능
1100고지 람사르습지
윗세누운오름
윗세오름
병풍바위
남벽분기점
D
E
F
303

애월 카페거리

애월 카페거리
3 2 1
A B C
304
해지개
한담해변이 보이는 카페로, 한옥 느낌 내부 인테리어가 인상적이다.
산지물고유(순살갈치조림)
애월당 애월제과 (마카롱, 도넛, 컵케이크)
제주한면가 애월점 (흑돼지 고기국수)
에그서울인제주 (시그니처 계란빵)
돌담땅콩국수 (우도땅콩 콩국수)
하갈비 (흑돼지 생갈비, 고기 국수)
숙성도 애월점 (숙성 빼등심)
털보네 게스트하우스
하이엔드제주
한담해변어 보이는 카페
제주갈치 한담 (갈치조림)
굴굴스토어 애월점 (제주도 기념품 샵)
제주올레길15-8코스
크랩잭 (보일링 크랩, 랍스터)
푸린 제주애월점 (시그니쳐 푸린, 제주 맛차 레몬 푸린)
애월은혜전복
전복죽, 전복 돌솥밥, 전복뚝배기 등 정갈한 전복요리를 선보이는 곳
제주토비스콘도 본관
제주토비스콘도 신관
몽상드애월
노을 전망이 아름다운 브런치 카페 겸 펍
올댓커피 제주 (카페 제제, 피스타치오 그라니따 플랫)
콜린 제주점 (아이스 홍시 빙수, 문어 해산물 떡볶이)
마레벤또 (파스타)
명자(돌문어 매콤불고기 덮밥)
투애월펜션
훈도 애월 흑돼지 왕겨훈연숯불직화구어 (흑돼지 구이)
애월 카페거리
봄날카페
한담해변가 바다전망의 예쁜 카페
제주 카약올레
애월읍 애월리 2490-1
놀맨
커다란 꽃게 한 마리가 그대로 들어간 고급 해물라면
꼽자 애월점 (바베큐 핫도그, 애월달인버거)
포세이돈 게스트하우스
에버그린돈까스 (흑돼지 돈가스)
한담몰 (제주 소품샵)

D
E
F
1
2
3
한담해수욕장
파도 소리를 들으며 멋진 노을을 감상할 수 있는 해변
썬셋클리프 (아인슈페너, 해변 전망)
한담국수 곽지애월점 (진한 사골 고기국수)
애월회관
애월흑돼지 애월곽지 (흑돼지구이, 1인분 주문 가능)
제주꺼우다 (아기 스냅복 대여점)
어반트리펜션
피즈 애월
이국적인 감성이 물씬 풍기는 수제버거 전문점.
랜디스도넛
아이언맨 도넛으로 유명한 바다전망 디저트 카페
본보이즈 애월 (엄마카세, 양식코스)
팀블로우 (바다 전망, 커스터드 크림라떼)
옛날밥상 (은갈치조림)
제주해도미락 애월 (순살갈치조림)
가로수길마루 애월 본점 (딱새우 사시미, 문어전복 해물찜)
P 한담산책로주차장
입구
출구
트라이브 (제주 당근 케이크, 바다전망)
애월 온기
오션뷰 솥밥 전문점으로 갈치솥밥, 전복솥밥이 유명하다. 아침 9시 오픈으로 아침식사하기 좋은 곳.
회가서쪽에서뜨겠네 애월본점 (모둠회, 고등어회)
한담세희네농수산
한담대박농수산
고이정본점 보리짚불구이 (흑돼지근고기, 제주 가브리살)
충혼비
한담해안산책로
애월항에서 곽지해수욕장까지 이어지는 구불구불한 해안 산책로
애월한담공원
애월카페거리와 한담해변까지 해안 산책로로 이어진 공원저녁에는 일몰 명소로도 인기.
고이정
숙성 흑돼지고기를 볏짚에 구워주는 제주 유명 맛집 밑반찬으로 나오는 명이나물도 예술
제주올레길15-B코스

하귀애월해안도로 `추천` "제주 최고의 드라이브 코스"

공항 근처에 총 9km의 서쪽 해안가를 따라 제주 바다의 풍광을 즐길 수 있는 최고의 드라이브 코스. 중간중간 잘 조성된 쉼터에서 탁 트인 바닷가를 감상하기 좋다. (302p C:1)

제주 제주시 애월읍 고내리 445-3　　#해안도로 #드라이브

닻 `맛집`
"딱새우회가 맛있는 심야술집"

자정까지 영업하는 분위기 좋은 이자카야. 딱새우회와 새우튀김이 맛있어서 안주삼아 술 마시기 좋다. 신선한 딱새우회는 단맛이 좋고 새우튀김은 바삭하고 크기도 크다. 포장주문 불가. 가격은 딱새우 사시미 40,000원, 성게 관자구이 30,000원, 고등어회 23,000원. 18:00~ 24:00(23:00 라스트오더) 수요일 휴무.(302p C:1)

제주 제주시 애월읍 가문동길 41-2
#깊은맛 #숙성회

애월 우니담 `맛집` "성게가 밥보다 많은 성게덮밥"

성게덮밥과 성게미역국이 맛있는 식당. 특히 성게덮밥은 성게가 밥보다 많이 들어있다. 성게미역국을 주문하면 전복솥밥이 함께 나와 든든하다. 가격은 성게덮밥(소/대) 28,000~ 36,000원, 성게미역국 전복가마솥밥 26,000원, 우니비빔밥 22,000원. 매일 09:00~ 19:30 (15:00~ 16:00 브레이크타임) (302p C:1) 사진ⓒ한국관광 콘텐츠랩

제주 제주시 애월읍 고내로13길 107 2층　　#한정식 #한그릇식사 #애월바다전망

애월제주다 `맛집` "72시간 숙성 해물모듬장"

황게, 딱새우, 전복, 뿔소라, 문어, 계란 등을 특제 간장소스에 72시간 숙성해서 만든 해물장을 전문으로 하는 식당. 흰쌀밥 위에 여러가지 장을 올려 먹으면 되는데 짜지 않고 감칠맛이 진해서 밥 한 공기 순삭이다. 황게와 유정란을 비벼 먹어도 맛있다. 가격은 애월해물모듬장 33,000원. 매일 11:00~ 19:00 (18:00 라스트오더)

제주 제주시 애월읍 가문동길 17
#제철해산물 #고소한맛 #짭짤한맛 #밥도둑 #혼밥추천 #30인한정판매

고내봉(고내오름, 망오름)
"고려시대 봉수대가 있는 오름"

다섯 개의 봉우리오 되어 있는 고내봉은, 조선시대 때에는 봉수가 설치되어 있던 곳이다. 지금은 둘레길이 잘 조성되어 있어 산책을 하기에 좋다. 오르는 동안에는 한라산을 볼 수 있고, 정상에선 애월의 바다를 감상할 수 있다. (302p B:2)

제주 제주시 애월읍 고내리 산3-1
#봉수대 #전망대 #풍경

만지식당 `맛집`
"돈카츠와 야키소바 주문 필수"

애월읍에 위치한 일본 음식점. 제주산 돼지 등심으로 만든 수제 돈카츠가 대표메뉴다. 두툼하고 담백해서 인기. 바베큐 고기와 소세지 야채가 들어간 야키소바도 돈카츠와 단짝 메뉴. 캐치테이블로 예약. 재료 소진 시 조기마감. 가격은 BBQ 야키소바 16,000원, 돈카츠정식 15,000원. 11:00~ 20:00 (15:00~ 17:00 브레이크타임) 목요일 휴무. (302p B:2) 사진ⓒ한국관광 콘텐츠랩

제주 제주시 애월읍 고내로 13-1
#일본가정식 #돈까스맛집

아이바가든 "실내 사진 맛집 여기야"

인생 사진을 남길 수 있는 미디어 아트 전시관. 판타지, 미스터리, 체리 블라썸 등 각자 다른 테마 9가지로 1관부터 9관까지 구성되어 있으며, 화려한 영상과 음향으로 가득 찬 공간을 체험할 수 있다. 사진이 잘 나오는 대표 포토존은 6관, 7관, 8관이니 참고. 기념품샵과 게임 존이 있어 아이들과 함께 방문하기도 좋다. 성인 15000원. (303p D:2)

제주 제주시 애월읍 고성남서길 10   #미디어아트 #인생샷스팟

곽지해수욕장 추천 "노천탕을 품은 해수욕장"

현무암 독살(원담)을 이루는 곳이 파도가 잔잔하여 물놀이하기 좋다. 곽지해수욕장에는 용천수가 나오는 '과물 노천탕'이 있는데, 과물은 '용천수가 솟아나는 우물'을 의미한다. (302p B:2)

제주 제주시 애월읍 곽지리 1565   #해수욕장 #과물 #노천탕

로맨틱새우 애월곽지본점 맛집
"다채로운 새우 요리 맛보기"

새우 요리 전문점. 매콤한 이태리 소스 맛의 레드빅뱅 쉬림프가 대표메뉴이다. 달걀 오므라이스가 들어간 로맨틱 BBQ 쉬림프도 인기. 고소한 맛을 좋아한다면 코코넛 쉬림프가 제격이다. 가격은 레드빅뱅 쉬림프 30,000원, 로맨틱BBQ 쉬림프 15,000원, 코코넛 쉬림프 20,000원. 매일 11:00~ 21:00 (16:00~ 17:00 브레이크타임) (302p B:2) 사진ⓒ한국관광 콘텐츠랩

제주 제주시 애월읍 곽지1길 12-12
#새우요리 #매콤새우 #코코넛새우

임순이네밥집 맛집
"1만원에 먹는 몸국과 육개장"

제주 향토음식 전문점. 돼지고기와 모자반을 우려낸 보양식인 몸국과 고사리 육개장이 맛있다. 몸국은 속풀이하기 좋은 건강한 맛. 육개장은 빨갛고 매운 맛이 아니라서 아이와 먹기 좋다. 가격도 저렴해서 만족. 가격은 제주 몸국 10,000원, 고사리 육개장 10,000원, 고기국수 9,000원. 11:00~ 18:00 (17:00 라스트오더) 수요일 휴무. (302p B:2)

제주 제주시 애월읍 곽지9길 8-1
#몸국 #육개장 #가성비

제주기와 카페
"야외 정원에서 피크닉 즐길 수 있는 카페"

스몰 웨딩 장소로도 인기 있는 피크닉 카페. 가게 앞 정원에서 햇살을 맞으며 진짜 피크닉을 즐길 수 있다. 베이컨, 소시지, 스크램블, 크로플, 샐러드가 포함된 제주기와 브런치와 BLT 샌드위치&감자튀김이 인기 있다. 매일 09:00~18:00 영업, 17:00 주문 마감. (303p D:2)

제주 제주시 애월읍 광령남4길 45-1
#피크닉카페 #브런치 #피크닉2인세트

백제사

아름다운 제주의 자연과 함께 템플스테이를 체험해 볼 수 있는 사찰이다. 이곳은 교육청과 손을 잡고 청소년 대안교실을 운영 중이라, 특히 청소년들의 수련에 도움이 되는 곳이다. 인성 교육은 물론, 인생의 목표를 세울 수 있는 교육적인 사찰이다. (303p D:2) 사진ⓒ한국관광 콘텐츠랩

제주 제주시 애월읍 광령남6길 54
#템플스테이 #청소년대안교실 #멘토링

토토아뜰리에

"제주 쿠킹클래스 체험"

제주 로컬 푸드를 이용한 원데이 쿠킹클래스 체험 장소이다. 키즈부터 성인까지 즐길 수 있다. 텃밭에서 각자 필요한 재료를 따와 요리하는 즐거움이 있다. 계량이 다 되어 있고 탭을 보면서 간편하게 요리할 수 있어서 요리 초보들도 충분히 가능하다. 10:00~12:20, 13:00~18:00 운영. 매주 월요일 휴무. 체험료 32,000~38,000원. 체험별 체험료 상이. (303p D:1)

제주 제주시 애월읍 고성북길 112
#쿠킹클래스 #제주로컬푸드 #초보가능

구엄리돌염전 추천 "정말 작은 염전, 사진 한장으로 끝!"

현무암으로 이루어진 천연암반지대에서 소금을 생산했던 장소이다. 조선시대부터 구엄마을의 주요 생업 터전이었지만 1950년에 그 기능을 상실해서 현재는 체험과 관광자원으로 활용하고 있다. 제주 올레 16길 코스에 위치하여 바다의 절경을 감상할 수 있는 해안 드라이브 코스로도 유명하다. (302p C:1)

제주 제주시 애월읍 구엄리 1254-1   #돌염전 #소금빌레 #올레16코스

애월빵공장앤카페 카페 "제주 현무암을 닮은 검정 현무암 쌀빵이 인기"

에메랄드빛 곽지해수욕장이 펼쳐진 오션뷰 카페 베이커리. 방부제와 화학 보존제가 들어가지 않은 건강 빵을 구워 판다. 베이커리 메뉴로는 현무암쌀빵과 한라봉무스, 음료 메뉴로는 붉은빛 히비스커스 유자 티와 푸른빛 에메랄드 비치 에이드가 인기. 매일 09:00~20:00 영업. (302p B:2) 사진ⓒ한국관광 콘텐츠랩

제주 제주시 애월읍 금성5길 42-15   #오션뷰 #히비스커스유자티 #에메랄드비치에이드

선운정사
"소원을 말해봐"

제주 올레길 15-A 코스에 있는 절로 잠시 쉬었다가 가기 좋은 장소이다. 화장실이 있어서 올레길에 꼭 들르게 된다. 소원을 들어주는 돌 '설문대할망'을 들고 소원을 빌어보자! (302p B:2)

제주 제주시 애월읍 구몰동길 65
#올레15-A코스 #설문대할망 #소원

천아오름
"새소리와 함께 산림욕을"

제주 단풍의 절정을 볼 수 있는 곳이다. 완만한 경사로 덕분에 새소리와 함께 산림욕을 즐길 수 있는 평화로운 산책 코스이기도 하다. 한라산 둘레길과 연결된 특이하게 말라 있는 바위로 가득한 천아 계곡을 배경으로 인생 사진을 찍어보는 것은 어떨까. 단풍 시기에는 외길이 좁아서 돌아 나오기 어려우니 천아오름 초입에 주차해 둘 것을 추천한다. (303p E:3)

사진ⓒ한국관광 콘텐츠랩

제주 제주시 애월읍 광령리 산182
#제주단풍 #산책 #천아계곡

초 록 달 카페
"에그타르트가 맛있는 동화 감성 카페"

동화 배경처럼 아기자기하고 예쁘게 꾸며진 카페. 노릇하게 구워 나오는 에그타르트와 휘낭시에, 까눌레도 커피와 잘 어울린다. 에그타르트 맛집으로도 유명하니 꼭 맛보고 오자. 11:00~18:00 영업, 매주 일, 월요일 휴무. (302p B:2)

제주 제주시 애월읍 납읍로2길 35-4 1층
#아기자기 #감성카페 #에그타르트

금산공원 "난대림 식물 200여종"

제주의 대표적인 난대림 지대. 난대림 식물 200여 종이 서식하여 그 환경적 가치를 인정받아 천연기념물 제375호로 지정된 곳이다. 동남아의 정글을 탐험하는 듯한 느낌을 받을 수 있고 산책하기에도 좋은 장소이다. 올레길 15-A 코스에 속해있기도 하다. (302p B:2) 사진ⓒ한국관광 콘텐츠랩

제주 제주시 애월읍 납읍리 1457-1　　#난대림 #천연기념물 #올레15-A코스

바리메오름 호수 "산으로 감싸인 고요한 호수"

초록의 들판과 한라산, 파란 하늘이 동화같은 곳이다. 들판에 살짝 물이 고여 있는데, 이 호수와 높게 솟아있는 나무가 스위스 감성을 자아낸다. 한국의 스위스를 만나고 싶다면 '바리메오름'으로 검색한 후, 이 길이 맞나 싶을 때까지 올라가면 된다. (302p B:3)

제주 제주시 애월읍 상가리 산123　　#바리메오름 #호수 #한라산 #스위스

보배책방

25년 경력 에디터 출신 사장님이 큐레이션
한 책방. 규모가 크고 책, 커피를 구매한 후
이용할 수 있는 지하, 2층 테이블룸도 있다.
13:00~17:00 영업. 매주 월, 목요일 휴무.
(302p B:2)

제주 제주시 애월읍 납읍로2길 15-1
#큐레이션책#책방#넓은북카페

도치돌목장 억새
"억새와 알파카가 있는 가을 힐링 명소"

이곳엔 알파카 같은 동물 친구들만 있는 것이
아니다. 계절마다 바뀌는 아름다운 자연이 있
는 곳. 가을이 되면 넓은 초원에 억새가 피어
나 산책로를 따라 은빛 억새밭을 감상하며 힐
링할 수 있다. 매일10:00~18:00 운영, 17:00
입장 마감. (302p C:2)

제주 제주시 애월읍 도치돌길 303
#가을#억새#산책로#알파카

파군봉(바굼지오름) "바구니를 닮은 오름"

오름의 모양이 바구니와 닮았다고 해서 바구니의 제주도 사투리인 바굼지가 이름이 되었다.
정상까지 10여 분 소요되는 비교적 작은 오름이지만, 입구 초반이 경사가 심해 줄을 잡고 올라
가야 한다. 울창한 소나무 숲을 지나 정상에 오르면 하귀리 마을과 바다가 한눈에 들어온다.
(303p D:1) 사진ⓒ한국관광 콘텐츠랩

제주 제주시 애월읍 상귀리 332
#바구니오름 #소나무숲 #절경

고이정 애월흑돼지 보리짚불구이
맛집 "보리짚불로 훈연한 흑돼지"

제주 보리짚으로 초벌구이한 흑돼지 전문점. 최
고의 원육을 선별, 장기 숙성한 삼겹살과 부드러
운 목살이 인기메뉴다. 고기는 두툼하고 육즙이
가득하고 찌개와 반찬, 공기밥마저 맛있다 실내
에서는 바다가 보인다. 캐치테이블로 예약 및 웨
이팅 가능. 비가격은 보리짚불 흑돼지(목살/삼
겹살) 53,000원. 매일 11:00~ 24:00 (23:00
라스트오더) (305p F:2) 사진ⓒ한국관광 콘텐츠랩

제주 제주시 애월읍 애월로 6
#애월맛집 #흑돼지 #숙성근고기

한담국수 곽지애월점 맛집 "강황소면으로 만든 고기국수"

진한 사골육수로 만든 고기국숫집. 강황을 넣은 소면과 담백한 국물맛이 일품이다. 김치와 무
말랭이 짱아찌와 먹으면 더 맛있다. 고기를 찢어 넣고 콩나물, 오이와 같이 비벼먹는 동치미 비
빔국수도 추천 메뉴. 실내에서 바다가 보인다. 가격은 고기국수, 비빔국수 모두 10,000원, 떡갈
비 12,000원. 매일 10:00~ 20:50 (19:50 라스트오더) (305p D:1)

제주 제주시 애월읍 애월로 33   #고기국수 #비빔국수 #바다뷰

새별오름 추천 "가을억새, 들불축제로 유명한"

중산간 도로에서 바라본 새별오름

새별오름 억새

매년 3월 중순 열리는 새별오름 들불축제

파란 하늘에 민둥산 느낌의 초원으로 이루어진 오름. 저녁 하늘 샛별과 같이 외롭게 있다고 하여 '새별오름'이라 불린다. 가을에는 억새로 가득한 억새 산이 된다. 해 질 무렵 새별오름에서 보는 저녁노을은 평생 기억될 추억이 될 것이다.(302p C:3)

제주 제주시 애월읍 봉성리 산59-8   #억새 #갈대 #노을

중엄리새물 추천 "용천수 솟아나는"

중엄 마을 주민들의 터전이자 휴식처. 올레 16코스에 속해 있고 애월 해안 도로 중간에 위치해 있다. 예로부터 식수터로 이용되어 왔던 새 물은 바닷물이 들어오지 않고 용천수가 솟아나던 곳이다. 한여름에도 용천수의 온도는 15도를 넘지 않으니 가족 단위의 피서지 도로 인기가 좋다. (302p C:1)

제주 제주시 애월읍 신엄리 2719-3　 #용천수 #피서지 #올레16코스

골목카페옥수 카페
"마스코트 강아지 모모가 반겨주는 한옥카페."

한옥을 개조해 한국적인 멋스러움을 간직한 감성 카페. 손님들을 반갑게 맞이해주는 강아지 모모가 귀엽다. 시그니처 옥수페너를 비롯해 미숫가루가 들어간 할매라떼, 제주 레몬과 석류 청이 들어간 소길에이드가 인기. 에그타르트도 맛있다. 11:00~18:00 영업. 매주 금요일 휴무. (302p C:2) 사진ⓒ한국관광 콘텐츠랩

제주 제주시 애월읍 소길1길 19
#할매라떼 #옥수페너 #에그타르트

잇칸시타 맛집
"9첩 반상 일본 가정식"

텐동, 지라시스시, 사케동을 먹을 수 있는 일본 가정식 레스토랑. 텐동정식은 왕새우 2마리, 느타리버섯, 표고버섯, 꽈리고추, 깻잎, 단호박, 김을 튀겨주는 대표메뉴. 모든 정식은 9첩 반상으로 제공된다. 평일에는 웨이팅이 거의 없다. 가격은 텐동정식 18,000원, 지라시스시정식 21,000원, 11:00~ 20:30 (20:00 라스트오더) 수요일 휴무. (302p C:1)

제주 제주시 애월읍 신엄안2길 54-1
#일본가정식 #이자카야 #안주

한대오름
"원시림으로 가득한"

우거진 숲과 단풍을 보면서 걷기 좋은, 가을 산행에 최적인 오름이다. 한라산 원시림 지대이기도 하다. 제주도의 여느 오름들과 달리 정해진 탐방로와 이정표가 없어 초보자들에겐 어려운 코스일 수 있으니 사전 조사를 충분히 한 뒤 방문해야 한다. 돌길이 많아 등산화는 필수이며 바리메오름 주차장 이용할 것을 추천한다. (바리메오름 → 노루오름 입구 → 한대오름 입구) (303p D:3)

제주 제주시 애월읍 봉성리 산1
#가을산행 #원시림지대 #탐방로없음

화조원
"아이들과 꼭 가봐야하는 곳!
새들과 교감할 수 있는 곳!"

맹금류, 펭귄, 알파카, 라쿤 등 귀여운 동물들과 교감해 볼 수 있는 곳이다. 테마별로 먹이 주기 체험부터 맹금류 호로조 비행 관람까지 즐길 거리가 다채롭다. 특히 평소 새를 좋아하는 분이라면 유리온실관의 '앵무새 먹이주기' 체험을 강력 추천한다. 가족과 함께 방문하기에도 좋은 곳이다. 4~10월 매일 09:00~18:00(입장 마감 17:00), 11~3월 매일 09:00~17:30(입장 마감 16:50) 운영. 성인 18,000원. (302p C:2) 사진ⓒ한국관광 콘텐츠랩

제주 제주시 애월읍 애원로 804
#동물교감 #먹이주기체험 #가족여행

수산봉 "한라산 뷰 하늘그네"

하늘 그네를 타며 한라산 뷰를 경험할 수 있는 특별한 장소이다. 오름 봉우리에 연못이 있다고 해서 물메오름이라고도 불린다. 정상에는 운동 기구도 있고, 가볍게 산책하기 좋은 오름이다. (303p F:1) 사진ⓒ한국관광 콘텐츠랩

제주 제주시 애월읍 수산리 산1-1   #하늘그네 #한라산뷰 #물메오름

트라이브 `카페` "한담해변 노을 전망이 아름다운 오션뷰 카페"

탁 트인 한담해변 전망이 아름다운 디저트 카페. 특히 해 질 녘 전망이 아름다운 곳으로 유명하다. 귀여운 한라봉 마카롱이 올라간 한라봉 수플레, 새콤한 한라봉 소르베 에이드가 인기. 매일 09:00~21:00 영업. (305p E:2) 사진ⓒ한국관광 콘텐츠랩

제주 제주시 애월읍 애월로 11   #당근케이크 #한라봉소르베에이드

쉬리니케이크 `카페`

"제주도산 과일로 만든 상큼달콤한 조각케이크"

프랑스산 생크림과 버터, 크림치즈를 이용해 만드는 조각 케이크 전문점. 홀 케이크는 2~3일 전에 예약 주문해야 한다. 제주산 과일이 들어간 무화과 케이크, 애플망고 케이크, 바나나 초코 케이크를 추천한다. 평일 12:00~17:00, 주말 12:00~18:00 영업, 매주 화, 수요일 휴무. (302p B:2)

제주 제주시 애월읍 애납로 175 1층
#딸기생크림케이크 #애플망고케이크 #쑥

애월흑돼지 백번가든 `맛집`

"푸짐한 흑돼지 묵은지 김치찜"

등갈비, 등뼈, 묵은지, 활전복, 문어, 공기밥으로 구성된 이색 김치찜을 먹을 수 있는 식당. 묵은지의 매콤한 양념과 부들부들한 갈비살, 쫄깃한 문어가 맛있다. 3인이상이라면 쫀득한 오겹살을 구워먹고 5합김치찜을 추가해도 좋다. 가격은 흑돼지 5합김치찜 2인 40,000원, 흑돼지오겹살 22,000원(200g). 10:00~ 22:00 목요일 휴무. (302p B:2)

제주 제주시 애월읍 애월로 120
#오겹살맛집 #매콤칼칼김치찜 #유기농쌈

애월한담공원 "카페 왔다가 산책하고 가지요"

애월카페거리와 한담해변까지 해안 산책로로 이어진 공원. 공원 자체의 크기는 크지 않지만 탁 트인 바다와 풍력발전기가 있는 풍경을 볼 수 있다. 저녁에는 일몰 명소로도 인기. 해안산책로를 따라 걸으면 공원부터 한담해변 및 애월카페거리까지 도보 약 7분 거리. 공원 주변에도 아기자기하고 이국적인 카페들이 모여 있다. 한담산책로주차장 이용. (305p F:2)

제주 제주시 애월읍 애월로 11　#해안산책로 #애월카페거리

한담해안산책로  추천 "바다를 껴안은 산책로"　　　한담해변 "아름다운 산책로 걷기"

한담마을에서 곽지해수욕장까지 이어지는 해안 산책로이다. 바다 바로 곁에서 걸을 수 있게 설계된 산책로는, 숨은 비경으로도 꼽힌다. 이곳에서 보는 일몰은 아름답기로 특히 유명하니, 해가 지는 시간에 맞춰 방문해 볼 것을 추천한다. 바다 한 가운데를 걷고 있는 듯한 아름다운 산책로를 꼭 걸어보시라. (302p B:2)

제주 제주시 애월읍 곽지리 1359　#바다산책로 #숨은비경 #힐링

315

훈도 애월흑돼지 본점 맛집
"3가지 교차숙성 흑돼지구이"

한담해변 오션뷰 고깃집. 워터에이징, 드라이에이징, 웻에이징으로 최상의 돈육을 제공한다. 왕겨로 훈연해서 자체제작한 무쇠불판에 구워주는 것이 특징. 흑돼지모듬구이에 찌개, 계란찜, 공기밥이 제공되는 점심한상도 가성비가 좋다. 가격은 흑돼지모듬 59,000원, 흑돼지 점심한상 52,000원, 흑돼지 묵은지 김치찌개 8,000원. 매일 11:00~ 23:00 (304p C:1)

제주 제주시 애월읍 애월로 37 1층
#교차숙성 #왕겨훈연 #바다뷰

우영담 맛집
"가성비 전복요리로 유명"

전복 요리 전문점. 특제 게우젓을 넣고 비벼 먹는 전복돌솥밥이 짭짤하면서도 고소하다. 전복뚝배기는 고추넣은 맑은 국물로 나온다. 2인 이상이라면 돌솥밥, 뚝배기, 옥돔구이, 전복버터구이로 구성된 세트메뉴를 추

돌담땅콩국수 맛집 "땅콩이 듬뿍 들어간 콩국수"

먹방 유튜버 히밥이 다녀간 국숫집. 대표메뉴는 한라산 치즈국수로 마라탕맛 국물이 맛있다. 여름에는 고소한 땅콩콩국수가 더 인기있다. 우도땅콩이 들어가 고소함이 2배다. 까만 흑돈만두도 사이드 메뉴로 추천. 가격은 모두 1만 원대 초반. 월, 수, 금~일 10:00~ 20:00 (15:00~ 17:00 브레이크타임) 화, 목 10:00~ 15:00. (304p B:1)

제주 제주시 애월읍 애월로 53-1   #치즈국수 #땅콩콩국수 #우도땅콩

천. 가격은 전복돌솥밥 15,000원, 전복뚝배기 15,000원, 2인세트 45,000원. 매일 08:00~ 20:30 (19:30 라스트오더)

제주 제주시 애월읍 애월로 86
#전복돌솥밥 #세트추천 #가성비

랜디스도넛 애월점 카페
"제주도에서 가장 유명한 도넛 체인점"

애월 카페 거리에 위치한 미국 감성의 도넛 체인점. 클래식한 핑크 스프링클 도넛부터 텍사스 글레이즈 도넛, 애플 프리터 등 다양한 도넛을 판매한다. 애월 녹차 필링 도넛, 라봉 도넛처럼 특별한 제주 메뉴도 준비되어 있다. 매일 9:30~18:30 영업. (305p D:2)

제주 제주시 애월읍 애월로 27-1
#핑크스프링클도넛 #텍사스클레이즈도넛 #미국감성

뜰에 맛집
"갈치조림과 모듬회 세트"

가성비 좋은 갈치조림 전문점. 갈치조림과 모듬회, 돌솥밥, 양념게장, 딱새우장, 오징어젓갈 등으로 푸짐하게 구성된 세트가 대표 메뉴다. 조림 대신 구이로도 가능하다. 가격은 갈치조림세트 69,000원, 고등어조림세트 60,000원. 10:30~ 21:00 매일 (15:30~ 17:00 브레이크타임, 20:00 라스트오더) (302p B:2)

제주 제주시 애월읍 애월로11길 23-1
#갈치요리전문점 #2인이상추천

애월항포구횟집 본점 `맛집`
"연예인이 즐겨찾는 제철 활어회 전문점"

주현영, 박완규, 이정 등 유명인들이 찾아오는 활어회 전문점. 신선한 회와 멘치카츠, 뽈락, 튀김, 매운탕 등이 제공되는 정식이 대표 메뉴다. 회가 신선하고 플레이팅도 수준급. 수제비 반죽을 직접 떠서 먹는 매운탕도 맛이 좋다. 가격은 특선회정식 2인 56,000원, 모듬회코스 120,000~ 220,000원, 고등어회 60,000원. 매일 11:30~ 23:00

제주 제주시 애월읍 애로11길 22
#회정식 #매운탕 #연예인단골

애월 갈치 암행어사 `맛집`
"1m 통갈치로 만든 조림과 구이"

1m짜리 통갈치를 맛볼 수 있는 식당. 대표메뉴는 통갈치조림+구이 세트. 칼칼한 통갈치조림에 갈치구이, 영양솥밥, 전복물회, 갈치회, 돔베고기, 새우장, 계란찜이 같이 나온다. 셀프코너에서는 계란후라이도 가능. 가격은 1미터 통갈치조림+갈치구이세트 89,000원, 은갈치조림, 갈치구이 모두 20,000원. 11:00~ 21:30 (20:45 라스트오더) (341p D:1)

제주 제주시 애월읍 애로11길 27
#1미터통갈치 #갈치조림 #세트주문

태공식당 `맛집`
"갈치조림 1인분 주문 가능"

현지인 식당. 달지않고 칼칼한 갈치조림은 갈치살이 많고 무, 감자도 푹 익어서 맛있다. 3~4명이면 대 사이즈가 알맞다. 혼자라도 1인분 주문이 가능하다. 해장국, 성게미역국, 해물뚝배기는 아침식사나 속풀이용으로 제격. 여름에는 한치물회 추천. 가격은 갈치조림(소/대) 28,000~ 48,000원. 식사류 9,000~ 10,000원. 매일 07:00~ 19:30

제주 제주시 애월읍 애로11길 7
#갈치조림 #해장국 #혼밥

썬셋클리프 `카페` "제주도 석양 전망이 가장 아름다운 곳"

제주의 아름다운 석양을 감상할 수 있는 탁 트인 오션뷰 카페. 위스키 베이스의 야생화와 리큐어 베이스의 동해 등 칵테일이 대표 메뉴. 아인슈페너, 한라봉에이드도 인기. 매일 10:00~22:00 영업. (305p D:2) 사진ⓒ한국관광 콘텐츠랩

제주 제주시 애월읍 애로1길 19-8   #아인슈페너 #썬셋후르츠

애월그때그집 본점 `맛집`
"가성비 좋은 흑돼지와 김치찌개"

@hwan21562

흑돼지구이 전문점. 고사리와 수제 소세지가 포함된 500g 2인 세트가 대표 메뉴다. 고기가 듬뿍 들어간 김치찌개도 맛있다. 오후 3시 안에 주문하면 라면사리, 계란후라이, 공깃밥이 무한 리필된다. 셀프바에서 반찬도 리필 가능하다. 가격은 1등김치찌개 10,000원, 숙성 흑돼지2인 55,000원. 11:00~ 22:00 (21:00 라스트오더) 휴무없음. (302p B:2)

제주 제주시 애월읍 애월로15길 24 1층
#근돼지구이 #세트메뉴추천

콜린 제주점 `카페`
"일본에서 먹었던 바로 그 맛!
도쿄 미슐랭 3스타 레시피"

@colline_jeju

마치 일본에 온 것처럼 같은 분위기의 디저트 카페. 도쿄 미슐랭 3스타 레시피로 만든 푸딩을 맛볼 수 있다. 부드러운 식감과 적절한 단맛의 밸런스가 좋은 일본 전통 푸딩이 대표 메뉴. 이곳 푸딩만의 부드러운 텍스처를 가장 정확하게 느끼고 싶다면, 시그니처 푸린을 추천. 하나만 결정하기 힘들다면 테이스팅 세트도 준비되어 있다. 제주산 유기농 녹차 아이스크림도 인기. 매일 11:00~19:00 영업. (304p C:2)

제주 제주시 애월읍 애월로1길 24-5 1층
#미슐랭#일본#푸딩#세트#아이스크림

해지개 `카페`
"노을이 아름다운 오션뷰 한옥 베이커리 카페"

@ririmom_i

한옥을 재해석한 고즈넉한 분위기의 오션뷰 베이커리 카페다. '해가 넘어가는 곳'이라는 이름 그대로, 제주 서쪽에 위치해 매일 해가 지는 모습을 감상할 수 있는 곳. 흑임자라떼, 아인쑥페너, 넛츠 크림커피가 이곳의 시그니처 메뉴. 검은 색 울퉁불퉁한 빵 속 크림 치즈가 가득한 현무암빵도 인기 있다. 탁 트인 뷰에 넓은 공간이 주는 쾌적함이 특징. 주차 가능. 매일 09:00~21:00 영업. (304p A:3)

제주 제주시 애월읍 애월북서길 52 1-2층
#한옥#오션뷰#베이커리#흑임자라떼#현무암빵

애월한담해안로 유채꽃 "야자나무와 유채꽃"

@bomy8161

봄이 오면 애월 앞바다를 배경으로 노란 유채꽃이 만발한다. 여기에 이국적인 야자수 나무가 더해지면, 더욱 환상적인 풍경이 완성된다. 네비에 한담노을주차장 혹은 제주시 애월읍 곽지리 1365를 찍고 이동 (302p B:2)

제주 제주시 애월읍 애월리 2431-3   #3,4월 #드라이브코스 #해안도로 #야자수

푸린 제주애월점 `카페`
"아이스 홍시 빙수가 맛있는 플랜테리어 카페"

커다란 창과 다양한 식물이 어우러져 온실처럼 따뜻한 분위기가 느껴지는 카페. 입구에 이탈리아 감성의 분수대가 있다. 시그니처 아이스 홍시 빙수와 한라봉 크림라떼, 신선한 식재료로 만든 프렌치토스트와 팬케이크, 제주 문어 해산물 떡볶이 등 다양한 브런치와 디너를 즐길 수 있다. 매장이 넓고 한적해 여유를 즐기기 좋다. 플라워숍도 함께 운영. 콜키지 유료로 가능. 주차 안내는 인스타 참조. 매일 10:00~19:30 영업. (304p B:3)

제주 제주시 애월읍 애월로1길 24-8 1-3층
#플랜테리어#분수대#홍시빙수#브런치#플라워숍

애월은혜전복 제주애월본점 `맛집`
"전복 요리시키면 고등어구이 무료"

전복 요리 전문점. 전복물회는 간이 세지 않아 아이들이 먹기에도 좋고 전복구이는 부들부들 고소하다. 전복돌솥밥은 반찬으로 나오는 낙지젓갈에 비벼 먹으면 더 맛있다. 2인 이상 메뉴 2개를 주문하면 고등어구이 반마리가 무료. 가격은 전복돌솥밥, 물회, 뚝배기 모두 17,000원. 매일 09:40~ 20:00 (19:00 라스트오더) (304p B:2)

제주 제주시 애월읍 애월로1길 24-3
#전복요리전문점 #반찬셀프바 #포장가능

봄날 `카페` "돌담과 해변을 배경으로 인생 사진을 찍어가자"

한담 해수욕장 전망 좋은 곳으로 입소문이 난 카페. 가게 앞 돌담이 프레임이 되어 멋진 바다 사진을 찍어갈 수 있다. 드라마 맨도롱또똣 촬영지로도 유명하다. 매일 09:00~21:30 영업. (304p C:3)

제주 제주시 애월읍 애월로1길 25 　 #오션뷰 #아메리카노 #콜드브루

애월카페거리 `추천` "많은 카페, 많은 사람"

야외 테이블에서 음식과 함께 이국적인 바다 경치를 감상하기 좋은 장소이다. 유명한 카페로는 봄날카페, 레이지펌프 등이 있다. 자연과 함께 감성을 충전시킬 수 있는 명소이다. (304p C:3)

제주 제주시 애월읍 애월북서길 56-1 　 #이국적 #바다경치 #감성충전

하이엔드제주 `카페`
"연인과 함께 방문하기 좋은 오션뷰 카페"

애월 해변 전망이 아름다워 필수 데이트 코스로 꼽히는 곳. 한담 블루슈페너와 그린슈페너, 오미자와 감귤 주스가 어우러진 하이엔드 선셋, 말차라떼와 애월말차오름이 시그니처. 매일 10:00~20:00 영업, 19:20 주문 마감. (304p B:3)

제주 제주시 애월읍 애월북서길 56
#오션뷰 #한담슈페너 #애월말차오름

제주광해 애월 `맛집`
"바다 전망뷰의 푸짐한 갈치조림정식 식당"

갈치조림 소자라도 갈치, 무, 떡, 조개, 전복 등 재료가 풍성해서 2명이서 배부르게 먹는다. 특히 갈치살과 무에 양념이 잘 베어있어 밥에 비벼먹기 좋다. 반찬으로 나오는 양념게장도 자극적이지 않고 맛있다. 가격은 갈치조림(단품/세트) 48,000~ 94,000원. 매일 10:00~20:00 (19:00 라스트오더) (302p C:1)

제주 제주시 애월읍 애월해안로 867
#가성비 #갈치요리전문 #바다전망테라스

메리무드 "파스텔 톤의 키치한 무인 소품샵"

애월 해안도로에 위치한 2층 무인 소품샵. 통창으로 푸른 바다를 감상하기 좋다. 알록달록한 파스텔 톤의 인테리어가 특징이다. 키치한 캐릭터 굿즈부터 도자기 그릇, 식기류 등을 판매한다. 귀여운 고양이 굿즈가 많다. 거울 포토존 외에 레트로한 TV에 얼굴이 나와 인증샷을 찍기 좋다. 24시간 운영하는 무인매장. 매장 앞 주차 가능. (302p B:2)

제주 제주시 애월읍 애월해안로 206 2층   #오션뷰소품샵 #애월소품샵

제주 정직한돈 애월본점 맛집

"히밥이 극찬한 흑목살 고깃집"

먹방 유튜버 히밥이 먹고 극찬한 흑돼지 전문점. 겉바속촉의 목살과 오겹살이 인기 메뉴. 세트 메뉴를 시키면 딱새우회도 함께 먹을 수 있다. 셀프바가 있어서 파절이와 밑반찬을 맘껏 먹을 수 있다. 실내는 청결하고 시원하다. 가격은 흑목살, 흑삼 200g 21,000원, 흑돼지딱새우세트 79,000원. 매일 15:00~ 23:00 사진ⓒ 한국관광 콘텐츠랩

제주 제주시 애월읍 애월해안로 253
#히밥추천 #흑목살 #흑오겹살

남또리횟집 맛집 "고등어회와 메밀소바를 한상에"

고등어회와 매운탕이 맛있는 횟집. 잡내, 비린내 1도 없는 싱싱한 고등어회와 달콤 짭짤한 고등어 메밀소바가 인기있다. 제주 대표 고급어종인 구문쟁이도 회로 먹을 수 있다. 뷰가 좋아 노을을 보며 식사할 수 있다. 가격은 구문쟁이회 70,000원, 모둠회 65,000원, 고등어회 55,000원. 11:00~ 24:00 (23:00 라스트오더) 화요일 휴무. (302p C:2)

제주 제주시 애월읍 애월해안로 384   #모둠회세트메뉴 #정갈한밑반찬

애월항 "일출과 일몰이 아름다운 낚시 포인트"

일출, 일몰이 아름다운 항구이다. 낚시 포인트라 낚시 애호가들의 사랑을 받는 장소이기도 하다. 이곳에 제주도에 필요한 모든 가스를 공급하는 LNG 기지가 있어서 야간에는 조명으로 밝게 빛난다. 애월항을 시작으로 에메랄드빛 바다를 감상할 수 있는 애월 해안 도로를 산책해보자. (302p B:1)

제주 제주시 애월읍 애월해안로 67   #일출일몰 #낚시포인트 #LNG기지

해성도뚜리 맛집

"고기보다 맛있는 토마토 짬뽕"

SBS 미우새에도 등장한 고깃집. 흑오겹살에 짬뽕까지 먹을 수 있어 손님이 많다. 오겹살은 쫀뜩하고 오겹살 기름에 볶아진 고사리도 맛있다. 토마토가 들어간 해산물 짬뽕은 고기보다 더 인기. 가격은 흑오겹살 고사리묵은지 22,000원, 토마토짬뽕 16,000원. 11:30~ 22:00 화요일 휴무. (302p C:1) 사진ⓒ한국관광 콘텐츠랩

제주 제주시 애월읍 애월해안로 682
#흑오겹살 #해산물짬뽕 #고사리

구엄포구 "돌염전이 있는 곳"

얼핏 보면 거북이 등 같기도 하지만, 매여진 둑에 바닷물을 고이게 만들어 햇볕을 이용해 소금을 만들어내던 돌염전이다. 제주도만 가지고 있는 특별한 모습이기도 하다. 우수하고 맛이 좋은 천일염으로 비싼 가격으로 거래되기도 했던 이곳의 소금은 1950년대 이후엔 소금밭으로서 기능을 잃어 현재는 관광지로만 활용되고 있다.

제주 제주시 애월읍 애월해안로 713   #돌염전 #천일염 #관광지

노을리 카페
"제주 노을을 보며 흑연탄빵을 먹자"

흑연탄빵으로 유명한 대형 베이커리 카페. 창을 향해 놓인 빈백에 앉아 멋진 노을을 감상하기 좋다. 노을리에이드가 시그니처. 매일 9:00~21:00 영업, 브런치는 주말 9:00~18:30, 평일 9:00~17:30까지. (302p C:1) 사진ⓒ한국관광 콘텐츠랩

제주 제주시 애월읍 애월해안로 654   #애월카페 #흑연탄빵 #오션뷰

해변횟집 맛집
"고등어회 1인분 주문 가능"

당일 들어온 생선으로 매일 구성이 달라지는 모듬회 맛집이다. 특히 활고등어회는 비리지않고 싱싱해서 인기가 많다. 1인분 주문이 가능해서 혼자서도 먹을 수 있다. 겨울에는 방어와 고등어회 반반도 가능하다. 가격은 모듬회(소/중)/고등어회와 탕(중/대) 60,000~ 90,000원, 고등어회 1인 35,000원. 매일 11:00~21:30 휴무 네이버 공지.

제주 제주시 애월읍 애월해안로 90
#모듬회 #고등어회 #혼밥

제주소품샵 올망 "자개 모빌 클래스가 유명한 애월 소품샵"

넓은 마당이 있는 카페 겸 소품샵. 마당에서 커피 한잔하기 좋다. 귀여운 고양이가 상주하며, 고양이 소품이 많다. 내부는 크게 세 곳으로 나뉜다. 자석, 피규어, 그릇 등 소품 공간, 문구류 공간, 원데이 클래스 공간. 돌멩이 굿즈가 유명하며, 자개 모빌 클래스는 데이트 코스로 추천. 11:00~18:00 (화요일 휴무). 올망 전용 주차장에 주차 가능. (302p B:2)

제주 제주시 애월읍 어도봉남길 27 　 #애월소품샵 #원데이클래스

제주힐링명상테마파크
"비양도를 품은 바다가 보이는"

오름과 드넓은 들판, 한림 해변과 비양도가 한눈에 내려다보이는 곳에 위치한 제주 힐링 명상센터는, 제주를 호흡하고 명상하며 새롭게 깨어나는 나를 만나볼 수 있는 곳이다. 전통 활 체험과 국궁, 승마, 명상 등을 체험해 볼 수 있다. 매일 09:00~18:00 운영, 입장 마감 17:00. 힐링파크 입장료 무료, 활 체험은 10,000원. (302p C:3) 사진ⓒ한국관광 콘텐츠랩

제주 제주시 애월읍 어음13길 196
#제주힐링명상센터 #전통체험 #절경

아르떼뮤지엄 　추천　 "제주 여행의 핫플레이스! 시공간을 초월하는 영원한 자연! 신비로운 경험을 해볼까요?"

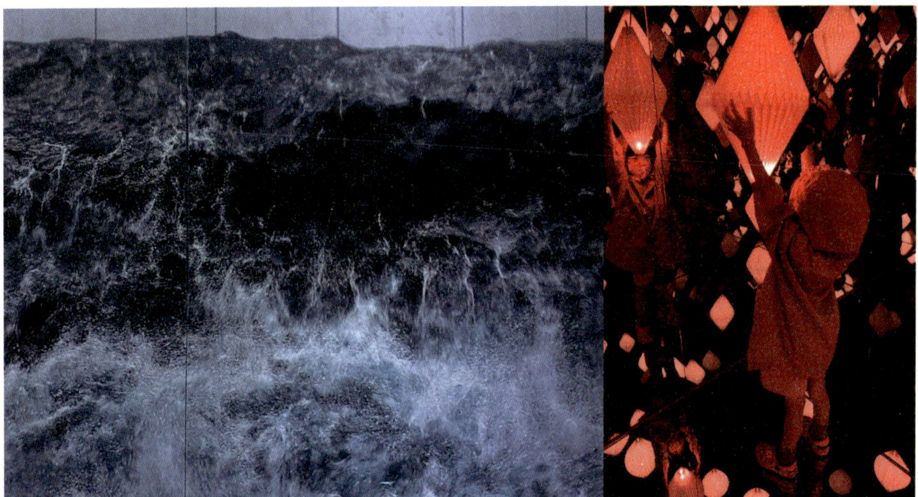

빛과 소리가 만들어내는 환상적인 공간, 코엑스 'Wave' 작품으로 유명한 디지털 컴퍼니 d'strict가 주관/제작한 대규모 미디어 아트 전시관이다. 영원한 자연(ETERNAL NATURE) 소재의 10개 테마의 미디어 아트가 전시되어 있으며, 특히 최고의 몰입도를 자랑하는 비치(Beach) 존이 가장 유명하다. 매일 10:00~20:00 운영, 입장 마감 19:00. 성인 18,000원. (302p C:3)

제주 제주시 애월읍 어림비로 478 　 #Wave #d'strict #미디어아트전시관

제주당 `카페` "농장 컨셉 초대형 베이커리 카페"

새별오름을 바라보며 여유로운 시간을 보낼 수 있는 초대형 베이커리 카페. 복층 구조, 높은 층고로 개방감이 느껴지는 실내 공간은 예쁜 컬러의 트랙터가 곳곳에 서 있고, 초록 식물이 많아 그리너리한 느낌. 이곳의 시그니처 메뉴는 꿀고구마, 늙은 호박, 구좌 당근 등 실제 작물과 똑 닮은 채소밭 베이커리. 네이버 예약으로 피크닉 세트 대여 가능. 케어키즈존. 주차 가능. 매일 10:00~21:00 영업. (341p E:3)

제주 제주시 애월읍 월각로 927　　#새별오름#대형#그리너리#채소밭#피크닉

어음리 억새군락지 "은빛 억새와 멀리 보이는 새별오름"

키보다 더 큰 억새들이 끝이 보이지 않을 정도로 펼쳐져 있다. 은빛 억새들이 춤을 추는데, 멀리 새별오름까지 보인다. 해질 시간에 맞춰 가면 노을까지 더해져 제주 가을의 절정을 맛볼 수 있다. (302p C:3)

제주 제주시 애월읍 어음리 산68-5　　#어음리 #억새군락지 #은빛물결 #노을 #가을

유수암농촌체험휴양마을
"맑게 솟아 오르는 유수암물"

맑은 물이 솟아나는 유수암물이 있는 곳이다. 이곳은 농촌체험 휴양마을이기도 한데 감귤을 수확하는 체험이나, 샤프나 젓가락 등을 만드는 목공예 체험까지 다양한 체험 프로그램이 운영 중이다. 월~토 10:00~12:00, 13:00~17:00 운영. 일요일 휴무. (302p C:2)
사진ⓒ한국관광 콘텐츠랩

제주 제주시 애월읍 유수암로 12
#자연생태우수마을 #감귤체험

바다속고등어쌈밥 `맛집`
"고등어와 묵은지의 조화"

묵은지 고등어조림이 맛있는 식당. 비린내 없고 촉촉한 고등어 살과 잘 익은 묵은지 맛이 조화롭다. 칼칼하지만 짜지 않다. 쌈채소도 넉넉히 준다. 반찬/단품으로 나오는 게장도 자극적이지 않고 맛있다. 가격은 고등어쌈밥 2인 34,000원, 전복성게미역국 15,000원, 간장게장 40,000원. 매일 08:00~ 21:00 (20:15 라스트오더) (303p D:1)

제주 제주시 애월읍 일주서로 7089
#건강한맛 #고등어쌈밥 #묵은지 #간장게장

궷물오름 추천
"해송과 삼나무"

분화구(궤)에서 솟아나는 샘물이 있다고 하여 '궷물오름'이라 불린다. 완만하고 잘 정비되어 있어 유아 동반도 가능한 숲 산책길이다. 궷물오름의 핫스팟이었던 초지는 사유 방목지로 이젠 들어갈 순 없고 초지 밖에서만 인증샷을 찍을 수 있다. (303p D:3)

제주 제주시 애월읍 유수암리 산136-6
#샘물 #유아동반가능 #초지

아루요 맛집
"짬뽕과 고로케 주문 필수"

나가사키 짬뽕이 맛있는 식당. 해산물이 푸짐하고 국물맛이 담백하다. 바삭한 튀김옷 속에 하얀 감자를 으깨넣은 감자 고로케도 별미. 두툼한 참치살이 가득 올라간 마구로지라시동도 가성비 좋은 메뉴. 가격은 나가사끼짬뽕 12,000원, 고로케 5개 8,000원, 마구로지라시동 18,000원, 11:30~ 20:00 (14:30~ 17:30 브레이크타임) 일요일 휴무. (303p D:2) 사진ⓒ한국관광 콘텐츠랩

제주 제주시 애월읍 유수암평화5길 15-8
#정통일본식 #우동 #덮밥 #안주 #사케 # 혼술

족은녹고메
"쉽게 오를 수 있는 오름"

작은 녹고메 오름이란 뜻의 오름이다. 경사가 있는 코스가 있긴 하지만 대체로 힘들지 않고 오를 수 있다. 울창한 숲길이 좋아 되도록 천천히 걸어 보길 추천한다. (303p D:3) 사진ⓒ한국관광 콘텐츠랩

제주 제주시 애월읍 유수암리 산138
#작은녹고메 #억새

TONKATSU서황 맛집
"제철 생선으로 만든 생선카츠"

제철생선과 새우로 만든 생선카츠가 맛있는 식당. 갓 잡은 생선으로 만들어 비린 맛이 없고 바삭하고 부드럽다. 등심과 안심을 섞은 서황카츠는 가성비가 좋은 메뉴. 식사시간에는 웨이팅이 길므로 오픈런 추천. 가격은 서황카츠 12,000원, 생선카츠 18,000원. 11:30~ 20:00 (15:00~ 17:30 브레이크타임, 19:30 라스트오더) 화요일 휴무. (302p C:2)

제주 제주시 애월읍 장소로 205-2
#생선카츠 #돈카츠 #웨이팅

이끼숲소길 `카페`

"초록뷰를 바라보며 즐기는
청량한 이끼숲소길 에이드"

잘 가꾸어진 넓은 정원과 이끼숲길이 어우러진 카페. 실내는 커다란 창이 있는 우드톤 인테리어로 편안한 분위기를 느낄 수 있다. 카페 이름을 딴 이끼숲소길 에이드가 시그니처 메뉴. 상큼한 레몬에 말차를 더해 깔끔한 청량감이 느껴진다. 오후 12시~17시 사이, 30분마다 스크링쿨러가 가동되어 물안개가 연출되며, 더욱 선명한 녹색 이끼돌을 볼 수 있다. 주차 가능. 매일 09:00~17:30 영업. (302p C:3)

제주 제주시 애월읍 장소로 621
#정원#이끼숲#에이드#물안개

스시애월 `맛집`

"한달 전 예약 필수 초밥집"

제철 생선 사시미와 초밥을 맛볼 수 있는 가성비 오마카세 식당. 사시미(8p)를 시작으로 광어, 도미, 우럭, 참치로 만든 초밥(8p)이 나온다. 특히 참치 뱃살로 만든 도로초밥이 맛있다. 튀김, 우동, 과일로 마무리. 깔끔하고 모던한 분위기다. 예약 필수. 가격은 사시미&도로초밥세트 42,000원. 11:00~ 21:00 수요일 휴무. (302p C:2)

제주 제주시 애월읍 장전로 57
#가성비초밥도시락 #예약제

애월고등학교 벚꽃 "나만 알고 있는 숨은 벚꽃길"

애월고등학교 정문 앞 도로는 현지인들만 아는 제주 벚꽃 숨은 명소다. 정문 가는 길목에 탐스러운 왕벚꽃들이 피어난다. 학생들이 공부하는 공간이므로 주말에 방문하는 것을 추천한다. 네비에 제주시 애월읍 일주서리 6372-20을 찍고 이동(지번주소 : 애월리 8-1) (302p B:2)

제주 제주시 애월읍 일주서로 6372-20   #3,4월 #정문앞 #벚꽃도로 #주말여행

렛츠런파크 제주 "넓은 공원 피크닉 명소"

저렴한 입장료로 말의 경주는 물론, 넓은 공원에서 피크닉을 즐길 수 있는 곳이다. 넓은 놀이터와 말 체험 등 즐길 거리가 다양하여 가족 단위, 아이와 함께 오는 관광객들이 많이 찾는 장소이다. 금~일 09:30~18:00 운영, 야간 경마가 있는 날은 홈페이지 공지사항 참고. 경마일 입장료 2,000원, 비경마일은 무료 입장. (303p D:2) 사진ⓒ한국관광 콘텐츠랩

제주 제주시 애월읍 평화로 2144   #말체험 #놀이터 #가족여행

제주홀릭뮤지엄
"진짜 제주스러운 포토존을 찾는다면"

5가지 테마의 다채로운 포토존을 꾸며놓은 실내 관광지. 반딧불이, 해파리 등 몽환적인 조명으로 이루어진 공간부터 제주도를 대표하는 돌하르방, 귤, 말, 동백 컨셉까지 독특한 포토존이 다양하게 마련되어 있다. 포토존 입장 전 머리와 화장을 고칠 수 있는 파우더룸도 있어 편리하다. 09:30~18:00 운영, 관람 마감 19:00. 성인 11,000원, 네이버 예매 시 할인.(303p D:2) 사진ⓒ한국관광 콘텐츠랩

제주 제주시 애월읍 평화로 2835
#실내관광지 #포토존맛집

새빌 `카페` "크루와상이 맛있는 유럽풍 디저트 카페"

리조트로 사용되었던 건물을 리모델링한 유럽풍 디저트 카페. 진한 녹차라떼에 콜드브루를 섞은 시그니처 음료 새빌라떼와 파티시에가 공들여 만든 크루아상이 추천 메뉴. 매일 09:00~19:00 영업. (302p C:3)

제주 제주시 애월읍 평화로 1529   #크루와상 #새빌라떼

연화못(연화지)
"여름에 연꽃을 찾을 만한 곳"

약 3780여 평에 핀 연꽃의 장관을 볼 수 있는, 제주도에서 가장 큰 연밭이다. 연화못 가운데 육각 모양의 정자 안에 있으면 마치 연꽃 위에 둥실 떠 있는 느낌이 든다. 연꽃을 배경으로 사진 찍기 좋은 장소이다. (302p C:2) 사진ⓒ한국관광 콘텐츠랩

제주 제주시 애월읍 하가리 1569-2
#연꽃 #연밭 #포토존

맛동산감귤체험농장
"감귤따기 체험하며 인생샷을 찍어보자"

비닐하우스에서도 귤 따기 체험을 할 수 있어 여름에도 체험이 가능하다. 농장 곳곳에 포토존이 가득해 감귤따기 체험과 함께 사진을 찍으며 즐거운 시간을 보낼 수 있다. 화~일 12:00~16:00 운영, 매주 월요일 휴무. (303p D:2)

제주 제주시 애월읍 광령2길 62-1
#감귤따기체험 #감귤농장 #아이와함께

테디베어하우스 테지움 "사파리 테마의 테디베어"

사파리 테마의 동물 인형들과 실물 크기의 테디베어를 만날 수 있는 테지움 테디베어 테마파크이다. 인형들을 직접 만질 수도 있고 많은 인형에 둘러싸여 사진도 찍을 수 있다. 중문에 있는 테디베어 박물관과는 다른 장소이니 헷갈려선 안 된다. 매일 09:00~19:00 운영, 18:00 입장 마감. 성인 12,500원. 네이버 예매 시 할인. (302p C:2)

제주 제주시 애월읍 평화로 2159　#테지움테디베어테마파크 #테디베어박물관아님

하우스오브레퓨즈 `카페`

"제주에 등장한 신상 감성 핫플"

애월 숲 속에 20년 동안 버려져 있던 폐건물을 탈바꿈한 신상 복합문화공간. 카페, 레스토랑, 편집숍이 있으며 지하에는 전시관도 있어 식사, 쇼핑, 전시까지 모두 즐길 수 있다. 숲의 풍경이 한눈에 보이는 통창과 노출 콘크리트가 돋보이는 건축물 자체로도 매력적이다. 전시 일정 및 관람료는 전시에 따라 상이(302p C:2) 사진ⓒ한국관광 콘텐츠랩

제주 제주시 애월읍 하소로 735
#복합문화공간 #숲속전시관

제주불빛정원 `추천` "화려한 조명이 한가득 야간 불빛 명소"

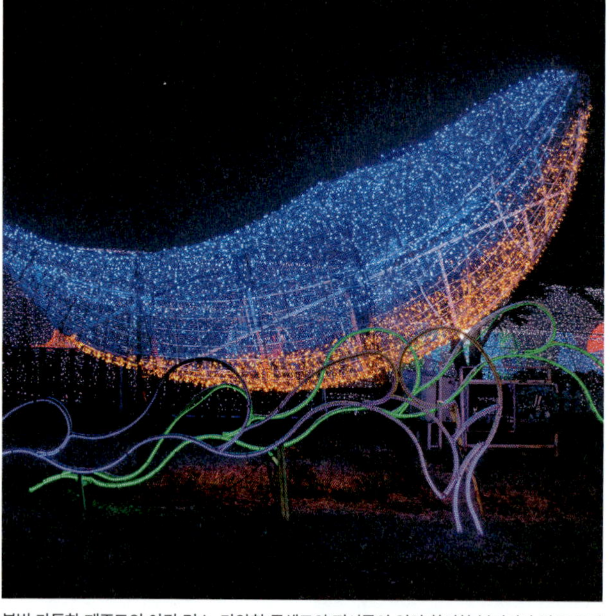

불빛 가득한 제주도의 야간 명소. 다양한 콘셉트의 전시물이 있어 화려한 볼거리가 많은 곳이다. 포토존도 잘 설치되어 있으며 먹거리는 물론 휴식 공간이 있어 쉬어가기 좋은 장소이다. 매일 17:00~24:00 운영, 23:00 매표 마감. 성인 12,000원. (303p D:2)

제주 제주시 애월읍 평화로 2346　#야간명소 #전시 #포토존

항파두리 항몽유적지 추천

"삼별초 최후 항전지"

항몽유적지 나홀로나무
@reummmy_

항몽유적지의 코스모스, 9월 중순부터 10월 말 개화

몽골 침입 때 삼별초가 최후까지 항전한 곳이다. 전라도 전투에서 패한 삼별초는 제주도로 건너와 이곳에 항파두성을 쌓았다. 입장료 무료이며, 홈페이지에서 사전 신청 시 문화관광해설사의 해설을 무료로 들을 수 있다. 해설은 10~16시 각 정각마다 진행된다. 숨겨진 유채꽃 명소이기도 하다. 매일 09:00~18:00 운영, 17:30 입장 마감. 입장료 무료. (303p D:2)

제주 제주시 애월읍 항파두리로 50　#항파두성 #역사여행지 #꽃밭

더럭초등학교 추천 "인스타 사진 찰칵!"

알록달록한 색깔로 인스타에서 더 유명한 학교이다. 폐교될 뻔한 학교가 한 회사의 '제주도 아이의 꿈과 희망의 색'이라는 컬러 프로젝트를 만나 새롭게 태어났다. 동화 속에 온 듯한 느낌을 주는 이색적인 공간이다. 단, 실제 학교이니 만큼 평일 수업 시간에는 외부인 출입 금지. 개방 시간에도 외부와 운동장 일부만 이용할 수 있다. 주말 방문을 권장. (302p C:2)

제주 제주시 애월읍 하가로 195   #인스타성지 #컬러프로젝트 #매너필요

상가리야자숲 "애월 포토존에서 이국적인 사진을 남겨보자"

애월에 위치한 야자수 군락지다. 애월 포토존으로 유명하다. 야자수가 마치 동남아 여행을 온 듯한 느낌이 들게 한다. 곳곳에 포토존이 마련되어 인생샷을 남길 수 있다. 매일 09:00~18:00 운영. 성인 7,500원. (302p C:2) 사진ⓒ한국관광 콘텐츠랩

제주 제주시 애월읍 고하상로 326   #이국적 #포토존 #야자수

고스트타운

"짜릿한 공포를 느껴보자"

유령과 공포를 소재로 한 이색 체험형테마파크. 유령의 집, 유령 미로 정원, VR 귀신체험 등 실감 나는 공포 체험을 할 수 있다. 총 6개 프로그램의 입장권을 개별로 구매할 수 있고, 2~5가지를 선택할 수 있는 패키지 입장권도 판매한다. 매일 10:00~22:00 운영. 성인 8,000원. (302p C:1) 사진ⓒ한국관광 콘텐츠랩

제주 제주시 애월읍 부룡수길 35-14
#귀신체험 #VR체험 #실내관광지

알레스아트

"바이올린으로 즐기는 시네마 콘서트"

영화 속 음악을 라이브 바이올린 연주로 들을 수 있는 섀도우 콘서트가 열리는 곳. 지브리 애니메이션 등 인기 영화 OST를 영상과 함께 바이올린 연주로 감상할 수 있다. 규모는 아담하지만 아늑한 분위기가 특징. 네이버 예약을 통해 사전 예약 필수. 금~월 공연, 성인 29,800원. 액션페인팅, 먹이주기, 감귤밭 포토존 등 체험도 가능하다. (302p C:2)

제주 제주시 애월읍 중산간서로 5397
#바이올린공연 #이색체험

제주양떼목장 추천 "동물과 교감하는 시간을 가져보자"

넓은 초원에서 뛰어노는 양떼를 만날 수 있는 곳이다. 먹이주기 체험을 하며 동물과 교감하는 시간을 보낼 수 있다. 먹이용 당근 스틱은 한 바구니에 2,000원으로 현장에서 구매한다. 목장 내에는 카페도 있어 쉬어갈 수 있다. 화~일 10:00~17:00 운영, 입장 마감 16:30. 매주 월요일 휴무. 성인 7,000원, 네이버 예매 시 할인. (302p B:3)

제주 제주시 애월읍 도치돌길 289-13　　#양떼목장 #아이와함께 #먹이주기체험

장전리 벚꽃길 "봄이 되면 축제길로 변하는 곳"

도로 양옆으로 벚꽃나무가 터널을 이루는 곳. 봄이면 제주왕벚꽃축제가 열리며, 축제 기간에는 차량 통행이 제한되며 공연, 체험프로그램, 플리마켓, 먹거리 등의 부스가 설치된다. 전농로 벚꽃축제보다 한산한 편이라 여유롭게 즐길 수 있다. 축제 일정과 프로그램은 매년 변경되므로 애월읍 홈페이지에서 일정 확인 필수. (302p C:2)

제주 제주시 애월읍 장전리 1170-1　　#왕벚꽃축제 #애월벚꽃스팟

새별프렌즈 "새별오름을 배경으로 동물과 사진 한장"

넓은 들판에서 사랑스러운 동물들과 함께 힐링할 수 있는 목장이다. 새별오름을 배경으로 멋진 사진을 남길 수 있다. 귀여운 알파카, 미니말 등이 자유롭게 돌아다니는 모습을 볼 수 있고 승마 체험, 동물 먹이 주기 체험을 할 수 있어 아이들과 함께 하기에도 좋다. 매일 09:00~18:00 운영, 17:00 입장 마감. 성인 18,000원. (302p C:3)

제주 제주시 애월읍 평화로 1529
#새별오름 #포토존 #먹이주기체험

981파크 "도민에게도 인기있는 신나는 카트레이싱"

제주의 자연을 배경으로 카트레이싱을 즐길 수 있는 981파크. 드넓은 초록의 잔디밭에서 감상하는 낮의 하늘과 해질녘의 노을이 일품이다. 낮엔 카트를 즐기고, 해질 무렵엔 노을을 감상하면 딱이다. (302p C:3)

제주 제주시 애월읍 천덕로 880-24
#981파크 #카트레이싱 #잔디밭 #노을

그린스케이프 "새별오름이 보이는 테마 관광단지"

탁 트인 뷰 너머로 새별오름이 보이는 야외 정원을 지닌 관광단지. 정원마다 테마가 달라서 사진 찍는 재미가 있다. 산책로에서 트래킹을 즐기거나 베이커리 카페에서 브런치를 맛보고 플리마켓에서 구경도 가능하다. 호텔과 스파 등의 숙박 시설로 구성된 프라이빗 존도 조성될 계획. (302p C:3)

제주 제주시 애월읍 월각로 927   #새별오름 #관광단지 #베이커리

07

한림읍

#비양도등대
#문도지오름
@beloved.jo
@cchunny_
#봄의 오징어 건조장
#정물오름

#성이시돌목장
#성이시돌목장 우유부단

#서부농업기술센터 #촛불맨드라미
@toy.y
#금능해수욕장

#새별오름 나홀로나무
#금오름

한림
A 
B
C
1
수원리
평수포구
대림리
한수리
2
3
비양도등대
비양도
한림항
서복전시관
제주소품샵 시키 협재점
가르송티미드 제주
옹포포구
옹포리
협재포구
명월성지
동명리
협재해수욕장
금능해수욕장
금능포구
한림공원
한림공원 수선화, 튤립
금능석물원
협재굴, 황금굴, 쌍용굴
월령포구
과수원피스 농원
협재리
월령 선안장
군락지
카페 키친오즈
핑크뮬리
명월리
월령리
느지리오름
상명리
제주맥주 양조장
금능리
더마파크
(승마장)
제주
돌마을공원
제주성서식물원
비블리아
서부농업기술센터
맨드라미, 코스모스
한경면
월림리
제주도립
김창열미술관
유동룡미술관
A
B
C

D
E
F
1
천아오름
애월읍
2
상대리
갯거리오름
한림읍
금오름
금악리
나홀로나무
성이시돌목장
그리스신화박물관,
트릭아이미술관
3
정물오름
제주탐나라
공화국
문도지오름
D
E
F
339

한림 주요지역

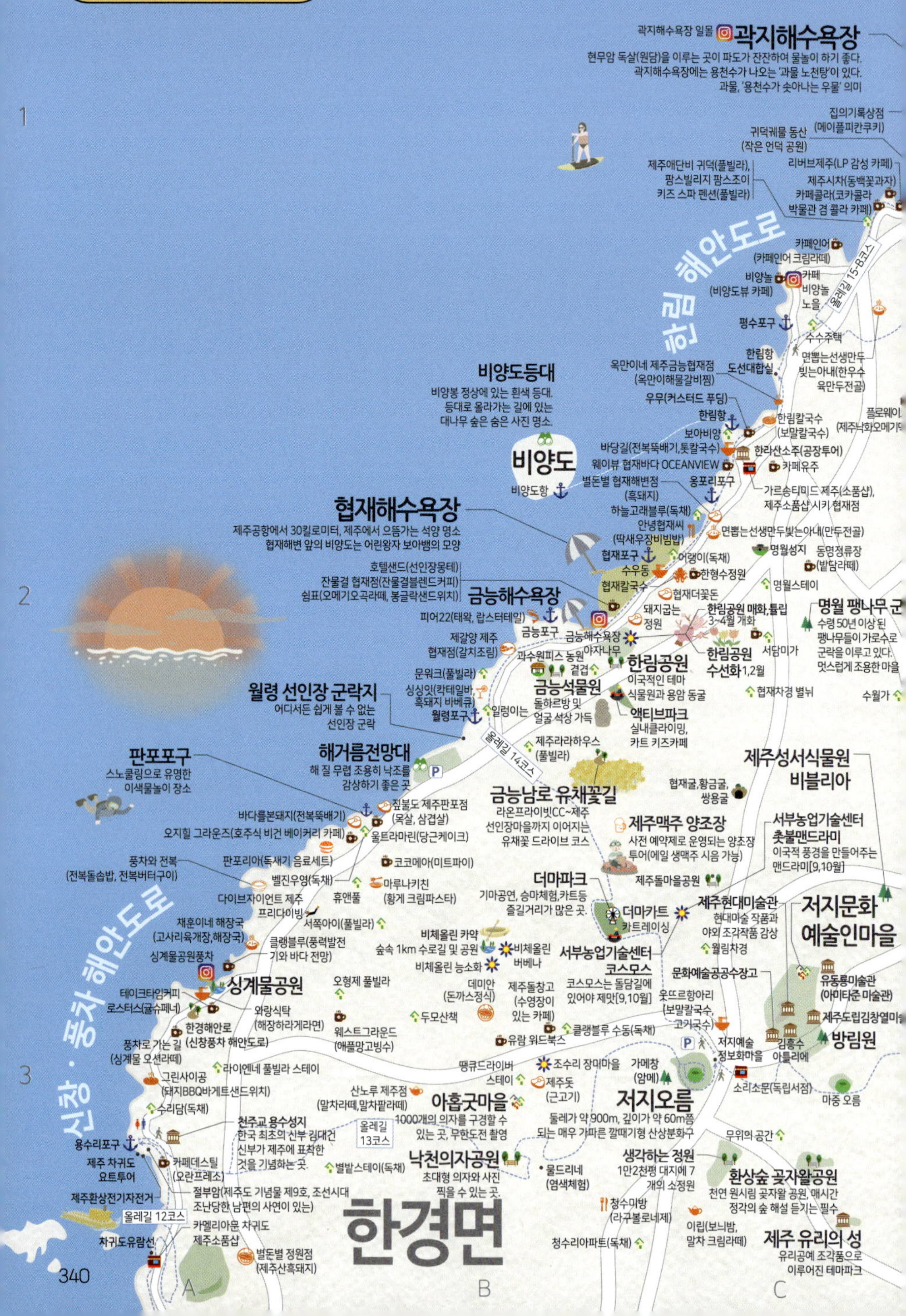

A
B
C
1
2
3
곽지해수욕장 일몰
곽지해수욕장
현무암 독살(원담)을 이루는 곳이 파도가 잔잔하여 물놀이 하기 좋다.
곽지해수욕장에는 용천수가 나오는 '과물 노천탕'이 있다.
과물, '용천수가 솟아나는 우물' 의미
집의기록상점 (에이플피칸쿠키)
귀덕궤물 동산 (작은 언덕 공원)
리버브제주(LP 감성 카페)
제주애단비 귀덕(풀빌라), 팜스빌리지 팜스조이 키즈 스파 펜션(풀빌라)
제주시차(동백꽃과자)
카페콜라(코카콜라 박물관 겸 콜라 카페)
한림 해안도로
카페인어 (카페인어 크림라떼)
올레길 15-B코스
비양놀 (비양도뷰 카페)
카페 비양놀 노을
평수포구
수수주택
한림항 도선대합실
옥만이네 제주금능협재점 (옥만이해물갈비찜)
면뽑는선생만두 빚는아내(한우수 육만두전골)
비양도등대
비양봉 정상에 있는 흰색 등대.
등대로 올라가는 길에 있는 대나무 숲은 숨은 사진 명소.
우무(커스터드 푸딩)
한림항
보아비양
한림칼국수 (보말칼국수)
플로웨이 (제주낙화오메기)
비양도
비양도항
바당길(전복뚝배기,톳칼국수)
웨이뷰 협재바다 OCEANVIEW
한라산소주(공장투어)
카페유주
별돈별 협재해변점 (흑돼지)
옹포리포구
가르송티미드 제주(소품샵), 제주소품샵 시키 협재점
협재해수욕장
제주공항에서 30킬로미터, 제주에서 으뜸가는 석양 명소
협재해변 앞의 비양도는 어린왕자 보아뱀의 모양
하늘고래블루(독채)
안녕협재씨 (딱새우장비빔밥)
면뽑는선생만두빚는아내(만두전골)
명월성지
동명정류장 (밭담라떼)
협재포구
어랭이(독채)
수우동
한형수정원
협재칼국수
명월스테이
호텔샌드(선인장몽테)
잔물결 협재점(잔물결블렌드커피)
쉼표(오메기오곡라떼, 봉글락샌드위치)
금능해수욕장
협재더꽃돈
명월 팽나무 군
수령 50년 이상된 팽나무들이 가로수로 군락을 이루고 있다. 멋스럽게 조용한 마을
피어22(태왁, 랍스터테일)
돼지굽는 정원
한림공원 매화,튤립 3~4월 개화
금능포구
금능해수욕장
야자나무
서담미가
제갈양 제주 협재점(갈치조림)
과수원피스 농원
한림공원 수선화 1,2월
결겹
한림공원
이국적인 테마 식물원과 용암 동굴
협재차경 별뉘
수월가
문워크(풀빌라)
월령 선인장 군락지
어디서든 쉽게 볼 수 없는 선인장 군락
싱싱잇(칵테일바, 흑돼지 바베큐)
월령포구
일렁이는
금능석물원
돌하르방 및 얼굴 석상 가득
액티브파크
실내클라이밍, 카트 키즈카페
올레길 14코스
제주라라하우스 (풀빌라)
판포포구
스노쿨링으로 유명한 이색물놀이 장소
해거름전망대
해 질 무렵 조용히 낙조를 감상하기 좋은 곳
제주성서식물원 비블리아
협재굴,황금굴, 쌍용굴
금능남로 유채꽃길
라온프라이빗CC~제주 선인장마을까지 이어지는 유채꽃 드라이브 코스
바다를본돼지(전복뚝배기)
짚불도 제주판포점 (목살, 삼겹살)
오지힐 그라운즈(호주식 비건 베이커리 카페)
울트라마린(당근케이크)
제주맥주 양조장
사전 예약제로 운영되는 양조장 투어(에일 생맥주 시음 가능)
서부농업기술센터 촛불맨드라미
이국적 풍경을 만들어주는 맨드라미[9,10월]
풍차와 전복 (전복돌솥밥, 전복버터구이)
판포리아(독새기 음료세트)
코코메아(미트파이)
벨진우영(독채)
마루나키친 (황게 크림파스타)
휴앤풀
제주돌마을공원
더마파크
기마공연, 승마체험,카트등 즐길거리가 많은 곳
다이브자이언트 제주 프리다이빙
서쪽아이(풀빌라)
더마카트 카트레이싱
제주현대미술관
현대미술 작품과 야외 조각작품 감상
저지문화 예술인마을
월림차경
채훈이네 해장국 (고사리육개장,해장국)
클랭블루(풍력발전기와 바다 전망)
비체올린 카약
숲속 1km 수로길 및 공원
비체올린 버베나
비체올린 능소화
서부농업기술센터 코스모스
코스모스는 돌담길에 있어야 제맛[9,10월]
싱계물공원풍차
싱계물공원
문화예술공공수장고
유동룡미술관 (이타미준 미술관)
오형제 풀빌라
테이크타임커피 로스터스(귤슈페너)
와랑식탁 (해장하라게라면)
데미안 (돈까스정식)
제주돌창고 (수영장이 있는 카페)
웃뜨르향아리 (보말칼국수, 고기국수)
제주도립김창열미술관
두모산책
한경해안로
웨스트그라운드 (애플망고빙수)
클랭블루 수동(독채)
김흥수 아틀리에
방림원
풍차로 가는 길 (신창풍차 해안도로) (싱계물 오션라떼)
유람 위드북스
지지예술 정보화마을
신창 · 풍차 해안도로
라이앤네 풀빌라 스테이
땡큐드라이버 스테이
조수리 장미마을
가메창 (암메)
소리소문(독립서점)
마중 오름
그린사이공 (돼지BBQ바게트샌드위치)
산노루 제주점 (말차라떼,말차팥라떼)
제주돗 (근고기)
아홉굿마을
1000개의 의자를 구경할 수 있는 곳, 무한도전 촬영
저지오름
둘레가 약 900m, 깊이가 약 60m쯤 되는 매우 가파른 깔때기형 산상분화구
수리담(독채)
천주교 용수성지
한국 최초의 신부 김대건 신부가 제주에 표착한 것을 기념하는 곳.
올레길 13코스
무위의 공간
용수리포구
제주 차귀도 요트투어
카페데스틸 (오란프레소)
별밭스테이(독채)
낙천의자공원
초대형 의자와 사진 찍을 수 있는 곳.
물드리네 (염색체험)
생각하는 정원
1만2천평 대지에 7개의 소정원
환상숲 곶자왈공원
천연 원시림 곶자왈 공원, 매시간 정각의 숲 해설 듣기는 필수
제주환상전기자전거
절부암(제주도 기념물 제9호, 조선시대 조난당한 남편의 사연이 있는)
올레길 12코스
청수미방 (라구볼로네제)
이립(보늬밤, 말차 크림라떼)
제주 유리의 성
유리공예 조각품으로 이루어진 테마파크
차귀도유람선
카멜리아문 차귀도 제주소품샵
한경면
청수리아파트(독채)
별돈별 정원점 (제주산흑돼지)

애월 카페거리
애월고등학교 벚꽃
하갈비국수
비고기국수
은혜전복
전복돌솥밥
호커센터
(발리식퍼립)
주카야올리
뜰에(갈치조림,
갈치구이), 애월 갈치
암행어사 (통갈치조림+
갈치구이세트)
하루나의 뜰(독채)
뚱딴지(활오복탕)
잇칸시타
(스시)
노을리
(연탄빵)
수산봉한라산
수산유원지
수산봉
토토아뜰리에
(원데이 쿠킹클래스)
맛동산
감귤체험농장
한담해변
고스트타운
(귀신의집)
스테이달하(독채),
시온스테이고스란
(전통가옥)
남또라횟집
(도미회,
모동회)
슬로우라이프제주
(독채)
안목스테이 안목5감도(복층),
시오재(정원)
애월항 애월그때그집
흑태지
고내
포구
애월 우니담
(성게미역국)
항파두리 해바라기
[6~8월]제주에서 매우 가까운
해바라기 밭
백번가든
(흑돼지)
만지식당
(돈카츠)
더럭분교
LAVANT
(따뜻한 커피와 팬케이크)
스테이장유7
(독채)
항파두리
나홀로 나무
고성숲길
애월한담해안로 유채꽃
야자나무와 유채꽃[3,4월]
피즈
(수제버거)
잇수다(돈까스)
메리무드(소품샵)
알록달록 무지갯
빛 사진 명소
애월 장전리 벚꽃
보는 것만으로도 풍성항
왕벚꽃 길[4월]
스시애월(사시미맨
도로초밥세트)
항파두성
백제사
오각(유리천장)
애월한담공원
1.노러틱 서핑 패들보드(서핑보드, 패들보드)
2.문서프(서핑보드)
고내봉(고내 오름,망오름)
1136
항파두리 유채꽃
[3,4월]삼별초의 최후 격전지와 유채꽃
다도한가
(한옥)
항파두리
알레그라 제주
(이국적)
제주공룡랜드
브로콜리삼춘
로맨틱새우 애월곽지본점
(레드빅뱅 쉬림프)
애월빵공장앤카페
(현무암 쌀빵)
휘연재
스테인굿
(통창)
브리드앤스톤
(인피니티풀)
오담애월
(독채)
항파두리 코스모스
가을에는 역시
코스모스지[9,10월]
항파두리 백일홍
백일 간의 백일홍
향연[8,9,10월]
오크라
(수제돈가스)
하가리 연꽃마을 연화지
7~8월 제주도에서 가장 큰
연목을 메운 연꽃 무리
파스텔톤의 더럭분교앞 연못
숨쉬는오늘
(독립서점)
스테이 온
(반려동물동반)
항파두리 항몽유적지
몽골의 침입시 삼별초가 최후까지
항전한 곳. 전라도 전투에서
패하여 제주도로 건너와 이곳에
항파두성을 쌓음, 근처에 방문객을
위하여 꽃을 심어 놓음
인디언키친
본점(양갈비)
댕유지낭(가족)
쉬리니케이크
(조각케이크)
보배책방
(독립서점)
여리재
풀빌라
과오름
제주서귀(자쿠지)
더덜달스테이(독채),
답다니언덕집(독채)
TONKATSU
서황(서황카츠)
유수암버스
(자연생태마을)
극락오름
프레리아(독채)
아이바가든
선운정사
올레길 15-A코스
납읍난대림지대
납읍초등학교 근처에있는
원시림을 방불케 하는 상록
활엽수림 천연기념물 제375호
상가리야자숲
이색적인 야자숲. 사진
찍기 좋은 곳
골목카페옥수
(한옥카페)
아루요
(가촌동)
제주불빛정원 장미
알레스아트
(쉐도우 공연, 디즈니&지브리)
영화 속 음악을 라이브
바이올린 연주로 들을 수
있는 �섀도우 콘서트가
열리는 곳.
화조원
아이와제주,다양한 조류
및 알파카 체험농장
제주불빛정원
제주장미정원, 제주야간명소
제주애단비 마쥬
제주소품샵 올망
영국찻집 (영국식
홍차와 밀크티를
선보이는 티룸)
하우스오브레퓨즈
폐건물을 탈바꿈한 신상 복합문화공간. 카페,
레스토랑, 편집숍이 있으며 지하에는 전시관도
있어 식사, 쇼핑, 전시까지 모두 즐길 수 있다.
기독교순례길
2코스 (순교의길)
협재교회에서 시작해 대정읍까지
이어지는 23km, 7시간 거리의 순례길
저청교회, 이도경 목사 순교 터 등을 지난다
도치돌 알파카목장
알파카, 토끼, 염소, 양,
먹이주기 체험
테디베어하우스 테지움
테디베어와 동물 인형들을 직접 만지고
사진찍을 수 있는 테마 파크
친절, 영유아도 놀기 좋음
렛츠런파크
제주
제주양떼목장
아이와 함께 하기 좋은 곳
렛츠런파크
제주(승마)
제주승마공원
(승마)
애월읍
광이멀스테이
(풀빌라)
아르떼뮤지엄
국내최대 몰입 미디어아트
10개의 다채로운 미디어
아트 전시
아르떼
뮤지엄 빛
무병장수 테마파크
제주 힐링명상센터, 국궁체험,
승마체험(승마 사전예약 필)
이끼숲소길
(이끼숲소길 에이드)
궷물오름 우거진 숲
궷물오름
봉성클래식
(독채)
족은녹고메오름
누운 섬 제주
유년시절(오름)
9.81 파크
그래비티 레이싱, 카트 실내 체험
게임존, 하늘그네,F&B
981파크
잔디밭
제주안전체험관
큰노꼬메오름
한림읍
새별오름 억새
샛별, 이름조차 아름다운
오름[10,11,12월]
어음리 억새군락지
아르떼뮤지엄 가는 자동차
도로에 은색 억새군락
[10,11,12월]
바리메오름 호수
새별오름
저녁 하늘 샛별과 같이
외롭게 있다고 하여 '새별오름'
가을 억새가 많은 저녁노을 감상의 성지
어음리 억새군락지
엘리시안제주 CC
큰바리메오름
똣똣라면 본점
(똣똣김밥,똣똣라면)
이달오름
새빌 핑크뮬리
핑크 핑크한 핑크뮬리[9,10,11월]
금오름
협재해변에서 자동차로 15분만에 도착
주차장 주차후 등반(1주차장은 금오름
입구에 있어 2주차장보다 조금 등산
할수 있다.
새별오름
나홀로 나무
새별오름
나홀로나무
새빌 카페
새별오름 옆, 빈티지한
분위기의 카페
다래오름
한대오름
우유부단
이시돌 목장우유로 만든
담백한 아이스크림과
밀크티
제주당(제주오메기
빵,농부의건강주스)
새별프렌즈
알파카, 말, 포니, 당나귀, 양, 흑염소와 함께
힐링할 수 있는 체험농장
삼위일체대성당
성이시돌목장
아이스크림과 이국적 건축물에서의
사진촬영으로 유명한 곳
성이시돌 목장 테쉬폰
아덴힐리조트&골프클럽
제주바다
하늘패러투어
(패러글라이딩)
그리스신화박물관
새별레저ATV
(ATV)
돌오름
블랙스톤제주 CC
트릭아이미술관
스타벅스
제주금악DT점
왕이메오름
삼나무숲길이 멋진 분화구가 있는 오름
문도지 오름 노을
정물 오름일몰
정물오름
안덕면 겹동백길
겹동백이니 얼마나
풍성하겠어[11,12,1,2,3월]
제주탐나라
공화국
문도지 오름
올레길 14-1코스
원물오름 앞
갯무꽃
안덕면
행기소 그네
한라산아래첫마을 영농조합법인
(제주메밀비비작작면,
제주메밀비빔냉면)
오설록 티 뮤지엄
전망대에 올라 차밭을 한눈에
감상하기, 티스톤 예약 강력추천
돌오름
토이파크
(장난감 전시)
1116
1115
무민랜드
핀란드 캐릭터 무민의
스토리가 담긴 공간
포도뮤지엄
현대미술을 전시 관람할
수 있는 복합문화공간
서광다원
수평선까지 닿아있는 제주 최대규모 녹차밭
지아정원 키즈
가족펜션(풀빌라)
수줍은 언니네(독채)
동광리 수국
담벼락에 피어난 수국의
아름다움[6,7,8월]
핀크스 포도호텔
방주교회
제주 7대 아름다운 건축물
관광지는 아니지만 특이한
건물로 많은 사람들이 찾는 곳
남송이오름
(남소로기)
티로니
(플랫화이트,
아메리카노)
위아(무화과 케이크)
제주
아트서커스
341

협재해수욕장 주변
A
B
C
1
2
3
제주협재서프
카페모래알
(블루레몬에이드)
기영상회
(맥주슈퍼)
협재해수욕장
제주공항에서 30킬로미터, 제주에서
으뜸가는 석양 명소. 협재해변 앞의
비양도는 어린왕자 보아뱀의 모양
호텔샌드
(선인장몬테,
과일타르트)
제주해조대
(펜션)
BHC치킨
제주협재점
오달콤제주 협재점
(소품, 기념품 샵)
잉걸 한림협재흑돼지
(잉걸 한판)
협재나쵸
(나쵸 플래터)
스타벅스
제주협재점
CU
한림해촌
(전복뚝배기)
탐라만두
(땡초김밥)
돌갱이네집
제주협재본점(해물
라면, 2인세트)
제주벨미 협재점
(흑돼지 육포, 돌코롬)
협재빌리지
감성돈
제주협재본점
(숙성흑뼈등심)
콘스트 협재
더싱글 라운지 협재
(코젤다크 생맥주)
입구 출구
버거307 협재점
(제주흑돼지매콤,
수제새우버거)
메가MGC커피
협재해수욕장점
블루스프링
부띠끄호텔
협재해수욕장
2주차장
협재해수욕장
3주차장
바다아리펜션
협재해수욕장
야영장
한림공원
이국적인 테마
식물원과 용암 동굴
제주협재 바다해찬
(고등어회)
도나토스
(화덕피자)
맘스터치 협재점

D
E
F
제주청년살이
(자쿠지)
수우동
바삭바삭한 튀김이 올라간
자작 냉우동 맛집
수제 일식 돈가스도 맛있다
파리바게뜨
달시
(펜션)
카페훤
(바다전망)
· 바다아리
(펜션)
협재흑돼지더꽃돈본점
(전복돌솥밥세트, 흑돼지)
호미하우스
(펜션)
1
제주설심당
(빙수)
들돌 (고기국수,
순대국밥)
아레나로하
구움몽
(레드벨벳 쿠키)
도돈 협재흑돼지본점
(숙성흑돼지 한근)
협재갈치조림구이
운치 본점(갈치조림)
기독교순례길
2코스 (순교의길)
쉼표
협재해수욕장앞
비양도 배경으로해질녁
더낭만적인카페
협재교회에서 시작해 대정읍까지
이어지는 23km, 7시간 거리의 순례길
저청교회, 이도종 목사
순교 터 등을 지난다
유니식탁
(딱새우크림파스타)
협재교회
협재해수욕장
1주차장
협재솥
(흑돼지솥밥)
에너벨리식당
(문어 덮밥)
GS25
충무홍만순할매
김밥 협재점
(충무김밥)
꽈페제주협재점
(제주바당 트위스트)
재암식당
(오분자기 뚝배기)
맨도롱풀하우스
마따니아(독채)
협재 그 바다에
머물다
아꼬아(소규모
게스트하우스)
2
협재해물라면
쪼꼴락상회
(문어해물라면)
협재밥집술집 홍대부부
(혼술하기 좋은 주점,
딱새우 회 추천)
바다보리몸냥
(펜션)
너우렁하우스
(펜션)
협재AUBE(독채)
1미리
게스트하우스
우기차니펜션
배롱정원
딱새우 감바스, 딱새우
파스타가 맛있는 브런치 카페
도톰 협재점
(고딱세트)
3
협재
서쪽게스트하우스
바다애
(사시미,연어초밥)
코코스펜션
D
E
F
343

금능해수욕장 `추천` "비양도가 보이는 에메랄드 해안"

물이 맑아 바닥이 훤히 비치는 해수욕장이다. 멀리 보이는 비양도와 함께 그림 같은 낙조로 유명한 곳. 온수가 나오는 샤워시설이 갖추어져 있어 아이와 함께 하기에도 좋은 곳이다. 소라게와 조개가 많아 잡는 재미가 있다. (340p B:2)

제주 제주시 한림읍 금능리 2037   #백사장 #낙조 #아이와함께

금능포구 "물회맛집 찾아서"

모래사장에 검은 자갈밭이 깔린 고요한 해안가. 포구 주변에 물회 맛집이 모여있다. 농어가 잘 잡히는 낚시 포인트로도 유명하다. (340p B:2)

제주 제주시 한림읍 금능리 1494-12
#검은자갈밭 #낚시포인트 #물회

똣똣라면 본점 `맛집`
"백종원이 극찬한 라면 맛집"

백종원이 인정한 라면 맛집. 모자반이 들어간 김밥과 흑돼지, 토마토가 들어간 라면이 대표메뉴다. 순한맛, 오리지널, 매운맛으로 맵기 조절이 가능하고 마늘과 파로 간을 조절할 수 있다. 밥을 시켜서 라면국물에 말아먹

는 것도 추천. 네이버 예약 가능. 가격은 똣똣 김밥 3,900원, 똣똣라면 6,500~ 7,500원. 08:00~ 15:00 화, 수요일 휴무. (341p D:2)

사진ⓒ한국관광 콘텐츠랩

제주 제주시 한림읍 금악로 18
#김밥 #라면 #예약추천

잔물결 협재점 `카페`
"달콤 고소한 잔물결 블렌드 드립커피"

드립 커피를 주력으로 하는 아담한 카페. 밀크초콜릿과 곡물 향이 물씬 풍기는 잔물결 블렌드 커피와 제주 오름을 닮은 산 오름 크림 커피가 시그니처. 여기에 당근케이크를 곁들이면 더할 나위가 없다. 매일 11:00~18:00 영업. (340p B:2)

제주 제주시 한림읍 금능길 58-1 1층
#드립커피 #잔물결블렌드커피 #당근케이크

금오름 추천 "감성사진으로 유명한 오름"

자동차로 입구에 내려 약간 가파르지만 금방 오를 수 있는 오름으로 정상에서 패러글라이딩 체험도 즐길 수 있다. 협재해변, 한라산, 새별 오름 등 아름다운 제주의 자연을 전망할 수 있다. 협재해변에서 차로 15분 거리 이동. 금오름의 '금'은 고조선부터 쓰이던 신(神)이라는 의미이다. (341p D:3)

제주 제주시 한림읍 금악리 산1-2   #제주자연전망 #패러글라이딩

금악 오름 분화포인트
"햇빛을 받아 금색으로 빛나는 연못"

이효리 뮤직비디오에도 나왔던 금악오름은 분화구의 미니 연못으로 유명하다. 물이 찰랑이는 자연분화구, 그 위로 작열하는 태양, 저 멀리 한라산까지 한 프레임에 담아보자. '생이못'으로 검색하여 가면 된다. (341p D:3)

제주 제주시 한림읍 금악리 산1-1
#금악오름 #분화구 #미니연못 #이효리뮤비

제갈양 제주협재점
"혼밥도 가능한 순살갈치조림"

가시없는 순살갈치조림·구이 전문점. 매일 아침 공수해온 생물 갈치로 요리해서 신선하다. 조림 국물이 진하고 무가 푹 익어 시원한 맛이 난다. 생선구이, 잡채, 장조림, 돈까스 등이 밑반찬으로 나와서 푸짐하다. 1인 주문도 가능. 가격은 순살갈치조림(2인/3인/4인) 68,000~ 99,000원. 매일 10:00~ 21:00 (14:30~ 17:00 브레이크타임) (340p B:2)

제주 제주시 한림읍 한림로 155
#순살갈치조림 #갈치구이 #혼밥

문도지 오름 노을 "능선에서 느릿하게 풀 뜯는 말들"

초록의 오름 능선에서 자유로이 풀을 뜯고 노는 말들을 볼 수 있는 곳이다. 곶자왈 너머로 저무는 장엄한 해넘이를 볼 수 있는, 노을 명소이기도 하다. 명성목장을 지나, 올레길 표지가 있는 오른쪽으로 가야 한다. (341p D:3)

제주 제주시 한림읍 금악리 3448   #문도지오름 #명성목장 #노을 #해넘이#일몰

정물오름 "잘 알려지지 않은 나만의 오름"

푸른 들판을 수놓는 들꽃 무리가 아름다운 정물오름. 정상에 오르면 말발굽을 닮은 분화구를 발견할 수 있고, 맞은편 금오름 전망도 즐길 수 있다.(341p D:3)

제주 제주시 한림읍 금악리 산52-1   #들꽃 #말발굽분화구

동명정류장 [카페]

한림 작은 마을, 길 끝에 자리한 카페. 창 너머로 고요한 밭담길 풍경이 펼쳐진다. 초록 식물과 감성적인 소품 덕분에 편안한 분위기. 친절한 사장님과 두 마리 고양이가 있는 이곳의 시그니처 메뉴는 밭담의 돌, 흙, 풀을 표현한 밭담라떼. 제주 당근케이크 등 디저트도 맛있다. 외부에 버스 정류장처럼 꾸며진 포토존이 있다. 반려동물 동반 가능. 주차 가능. 11:00~18:00 영업. 매주 금, 토요일 휴무. 변경 시 인스타그램 공지. (340p C:2)

제주 제주시 한림읍 동명7길 26
#정류장#밭담라떼#고양이#디저트#포토존

트릭아이미술관

"아이와 함께 사진찍는 재미"

이색 체험을 하며 사진을 찍는 재미가 있는 미술관이다. 트릭아이 전용 앱으로 동영상을 찍으면 더욱 실감 나는 AR 체험도 할 수 있다. 그리스신화 박물관과 함께 운영하는 곳이다. 매일 09:00~18:00 운영. 성인 9,000원. 그리스신화 박물관과 함께 방문할 수 있는 통합권 판매(성인 12,000원). (341p E:3)

제주 제주시 한림읍 광산로 942
#AR체험 #이색체험 #그리스신화박물관

명월성지 "조선시대 왜적을 막기 위해"

제주도 기념물 제29호. 1510년 제주목사 장림이 명월포에 쌓았던 성터이다. 성 안에 샘과 객사, 별창, 군기고 등 여러 시설들이 있었지만 지금은 남아있지 않다. (340p C:2)

제주 제주시 한림읍 명월리 2162　#명월포 #성터 #제주도기념물

오크라 `맛집`
"돈까스 무한리필 식당"

도민들이 추천하는 돈까스 맛집. 계란, 빵가루만 입혀서 튀겨낸 돈까스는 일반 돈까스보다 고기맛이 잘 느껴진다. 갓튀긴 돈까스와 파인애플 볶음밥, 스프 등은 원하는 만큼 가져다 먹을 수 있다. 돈까스와 파스타, 샐러드를 도시락처럼 포장해서 가져갈 수도 있다. 가격은 수제돈가스 14,000원. 12:00~ 20:00 (19:00 라스트오더) 월, 화, 목요일 휴무. (341p D:1)

사진ⓒ한국관광 콘텐츠랩

제주 제주시 한림읍 귀덕14길 57-2
#돈까스 #무한리필 #파스타

제주시차 `카페`
"제주도의 겨울을 담은 디저트 동백꽃과자"

레트로한 인테리어가 돋보이는 시골집 감성 카페. 구석구석에 놓인 빈티지 소품과 예쁜 식기들이 매력 있다. 버터와 앙금으로 빚은 쫀득한 시차과자가 시그니처. 돌하르방, 동백, 귤, 해녀 4종류. 꿀밤 라떼와 동백 자몽차도 인기. 12:00~17:00 영업, 휴무 시 인스타그램 공지. (340p C:1)

제주 제주시 한림읍 귀덕5길 20-14
#한옥카페 #동백꽃과자 #시골집감성

제주돌마을공원
"제주 자연석과 독특한 나무"

제주도의 자연석과 독특한 나무로 꾸며진 공원이다. 사장님의 친절한 설명으로 재미있게 관람할 수 있다. 바위에서 뿌리내려 자란 나무들, 이 중에서도 100년 된 나무가 이곳의 관람 포인트이다. 하절기 09:00~18:00, 동절기 09:00~17:00 운영. 성인 7,000원. (340p C:3)

제주 제주시 한림읍 금능남로 421　#자연석 #나무

성이시돌목장 추천 "'우유부단' 아이스크림과 이국적인 건축물인 '테쉬폰'으로 유명"

이국적인 건축물인 테쉬폰 형태의 건물이 있는 곳. '우유부단'이라는 브랜드의 아이스크림이 유명하다. 제주에서 사진 찍기 좋은 장소 중에 하나다. 25년 12월 말 기준 테쉬폰 건물을 흰색으로 도색했다. (341p D:3)

제주 제주시 한림읍 산록남로 53   #우유부단 #아이스크림 #스냅사진

협재섬바다 맛집 "순살갈치조림·구이 로컬식당"

순살갈치조림·구이 식당. 뼈없는 갈치조림, 갈치튀김, 미역국으로 구성된 세트 메뉴가 인기.
바삭한 갈치구이와 고등어조림, 미역국이 나오는 정식도 실속있다. 뼈를 다 발라내서 먹기 편
하고 가격도 저렴하다. 실내가 넓고 쾌적하다. 가격은 뼈없는갈치조림 40,000원, 갈치정식
12,900원. 매일 08:30~ 21:00 (20:30 라스트오더)

제주 제주시 한림읍 금능남로 53　#갈치조림 #갈치구이 #고등어조림

그리스신화박물관
"그리스신화가 유럽문명에 미친 영향"

그리스신화를 좋아하는 아이가 있다면 꼭 방문해 봐야 하는 곳이다. 고대 그리스 의상을 입고 신화 속 주인공이 되어볼 수 있기 때문이다. 재미있는 그리스신화 이야기와 영상이 더욱 몰입도를 높여준다. 퀴즈를 맞히며 미션을 달성하는 스탬프 체험도 꼭 도전해보길! 야외에는 이국적인 조각상과 포토존, 미로체험공원도 마련되어 있다. 트릭아이미술관과 함께 운영되는 곳이다. 매일 09:00~18:00 운영, 매월 마지막 월요일 휴관. 성인 9,000원. (341p E:3)

제주 제주시 한림읍 광산로 942
#그리스신화 #스탬프체험 #미로체험공원

한형수정원 "제주의 자연을 모아 만든 복합문화공간"

한형수 정원작가가 돌, 나무 등 제주의 자연을 모아 꾸민 복합문화공간. 잘 가꾸어진 푸른 정원과 카페는 동굴로 연결되어 있다. 이곳의 시그
니처 메뉴는 달콤하고 고소한 한형수 밤라떼. 레몬케이크, 백향과 에이드, 소금빵도 대표 메뉴다. 정원 안쪽 트리하우스에 오르면 제주 바다
와 비양도의 풍경을 감상할 수 있다.카페 이용 시 정원 입장은 무료. 주차 가능. 매일 10:00~18:00 영업. (340p C:2) 사진ⓒ한국관광 콘텐츠랩

제주 제주시 한림읍 옹포2길 44　#한형수 #정원 #트리하우스

비양도등대 "섬 속의 섬, 숨은 뷰 맛집"

비양봉 정상에 있는 흰색 등대. 한림항에서 배를 타고 비양도에 내려, 비양오름길을 약 30분 오르면 등대에 도착한다. 계단이 길게 이어져 유모차, 휠체어는 올라가기 어려우니 주의. 등대에서는 한라산과 협재 해수욕장이 한눈에 보인다. 등대로 올라가는 길에 있는 대나무 숲은 숨은 사진 명소. 비양도로 가는 배는 하루 4회만 운행. (9시, 12시, 14시, 15시)(340p B:2)

제주 제주시 한림읍 협재리 산102　　#비양도뷰포인트 #대나무숲트레킹

제주맥주 양조장 "제주에 왔으면 제주맥주를 마셔야지"

제주맥주를 만드는 양조장을 투어하며 맥주 4종을 시음할 수 있다. 도슨트가 직접 설명해주는 투어와 오디오 가이드만 제공되는 투어로 나뉜다. 비어 글라스 테이스팅, 나만의 맥주잔 만들기 체험도 가능. 모든 프로그램은 네이버 예약 필수. 펍과 브랜드샵은 예약 없이 무료로 이용할 수 있다. 도슨트 양조장 투어 25,000원, 나만의 맥주잔 만들기 체험 15,000원. 12:30~18:00 운영. (340p B:2)

제주 제주시 한림읍 금능농공길 62-11
#양조장투어 #맥주시음체험

피어22 맛집
"망치로 까먹는 제주 해산물"

나무망치로 해산물을 두드려서 까먹는 찜요리 전문점. 딱새우, 백합, 홍합, 소세지, 감자, 옥수수 등이 푸짐하게 섞여있는 딱새우찜이 대표메뉴다. 레몬맥주와 찰떡궁합. 입가심은 해물라면이 제격이다. 가격은 딱새우찜 태와 28,000원, 해물라면 14,000원. 12:00~21:00 (16:00~ 17:00 브레이크타임, 14:30, 19:30 라스트오더) 목요일 휴무. (340p B:2)

제주 제주시 한림읍 금능7길 22
#딱새우찜 #레몬비어 #해물라면

카페 영신상회 `카페` "우드 프레임에 포근하게 담긴 풍경"

햇살맛집으로 유명한 카페이다. 슈퍼였던 공간을 카페로 바꾸었는데, 우드톤의 테이블 위로 스며드는 햇살이 따뜻함을 선사한다. 포근한 감성을 좋아하는 이들에겐 딱이다. (14p A:2)

제주 제주시 한림읍 명월성로 673　　　#영신상회 #카페 #우드톤 #햇살맛집 #따뜻함

옹포횟집 `맛집`
"제철회를 모듬으로"

싱싱한 제철 모듬회를 한상 차려주는 식당. 2~3인(중), 4인(대) 기준으로 상차림이 정해져 있다. 갈치, 고등어, 광어, 돔 등 다양한 제철 생선을 회로 먹을 수 있어 실속있다. 얼큰한 매운탕과 바삭한 튀김도 별미. 반려동물 동반 가능. 가격은 모듬회(중/대) 110,000원~140,000원. 12:00~ 22:00 (21:00 라스트오더) 수요일 휴무. 사진ⓒ한국관광 콘텐츠랩

제주 제주시 한림읍 옹포2길 10
#모듬회 #제철회 #매운탕

평수포구
"한적한 풍경의 낚시 명당"

제주 올레길 15코스, 한적한 어촌마을을 거닐 수 있는 한적한 포구. 갈매기가 무리 지어 하늘을 수놓는 풍경이 아름답다. 제주도 낚시꾼들이 즐겨 찾는 낚시 명당이기도 하다. (340p C:1)
사진ⓒ비짓제주

제주 제주시 한림읍 수원리 956-4
#포구 #낚시포인트 #올레15코스

옹포리포구
"삼별초의 마음은 어땠을까"

고려 시대 삼별초 상륙작전이 펼쳐진 무대가 바로 이 옹포리포구다. 포구 주변으로 신선한 해산물을 맛볼 수 있는 횟집이 있다.(340p C:2)
사진ⓒ비짓제주

제주 제주시 한림읍 옹포리 578-14
#삼별초 #해산물

월령 선인장 군락지 "독특한 아름다움, 해안 선인장 군락"

한가지 종류의 선인장이 해안가를 따라 분포되어 있는 군락지. 천연기념물 제429호. 국내 유일의 야생선인장 군락으로 학술적 가치가 있는 장소. 선인장과 어우러져 독특한 바다 풍경을 볼 수 있다. (340p B:2)

제주 제주시 한림읍 월령리 359-4   #야생선인장 #바다전망 #해안도로

오리지날로맨스 협재 **카페**
"스페셜티 커피와 단짠단짠 디저트의 조화"

제주 바다와 비양도의 풍경을 감상할 수 있는 오션뷰 카페. 스페셜티 원두를 사용한 커피와 크로플, 소금빵, 아이스크림 등 다양한 디저트가 있는 곳. 이중 단짠단짠의 정석 카라멜 소금빵 아이스크림과 맛없엉 카라멜 아이스크림 크로플이 대표 메뉴. 돌코롬 연유라떼는 이름처럼 달달하다. 비양도를 정면으로 바라보는 창가 자리에 앉아 조용히 휴식하기 좋은 곳. 주차 가능. 11:00~17:00 영업, 매주 목, 금요일 휴무.

제주 제주시 한림읍 옹포2길 1
#비양도#오션뷰#스페셜티#디저트#소금빵

달리책방 "서점지기와 책 취향 공유하기"

옹포 작은 마을에 위치한 책방. 책마다 서점지기들의 큐레이션 추천 메모가 붙어 있다. 책이나 음료 구매 시 좌석에 앉아 책을 읽을 수 있다. 11:00~18:00 영업, 매주 월, 화요일 휴무.

제주 제주시 한림읍 월계로 18   #옹포마을책방 #책추천 #큐레이션

웨이뷰 협재바다 OCEANVIEW 카페 "협재 바다를 바라보며 즐기는 특별한 베이커리"

파도(wave)와 전망(view)을 더한 이름처럼 멋진 오션뷰를 자랑하는 카페. 커다란 통창이 있는 세련된 인테리어로, 지상 1, 2층과 루프탑 전 좌석에서 협재 바다를 감상할 수 있다. 제주 천혜향빵, 크림치즈 사과빵 등 특색 있는 베이커리 메뉴로 유명하며, 음료는 우도 땅콩 크림라떼, 제주 바다에이드가 시그니처. 계절에 따라 유채꽃, 메밀꽃, 코스코스가 피어난다. 주차 가능, 매일 9:00~20:00 영업. (340p C:2)

제주 제주시 한림읍 옹포7길 25-3   #파도#전망#대형#베이커리#루프탑

서부농업기술센터 맨드라미 "설악초와 맨드라미의 콜라보"

주차장 입구 양옆으로 설악초가 반겨준다. S자 모양으로 푸르른 설악초와 붉은색과 황색의 맨드라미가 그림처럼 펼쳐져 있다. 맨드라미는 9월에서 11월 초까지 오래도록 피는 장점이 있는 꽃이다. (340p C:3)

제주 제주시 한림읍 월림7길 90   #설악초 #맨드라미 #알록달록

면뽑는선생만두빚는아내 맛집
"한우양지수육과 손만두"

부드러운 한우수육과 손만두를 넣고 끓인 전골 맛집이다. 한우 수육은 종이처럼 얇고 부드럽다. 손만두는 큼직한 사이즈에 간이 세지 않고 담백하다. 개수도 10개라 푸짐하다. 겉절이와 함께 먹으면 더 맛있다. 가격은 한우수육만두전골 2인 45,000원, 10:30~ 21:00 (16:00~ 17:00 브레이크타임, 19:50 라스트오더) 수요일 휴무. (340p C:2) 사진ⓒ한국관광 콘텐츠랩

제주 제주시 한림읍 일주서로 5608 1층
#한우수육 #손만두 #전골

월령포구 `추천` "에메랄드빛 스킨스쿠버 명당"

여름이 되면 물놀이를 즐기러 온 피서객으로 북적이는 에메랄드빛 해변. 해수욕뿐만 아니라 스킨스쿠버, 모터보트 등 다양한 활동을 즐길 수 있다. 제주 올레길 14코스에 속해있다. (340p B:2)

제주 제주시 한림읍 월령리 317-2
#스킨스쿠버 #모터보트 #올레14코스

제주성서식물원 비블리아
"목사님이 직접 만든 식물원"

성경에 나오는 식물을 주제로 조성한 식물원. 원예학과 조경학을 전공한 목사가 땅을 개간해 만든 곳으로, 성서를 기반으로 한 만큼 해설과 함께 관람하는 것을 추천한다. 해설은 무료이며 9:30, 11:00, 13:30, 15:00에 진행. 하절기 09:00~18:00, 동절기 09:00~17:00 운영, 종료 1시간 전 입장 마감. 성인 8000원. (340p C:3)

제주 제주시 한림읍 조성로 17
#독특한식물원 #산책하기좋은곳

카페콜라 `카페` "코카콜라 박물관 겸 콜라 카페"

코카콜라 수집품으로 꾸며진 전시장 점 카페. 1층 테라스에서 음료를 즐기고, 2층 미니콜라 박물관을 방문해 보자. 코카콜라 위에 커피 슬러시를 올려 독특한 맛을 선사하는 시그니처 메뉴, 커피 콕이 인기. 매일 10:00~18:00 영업, 매주 화요일 휴무. (340p C:1) 사진ⓒ한국 관광 콘텐츠랩

제주 제주시 한림읍 일주서로 5857   #코카콜라 #커피콕 #박물관

제주도립김창열미술관 추천 "김창열 화백을 만나다"

현대 추상미술의 거장, 물방울 시리즈로 유명한 김창열 화백의 작품을 감상하며 화백의 삶을 이해할 수 있다. 화백이 추구한 회귀를 담아낸 건축물도 인상적이다. 화~일 09:00~18:00, 입장 마감 17:30 매주 월요일 휴관. 성인 2,000원. (340p C:3) 사진ⓒ한국관광 콘텐츠랩

제주 제주시 한림읍 용금로 883-5   #김창열 #물방울 #미술관

유동룡미술관 "딸이 직접 지은 아버지의 미술관"

재일 교포 건축가 유동룡(이타미 준)의 작품 세계를 담은 미술관. 유동룡의 건축 작품, 회화와 서예 등 예술 작품, 수집품과 저서를 전시한다. 전시 관람을 마치면 티 라운지에서 차 혹은 기념 엽서를 받을 수 있다. 유동룡의 딸 유이화가 직접 설계하고 건축한 곳으로 건축물 자체도 아름답다. 네이버 사전 예약 필수. 성인 26,000원. 10:00~18:00 운영, 17:00 입장 마감. 월요일 휴관. (340p C:3) 사진ⓒ한국관광 콘텐츠랩

제주 제주시 한림읍 용금로 906-10   #건축미술관 #제주건축기행

바다술상 `맛집` "흑백요리사 이모가 한상 가득 차려준다!"

'흑백요리사' 이모카세 김미령 셰프가 연 해산물 전문점. 제주 식재료를 활용한 '바다술상'이 시그니처로, 커다란 소쿠리에 한치물회, 숙성회, 수육, 옥돔구이 등이 푸짐하게 차려져 나온다. 전 좌석 오션뷰를 자랑하며, 정갈한 순살 갈치조림정식과 수육정식도 있다. 바다술상 (중) 79,000원. (대) 99,000원. 매일 11:00~22:00 운영 (브레이크타임 15:00~17:00).

제주 제주시 한림읍 한림해안로 582 1, 2층   #이모카세 #한치물회 #제철해산물

더마파크

"기마공연, 승마체험,카트등 즐길거리 가득."

말 전문 테마공원으로 기마 공연, 승마 체험 등을 할 수 있다. 제주 최대 규모의 카트 체험장도 있어 카트를 즐기기 좋다. 카트와 승마는 매일 09:00~17:00, 공연은 매일 10:30~17:30 운영. 공연 관람료 성인 25,000원, 승마 15,000~35,000원(코스별 상이), 카트 1인승 체험 25,000원. 네이버 예매 시 할인. (340p B:3) 사진ⓒ한국관광 콘텐츠랩

제주 제주시 한림읍 월림7길 155
#말 #승마체험 #카트

쌍용굴

"신비로운 용암동굴 연인과 함께"

한림공원 안에 있는 쌍용굴은 여름철 더위를 피해 방문하기 딱 좋은 용암동굴이다. 2020년 제주도를 찾은 30대가 가장 많이 찾은 관광지로도 꼽혔다. 겨울의 거센 바닷바람을 피하기도 제격이다. (340p C:2)

제주 제주시 한림읍 한림로 300
#용암동굴 #피서 #한림공원

혼저 협재흑돼지 `맛집`
"14일 교차 숙성 흑돼지 구이"

직접 기른 흑돼지를 14일간 숙성시켜 고기맛이 남다른 식당이다. 육즙 터지는 고기에 사장님이 추천하는 전통주까지 곁들이면 더 맛있다. 마당이 있어서 아이가 있는 가족이 방문하기 좋다. 혼밥도 가능하다. 캐치테이블 예약은 필수. 가격은 목살+오겹살 58,000원, 1인 오겹살 36,000원. 매일 16:30~ 22:30 (21:30 라스트오더)

제주 제주시 한림읍 한림로 158
#흑돼지구이 #혼밥 #웨이팅

한림칼국수 `맛집`
"저온숙성 자가제면 칼국수"

깨끗한 보말을 가득 넣고 푹 끓인 보말칼국수 전문점. 면을 다 먹고 국물에 공깃밥을 말아 겉절이와 함께 먹어도 꿀맛이다. 저온숙성 자가제면이라 면의 탄성이 좋다. 영양보말죽도 녹진하고 고소하다. 매생이전도 사이드 메뉴로 추천한다. 가격은 보말칼국수/영양보말죽 11,000원. 08:00~ 19:30 (19:00 라스트오더) 수요일 휴무. (340p C:2) 사진ⓒ한국관광 콘텐츠랩

제주 제주시 한림읍 한림해안로 141
#보말칼국수 #보말죽 #매생이전

바당길 맛집 "비양도 톳 자가제면 칼국수"

비양도에서 채취한 톳으로 제면한 톳칼국수 식당이다. 면발이 쫄깃하고 국물이 시원하고 담백하다. 전복죽은 고소하고 전복, 게, 새우가 푸짐하게 들어간 해물뚝배기는 속풀이에 제격이다. 가격은 보말칼국수/톳칼국수 10,000원, 보말죽/전복죽 13,000원. 금~수요일 08:00~15:30, 목요일 08:00~14:30 (30분 전 라스트오더) (340p C:2)

제주 제주시 한림읍 한림서길 18   #칼국수 #톳면 #자가제면

금능석물원
"재미있게 표현한 작품 감상"

장공익 석공예 명장의 작품이 살아 숨 쉬는 곳. 약 60여 년 동안 돌하르방을 제작해온 명장이 10,000평 부지에 제주 생활의 모습을 돌로 표현한 공원이다. 제주의 문화와 생활을 해학적으로 표현한 작품을 관람할 수 있다. 매일 08:30~17:30 운영. 성인 6,000원. (340p B:2) 사진ⓒ한국관광 콘텐츠랩

제주 제주시 한림읍 한림로 176
#장공익 #석공예명장

리버브제주 카페
"LP의 따뜻한 소리가 흐르는 오션뷰 카페"

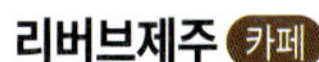

오션뷰 LP 감성 카페. LP 레코드로 꾸며진 내부 인테리어가 세련된 곳. 입장권을 구매해 커피와 함께 음악을 즐기며 힐링할 수 있는 공간이다. 핸드드립 커피는 산미 또는 바디감 있는 원두를 선택할 수 있으며, 제주 청귤 에이드도 시그니처. 커피와 함께 곁들이기 좋은 리버브 베이컨잼바게트 등 디저트 메뉴도 판매한다. 다양한 LP를 구경하는 재미도 쏠쏠한 곳. 주차 가능. 매일 10:00~22:00 영업. (340p C:1)

제주 제주시 한림읍 한림해안로 648 3층
#LP레코드#음악#오션뷰#드립커피

쉼표 카페
"협재 바다가 눈앞에 펼쳐지는 이국적인 오션뷰 카페"

협재 해수욕장이 바로 눈앞에 펼쳐지는 탁 트인 오션뷰 카페. 1, 2층은 통창 너머 바다를 감상할 수 있고, 2, 3층 야외석도 있어 휴양지에 온 것 같은 이국적인 분위기. 떡이 든 오메기 오곡 라떼와 수제햄 샌드위치인 봉글락 샌드위치가 대표 메뉴로, 우도 땅콩 크로플과 땅콩 크림라떼도 인기. 이곳의 시그니처 포토존, 해먹 자리 그네에서 인생샷을 남겨보자. 매일 09:00~20:30 영업. (343p D:1)

제주 제주시 한림읍 한림로 359   #협재#오션뷰#휴양지#오메기#인생샷

플로웨이브 "환상적인 낙화축제가 펼쳐지는 복합문화공간"

제주 화산 지형과 용암을 모티브로 한 복합문화공간. 밤이 되면 용암이 흐르는 듯한 조명이 더해져 신비로운 야경을 자랑한다. 불꽃이 바람을 타고 흩날려 물 위로 떨어지는 아름다운 낙화축제 '라바플라워'가 진행되는 곳. 축제를 프라이빗하게 감상할 수 있는 공간은 사전 예약 후 이용 가능. 매콤한 퓨전 떡 제주낙화 오메기떡과 간단한 식사, 음료, 디저트를 판매한다. 주차 가능. 매일 16:00~22:00 영업. (340p C:2)

제주 제주시 한림읍 장원길 63-12　　#용암#조명#축제#다이닝#인증샷성지

호텔샌드 `카페`
"휴양지 사진을 남겨보자"

한라산소주
"제주에 왔으니 한라산 소주"

제주의 대표 지역주(酒)로 한라산의 화산 암반수로 만들어진 산뜻한 맛의 소주이다. 제조 공장에서 한라산 소주의 제조 과정은 물론, 시음해볼 수 있는 투어 프로그램이 운영 중이다. 옥상 정원은 한라산과 멋진 바다를 감상할 수 있는 뷰포인트이다. 사전 예약이 필요하다. 투어 프로그램 금~일 13:00, 14:30, 16:00 3회 운영. 월~목 휴무. 성인 7,000원. 네이버 예약 가능. (340p C:2)

제주 제주시 한림읍 한림로555
#지역주 #화산암반수 #투어프로그램

비양도를 한 눈에 볼 수 있는 이국적인 오션 뷰 카페. 테라스 라탄 파라솔 아래에 앉아 시원한 바다를 바라보며 휴양지 분위기를 느껴보자. 스카치 캔디 맛 버터 스카치 크림 라떼와 고소한 크림 라떼 샌드밀이 시그니처. 매일 09:00~21:00 영업. (342p C:2)

제주 제주시 한림읍 한림로 339
#협재해수욕장 #애견동반 #휴양지감성

한림공원 "넓디 넓은 대지 위 제주 공원"

10만 평 대지 위에 식물원, 동굴, 민속촌, 작은 동물원 등 9개 테마의 볼거리가 가득한 테마파크이다. 절기마다 바뀌는 예쁜 꽃과 300년이 넘는 분재, 천연기념물로 지정된 용암동굴을 감상할 수 있다. 규모가 커서 관람시간은 약 2시간 이상이 소요된다. 매일 09:00~18:00 운영, 17:00 매표 마감. 성인 15,000원. (342p B:3)

제주 제주시 한림읍 한림로 300   #식물원 #테마파크 #용암동굴

협재굴

"한림공원에 있는 용암동굴"

한림 용암동굴지대의 동굴 중 하나이다. 한림공원에 위치해 있으며 천연기념물 제236호로 지정되어 있다. 천연 용암동굴이면서 석회동굴에서 발견되는 종유석, 석순, 석주 등도 볼 수 있는 아름다운 동굴이다. (340p C:2)

사진ⓒ한국관광 콘텐츠랩

제주 제주시 한림읍 한림로 300
#천연기념물 #천연용암동굴 #석회동굴

황금굴

"황금빛을 만들어내는 용암동굴"

제주 한림 용암동굴지대의 동굴 중 하나로, 천연기념물 제236호로 보호되고 있다. 천장의 석회질 종유석이 조명을 받으면 황금빛을 띈다 하여 황금굴이라 부른다. 영구 보존 동굴로 지정된 비공개 장소이다. (340p C:2)

제주 제주시 한림읍 한림로 300
#천연기념물 #종유석 #비공개

돌갱이네집 제주협재본점

"짜지않고 푸짐한 해물라면"

해수욕장 앞에 있는 해산물 전문 식당. 문어와 전복이 들어간 해물라면이 대표메뉴. 짜지 않고 적당히 맵고 칼칼하다. 해물라면에 해물파전, 전복죽, 문어숙회로 구성된 2인 세트도 실속있다. 여름철에는 살얼음 띠워진 한치물회도 인기다. 포장 가능. 가격은 해물라면 12,000원, 2인세트 34,000원, 한치물회 15,000원. 매일 08:00~ 21:00. (342p B:2)

제주 제주시 한림읍 한림로 329-6
#해물라면 #물회 #바다뷰

협재흑돼지더꽃돈본점 맛집

"흑오겹살과 전복돌솥밥을 한번에"

최상급 흑돼지구이 식당. 초벌한 고기를 칼로 썰어서 다시 구워주는 것이 특징이다. 오겹살과 전복돌솥밥으로 구성된 세트 메뉴가 대표메뉴. 고기만 공략하고 싶다면 목살과 오겹살을 600g에 제공하는 세트를 주문하자. 가격은 전복돌솥밥세트(2인/4인) 72,000~110,000원, 돼지1근세트(백/흑) 57,000~69,000원. 매일 12:00~ 23:30. (343p E:1)

제주 제주시 한림읍 한림로 366
#근고기식당 #김치찌개 #깻잎조림

협재해녀의집 맛집

"갓잡은 해산물로 끓인 라면"

갓잡은 해산물을 먹을 수 있는 해녀식당. 전복, 뿔소라, 문어 같은 모듬 해산물과 해산물 라면, 공기밥으로 구성된 세트 메뉴가 인기. 여기서 모듬해산물 대신 돌문어숙회, 뿔소라회를 선택할 수도 있다. 가격은 선택한 구성에 따라 36,000~46,000원. 해물모듬라면 12,000원, 전복죽 15,000원도 인기. 매일 10:00~ 22:00 (21:00 라스트오더) 사진ⓒ한국관광 콘텐츠랩

제주 제주시 한림읍 협재3길 19
#모듬해산물 #해물라면 #바다뷰

한림항 "비양도를 가기위해 출발하는 곳"

비양도 가는 배를 탈 수 있는 곳. 천년호, 비양도호 두 선박을 운항하며, 날씨가 안 좋을 경우 운행하지 않을 수 있다. 제주도민과 만 2세~11세 어린이, 장애인과 국가유공자는 요금 할인되며 신분증을 꼭 지참해야 한다. (340p C:2) 사진ⓒ한국관광 콘텐츠랩

제주 제주시 한림읍 한림해안로 93   #비양도 #천년호 #비양도호

가르송티미드 제주 "귀여운 가르송티미드 협재 소품샵."

가르송티미드 캐릭터 협재 소품샵. 위트 있는 드로잉 엽서부터 마그넷, 스티커, 그립톡, 가방 등 다양한 소품을 만날 수 있다. 비교적 저렴한 가격대의 굿즈가 많아 돌하르방, 귤, 한라산을 주제로 한 기념품을 사기 좋다. 매장 뒤편에 무료 공영주차장이 있다. 우무가 옆에 있어 같이 방문 추천. 매일 10:00~18:00 (13:00~14:00 휴게 시간) (340p C:2)

제주 제주시 한림읍 한림로 542   #가르송티미드 #협재소품샵 #캐릭터소품샵

돼지굽는정원 제주협재점 맛집
"흑돼지 BBQ 글램핑 식당"

제주 화산석 위에 흑돼지를 구워주는 식당. 분위기 좋은 야외 글램핑장에서 고기를 먹을 수 있어서 반려동물이 있는 여행자들이 단골이다. 오겹살, 돈마호크, 목살 등 두툼한 고기에 된장찌개, 명이나물, 치즈김치볶음밥까지 다 맛있다. 예약 필수. 가격은 흑돼지세트 2인 68,000원, 제주흑돼지+한치세트 2인 82,000원. 매일 11:00~ 22:00 (340p B:2)

제주 제주시 한림읍 협재2길 8-7 1층
#흑돼지 #글램핑 #예약필수

난춘식당 고기국수 제주협재본점 맛집 "아침에도 먹을 수 있는 부담없는 국물"

고기국수 전문점. 국물 종류는 사골육수와 멸치육수 2종류다. 둘다 자극적이지 않고 구수해서 아침에 먹기 좋다. 새콤달콤한 소스와 콩나물, 오이, 적양배추가 들어간 비빔국수도 인기. 서비스로 주는 청귤차가 입맛을 돋워준다. 가게 맞은편 공영 주차장 이용. 가격은 10,000원~11,000원. 09:00~ 16:00 (15:30 라스트오더) 목요일 휴무.

제주 제주시 한림읍 한림로 496   #고기국수 #비빔국수 #청귤차

비양놀 카페 "비양도가 보이는 일몰 맛집"

전면 통창과 천창으로 제주의 바다와 하늘을 모두 감상할 수 있는 카페. 비양도를 볼 수 있으며, 특히 일몰이 멋진 곳으로 해가 질 즈음 방문할 것을 추천. 수제 바닐라빈 크림이 올라간 비양놀 비엔나가 시그니처. 스콘도 맛있다. 매일 11:00~19:00 영업. (340p C:1) 사진ⓒ한국관광 콘텐츠랩

제주 제주시 한림읍 한림해안로 311   #비양도 #오션뷰 #일몰맛집

제주소품샵 시키 협재점 "힙하고 키치한 협재 무인 소품샵"

협재 해수욕장 근처 무인 소품샵. 주인장이 좋아하는 패션, 인테리어 소품을 모아 둔 방 콘셉트이다. 티셔츠, 컵, 반지, 핸드워시, 모자, 가방, 지갑 등 다양한 상품을 만날 수 있다. 통창으로 일몰 시간대에 방문을 추천한다. 애견 동반 가능. 2층으로 1층에는 '비주비주' 에그타르트 카페가 있어 같이 들르기 좋다. 건물 뒤편에 넓은 공용 주차장이 있다. 매일 24시간 운영 (340p C:2)

제주 제주시 한림읍 한림해안로 9 2층 　 #협재소품샵 #무인소품샵 #키치한굿즈

탐나라공화국 `추천` "춘천엔 남이섬, 제주엔 탐나라공화국"

춘천에 남이섬을 만든 강우현 대표가 제주에 만든 교육 공원. 3만 평이 넘는 부지에 5만여 그루의 나무가 심어져 있다. 70% 이상이 재활용품으로 만들어졌다. 전국 각지에서 온 헌책들로 만든 도서관은 아이들과 함께하기 좋다. 해설사의 안내를 받으면 더욱 의미 있는 탐방이 된다. 공화국이라는 이름답게 1년 이용권은 '여권', 1일권은 '비자'라고 부른다. 매일 09:00~18:00 운영. 성인 1일권 10,000원.(341p D:3) 사진ⓒ한국관광 콘텐츠랩

제주 제주시 한림읍 한창로 897

#제2의남이섬 #한림 #헌책도서관

카페인어 `카페` "인어공주를 모티브로 한 오션뷰 카페"

인어 전설이 있는 귀덕 풍차해안도로에 위치한 오션뷰 카페. 바다와 풍차, 야자수가 어우러진 풍경이 아름답다. 드라마 '유미의 세포들' 촬영지로 알려진 곳. 카페인어 크림라떼와 카페인어 망고 스무디가 이곳의 시그니처 메뉴. 시원한 맥주와 감귤치킨 등 주류와 안주도 주문 가능. 야외에 있는 보롬사진관에서 바다를 배경으로 인생네컷 사진을 찍을 수 있다. 주차 가능. 평일 10:00~21:10, 주말 10:00~22:10 영업. (340p C:1)

제주 제주시 한림읍 한림해안로 584 1층
#인어#오션뷰#빈백#크림라떼#주류

수우동 `맛집` "예약전쟁 바다뷰 냉우동집"

바다뷰를 보며 쫄깃하고 시원한 냉우동을 먹을 수 있는 식당. 바삭한 돈까스도 단짝 메뉴다. 알람을 맞춰놓고 예약을 해야할 정도로 인기가 많다. 튀김이나 고로케도 꼭 주문하자. 일본 정식 스타일. 가격은 수우동 11,000원, 자작냉우동 14,500원, 핑거돈가스정식 17,000원. 10:30~ 16:00 (15:40 라스트오더) 화, 수요일 휴무. (343p E:1)

제주 제주시 한림읍 협재1길 11
#냉우동 #바다뷰 #웨이팅

협재해수욕장 추천 "협재만큼 로맨틱한 해변은 없을 거야"

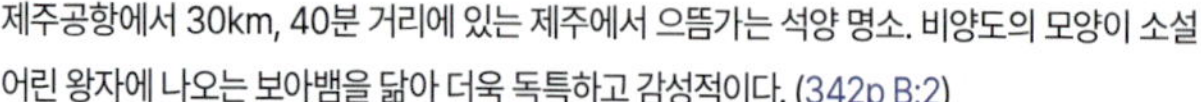

제주공항에서 30km, 40분 거리에 있는 제주에서 으뜸가는 석양 명소. 비양도의 모양이 소설 어린 왕자에 나오는 보아뱀을 닮아 더욱 독특하고 감성적이다. (342p B:2)

제주 제주시 한림읍 협재리 2497-1　#석양 #해수욕장

협재포구
"올레길과 바다전망 카페"

잔잔한 파도와 함께 정박된 작은 어선들을 바라보며 평화로운 어촌의 정취를 느낄 수 있는 곳. 근처에는 맛있는 해산물 식당과 바다전망 카페가 옹기종기 모여있다. (340p B:2)

제주 제주시 한림읍 협재리 1683-1
#잔잔한파도 #어촌 #카페

08
한경면

#산양큰엉곶 오두막
#산양큰엉곶
#산양큰엉곶 기찻길
@juvy_d
#차귀도 일몰

#엉알해안
#수월봉 일몰
#환상숲곶자왈

#한경노을해안로
#저지문화예술인마을
@picky_
#비체올린 #버베나
힐링카약파크

#문화예술공공수장고
@lovely_siry33
#신창해안도로

한경

A
B
C

1
2
3

해거름
전망대

판포포구

판포리

판포오름

금등리

신창풍차해안도로

싱계물공원

두모리

용당리

절부암

용수리

한경면

용수리포구
천주교 용수성지

차귀도 억새

차귀도
유람선

당산봉
(당오름, 차귀오름)

차귀도

차귀해안

고산리

엉알해안

수월봉,
수월봉 지질트레일

노을해안도로
(고산리-일과리)

대정읍

한림읍
D
E
F
1
2
3
비체올린(카약)
제주현대
미술관
저지문화
예술인마을
문화예술
공공수장고
방림원
저지오름
아홉굿마을
가메창
(암메)
저지리
낙천의자공원
환상숲곶자왈공원
물드리네
생각하는 정원
(분재예술원)
제주 유리의 성
낙천리
청수리
가마오름
제주 가마오름
일제동굴진지
반딧불이마을
청수리
연화못 연꽃
산양곶자왈
산양리
371

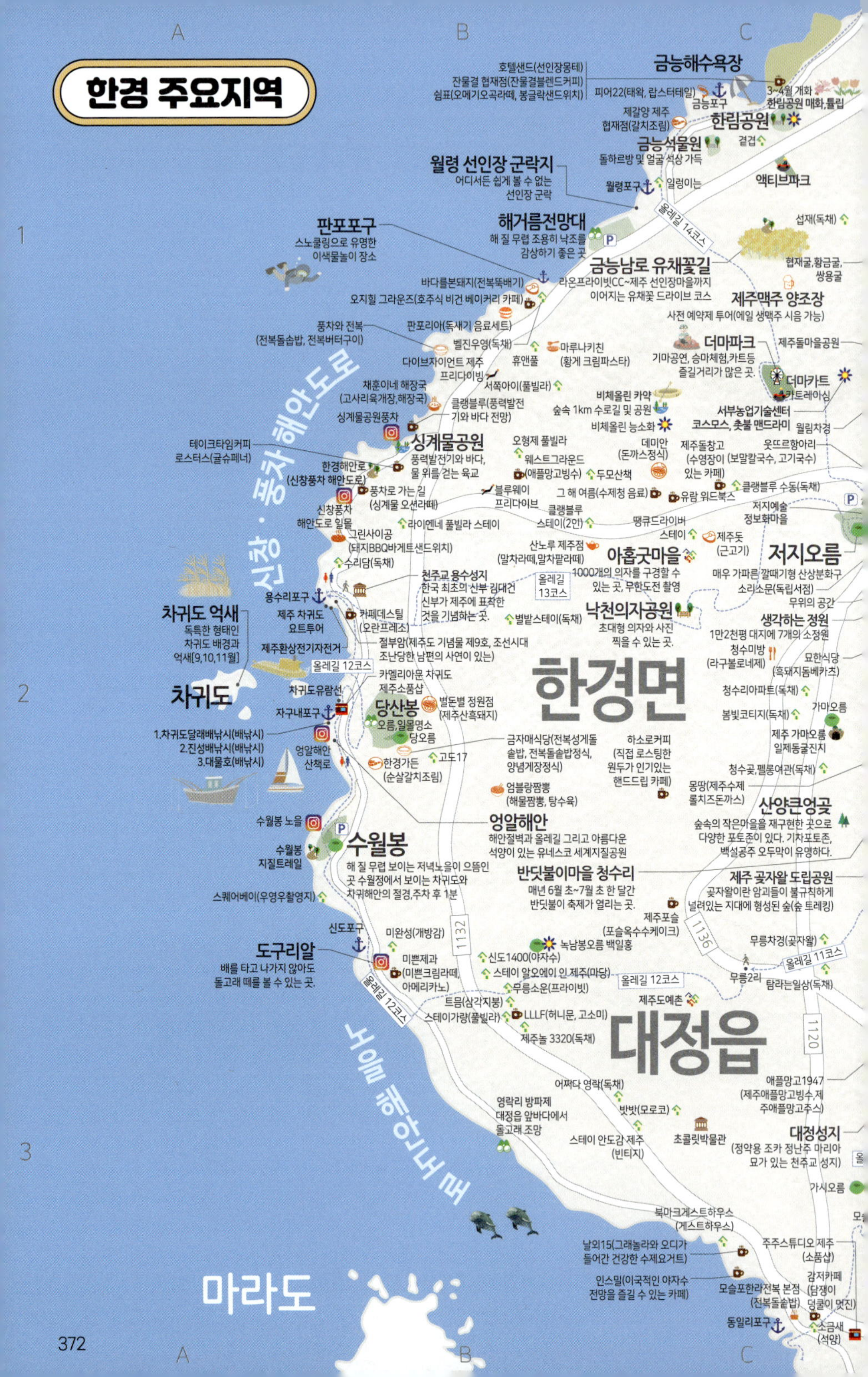

한경 주요지역

호텔샌드(선인장몽태)
잔물결 협재점(잔물결블렌드커피)
쉼표(오메기오곡라떼, 봉글락샌드위치)

금능해수욕장
3~4월 개화
피어22(태와, 랍스터테일)
한림공원 매화, 튤립

제갈양 제주
협재점(갈치조림)

한림공원
겹건

금능석물원
돌하르방 및 얼굴 석상 가득

액티브파크

월령 선인장 군락지
어디서든 쉽게 볼 수 없는
선인장 군락

월령포구
일렁이는

섭재(독채)

판포포구
스노쿨링으로 유명한
이색물놀이 장소

해거름전망대
해 질 무렵 조용히 낙조를
감상하기 좋은 곳

협재굴,황금굴,
쌍용굴

금능남로 유채꽃길
라운프라이빗CC~제주 선인장마을까지
이어지는 유채꽃 드라이브 코스

제주맥주 양조장
사전 예약제 투어(에일 생맥주 시음 가능)

바다를본돼지(전복뚝배기)
오지힐 그라운즈(호주식 비건 베이커리 카페)

풍차와 전복
(전복돌솥밥, 전복버터구이)

판포리아(독새기 음료세트)

벨진우영(독채)

마루나키친
(황게 크림파스타)

휴앤풀

더마파크
기마공연, 승마체험, 카트등
즐길거리가 많은 곳.

제주돌마을공원

더마카트
카트레이싱

다이브자이언트 제주
프리다이빙

서쪽아이(풀빌라)

비체올린 카약
숲속 1km 수로길 및 공원

비체올린 능소화

서부농업기술센터
코스모스, 촛불 맨드라미
월림차경

채훈이네 해장국
(고사리육개장,해장국)

싱계물공원풍차

클랭블루/풍력발전
기와 바다 전망

오형제 풀빌라

데미안
(돈까스정식)

제주돌창고
(수영장이 (보말칼국수, 고기국수)
있는 카페)

옷뜨르항아리

테이크타임커피
로스터스(굴슈페너)

싱계물공원
풍력발전기와 바다,
물 위를 걷는 육교

웨스트 그라운드
(애플망고빙수)

두모산책

그 해 여름(수제청 음료)

유람 위드북스

클랭블루 수동(독채)

한경해안로
(신창풍차 해안도로)

풍차로 가는 길
(싱계물 오션라떼)

블루웨이
프리다이브

클랭블루
스테이(2인)

땡큐드라이버
스테이

저지예술
정보화마을

신창풍차
해안도로 일몰

라이엔네 풀빌라 스테이

제주돗
(근고기)

저지오름
매우 가파른 깔때기형 산상분화구
소리소문(독립서점)
무위의 공간

그린사이공
(돼지BBQ바게트샌드위치)

산노루 제주점
(말차라떼,말차팔라떼)

아홉굿마을
1000개의 의자를 구경할 수
있는 곳, 무한도전 촬영

수리담(독채)

천주교 용수성지
한국 최초의 신부 김대건
신부가 제주에 표착한
것을 기념하는 곳.

별밭스테이(독채)

낙천의자공원
초대형 의자와 사진
찍을 수 있는 곳.

생각하는 정원
1만2천평 대지에 7개의 소정원

청수미방
(라구볼로네제)

묘한식당
(흑돼지돔베카츠)

차귀도 억새
독특한 형태인
차귀도 배경과
억새[9,10,11월]

용수리포구

제주 차귀도
요트투어

카페데스틸
(오란프레소)

절부암(제주도 기념물 제9호, 조선시대
조난당한 남편의 사연이 있는)

한경면

청수리아파트(독채)

봄빛코티지(독채)

가마오름

제주 가마오름
일제동굴진지

제주환상전기자전거

카멜리아문 차귀도

올레길 12코스

제주소품샵

당산봉
오름,일몰명소
당오름

별돈별 정원점
(제주산흑돼지)

차귀도유람선

고도17

청수곶, 펠롱여관(독채)

몽땅(제주수제
롤치즈돈까스)

차귀도

자구내포구

1.차귀도달래배낚시(배낚시)
2.진성배낚시(배낚시)
3.대물호(배낚시)

금자매식당(전복성게돌
솥밥, 전복돌솥밥정식,
양념게장정식)

하소로커피
(직접 로스팅한
원두가 인기있는
핸드드립 카페)

산양큰엉곶
숲속의 작은마을을 재구현한 곳으로
다양한 포토존이 있다. 기차포토존,
백설공주 오두막이 유명하다.

엉알해안
산책로

한경가든
(순살갈치조림)

엄블랑짬뽕
(해물짬뽕, 탕수육)

수월봉 노을

수월봉
지질트레일

수월봉
해 질 무렵 보이는 저녁노을이 으뜸인
곳 수월정에서 보이는 차귀도와
차귀안의 절경,주차 후 1분

엉알해안
해안절벽과 올레길 그리고 아름다운
석양이 있는 유네스코 세계지질공원

반딧불이마을 청수리
매년 6월 초~7월 초 한 달간
반딧불이 축제가 열리는 곳.

제주 곶자왈 도립공원
곶자왈이란 암괴들이 불규칙하게
널려있는 지대에 형성된 숲(숲 트레킹)

스퀘어베이(우영우촬영지)

신도포구

미완성(개방감)

미쁜제과
(미쁜크림라떼,
아메리카노)

신도1400(야자수)

제주포슬
(포슬옥수수케이크)

제주포슬

녹남봉오름 백일홍

무릉차경(곶자왈)

올레길 11코스

도구리알
배를 타고 나가지 않아도
돌고래 떼를 볼 수 있는 곳.

스테이 알오에이 인 제주(마당)

무릉소운(프라이빗)

무릉2리
탐라는일상(독채)

올레길 12코스

트뭄(삼각지붕)
스테이가량(풀빌라)

LLLF(허니문, 고소미)

제주놀 3320(독채)

제주도예촌

대정읍

어쩌다 영락(독채)

애플망고1947
(제주애플망고빙수,제
주애플망고주스)

영락리 방파제
대정읍 앞바다에서
돌고래 조망

밧밧(모로코)

대정성지
(정약용 조카 정난주 마리아
묘가 있는 천주교 성지)

스테이 안도감 제주
(빈티지)

초콜릿박물관

가시오름

북마크게스트하우스
(게스트하우스)

마라도

날외15(그래놀라와 오디가
들어간 건강한 수제요거트)

주주스튜디오 제주
(소품샵)

인스밀(이국적인 야자수
전망을 즐길 수 있는 카페)

감저카페
(탐쟁이
덩쿨이 멋진)

모슬포한라전복 본점
(전복돌솥밥)

동일리포구

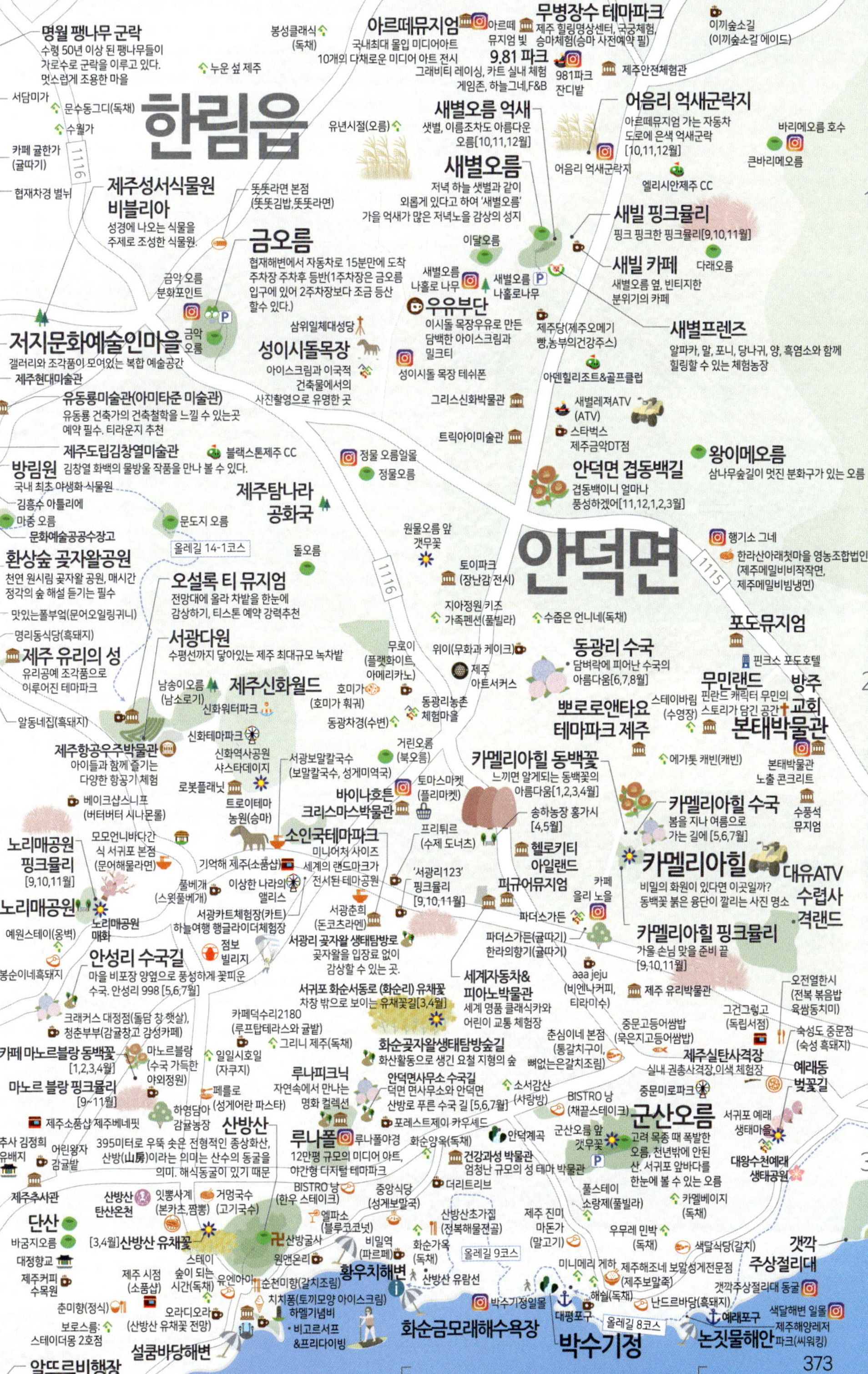

D
E
F
한림읍
안덕면
명월 팽나무 군락
수령 50년 이상 된 팽나무들이
가로수로 군락을 이루고 있다.
멋스럽게 조용한 마을
서담미가
문수동그니(독채)
수월가
카페 굴한가
(굴따기)
협재차경 별뉘
1116
누운 섬 제주
봉성클래식
(독채)
유년시절(오름)
제주성서식물원
비블리아
성경에 나오는 식물을
주제로 조성한 식물원.
똣똣라면 본점
(똣똣김밥,똣똣라면)
금오름
협재해변에서 자동차로 15분만에 도착
주차장 주차후 등반(1주차장은 금오름
입구에 있어 2주차장보다 조금 힘산
할 수 있다.)
금악 오름
분화포인트
삼위일체대성당
성이시돌목장
아이스크림과 이국적
건축물에서의
사진촬영으로 유명한 곳
금악
오름
저지문화예술인마을
갤러리와 조각품이 모여있는 복합 예술공간
제주현대미술관
유동룡미술관(아미타준 미술관)
유동룡 건축가의 건축철학을 느낄 수 있는곳
예약 필수. 티라운지 추천
제주도립김창열미술관
김창열 화백의 물방울 작품을 만나 볼 수 있다.
블랙스톤제주 CC
방림원
국내 최초 야생화 식물원
김흥수 아틀리에
마중 오름
문화예술공공수장고
환상숲 곶자왈공원
천연 원시림 곶자왈 공원, 매시간
정각의 숲 해설 듣기는 필수
맛있는 풀부엌(문어오일링귀니)
명리동식당(흑돼지)
제주 유리의 성
유리공예 조각품으로
이루어진 테마파크
알동네집(흑돼지)
제주항공우주박물관
아이들과 함께 즐기는
다양한 항공기 체험
베이크샵스니프
(버터버터 시나몬롤)
노리매공원
핑크뮬리
[9,10,11월]
노리매공원
매화
예원스테이(옹벽)
안성리 수국길
마을 비포장 양옆으로 풍성하게 꽃피운
수국. 안성리 998 [5,6,7월]
봉순이네흑돼지
크래커스 대정점(돌담 장 핫살)
청춘부부(감귤창고 감성카페)
카페 마노르블랑 동백꽃
[1,2,3,4월]
마노르 블랑 핑크뮬리
[9~11월]
제주소품샵 제주베네핏
추사 김정희
유배지
제주추사관
단산
바굼지오름
대정향교
제주커피
수목원
춘미향(정식)
보로스름:
스테이더움 2호점
알뜨르비행장
아르떼뮤지엄
국내최대 몰입 미디어아트
10개의 다채로운 미디어 아트 전시
아르떼
뮤지엄 빛
9.81 파크
그래비티 레이싱, 카트 실내 체험
게임존, 하늘그네/F&B
새별오름 억새
샛별, 이름조차도 아름다운
오름[10,11,12월]
새별오름
저녁 하늘 샛별과 같이
외롭게 있다고 하여 '새별오름'
가을 억새가 많은 저녁노을 감상의 성지
이달오름
새별오름
나홀로 나무
새별오름
나홀로나무
우유부단
이시돌 목장우유로 만든
담백한 아이스크림과
밀크티
성이시돌 목장 테쉬폰
그리스신화박물관
트릭아이미술관
정물 오름일몰
정물오름
제주탐나라
공화국
문도지 오름
올레길 14-1코스
돌오름
오설록 티 뮤지엄
전망대에 올라 차밭을 한눈에
감상하기, 티스톤 예약 강력추천
서광다원
수평선까지 닿아있는 제주 최대규모 녹차밭
남송이오름
(남소로기)
제주신화월드
신화워터파크
신화테마파크
신화역사공원
샤스타데이지
로봇플래닛
트로이테마
농원(승마)
소인국테마파크
미니어처 사이즈
세계의 랜드마크가
전시된 테마공원
기억해 제주(소품샵)
이상한 나라의
앨리스
서광카트체험장(카트)
하늘여행 행글라이더체험장
서광춘희
(돈코츠라멘)
서광리 곶자왈 생태탐방로
곶자왈을 입장료 없이
감상할 수 있는 곳.
서귀포 화순서동로 (화순리) 유채꽃
차창 밖으로 보이는 유채꽃길[3,4월]
카페덕수리2180
(루프탑테라스와 귤밭)
그리니 제주(독채)
루나피크닉
자연속에서 만나는
명화 컬렉션
페를로
하영담아
감귤농장
산방산
395미터로 우뚝 솟은 전형적인 종상화산,
산방(山房)이라는 의미는 산수의 동굴을
의미. 해식동굴이 있기 때문
잇뽕사계
(본카초.짬뽕)
거멍국수
(고기국수)
산방산
탄산온천
[3,4월]산방산 유채꽃
산방사
BISTRO 낭
(한우 스테이크)
엘파소
(블루코코넛)
스테이
숲이 되는
시간(독채)
유엔아이
(소품샵)
순천미향(갈치조림)
오라디오라
(산방산 유채꽃 전망)
원앤온리
중앙식당
(성게보말칼)
비밀역
(파르페)
화순가옥
(독채)
설쿰바당해변
황우치해변
치치퐁(토끼모양 아이스크림)
하멜기념비
비고르서프
&프리다이빙
화순금모래해수욕장
박수기정
올레길 8코스
무병장수 테마파크
제주 힐링명상센터, 국궁체험
승마체험(승마 사전예약 필)
981파크
잔디밭
제주안전체험관
이끼숲소길
(이끼숲소길 에이드)
어음리 억새군락지
아르떼뮤지엄 가는 자동차
도로에 은색 억새군락
[10,11,12월]
어음리 억새군락지
엘리시안제주 CC
바리메오름 호수
큰바리메오름
새빌 핑크뮬리
핑크 핑크한 핑크뮬리[9,10,11월]
새빌 카페
새별오름 옆, 빈티지한
분위기의 카페
다래오름
새별프렌즈
알파카, 말, 포니, 당나귀, 양, 흑염소와 함께
힐링할 수 있는 체험농장
제주당(제주오메기
빵,농부의건강주스)
아덴힐리조트&골프클럽
새별레져ATV
(ATV)
스타벅스
제주금악DT점
안덕면 겹동백길
겹동백이니 얼마나
풍성하겠어[11,12,1,2,3월]
왕이메오름
삼나무숲길이 멋진 분화구가 있는 오름
원물오름 앞
갓무꽃
토이파크
(장난감 전시)
행소기 그네
한라산아래첫마을 영농조합법인
(제주메밀비작작면,
제주메밀비빔냉면)
지아정원 키즈
가족펜션(풀빌라)
수줍은 언니네(독채)
포도뮤지엄
위이(무화과 케이크)
제주
아트서커스
동광리 수국
담벼락에 피어난 수국의
아름다움[6,7,8월]
핀크스 포도호텔
무민랜드
핀란드 캐릭터 무민의
스토리가 담긴 공간
방주
교회
무로이
(플랫화이트,
아메리카노)
동광리농촌
체험마을
동광차경(수변)
거린오름
(북오름)
토마스마켓
(플리마켓)
뽀로로앤타요
테마파크 제주
스테이바림
(수영장)
본태박물관
본태박물관
노출 콘크리트
바이나흐튼
크리스마스박물관
프리튀르
(수제 도너츠)
송하농장 홍가시
[4,5월]
카멜리아힐 동백꽃
느끼면 알게되는 동백꽃의
아름다움[1,2,3,4월]
에가톳 캐빈(캐빈)
카멜리아힐 수국
봄을 지나 여름으로
가는 길에 [5,6,7월]
수품석
뮤지엄
이상한 나라의
앨리스
헬로키티
아일랜드
피규어뮤지엄
파더스가든
파더스가든(귤따기)
한라의향기(귤따기)
'서광리123'
핑크뮬리
[9,10,11월]
카페
을리 노을
카멜리아힐
비밀의 화원이 있다면 이곳일까?
동백꽃 붉은 융단이 깔리는 사진 명소
대유ATV
수렵사
격랜드
카멜리아힐 핑크뮬리
가을 손님 맞을 준비 끝
[9,10,11월]
세계자동차&
피아노박물관
세계 명품 클래식카와
어린이 교통 체험장
aaa jeju
(비엔나커피,
티라미수)
제주 유리박물관
오전열한시
(전복 볶음밥
육쌈쭈치미)
그건그렇고
(독립서점)
춘심이네 본점
(통갈치구이)
뼈없는순갈치조림)
중문고등어쌈밥
(묵은지고등어쌈밥)
숙성도 중문점
(숙성 흑돼지)
제주실탄사격장
실내 권총사격장,이색 체험장
예래동
벚꽃길
화순곶자왈생태탐방숲길
화산활동으로 생긴 요철 지형의 숲
안덕면사무소 수국길
덕면 면사무소와 안덕면
산방로 푸른 수국 길 [5,6,7월]
소서감산
(사랑방)
BISTRO 낭
(채끝스테이크)
중문미로파크
군산오름
고려 목종 때 폭발한
오름, 천년밖에 안된
산. 서귀포 앞바다를
한눈에 볼 수 있는 오름
서귀포 예래
생태마을
대왕수천예래
생태공원
카멜베이지
(독채)
루나폴
12만평 규모의 미디어 아트,
야간형 디지털 테마랜드
루나폴야경
화순양육(독채)
건강과성 박물관
엄청난 규모의 성 테마 박물관
더트리브
포레스트제이 카우즈데
안덕계곡
군산오름 앞
갓무꽃
풀스테이
소랑제(풀빌라)
우무레 민박
(독채)
산방산초가집
더리트리브
제주 진미
마돈가
(갈고기)
제주해조네 보말성게전문점
(제주보말맑)
색달식당(갈치)
갓깍
주상절리대
산방산2가집
제주 진미
마돈가
(갈고기)
미니메라 게하
산방산 유람선
갓깍주상절리대 동굴
해실(독채)
난드루바당(독채)
예래포구
색달해변 일몰
논짓물해안 파크(씨워킹)
제주해양레저
박수기정
올레길 9코스
올레길 8코스
373

노을해안도로(고산리-일과리) 추천 "말 그대로 노을이 아름다운"

해 질 녘 무렵 하늘을 캔버스 삼아 붉게 물든 절경을 그려내는 노을 해안 도로. 한경면 고산리 수월봉 입구 사거리부터 자구 내 포구까지 1.2km 구간을 일컫는다. 자전거도로가 잘 조성되어 있어 자차, 자전거, 도보 이동 모두 즐길 수 있다. (372p B:3) 사진ⓒ한국관광 콘텐츠랩

제주 서귀포시 제주 제주시 한경면 고산리~대정읍 일과리   #노을 #자전거도로 #절경

차귀도 "낚시꾼에게 유명한곳 나도 가보자고"

고산리 포구에서 10분 정도 배를 타고 들어갈 수 있는, 일몰 뷰가 예술인 무인도 차귀도. 어종이 풍부해서 낚시꾼들에게 유명한 배낚시 포인트이다. (372p A:2)

제주 제주시 한경면 고산리   #일몰 #어종 #낚시포인트

엉알해안 추천

해안 절벽이 퇴적층으로 이루어져 있는 유네스코 세계지질공원. 차귀도 포구에서 수월봉 방향으로 엉알해안이 있으며, 올레길 12코스에 속해있다. 해안 길을 따라 차귀도 뒤로 지는 아름다운 석양을 볼 수 있다. (372p B:2)

제주 제주시 한경면 고산리 3653-3
#유네스코 #해안절벽 #석양

물드리네

감과 쪽으로 천연 염색 체험할 수 있는 곳. 감과 쪽을 함께 사용하는 무늬 염, 복합 염 체험도 진행한다. 제주 전통 작업복인 갈옷과 스카프 등에 물을 들여보자. 월~토 10:10~12:00, 13:30~17:00 운영. 매주 일요일 휴무. (340p B:3) 사진ⓒ한국관광 콘텐츠랩

제주 제주시 한경면 낙산로 4-28
#천연염색 #갈옷

별돈별 정원본점 맛집

흑돼지 구이 전문점. 2~5mm로 얇게 썰어 연탄불에 빠르게 구워먹는 흑돼지 구이로 유명하다. 소금구이와 간장구이 두 종류다. 등심덧살과 항정살 같은 특수부위도 주문 가능. 야외 정원에서 구워먹을 수 있는 것도 장점. 가격은 오겹살 55,000원, 특수부위 60,000원. 12:00~22:00 (15:00~ 16:30 브레이크타임) 화요일 휴무. (372p B:2) 사진ⓒ한국관광 콘텐츠랩

제주 제주시 한경면 고산로8길 21-15
#연탄불 #흑돼지 #야외식사

당산봉(당오름,차귀오름) "드넓은 고산평야 뷰"

제주에서 가장 오래된 화산체 중 하나로 세계지질공원이다. 원래 뱀의 제사를 지내는 신당이 있다고 해서 당오름이라 불렸다. 진한 솔향을 맡으면 정상에 오르면 제주의 드넓은 고산 평야 뷰를 감상할 수 있다. 제주 올레길 12코스에 속해있다. (372p B:2)

제주 제주시 한경면 고산리 산15   #세계지질공원 #뱀의제사 #고산평야뷰

수월봉 `추천` "오지 않으면 후회할만한 경치, 수월봉을 잊지 마!"

차귀해안을 따라가다 보면 나오는 오름. 차량으로 수월정(정상 전망대)까지 접근할 수 있다. 정상에 오르면 차귀도와 차귀해안이 아름답게 내려다보이며, 해 질 무렵 보이는 저녁노을 또한 으뜸이다. (372p B:2)

제주 제주시 한경면 고산리 3760   #해안 #낙조 #전망대

자구내포구 동굴 "타원형 동굴 너머 바다전망"

타원형의 동굴을 액자 삼아 차귀도를 바라보며 바위 위에 앉아 사진을 찍어보자. 바다를 바라보고 오른쪽으로 걷다 포장된 길이 끝나는 지점에 용찬이 굴 표석이 있다. 비포장길의 바윗길을 쭉 걸어가면 동굴 포토존을 볼 수 있다. 입구에서 깊게 파인 곳까지 들어가 보면 깊이가 얕고 협소한 동굴 프레임에 예쁜 바다를 볼 수 있다. 길이 험하고 밀물에는 위험하므로 꼭 썰물시간을 확인할 것. 자구 내 포구는 선상 낚시 체험과 일몰 명소로 유명하다. (372p B:2)

제주 제주시 한경면 노을해안로 1161   #자구내포구#해식동굴#동굴포토존

카멜리아문 차귀도 제주소품샵

"제주 로컬 감성 듬뿍 들어간 굿즈"

제주 로컬 작가들의 다양한 굿즈를 만날 수 있는 소품샵. 인테리어 소품부터 문구류, 초콜릿, 젤리 등 식료품까지 한 번에 구매 가능하다. 09:30~18:00 (수요일 휴무) (372p B:2)

제주 제주시 한경면 노을해안로 1161-2 1층
#제주로컬작가 #소품샵 #제주간식

산노루 제주 카페
"말차 덕후 모여라!"

붉은 벽돌 건물 외관이 인상적인 곳. 제주산 고품질 녹차를 사용한 다양한 제품을 판매한다. 내부는 화이트+그린으로 인테리어 되어 있어 녹차 전문 카페임을 느낄 수 있다. 말차와 호지차가 들어간 아이스크림 라떼, 아인슈페너, 아포가토 등 다양한 메뉴를 판매한다. 숍도 함께 운영해 제품을 구경하고, 구입할 수 있다. 매일 10:30~18:00 영업. (372p B:2)

제주 제주시 한경면 낙원로 32
#말차 #말차전문 #서쪽카페

생각하는 정원 (분재예술원)
"분재와 조경"

한 농부의 열정과 헌신으로 황무지를 개척하여 만들어진 정원이다. 정성 가득 잘 가꾸어진 다양한 분재와 조경을 보며 조용히 산책하기 좋다. 7가지 테마의 작은 정원들로 구성되어 있다. 매일 09:00~18:00 운영. 성인 15,000원. 네이버 예매 시 할인. (372p C:2)

제주 제주시 한경면 녹차분재로 675 생각하는정원
#황무지개척 #분재 #조경

환상숲곶자왈공원 "숲해설가에게 듣는 곶자왈 체험"

많은 덩굴과 나무, 다양한 식물들이 살고 있는 신비로운 정글 숲 공원. 개인 사유의 숲으로, 숲을 사랑하고 지키려는 가족들이 모여 관리하고 있다. 매시 정각 숲해설가의 설명을 들으며 유쾌한 숲 체험을 할 수 있다. 족욕체험과 자연 생태 교육 프로그램이 운영 중이다. 네이버에서 사전 예약 필수. 월~토 09:00~17:00, 일 13:00~17:00 운영. 성인 5,000원. (373p D:2)

제주 제주시 한경면 녹차분재로 594-1   #정글숲 #숲해설가 #숲체험

명리동식당 맛집
"육즙 촬촬 흑돼지 삼겹살"

흑돼지 구이 전문점. 육즙 촬촬 나오는 삼겹살과 가성비 좋은 자투리 고기를 먹을 수 있어서 인기다. 점심에는 돼지고기 들어간 김치전골을 추천한다. 저녁 8시에 주문 마감이라 서두를 것. 가격은 삼겹살, 목살 20,000원, 자투리고기 15,000원, 김치전골 7,000원. 11:30~ 21:00 (14:30~ 16:00 브레이크타임) 월요일 휴무.(373p D:2)

제주 제주시 한경면 녹차분재로 498
#자투리고기 #삼겹살 #김치전골

풍차와 전복 맛집
"바다보며 먹는 전복 한정식"

전복 요리 전문점. 전복돌솥밥과 전복버터를 먹을 수 있는 세트 메뉴가 인기. 게우젓을 비롯한 8~10종 반찬과 고등어 구이가 포함되어 있다. 전복구이 대신 전복무침으로 변경도 가능하다. 실내에서는 바다가 잘 보인다. 가격은 전복버터구이세트/전복무침세트 58,000원, 전복돌솥밥 16,000. 09:00~ 17:00 (16:00 라스트오더) 목요일 휴무. (372p B:1)

제주 제주시 한경면 두모5길 59 1층
#전복돌솥밥 #전복구이 #바다뷰

한경가든 맛집 "택시 기사님 추천 갈치조림집"

택시 기사님들이 추천하는 순살갈치조림 식당. 당일 들여온 생갈치에 양파, 무만으로 조미료없이 요리한다. 색깔이 너무 빨개서 매워 보이지만 최상급 고춧가루를 사용해 적당히 칼칼하다. 직접 키운 쌈채소도 준다. 가격은 뼈없는 갈치조림 2인 35,000원. 10:30~ 20:00 (16:00~16:50 브레이크타임, 15:00, 19:00 라스트오더) 금요일 휴무. (372p B:2)

제주 제주시 한경면 노을해안로 1259 1층　　#갈치조림 #순살#쌈채소

하소로커피 카페

"직접 로스팅한 원두가 인기있는 핸드드립 카페"

질 좋은 스페셜티 커피를 합리적인 가격으로 판매하는 공장형 로스터리 카페. 이곳에서 판매하는 원두는 여러 카페에 납품될 정도로 질이 좋다. 스페셜티 핸드드립과 조수리 라떼가 대표 메뉴. 아메리카노를 주문해도 원하는 원두 종류를 선택할 수 있다. 매일 10:00~18:00 영업. (372p C:2) 사진ⓒ한국관광 콘텐츠랩

제주 제주시 한경면 불그못로 72
#스페셜티 #원두선택가능 #아메리카노

물통식당 맛집

"연탄불에 초벌한 흑돼지구이"

신화월드 근처 고깃집. 연탄에 초벌구이해서 나오는 두툼한 흑돼지에 된장찌개, 김치찌개를 더하면 맛있다. 잡내 없는 막창과 많이 매운 닭발도 사이드 메뉴로 인기. 아기 의자와 맵기 조절까지 해주는 어린이 친화적 식당이다. 실내는 쾌적하고 주차도 넉넉하다. 가격은 도세기연탄구이 17,000원, 김치찌개 9,000원. 매일 15:00~ 24:00 (420p A:2)

제주 제주시 한경면 명이5길 20
#연탄구이 #흑돼지 #신화월드

웨스트그라운드 카페

"햇살과 열대 식물이 가득한 애플망고 맛집"

햇살과 피톤치드 향이 가득한 대형 온실 카페. 카페 내부는 바나나 나무 등 다양한 열대 식물과 선인장이 자라고 있어 싱그러운 느낌이다. 잘 가꾸어진 온실과 야외 정원도 있어, 멋진 사진을 남기기 좋은 곳. 시그니처 커피는 웨스트라떼와 그라운드라떼. 시그니처 디저트는 우유 얼음 위에 제주산 망고가 듬뿍 올라간 제주 애플망고빙수다. 2층은 조용한 공간이다. 주차 가능, 11:00~18:00 영업, 매주 화요일 휴무. (372p B:2)

제주 제주시 한경면 신한로 183-16　　#온실#카페#정원#라떼#애플망고빙수

싱계물공원 추천 "풍차발전기와 바다 그리고 사진"

아름다운 바다와 주변의 풍차 발전기를 한눈에 볼 수 있는 곳이다. 맑은 용천수가 나와서 예전에는 목욕탕으로 사용되었던 곳이다. 신창해안도로와 함께 아름다운 일몰로 유명한 곳이기도 하다. (372p B:2)

제주 제주시 한경면 신창리 1322-1   #용천수 #일몰 #풍경

한경해안로(신창풍차 해안도로) 추천 "줄지은 하얀 풍차를 배경으로 멋진 사진을 찍어봐!"

한경면 신창리에 있는 풍력발전소가 있는 신창풍차해안은 일몰의 석양을 아름답게 볼 수 있는 명소이다. 드라이브 코스로 손에 꼽히는 곳이므로 차로 여행한다면 꼭 들러보자. 싱계물공원에는 바다 육교가 설치되어 있어 바다와 풍차를 더 가까이 볼 수 있다. (372p B:2)

제주 제주시 한경면 신창리 1481-23   #드라이브 #바다전망 #풍차

반딧불이마을 청수리
"1년 중 딱 한 달, 놓치지 말 것"

매년 6월 초~7월 초 한 달간 반딧불이 축제가 열리는 곳. 곶자왈 일대를 한 바퀴 돌면서 반딧불이를 관찰하는 야간 생태 체험이다. 40분, 70분, 80분짜리 총 세 개의 코스로 이루어져 있다. 산길이라 유모차, 휠체어는 이용할 수 없다. 청수리 홈페이지에서 축제 기간 확인 및 사전 예약 필수. 축제 기간 동안 매일 20:00부터 시작. 성인 10000원. (372p C:2)

제주 제주시 한경면 연명로 348
#반딧불이축제 #생태체험

조수리 장미마을 "제주 서쪽, 비밀의 장미 마을"

제주 서쪽에 있는 장미마을로, 조수보건진료소 길을 따라 가다보면 붉은 장미를 만날 수 있다. 정겹고 아기자기한 시골분위기와 함께 붉은 장미가 포인트가 되어 감성 사진을 남기기에 좋다. (340p B:3)

제주 제주시 한경면 용금로 468   #붉은장미 #시골감성

금자매식당 `맛집`
"모양도 정갈하고 맛도 재료 본연의 맛을 살린 집"

돌솥밥 전문점. 명란, 문어, 새우가 들어간 솥밥과 전복,성게가 들어간 솥밥이 대표메뉴. 고등어구이와 반찬이 포함된 양념게장정식도 인기. 반려동물, 혼밥은 불가하고 주차는 가능하다. 웨이팅 필요. 가격은 전복성게돌솥밥 32,000원, 명문새돌솥밥정식 24,000원, 양념게장정식 25,000원. 09:00~ 17:00 (15:30 라스트오더) 수요일 휴무. (372p B:2)

제주 제주시 한경면 용고로 154 1층
#돌솥밥 #양념게장 #혼밥불가

방림원 "이름모를 야생화 가득"

약 3천여 종의 세계 야생화가 아기자기하게 전시되어 있는 자연 생태 테마파크이다. 개인이 30년 동안 수집하고 가꾼 놀라운 장소이기도 하다. 맑은 공기를 마시며 산책하기 좋다. 11~2월 09:00~17:00, 3월~10월 09:00~18:00 운영. 종료 1시간 전 입장 마감. 성인 8,000원. (373p D:2)

사진ⓒ한국관광 콘텐츠랩

제주 제주시 한경면 용금로 864   #야생화 #자연생태 #테마파크

천주교 용수성지
"한국 최초의 신부가 첫 발을 딛은 곳"

한국 최초의 신부 김대건 신부가 제주에 표착한 것을 기념하는 곳. 사제 서품을 받고 조선으로 돌아오던 중 풍랑으로 표류하다 용수리 해안에 도착했던 역사를 기념해 성당과 기념관을 지었다. 성당에는 등대가 있으며, 기념관 건물은 선박 모양을 본뜬 점이 독특하다. 김대건 신부가 탔던 라파엘호를 재현한 모형과 김대건 신부의 동상도 있어 함께 둘러볼 수 있다. (372p B:2) 사진ⓒ한국관광 콘텐츠랩

제주 제주시 한경면 용수1길 108
#김대건신부 #독특한성당

울트라마린 제주 `카페` "제주당근케이크가 맛있는 오션뷰 카페"

통유리창 너머의 판포항 노을 풍경이 환상적인 오션뷰 카페. 달콤한 제주 당근케이크가 쌉싸름한 커피와 잘 어울린다. 음료는 선라이즈 아이스티, 선셋 아이스티가 시그니처. 동절기 11:00~19:00, 하절기 11:00~20:00 영업. (372p B:3)

제주 제주시 한경면 일주서로 4611   #에스프레소 #아메리카노 #당근케이크

저지문화예술인마을 `추천` "고즈넉한 산책길과 예술 작품들"

제주 문화 예술 발전을 위해 예술인들이 모여 만든 예술촌. 제주 현대 미술관, 서담 미술관, 김창열 미술관 등 갤러리와 공방들이 위치해 있어 볼거리가 많은 장소이다. 고즈넉한 산책길에 자연과 어우러져 있는 야외 조각 작품들도 감상할 수 있다. (372p C:3)

제주 제주시 한경면 저지리 2114-99   #예술인 #예술촌 #야외조각작품

문화예술공공수장고
"현대미술관 갔다면 여기 놓치지 말 것"

제주현대미술관의 실제 수장고이자 미디어아트 전시관. 주로 현대미술관의 전시와 연계된 미디어 아트 영상을 상영한다. 내부에는 미러룸이 있어 독특한 사진을 찍을 수 있는 숨은 포토존. 현대미술관과 별도의 입장료가 있으며, 제주 비엔날레 기간에는 무료 입장으로 운영된다. 성인 2000원. 09:15~18:30 운영. 월요일 휴관. (372p C:3)

제주 제주시 한경면 저지12길 84-2 1층 미디어 아트 전시실
#제주현대미술관 #미디어아트전시

낙천의자공원 "천 개의 의자로 이뤄진 공원"

낙천아홉굿마을
"농촌 체험마을"

농촌체험을 즐길 수 있는 전통테마 마을. 생태체험, 전통음식 체험, 풀무 체험, 천연 염색 체험 등을 즐길 수 있다. 1천 개 의자가 줄지어 놓여있는 이색 의자 공원에도 들러보자. 평일 09:00~17:00 운영. 체험료 7,000~10,000원. (체험프로그램별 상이)(372p B:3)

제주 제주시 한경면 낙수로 97
#전통테마마을 #생태체험 #천연염색

초대형 의자와 사진 찍을 수 있는 곳. 마을 주민들이 직접 만든 1,000개의 의자가 야외 공원에 전시되어 있다. 입구의 초대형 의자부터 축구공, 해골 등 독특한 모양의 의자까지 다양한 포토존이 있다. 한적해 산책하기 좋지만, 시설이 다소 노후되어 있으니 참고. 전망대가 있으나 엘리베이터는 운행하지 않는다. 24시간 개방, 입장료 무료. (372p B:3)

제주 제주시 한경면 낙수로 97   #이색공원 #포토존

제주돌창고 **카페** "수영장에 띄워 먹는 이색 디저트"

돌로 지어진 방앗간을 복원하여 만든 카페. 그네가 있는 수영장이 있다. 시그니처는 돌창고 라떼. 손님이 직접 준비된 재료로 나만의 해변 모습을 꾸미는 금능바다빙수가 어린이들에게 인기. 그네에 앉아 인생 사진을 남겨 보자. 10:00~18:00 영업, 매주 화~목요일 휴무. (372p B:3) 사진ⓒ한국관광 콘텐츠랩

제주 제주시 한경면 조수7길 8 1층   #그네 #썬베드 #이색디저트

절부암
"안타깝고 아름다운 이야기가 담긴"

가난한 부부의 안타까운 사랑 이야기를 담은 암석. 죽공예품을 팔기 위해 배를 타고 나간 남편 강 씨가 죽자, 부인 고 씨가 남편을 그리워하며 절벽에서 떨어져 자결했는데, 바로 그 자리에서 남편의 시신이 발견되었다고 한다. 이 사연을 알게 된 선비 신재우가 장원급제 후 고 씨의 안타까운 넋을 기리기 위해 절부암에 글씨를 새겼다. (372p A:2) 사진ⓒ한국관광 콘텐츠랩

제주 제주시 한경면 용수리 4241-7
#암석 #사랑

제주 가마오름일제동굴진지
"잊을 수 없는 문화유산"

일제강점기에 일본군이 제주도민의 노동력을 착취해 파낸 인공 동굴. 제주도민이 강제 노역하는 장면과 일본군의 모습을 그대로 재현해놓았다. 국가 등록문화재 제308호로 지정된 문화유산이기도 하다. (372p C:2)

제주 제주시 한경면 청수리 1171
#일제강점기 #인공동굴 #강제노역

뚱보아저씨 **맛집**
"뼈째 먹을 수 있는 갈치구이"

갈치구이에 고등어조림과 성게미역국이 포함된 정식으로 유명한 식당. 갈치구이가 기름에 튀겨지듯 나와 뼈째 씹어서 먹을 수 있다. 고등어조림은 달달한 무와 칼칼한 국물맛이 일품이다. 1인분 주문 가능해서 혼밥하기 좋다. 주차불가라 도로 옆에 주차하면 된다. 가격은 갈치구이정식 12,000원. 매일 09:30~ 20:00 (15:30~ 17:00 브레이크타임) (420p A:1)

제주 제주시 한경면 중산간서로 3651
#갈치구이 #가성비 #혼밥

용수포구 "한경에서 노을보려면 용수포구로"

용수리에 있는 전형적인 어촌항으로 제주 10경 중 '사봉낙조(사라봉에서 바라보는 해넘이)'로 유명한 장소. 제주 올레길 12코스 종착지이자 제주 올레길 13코스 출발점이다. (372p A:2)

제주 제주시 한경면 용수리 4274-1   #제주10경 #사봉낙조 #올레13코스

웃뜨르항아리 맛집 "3종 김치와 보말칼국수"

칼국수 전문점. 대표메뉴인 보말 칼국수에 파김치, 무김치, 배추김치를 곁들여 먹으면 맛있다. 해초의 비린 맛도 없고 순하고 건강한 맛이다. 면발도 쫄깃하다. 흑미밥에 게우젓과 파, 김이 잘 어우러진 전복비빔밥도 인기메뉴. 톳비빔밥과 고갈비도 이곳에서만 먹을 수 있는 별미다. 가격은 보말칼국수, 전복비빔밥 모두 10,000원. 매일 08:30~ 20:30 (372p C:2)

제주 제주시 한경면 중산간서로 3705   #보말칼국수 #전복비빔밥 #김치

엄블랑짬뽕 맛집
"현지인이 좋아하는 중국집"

한적한 시골 마을에 자리잡은 중식당. 꽃게, 새우, 홍합이 가득 든 해물짬뽕과 새콤달콤 감귤향이 나는 탕수육이 대표메뉴다. 짬뽕은 맵지 않고 얼큰하다. 식사 시간에는 손님이 몰려 대기가 필요하다. 가격은 감귤탕수육 20,000원, 해물짬뽕 12,000원. 11:00~ 20:00 (15:00~ 17:00 브레이크타임, 19:20 라스트오더) 월요일 휴무.(372p B:2)

제주 제주시 한경면 칠전로 148
#해물짬뽕 #감귤탕수육 #중식당

저지오름

"수월한 오름길"

오름길이 잘 조성되어 있어서 비교적 수월하게 오를 수 있는 오름이다. 분화구를 잘 관찰할 수 있고 전망대 망원경으로 비양도도 볼 수 있다. (372p C:2) 사진ⓒ한국관광 콘텐츠랩

제주 제주시 한경면 저지리 산51
#분화구 #전망대 #비양도

제주현대미술관

"제주 자연속에서 현대미술 여행"

저지문화예술인 마을에 위치한 제주색이 담긴 현대 작품을 감상하기 좋은 곳이다. 야외 조각 작품도 꼭 감상해볼 것! 사전 예약제 운영하니 미리 확인해보자. 화~일 09:00~18:00 운영, 17:30 매표 마감. 매주 월요일 휴관. 성인 2,000원. (373p D:2) 사진ⓒ한국관광 콘텐츠랩

제주 제주시 한경면 저지14길 35
#제주예술 #야외작품 #예약

산양큰엉곶 `추천`

"포토존으로 가득한 숲길을 걸어보자"

포토존으로 가득한 숲길을 걸어보자. 포토존이 가득해 사진을 찍으며 천천히 걷기 좋은 숲길이다. 기차 포토존, 백설 공주 오두막, 달 포토존이 유명하다. 소달구지를 타고 산책도 할 수 있다. 여름엔 반딧불이를 볼 수 있다. 커플 여행지, 가족 여행지로도 좋다. 매일 09:00~18:00, 17:00 입장 마감. 성인 8,000원. (372p C:2)

제주 제주시 한경면 청수리 956-6   #숲길 #달포토존 #기차포토존

바다를본돼지 `맛집`
제주협재판포점

"일일 100개 한정 흑돼지 런치"

흑돼지 구이 전문점. 두툼하고 부드러운 목살이 대표메뉴다. 묵은지, 백김치, 고사리가 넉넉해서 고기맛이 질리지 않는다. 흑돼지에 해물뚝배기, 돌솥밥이 포함된 런치 세트는 하루 100개 한정이다. 실내에서 바다가 보인다. 가격은 흑돼지 2인 세트 60,000원, 런치세트 18,000원, 국수류 8,000원. 매일 12:00~22:00 (21:00 라스트오더) (372p B:1)

제주 제주시 한경면 판포1길 16
#목살 #런치세트 #바다뷰

판포포구
"꼭 여름에 들러봐! 수영이 가능할 때 말이야"

협재해변을 지나 나오는 이색 물놀이 명소. 물이 맑고 물고기가 많아 스노클링 장소로도 유명하다. 조수 간만의 차가 커서 썰물 때는 모래 등이 보일 정도로 수심이 낮아지는데, 밀물일 때와는 또 다른 매력을 지닌다. (372p B:1)

제주 제주시 한경면 판포리 2877-3
#스노쿨링 #수상스포츠

소리소문 추천 "죽기 전에 가봐야할 세계의 서점 150"

<죽기 전에 가 봐야 할 세계의 서점 150>에 선정된 제주 저지리 서점. 집을 개조한 서점으로, 작가이신 부부 사장님들의 큐레이션 책을 만날 수 있다. 한쪽에는 필사를 할 수 있는 테이블이 있으며, 마음에 남는 문장을 따라 적을 수 있는 방명록 공간도 있다. 키워드가 적힌 블라인드책이 인기이다. 11:00~18:00 (화, 수요일만 오후 12시 오픈) (372p C:2)

제주 제주시 한경면 저지동길 8-31   #작가운영서점 #필사 #블라인드북

해거름 전망대 "사람 없는 조용한 곳에서 조용히 즐기는 노을"

판포 포구 앞 해변을 조망할 수 있는 2층 건물의 전망대. 협재해변에서 서귀포 가는 방향에 있으며, 2층 해거름 카페에서 해 질 녘 멋진 낙조 전망을 보며 차를 즐길 수 있다. (372p B:1)

제주 제주시 한경면 판포리 1608   #해변가 #전망카페

가마오름
"일제 최대규모의 진지가 있는 곳"

일본강점기 때 군사적으로 사용된 곳으로 인공적으로 만든 수직 동굴과 일제의 침략 역사가 많이 남아 있다. 방어와 공격이 유리한 지리적 조건으로 최대 규모의 진지가 세워진 곳이다. 지금은 진지 일부 공간을 박물관으로 사용해서 아픈 역사를 되새기는 제주평화박물관으로 사용하고 있다. (372p C:2) 사진ⓒ한국관광콘텐츠랩

제주 제주시 한경면 청수리 1205
#일제강점기 #진지 #제주평화박물관

짚불도 맛집
"짚불로 훈연한 흑돼지"

@da.hyunn

자체 시즈닝으로 냉장 숙성한 흑돼지를 짚불에 초벌구이해주는 고깃집. 2인 세트는 이곳의 대표 메뉴로 짚불로 훈연한 돼지고기에 딱새우, 관자까지 포함되어 있다. 된장 베이스 양념에 흑돼지 고기를 넣은 된장고기국수도 별미. 가격은 짚불제주도 2인 세트 56,000원, 짚불 초벌흑돼지 반근 36,000원. 매일 12:00~23:00 (22:00 라스트오더) (340p B:2)

제주 제주시 한경면 판포1길 6 1층 12호
#흑돼지 #초벌훈연 #바다뷰

와랑식탁 맛집
"해물라면과 오니기리 주문필수"

@kris_kim_12

바다뷰 해물라면 맛집. 문어, 홍합, 가리비, 새우 같은 해산물을 넣고 특제 다대기로 맛을 낸 해장해물라면이 대표메뉴다. 맵기 조

카페데스틸 카페 "아름다운 공간, 특별한 커피"

@jj__memory__

제주 건축문화대상을 수상한 아름다운 공간에서 특별한 커피를 맛볼 수 있는 카페. 그레이톤 인테리어로 모던한 분위기. 바다가 보이는 큰 통창으로, 해질 무렵 아름다운 석양을 감상할 수 있다. 시그니처 메뉴는 크림과 에스프레소, 오렌지청이 어우러진 오란프레소와 고래 모양 브라우니 데스틸브레드. 깊은 맛을 느낄 수 있는 롱블랙과, 라뒤레 마카롱도 인기. 주차 가능. 매일 9:00~20:00 영업. (372p B:2)

제주 제주시 한경면 한경해안로 110　#건축문화대상#커피#모던#오란프레소#고래

절이 3단계로 가능하다. 특제 약간장으로 맛을 낸 소보로간장계란밥도 인기. 1인 운영 식당이라 접객 속도가 느리다. 가격은 해장하라게라면 13,000원, 오니기리 3,000원. 11:00~ 17:00 (16:30 라스트오더) 화요일 휴무.(340p A:3)

제주 제주시 한경면 한경해안로 512-8
#해물라면 #오니기리 #바다뷰

클랭블루 제주 카페
"풍력발전기와 바다 전망이 아름다운 카페"

파란색 포인트 컬러와 모던한 실내 인테리어가 인상적인 오션뷰 카페. 창밖으로 보이는 풍력발전기 한 쌍이 커피의 맛을 더한다. 성산 유기농 말차 라떼와 우도 땅콩 라떼가 대표 메뉴. 매일 11:00~19:00 영업. (372p B:1)

제주 제주시 한경면 한경해안로 552-22
#풍력발전기 #클랭블루제철주스 #우도땅콩라떼

@kleinblue_jeju1

풍차로 가는 길 카페
"바다와 풍차가 한 눈에 들어오는 카페"

신창 풍차해안도로에 위치한 카페. 큰 창 너머로 아름다운 풍경이 펼쳐진다. 푸른 바닥과 돌로 꾸민 인테리어로 제주를 표현한 곳. 제주 바다의 색을 시각화한 싱계물 오션라떼가 시그니처 메뉴. 땅콩 오드리라떼와 한라봉 감귤주스도 맛있다. 2층 오뚜기즉석식품관이 있어 셀프 라면을 즐길 수 있다. 루프탑은 바다와 풍차를 배경으로 사진 찍기 좋은 인생샷 명소. 주차 가능. 매일 10:30~19:50 영업. (372p B:2)

제주 제주시 한경면 한경해안로 502-3
#풍차#싱계물오션라떼#셀프라면#루프탑

테이크타임커피로스터스 카페 "석양을 바라보며 즐기는 귤슈페너 한 잔"

'Take Time'이라는 이름처럼, 잠시 쉬어가기 좋은 로스터리 카페. 그린&우드톤 인테리어로 차분하고, 편안한 분위기가 느껴진다. 에스프레소의 쓴맛, 크림의 단맛, 감귤의 상큼함 맛이 어우러진 귤슈페너가 이곳의 시그니처 메뉴. 커피와 즐기기 좋은 미니 바스크 치즈케이크도 맛있다. 제주 서쪽 바다가 보이는 통창으로 아름다운 석양을 감상할 수 있는 노을 맛집. 주차 가능. 10:00~20:00 영업, 휴무 시 인스타그램 공지. (372p B:2)

제주 제주시 한경면 한경해안로 552-21 1층
#로스터리#귤슈페너#커피#치즈케이크#석양

비체올린 추천 "예쁜 꽃밭과 수로 카약에서 인생샷을 남겨보자"

보라색 버베나 사진 스폿으로 유명한 곳. 1km의 수로에서 카약을 타볼 수 있는 특별한 공원이다. 물높이가 낮아서 아이들도 무섭지 않게 체험할 수 있다. 공원을 산책하면서 동물들에게 먹이주기 체험도 해볼 수 있어 가족 여행지로 좋다. 매일 08:40~18:00 운영, 동절기는 17:30까지 운영. 폐장 40분 전 입장 마감. 성인 18,000원.(공원 관람+카약 탑승 포함) (372p C:1)

제주 제주시 한경면 판조로 253-6
#카약 #먹이주기체험 #가족여행

09

대정읍

#가파도
#마라도

#알뜨르비행장격납고

#송악산진지동굴

#송악산둘레길 #수국

@yaboong0624
#녹남봉오름 #백일홍

#송악산

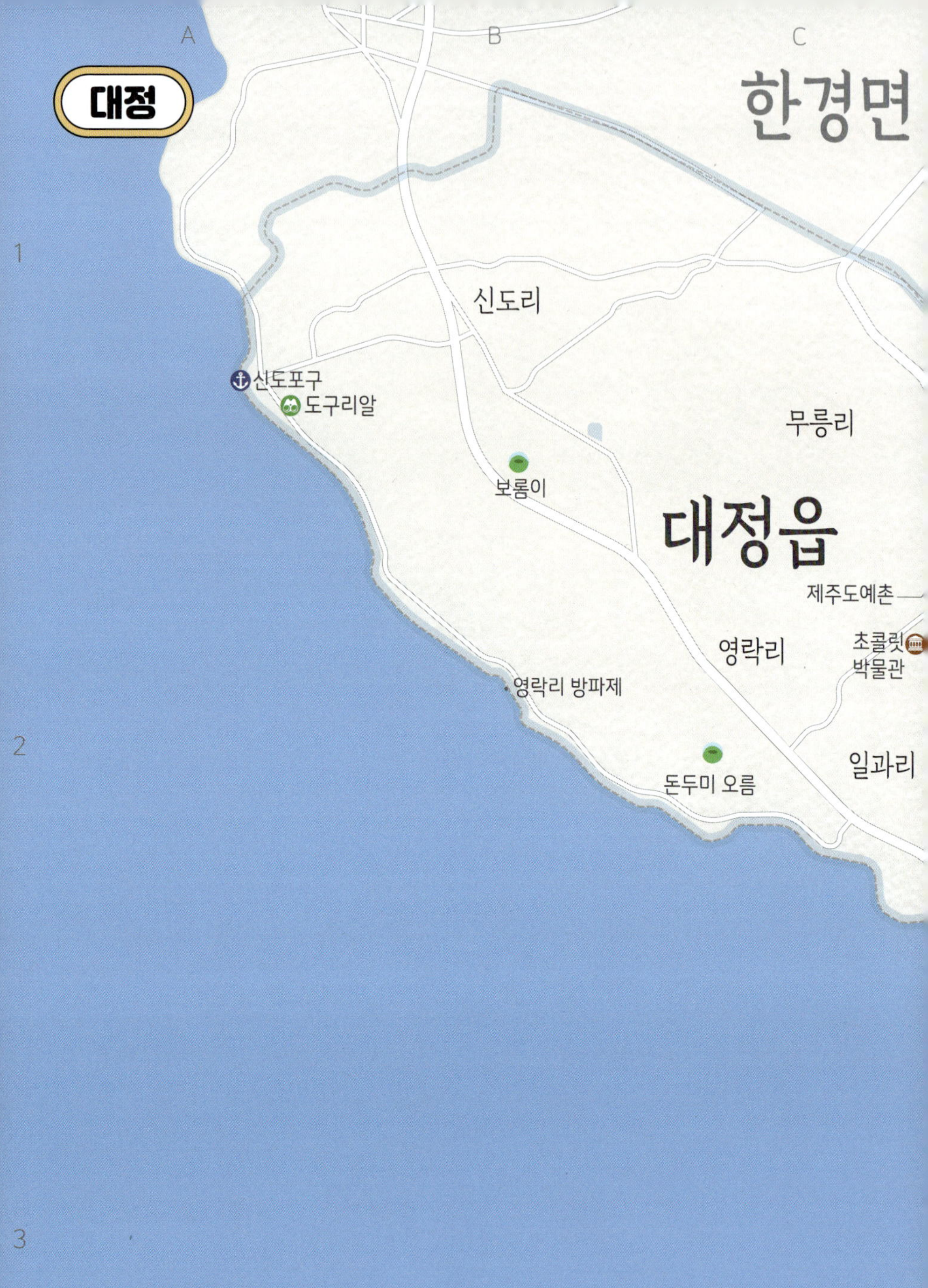

대정
한경면
신도리
무릉리
신도포구
도구리알
보롬이
대정읍
제주도예촌
영락리
초콜릿 박물관
영락리 방파제
돈두미 오름
일과리
A
B
C
1
2
3

F
E
D
1
2
3
구엄리
제주곶자왈
도립공원
노리매공원
매화, 핑크뮬리
신평리
보성리
안성리
추사 김정희
유배지
제주추사관
안덕면
가시오름
동일리
모슬봉
동일리 포구
하모리
대정읍사무소
모슬포성당
모슬포항
상모리
알뜨르 비행장
일제지하벙커
마라도 정기
여객선(운진항)
하모해수욕장
동알오름
섯알오름
제주 송악산 외륜
일제 동굴진지,
송악산 진지동굴
알뜨르 비행장
송악산
송악산 둘레길 수국

대정 주요지역

수월봉 노을

수월봉 지질트레일

수월봉
해 질 무렵 보이는 저녁노을이 으뜸인 곳 수월정에서 보이는 차귀도와 차귀해안의 절경 주차 후 1분

스퀘어베이(우영우촬영지)

신도포구

도구리알
배를 타고 나가지 않아도 돌고래 떼를 볼 수 있는 곳.

미완성(개방감)

미쁜제과 (미쁜크림라떼, 아메리카노)

트믐(삼각지봉)

스테이가랑(풀빌라)

한경가든 (순살갈치조림)

엄블랑짬뽕 (해물짬뽕, 탕수육)

엉알해안
해안절벽과 올레길 그리고 아름다운 석양이 있는 유네스코 세계지질공원

신도1400(야자수)

스테이 알오에이 인 제주(마당)

무릉소운(프라이빗)

LLLF(허니문, 고소미)

제주놀 3320(독채)

하소로커피 (직접 로스팅한 원두가 인기있는 핸드드립 카페)

청수곶, 펠롱여관(독채)

산양큰엉곳
숲속의 작은마을을 재구현한 곳으로 다양한 포토존이 있다. 기차포토존, 백설공주 오두막이 유명하다.

무릉차경(곶자왈)

제주포슬 (포슬옥수수케이크)

탐라는일상(독채)

올레길 12코스

제주도예촌

무릉2리

대정읍

어쩌다 영락(독채)

밧밧(모로코)

영락리 방파제
대정읍 앞바다에서 돌고래 조망

스테이 안도감 제주 (빈티지)

초콜릿박물관

가시오름

주주스튜디오 제주 (소품샵)

북마크게스트하우스

날외15(그래놀라, 수제요거트)

인스밀(야자수)

모슬포한라전복 본점(전복돌솥밥)

감저카페

소금새(석양)

동일리포구

수애기베이커리(노을뷰 전망카페)

하모체육공원 제주올레안내소

옥돔식당(보말칼국수)

모슬포항

미영이네식당(고등어회)

글라글라하와이(해물찜)

제2덕승(갈치조림)

만선식당(고등어회,고등어조림)

호정이네(갈치조림)

글라글라하와이 (은갈치&칩스, 하와이안 해물찜)

마라도정기여객선
마라도까지 25분 소요, 하루 3~4회 왕복. 사전예약해야 티켓을 쉽게 구할 수 있다. 가파도는 중간에 하선 하면 된다.

하모해수욕장
모래가 곱고 수심이 얕으며 해안가 뒤의 넓은 잔디밭에서는 야영

마라도

마라도 억새
세상과 등지고 작은 섬에 살고 싶다면[10,11,12월]

살레덕 선착장

자리덕 선착장

대문바위

레트로 감성 사진 찍기 좋은 초등학교 건물

가파초등학교 마라분교장

마라도해녀촌짜장 (톳 짜장면, 미역 짬뽕)

GS25 · 심봉사눈뜬톳해물짜장짬뽕 (톳짜장, 톳짬뽕)

환상의짜장 (톳짜장, 톳짬뽕)

원조마라도해물짜장면집 (톳짜장면 원조집)

GS25

마라전담 의용소방대

마라도펜션

바다와 짜장 (톳짜장, 톳짬뽕)

마라도교회

마라도 등대
세계의 등대 모형이 함께 전시되어있는 마라도 등대

마라치안센터

서바당횟집 (물회, 짜장면, 짬뽕)

해녀3대할망네 (즉석 모둠회)

마라 보건진료소

철가방을든해녀 (해물 짜장면)

마라도 기원정사
내륙과 다른 독특한 건축양식이 인상적인 불교 사찰

마라도 성당
동글동글한 외형이 인상적인 천주교 성당

마라도 최남단민박

마라도 억새

팔도민박

마라도 관광쉼터

초콜릿캐슬 (최남단의집)

대한민국 최남단비

장군바위

D
E
F
반딧불이마을 청수리
매년 6월 중~7월 초 한 달간
반딧불이 축제가 열리는 곳.
서광다원
제주항공우주박물관
거린오름
(북오름)
카멜리아힐 동백꽃
느끼면 알게되는 동백꽃의
아름다움[1,2,3,4월]
에가톳 캐빈(캐빈)
제주 곶자왈 도립공원
곶자왈이란 암괴들이 불규칙하게
널려있는 지대에 형성된 숲[숲 트래킹]
신화역사공원
샤스타데이지
로봇플래닛
트로이테마
농원(승마)
바이나호텔
크리스마스박물관
송하농장 홍가시
[4,5월]
카멜리아힐 수국
봄을 지나 여름으로
가는 길에 [5,6,7월]
노리매공원 핑크뮬리
핑크 해지는 사진을 찍고
싶다면[9,10,11월]
모모언니바다간
식 서광리 본점
(문어해물라면)
서광보말칼국수
(보말칼국수, 성게미역국)
토마스마켓
플리마켓
헬로키티
아일랜드
카멜리아힐
비밀의 화원이 있다면 이곳일까?
동백꽃 붉은 융단이 깔리는 사진 명소
노리매공원
사계절 꽃과 식물과 함께 찍는
인생사진, 봄철 매화축제
예원스테이(옹벽)
기억해 제주(소품샵)
서광춘희
(돈코츠라멘)
프리튀르
(수제 도너츠)
피규어뮤지엄
카페
울리 노을
노리매공원 매화
[3,4월]
풀베개
(스윗풀베개)
이상한 나라의
앨리스
소인국테마파크
파더스가든
카멜리아힐 핑크뮬리
가을 손님 맞을 준비 끝
[9,10,11월]
애플망고1947
(제주애플망고빙수)
서광카트체험장(카트)
하늘여행 행글라이더체험장
파더스가든(귤따기)
한라의향기(귤따기)
aaa jeju
(비엔나커피,
티라미수)
제주 유리박물관
크래커스 대정점(담damp 햇살),
청춘부부(감귤창고 감성카페)
안성리 수국길
마을 비포장 양옆으로 풍성하게 꽃피운
수국. 안성리 998 [5,6,7월]
마노르블랑
(수국 가득한
야외정원)
점보
빌리지
서광리 곶자왈 생태탐방로
곶자왈을 입장료 없이
감상할 수 있는 곳.
세계자동차&
피아노박물관
세계 명품 클래식카와
어린이 교통 체험장
그건그렇고
(독립서점)
중문고등어쌈밥
(묵은지고등어쌈밥)
춘심이네 본점
(통갈치구이,
뼈없는은갈치조림)
제주실탄사격장
실내 권총사격장,이색 체험장
카페 마노르블랑 동백꽃
애기동백는 포토존과 함께[1,2,3,4월]
서귀포 화순서동로 (화순리) 유채꽃
차창 밖으로 보이는 유채꽃길[3,4월]
카페덕수리2180
(루프탑테라스와 귤밭)
대정성지
마노르블랑
(수국 가득한
야외정원)
하영담아
(성게미란 파스타)
화순곶자왈생태탐방숲길
화산활동으로 생긴 요철 지형의 숲
중문미로파크
(채끝스테이크)
(숙성 흑돼지)
군산오름
고려 목종 때 폭발한
오름, 천년밖에 안된
산. 서귀포 앞바다를
한눈에 볼 수 있는 오름
마노르 블랑 핑크뮬리
[9~11월]
제주소품샵
제주베네핏
감귤농장
루나피크닉
자연속에서 만나는
명화 컬렉션
안덕면사무소 수국길
덕면 면사무소와 안덕면
산방로 푸른 수국 길 [5,6,7월]
소서귤산
(사랑방)
BISTRO 낭
서귀포 예래
생태마을
어린왕자감귤밭
페를로
루나폴
12만평 규모의 미디어 아트,
야간형 디지털 테마파크
화순양로(독채)
안덕계곡
군산오름 앞
갯무꽃
예래동
벚꽃길
추사 김정희
유배지
제주추사관
돗툴
돈마호크
산방산
395미터로 우뚝 솟은 전형적인 종상화산,
산방(山房)이라는 의미는 산수의 동굴을
의미. 해식동굴이 있기 때문
루나폴야경
건강과성 박물관
엄청난 규모의 성 테마 박물관
더러트리브
풀스테이
소랑제(풀빌라)
카멜베이지
(독채)
모슬봉
단산
정상에서
형제섬,
가파도,마라도
를 볼 수 있는
산방산
탄산온천
[3,4월]산방산 유채꽃
잇뽕사계
(본카츠,짬뽕)
거멍국수
(고기국수)
BISTRO 낭
(한우 스테이크)
중앙식당
(성게보말국)
산방산초가집
(전복해물전골)
화순가옥
(독채)
제주 진미
마돈가
(말고기)
우무레 민박
(독채)
색달식당(갈치)
알뜨르비행장
2차 대전 당시
일본군이 제주도민을
강제동원하여 만든
전투기 격납고
바굼지오름
대정향교
제주추사기
수목원
스테이
숲이 되는
시간(독채)
엘파소
(블루코넛)
비밀역
(파르페)
산방굴사
산방산 유람선
미니메리 게하
(제주보말죽)
해쉴(독채)
난드르바당(흑돼지)
모슬포성당
오동식당(보말전복손칼국수)
부두식당(제철모듬회, 고등어회)
덕승식당(갈치조림과 구이)
바불 제주 풀빌라
송악카트
체험장
제주 시점
(소품샵)
춘미향(정식)
오라디오라
(산방산 유채꽃 전망)
유엔아이
순천미향(갈치조림)
원앤온리
치즈풍(토끼모양 아이스크림)
하멜기념비
황우치해변
올레길 9코스
박수기정일몰
대평
포구
올레길 8코스
논짓물해안
1.난드르호선상낚시
2.프라다 선상낚시
3.알라딘호선상낚시
1.휴일로(하트 돌담)
2.카페 두가시(당근케이크)
3.카페루시아 본점(아메리카노)
산방식당(밀냉면)
제주해양사업단
하모씨워킹
보로스름
스테이더움 2호점
어떤바람
(독립서점)
그레이그로브
(사계전망 카페)
뷰스트
현무암초(떼)
설큼바당해변
사계해수욕장
비크로서프
&프리다이빙
화순금모래해수욕장
가파도와 마라도, 산방산이
배경인 해변
박수기정
절벽이 장관,바가지로 마실
샘물이 솟는 절벽이라는 의미
용머리해안
180만 년 전 수중 화산 폭발로 만들어진
각종 동굴과 단층이 모아져서 절경이 탄생
용머리해안 물웅덩이 포토존
예래포구
제주해양레저
파크(씨워킹)
모슬봉
형제섬보말칼국수
제주산방산 본점
(보말칼국수, 보말죽)
큰돈가 본점
(흑돼지고기)
용머리 하멜상선
전시관
1.커피스케치 (브라운 치즈를 듬뿍
넣은 달콤한 크로플 맛집)
2.소색채본 (산방산 뷰가 멋진 카페)
사일리커피
4.3유적지
섯알오름학살터
플레이사계 지오단길
산방산 아래 트렌디한 인스타그램 감성의 골목형 상가.
1. 토끼트멍(무늬오징어,돌문어볶음)
2. 제주선채향(전복칼국수)
올레길 10코스
형제섬
마라도가는여객선
제주스쿠바아로파
(스쿠버다이빙)
송악산 둘레길
송악산 진지동굴
진지동굴 노을
사계 어촌체험마을
해녀 물질 체험을 즐길 수 있는 곳.
1시간 동안 뿔소라, 성게 등의
해산물을 직접 채취할 수 있다.
송악산 수국정원
5~7월 송악산 정상에서부터 가파도를
향해 뻗은 분화구를 따라 흘러내린 듯
길게 늘어선 수국밭
송악산
산방산, 한라산, 마라도의 모습이
한눈에 섭지코지 못지않게
해안절경이 아름다운 곳
상동포구
블랑로쉐(우도
땅콩아이스크림)
가파도
천천히 걷기 좋은 '키 작은 섬'
마라도가는 여객선
송악산여객선 마라도선착장까지
30분 소요
하루 8~9회 왕복
사전예약필수
가파도 청보리
영화속 주인공이 되는
법[4,5,6,7월]
살레덕선착장
마라도
제주가 왜 아름다운 섬인지 자연스레 알게 되는 곳
섬 둘레 4.2km, 대한민국 최남단 신비의 섬
자리덕선착장
대한민국 최남단비
마라도 억새

가파도 "푸른바다와 제주를 바라볼 수 있는 한적한 여행지"

가오리가 넓적한 팔을 한껏 부풀리며 헤엄치는 모양을 하고 있다고해서 가파도. 전망대에서 제주 본섬과 한라산, 마라도, 푸른 바다를 한눈에 볼 수 있다. 제주 올레길 10-1 코스로 포함되어 있어 올레꾼들의 사랑을 받는 섬이기도 하다. 청보리 축제가 있을 정도로 이곳의 청보리는 특산물로 유명하다. (397p D:3)

제주 서귀포시 대정읍 가파리   #가을여행 #올레10-1코스 #청보리축제

감저카페 카페
"담쟁이 덩쿨이 멋스러운 감성카페"

담쟁이 덩굴로 뒤덮인 갤러리형 카페. 과거 고구마전분 가공 공장이었다. 연유와 우유베이스에 에스프레소, 고구마 아이스크림을 넣은 감저 시그니처와 제주 당근사과주스를 추천. 10:30~18:30 영업, 매주 월요일 휴무. (397p C:2)

제주 서귀포시 대정읍 대한로 22
#갤러리카페 #전분기계 #감저시그니처

모슬포한라전복 본점 맛집 "전복과 마가린의 환상 조합"

고소한 마가린과 부추 간장에 비벼먹는 전복돌솥밥 전문점. 둘이서 전복돌솥밥 2개에 전복뚝배기를 주문하면 넉넉하다. 반찬으로 나오는 갈치속젓에 알배추도 별미. 가격은 전복세트(돌솥, 뚝배기, 구이) 2인 40,000, 4인 64,000원, 전복돌솥밥 12,000원, 전복뚝배기 12,000원. 08:30~ 20:00 (19:30 라스트오더) 목요일 휴무. (397p C:2)

제주 서귀포시 대정읍 대한로 33   #전복돌솥밥 #전복뚝배기 #부추간장

미쁜제과 카페
"돌고래를 볼 수 있는 카페"

미쁘다는 믿을만하다의 순 우리말이다. 제주의 한옥카페로 직접 만든 빵을 맛볼 수 있다. 특히 정원이 잘 꾸며져 있어 계절에 따라 아름다운 꽃을 볼 수 있다. 창가에서 제주 바다를 한눈에 담을 수 있는 것은 물론, 돌고래를 볼 수 있는 카페로 유명하다. 매일 09:00~20:00 영업. (396p B:1) 사진ⓒ한국관광 콘텐츠랩

제주 서귀포시 대정읍 도원남로 16
#한옥카페 #돌고래스팟 #정원카페

모슬봉
"산방산과 바다를 조망하기 좋아"

모래가 있는 포구라는 뜻의 모슬봉은, 주변에 큰 산이 없어 가파도까지 볼 수 있다. 오르는 동안 한라산이며 산방산을 보며 걸을 수 있고, 저멀리 마라도까지 조망할 수 있다. 올레11코스이기도 해서 모슬봉에서 중간 스탬프를 찍기도 한다. 봄이면 청보리가 넘실대고, 삼나무와 보리수나무 등 자연이 주는 풍경 선물에 지루할 틈이 없다. (397p D:2)

제주 서귀포시 대정읍 동일리 2081-3
#전망 #관광명소 #올레11코스

영락리방파제
"돌고래 전망대에서 편하게 보자"

남방큰돌고래가 자주 나타나는 곳. 방파제 옆에 돌고래 조형물과 돌고래 전망대가 마련되어 있다. 야외에서 기다리기 힘들 때는 방파제 근처 CU서귀영락해안도로점 2층으로 올라가면 실내 돌고래 전망대를 이용하는 것을 추천한다. 돌고래가 출몰하는 시간은 정해져 있지 않지만, 영락리 방파제 주변에 양어장이 많아 다른 곳보다 돌고래를 더 쉽게 볼 수 있는 편이다. (396p B:1)

제주 서귀포시 대정읍 무릉리
#돌고래전망대 #돌고래스팟

마라도 추천 "제주가 왜 아름다운 섬인지 자연스레 알게 되는 곳"

대한민국 최남단의 섬. 섬 둘레는 4.2km로, 도보로 한 바퀴 도는데 40분가량 소요된다. 여객선은 보통 2시간 간격이며 1시간 정도 산책하고 짜장면까지 먹으면 대략 2시간 정도가 걸린다. 날씨가 좋은 날 마라도에서 보는 제주도 본섬의 모습은 환상적이다. 조개류, 해조류 등이 많아 톳이 들어간 짜장면이 유명하다. (397p D:3)

제주 서귀포시 대정읍 마라로101번길 46-1   #여객선 #산책 #짜장면

마라도등대 "우리나라 남쪽 끝 바다를 비추는 등대"

우리나라에서 가장 남쪽에 있는 등대이다. 마라도 성당 근처에 있어 함께 사진 찍기에도 좋다. 등대 앞에는 스탬프 보관함이 있는데, 등대 여권이 있다면 이곳에서 도장을 찍어 추억을 남겨 보자. 가까이에 세계의 유명 등대들이 모형으로 전시되어 있으니 함께 둘러보자. (396p A:3)

제주 서귀포시 대정읍 마라로 165   #희망봉등대 #포토존

제주 송악산 외륜 일제 동굴진지
"전쟁의 흔적이 고스란히 남아있어"

태평양전쟁 말기 당시 위기에 빠진 일본이, 미국이 침입해 올 것을 대비해 만들어둔 전쟁 시설이다. 송악산의 능선을 따라 지은, 동굴 형태의 진지이다. 지금까지 확인된 입구만 22개인데, 비행장, 탄약고 등의 군사시설을 지키기 위해 만들어졌다. 전쟁 등의 비극적인 역사 현장을 보며 교훈을 얻는 다크투어리즘 코스 중 하나이다. (397p D:2)

제주 서귀포시 대정읍 상모리 산2
#전쟁시설 #동굴진지 #군사시설

송악산 진지동굴 "일제가 만든 비행장 시설"

제2차 세계대전 당시 수세에 몰린 일본이 송악산의 해안을 따라 그들의 군사시설을 숨겨두었던 동굴이다. 연합군의 공격을 막기 위해 해안가 절벽 아래로 60여개의 진지동굴을 만들어 대비했던 것으로 보인다. 전쟁의 흔적이 있는 장소를 둘러보며 교훈을 얻는 다크투어리즘 코스 중 한 곳이기도 하다. 진지동굴 안쪽에서 바다 쪽으로 사진을 찍으면 형제섬, 산방산까지 찍히는 사진 명소이기도 하다. (397p D:2)

제주 서귀포시 대정읍 상모리   #군사유적지 #지하진지 #2차세계대전

크래커스 대정점 `카페` *"돌담 창 사이로 들어오는 따스한 햇살이 기분좋은 카페"*

작은 창밖으로 들어오는 햇살이 커피 맛과 멋을 더하는 감성 카페. 돌벽과 푸릇푸릇한 식물로 꾸며진 인테리어도 멋스럽다. 묵직하면서도 단맛이 느껴지는 고급 원두를 사용한다. 매일 08:30~17:30 영업. (397p D:1) 사진ⓒ한국관광 콘텐츠랩

제주 서귀포시 대정읍 보성구억로126번길 34 1층   #아메리카노 #카페라떼 # 크로와상

신도포구 *"바다가 만들어준 천연 어항이 있어"*

올레 12코스 중 하나인 신도포구는, '돌로 된 그릇'이란 뜻의 도구리가 있는 곳으로 유명하다. 바닷물이 차 있다가 빠져나가면, 움푹 패여있던 곳에 물웅덩이가 생기는데 이것이 도구리이다. 도구리에 차 있는 물 위로 비치는 햇살이 아름답다. 그리고 돌고래를 만날 수 있는 곳으로도 유명한 곳이니, 바닷가를 유심히 살펴보시길 바란다. (396p B:1)

제주 서귀포시 대정읍 신도리 3050-3   #올레12코스 #도구리 #원형바닷물 #돌고래

벨진밧 `카페` *"박한별 카페를 가보자"*

별이 떨어진 밭이라는 뜻의 벨진밧. 박한별이 운영하는 카페로 유명하다. 제주 감성이 느껴지는 입구, 이국적인 느낌의 야외 테라스는 휴양지에 온 듯하다. 통창 앞에 앉아 야외 테라스를 등지고 찍는 인증샷도 인기다. 특히 화장실이 독특하기로 유명한데 계단을 올라야 변기가 있고, 흙바닥에 식물이 있어 야외 느낌이 난다. 매일 09:00~17:30 영업. (420p A:2)

제주 서귀포시 대정읍 보성구억로 220-1
#박한별카페 #대정카페 #핫플

옥돔식당 `맛집`
"부드러운 전복과 보말 양에 깜놀!"

수요미식회 제주편에 나왔던 보말전복칼국수 맛집이다. 보말전복손칼국수 단일 메뉴로 진한 국물의 칼국수를 먹을 수 있다. 웨이팅이 길어 일찍 가는 것이 좋다. 재료 소진 시 조기 마감. 대정5일장 근처에 위치해 식사 후 시장 구경하기에도 좋다. 목~화 11:00~15:00 운영. 14:30 라스트오더. 매주 수요일 정기휴무 (396p C:2) 사진ⓒ한국관광 콘텐츠랩

제주 서귀포시 대정읍 신영로36번길 62
#칼국수 #수요미식회 #도민추천

송악산 [추천] "섭지코지 못지않게 해안절경이 아름다워"

104m의 낮은 오름. 해안 절벽에 동굴이 있는데 태평양전쟁 때 일본군들이 배를 감추기 위해 15개를 파 놓았다. 그래서 일오동굴이라 한다. 둘레길이 있어 산책할 수도 있는데, 이 둘레길에서 바라보는 산방산과 한라산, 마라도의 모습도 너무 아름답다. (397p D:2)

제주 서귀포시 대정읍 송악관광로 421-1   #일오동굴 #둘레길

애플망고1947 [카페] "농장직영 애플망고를 맛보자"

직영 애플망고 농장에서 직접 수확한 애플망고를 사용하는 빙수 맛집. 애플망고가 가득 올라간 빙수에 콩가루, 코코넛칩, 팥, 연유 등을 취향껏 넣어 함께 먹을 수 있다. 정원의 야자수가 휴양지 느낌을 풍기는 곳으로, 곳곳에 포토존이 있어 사진을 남기기 좋다. 매일 11:00~17:00 영업. (397p D:1) 사진ⓒ한국관광 콘텐츠랩

제주 서귀포시 대정읍 신평로 32   #망고빙수 #애플망고 #농장직영

송악산 둘레길 수국

"둘레길에서 만나는 수국"

6~7월에 제주올레길 10코스 송악산 둘레길 중간 지점에서 곳곳에서 수국정원과 수국, 산수국 군락을 만나볼 수 있다. 자차이동 시 제주도 서귀포시 대정읍 최남단해안로 548-96(대정읍 산모리 산2)로 이동. (397p D:2)

제주 서귀포시 대정읍 송악관광로 421-1 #6,7월 #올레길 #10코스 #산수국

하늘꽃 [카페]

"산방산이 보이는 온실카페"

야자수와 어우러진 대형 온실 카페다. 실내는 초록 식물과 행잉플랜트가 가득해 마치 작은 식물원에 온 듯하다. 정면으로 산방산과 유채꽃밭이 보여 유채꽃 시즌에 가면 좋다. '우리들의 블루스 촬영지'로 유명하다. 일요일만 10:00~22:00 영업. 사진ⓒ한국관광 콘텐츠랩

제주 서귀포시 대정읍 송악관광로 317 #온실카페 #애견동반 #산방산뷰

안성리 수국길 "원래 꽃길은 비포장이 제맛"

6월의 안성리를 알록달록하게 물들이는 수국길. 마을 비포장 양옆으로 풍성하게 꽃피운 흰색, 하늘색, 보라색 수국이 아름답다. 자차이동 시 제주 대정읍 안성리 998로 이동, 주차공간이 따로 마련되있지 않으니 마을 입구에 주차하는것을 추천. (397p D:1) 사진ⓒ한국관광 콘텐츠랩

제주 서귀포시 대정읍 안성리 998
#5,6월 #하늘색수국 #마을입구주차

도구리알 "돌고래를 보다니 럭키잖아!"

배를 타고 나가지 않아도 돌고래 떼를 볼 수 있는 곳. 매년 남방큰돌고래의 날 행사가 열릴 정도로 돌고래 스팟으로 유명하다. 돌고래는 주로 늦은 오후에 볼 확률이 높으니 참고. 바닷물이 고여있는 자연 웅덩이는 독특한 포토 스팟이기도 하다. 드라마 '이상한 변호사 우영우', '웰컴투 삼달리'에도 등장한 곳. 주차장은 따로 없어 갓길에 세워야 하니 주의. (396p B:1)

제주 서귀포시 대정읍 신도리 3135-1
#돌고래스팟 #웅덩이포토스팟

알뜨르비행장및 일본군비행기격납고 추천 "산방산, 한라산, 일제 비행기 격납고 아이러니하게 이국적으로 아름다운 풍경"

'알뜨르'라는 말은 '아래 벌판'을 의미하는 제주 방언이다. 이곳은 태평양전쟁 때 일본군의 비행기를 숨겨놓던 격납고였는데, 아이러니하게도 이곳에서 보는 산방산과 한라산이 너무 아름답다. (397p D:2)

제주 서귀포시 대정읍 상모리   #벌판 #한라산전망

403

녹남봉오름 백일홍 "녹남봉 분화구에 흐드러지게 핀 백일홍"

7~8월에 가볍게 걷기 좋은 녹남봉 오름을 방문하면 오름 정상에 형형색색 다양한 빛깔의 백일홍을 만날 수 있다. 특히 전망대에서 차귀도와 마라도를 바라볼 수 있으니 꼭 확인해 보자. 관광지가 아니므로 주차는 신도 1리 사무소에 주차하고 걷는 것을 추천한다. (396p B:1)

제주 서귀포시 대정읍 신도리　#오름백일홍 #백일홍산책

제주도예촌
"제주 전통 스타일 도기"

세계 유일의 돌가마 석요가 있는 제주 도예촌! 제주 전통 가마인 석요에, 유약을 바르지 않고 구워내는, 천연의 색이 나는 도자기를 생산하는 곳이다. 천연도기를 만나볼 수 있는 곳이자, 제주도의 전통을 느껴볼 수 있는 곳이기도 하다. 다양한 체험 활동도 운영 중이니 조금 색다르고 차분한 곳을 원한다면 이곳을 찾아보자. (396p C:1) 사진ⓒ한국관광 콘텐츠랩

제주 서귀포시 대정읍 암반수마농로 433
#제주전통가마 #석요 #무형문화재

모슬포성당
"제주는 성당에도 돌담이 있어"

돌담으로 둘러싸인 역사적인 성당. 6.25 전쟁 당시 수용된 중공군 포로들이 성당을 지을 때 동원되었으며, 본래는 전쟁의 잘못을 뉘우친다는 '통회의 집'이었으나 사랑으로 용서하자는 신부님의 뜻으로 '사랑의 집'으로 명칭을 바꿨다는 일화가 유명하다. (397p D:2)

제주 서귀포시 대정읍 영서중로 22
#대정읍성당 #역사적장소

제주곶자왈도립공원 추천 "원시 숲에 들어온 기분이야."

사계절 늘 초록의 공간인 곶자왈은, 남방계 식물과 북방계 식물이 함께 사는 매우 독특한 생태계를 자랑하는 곳이다. 우리나라에서 가장 큰 난대림 지대이기도 한데, 곶자왈을 통해 모인 빗물이 강이 되어 흐른다고 한다. 생명수를 품고 있다 하여 제주의 허파라고도 불린다. 매일 10시와 14시 무료 숲해설을 진행해 곶자왈의 주요 식생과 문화, 역사 이야기를 들으며 걸을 수 있다. 11~2월 09:00~17:00(입장 마감 15:00), 3~10월 09:00~18:00(입장 마감 16:30) 운영. 연중무휴이나 날씨에 따라 출입 제한. 성인 1,000원. (397p D:1) 사진ⓒ한국관광 콘텐츠랩

제주 서귀포시 대정읍 에듀시티로 178   #화산숲 #최대난대림 #생명수

제주추사관 "제주에 남은 추사의 흔적"

조선 후기 학자이자 예술가 추사 김정희가 제주에서 유배 생활을 하며 남긴 작품을 볼 수 있는 무료 전시관. 추사 김정희의 글씨와 더불어 대표작인 세한도 관련 전시, 각종 소장품과 유배지터를 감상할 수 있다. 직접 붓으로 추사의 글씨를 따라 쓰는 체험도 가능하다. 역사나 예술에 관심 있다면 가볍게 둘러볼 만하다. 09:00~18:00 운영, 17:30 입장 마감. 매주 월요일 휴관. (397p D:2)

제주 서귀포시 대정읍 추사로 44   #추사김정희 #무료전시관

하모해수욕장
"씨워킹 체험으로 유명한곳"

올레길 10코스 중간에 있는 하모해수욕장은 씨워킹을 할 수 있는 곳으로 유명하다. 물 아래 열대어와 산호초 등을 눈으로 확인할 수 있다. 바다를 보며 캠핑을 즐길 수 있는 오토캠핑장도 마련되어 있어 자연과 함께 하룻밤을 보낼 수도 있다. (397p D:2) 사진ⓒ한국관광 콘텐츠랩

제주 서귀포시 대정읍 하모리 279
#올레10코스 #야영 #씨워킹체험

산방식당 맛집
"48년 전통의 제주식 수육·밀냉면"

제주식 수육·밀냉면 전문점. 대표메뉴인 수육은 투박하게 보이지만 잡내없고 부드러운 맛이 일품이다. 탱탱하고 굵은 면으로 만든 밀냉면은 48년 노하우가 담긴 육수와 양념장이 킥이다. 살얼음이 동동 띄워져 있어 여름 메뉴로 제격. 온면으로도 주문 가능하다. 가격은 수육 200g 19,000원, 밀냉면 9,000원. 11:00~ 18:00 수요일 휴무. (397p D:2) 사진ⓒ한국관광 콘텐츠랩

제주 서귀포시 대정읍 하모이삼로 62
#수육 #밀냉면 #현지인맛집

주주스튜디오 제주
"디자이너가 운영하는 귀여운 소품샵"

일러스트레이터이자 그래픽 디자이너인 전현주 작가님의 아트 스튜디오. 단순 소품을 파는 곳이 아닌, 아티스트의 작업실 겸 소품샵이다. 제품 쇼룸과 아트 클래스를 체험해 볼 수 있는 공간으로 나뉘어 있다. 제주 자연을 소재로 한 그림이 많으며, 따뜻한 감성의 키링, 고양이 엽서, 그림 포스터 등을 기념으로 사기 좋다. 10:00~18:00 (월요일 휴무) (396p C:2)

제주 서귀포시 대정읍 하모중앙로 19 1층
#고양이굿즈 #디자이너소품샵

치치퐁 `카페`
"토끼를 닮은 귀여운 치치퐁 아이스크림"

귀여운 토끼 모양 치치퐁 아이스크림을 판매하는 곳. 바닐라, 초코, 딸기 맛을 선택하면, 아이스크림 위에 과자를 올려 토끼 얼굴을 꾸며준다. 제주 쑥아이스크림도 맛있다. 매일 10:30~17:30 영업, 휴무 시 인스타그램 공지. (397p E:2)

제주 서귀포시 대정읍 영서중로13번길 10 1층
#토끼모양 #3색 #아이스크림

어린왕자감귤밭 "카페에서 즐기는 감귤밭과 동물 체험"

미니 동물원을 함께 운영하는 감귤밭 겸 카페. 감귤밭에서 감귤 체험도 하고, 알파카, 미니말포니, 토끼 등 동물 먹이 주기 체험도 즐길 수 있다. 실내 인테리어도 예뻐 웹드라마 'WHY'의 촬영지로 쓰였다. 매일 09:30~20:00 영업. (397p D:2) 사진ⓒ한국관광 콘텐츠랩

제주 서귀포시 대정읍 추사로36번길 45-1   #동물농장 #감귤농장 #깔끔한인테리어

가파도마라도정기여객선
"여기서 마라도와 가파도 모두 갈 수 있어"

마라도와 가파도로 가는 배를 운항하는 곳. 운진항(모슬포남항)에서 탑승하며, 가파도는 편도 10분, 마라도는 편도 30분 소요된다. 여객선에는 포토존이 마련되어 있어 기념사진을 찍을 수 있다. 매일 마라도 4회, 가파도 7회 운항. 가파도 청보리 축제 기간에는 매시 30분 간격으로 증편된다. 승선권 발권 시 신분증을 반드시 지참.

(397p D:2) 사진ⓒ한국관광 콘텐츠랩

제주 서귀포시 대정읍 최남단해안로 120
#가파도 #마라도 #정기여객선

초콜릿박물관
"아시아 최초 초콜릿 박물관"

세계에서 열 손가락 안에 드는 초콜릿 박물관이다. 초콜릿의 역사와 변화 과정을 한눈에 살펴볼 수 있다. 직접 초콜릿을 만들어볼 수 있는 체험 프로그램도 있는데, 수제 초콜릿을 구입하면 체험권을 얻을 수 있다. 초콜릿을 좋아하는 아이들이 직접 만들어 보기까지 한다면, 이곳을 오래오래 기억할 것이다. 매일 10:30~17:00 운영, 입장 마감 16:40. 성인 8,000원. (396p C:1) 사진ⓒ한국관광 콘텐츠랩

제주 서귀포시 대정읍 일주서로3000번길 144
#초콜릿사관학교 #초콜릿체험

인스밀 [카페] "이국적인 야자수 전망을 즐길 수 있는 카페"

야자수가 보이는 탁 트인 전망을 배경으로 사진 찍기 좋은 카페. 직접 수확한 보리로 만든 미숫가루, 보리개역과 보리 아이스크림이 인기 메뉴. 매일 10:30 - 18:00 영업. (396p C:2)

제주 서귀포시 대정읍 일과대수로27번길 22 1층　#이국적 #사진촬영 #보리디저트

마라도가는여객선 "마라도 가는 길에 펼쳐지는 바다 위 절경"

형제섬보말칼국수 제주산방산 본점 [맛집]

"싹싹 긁어먹게 되는 보말죽과 칼국수"

송악산항에서 국토 최남단 마라도를 왕복하는 여객선. 편도 30분 동안 송악산 기암절벽, 한라산, 형제섬, 박수기정, 산방산을 보며 갈 수 있다. 하루 4~5회 운항하며 기상 상황에 따라 변동된다. 매일 오전 8시 30분 홈페이지에 실시간 운항정보가 업데이트된다. 출항 30분 전까지 매표소에 도착해 승선권을 발급받아야 하며, 신분증 지참 필수. (397p D:2)

제주 서귀포시 대정읍 송악관광로 424

#마라도 #송악산항 #여객선

전복 내장이 들어간 진한 보말죽과 파래 가득한 보말 칼국수가 맛있는 식당. 배가 부른데도 싹싹 긁어먹게 만든다.두 가지를 모두 먹고 싶다면 꼬마 물만두가 포함된 2인 세트를 주문하자. 실내 통창으로 보이는 송악산 바다뷰는 보너스. 가격은 보말칼국수 11,000원, 보말2인세트 31,000원. 08:00~ 17:00 (16:00 라스트오더) 화요일 휴무. (397p D:2)

제주 서귀포시 대정읍 형제해안로 318

#보말칼국수 #보말죽 #바다뷰

노리매공원 "화강암의 인공폭포와 다양한 꽃"

매화를 비롯해, 계절별로 다양한 꽃과 나무들을 즐길 수 있는 도시형 공원이다. 안쪽으로 들어가면 인공호수 위로 정자와 제주도의 전통 배 테우가 있는데, 이 풍경이 정말 근사하다. 카메라를 켤 수밖에 없는 풍경이 이어진다. 공원 곳곳에 다양한 소품으로 꾸며진 포토존이 있어 사진 찍을 맛이 있는 공원이 되시겠다. (397p D:10)

제주 서귀포시 대정읍 중산간서로 2260-15　　#자연공원 #인공폭포 #3D영상전시장

사일리커피 [카페] "제주 바다를 담은 바다라떼를 맛보자"

하모방파제 근처에 있어 오션뷰가 멋지다. 카페 앞 검은 모래 해변을 흑임자로 표현한 사일리커피가 시그니처. 제주의 푸른 바다를 닮은 사일리 바다라떼도 대표 메뉴다. 야외 파라솔 아래에 앉아 바다를 배경으로 사진을 찍으면 멋진 휴양지 사진이 완성된다. 10:00~18:00 영업, 매달 2, 4번째 월요일 휴무. (397p D:2) 사진ⓒ한국관광 콘텐츠랩

제주 서귀포시 대정읍 최남단해안로 412　　#오션뷰 #모슬포카페 #바다라떼

서귀포 김정희 유배지

"국가지정 문화재"

제주도 유배기간 동안 추사체와 세한도를 완성시킨 추사 김정희 선생을 기리기 위해 건립된 공간이다. 세한도에 등장하는 집의 모양을 본따 지어진 추사관에서 시작되는 추사 유배길은, '집념의 길', '인연의 길', '사색의 길'로 나누어져 있다. 이 길을 통해 추사의 글, 그림, 다양한 작품들을 만나볼 수 있다. 화~일 09:00~18:00 운영, 17:30 입장 마감. 매주 월요일 휴무. 관람료 무료.(397p D:2) 사진ⓒ한국관광 콘텐츠랩

제주 서귀포시 대정읍 추사로 44

#김정희 #추사유배길 #국가지정문화재

호정이네 _{맛집} "갈치조림에 갈치구이가 서비스"

갈치조림을 주문하면 통갈치구이가 나오는 가성비 좋은 식당. 갈치조림은 간이 딱 맞고 갈치구이는 치킨맛이 날 정도로 고소하고 바삭하다. 빠르고 간편하게 식사하고 싶다면 김치찌개와 고등어구이가 함께 나오는 점심특선도 좋은 선택이다. 서비스 식혜도 맛있다. 가격은 갈치조림 39,000~ 59,000원(소/중/대). 매일 09:00~ 21:00 (20:30 라스트오더) (396p C:2)

제주 서귀포시 대정읍 하모항구로 22-11　　　#갈치조림 #점심특선 #가성비

덕승식당 _{맛집} "제주 토박이만 아는 갈치조림맛"

제주 토박이들만 온다는 갈치조림 맛집. 빨갛게 조려진 비주얼만 보면 맵고 자극적일 것 같지만 간이 세지 않고 맛깔나다. 한치회, 갈치회, 고등어회도 추천. 매운탕도 빠뜨리지 말것. 외관은 낡았지만 실내는 깔끔하다. 가격은 갈치 15,000원(조림), 30,000원(구이). 10:00~ 20:40 (15:30~ 16:30 브레이크타임) 화요일 휴무. (397p D:2)

제주 서귀포시 대정읍 하모항구로 66　　　#생물갈치 #갈치조림 #제주토박이

김선장회센타 _{맛집}
"은갈치 요리를 한상에 딱!"

다양한 구성의 모둠회를 저렴한 가격에 판매하는 회 전문점. 인기 메뉴는 포장 메뉴인 김선장BOX. 제철 모둠회와 함께 새우숙회, 돌문어숙회, 갈치회, 뿔소라회, 전복회 등이 아낌없이 담아준다. 김선장BOX는 한정 수량 판매, 예약제 운영. 매일 11:00~22:00 영업.

사진ⓒ한국관광 콘텐츠랩

제주 서귀포시 대정읍 최남단해안로 37
#은갈치 #갈치회 #고등어회

만선식당 _{맛집}
"18년차 고등어회 전문점"

18년째 모슬포항을 지키고 있는 고등어회 맛집. 고등어회를 주문하면 고등어탕, 고등어조림, 붉은볼락 튀김이 함께 나온다. 신선도, 회두께, 감칠맛 모두 부족함이 없다. 딱새우회, 갈치조림도 인기 메뉴. 가격은 고등어회 60,000~ 80,000원(소/대). 고등어딱새우회 세트 80,000원. 10:00~ 21:00 (20:00 라스트오더) 화요일 휴무. (396p C:2) 사진ⓒ한국관광 콘텐츠랩

제주 서귀포시 대정읍 하모항구로 44
#고등어회 #딱새우회 #모슬포

모슬포항 "매년 11월 방어축제가 열리는 곳"

우리나라 최남단의 섬 마라도와, 청보리로 유명한 가파도를 갈 수 있는 항구이다. 항구 주변이 방어 어장이라 매년 11월이 되면 모슬포항에서는 '최남단 방어축제'가 열린다. 방어 맨손잡기, 해체쇼 등 다양한 볼거리, 먹을거리가 풍성하다. 해질 무렵이면 항구 주변은 일몰 명소가 된다. (396p C:2)

제주 서귀포시 대정읍 하모항구로 30   #올레11코스 #방어 #황금어장

미영이네 맛집 "고등어회와 고등어탕의 꿀맛조합"

모슬포항에서 고등어횟집으로 유명한 식당. 싱싱한 고등어회와 고소한 고등어탕, 야채무침이 꿀맛이다. 식사시간에는 웨이팅이 있다. 전화로 포장 예약하고 픽업 가능하다. 10월~3월에는 모슬포 앞바다에서 잡은 방어회를 맛볼 수 있다. 가격은 고등어회와 탕 70,000~95,000원(소/대). 11:30~ 22:00 (20:30 라스트오더) 수요일 휴무. (396p C:2) 사진ⓒ한국관광 콘텐츠랩

제주 서귀포시 대정읍 하모항구로 42   #고등어회 #고등어탕 #방어회

글라글라하와이 맛집

"느끼하지 않고 고소한 피쉬앤칩스"

제주산 해산물로 요리하는 하와이안 레스토랑. 대표 메뉴는 제주 은갈치와 달고기, 모슬포산 생감자로 만든 피쉬앤칩스다. 딱새우, 황게, 전복 등이 들어간 하와이안 해물찜도 인기 메뉴. 시원한 맥주와 함께 먹으면 꿀맛이다. 가격은 은갈치&칩스 20,000원, 해물찜 48,000원. 바닷가 무료 주차장 이용. 매일 11:30~ 23:00 (15:00~ 17:00 브레이크타임) (396p C:2) 사진ⓒ한국관광 콘텐츠랩

제주 서귀포시 대정읍 하모항구로 70
#피쉬앤칩스 #해물찜 #힙플레이스

부두식당 맛집

"아낌없이 내주는 제철 모듬회"

제철 모듬회를 믿고 먹을 수 있는 식당. 모슬포 수협에서 직접 유통하는 고등어와 방어를 사용해 싱싱하고 저렴하다. 회, 튀김, 구이, 매운탕 맛은 물론 반찬 구성도 좋아서 4명이서 모듬회 대 사이즈면 넉넉하다. 가격은 제철모듬회 65,000원, 고등어회 60,000, 회덮밥 15,000원. 10:00~ 22:00 (포장은 21:00까지) 수요일 휴무. (397p D:2) 사진ⓒ한국관광 콘텐츠랩

제주 서귀포시 대정읍 하모항구로 62
#고등어회 #방어회 #가성비횟집

10

안덕면

#본태박물관
#수풍석미술관

#방주교회
@cindy_of_jejulife
#사계해변
413

#안덕면 겹동백길
#원물오름 #갯무꽃
@_.sonvely
#산방산 및 해안
#안덕면사무소 수국길
@mylifeinjeju
안녕, 수국 ♥ 안녕, 산방산

#산방산
#월라봉 #동굴프레임
#용머리해안
@bangapsudaye

안덕
A B C
1
당오름
원물오름
도너리오름
토이파크
동광리
남송이오름
제주신화월드, 트랜스포머 오토봇 얼라이언스 (신화월드)
서커스월드 공연장
오설록 티 뮤지엄
신화워터파크
동광리농촌 체험마을
서광다원
제주 항공우주 박물관
거린오름
서광리
헬로키티 아일랜드
토마스마켓
소인국 테마파크
바이나흐튼 크리스마스박물관
2
서광리123 핑크뮬리
서광리 곶자왈 생태탐방로
피규어 뮤지엄
안덕면
덕수리
서귀포 화순서동로 (화순리) 유채꽃
안덕면사무소 수국길
안덕계곡
화순리
건강과 성 박물관
대정읍
카페 마노르블랑 동백꽃
감산리
산방산 탄산온천
산방산 유채꽃
안성리 수국길, 동광리 수국
월라봉
단산(바굼지오름), 파군봉(바굼지오름)
산방산
화순금모래 해수욕장
대정향교
산방굴사, 산방사
3
제주커피수목원
사계리
하멜기념비
황우치해변
산방산 유람선
플레이사계 지오단길
용머리해안
사계 어촌체험마을
사계해변
사계해안도로
416

D
E
F
왕이메
광평리
돌오름
안덕면
겹동백길
죽은대비악
영아리
마보기
상천리
소병악
무민랜드
방주교회
뽀로로
테마파크
본태박물관
수풍석 뮤지엄
아라고나이트
상창리
고온천
카멜리아힐
카멜리아힐 동백꽃,
수국, 핑크뮬리
낭만농장
귤밭76번지
파더스가든
서귀포시
창천리
군산
박수기정
대평포구
1
2
3
D
E
F

A
B
C
1
2
3

1116
1120
1132 번국도
제주 해안도로

액티브파크
실내클라이밍, 카트 키즈카페
금능남로 유채꽃길
섭재(독채)
제주맥주 양조장
사전 예약제로 운영되는 양조장 투어(에일 생맥주 시음 가능)
제주마을공원
더마파크
카트레이싱
서부농업
기술센터
코스모스
윗뜨르항아리
(보말칼국수, 고기국수)
가메창
(암예)
저지오름
생각하는 정원
1만2천평 대지에 7개의 소정원
청수미방
(라구볼로네제)
청수리아파트(독채)
봄빛코티지(독채)
가마오름
제주 가마오름
일제동굴진지
오오오하우스
(풀빌라), 청수곶, 펠롱여관(독채)
산양큰엉곶
제주 곶자왈 도립공원
곶자왈이란 암괴들이 불규칙하게 널려있는 지대에 형성된 숲(숲 트레킹)
무릉차경(곶자왈)
올레길 11코스
탐라는일상(독채)
애플망고1947
(제주애플망고빙수,제주애플망고주스)
제주어린왕자펜션(풀빌라)
카페 마노르블랑 동백꽃
애기동백은 포토존과 함께[1,2,3,4월]
마노르 블랑 핑크뮬리
[9~11월] 예쁜 찻잔으로 가득한 카페뷰
a tiny little peace(독채)
대정성지
(정약용 조카 정난주 마리아 묘가 있는 천주교 성지)
어린왕자감귤밭
(카페에서 즐기는 감귤밭과 동물 체험)
추사 김정희 유배지
가시오름
올레길 11코스
모슬봉
감저카페
(담쟁이 덩쿨이 멋진)
산방식당
(밀냉면)
소금새
(석양)
옥동식당(보말칼국수)
만선식당
모슬포항
(고등어회고 등어조림)
키친오즈 핑크뮬리
[9~11월] 카페 건물배경 사진촬영이 유명
협재굴,황금굴, 쌍용굴
서부농업기술센터 촛불맨드라미
이국적 풍경을 만들어주는 맨드라미[9,10월]
제주현대미술관
현대미술 작품과 야외 조각작품 감상
윌림차경
문화예술공공수장고 미디어아트 전시관
어오내스테이(독채)
저지예술정보화마을
소리소문(독립서점)
뚱보아저씨(갈치구이)
텔레스코프
무위의 공간
묘각식당
(흑돼지동백카츠)
맛있는풀부엌(문어오일링귀니)
물통식당(흑돼지)
이립(보늬밤, 말차 크림라떼)
명리동식당
(흑돼지)
알동네집(흑돼지)
제주 유리의 성
유리공예 조각품으로 이루어진 테마파크
노리매공원 핑크뮬리
핑크 해지는 사진을 찍고 싶다면[9,10,11월]
노리매공원
사계절 꽃과 식물과 함께 찍는 인생사진, 봄철 매화축제
예원스테이(옹벽)
봉순이네흑돼지
노리매공원 매화
니들이 매화를 알아?[3,4월]
벨진밧(벨라떼)
제주소품샵
제주베네핏
제주항공우주박물관
아이들과 함께 즐기는 다양한 항공기 체험
베이크샵스니프
(버터버터 시나몬롤)
모모언니바다간식 서귀포 본점
(문어해물라면)
풀베개
(스윗풀베개)
안성리 수국길
마을 비포장 양옆으로 풍성하게 꽃피운 수국. 안성리 998 [5,6,7월]
크래커스 대정점(돌담 창 햇살)
청춘부가(감귤창고 감성카페)
마노르블랑
(수국 가득한 야외정원)
하영감사
감귤농장
돗툭
제주추사관
산방산 탄산온천
[3,4월] 산방산 유채꽃
단산
산방산,송악산과 마주보고 있으며 정상에서 형체섬, 가파도, 마라도를 볼수 있다.
바굼지오름
대정향교
제주커피 수목원
제주 시정
(소품샵)
춘미향(정식)
알뜨르비행장
2차 대전 당시 일본군이 제주도민을 강제동원하여 만든 전투기 격납고
보로스름:
스테이드몽 2호점
어떤바람
(독립서점)
모슬포성당
돌담으로 둘러싸인 역사적인 성당
케이제주(씨워킹), 아라호(배낚시), M1971(요트투어)
바불 제주 풀빌라
(수영장)
그레이그로브
(사계전망 카페)
뷰스트
(흑무암라떼)
유년시절(오름)
제주성서식물원
비블리아
성경에 나오는 식물을 주제로 조성한 식물원
제주바다
하늘패러투어
(패러글라이딩)
금악 오름
문화포인트
금악
오름
저지문화예술인마을
갤러리와 조각품이 모여있는 복합 예술공간, 다양하고 독특한 창작품들을 볼 수 있다.
유동룡미술관(아미타준 미술관)
유동룡 건축가의 건축철학을 느낄 수 있는곳 예약 필수. 티라운지 추천
제주도립김창열미술관
김창열 화백의 물방울 작품을 만나 볼 수 있다.
블랙스톤제주 CC
방림원
국내 최초 야생화 식물원
(2000여종 이상의 다양한 야생화)
김흥수 아틀리에
풀빛(독채)
모네의숲
문도지 오름
문도지 오름
노을
올레길 14-1코스
돌오름
똣똣라면 본점
(똣똣김밥,똣똣라면)
금오름
협재해변에서 자동차로 15분만에 도착 주차장 주차후 등반(1주차장은 금오름 입구에 있어 2주차장보다 조금 등산 할수 있다.)
삼위일체대성당
성이시돌목장
아이스크림과 이국적 건축물에서의 사진촬영으로 유명한 곳
제주탐나라 공화국
환상숲 곶자왈공원
천연 원시림 곶자왈 공원, 매시간 정각의 숲 해설 듣기의 필수
오설록 티 뮤지엄
전망대에 올라 차밭을 한눈에 감상하기, 티스톤 예약 강력추천
서광다원
수평선까지 닿아있는 제주 최대규모 녹차밭
남송이오름
(남소로기)
제주신화월드
신화워터파크
신화테마파크
제주항공우주박물관
신화역사공원 샤스타데이지
신화역사공원
로봇플래닛
트로이테마
농원(승마)
기억해줘 제주(소품샵)
이상한 나라의 앨리스
소인국테마파크
세계의 랜드마크가 전시된 테마공원
서광카트체험장(카트)
하늘여행 행글라이더체험장
점보빌리지
서광리 곶자왈 생태탐방로
곶자왈을 입장료 없이 감상할 수 있는 곳.
서귀포 화순서동로 (화순리) 유채꽃
차창 밖으로 보이는 유채꽃길[3,4월]
카페덕수리2180
(루프탑테라스와 귤밭)
그리니 제주(독채)
일일시호일
(자쿠지)
페로로
(성게어란 파스타)
산방산
395미터로 우뚝 솟은 전형적인 종상화산, 산방(山房)이라는 의미는 산수의 동굴을 의미. 해식동굴이 있기 때문
잇뽕사계
(본카츠 짬뽕)
거멍국수
(고기국수)
산방산굴사
산방산초갑집
(전복해물전골)
원앤온리
유엔아이
오라디오라
(산방산 유채꽃 전망)
하멜기념비
순천미향(갈치조림)
황우치해변
용머리해안
용머리해안
물웅덩이 포토존
설쿰바당해변
사계해수욕장
플레이사계 지오단길
산방산 아래 트렌디한 인스타그램 감성의 골목형 상가.
새별오름 억새
새별오름
저녁 하늘 샛별과 같이 외롭게 있다고 하여 '새별오름' 가을 억새가 많은 저녁노을 감상의 성지
이달오름
새별오름 나홀로 나무
새별오름 나홀로나무
우유부단
이시돌 목장우유로 만든 담백한 아이스크림과 밀크티
성이시돌 목장 테쉬폰
그리스신화박물관
트릭아이미술관
어음리 억새군락지
엘리시안제주 CC
새빌 핑크뮬리
[9,10,11월]
새빌 카페
새별프렌즈
아덴힐리조트&골프클럽
새별레져ATV
(ATV)
스타벅스 제주금악DT점
안덕면 겹동백길
겹동백이니 얼마나 풍성하겠어[11,12,1,2,3월]
원물오름 앞 갯무꽃
토이파크
(장난감 전시)
지아정원/키즈
가족펜션(풀빌라)
무로이
(플랫화이트, 아메리카노)
위이(무화과 케이크)
제주 아트서커스
동광리농촌 체험마을
동광사거(수변)
거린오름
(북오름)
바이나흐튼 크리스마스박물관
미니어처 사이즈 세계의 랜드마크가 전시된 테마파크
호미가 (호미가 휘귀)
서광보말칼국수
(보말칼국수, 성게미역국)
동광리 수국
담벼락에 피어난 수국의 아름다움[6,7,8월]
스테이바림
(수영장)
에가툰 캐빈(캐빈)
뽀로로앤타요 테마파크 제주
카멜리아힐 동백꽃
[1,2,3,4월]
카멜리아힐
[5,6,7월] 카멜리아힐 수국
헬로키티 아일랜드
카멜리아힐 핑크뮬리
[9,10,11월]
피규어뮤지엄
파더스가든
파더스가든(귤따기)
한라의향기(귤따기)
중문미로공원
제주 유리박물관
중문고등어쌈밥
(묵은지고등어쌈밥)
세계자동차& 피아노박물관
세계 명품 클래식카와 어린이 교통 체험장
화순곶자왈생태탐방숲길
화산활동으로 생긴 요철 지형의 숲
춘심이네 본점
(뼈없는은갈치조림)
루나피크닉
자연속에서 만나는 명화 컬렉션
안덕면사무소 수국길
소서리산
(사랑방)
서광춘희
(돈코츠라멘)
포레스트제이 카우셰드
루나폴
루나폴야경
12만평 규모의 미디어 아트, 야간형 디지털 테마파크
화순양옥(독채)
BISTRO 낭
(채끝스테이크)
안덕계곡
군산오름 앞 갯무꽃
건강과성 박물관
더리트리브
중앙식당
(성게보말국)
BISTRO 낭
(한우 스테이크)
군산오름
서귀포 앞바다를 한눈에 볼 수 있는 오름
비밀역
(파르페)
화순가옥
(독채)
올레길 9코스
제주 진미 마돈가
산방산 유람선
박수기정
대평
포구
올레길 8코스
제주 진미 마돈가
(말고기)
색달식당(갈치)
화순금모래해수욕장
가파도와 마라도, 산방산이 배경인 해변
1.휴일로(하트 돌담)
2.카페 두가시(당근케이크)
3.카페루시아 본점(아메리카노)
1.난드로흐선상낚시
2.프라다 선상낚시
3.알라딘호선상낚시
418

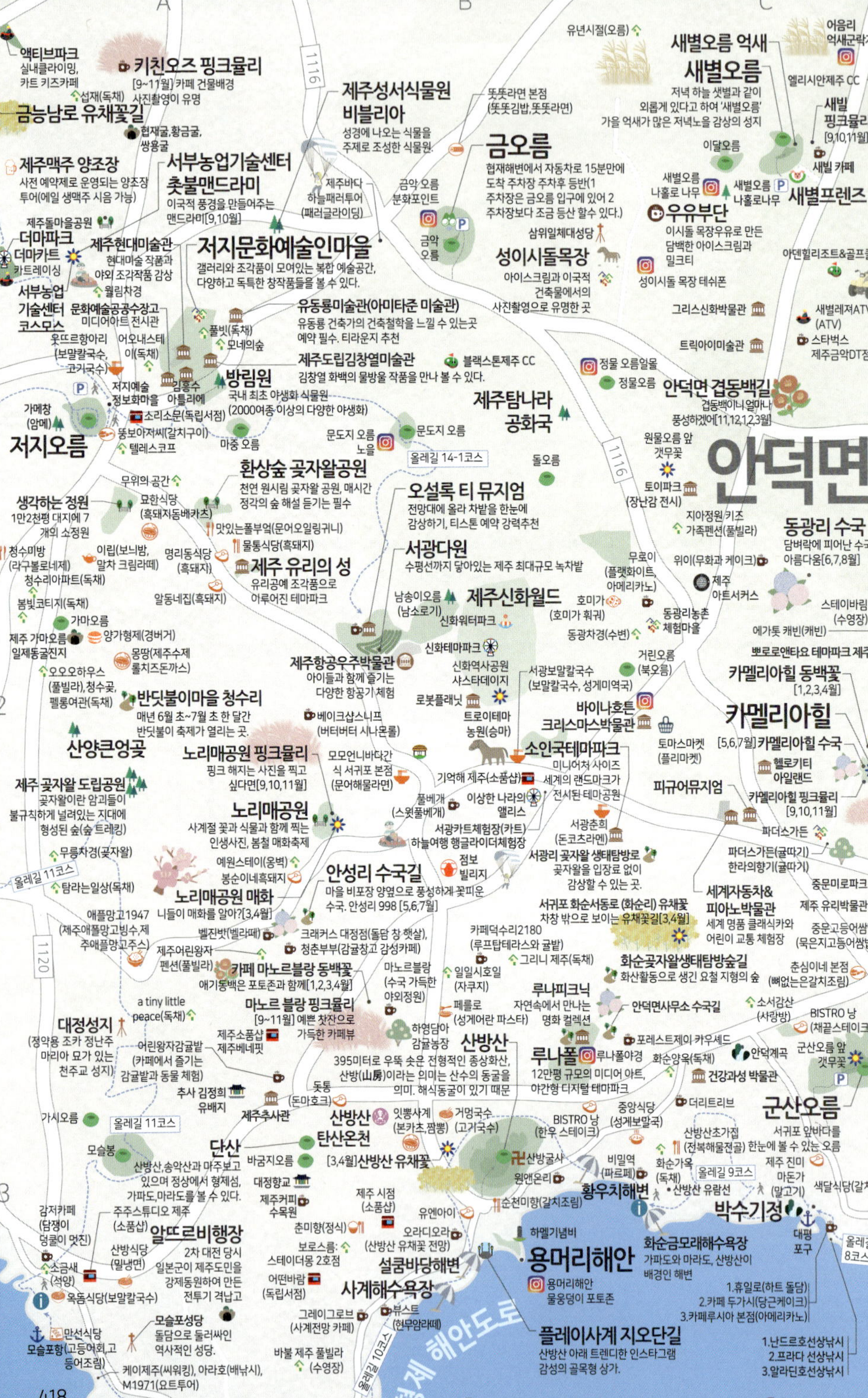

안덕 주요지역

바리메오름 호수
큰바리메오름
다래오름
한대오름

1100고지 단풍
오르지 않아도 되는 단풍길 걷기[10,11월]
삼형제 큰오름
1100고지 설경
1100고지
한라산 남벽 뷰 감상 가능
1100고지 람사르습지

만세동산(오름)
선작지왓 (윗세오름) 철쭉
윗세누운오름
윗세오름
병풍바위
영실탐방안내소
영실탐방코스
2시간 30분 5.8Km
한라산 영실코스 단풍
그냥 등산말고, 단풍 등산[10,11월]

왕이메오름
삼나무숲길이 멋진 분화구가 있는 오름
돌오름

행기소 그네
포도뮤지엄
현대미술을 전시,관람할 수 있는 복합문화공간

핀크스 포도호텔

무민랜드
핀란드 캐릭터 무민의 스토리가 담긴 공간

방주교회
제주 7대 아름다운 건축물
관광지는 아니지만 특이한 건물로 많은 사람들이 찾는 곳

법정악 전망대
정상에 오르면 파노라마 뷰가 펼쳐지는 전망대.

법정이오름

본태박물관
세계적인 건축가 안도타다오의 작품. 노출 콘크리트와 빛, 물이 조화롭게 어우러진 건축미.
세계적인 거장들의 작품과 우리나라 전통공예 전시

거린사슴

서귀포자연휴양림
운동화가 아니어도 괜찮아, 혼자 걸어봐도 좋아
제주의 숲에서 캠핑해보는 색다른 경험

본태박물관 콘크리트

아라고나이트 고온천
미네랄이 풍부하고 독특한 우유 빛깔의
아라고나이트 고온천수를 경험할 수 있는 곳. 가족 단위로 방문하기 좋다.

시오름

수풍석 뮤지엄

서귀포 치유의 숲
평균수령 60년 이상의 전국
최고의 편백 숲이 여러 곳에 조성

롯데스카이힐 제주 CC
녹차 미로공원

제주다원
생각보다 어려운 녹차 미로와
곳곳의 포토존, 무인카페

클럽엘제주 컨트리클럽

1115

중문레저 UTV(ATV)

서귀포 천문과학 문화관
밤하늘의 천체 및 태양을 관찰할 수 있는 천체 망원경 보유

하늘아래수목원

대유ATV수렵사격랜드

선물가게바나나 제주 소품샵 서귀포중문점 (소품샵)

그건그렇고 (독립서점)

김서프제주(서핑), 제주배럴서핑스쿨(서핑)

천제연폭포
총 3단으로 이루어진 폭포

법화사지 배롱나무

도순다원

엉또폭포
비가 많이 와야만 볼 수 있는 신비의 폭포

제주실탄사격장

1.연돈(돈까스), 2.숙성도(숙성흑삼겹), 3.형제도식당 (갈치한상)

중문향토오일장
끝자리 3일, 8일에 열리는 오일장

법화사

스테이월든(독채)

감따남 (시그니쳐 큐울라떼)

고근산
서귀포시와 서귀포 앞바다가 한눈에 보이는 곳

숙성도 중문점 (숙성 흑돼지)

예래동 벚꽃길 [3,4월]

서유의숙 풀빌라

제주스테이 비우대(창호지창)

삼미흑돼지

제주운정이네 (갈치조림)

중문동 벚꽃길
예래동 주민센터부터 구 중문동 주민센터까지 벚꽃 드라이브 길[3,4월]

씨플로우 프리다이빙
곳곳(귤밭)

뜻밖의발견(조용한 빈티지 카페)

1136

모루헌 (독채)

한국야구 명예의 전당

서귀포시청 제2청사

대양수천예래 생태공원
어미지식물원
그림 포레스트

스토리캐슬 EP.1 더 신데렐라

둘레길
중문 본점

중문별장 (커피 아마카세, 코스롱라떼)

중문 모메든식당 (제주산흑돼지)

국수바다 본점 (고기국수, 비빔고기국수)

1132

화점 신시가지점 (숙성 흑돼지)

돈블랙(흑돼지)

서귀피안 (오션뷰)

식물집

서귀포 예래 땐뜨마을
박물관
디베어뮤지엄,초콜릿랜드
엉덩물계곡 유채꽃 [3,4월]

볼스카페

돈이랑 본점 (돼지고기 근고기)

플레이웍스 (일러스트샵)

사서책방&1급마크 (독립서점)

세리월드
종합 레저 테마파크로 카트,승마, 미로공원등 즐길거리가 다양하다.

갯깍
주상절리대

무비랜드
왁스뮤지엄

폭포샵

수두리보말칼국수

가람돌솥밥

꽃갈농장

진곶내 물개바위 노을

월평올레

카페귤꽃다락

제주 월드컵 경기장

워터월드 제주 (미디어전시관)

벙커하우스

중문색달해변
수질평가 1위 해변
동굴. 깨끗한 바다, 수영이나 해양스포츠에 제격

아프리카 박물관

조안베어 뮤지엄

제주국제컨벤션센터
면세점 위치

약천사

제주제트 수상보트

디스커버제주 돌고래탐사

답다니 수국
이곳이 수국 맛집[6,7월]

법환동 청소년 문화의집

법환포구

예래포구

더클리프(브런치와 칵테일을 즐길 수 있는 오션뷰 카페)

제주국제평화센터

액트몬제주점

카페오놀 (도순 애플망고케이크)

월평포구

월평포구 스노쿨링

제주곰집 (흑돼지 오겹살)

강정천

러디스 (핑크오션라떼)

제스토리 (소품샵)

속골(제주도민이 즐겨찾는계곡)

제주해양레저파크 (씨워킹)

논짓물해안

대포주상절리대

베릿내공원

서귀포 엉덩물계곡 유채꽃

대포구

강정항

올레길 7코스

서건도

카페텐저린 (흑돼지 오겹살)

두머니물(범섬과 유채꽃이 아름다운 곳,법환동 1541)

범섬

중문관광단지

419

박수기정 추천 "박수=샘물, 기정=절벽"

절벽이 병풍처럼 둘러져 있는, 제주도 최대의 해안절벽이다. 올레9코스가 시작되는 곳이기도 하다. 대평포구에서 보는 박수기정은 아름답기로 유명한데, 일몰 시간에 맞춰 가면 지는 태양과 박수기정을 한컷에 담을 수 있다. (418p C:3)

제주 서귀포시 안덕면 감산리 1008   #샘물절벽 #올레9코스 #대평포구

행기소 그네

"물 웅덩이에 둥실 떠오른 듯한 그네"

행기소는 물이 고인 웅덩이가 있는 곳으로, 물 위에서 그네를 타는 모습을 찍는 그네샷으로 유명하다. 첫 번째 그네는 물 위에 설치되어 예쁜 사진을 남기기에 좋지만, 두 번째 그네가 더 튼튼하여 안전하게 탈 수 있다. (419p D:1)

제주 서귀포시 안덕면 광평리 205-2
#행기소#물웅덩이 #그네 #그네샷

안덕계곡 "추사 김정희가 좋아했던 곳"

돌로 된 사각기둥이 계곡을 병풍처럼 둘러싸고 있다. 곳곳에 보이는 기암절벽과 맑은물은 신비함까지 더해주는데, 먼 옛날 추사 김정희를 비롯하여 많은 학자들이 이곳에 머물렀다는 이야기가 괜한 말이 아님을 느끼게 해준다. (418p C:3)

제주 서귀포시 안덕면 감산리 1946   #기암절벽 #맑은물 #난대림원시림

휴일로 `카페` "하트 돌담을 배경으로 인생 사진 찰칵"

아름다운 바다 전망과 하트 돌담으로 유명한 사진 촬영 맛집. 콜드브루 커피에 달콤한 크림을 올린 휴라떼와 말차에 커피 크림을 더한 마당라떼, 말차에 크림을 올린 설록라떼가 시그니처 메뉴. 매일 10:00~19:00 영업. (418p C:3)

제주 서귀포시 안덕면 난드르로 49-65   #휴라떼 #마당라떼 #설록라떼

왕이메오름

"자연이 만든 오솔길을 걷자"

탐라국 삼신왕이 사흘동안 기도를 드렸다고 하여 이름 붙여졌다. 삼나무숲길과 삼나무 사이로 비치는 햇살이 멋지다. 분화구가 있는 오름으로 분화구 안으로 들어가 볼 수 있다. 사유지로 일부 개강한 것이라 등산로를 통해 다녀야 한다. 여유롭게 숲길을 걷고 싶다면 왕이메오름을 추천한다. 단점은 주차장과 화장실이 없다. (419p D:1) 사진ⓒ한국관광 콘텐츠랩

제주 서귀포시 안덕면 광평리 산79
#제주오름 #삼나무숲길 #분화구

카페 두가시 `카페`

"조용한 분위기에서 즐기는 라떼와 당근케이크"

조용한 분위기에서 편히 쉬다 갈 수 있는 카페. 견과류가 들어가 고소한 우도 코시롱라떼가 시그니처 메뉴. 커피와 잘 어울리는 제주 구좌 당근케이크도 인기. 10:00~19:00 영업, 매주 화, 수요일 휴무. (418p C:3)

제주 서귀포시 안덕면 대평감산로 9
#코시롱라떼 #달고나라떼 #당근케이크

제주 항공우주박물관 "우주박물관과 키즈카페"

첨단 매체, 전시 유물, 제작 모형, 대형 영상을 적절히 도입하고 배치하여, 어린이들도 쉽게 이 해할 수 있도록 돕는다. 마치 진짜 우주에 와 있는 듯한 큰 규모와 전시물을 자랑하며, 아이들 이 놀 수 있는 다양한 놀이 공간이 마련되어 있다. 유익한 박물관과 신나는 키즈카페를 동시에 경험하는 느낌이다. 매일 09:00~18:00 운영, 입장 마감 17:00. 매달 세 번째 월요일 정기휴 관. 성인 10,000원. 네이버 예매 시 할인. (418p B:2)

제주 서귀포시 안덕면 녹차분재로 218　#멀티미디어 #우주체험 #교육

모모언니해물라면 서귀포 본점 맛집 "재료를 아낌없이 퍼부은 해물라면"

야들야들 탱글탱글한 문어와 싱싱한 해산물이 들어간 해물라면 맛집. 제주 흑돼지와 제주 마 늘을 이용한 해장라면도 맛도리 메뉴다. 문어해물떡볶이는 떡볶이 매니아라면 주문 필수. 문어 한치튀김도 추가하면 푸짐하게 먹을 수 있다. 가격은 문어해물라면 15,000원, 흑돈해장라면 10,000원. 매일 10:00~ 20:30 (19:30 라스트오더) (418p B:2)

제주 서귀포시 안덕면 녹차분재로59번길 3 B동　#문어라면 #해장라면 #떡볶이

하영담아 감귤체험농장

"온 가족 먹을 감귤 따기 도전!"

4인 가족이 감귤 따기 체험 즐기기 딱 좋은 감귤농장. 4인 기준 10kg 바구니 하나 분 량을 택배로 보내고, 남은 감귤은 여행하며 먹기 좋을 만큼 들고 갈 수 있다. 감귤따기 체험은 10월~12월 말까지 진행. 매일 09:00~17:00 운영. 감귤 체험 10kg 50,000원. (418p B:3)

제주 서귀포시 안덕면 녹차분재로 44-7 #가족감귤체험 #10kg감귤수확 #11~12월

제주진미마돈가 본점 맛집

"제주산 말고기 코스 요리"

제주마, 한라마 육회를 코스로 맛볼 수 있는 식당. 말한마리 코스는 사시미, 육회, 초밥, 냉채, 찜, 구이, 탕으로 구성되어 있다. 가격 은 말한마리코스(A/B) 35,000~ 39,000 원, 점심 마돈가 정식 25,000원, 말 사시미 25,000원. 11:00~ 21:30 (15:30~ 17:00 브레이크타임, 20:30 라스트오더) 수요일 휴무. (418p C:3)

제주 서귀포시 안덕면 대평감산로 17 #말고기 #코스요리 #육회

안덕면 겹동백길 `추천` "겹동백이니 얼마나 풍성하겠어"

인생 사진 남겨갈 수 있는 키 큰 동백나무 산책길. 동백 제철인 겨울도 예쁘지만, 봄철에 방문하면 유채꽃과 붉은 동백꽃을 함께 즐길 수 있다. 네비에 서귀포시 평화로 1214를 찍고 이동, 캐슬렉스 골프장과 만불사 근처. (418p C:1)

제주 서귀포시 안덕면 광평리 산97-8   #11,12,1,2,3월 #시골마을 #산책 #유채꽃

동광리 수국 "담벼락에 피어난 수국의 아름다움"

여름을 맞은 동광리에서 사람 키만 한 탐스런 수국이 우리를 반겨준다. 마을 골목길 곳곳 담벼락에 피어난 새파란 수국과 보랏빛 수국이 마음을 시원하게 달래준다. 수국밭은 사유지이므로 수국은 만지지 말고 조용히 사진 촬영하고 돌아가자. 안덕면 동광리 259-3 바램목장 인근. (418p C:2)

제주 서귀포시 안덕면 동광리5-108
#6,7,8월 #시골마을 #담벼락 #산책로 #키큰수국 #사유지

동광리농촌체험마을
"4.3사건의 아픔을 겪은"

제주 4.3 사건의 아픔을 겪었던 마을로 관련 유적지가 많이 남아있다. 동시에 동광리마을은 농촌 체험 마을이기도 한데, 숙박시설이나 체육시설, 농사체험장과 야외 사육 체험장 등 다양한 프로그램과 시설이 잘 갖추어져 있는 곳으로 유명하다. (418p C:2) 사진ⓒ한국관광 콘텐츠랩

제주 서귀포시 안덕면 동광로 107
#4.3사건 #농촌체험마을

무로이 `카페` "이곳은 카페인가 미술관인가?"

미술관처럼 특이하고 모던한 디자인의 카페. 베이커리 메뉴가 다양하며 특히 항아리 티라미수가 인기. 긴 홀웨이 벽에는 사진 전시가 되어 있어 전시회에 온 듯한 느낌. 내부 정원도 예쁘게 꾸며 놓았다. 오션뷰가 흔한 제주에서, 이곳의 정원뷰는 특별하다. 매일 10:30~19:00 영업. (418p C:2) 사진ⓒ한국관광 콘텐츠랩

제주 서귀포시 안덕면 동광본동로 21   #서귀포카페 #항아리티라미수 #정원뷰

페를로 `맛집`
"이영자 픽 또간집 파스타"

이영자가 픽한 파스타 맛집. 제주산 성게알이 가득한 파스타와 보말 특제소스로 맛을 낸 문어 파스타가 인기 메뉴. 식전빵도 맛있고 화덕피자도 담백하다. 가격은 성게어란 파스타 26,500원, 문어보말 파스타 26,000원. 월~금 11:30~ 20:45 (15:45~ 17:30 브레이크타임) 토~ 일 11:00~ 20:30 (15:30~ 17:30 브레이크타임) (418p B:3) 사진ⓒ한국관광 콘텐츠랩

제주 서귀포시 안덕면 덕수회관로74번길 33
#이영자맛집 #성게어란파스타 #보말문어

뽀로로앤타요 테마파크 제주
"뽀로로와 함께 아이들과 함께"

다양한 어트랙션이 실내외에 펼쳐져 있어 날씨에 상관없이 아이들이 즐기기에 좋다. 야외에는 미로, 캐릭터공원, 바이킹, 관람차 등이 있고 실내에는 회전목마, 워터슬라이드 등 다양한 놀이기구가 있다. 쿠키 만들기, 에코백 만들기 등의 다양한 체험 프로그램도 운영 중이다. 매일 10:00~18:00 운영. 종합 이용권 성인 26,000원. 네이버 예매 시 할인. (418p C:2)

제주 서귀포시 안덕면 병악로 269
#뽀로로 #타요 #어트랙션

제주아트서커스
"중국에서도 인정받는 최고 기예단"

오직 맨몸으로 묘기에 가까운 예술을 선보이는 서커스. 그런 서커스의 본고장이라 할 수 있는 중국에서 인정하는 스태프들로 꾸려진 공연장이다. 손에 땀을 쥐게 하는 스릴 넘치는 공연을 바로 눈앞에서 볼 수 있다. 그중에서도 압권은 오토바이 공연인데, 보는 이들마다 탄성을 자아낸다. 세계 서커스대회 수상 경력을 체감할 수 있게 된다. 매일 10:30, 15:00, 17:00 3회 공연. 성인 25,000원, 네이버 예매 시 할인. (418p C:2) 사진ⓒ한국관광 콘텐츠랩

제주 서귀포시 안덕면 동광로 214
#국제서커스 #오토바이쇼 #정통중국기예

카멜리아힐 추천 "어마어마한 동백 수목원"

30년의 역사를 자랑하는, 동양에서 가장 큰 동백 수목원이다. 6만여 평의 부지에 계절마다 달리 피는 80개국의 동백나무 6천 그루가 울창한 숲을 이루고 있다. 29개의 관람코스를 자랑하며, 계절마다 동백, 수국, 핑크뮬리 등 다양한 꽃이 피어서 사계절 방문하기 좋다. 11~2월 08:30~18:00, 3~5월과 9~10월 08:30~18:30, 6~8월 08:30~19:00 운영. 운영 시간 종료 1시간 전 입장 마감. 연중무휴. 성인 10,000원. 네이버 예매 시 할인. (418p C:2)

제주 서귀포시 안덕면 병악로 166 　　#동양최대동백수목원 #수국 #핑크뮬리

거린오름

"두갈래로 갈라진 오름"

산위가 두 갈래로 갈라진 오름이란 뜻으로 남쪽 봉우리는 풀밭을 이루고, 북쪽 봉우리는 해송림을 이루고 있다. 제주도 서부를 한눈에 조망할 수 있다. (418p B:2)

제주 서귀포시 안덕면 동광리 산94
#해송림 #서부조망

파더스가든

"동물농장과 귤밭체험"

아빠의 농장을 대를 이어 자식들이 운영하고 있다. 동백, 핑크뮬리, 유채꽃 등 계절별로 피어나는 꽃과 함께 인생 사진을 얻을 수 있는 '감성 정원', 알파카, 당나귀, 말, 염소, 산양, 토끼, 닭, 타조, 오리, 공작, 돼지 등 다양한 초식동물들을 만날 수 있는 '동물농장', 제주 내 최대 크기의 귤 밭 체험이 가능한 '감귤 체험'으로 이루어져 있다. 매일 09:00~18:00 운영, 17:00 입장 마감. 성인 입장권 13,000원, 감귤 체험료는 별도. 네이버 예매 시 할인. (418p C:2)

제주 서귀포시 안덕면 병악로 44-33
#감성정원 #동물농장 #감귤체험

한라의향기

"조용하게 오직 귤 따기에 집중"

철 양동이 한가득 귤을 따올 수 있는 감귤체험농장. 푸른 하늘을 배경으로 노랗게 물든 귤과 푸릇한 귤밭은 인증 사진 찍기에도 제격이다. 잘 알려지지 않은 곳이라 우리끼리 조용하게 즐기다 올 수 있어 더 좋다. 감귤 체험 1인 3,000원. (418p C:2)

제주 서귀포시 안덕면 병악로 58
#조용한분위기 #귤밭포토존

카페 울리 노을 `카페`

"시원한 통창 너머로 물드는 넓은 밭"

높은 층고와 박공 형태의 커다란 창이 매력적인 카페 올리! 시원한 통창으로 보이는 청보리밭, 유채꽃밭, 한라산 등 제주의 자연 풍경이 아름답다. 노을 시간에 맞추어 방문하면 창 너머로 지는 태양까지도 사진 한 컷에 담을 수 있다. (14p B:3)

제주 서귀포시 안덕면 병악로 90
#카페올리 #통창 #청보리밭 #유채 #한라산뷰 #노을맛집

덕성식당 `맛집`

"뼈없는 순살갈치조림 맛집"

뼈없는 갈치조림과 전복뚝배기가 맛있는 식당. 3~4인이라면 갈치구이, 조림, 전복뚝배기를 골고루 먹을 수 있는 세트를 추천한다. 혼자라면 전복뚝배기나 우럭조림 주문도 가능. 가격은 갈치구이·조림+전복뚝배기(3~4인) 100,000원, 뼈없는 갈치조림 38,000~76,000원(소/중/대), 전복뚝배기 15,000원. 매일 09:00~ 21:00

제주 서귀포시 안덕면 사계남로 145
#뼈없는갈치조림 #전복뚝배기 #혼밥

커피스케치 `카페` "브라운 치즈를 듬뿍 넣은 달콤한 크로플 맛집"

용머리 해안 전망이 펼쳐지는 오션뷰 카페. 날씨가 좋을 때는 송악산과 마라도까지 들여다볼 수 있다. 고소한 라떼 위에 달콤한 스페셜 크림을 얹은 스케치브라운과 바닐라 아이스크림에 진한 에스프레소샷을 넣어 먹는 항포가토가 시그니처 메뉴. 매일 10:00~17:30 영업. (397p E:2) 사진ⓒ한국관광 콘텐츠랩

제주 서귀포시 안덕면 사계남로216번길 24-32　　　#오션뷰 #크로플 #항포카토

소색채본 맛집 "한라봉이야? 케이크야?"

산방산을 배경으로, 용머리해안을 바라보는 곳에 위치한 대형 베이커리 카페. 대표 메뉴는 실제 한라봉을 꼭 닮은 한라봉 무스케이크. 조약돌 무스케이크, 생망고 케이크도 맛있다. 유채꽃이 피는 계절에 가면, 통창 너머로 바다와 꽃이 어우러진 풍경을 감상할 수 있다. 실내와 야외 모두 사진 찍기 좋은 곳. 전용 주차장은 입구가 좁아 산방산 공영주차장 이용 추천. 매일 9:00~18:00 영업. (397p E:2)

제주 서귀포시 안덕면 사계남로216번길 24-61　　#산방산#용머리해안#베이커리#유채꽃

바굼지오름 "클라이밍 해야하는 오름"

오름의 모양이 거대한 박쥐가 날개를 펼치고 있는 것처럼 보인다 하여 바굼지라 이름붙여졌다. 보통 흙길인 다른 오름들과 달리 바굼지오름은 돌길이 이어진다. 클라이밍을 즐기는 사람들이 이 오름을 좋아하는 이유이기도 하다. 정상에 오르면 초록의 논밭은 물론 산방산과 마라도까지 볼 수 있다. 논밭, 산, 섬이 한눈에 들어오는 탁트인 풍경에 마음도 절로 풀리게 된다. (418p A:3)

제주 서귀포시 안덕면 사계리　　#박쥐모양#암벽오름 #클라이밍

플레이사계 지오단길 카페

"산방산이 이렇게 힙했나?"

산방산 아래 트렌디한 인스타그램 감성의 골목형 상가. 붉은 벽돌 건물이 빈티지한 느낌을 내며 카페, 식당, 기념품 샵 등 개성 있는 상점이 입점되어 있다. 중앙 광장에서는 계절마다 플리마켓이 열리며 팝업 행사, 버스킹 공연, 푸드트럭 등 다양한 이벤트와 즐길거리가 있다. 포토존이 다양해 사진 찍기 좋다. 가게별 영업시간 상이. (418p B:3)

제주 서귀포시 안덕면 사계남로216번길 29
#벽돌감성 #플리마켓

고할망네 맛집

"제주도민이 좋아하는 쥐치조림"

제주도민들만 찾는다는 쥐치조림 식당. 쫄깃한 식감의 쥐치와 부드러운 무, 적당히 매콤한 양념장이 갓 지은 밥과 잘 어울린다. 여행자들에게는 갈치조림도 인기가 많다. 옥돔구이, 뿔소라구이, 모둠회도 싱싱하고 맛있다. 가격은 쥐치조림 35,000원.(소), 갈치조림 45,000~ 60,000원(중/대), 11:00~ 21:00 수요일 휴무.

제주 서귀포시 안덕면 사계남로 159-1
#쥐취조림 #갈치조림 #도민맛집

사계해안 추천 "올레길 10코스 해변"

산방산 아래에 있는, 올레10코스에 속해있는 해변이다. 사계해변에서는 아이슬란드에서나 볼 법한 마린 포트홀을 만날 수 있는데, 오랜 시간 동안 다져져 온 모래와 자갈들이 지층을 이루고 있는 것을 뜻한다. 물이 빠지면 이끼 낀 돌들을 볼 수 있는데, 이곳에서만 볼 수 있는 이색적인 풍경이다. 인근의 형제섬은 감성돔이 많이 잡히기로 소문난 곳이라 강태공들의 발길이 끊이지 않는다. (418p B:3)

제주 서귀포시 안덕면 사계리 2294-35   #올레10코스 #해변 #낚시포인트

형제섬 "일출, 일몰 명소"

마주보고 있는 두 섬의 모습이 형제와 닮았다 하여 형제섬이라 부른다. 무인도이긴 하지만 전복, 자리돔 등 어장이 좋아서 낚시꾼들에게 인기가 좋다. 다양한 물고기떼와 아름다운 산호들 덕에 스노쿨링과 같은 해양레저도 많이 이루어진다. 형제섬 사이의 일출, 일몰의 풍경은 제주도에 왔다면 반드시 봐야 할 풍경 중 하나이다. (397p E:2)

제주 서귀포시 안덕면 사계리 산44   #일출 #일몰 #낚시포인트

하멜기념비

"네델란드와 한국간의 우호"

일본으로 가려다 풍랑을 만나 제주에 표류하면서, 13년간 이곳에서 머물다 고국으로 돌아간 서양인이 있다. 제주도에서 겪었던 일들을 '하멜표류기'라는 제목으로 책을 낸, 대한민국이란 나라를 서양에 처음 알린 핸드릭 하멜이 그 주인공이다. 이를 기념하기 위해 용머리해안 쪽에 기념비가 세워져 있다. (418p B:3) 사진ⓒ한국관광 콘텐츠랩

제주 서귀포시 안덕면 사계리 112-3
#하멜 #네델란드대사관 #기념비

용머리해안 추천 "용한마리 몰고가세요"

산방산에 있는 해안으로, 180만년 전 있었던 화산 폭발로 생긴 것으로 알려져 있다. 층층이 쌓인 기이한 모양의 암벽들이 절경을 이룬다. 에메랄드 빛 물 웅덩이가 이곳의 대표적인 포토존인데, 물 아래로 거울처럼 반사되는 사진을 얻을 수 있어 이곳에서 사진을 찍으려는 사람들이 줄을 이룬다. 하멜표류 기념비와 전시관이 이 근처에 있다. 매일 입장 가능 시간이 변경되므로 방문 전 공식 인스타그램 @6sot_official 확인 필수. 성인 2,000원. (418p B:3)

제주 서귀포시 안덕면 사계리 112-3　#용머리모양 #암벽

용머리해안 물웅덩이 포토존 추천 "기암괴석 사이의 거울같은 물 웅덩이"

제주선채향 본점 맛집

"전복 요리 딱 3가지만 하는 식당"

전복칼국수, 전복죽, 전복회 딱 3가지 메뉴만 파는 전복 전문 식당. 미역향과 어우러진 감칠맛이 일품이다. 반찬으로 나온 김치와 함께 먹으면 더 맛있다. 주문은 키오스크에서 가능. 실내는 시원하고 깨끗하다. 바닷가 근처에 있으며 식사 시간에는 대기가 있다. 가격은 전복칼국수 11,000원, 전복죽 17,000원. 11:00~ 16:00 월요일 휴무. (397p E:2) 사진ⓒ한국관광 콘텐츠랩

제주 서귀포시 안덕면 사계남로84번길 6
#전복칼국수 #전복죽 #웨이팅

용머리해안을 따라가다 보면 층층이 쌓인 기이한 모양의 암벽들이 나타난다. 이곳에 있는 에메랄드빛 물 웅덩이가 대표적인 포토존! 웅덩이 맑은 물에 거울처럼 반사되는 사진을 남겨 보자. (418p B:3)

제주 서귀포시 안덕면 사계리 112-3
#용머리해안 #물웅덩이 #반영샷

산방산 추천 "어디에서 보느냐에 따라 달리 보이는 종상화산"

화산의 종류로는 순상화산과 종상화산이 있는데, 순상화산은 정상 화구에서 분출된 분화구가 있는 화산, 종산화산은 용암이 지표에 밀려 나와 돔 형태를 띠는 화산을 뜻한다. 이곳 산방산은 돔 형태의 종상화산이다. 산방(山房)이라는 의미는 산수의 동굴을 의미하는데, 해식동굴이 있어서 이런 이름이 붙었다. 매일 09:00~18:00 운영, 산방굴사만 유료 입장이며 입구의 다른 사찰은 무료. (418p B:3)

제주 서귀포시 안덕면 사계리 산16 #종상화산 #돔

사계전복 산방산본점 `맛집`
"싱싱한 활전복으로 만든 돌솥밥"

@hoonimini_mini

전복 요리 전문점. 싱싱한 활전복으로 지은 돌솥밥과 구이가 대표메뉴다. 고등어구이가 포함된 코스메뉴도 실속있다. 여름에는 전복물회도 추천. 신화월드 근처에서 아침식사하기 좋은 곳이다. 가격은 전복돌솥밥 13,000원, 스페셜2인코스 60,000원. 08:00~ 20:00 (16:00~ 17:00 브레이크타임, 19:00 라스트오더) 매월 두번째 수요일 휴무.

제주 서귀포시 안덕면 사계로 207
#전복전문점 #전복돌솥밥 #아침식사가능

돗통 제주산방산본점 `맛집`
"야외에서 먹는 솥뚜껑 삼겹살"

대형 솥뚜껑 안에 김치, 콩나물을 잔뜩 넣고 구워먹는 흑돼지 삼겹살집이다. 다 구워져 나오는 곳이라 앉아서 먹기만 하면 된다. 야외에서 구워 먹고 싶다면 캐치테이블로 예약할 것. 가격은 돈마호크+오겹살세트 60,000~ 120,000원 (2~ 4인), 돗통국수 7,000원. 13:00~ 22:00 (16:00~ 17:00 브레이크타임, 21:10 라스트오더) 화요일 휴무. (418p B:3) 사진ⓒ한국관광 콘텐츠랩

제주 서귀포시 안덕면 사계북로41번길 189
#솥뚜껑삼겹살 #야외식사 #흑돼지

산방산 탄산온천
"수질 좋은 탄산 온천"

우리나라의 5대 약수들 보다 수질이 좋기로 유명한 산방산 탄산온천! 온천의 약효가 뛰어나 여행의 피로와 고단함을 풀고 가기에 제격인 곳이다. 노천탕을 이용하며 보는 이국적인 야자수들, 산방산의 풍경은 진정한 힐링이 무엇인지를 깨닫게 해준다. 실내 온천 06:00~23:00, 찜질방 06:00~22:00, 야외노천탕 10:00~22:00 운영. 연중무휴. 성인 14,000원, 네이버 예매 시 할인. (418p B:3) 사진ⓒ한국관광 콘텐츠랩

제주 서귀포시 안덕면 사계북로41번길 192
#최고수질 #약수보다온천수 #고혈압탕

황우치해안 "소의 뿔처럼 휘어진 해변"

검은 모래사장이 소의 뿔처럼 휘어져 있는 곳이다. 용머리해안과 산방산, 마라도와 가파도가 함께 보이는 아름다운 풍경으로, 광고나 드라마 촬영지로 유명한 곳이다. 올레10코스에 속해있다. (418p B:3)

제주 서귀포시 안덕면 사계리 91   #소뿔해안 #검은모래사장 #광고촬영지

산방산초가집 `맛집`
"해장하고 싶은 전복해물전골"

@rim_pang

산방산 아래에 위치한 전복해물전골 식당. 전복이 가득 올라간 전골은 술을 안마셔도 해장하고 싶게 만드는 국물맛이 압권이다. 1인 주문도 가능해서 혼밥러에게 인기. 채선당 제주소나이 뒷건물에 위치. 가격은 전복해물전골4인 78,000원, 활전복해물뚝배기 17,000원. 10:00~ 21:00 (15:30~ 17:00 브레이크타임, 20:00 라스트오더) 목요일 휴무. (418p C:3)

제주 서귀포시 안덕면 사계로114번길 54-58
#해물전골 #해물뚝배기 #혼밥

제주 시점

"제주 사진 엽서는 여기서 찾아보기"

제주 감성 소품샵. 사장님께서 직접 촬영한 제주 사진으로 만든 엽서, 달력, 포스터, 핸드폰 스트랩, 키링, 구슬톡 등의 소품을 판매한다. 11:00~18:00 (수요일 휴무) (418p B:3)

제주 서귀포시 안덕면 사계북로 95 1층 왼쪽 상가
#제주사진엽서 #소품샵 #키링

형제해안도로 추천 "아름다운길 100선"

형제섬, 저멀리 마라도까지 볼 수 있는 해안도로이다. 한국의 아름다운 길 100선에 꼽혔을 만큼, 주변의 풍경이 아름답다. 차를 가지고 드라이브 하는 사람도, 휠체어를 타는 사람도, 자전거를 이용하는 사람도 이 도로를 편하게 이용할 수 있다. 이곳을 찾는 다양한 상황의 여행객들이 편하게 이용할 수 있도록 도로 시설을 잘 갖추어 두고 있다. (418p B:3)

제주 서귀포시 안덕면 사계리 2294-35   #아름다운길 #휠체어올레길 #자전거도로

산방굴사

"석굴안의 불상"

산방산 해발 200m 지점에 자연 석굴인 산방굴이 있는데, 이곳에 불상을 안치하여 산방굴사라고도 부른다. 영주10경 중 하나로 알려지면서 많은 사람들이 찾고 있다. 천혜의 자연이 선사하는 멋진 절경을 감상할 수 있다. 낙석 사고가 빈번하게 발생하니 반드시 주의해야 한다. 매일 09:00~18:00 운영. 성인 1,000원. (418p B:3)

사진ⓒ한국관광 콘텐츠랩

제주 서귀포시 안덕면 산방로 218-10
#자연석굴 #영주십경 #절경

만복흑돼지 제주산방산점 맛집

"육즙팡팡 일품 흑돼지구이"

아이돌 보이밴드 NCT가 다녀간 고깃집. 쫀득한 오겹살도 맛있지만 제주산 고사리와 귤에 절인 쌈무를 같이 먹으면 더 맛있다. 실내에서는 산방산이 잘 보인다. 공간이 넓고 쾌적해서 단체, 가족이 식사하기 좋다. 가격은 흑돼지스페셜 78,000~ 100,000원(중/대), 흑돼지 오겹살 22,000원. 매일 10:30~ 22:00

제주 서귀포시 안덕면 산방로 53
#아이돌 #오겹살 #산방산뷰

산방사 "산방산에 위치한 사찰"

산방산에 있는 10여 곳의 사찰 중 가장 오랜 역사를 가지고 있는 사찰이다. 제주도의 대표적인 관광명소 산방산에 위치해 있기 때문에 지역민은 물론 관광객들의 발길도 끊이지 않는다. 절에서 용머리해안과 산방산의 조망이 가능하다.

제주 서귀포시 안덕면 산방로 218-11
#산방산 #사찰 #용머리해안

아라고나이트 고온천

"우유빛깔 피부가 되어볼까?"

미네랄이 풍부하고 독특한 우유 빛깔의 아라고나이트 고온천수를 경험할 수 있는 곳. 온천을 이용할 경우 실내 수영장은 무료로 이용할 수 있다. 야외 온수풀, 유아 전용 풀도 함께 있어 가족 단위로 방문하기 좋다. 실내에서 휴식하며 피로를 풀고 싶을 때 추천. 디아넥스 호텔 주차장 무료 이용. 07:00~21:00 운영. 매달 세 번째 수요일 휴무. 성인 38000원. (419p D:2)

제주 서귀포시 안덕면 산록남로762번길 71
#제주온천 #실내수영장

한라산아래첫마을영농조합법인
"100% 제주산 메밀면"

100% 제주산 메밀로 만든 비빔면과 냉면
을 먹을 수 있는 곳이다. 광활한 메밀밭이 인
상적인 메밀 전문 음식점. 음식점 뒤로 사진
찍을 수 있는 메밀밭 포토존이 마련되어 있
다. 비빔면은 김, 들깨, 참깨에 비벼먹는데 놋
그릇에 파스타처럼 돌돌 말려 나와 먹음직
스럽다. 물냉면은 깔끔하고 담백하다. 가격
은 제주메밀 비비작작면 14,000원, 제주메
밀 냉면(물/비빔) 14,000원. 매일 10:30~
18:30 (15:00~ 16:00 브레이크타임,
18:20 라스트오더) (373p F:2) 사진ⓒ한국관광
콘텐츠랩

제주 서귀포시 안덕면 산록남로 675
#메밀면 #비빔메밀면 #이색음식

제주소품샵 르데
"귀여운 제주 감성 서귀포 무인 소품샵"

제주 서귀포 무인 소품샵. 4층에 위치하며,
입구에 적힌 전화번호로 전화를 걸면 문이
자동으로 열린다. 키오스크 근처에 있는 캠
코더를 녹화하면 찍은 영상을 받을 수 있
다. 엽서, 키링, 그립톡, 카드 지갑 등 귀여운
소품이 가득하다. 도보 1분 거리에 무료 공
영주차장이 있다. 카드 결제만 가능. 매일
12:00~18:30

제주 서귀포시 안덕면 사계신항로 18 4층
#무인샵 #소품샵 #키오스크

포도뮤지엄 추천 "열린 문화공간, 포도뮤지엄!"

현대미술을 전시, 관람할 수 있는 복합문화공간으로 비오는 날 가기 좋은 실내미술관이다. 도
슨트 시간도 있고, 큐알코드를 통해 오디오 가이드를 들을 수 있다. 벽에 그림을 그릴 수 있는
공간이 있다. 직접 체험해보고 경험할 수 있는 공간들이 있어 미술에 편안하게 다가갈 수 있다.
해밀레스토랑 이용시 입장료 50% 할인 받을 수 있다. 수~월 10:00~18:00 운영, 매주 화요일
휴관. 성인 10,000원. (373p F:2) 사진ⓒ한국관광 콘텐츠랩

제주 서귀포시 안덕면 산록남로 788　#미술관 #실내관광지 #문화체험

방주교회 `추천` "제주 7대 아름다운 건축물"

제주 7대 아름다운 건축물로 꼽힌 곳. 관광지는 아니지만 특이한 건물로 많은 사람이 찾는다. 건물을 연못이 둘러싼 설계는 '노아의 방주'를 표현하고 있다. 가을에는 방주교회 근처에 '핑크뮬리' 꽃이 피어 사람으로 더욱 붐빈다. (419p D:2)

제주 서귀포시 안덕면 산록남로762번길 113　#교회 #연못 #스냅사진

돌오름

"돌무더기가 있는 오름"

남쪽은 매우 가파르고 북쪽은 완만하게 이루어진 오름이다. 오름의 꼭대기에 돌무더기가 있어 이것에서 오름 이름이 유래되었다. 오름의 위에는 구상나무와 적송, 삼나무가 숲을 이루고 있다. (418p B:2) 사진ⓒ한국관광 콘텐츠랩

제주 서귀포시 안덕면 상천리 산1
#돌무더기 #적송 #삼나무

남송이오름

"가볍게 오를 수 있는 한라산 전망"

가볍게 오를 수 있고 한라산이 보이는 전망 좋은 오름이다. 산방산과 단산을 한눈에 바라볼 수 있을 정도로 전망이 드넓고, 이곳에서 보는 오설록 녹차밭 풍경 역시 아름답다. 다양한 관광지가 밀집되어 있어 가볍게 들르기 좋다. (418p B:2)

제주 서귀포시 안덕면 서광리 산31
#한라산 #산방산 #전망좋은오름

원앤온리 제주

"치아바타에 크림소스와 수란을 얹은 시그니처 브런치"

황우치해변 전망을 바라보며 맛있는 브런치를 즐길 수 있는 카페. 잡곡 치아바타에 수제 크림소스와 수란을 얹은 원앤온리와 바삭한 비스킷 위로 카라멜, 바닐라무스가 들어간 산방산 케이크가 시그니처. 매일 10:00~18:40 영업. (418p B:3)

제주 서귀포시 안덕면 산방로 141
#오션뷰 #브런치카페 #원앤온리브런치

오설록 티 뮤지엄 추천 "오설록 차를 시음하면서 즐기는 녹차밭 풍경"

세계적인 디자인 건축 사이트인 '디자인 붐'이 선정한 세계 10대 미술관에 오를 만큼 아름답고 뛰어난 풍광을 자랑하는 티 뮤지엄이다. 오설록의 다양한 차를 시음하며 전시 해설을 제공받고, 전망대 및 가든 투어를 해볼 수 있는 티스톤 티 클래스는 강력 추천! 차와 관련한 작품 관람 및 다례 등을 배워볼 수 있으며 사전 예약은 필수이다. 매일 09:00~18:00 운영. 프리미엄 티 코스 54,000원. 카페 메뉴는 말차 비빔 국수, 말차 소프트 아이스크림 등이 인기. (418p B:2)

제주 서귀포시 안덕면 신화역사로 15　#오설록 #티스톤 #티클래스

서광다원 "오설록에서 운영하는 녹차밭"

오설록 브랜드가 운영하는 오설록 녹차밭. 오설록뮤지엄 길 건너편에 있는 드넓은 녹차밭이다. 15만 평에 달할 정도로 국내에서 면적이 가장 크며 차 생산량도 많다. 녹차밭 사이에 길이 있어서 자유롭게 차밭을 산책할 수 있다. 매일 09:00~18:00 운영. 입장료 무료 (418p B:2)

제주 서귀포시 안덕면 신화역사로 36　#오설록 #녹차밭 #산책

신화역사공원 샤스타데이지 "샤스타데이지 명소"

신화역사 공원 중에서도 서머셋 제주신화월드 회전교차로 근처에 있는 정원이다. 흰 아치 조형물과 함께 드넓은 샤스타데이지 물결이 아름답다. (418p B:2)

제주 서귀포시 안덕면 서광리 산24-8   #샤스타데이지 #신화월드회전교차로

서광리 곶자왈 생태탐방로 "입장료 없는 곶자왈은 여기야"

제주 특유의 숲인 곶자왈을 입장료 없이 감상할 수 있는 곳. 약 2km 길이의 산책로가 한 바퀴 돌 수 있도록 마련되어 있어 천천히 걸으며 숲속을 산책하기 좋다. 길은 평탄하지만 화산송이가 깔린 돌길이라 유모차와 휠체어는 추천하지 않는다. 산책로 중간에는 아담한 전망대와 그네의자가 있어 쉴 수 있다. 약 30~40분 소요. 무료 주차장 있음. (418p B:2) 사진ⓒ한국관광 콘텐츠랩

제주 서귀포시 안덕면 서광리 산6   #곶자왈숲 #자연탐방

기억해 제주

"돌하르방 하나 입양해 가세요~"

한라산 캔들, 돌하르방 인형 키링 등 소품뿐만 아니라 식료품, 맥주 등도 판매하는 소품샵. 신화월드 근처에 위치. 주차는 대로변, 매장 앞에 가능하다. 매일 10:00~19:30 (418p B:2)

제주 서귀포시 안덕면 중산간서로 1907 1층 #한라산캔들 #돌하르방인형 #신화월드근처소품샵

카페 마노르블랑 `카페`

"애기동백은 포토존과 함께"

매해 겨울이 되면 카페 마노르블랑에서 운영하는 2천 평 정원에서 제주 애기동백 군락을 만나볼 수 있다. 곳곳에 포토존이 마련되어 있으니 산방산과 동백꽃 풍경을 배경으로 예쁜 사진을 찍어가자. 매일 09:00~19:00 영업. (418p B:3)

제주 서귀포시 안덕면 일주서로2100번길 46 #1,2,3,4월 #정원카페 # 애기동백 #포토존

어떤바람 "산방산 근처 강아지가 있는 독립서점"

초록 덩굴로 쌓인 제주 사계리 작은 책방. 햇살 가득한 통창 뷰에서 책을 읽기 좋다. 커피, 차를 판매하며, 주인장이 내어 주시는 수제 콤부차가 일품이다. 책 종류가 다양하고 작은 전시회도 열린다. 귀여운 리트리버 강아지가 반겨 주며, 주차는 골목이나 공용 주차장에 해야 한다. 10:00~16:00 (월, 화, 금, 토). 13:00~22:00(목), 일, 월 휴무 (418p A:3)

제주 서귀포시 안덕면 산방로 374
#산방산 #카페서점 #강아지

서광리123 핑크뮬리 맛집 "핑크뮬리와 함께 커피 한잔"

넓은 정원이 딸린 카페 서광리 123은 가을 핑크뮬리 사진 촬영 명소. 음료를 주문하면 정원에 무료입장할 수 있고, 입장료를 내고 감귤밭과 핑크뮬리 정원만 이용할 수도 있다. 매주 수요일 휴무. (373p E:2)

제주 서귀포시 안덕면 서광리123-1　　#9,10,11월 #꽃정원 #감귤밭 #음료주문시무료입장

위이 카페

"산방산뷰, 커피와 와인이 있는 힙한 카페"

산방산이 보이는 힙한 분위기의 카페. 초록초록한 정원과 화이트&우드 실내 공간이 잘 정돈되어 사진을 남기기도 좋다. 브런치와 카페, 디너를 모두 즐길 수 있는 곳으로 와인, 위스키 등 주류도 다양하다. 핸드드립 커피와 프렌치 토스트를 추천. 오일파스타도 인기. 노을 지는 저녁, 와인을 즐기기 좋은 곳. 콜키지 유료로 가능. 케어키즈존. 주차 안내는 인스타 참조. 매일 10:00~19:30 영업. (418p C:2)

제주 서귀포시 안덕면 신화역사로682번길 12
#산방산#브런치#디너#핸드드립#와인

더리트리브 카페

"제대로 된 원두커피를 맛보고싶다면 이곳으로"

질 좋은 원두를 사용한 에스프레소와 핸드드립 커피 맛집. 청귤에이드, 아몬드 크림라떼도 맛있다. 가게 안에 작은 갤러리와 편집숍이 있다. 반려동물 동반 가능. 매일 09:00~18:00 영업. 휴무 시 인스타그램 공지. (418p C:3)

제주 서귀포시 안덕면 화순로 67
#에스프레소 #핸드드립커피 #원데이클래스

본태박물관 추천 "안도 타다오의 콘크리트 외관을 직접 눈으로 보자"

본래의 형태'라는 뜻의 본태 박물관은 전통과 현대가 조화를 이루는 곳이다. 건축계의 노벨상이라 불리는 프리츠커상을 수상한 세계적인 건축가 안도 타다오가 설계한 건물은, 빛과 물이 조화롭게 어우러져 건물 자체만으로도 방문 가치가 넘치는 곳이다. 전통문화는 물론 자연과 조화를 이루는 건축, 아름다운 공예품의 전시, 제주도의 풍경 등 빼어난 문화 공간이다. 매일 10:00~18:00 운영, 입장 마감 17:00. 성인 30,000원. 네이버 예매 시 도슨트 포함 입장권 할인. (419p D:2)

제주 서귀포시 안덕면 산록남로762번길 69　　#안도타다오 #프리츠커상 #조화

수풍석 뮤지엄 추천 "물,바람,돌 테마 뮤지엄"

제주도의 물과 바람, 돌을 테마로 운영되고 있는 박물관이다. 22만 평이 넘는 대지 위에 명상을 할 수 있는 공간으로 꾸며져 있다. 자연이 건물의 일부인 듯한 착각을 하게 만드는 평화롭고 자연스러운 곳이다. 이중에서도 수 뮤지엄은 태양의 움직임을 따라 물의 반사가 달라지는 것을 볼 수 있는 곳이다. 매일 하루 2회만 운영한다. 1~6월, 9~12월 13:30, 15:00 운영, 7~8월 11:00, 15:00 운영. 공휴일 휴관. 성인 30,000원.. (419p D:2)

제주 서귀포시 안덕면 산록남로762번길 79   #이타미준 #명상뮤지엄 #자연

제주신화월드 "호텔, 테마파크, 엔터테인먼트 시설 가득"

2천 개가 넘는 객실을 보유하고 있는 5성급 호텔이자 복합리조트이다. 신화월드 안에 숙소, 워터파크, 쇼핑, 다이닝 등 여행에 필요한 모든 것이 갖추어져 있다. 숙소 안에서 모든 것을 해결할 수 있어, 이곳 자체가 여행지라 할 수 있다. 또 선택의 폭 넓은 다이닝 레스토랑이 마련되어 있어, 다양한 연령대의 가족여행객들의 만족도가 높다. (418p B:2) 사진ⓒ제주신화월드

제주 서귀포시 안덕면 신화역사로304번길 38　#복합리조트 #엔터테인먼트 #스튜디오드래곤

루나피크닉

"숲속에서 만나는 명화"

런던내셔널갤러리의 라이센스를 받은 야외 미술관. 제주조각공원 자리에 새롭게 만들어진 곳이다. 아크릴 동굴을 지나며 다양한 명화를 만날 수 있다. 탁트인 공간에 있는 큰 달이 인증샷 스팟이다. 산방산과 거대 달의 조합이 멋지다. 숲속에서 명화를 보는 독특한 체험을 할 수 있는 곳이다. 매일 12:00~17:00 운영, 입장마감 16:00. 매달 세 번째 화요일 휴무. 성인 10,000원. (418p B:3)

제주 서귀포시 안덕면 일주서로 1836
#거대달 #명화 #포레스트갤러리

신화워터파크 　추천　 "아이와 함께 워터파크"

제주도에서 가장 큰 워터파크이다. 서로 다른 매력의 실내, 실외 워터파크에는, 18개나 되는 풀과 스릴 넘치는 슬라이드, 다양한 찜질방까지 갖추고 있다. 어린 아이부터 연세 많은 어른들까지 전 세대가 즐길 수 있는 시설이다. 다양한 할인 혜택이 있으니, 이용 전에 검색을 해볼 것을 추천한다. 매일 실내 11:00~19:00, 실외 11:00~18:00 운영. 비수기(1~4월, 10~12월) 40,000원, 평수기(5~6월, 9~10월) 53,000원, 성수기(7~8월) 75,000원. (418p B:2) 사진ⓒ제주신화월드

제주 서귀포시 안덕면 신화역사로304번길 38　#워터파크 #워터슬라이드 #가족여행

세계자동차&피아노 박물관 "로댕이 조각한 피아노가 있는 곳"

아시아에서 처음으로 개인의 소장품으로 문을 연 자동차박물관이다. 역사적인 클래식카를 비롯, 차 덕후들의 가슴을 뛰게 하는 명차들이 소개되고 있다. 자동차박물관 외에도 로댕이 조각한 세계 유일의 피아노를 비롯, 다양한 특색의피아노를 전시하는 피아노 박물관도 운영 중이니 함께 둘러보자. 매일 09:00~18:00 운영, 17:20 입장 마감. 성인 13,000원. (418p C:2) 사진ⓒ한국관광 콘텐츠랩

제주 서귀포시 안덕면 중산간서로 1610　　#클래식카 #로댕피아노 #하프피아노

서광보말칼국수 맛집 "아침식사로 보말죽 먹기 좋은 곳"

신화월드 인근 식당. 아침식사도 가능해서 보말죽을 먹으러 오는 손님이 많다. 보말로만 국물을 낸 칼국수와 성게알이 실한 미역국도 맛있다. 같이 나오는 고추짱아지가 킥. 칼칼한 메뉴를 찾는다면 문어, 홍합, 새우, 파채가 들어간 해물라면도 좋은 선택이다. 가격은 보말칼국수 13,000원, 보말죽, 성게미역국, 해물라면 모두 15,000원. 매일 09:00~ 20:00 (418p B:2)

제주 서귀포시 안덕면 중산간서로 1882　　#보말죽 #보말칼국수 #성게미역국

프리튀르 카페
"고즈넉한 시골집 카페"

시골 마을 농가를 개조해 만든 소박한 레트로 감성 카페. 창밖으로 들어오는 따뜻한 햇볕을 쬐며 잠시 쉬어가기 좋다. 디저트로 모나카가 준비되어 있으며, 앙버터 모나카, 쑥절편 모나카가 대표 메뉴. 11:00~18:00 영업, 휴무 시 네이버, 인스타그램 공지. (397p E:1)

제주 서귀포시 안덕면 중산간서로 1810
#쑥팥도넛 #쑥앙버터토넛 #콩크림도넛

건강과 성 박물관

"명실상부 최대 박물관"

성을 테마로 한 명실상부 세계 최대의 성 박물관이다. S-Education, S-Culture, S-Fantasy, S-Gallery, S-Book cafe, S-Store의 6가지 성 관련 테마를 중심으로 구성되어 있다. 성에 대해 제대로 인식해 볼 수 있는 기회의 장이기도 하다. 산방산과 형제섬을 배경으로 조성된 야외 조각공원에는 80여 점의 조형물이 있다. 매일 09:00~19:00 운영, 18:00 입장마감. 성인 15,000원. (418p C:3) 사진ⓒ한국관광 콘텐츠랩

제주 서귀포시 안덕면 일주서로 1611
#성박물관 #야외조각공원

루나폴 `추천` "제주의 밤을 즐기자"

제주에서 밤에 갈 곳을 찾는다면 이곳을 가보자! 제주의 밤을 알차게 즐길 수 있다. 야간형 디지털 테마파크로 오후 7시부터 운영한다. 초대형 달 조형물과 9개의 체험존을 관람할 수 있다. 다양한 볼거리와 포토존이 있다. 매일 19:00~24:00 운영, 입장 마감 23:00. 성인 22,000원. (418p B:3) 사진ⓒ한국관광 콘텐츠랩

제주 서귀포시 안덕면 일주서로 1836　　#제주야경 #테마파크 #데이트코스

군산오름 "고려 목종 때 폭발한 오름, 천년밖에 안된 산이라니"

산방산과 중문 사이에 있는 오름. 오름이란 산의 제주도 방언이다. 군산 오름은 가장 최근에 폭발한 오름인데, 고려 목종 7년, 1007년에 생겼다고 기록 되어 있다. 주차를 하고 5분가량 계단을 올라가면 쉽게 정상에 오를 수 있다. 정상에서는 서귀포 앞바다의 멋진 전경이 눈에 들어온다. (418p C:3)

제주 서귀포시 안덕면 창천리 564　　#화산 #오름 #서귀포전망

대평포구 "제주올레 8코스와 9코스가 만나는 곳"

올레9코스가 시작되는 곳이자, 8코스가 마무리되는 곳이다. 넓은 들이라는 이름의 뜻처럼, 포구 주변은 땅도 바다도 너르고 평탄하다. 대평포구의 하이라이트는 해안에서 보는 대평포구의 풍경인데, 깎아놓은듯한 해안절벽인 박수기정을 함께 보길 추천한다. (418p C:3)

제주 서귀포시 안덕면 창천리 914-5   #올레9코스 #해안길

춘심이네 본점 맛집
"통갈치구이와 조림을 한상에!"

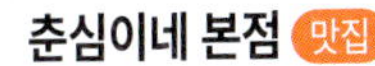

제주도 갈치하면 입에 오르내리는 맛집. 통갈치구이와 은갈치조림을 한번 즐길 수 있는 세트 메뉴가 인기. 갈치구이는 손수 뼈와 내장을 발라줘서 먹기 편하다. 반찬도 정성스럽고 정갈하다. 가족식사하기 좋은 환경. 가격은 통갈치구이와 은갈치조림세트(2~4인) 89,000~149,000원. 매일 10:30~21:00 (20:20 라스트오더) (418p C:3) 사진ⓒ한국관광 콘텐츠랩

제주 서귀포시 안덕면 창천중앙로24번길 16
#통갈치구이 #은갈치조림 #가족식사

바이나흐튼 크리스마스박물관 추천 "감성충만 크리스마스 소품들"

겨울철 제주의 최고의 핫플레이스, 개인의 꿈으로 만들어진 작은 크리스마스 박물관. 건물은 독일 바이나흐튼 뮤지엄의 외관을 본떠서 유럽풍 느낌이 물씬! 내부는 세계 각지에서 수집한 크리스마스 관련된 전시품으로 가득 채워져 있어 크리스마스를 제대로 느낄 수 있다. 아기자기한 소품과 액세서리를 좋아하는 분에게 옆 토마스 하우스와 함께 방문해보길 추천한다. 매일 10:30~18:00 운영. 입장료 무료. (418p B:2)

제주 서귀포시 안덕면 평화로 654   #바이나흐트뮤지엄 #크리스마스 #액세서리

토마스하우스

"이국적 소품 가득 플리마켓"

유럽풍의 이국적인 앤티크 소품, 세상에 하나뿐인 핸드메이드 작품, 다양한 중고물품까지 갖고 싶은 물품들이 한가득 있는 제주도의 플리마켓이다. 토마스 하우스와 바이나흐튼 크리스마스 박물관 사이에서 열린다. 매일 10:30~18:00 운영. (418p C:2)

제주 서귀포시 안덕면 평화로 654
#유럽풍 #앤틱 #플리마켓

대정향교

"추사 김정희의 흔적"

추사 김정희가 유배생활을 했던 당시, 이곳 향교에서 후학을 양성했던 것으로 유명한 곳이다. 지금은 향교로써의 기능은 없지만, 차분히 산책을 즐기기에 이곳만큼 좋은 곳도 없다. 초록의 잔디와 제주도 특유의 돌담, 정돈된 한옥과 저멀리 산방산의 모습까지... 생각을 정돈하기 좋은 장소이다. (418p A:3)

제주 서귀포시 안덕면 향교로 165-17
#추사 #김정희 #유배

월라봉 동굴프레임 *"올레길 9코스 동굴 포토존"*

월라봉에 숨어 있는 신비한 동굴, 갱도진지는 일제강점기, 미군 상륙을 저지하기 위해 만들어진 역사적 군사시설로, 웅장하면서도 신비로운 분위기를 자아낸다. 이곳에서 멋진 사진을 남겨 보자! 동굴 앞에 서서 숲을 배경으로 사진을 찍으면 인생샷 완성. (14p B:3)

제주 서귀포시 안덕면 한밭로 160-8   #월라봉 #동굴 #일제갱도진지

사계 어촌체험마을 *"나 해녀가 체질인가 봐!"*

해녀 물질 체험을 즐길 수 있는 곳. 안전 교육 후 해녀 수트, 오리발, 스노클링 마스크를 착용한 다음 수심이 얕은 바다에서 1시간 동안 뿔소라, 성게 등의 해산물을 직접 채취할 수 있다. 잡은 해산물은 해녀 식당에서 손수 손질해주고, 라면을 가져오면 라면과 함께 끓여준다. 체험부터 시식까지 총 2시간 소요되며 전화 예약 혹은 마이리얼트립에서 온라인 예약 필수. (416p B:3)

제주 서귀포시 안덕면 형제해안로 13-1   #제주이색체험 #해녀물질체험

피규어뮤지엄 제주 "키덜트 천국"

아이보다 어른이 더 좋아할 만한 추억의 피규어부터 희귀 아이템, 대형 피규어까지 최고 퀄리티 피규어가 가득한 박물관. 포토존도 많아서 인증샷을 찍기 좋은 장소이다. 기념 숍을 나와서 별관 전시관에도 아기자기하고 재미있는 피규어들이 많이 전시되어 있다. 마블 마니아나 키덜트들에게 특히 추천하는 코스이다. 매일 09:30~18:00 운영, 입장 마감 17:00. 성인 14,000원. (418p C:2) 사진ⓒ한국관광 콘텐츠랩

제주 서귀포시 안덕면 한창로 243
#피규어 #포토존 #키덜트

알동네집 `맛집`
"오겹살만큼 맛있는 짜투리고기"

소금만 찍어 먹어도 맛있는 오겹살과 짜투리 고기를 먹을 수 있는 식당. 특히 짜투리 고기는 저렴한데도 맛이 좋아 늦게 가면 못 먹는다. 식사로는 돌솥밥, 밀면이 맛있다. 현지인 맛집이지만 식사시간에는 웨이팅이 있다. 가격은 흑돼지오겹살 20,000원(200g) 짜투리고기 14,000원(200g) . 11:00~ 21:30 (20:00 라스트오더) 월요일 휴무. (418p A:2) 사진ⓒ한국관광 콘텐츠랩

제주 서귀포시 안덕면 화순로 6
#도민추천 #오겹살 #짜투리고기

헬로키티아일랜드 "아이와 함께 환상의 세계로"

세계적으로 사랑받는 캐릭터인 헬로키티! 세상에 있는 모든 키티는 다 모아놓은 것 같은 이곳은 키덜트인 어른들과 아이들이 가장 열광하는 곳 중 하나이다. 키티가 살고 있는 집에 초대받은 느낌의 공간이기도 하다. 곳곳에 포토존이 잘 꾸며져 있어 예쁜 추억을 잘 남길 수 있다. 내부에 헬로키티 카페와 옥상 야외정원도 있으니 다양하게 즐겨보시기 바란다. 매일 09:00~18:00, 입장 마감 17:00. 성인 16,000원. (418p C:2) 사진ⓒ한국관광 콘텐츠랩

제주 서귀포시 안덕면 한창로 340   #키티 #포토존 #야외정원

비밀역 `카페` "작은 기차역을 모티브로 한 이색 카페"

일본의 작은 기차역을 그대로 옮겨 놓은 듯한 카페. 빈티지한 간판의 기차역 입구를 비롯해 카페 전체가 포토존이다. 재료를 아낌없이 담아낸 달콤한 파르페가 대표 메뉴. 오리지널, 딸기, 초코 세 가지 맛이 있다. 음료를 마시는 공간은 기차 좌석처럼 꾸며져 있어, 마치 달리는 기차를 탄 것 같은 느낌이 든다. 좁은 골목길을 따라 놓인 기찻길에서 인생샷을 남겨 보자. 매일 10:30~18:00 영업. (418p C:3)

제주 서귀포시 안덕면 화순중앙로124번길 26-1   #기차역#빈티지#파르페#기찻길#포토존

화순곶자왈생태탐방숲길 추천 "아이들과 산책하기 좋은 숲길"

화산활동으로 생긴 바윗덩이들이 쪼개져 만들어진 요철 지형의 숲으로 제주에만 존재한다. 남방한계 식물, 북방한계 식물을 동시에 볼 수 있고, 희귀 동식물 50여종이 서식하고 있다. 수풀이 우거져 여름에도 생각만큼 덥지는 않다. 전망대에서 한라산과 산방산을 볼 수 있다. (418p C:3)

제주 서귀포시 안덕면 화순리 2045   #산책코스 #아이와함께 #애견동반산책

BISTRO 낭 맛집
"육즙 가득 부드러운 스테이크"

이탈리안 레스토랑. 대표메뉴는 양송이 크림 소스가 뿌려진 시그니처 한우 스테이크다. 채끝, 등심 선택이 가능. 제주 감자 뇨끼, 제주 고사리 파스타, 딱새우 스파게티니, 돌문어 파스타도 추천할만하다. 가격은 스테이크 5만원대, 파스타 2만원대. 11:00~ 21:00 (15:00~16:30 브레이크타임, 19:30 라스트오더) 휴무일 네이버 공지. (418p B:3)

제주 서귀포시 안덕면 화순로 154-25
#감자뇨끼 #돌문어파스타 #스테이크

뷰스트
"사계해안을 품은 카페"

형제섬이 보이는 3층 포토존으로 SNS에서 유명한 곳. 이 자리는 사진만 찍을 수 있는 공간으로, 네모난 창이 푸른 바다를 담은 액자같다. 현무암라떼, 화산송이라떼가 시그니처 메뉴. 카페 곳곳에 예쁘게 꾸며진 포토존들이 있어 인생샷을 남기기 좋다. 매일 10:00~21:00 영업. (418p B:3) 사진ⓒ한국관광 콘텐츠랩

제주 서귀포시 안덕면 형제해안로 30
#사계해변 #오션뷰 #액자샷

그레이그로브 카페
"순둥순둥한 개냥이 보름이가 손님들을 반겨주는 곳"

오래된 창고를 개조해 만든 이색 카페. 순둥순둥한 고양이 보름이가 손님을 맞이해주는 곳. 3가지 원두 중 취향에 맞는 것을 선택할 수 있다. 커피와 소금빵의 조합이 좋은 곳. 강아지를 위한 멍푸치노도 준비되어 있다. 루프탑에서 시원한 오션뷰를 즐길 수 있는 곳. 12:00~18:00 영업, 매주 월요일 휴무. (418p B:3) 사진ⓒ한국관광 콘텐츠랩

제주 서귀포시 안덕면 형제해안로 70
#오션뷰 #시그니처화이트 #플레인스콘

서귀포 화순서동로(화순리) 유채꽃 "차창 밖으로 보이는 유채꽃길"

서광동리 사거리에서 안덕면 화순리에 위치한 화순서동로를 따라 3km 길이로 조성된 장거리 유채꽃 드라이브 코스. 유채꽃 드라이브 코스 사이로 보이는 산방산도 인상적이다. 다른 지역에서 볼 수 없는 독특한 드라이브 코스로 많은 사랑을 받고 있다. 길이 복잡하지 않아 중간에 차를 세워두고 꽃을 오롯이 즐길 수 있다. (418p C:3)

제주 서귀포시 안덕면 화순리 2046   #3,4월 #드라이브코스 #산방산전망

서광춘희 맛집

"쉐프의 개성이 드러나는 이색라멘"

돈코츠, 이치란, 나가사키 라멘들의 장점을 모아 제주식으로 해석한 라멘 가게. 돈코츠 차슈 라멘에 가까운 토토면이 대표메뉴다. 성게알과 반숙계란이 들어간 담백한 라멘인 춘희면도 반응이 좋다. 가격은 토토면 12,000원, 춘희면 14,000원. 11:00~ 20:00 (16:00~ 17:30 브레이크타임, 19:30 라스트오더) 화요일 휴무. (418p B:2)

제주 서귀포시 안덕면 화순서동로 367
#이색라멘 #라멘맛집 #분위기굿

안덕면사무소 수국길 추천 "정겨운 마을 수국길"

여름철 안덕면 면사무소와 안덕면 산방로에 푸른 수국 길이 펼쳐진다. 규모가 크지는 않지만 풍성한 수국 무리가 마음을 푸근하게 한다. 네비에 안덕면 화순서서로 74(안덕면 화순리 1961-1)을 찍고 이동. (418p B:3)

제주 서귀포시 안덕면 화순리 1961-1   #5,6,7월 #시골산책 #안덕면산방로

산방산 유채꽃밭 추천 "봄날의 제주, 산방산 유채꽃 물결"

따스한 봄날, 웅장한 산방산 앞에 유채꽃이 피어난다. 푸른 하늘과 초록 산, 노란 꽃의 조화가 사진 찍기에 완벽한 곳! 산방산이 정면으로 보이는 곳이 명당이다. 끝없이 펼쳐진 유채꽃 물결 속에 서서 예쁜 사진을 남겨 보자. 산방산 공영주차장에서 산방산 쪽으로 걷다보면 쉽게 찾을 수 있다. (397p D:2)

제주 서귀포시 안덕면 사계리 산16   #봄#3,4월#산방산#유채꽃

448

소인국 테마파크 "미니어처 테마파크"

제주도에서 보는 에펠탑, 제주도에서 만나는 오페라하우스 등 소인국 테마파크에서는 세계 여행이 가능하다. 미니어처 테마파크로는 국내 최대 규모인 이곳은, 100여 점의 세계 유명 건축물 미니어처를 보유하고 있다. 한라산을 포함하여 제주도의 자연과 함께 할 수 있어 가족 여행지로는 부족함이 없는 여행지이다. 매일 09:00~18:00 운영, 17:00 입장마감. 성인 12,000원. (418p B:2)

제주 서귀포시 안덕면 화순서동로 347   #미니어처 #테마파크 #복합문화공간

올레마당 제주산방산점 맛집
"가성비 좋은 생선구이 정식"

갈치, 고등어 등 제철 생선을 구워주는 식당. 혼밥도 가능한데 일행이 많으면 생선의 종류도 추가되서 더 다양하게 맛볼 수 있다. 기본 찬으로 나오는 고등어조림도 별미. 고소한 전복죽과 뜨끈한 전복뚝배기도 인기 메뉴다. 가격도 저렴하고 양도 많아 가성비 최고다. 가격은 생선구이 12,900원, 전복뚝배기 15,000원. 매일 08:30~ 20:30

제주 서귀포시 안덕면 사계남로 224
#생선구이 #전복 #현지인추천

449

포레스트제이 카우셰드 `카페` "아늑한 공간에서 즐기는 시그니처 숲라떼"

귤밭 속 우사와 돌창고를 개조해 만든 카페다. 정원이 보이는 큰 창, 넓지만 아늑한 공간이 특징. 재료 본연의 맛을 살린 달지 않은 그릭 요커트와 제주말차 베이스에 에스프레소샷과 크림이 어우러진 시그니처 숲라떼가 대표 메뉴다. 조용히 대화하며 휴식하기 좋은 곳. 햇빛이 잘 들고, 공간도 넓은 야외 좌석은 반려동물 동반이 가능. 귤밭을 바라보며 커피를 마시기 좋다. 매일 10:30~18:00 영업. (418p B:3)

제주 서귀포시 안덕면 화순서서로64번길 16 #우사#돌창고#제주말차#그릭요거트

산방산 유람선

"아름다운 제주를 감상하는 또다른 방법"

재미있는 해설을 들으며 제주도의 수려한 경관을 즐길 수 있는 유람선이다. 화순항에서 출항해서 산방산, 용머리해안, 형제섬, 송악산, 주상절리, 마라도(조망)까지 시원한 바닷바람을 맞으며 감상할 수 있다. 유람선의 우측 좌석이 구경하기 편한 자리이다. 1시간 정도 소요되는 코스이다. 매일 09:00~16:30 운영. 성인 24,000원. 네이버 예매 시 할인. (418p C:3)

사진ⓒ한국관광 콘텐츠랩

제주 서귀포시 안덕면 화순해안로106번길 16
#유람선투어 #해설 #절경

11
서귀포시

#1100도로
@rang_1210 @jeju__soso
#답다니수국
#상효원 #동백

#한라산 백록담
#한라산 산간도로
#원앙폭포

#황우지선녀탕
@mymin0112
#보목포구
#외돌개
454

#주상절리
#엉덩물계곡 유채꽃
@null_jj
@elin_ellla
#수모루공원
#귤꽃다락

서귀포
안덕면
1
A
B
C
한라산
1100고지
1100고지습지
1100고지 단풍
다래오름
한라산 영실
서귀포
자연휴양림
서귀포자연휴양림
법정악전망대
민머루오름
2
제주다원
서귀포천문과학문화관
영남동
도순동
제주
유리박물관
도순다원
중문동
법화사지
활오름
중문미로파크
색달동
초콜릿랜드,
테디베어
뮤지엄 제주
구산봉
예래동 벚꽃길
박물관은
살아있다
천제연
폭포
여미지
식물원
중문동 벚꽃길
푸조시트로엥
자동차박물관
강정동
군산
서귀포
예래생태마을
쉬리의언덕
새연교
엉덩물계곡
베릿내공원
약천사
플레이웍스
대왕수천예래
생태공원
갯깍주상
절리대
별내린전망대
조안 베어뮤지엄
답다니 수국
3
예래포구
중문색달
해수욕장
제주국제
평화센터
대포
주상절리대
아프리카 박물관
대포포구
월평포구
제주국제
컨벤션센터
강정천

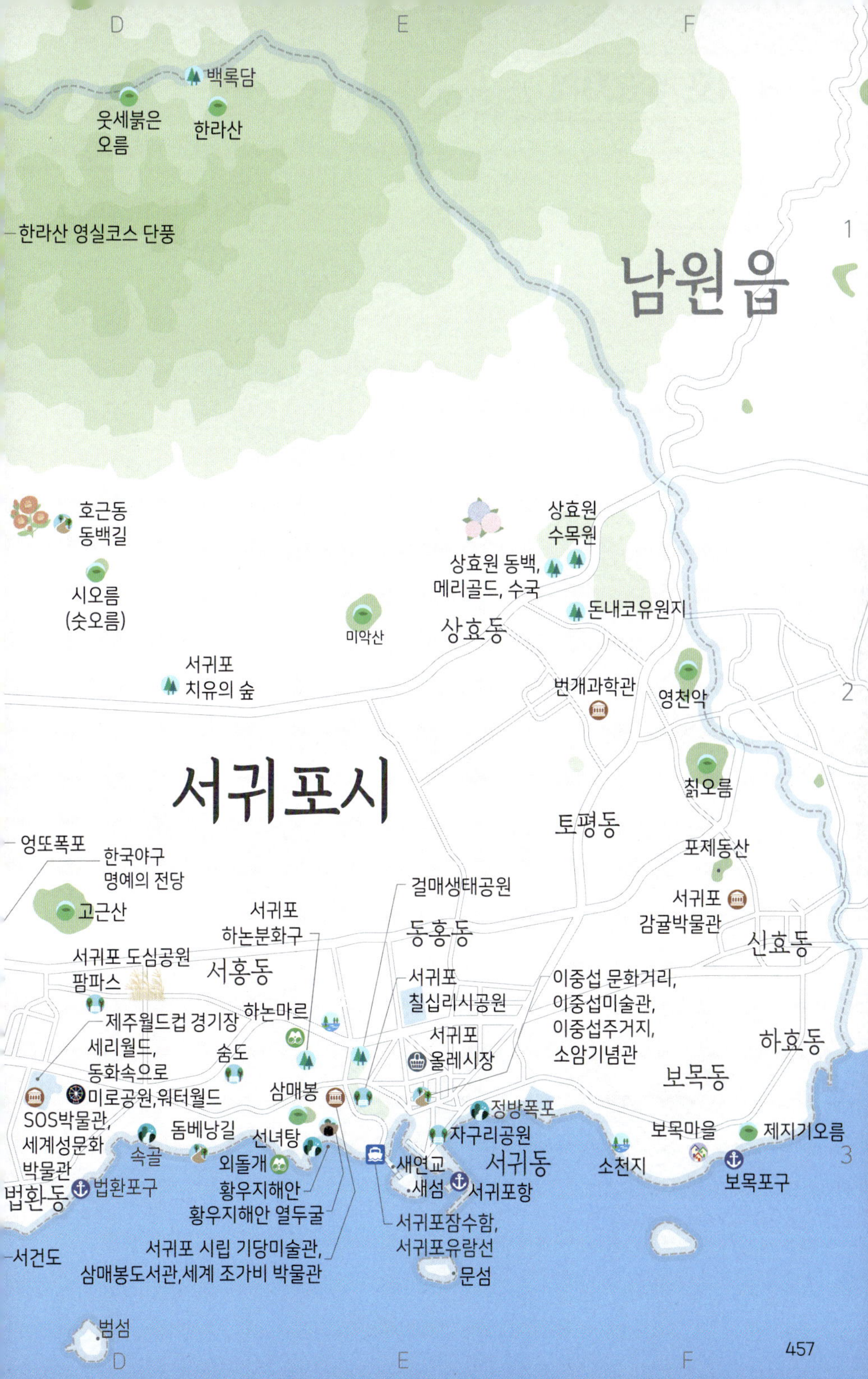
D
E
F
1
백록담
웃세붉은
오름
한라산
한라산 영실코스 단풍
남원읍
호근동
동백길
상효원
수목원
상효원 동백,
메리골드, 수국
시오름
(숫오름)
돈내코유원지
미악산
상효동
서귀포
치유의 숲
번개과학관
영천악
서귀포시
칡오름
토평동
포제동산
엉또폭포
한국야구
명예의 전당
걸매생태공원
서귀포
감귤박물관
신효동
고근산
서귀포
하논분화구
동홍동
서귀포 도심공원
팜파스
서홍동
서귀포
칠십리시공원
이중섭 문화거리,
이중섭미술관,
이중섭주거지,
소암기념관
하효동
제주월드컵 경기장
하논마르
세리월드,
동화속으로
숨도
서귀포
올레시장
보목동
미로공원,워터월드
삼매봉
정방폭포
보목마을
제지기오름
SOS박물관,
세계성문화
박물관
돔베낭길
선녀탕
자구리공원
서귀동
소천지
속골
외돌개
새연교
서귀포항
보목포구
법환동
법환포구
황우지해안
새섬
황우지해안 열두굴
서귀포잠수함,
서귀포유람선
서건도
서귀포 시립 기당미술관,
삼매봉도서관,세계 조가비 박물관
문섬
2
3
범섬

서귀포 주요지역
A B C
1100고지 단풍
오르지 않아도 되는 단풍길 걷기[10,11월]
1100고지 설경
삼형제 큰오름
1100고지
한라산 남벽 뷰 감상 가능
1100고지 람사르습지
만세동산(오름)
선작지왓(윗세오름) 철쭉
윗세누운오름
병풍바위
윗세오름
2시간 4.5Km
영실탐방안내소
영실탐방코스 2시간 30분 5.8Km
한라산 영실코스 단풍
그냥 등산말고, 단풍 등산[10,11월]
한대오름
돌오름
포도뮤지엄
현대미술을 전시,관람할 수 있는 복합문화공간
방주교회
제주 7대 아름다운 건축물 관광지는 아니지만 특이한 건물로 많은 사람들이 찾는 곳
본태박물관
세계적인 건축가 안도타다오의 작품. 노출 콘크리트와 빛, 물이 조화롭게 어우러진 건축미. 세계적인 거장들의 작품과 우리나라 전통공예 전시
아라고나이트 고온천
미네랄이 풍부하고 독특한 우유 빛깔의 아라고나이트 고온천수를 경험할 수 있는 곳. 가족 단위로 방문하기 좋다.
핀크스 포도호텔
본태박물관 노출 콘크리트
수풍석 뮤지엄
롯데스카이힐 제주 CC
녹차 미로공원
제주다원
생각보다 어려운 녹차 미로와 곳곳의 포토존, 무인카페
클럽엘제주 컨트리클럽
법정악 전망대
정상에 오르면 파노라마 뷰가 펼쳐지는 전망대.
법정이오름
서귀포시
서귀포자연휴양림
운동화가 아니어도 괜찮아, 혼자 걸어봐도 좋아 제주의 숲에서 캠핑해보는 색다른 경험
거린사슴
시오름
서귀포 치유의 숲
평균수령 60년 이상의 전국 최고의 편백 숲이 여러 곳에 조성
1115
하늘아래수목원
대유ATV수렵사격랜드
· ATV, 수렵, 사격
중문레저 UTV(ATV)
서귀포 천문과학 문화관
밤하늘의 천체 및 태양을 관찰할 수 있는 천체 망원경 보유
오전열한시(전복 볶음밥 육쌈동치미)
숙성도 중문점 (숙성 흑삼겹지)
예래동 벚꽃길
조용하게 즐기는 벚꽃: 예래생태공원 [3,4월]
제주스테이 비우다(창호지창)
까망돼지 중문점
서귀포 예래 생태마을
버디프렌즈 플래닛(생태문화)
대왕수천예래 생태공원
테디베어뮤지엄,초콜릿랜드
엉덩물계곡 유채꽃 [3,4월]
갯깍 주상절리대
중문색달해변
수질평가 1위 해변 깨끗한 바다, 수영이나 해양스포츠에 제격
김서프제주(서핑), 제주배럴서핑스쿨(서핑)
1.연돈(돈까스), 2.숙성도(숙성흑삼겹), 3.형제도식당 (갈치한상)
서유석식 풀빌라
삼미흑돼지
고집돌우럭
선물가게바나나 제주 소품샵 서귀포중문점 (소품샵)
천제연폭포
총 3단으로 이루어진 폭포
중문향토오일장
끝자리 3일, 8일에 열리는 오일장
법화사지 배롱나무
법화사
스테이월드(독채)
중문동 벚꽃길
예래동 주민센터부터 구 중문동 주민센터까지 벚꽃 드라이브 길[3,4월]
도순다원
엉또폭포
비가 많이 와야만 볼 수 있는 신비의 폭포
감따남 (시그니처 큐물라떼)
호근동 동백길
시골길에 피어있는 붉은 동백길. 주소: 호근동 1323-1 [11,12,1,2,3월]
고근산
서귀포시와 서귀포 앞바다가 한눈에 보이는 곳
곳곳(귤밭)
호근모루(가족)
제주운정이네 (갈치조림)
중문 모메든식당 (제주산흑돼지)
국수바다 본점 (고기국수, 비빔고기국수)
중문동 벚꽃길
1136
뜻밖의발견(조용한 빈티지 카페)
한국야구 명예의 전당
서귀포시청 제2청사
모루헌(독채)
스토리캐슬 EP.1 더 신데렐라
여미지식물원
그림 포레스트
박물관은 살아있다
폭포샷
수두리보말칼국수
코스롱라떼)
중문별장 (커피 아마카세,
돈이랑 본점 (돼지고기 근고기)
1132
화고 신시가지점 (숙성 흑돼지)
사서책방&1급마크 (독립서점)
세리월드
종합 레저 테마파크로 카트,승마, 미로공원등 즐길거리가 다양하다.
서귀피안 (오션뷰)
하라케케 (말차라떼)
무비랜드 왁스뮤지엄
그건그렇고 (독립서점)
가람돌솥밥
볼스카페
아프리카 박물관
꽃귤농장
진곳내 물깨바위 노을
플레이웍스 (일러스트샵)
워터월드 제주 (미디어전시관)
제주 월드컵 경기장
속골(제주도민이 즐겨찾는계곡)
엉덩물계곡 유채꽃 [3,4월]
조안베어 뮤지엄
약천사
제주국제컨벤션센터 면세점 위치
대포포구
제주제트 수상보트
디스커버제주 돌고래탐사
월평올레
답다니 수국
이곳이 수국 맛집[6,7월]
제주공집 (흑돼지 오겹살)
러디스 (핑크오션라떼)
제스토리 (소품샵)
법환포구
올레길 8코스
제주국제평화센터
남북평화, 세계 평화에 기여한 분들의 밀랍인형
카페오늘 (도순 애플망고케이크)
월평포구 스노쿨링
월평포구
강정천
올레길 7코스
서건도
카페더진리 (흑돼지 오겹살)
두머니물(범섬과 유채꽃이 아름다운 곳.법환동 1541)
돔베낭길
더클리프(브런치와 칵테일을 즐길 수 있는 오션뷰 카페)
액트몬제주점
1000평 규모의 엔터테인먼트 오락실
대포주상절리대
화산 분출 후 용암 표면이 균등한 수축으로 수직 방향으로 생겨난 돌기둥이 주상절리.
베릿내공원
서귀포 엉덩물계곡 유채꽃
강정항
중문관광단지
퍼시픽 마리나 요트투어
유럽형 럭셔리 요트 샹그릴라 호를 타고 서귀포 앞바다 관광
범섬
458

D
E
F
왕관바위
진달래밭대피소
시까지 도착해야
라산 등반 가능)
사라오름
성널오름
수망리 마흐니숲길
사람 손길 닿지 않은 순수한 숲
1131
사라오름
사라오름 단풍
산정호수
한라산 성판악코스 단풍
가을 등반에는
호수전망
성판악이지[10,11월]
단풍[10,11월]
전망데크
한남사려니오름숲
백록담
하루 300명만 입장할 수 있는
남벽분기점
제주의 가장 오래된 삼나무 숲.
방문일 최소 3일 전까지 숲나들e
홈페이지에서 선착순 예약.
한라산
이승악오름 벚꽃
머체왓
오름에 벚꽃이라니
숲길
이승악
[3,4월]
돌낭예술원
쭉 뻗은 삼나무숲과 메밀밭으로 유명한 오름
현무암과 식물이 예술 작품처럼
머체왓숲길
어우러진 석부작 테마공원.
방문객 지원센터
상효원 백일홍
휴애리 자연생활
위미리 3760
여름에 볼 수 있는 꽃[6,7,8,9월]
공원 핑크뮬리
(위미리동백군락지)
남원의 포토존[9,10,11월]
토종 동백나무를 볼 수
상효원 메리골드
고살리 숲길
있는 곳[11,12,1,2,3월]
1119
가을에서 겨울까지 볼 수
흐르는 물소리에 마음까지
휴애리 자연생활
편백포
있는 메리골드[9,10,11월]
촉촉해지는 숲길
공원 수국
휴애리 매화
레스트
효명사
상효원 동백
천국의문
오색빛깔 아름다운
3~4월 개화
한라산 뷰의 상효원
수국[4,5,6,7월]
동백꽃[11,12,1,2,3월]
상효원
우리들 CC
휴애리 자연생활공원 동백꽃
상효원 튤립
수목원
카페델보스케
고살리 숲길
휴애리 자연생활공원
애기동백이
4~5월 개화
(한라봉주스, 크로플)
속괴
실컷 먹고 따고 감귤체험과 사계절
뭐야?[11,12,1,2,3월]
튤립이 가득한 세상, 튤립축제
돈내코유원지
꽃들로 핫한 사진명소
휴애리 자연생활공원 귤밭
상효원 수국
숲으로 에워싸인
내가 직접 따는 감귤맛은
수국의 아름다움을
투명한 청록빛 폭포
휴애리 자연생활공원 매화
어떨까?[10,11,12,1월]
느껴봐[6,7월]
레몬뮤지엄(제주레몬
쌀오름
원앙폭포
아이스크림, 레몬따기체험)
매화 축제 체험[3,4월]
동백포레스트
두 개의 물줄기가 떨어지는 폭포
돈내코로
사우스포레스트
담소요(야외 정원,
동백포레스트 동백
사진명소로 유명하다.
동백 돌담
(전복버터리조또)
수란재(돌담)
카페, 편집샵)
동백포레스트
동백정원에서 커피
윈드1947
가을동화감귤밭
창문 프레임
한잔?[11,12,1,2,3월]
카트 테마파크
친봉산장
양금석가옥
(봉붓이)
미미파스타
위미리 수국길
천지연폭포
(딱새우파스타)
무량제주(가마솥누룽지 빙수),
소담스러운
계곡으로 떨어지는 폭포의 모습이
CAFE EPL(태왁도시락)
수국[5,6,7월]
한편의 동양화 같은 곳
봉봉감귤체험
쉼터체험농장
서귀포 감귤박물관
카페미깡귤밭
농장(굴따기)
(감귤, 황금향)
제주 벨롱 리조트
감귤 테마 박물관, 감귤체험
(귤따기 체험)
뙤미(순대국밥,보말국)
제주화(온실파티룸)
위미1리 어촌체험마을
라바북스
관도제주
평온(귤밭체험)
(독립서점)
제주동백
수옥(수영장)
공사이도
이음새교육농장
하례감귤 체험농장
(야외자쿠지)
라룬블루(제주
일송회수산수목원
제주흑돈세상수라간
서귀포 올레시장
쇠소깍 산물 관광농원
애플망고빙수,
(활어회)
(흑오겹살)
아케이드 형태의 서귀포에서 가장 큰 시장
감귤체험과 농기구박물관등
붕어소금빵)
위미항
제주에인감귤밭
즐길거리가 있다.
카페서연의집
남진호.착한배낚시
(에이드)
이중섭문화거리
고요편지(독립서점)
쇠소깍
('건축학개론'
(배낚시)
걸매생태
베케(차콩크
촬영지,서연의
섬소나이 위미점(짬뽕)
하효일
공원 매화
고씨네천지국수(멸고국수)
림라테)
(카약)
집 케이크)
서귀포
아리(튀김우동)
공천포식당
바공식당(가정식백반,
(독채)
쇠소깍
하늘분화구
(한치물회)
동선제면가(물망국수)
중앙통닭
올레삼다정
다정이네 올레시장 본점(매운멸치고추김밥)
쇠소깍
올레
호텔창고펜션
솜반천
(마농치킨)
(갈치)
오는정김밥
공천포
서귀포 다이브센터
연리지
보래드 베이커스
구들민박감귤체험농장
(야외자쿠지)
네거리식당
테라로사
(스쿠버다이빙,
(독채)
숨도
(맛있는 스콘)
서귀포시 토평동 804
(핸드립)
효돈천
스노클링)
삼매봉
(갈치국)
나원회포차
소정방폭포
쇠소깍
서귀포칠십
이중섭미술관
폭포높이가 7m가량으로
해양레저타운
쇠소깍
리시공원
이중섭
소암기념관
왈종미술관
여름철 물맞이 장소로 인기
수상보트
삼매봉도서관
거주지
자구리
정방폭포 동쪽의 아담한 폭포
하효쇠소깍해변
투명카약, 수상자전거 체험하러 줄 서는 곳
공원
보목
지하수와 바닷물이 만나는 곳, 쇠소깍이라는
선녀탕
허니문하우스
마을
오버더센스(둑스 아메리카노,
이름은 쇠는 '소', 소는 '웅덩이', 깍은 '끝'을 의미
황우지해안
새섬
(수리남촬영지)
소천지
담소
페퍼로니 피자)
새연교
서귀포맨션
게스트하우스
보목포구
게우지코지 카페 (수준급 커피를
숨은 명소, 천연
서귀포항
서복전시관
올레길 6코스
맛볼 수 있는 오션뷰 카페)
수영장이 펼쳐지는 곳.
(진시황의 명에
60빈스
제주에온 서복
소천지 투영 한라산
제지기 오름
캡틴호
외돌개
(바질에그 샌드위치)
바위산으로 험한 산세를
(놀래기, 우럭, 쥐치가 잘
우뚝 솟은 바위, 올레길
문섬
정방폭포
섶섬
보이는 오름
잡히는 낚시체험장)
7코스
해안으로 바로 떨어지는
서귀포잠수함
해안폭포로 아시아에서는
서귀포 문섬의 아름다운 연산호를
찾아보기 힘든 비경
지귀도
감상할 수 있는 서귀포 잠수함 체험
천지연, 천제연과 더불어
제주 3대 폭포 중에 하나

중문골프장
아시아 최초로 미국 PGA투어
공인대회가 열렸던 유명 골프장

박물관은 살아있다
착시현상을 이용해 재미있는 사진을
찍을 수 있는 트릭아트 뮤지엄

여미지 식물원
한국식, 일본식, 유럽식 온실
정원을 만나볼 수 있는 동양
최대규모의 온실 식물원

천제연폭포
총 3단으로 이루어진
하느님의 못이라
불리는 폭포

H 그랜드조선
(호텔)

중문 컨트리클럽
중문 해안 경치를 바라보며
라운딩 할 수 있는 골프장

스타벅스
제주중문점
(한정음료, MD)

스토리캐슬 EP.1 더 신데렐라
명작동화를 주제로 한 미디어아트

테디베어 뮤지엄
유명인 테디베어, 명화 패러디 테디베어,
명품 테디베어 등이 전시되어있는 곳

리틀프린스뮤지엄
(어린왕자 테마 전시관)

H 블룸호텔

베메로
수제 베이글
핸드드립 커피

신우성흑돼지
좌석이 많아 단체
회식하기 좋은
흑돼지구이 전문점

초콜릿 랜드
직접 수제 초콜릿을 만들어
볼 수 있는 체험형 박물관

H 스위트호텔

롯데호텔 제주 H

H 씨사이드
아덴 리조트

별내린전망대
천제연폭포, 중문천 경관을
즐길 수 있는 나무데크 길

호텔신라제주 더파크뷰
(신라호텔 뷔페 레스토랑)

제주신라호텔 H

켄싱턴 리조트
H

엉덩물 계곡
무료로 입장할 수 있는 봄철
유채꽃 산책로(3~4월)

신라호텔 바당
(애플망고 빙수)

베릿내공원
도민들만 아는 서귀포
물놀이 명소. 한적하고
시원하게 물놀이를
즐길 수 있다. 7~8
월에만 입수 가능.

제주신라호텔
글램핑빌리지

아이러니아이보리
(전복파스타)

전기차충전소

쉬리의 언덕
영화 쉬리에 등장했던 해송이 있는
아름다운 해안 산책로

중문색달해변
수질평가 1위 해변
깨끗한 바다, 수영이나
해양스포츠에 제격

**퍼시픽 리솜
마린 스테이지**
어린이를 위한 돌고래
쇼가 펼쳐지는 공연장

GS25

개다리폭포

더클리프
서넉 / 시부터
클럽으로 운영되는
해변 전망 브런치 카페

항해진미
(초밥,해물라멘)

중문해녀의집
(전복죽, 문어숙회)

제주해양레저
낙하산, 제트스키, 카약,
바나나보트, 스노클링 등
해양스포츠 예약하는 곳

샹그릴라 요트투어
색달동 2950-4

착한전복
(전복요리)

**퍼시픽 리솜
요트투어 샹그릴라**
선상낚시, 바다 수영, 스노클링
등을 즐길 수 있는 요트투어

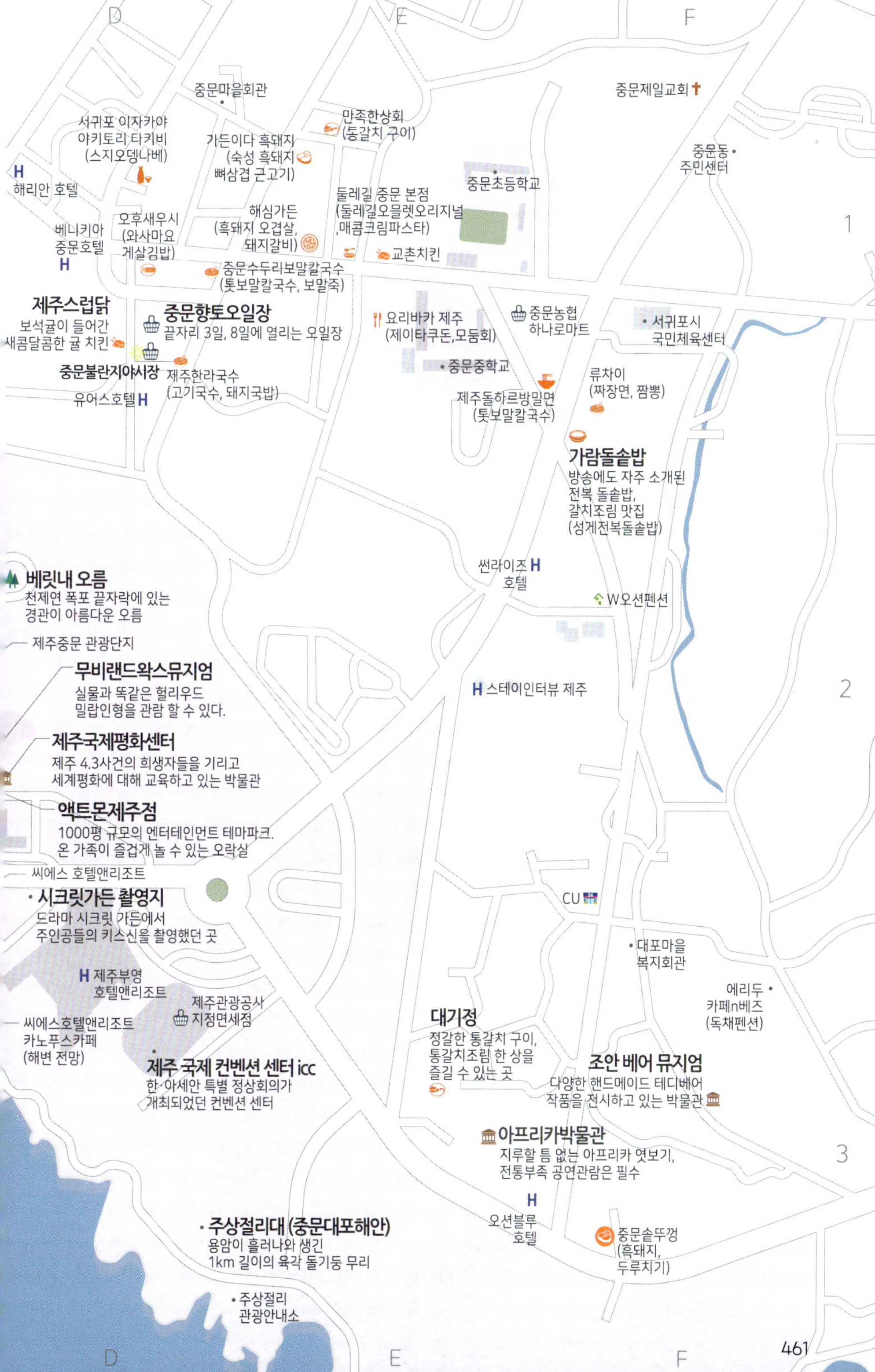
중문마을회관
중문제일교회
서귀포 이자카야 야키토리 타키비 (스지오뎅나베)
만족한상회 (통갈치 구어)
가든이다 흑돼지 (숙성 흑돼지 뼈삼겹 근고기)
중문동 주민센터
해리안 호텔
중문초등학교
둘레길 중문 본점 (둘레길오믈렛오리지널, 매콤크림파스타)
해심가든 (흑돼지 오겹살, 돼지갈비)
베니키아 중문호텔
오후새우시 (와사마요 게살김밥)
교촌치킨
중문수두리보말칼국수 (톳보말칼국수, 보말죽)
제주스럽닭
보석귤이 들어간 새콤달콤한 귤 치킨
중문향토오일장
끝자리 3일, 8일에 열리는 오일장
요리바카 제주 (제이타쿠돈,모둠회)
중문농협 하나로마트
서귀포시 국민체육센터
중문불란지야시장
중문중학교
류차이 (짜장면, 짬뽕)
유어스호텔 H
제주한라국수 (고기국수, 돼지국밥)
제주돌하르방밀면 (톳보말칼국수)
가람돌솥밥
방송에도 자주 소개된 전복 돌솥밥, 갈치조림 맛집 (성게전복돌솥밥)
베릿내 오름
천제연 폭포 끝자락에 있는 경관이 아름다운 오름
썬라이즈 H 호텔
W오션펜션
제주중문 관광단지
무비랜드왁스뮤지엄
실물과 똑같은 헐리우드 밀랍인형을 관람 할 수 있다.
H 스테이인터뷰 제주
제주국제평화센터
제주 4.3사건의 희생자들을 기리고 세계평화에 대해 교육하고 있는 박물관
액트몬제주점
1000평 규모의 엔터테인먼트 테마파크. 온 가족이 즐겁게 놀 수 있는 오락실
씨에스 호텔앤리조트
CU
시크릿가든 촬영지
드라마 시크릿 가든에서 주인공들의 키스신을 촬영했던 곳
대포마을 복지회관
에리두 카페n베즈 (독채펜션)
H 제주부영 호텔앤리조트
제주관광공사 지정면세점
대기정
정갈한 통갈치 구이, 통갈치조림 한 상을 즐길 수 있는 곳
조안 베어 뮤지엄
다양한 핸드메이드 테디베어 작품을 전시하고 있는 박물관
씨에스호텔앤리조트 카노푸스카페 (해변 전망)
제주 국제 컨벤션 센터 icc
한·아세안 특별 정상회의가 개최되었던 컨벤션 센터
아프리카박물관
지루할 틈 없는 아프리카 엿보기, 전통부족 공연관람은 필수
H 오션블루 호텔
주상절리대 (중문대포해안)
용암이 흘러나와 생긴 1km 길이의 육각 돌기둥 무리
중문솥뚜껑 (흑돼지, 두루치기)
주상절리 관광안내소
D
E
F

A   B   C
서귀포구시가지 주변
공덕사
서귀서초등학교
본죽
서귀포시청 제1청사
서귀포보건소
서홍정원
자연 풍경을 바라보며 쉬어가기 좋은 정원 테마 카페
그랜드치과의원
신한은행
서귀포약국
고씨네천지국수
멸치 육수에 고기 수육을 넣은 멸고국수 전문점
걸매생태공원
제주도민들이 즐겨 찾는 나무데크 산책로
관찰데크
천지주차빌딩 주차장
중앙로터리 공영 주차장
천일만두 (군만두, 꽃핀 가지)
야랑조을거리 (맛집거리)
용이식당 (두루치기)
호텔 휴식 H
카페블루하우스 (홍콩식 밀크티, 치즈 타로트)
아비아호텔 H
웅담식당 (제주산오겹살)
동홍 119센터
연외천
네거리식당 (갈치조림, 갈치국, 성게미역국)
육도담 서귀포점 (뼈대있는뼈가브리)
티나케이크
당근 케이크, 크레이프 케이크가 맛있는 베이커리 카페
서귀포농협 하나로마트
천짓골식당
식객 허영만 화백이 극찬한 돔베고가 전문점
세계 조가비 박물관
세계 곳곳에서 수집한 천연 조가비와 금속공예품을 전시하고 있는 박물관
천지연 폭포
여름철에 쉬다 가기 좋은 22m 높이의 웅장하고 시원한 폭포
올레 여행자센터
제주 올레길 여행 정보를 얻어갈 수 있는 곳 식당과 게스트하우스를 함께 운영한다
백패커스홈 (게스트하우스)
엠스테이 호텔 제주 H
까사로마호텔 H
흑돼지BBQ
유명 호텔에 납품되는 질 좋은 흑돼지구이를 판매하는 곳
진주식당 (전복뚝배기, 오분차뚝배가)
H 호텔윈스토리
서귀포 칠십리시공원
시가 새겨진 바위가 곳곳에 놓여있는 감성적인 공원
라바르 (레트로 그린 온천탕 개조)
천지연휴게소
카페 오버더윈도우
서귀포 앞바다 전망 감성 카페
H 서귀포 풍경호텔
덕판배 미술관
호텔연
CU
파크선샤인제주 (호텔) H
462

D
E
F
서귀포의료원
서귀중앙
여자중학교
LG전자
베스트샵
에스오일
서귀포
기적의도서관
하이마트
서귀포 교회
맥도날드
서귀포DT점
서귀포중앙
초등학교
코리아마트
소반(소박한
가정 한정식)
보둣케이크
(복숭아케이크)
뿔살집
제주 흑돼지 특수부위를
취급하는 이색 맛집(김치찌개)
명가솥뚜껑
서귀포흑돼지
(흑돼지 오겹살)
동홍동주민센터
이동민원실
귤하르방
돌하르방을 닮은
귀여운 빵 귤하르방
미도호스텔
H
나원회포차
(활어회 포차)
서귀포매일
올레시장 공영주차장
P
오는정김밥
튀김 유부가 들어가 바삭바삭한
식감이 매력적인 김밥
2줄 이상만 주문 가능
우정회센타
내 맘대로 주문할 수
있는 모둠회 전문점
다정이네
올레시장 본점
(다정이네김밥,
매운멸치고추김밥)
88버거
제주 흑돼지 패티를 넣은
수제버거 전문점
(88버거,아메리칸치즈버거)
서귀포 올레시장
아케이드 형태의
서귀포에서 가장 큰
시장
중앙통닭
수요미식회에
나온 마농치킨
서귀포 올레 야시장
다양한 제주 로컬
음식을 맛볼 수 있는 곳.
매일 저녁 5시~ 저녁
10시까지 운영
중앙동
주민센터
스타벅스
(제주 한정판
음료, MD)
할머니떡집
(오메기떡,
감귤 떡)
모루쿠다
해산물 안주가 나오는
일본식 주점
삼진탕
(목욕탕)
제성제과 올레시장점
제주 특산물을 활용한
만두빵으로 유명. 6개의 종류가
있으니 다양하게 맛보는 걸 추천!
우넉집 서귀포
올레시장점
(흑돼지 목살)
서귀포중학교
324흑돼지 서귀포점
(오겹살정식, 짬뽕)
굿인 호텔
H
퍼스트70
(호텔)
센트로
규모가 크지는 않지만
맛은 유명 레스토랑 못지않은
이탈리안 레스토랑
정모시 쉼터
시원한 계곡물에 발 담글
수 있는 조용한 물놀이터
쌍둥이횟집
푸짐한 모둠회를 합리적인
가격으로 즐길 수 있는 곳
서귀포우체국
수련원
흑돼지해물삼합
(흑돼지해물삼합,
흑돼지항정살)
프롬예이치 오션
팰리스 호텔
이중섭 미술관
민중화가 이중섭의 소 그림을
감상할 수 있는 미술관
이중섭 거주지
이중섭이 서귀포에서 피난
생활 할 때 머물던
초가집을 보존해 놓은 곳
신세계호텔
유화당
(독립서점)
소암기념관
서귀포 출신 서예가 현중화
선생의 삶과 작품을
전시하고 있는 기념관
디퍼프리다이브
제주 프라다이빙
이중섭문화거리
이중섭 거주지와 이중섭
미술관과 그림으로 감성 충전
덕성원 (꽃게짬뽕)
서복전시관
불로초를 찾고자 제주도까지
내려왔던 중국 진시황의 신하
서복에 대해 전시해놓은 박물관
유동커피
핸드드립 커피와 크루아상이 맛있는 곳
소남머리
바다 경치를 바라보며
산책하기 좋은 소나무 숲길
정방폭포
해안으로 바로 떨어지는
해안폭포로 아시아에서는
찾아보기 힘든 비경
천지연, 천제연과 더불어
제주 3대 폭포 중에 하나
안거리밖거리
(옥돔구이 정식)
천주교 순례길·하논성당길
서귀포성당에서 이중섭거리까지 10km를
돌아보는 천주교 순례길. 하논 성당 터, 홍로
성당터, 면형의 집, 서귀복자성당 등을 지난다.
서귀포괸당네
(갈치조림, 갈치구이)
영빈횟집
(고등어회, 갈치회
모둠회, 전복 물회
맛있는 곳)
바다를본돼지
(제주 흑돼지, 전복 내장 소스)
1
2
3
463

1100고지습지 추천 "습지따라 생태탐방로 산책"

한라산 중턱에 자리잡고 있는 1100고지습지! 멸종위기의 동물들은 물론, 희귀한 식물들이 터를 잡고 있는 곳이다. 환경적 가치도 물론이지만, 1100고지습지는 겨울 풍경이 아름답기로 유명하다. 눈이 온 다음이면 겨울왕국의 실사판이 펼쳐진다. 나무 데크의 생태 탐방로를 따라 온세상이 하얀, 눈꽃 풍경을 감상할 수 있다. 경이로울 만큼 아름답다. (458p B:1)

제주 서귀포시 1100로 1555　　#산지습지 #멸종위기1급 #식수원

한라산 영실 "등반 코스중 가장 짧은 곳"

한라산까지 2시간 30분 정도 소요되는, 5.8km의 가장 짧은 등반 코스이다. 차로 정상 밑까지 올라갈 수 있어서 비교적 수월하게 등반할 수 있다는 점에서 초보자들에게 추천되는 코스이기도 하다. 단순히 짧은 코스로 유명한 것이 아닌, 등반하는 길이 아름답기로 유명한 곳이기도 하다. 특히 눈꽃이 쌓인 영실 코스는 결코 잊을 수 없는 경험을 선사할 것이다. (458p C:1)

제주 서귀포시 1100로 740-168　　#한라산 #초보코스 #절경

한라산 추천 "4시간 30분 등반이면 우리나라 최고 높은 곳에 오를 수 있어"

성판악 코스 정상까지 4시간 30분이면 백록담을 볼 수 있다. 겨울철에 눈밭을 올라가려는 등산객으로 붐빈다. 더 이상의 미사여구가 필요 없는 남한에서 제일 높은 산으로, 등반 시간을 잘 체크하여 사고 나는 일이 없도록 해야 한다. (459p D:1)

제주 서귀포시 토평동 산15-1 　#등산 #설경 #백록담

백록담

한라산 정상에 있는 타원형의 분화구이다. 원형이 잘 보존되어 있어 학술적인 가치도 뛰어나지만, 이곳은 아름다운 경관으로 더 유명하다. 신선들이 한라산에서 흰 사슴을 타고 다녔다는 전설에 유래하여, 백록담이라는 이름이 지어졌다. 한겨울에 내린 눈이 여름까지 남아있는데, 이 흰 눈이 제주10경 중 하나라고 한다. (457p D:1)

제주 서귀포시 토평동 산15-1 　 #한라산 #분화구 #최고봉

윗세오름

높이가 1,740m에 달하는, 한라산 다음으로 가장 높은 오름이다. 계절별로 다양한 꽃과 풀이 피며 탐방객들의 마음을 사로잡는다. 윗세오름을 오르는 다양한 코스가 있지만, 영실탐방로가 상대적으로 쉬운 코스에 속한다. 윗세오름에선 백록담의 암벽을 감상할 수 있으며, 설경이 특히 아름답기로 유명하니 겨울산행을 계획하신다면 윗세오름을 추천한다. (458p C:1)

제주 서귀포시 서호동 　 #높은오름 #야생화 #풍경

서귀포천문과학문화관

"별자리를 보면 장수한다고?"

천체 망원경으로 행성과 별자리를 관측할 수 있는 곳. 매년 2~3월에는 한 번만 봐도 무병장수한다는 '노인성'을 관측할 수 있다. 신비한 우주 영상을 상영하는 천체투영실과 다양한 우주과학 전시물이 있어 날씨가 안 좋아도 즐길 수 있는 것이 장점. 홈페이지 예약 필수. 성인 2000원. 14:00~22:00(월별 시간 상이) 운영, 월요일 휴관. (458p B:2) 사진ⓒ한국관광 콘텐츠랩

제주 서귀포시 1100로 506-1 천문과학문화관
#제주실내체험관 #별자리명소

서귀포 자연휴양림
"여름철 더 시원한 산림욕"

해발고도가 높아 서귀포 시내보다 훨씬 시원한 곳이다. 숲도 좋아 여름이면 시원하게 캠핑 해발고도가 높아 서귀포 시내보다 훨씬 시원한 곳이다. 숲도 좋아 여름이면 시원하게 캠핑을 즐기려는 사람들로 늘 붐빈다. 여름엔 시원함을 위해, 가을이면 색색의 단풍을 즐기기 위해 이곳을 찾는다. 제주도의 산과 숲의 매력을 제대로 느껴보자. 매일 09:00~17:00 운영. 성인 1,000원. (458p B:2) 사진ⓒ한국관광 콘텐츠랩

제주 서귀포시 1100로 882
#산림욕 #최남단휴양림 #캠핑

엉또폭포 `추천` "비내리는 날 멋진 폭포"

평소엔 제주도의 여느 기암절벽에 지나지 않지만, 엉또폭포는 비오는 날 진가를 발휘한다. 비가 많이 내리는 날이면, 절벽에서 폭포로 변신하여 장관을 이루는 것이다. 늘 볼 수 있는 풍경이 아니니, 폭포로 변신한 엉또폭포를 볼 수 있는 행운을 누려보시길 바란다. 매일 09:00~18:00 운영. 입장료 무료. (458p C:2)

제주 서귀포시 강정동　　#비올때만보임 #기암절벽 #폭포

서건도 "제주도판 '모세의 기적'"

서건도 앞으로 제주도판 모세의 기적이라 불리는 바닷길이 열린다. 갈라진 바닷길 사이로 펼쳐진 갯벌에선, 조개와 낙지 잡기 체험도 할 수 있다. 산책로도 잘 꾸며져 있어 범섬과 한라산도 바라볼 수 있다. 운이 좋으면 돌고래떼도 만날 수 있다고 하니 눈을 크게 뜨고 바다를 보자. (458p C:3)

제주 서귀포시 강정동 산1　　#모세의기적 #갯벌

제주에인감귤밭 카페 `카페`

"감귤밭에서 건진 인생 사진"

초록초록한 감귤밭을 배경으로 사진찍기 좋은 감성 카페. 네이버 예약을 통해 감귤청 만들기 수업도 진행한다. 한라봉이 들어간 음료와 제주 꿀이 들어간 프렌치토스트가 맛있다. 10:00~18:00 영업, 매주 일요일 휴무. (459p D:2)

서귀포시 호근서호로 20-14
#감귤정원 #사진촬영 #한라봉체험

조안 베어뮤지엄

"아티스트 조안오씨의 작품 전시"

테디베어의 유명 아티스트, 조안 오의 작품이 전시되고 있는 곳이다. 직조한 모헤어, 천연염색, 바느질 등 한땀한땀 손으로 직접 만든 테디베어들을 볼 수 있는 곳이다. 인형 하나하나가 고급지고 정성이 느껴져 시간 가는 줄 모르고 보게 된다. 매일 09:00~17:00 운영, 입장 마감 16:15. 성인 12,000원, 네이버 예매 시 3,000원. (461p F:3) 사진ⓒ한국관광 콘텐츠랩

제주 서귀포시 대포로 113
#테디베어 #조안오 #수작업

강정천 `추천` "유명 여행지는 아니지만 들러봐, 이색적인 느낌이 분명히 들 꺼야"

사시사철 맑은 물이 넘쳐 흐르는 샘이다. 서귀포시의 식수 중 70%가 이 강정천 물에서 비롯된 것이라고 한다. 1급수에만 사는 것으로 알려져 있는 은어가 살고 있을 만큼 맑고 깨끗한 물이기도 하다. 강정천 주변으로 기암절벽과 노송이 우거져 있는데 이 풍경이 장관이다. (458p C:3)

제주 서귀포시 강정동 5647   #용천수 #현무암 #은어

대포포구 "흰색 요트가 우리를 기다려"

올레길 8코스를 걷다 보면 만나게 되는 포구. 아담한 크기지만 중문관광단지, 주상절리와 가깝다 보니 요트와 제트 탑승장이 모여 있다. 그랑블루 요트 투어(성인 6만원~)의 경우 대포포구에서 탑승해 주상절리, 월평동굴, 진곳내 등을 보고 대포포구로 다시 돌아오는 동선. 꼭 탑승하지 않더라도 방파제를 산책하며 바다 위를 지나가는 흰색 요트를 구경하는 것만으로도 특별한 경험이 된다.(458p B:3)

제주 서귀포시 대포동   #주상절리옆 #요트탑승장

삼매봉도서관 "한라산과 서귀포 시내를 한눈에"

이중섭미술관부터 시작해 기당미술관, 소암기념관으로 이어지는 '작가의 산책길'이 지나는 길목에 있다. 삼매봉 도서관과 기당 도서관은 칠십리공원 맞은편에 나란히 위치해 있다. 예술의 길을 따라 산책하듯 천천히 걸어보기 좋다. 토~목 09:00~22:00 운영. 매주 금요일 휴관. (459p D:3) 사진ⓒ한국관광 콘텐츠랩

제주 서귀포시 남성중로153번길 15　　#작가의산책길 #매봉도서관 #기당도서관

카페오놀 `카페` "커다란 우유갑 속으로 들어오세요! 달콤한 디저트 맛집"

오놀은 '오늘'이라는 뜻의 제주 방언이다. 이름처럼 모든 음료와 디저트를 한라산에 자연 방목된 소에게서 당일 착유한 신선한 우유만 사용한다. 제주산 생애플망고와 초코 시트, 생크림이 어우러진 도순 애플망고케이크가 대표 메뉴, onol 시그니처 라떼도 인기있다. 귀여운 우유갑 모양 입구로 들어가면 매장 내에도 아기자기한 포토존이 있어 예쁜 추억을 남기기 좋다. 주차 가능, 10:00~18:00 영업, 매주 수, 목요일 휴무. (459p B:3)

제주 서귀포시 대포로 174 2층　　#오놀#제주산#유기농#망고

서귀포유람선

"서귀포 바다를 편리하고 보는 방법"

서귀포 시내에서 멀지 않아 언제든 쉽게 체험해볼 수 있는 서귀포유람선은, 제주도의 유명 관광지를 쉽고 빠르게 둘러볼 수 있다. 범섬, 새섬, 정방폭포는 물론, 바다 위로 한라산까지 한눈에 담아볼 수 있다. 가이드의 설명과 함께 둘러볼 수 있어 여행이 훨씬 더 풍성해진다. 매일 11:20, 14:00 운항. 성인 19,000원. (해양공원 입장료 별도. 성인 1,000원) (459p D:3)

제주 서귀포시 남성중로 40
#유람선관광 #서귀포관광지

서귀포잠수함

"바다속 관찰로는 제격"

수심 40m까지 내려갈 수 있는데, 수심별로 각기 다른 물고기와 해조류를 만나볼 수 있다. 특히 수심이 충분히 깊어지면 연산호를 볼 수 있는데, 이 연산호 군락이 세계 최대 규모라고 한다. 운전석 기준 왼쪽에 자리잡는 것이 사진 찍기에 좋다. 매일 09:20~16:40 운영. 대인 65,000원. (해양공원 입장료 별도. 성인 1,000원) 네이버 예약 시 할인. (459p D:3) 사진ⓒ한국관광 콘텐츠랩

제주 서귀포시 남성중로 40
#잠수함관광 #난파선

서귀포 시립 기당미술관
"우수한 현대미술 작품"

뛰어난 현대미술작품을 소장하기 위해 남다른 노력을 기울이는 것으로 유명한 서귀포 시립 기당미술관은, 한국 최초의 시립 미술관이기도 하다. 600편 넘는 유명 작품들을 소장하고 있는데, 작품 이상으로 제주도의 색채를 그대로 옮겨두고 있는 미술관 자체를 둘러보는 재미가 있다. 화~일 09:00~18:00 운영, 매주 월요일 휴관. 성인 1,000원. (514p A:3) 사진ⓒ한국관광 콘텐츠랩

제주 서귀포시 남성중로153번길 15
#최초시립미술관 #현대미술

다정이네 올레시장 본점　맛집
"계란 타르타르 소스에 찍어먹는 김밥"

제주 3대 김밥 중 하나. 제주 농장에서 공수해온 신선란으로 만든 계란지단이 듬뿍 든 다정이네 김밥이 대표메뉴다. 청양고추가루와 베트남 고추로 맛을 낸 매운멸치고추김밥은 또다른 인기메뉴. 계란 타르타르 소스에 찍어 먹는 것이 킥. 가격은 다정이네김밥 4,000원, 멸치고추김밥 5,000원. 매일 07:00~ 20:00 (15:00~ 16:00 브레이크타임) (463p E:2) 사진ⓒ한국관광 콘텐츠랩

제주 서귀포시 동문로 59-1
#계란지단김밥 #멸치고추김밥 #제주3대김밥

오는정김밥　맛집　"예약하고 먹는 귀한 김밥"

인기가 많아서 예약을 꼭 해야하는 제주명물 김밥집. 전화/방문 예약이 성공하면 당일 또는 다음날 픽업이 가능하다. 2줄 이상 주문 가능. 옆집 꼬란 카페에서는 음료나 라면 주문하면 김밥을 먹을 수 있다. 주차는 올레시장 공영 주차장을 이용할 것. 가격은 4,000~ 6,000원. 09:00~ 19:00 (13:00~ 14:30 브레이크타임) 일요일 휴무. (463p E:2)

제주 서귀포시 동문동로 2　　#김밥 #2줄이상 #예약필수

법환포구　"최영장군의 숙소가 있던 곳"

고려시대 최영 장군이 병사들의 숙소인 막숙을 지었던 자리였다 하여 막숙개로 불리는 곳이다. 법환포구 주변으로 범섬이며 새섬, 문섬과 섶섬 등 많은 섬들을 볼 수 있어 사진 찍기에 좋다. 낚시 포인트이기도 하여 강태공들에게도 인기가 좋은 곳이다. (458p C:3)

제주 서귀포시 법환동 163-4　　#막숙개 #올레7코스 #바다

돈내코유원지 추천 "계곡이 상록수림으로 울창해"

예로부터 이 지역에 멧돼지가 많이 출몰하여 '돗드르'라 불렀는데, '돗'은 돼지, '드르'는 들판, '코'는 입구를 내는 하천을 가리키는 제주어다. 멧돼지들이 물을 먹었던 내의 입구라 하여 돈내코라 불린다. 계곡 양편이 상록수림으로 울창하게 덮여 있고 높이 5m의 원앙폭포와 작은 못이 있어 경치가 매우 좋다. (459p D:2) 사진ⓒ한국관광 콘텐츠랩-이정수

제주 서귀포시 돈내코로 128-1　　#상록수림 #원앙폭포 #연못

제스토리
"웬만한 제주 기념품을 다 살 수 있는 2층 소품샵"

2층 규모의 서귀포 소품샵. 조개, 돌, 바다를 모티브로 한 수공예품부터 제주 작가의 일러스트 엽서, 수제 비누까지 제주 소품이 많다. 해녀들이 해녀복으로 만든 머리핀, 키링도 있다. 2층에는 포토존 및 식료품, 식기류 등 다양한 기념품이 있다. 매장 앞 주차장이나 법환포구에 무료 주차 가능. 10만 원 이상 구매 시 택배비 무료. 매일 09:00~21:00 (458p C:3)

제주 서귀포시 막숙포로 60
#서귀포소품샵 #해녀복키링

원앙폭포 "두 개의 물줄기가 떨어지는 폭포"

돈내코 입구에서 산책로를 따라 걷다 보면 두 개의 물줄기가 떨어지는 폭포, 원앙폭포를 만날 수 있다. 금슬이 좋은 원앙부부가 살았다는 이야기가 전해져 내려온다. 폭포 주변 돌에 앉아 폭포를 담는 인증샷이 인기다. 7~8월에는 물놀이 하러 많이 오는 곳이다. 사진명소로 유명하다. (459p D:2)

제주 서귀포시 돈내코로 137　　#인생폭포 #돈내코유원지 #물놀이

벙커하우스 `카페`

"돌고래를 볼 수 있는 카페"

벙커 모양의 독특한 외관이 눈길을 사로잡는 오션뷰 카페. 테라스가 넓고, 잔디가 깔려 있어 아이와 함께하기 좋다. 카페에서 대여해 주는 망원경으로 운이 좋으면 섶섬, 문섬 근처 돌고래를 볼 수 있다. 2층은 자연 채광이 좋아 사진을 남기기 좋다. 벙커 크림 땅콩라떼가 대표 메뉴, 타르트, 케이크 등 디저트류도 다양하다. 매일 09:00~21:00 영업. (421p F:3) 사진ⓒ한국관광 콘텐츠랩

제주 서귀포시 막숙포로41번길 66
#오션뷰 #뷰맛집 #애견동반

보목마을

"인위적이지 않은 작은 어촌마을"

올레길 6코스의 쇠소깍과 외돌개의 사이에 위치한 작은 어촌 마을이다. 제주에서 가장 아름다운 마을로 선정되기도 했다. 화려하지도 인위적이지도 않은 자연스러움을 간직한 마을이다. (459p E:3) 사진ⓒ한국관광 콘텐츠랩

제주 서귀포시 보목동
#올레6코스 #어촌 #아름다운마을

범섬 "재미있는 전설이 있는 곳"

섬 모양이 호랑이를 닮았다 하여 범섬이라 불린다. 유람선을 타고 둘러볼 수 있다. 범섬 주변으로는 참돔이며 돌돔, 감성돔 등의 물고기가 많이 잡히는데, 낚시 포인트라 강태공들에게 인기가 좋은 섬이다. 최근엔 스쿠버 다이빙을 즐기는 사람들의 발길도 늘어나고 있다. (458p C:3)

제주 서귀포시 법환동
#해식동굴 #기암괴석 #낚시포인트

보목포구 "자리돔 낚시 명소"

마을 곳곳에 길게 뻗어있는 야자수 길이 인상적인 보목포구! 매년 5~6월이면 자리돔 축제가 열릴 만큼 자리돔 낚시의 명소이기도 하다. 날씨가 좋은 날이면, 포구 저멀리 한라산을 볼 수 있기도 하다. 해질 무렵 보이는 빨간 노을이 매우 아름답다. (459p E:3)

제주 서귀포시 보목포로 46　　#올레6코스 #자리물회 #자리돔축제

섶섬 "서귀포 앞 무인도"

서귀포항에서 20분 거리에 있는 무인도이다. 빽빽한 나무와 주상절리로 유명한 곳이기도 하다. 다양하고 귀한 식물들이 많이 살고, 돌돔이며 다금바리 등 물고기가 많이 잡혀 낚시하는 사람들이 특히 좋아하는 섬이다. 여름이면 스노쿨링을 즐기려는 사람들로 북적인다. 섬 주변으로 형형색색의 물고기와 산호초를 내 눈으로 확인할 수 있다. (459p E:3)

제주 서귀포시 보목동
#식물천국 #파초일엽 #낚시포인트

세리월드 `추천` "도심에서 즐기는 레져!"

도심형 복합레저타운으로 카트, 승마, 미로공원 등 즐길거리가 다양하다. 동화이야기가 곳곳에 소개되고 있는 미로공원은 아이들과 함께하기 좋다. 겨울에는 동백꽃이 가득해 더욱 아름답다. 시속 70km까지 올라가는 카트는 제주에서 가장 빠른 카트로 유명하다. 승마체험도 할 수 있다. 매일 09:00~18:00 운영, 우천 시 미운영. 카트레이싱 25,000원, 승마체험 15,000원.(458p C:3)

제주 서귀포시 법환상로2번길 97-13 　　#종합레져 #테마파크 #카트

우녁집 서귀포 올레시장점 `맛집`
"보리겨로 훈연한 흑돼지 구이"

보리겨로 훈연한 제주 흑돼지 전문점. 부드러운 목살과 육즙 좔좔 흐르는 삼겹살이 대표메뉴. 고기는 직접 구워준다. 멸젓, 마늘소스, 돈가스소스, 빵가루가 조합된 양념장이 킥. 열무김치국수는 사이드메뉴로 추천한다. 가격은 흑돼지점심세트 52,000원, 김치찌개 7,000원, 젓갈 감태쌈밥 11,000원. 매일 11:00~ 23:00 (22:00 라스트오더). (463p D:2)

제주 서귀포시 명동로 13-5
#보리겨훈연 #흑돼지구이 #특제양념장

제지기오름
"서귀포 바다와 한라산을 동시에"

오름의 높이가 100m 안팎이고 총거리가 650m 남짓이라 오르기가 쉽다. 앞으로는 서귀포 바다를, 뒤로는 한라산을 볼 수 있는 것이 이 오름의 매력이다. 올레길 6코스에 포함되어 있어 올레꾼들의 사랑을 받는 곳이기도 하다. 초반에는 완만하나 중간부터는 경사가 가파르다. 곳곳에 바위가 서 있으니 넘어지지 않도록 조심해야 한다. (459p E:3) 사진ⓒ한국관광 콘텐츠랩

제주 서귀포시 보목동 275-1
#올레6코스 #오름여행 #풍경

동화속으로 미로공원 `추천`
"동백나무와 미로"

세리월드 안에 있는 미로공원이다. 미로는 수천그루의 동백나무로 만들어졌는데, 동백꽃이 피는 시기에 맞춰 방문하면 보다 환상적인 체험이 가능하다. 미로 중간중간 다양한 포토존이 잘 꾸며져 있어 사진을 찍기에도 좋다. 전망대에 오르면 동백 미로는 물론 멀리 한라산까지 감상할 수 있어, 꼭 올라가보시길 추천한다. 매일 09:00~17:00 운영. 성인 6,000원. (458p C:3) 사진ⓒ한국관광 콘텐츠랩

제주 서귀포시 법환상로2번길 97-13 　　#동백 #미로 #전망대

소천지 `추천` "인스타 사진촬영 명소"

올레6코스의 소나무숲길을 따라가다 보면, 제주도의 숨은 명소 소천지를 만나게 된다. 백두산 천지를 그대로 옮겨 놓은듯 하여 소천지라 부르는데, 날씨가 좋으면 고여있는 물 위로 한라산이 반영되는 모습까지 볼 수 있다. (459p E:3)

제주 서귀포시 보목동 1400　　#백두산축소판 #올레6코스 #1급수

그건그렇고 "남들은 잘 모르는 독립 서적 찾고 있다면"

음료를 마시며 책을 읽을 수 있는 책방. 독립 서적, 에세이, 시가 있으며, 아늑하다. 스티커, 메모패드 등 구매 가능. 주차장이 넓다. 13:00~18:00 (토, 일 휴무) (458p A:2)

제주 서귀포시 상예로 224　　#책방 #독립서적 #스티커

제주다원 "전망좋은 녹차밭"

연간 5만여 명의 관광객이 다녀가는 유명 관광지. 녹차나무로만 이루어진 총 5단계의 미로 코스가 있는데, 생각보다 쉽지는 않다. 제주 다원 녹차 테마파크 전망대에서 바라본 풍경은 서귀포 70경 중 제1경이라 할 만큼 아름답다. 다양한 포토존, 염소 먹이 체험장, 해먹 체험장, 파노라마 뷰 전망대, 핑크뮬리 정원, 무료 차 시음장 등 즐길거리가 풍성하다. 매일 09:30~18:00 운영. 성인 12,000원. (차와 다과 제공) (458p A:2) 사진ⓒ한국관광 콘텐츠랩

제주 서귀포시 산록남로 1246
#미로 #전망대 #핑크뮬리

게우지코지 카페 `카페`
"수준급 커피를 맛볼 수 있는 오션뷰 카페"

향긋한 커피를 내려주는 바다 전망 베이커리 카페. 쌀소금빵, 제주 흑팥빵, 크루아상, 견과류 타르트 등 빵과 구움과자들도 담백하고 맛있다. 09:00~19:30 영업. 매달 1, 3번째 화요일 휴무. (459p E:3)

제주 서귀포시 보목포로 177
#에스프레소 #아메리카노 #베이커리

중문그때그집 서귀포본점 맛집 "흑돼지구이에 김치찌개 주문필수"

이대호, 임영웅도 방문한 흑돼지구이 맛집. 한돈 1등급 흑돼지를 사장님이 직접 숯불에 구워준다. 무한리필 김치찌개에는 라면사리, 계란후라이까지 포함되어 있어 푸짐하다. 중문 인근에 있다면 4인 이상 차량 픽업도 가능. 네이버 예약 시 사이드 메뉴 1개 무료. 가격은 무한리필 김치찌개 10,000원, 흑돼지구이 11,000원(100g). 매일 09:50~ 22:50.

제주 서귀포시 상예로 181-28 #한돈1등급 #흑돼지구이 #김치찌개

대왕수천예래생태공원 "물줄기 따라 흐르는 벚꽃잎"

제주 도민들이 사랑하는 벚꽃 명소. 잘 조성된 산책로를 따라 물줄기가 흐르고 벚꽃 나무가 심겨 있다. 벚꽃 나무가 너무 높지 않고 낮은 편이라 인물 사진을 찍기 좋다. 유채꽃과 벚꽃이 동시에 피기도 하며, 매년 4월 초에는 벚꽃 축제가 열리니 참고. 제주올레길8코스에 해당해 올레길 여행을 하는 중 코스로 넣는 것도 추천한다. 무료 주차 가능. (458p A:3) 사진ⓒ한국관광 콘텐츠랩

제주 서귀포시 상예동 5002-26 #현지인벚꽃명소 #올레길8코스

서귀포 치유의 숲
"편백나무와 삼나무 가득한"

치유의 숲은, 말 그대도 천천히 숲을 거닐며 자연이 주는 위로를 느껴보는 공간이다. 10개의 테마 중 알맞는 곳을 걸으면 된다. 산림치유지도사의 숲 해설과 함께 하고 싶다면 사전 예약이 필요하다. 하절기(4~10월) 매일 08:00~16:00, 동절기(11~3월) 매일 09:00~16:00. 입장료 성인 1,000원, 산림치유 프로그램 20,000원. (458p C:2) 사진 ⓒ한국관광 콘텐츠랩

제주 서귀포시 산록남로 2271
#편백나무숲길 #피톤치드 #열린관광지

중문미로파크
"미로찾는 즐거움"

심신 안정의 효과가 있는 랠란디나무의 미로 속에서 길을 찾는 즐거움을 체험할 수 있는 곳이다. 감귤 체험, 동물 친구들, 유채꽃밭과 제주의 신화와 역사, 황금 사자의 이야기 등 다양한 테마의 체험활동이 가능하다. 미로는 안내도를 안 보고는 통과하기 힘들 정도로 수준이 높은 편이다. 매일 09:00~18:00 운영. 성인 5,000원. (420p C:3)

제주 서귀포시 상예동 3592-5
#랠란디나무 #미로 #감귤체험

상효원 수목원 추천 "뒤로는 한라산 앞으로는 서귀포"

8만 평의 대지 위로 계절마다 다채로운 꽃이 피어나는 정원이다. 한라산은 물론 서귀포의 바다를 내려다 볼 수 있는 위치에 있어 제주도의 자연을 만끽할 수 있다. 제주도에서만 볼 수 있는 한란, 새우란도 볼 수 있다. 캠핑장은 물론 곳곳에 포토존이 마련되어 있어 추억을 남기기에도 훌륭한 곳이다. 매일 09:00~18:00 운영, 17:00 입장 마감. 성인 9,000원. (459p D:2)

제주 서귀포시 산록남로 2847-37　　　#한란 #노거수 #캠핑

서귀포 무인카페 다락 수국 `카페` "신비로운 느낌의 푸른 수국밭"

여름이 되면 정원 딸린 무인카페 다락 가는 길목에 푸른 수국밭이 펼쳐진다. 여행자들의 사랑방 같은 곳으로 입장료는 1,000원이다. 레몬스쿼시, 블루하와이 등의 음료와 큐브스테이크도 판매 중

제주 서귀포시 상효동 1361-1　　#6,7월 #무인휴게소 #무료입장 #숨은명소

카페델보스케 `카페`
"피크닉 사진을 셀프 촬영할 수 있는 야자수 카페"

넓은 정원의 야자수가 이국적인 카페다. 바삭하고 쫀득한 크로플과 달콤한 한라봉주스가 이곳의 대표 메뉴. 주스와 달콤한 디저트가 많아 아이들과 방문하기 좋다. 피크닉세트 예약 시, 아메리카노 2잔과 디저트가 제공되며, 매트, 풍선, 소품을 추가하여 피크닉 사진을 셀프 촬영할 수 있다. 외부 음식, 타업체 풍선은 금지. 가족의 추억을 남기고 싶다면 추천. 주차 가능, 매일 09:30~18:00 영업, 동절기 09:30~17:30 영업. (459p E:2)

제주 서귀포시 상효동 1558
#야자수#크로플#한라봉#피크닉#셀프촬영

중문색달해수욕장 "중문단지 해양스포츠 하기 좋은 해변"

제주의 다른 해변들보다 조금 더 깊이가 있는 곳. 그래서 수상스키, 윈드서핑, 스쿠버다이빙 등 해양스포츠를 하기에 제격이다. 과거 전국 해수욕장의 수질평가를 한 적이 있는데 이곳이 가장 우수했다고. (460p B:2)

제주 서귀포시 색달동 3306-3　　#수상스키 #윈드서핑 #해양스포츠

오전열한시 맛집

"시원한 동치미국수와 고소 짭조름한 전복볶음밥"

동치미국수와 전복볶음밥이 맛있는 식당. 대표메뉴인 동미치국수는 시원한 열무동치미국수에 수육을 싸서 먹는다. 땅콩크림소스가 킥인 전복볶음밥도 인기메뉴. 음식 비주얼도 예쁘고 가게 분위기도 세련되서 사진찍기 좋다. 가격은 동치미국수+수육 15,000원, 전복볶음밥 18,000원, 간장새우밥 15,000원. 10:00~ 16:00 (15:30 라스트오더) 수요일 휴무 (458p A:2) 사진ⓒ한국관광 콘텐츠랩

제주 서귀포시 상예로 248
#동치미국수 #전복볶음밥 #분위기

쉬리의언덕

"영화 '쉬리'의 마지막 장면"

신라호텔 안에 있지만, 무료로 개방이 되어 있는 산책로이다. 영화 <쉬리>의 마지막 장면에 나왔던 바로 그 언덕이기도 하다. 아름답기로 유명한 중문색달해수욕장의 멋진 바다 풍경을 즐길 수 있다. (460p A:2)

제주 서귀포시 색달동 3039-41
#쉬리 #산책로 #바다

베릿내공원 "진짜 도민들만 아는 물놀이 스팟"

도민들만 아는 서귀포 물놀이 명소. 공원 근처 교량 아래로 천제연 폭포에서부터 내려오는 계곡이 흘러 한적하고 시원하게 물놀이를 즐길 수 있다. 7~8월에만 입수할 수 있으며 샤워실, 탈의실 등 편의시설은 미비한 편이니 참고. 화장실 있음. 성천포구 앞 주차장 이용 추천. 여름철(7~8월) 10:00~19:00 운영. (460p C:2)

제주 서귀포시 색달동 3370   #숨은물놀이장소 #제주계곡스팟

별내린전망대 "나무데크 전망대"

백록담에서 시작되어 서귀포 바다로 흘러가는 중문천 하류에 있는 성천포를 말한다. 나무 그늘과 데크로 산책로가 잘 꾸며져 있어 산책을 즐기기에 매우 좋다. (460p C:2)

제주 서귀포시 색달동 2943   #중문천 #성천포 #산책로

엉덩물계곡 "유채꽃 만발 하는 계곡"

중문 관광단지 안에 있는 엉덩물계곡은 봄이면 유채꽃밭으로 유명한 곳이다. 산책로 주변으로 온 세상이 노란 유채꽃 장관을 볼 수 있다. 입장료 없이 유채꽃밭을 마음껏 다닐 수 있는 귀한 곳이기도 하다. 차량을 이용한다면 중문해수욕장 주차장을 이용해보자. (458p A:3)

제주 서귀포시 색달동 3384-4   #유채꽃 #올레8코스 #중문달빛걷기공원

연돈 맛집

"웨이팅 필수 백종원 돈까스"

백종원 돈까스로 알려진 식당. 착한 가격에 고퀄리티 돈까스를 먹을 수 있어 인기다. 바삭하고 부드러운 등심부터 안심, 치즈 순으로 주문량이 많다. 오전 8~9시에 번호표를 받아야 점심 식사가 가능하다. 모든 서비스는 셀프. 캐치테이블로 현장 대기도 가능하다. 가격은 등심까스 11,000원, 치즈까스 15,000원. 매일 12:00~ 21:00 (19:15 라스트오더) (458p A:3) 사진ⓒ한국관광 콘텐츠랩

제주 서귀포시 색달로 10

#등심까스 #치즈까스 #웨이팅

중문통갈치조림구이 기원은갈치 맛집 "짜지 않고 중독적인 맛의 통갈치조림"

즉석 통갈치조림 전문점. 대표메뉴인 통갈치조림을 주문하면 갈치회, 갈치회무침, 옥돔구이, 양념게장, 전복미역국, 솥밥, 밑반찬이 푸짐하게 나온다. 짜지않고 중독적인 양념맛이 인기. 여기에 문어, 갈치구이를 더 추가할 수도 있다. 가격은 통갈치조림2인 70,000원, 문어 &해물갈치조림2인 100,000원. 매일 10:00 ~22:00 (21:00 라스트오더)

제주 서귀포시 색달중앙로 22   #통갈치조림 #옥돔구이 #문어

선임교

천제연 폭포 위쪽에 있는 아치형의 칠선녀 다리. 국내 최초로 고유의 오작교 형태로 건설되었으며, 선녀들이 구름을 타고 하늘로 올라가는 웅장한 모습을 하고 있다. 천제연의 2단과 3단 폭포 중간쯤에 위치해 폭포와 중문 관광단지를 이어주는 아치형 철제다리이다.

사진ⓒ한국관광 콘텐츠랩

제주 서귀포시 색달로189번길 27
#아치형철제다리 #칠선녀다리 #오작교

새섬 "새연교를 통해 이어지는 작은섬"

서귀포에서 가장 산책하기 좋은 곳을 꼽으라면 이곳이 아닐까. 서귀포항과 새섬을 연결하는 새연교를 따라 섬으로 들어오는 길은 특히 아름답다. 앉아 쉴 수 있는 벤치에선 음악이 흘러나오고, 밤이 되면 아름다운 조명이 빛을 발한다. 가까이에 있는 문섬과 섶섬, 범섬을 바라볼 수 있는, 낮에도, 밤에도 예쁜 곳이다. (459p D:3)

제주 서귀포시 서귀동 산1   #새연교 #산책길 #뮤직벤치

문섬 "아열대 어류가 서식하는 무인도"

희귀한 산호들이 많이 살고 있고, 우리나라에서 수중 생태계가 가장 잘 지켜진 곳으로 알려져 있는 문섬은, 스킨스쿠버들에게 특히 사랑받는 섬이다. 세계 최대의 연산호 군락지이기도 해서, 바닷속을 여행하는 사람들에게는 최고의 섬인 것이다. (459p D:3)

제주 서귀포시 서귀동   #희귀산호 #문화재기념물제45호 #스킨스쿠버

자구리공원

공원 앞으로 바다가 펼쳐져 있는데, 섶섬이며 문섬, 서귀포항을 한눈에 담을 수 있어 바다를 보는 것만으로도 충분히 추천할 만한 곳이다. 공원은 '문화예술로 하나 되는 자구리'라는 이름처럼, 다양한 작품들이 전시되어 있다. 예술작품과 바다를 함께 즐기고 싶다면 이곳을 방문해 보자. (459p D:3)

제주 서귀포시 서귀동 70-1
#이중섭 #그리운제주도풍경 #작가의산책길

굿밭거리 왕벚꽃

굿밭거리 도로 양옆에는 왕벚나무가 줄지어 서 있다. 탐스럽고 풍성한 벚꽃을 감상할 수 있는 곳. 바람에 흩날리는 벚꽃잎과 오래된 상점, 정류장이 어우러진 풍경이 정겹다. 특히 대륜세탁소와 벚나무 풍경으로 유명. 벚꽃과 동백꽃을 한 장의 사진에 담을 수 있다.

새연교 "서귀포항과 새섬을 연결하는 다리"

서귀포항과 새섬을 잇는 다리이다. 올레6코스에 포함되어 있고, 차가 지나지 않아 맘 편히 산책하려는 사람들이 많이 찾고 있다. 일몰이 예뻐서 해질 시간에 맞춰 이곳을 찾는 사람들도 많고, 다리 주변으로 아름다운 야경을 보기 위해 오는 이들도 많다. 다양한 행사들도 많이 치러지고 있으니 꼭 방문해 보자. (459p D:3)

제주 서귀포시 서홍동 707-7　　#올레6코스 #서귀포관광미항 #보도교

제주 서귀포시 서호동 352-6
#굿밭거리#정류장#왕벚나무#동백꽃

하라케케 `카페`
"오션뷰의 수영장이 있는 카페"

바다가 보이는 수영장이 유명한 카페다. 수심이 얕아 아이들이 놀기 좋아 가족 단위 방문이 많다. 야자수가 곳곳에 심어져 있어 휴양지에 온 분위기. 잔디 내 좌석이 다양하고, 찍기만 하면 인생샷을 건질 수 있다. 실내, 실외 포토스팟이 많아 천천히 둘러보며 추억을 남겨 보자. 1인 1음료 주문 시 정원, 인피니티풀, 키즈풀, 썬베드 모두 자유롭게 이용 가능. 매일 08:00~20:00 영업. (458p C:3) 사진ⓒ한국관광 콘텐츠랩

제주 서귀포시 속골로 29-10 16호
#오션뷰 #노을맛집 #수영장

네거리식당 `맛집`
"칼칼한 갈치국과 바삭한 갈치구이"

제주식 갈치요리 식당. 신선한 갈치에 단호박, 청량고추 넣고 맑게 끓인 갈치국이 유명하다. 물엿없이 깔끔한 맛의 갈치조림과 1인분부터 주문할 수 있는 갈치구이도 인기 메뉴. 식사시간에는 웨이팅이 있다. 주차는 바로 옆 공영주차장 이용. 가격은 갈치국 16,000원, 갈치구이 1인분 30,000원. 매일 07:00~ 21:40 (20:40 라스트오더) (459p D:3)

제주 서귀포시 서문로29번길 20
#갈치국 #갈치조림 #갈치구이

고근산
"서귀포를 조망할 수 있는 오름"

산의 중간만 가도 바다 건너 범섬이 보이고, 정상에 오르면 마라도까지 볼 수 있는 풍경 맛집의 공간이다. 올레7-1코스에 속해 있기도 한데, 오르는 길이 삼나무나 편백나무와 같이 피톤치드를 뿜어내는 좋은 나무들로 채워져 있어 산책이 아닌 힐링을 할 수 있는 산이다. 걷기 좋고 볼 곳 많은 건강한 곳이다. (458p C:2)

제주 서귀포시 서호동 1287
#올레7-1코스 #편백나무 #힐링

돈블랙 서귀포본점 맛집

"오겹살, 목살, 항정살 구이 맛집"

200시간 숙성을 거친 흑돼지 고기구이 전문점. 워터에이징 기법으로 저온 숙성한 고기가 진한 풍미를 자랑한다. 숙성 흑돼지 오겹살, 항정살, 가브리살과 백돼지 목살, 숙성 뼈삼겹살이 준비되어 있다. 이중 뼈삼겹살은 하루 30인분만 한정 판매한다. 매일 11:30~23:00 영업. (421p F:3)

제주 서귀포시 서호남로32번길 24
#숙성오겹살구이 #제주산고사리 #웨이팅

황우지해안열두굴 "일제가 만든 인공 동굴"

태평양전쟁 당시 패색이 짙던 일본이 연합군의 반격에 대비해, 어뢰정과 폭약을 숨길 목적으로 만들었던 동굴이다. 이런 인공동굴을 만들기 위해 강제 노역했을 제주도민들의 아픔과 슬픔이 서려있는 곳이기도 하다. 주변에 스노쿨링이 가능한 천연풀장으로 유명한 선녀탕이 있을 만큼 아름다운 풍경을 자랑하는 곳이나, 역사적 아픔 또한 있는 곳이다. (457p E:3)

제주 서귀포시 서홍동 764-5 　　#군사방어용 #인공굴 #선녀탕

걸매생태공원 "유채와 매화를 한 프레임에"

서귀포의 숨은 봄꽃 명소. 천지연 폭포 상류에 위치한 공원으로 유채꽃과 매화나무가 함께 심어진 공간이 있어 봄 사진을 찍기 좋은 곳. 입장료와 주차비가 따로 없고 산책로가 잘 정비되어 있어 여유롭게 걷기 좋다. 제주올레길 7-1코스와 하영올레1코스가 있어 올레길 여행 중 잠시 들러 쉴 수 있다. (462p A:2) 사진ⓒ한국관광 콘텐츠랩

제주 서귀포시 서홍동 1207 　　#제주봄꽃명소 #올레길코스

삼매봉공원

"오르는 동안 한라산이 병풍이 되는 곳!"

정상에 봉우리가 세 개 있다고 해서 삼매봉이라는 이름이 붙은 산. 정상 팔각정까지 도보 15분 거리의 산책로가 형성되어 있다. 북쪽으로 한라산 정상이 보이고 남쪽으로 서귀포 앞바다가 보이는 숨은 명소이다. (459p D:3) 사진ⓒ한국관광 콘텐츠랩

제주 서귀포시 서홍동 820-2
#팔각정 #한라산 #서귀포 #전망

황우지 해안 추천 "현무암 천연 수영장이 만들어지는 곳"

현무암이 둘레를 이루고 있어 천연 수영장이 만들어지는 곳. 황우지 해안은 눈에 잘 띄지 않는데, 외돌개 휴게소 올레 7코스 부근 주차장에 주차하여 올레 7코스로 따라 해안가로 내려가면 그곳이 바로 황우지 해안이다. 해안에는 열두 개의 굴이 있는데, 이 동굴들은 일본군이 파놓은 진지 동굴이다. (459p D:3)

제주 서귀포시 서홍동 766-1　　　#현무암 #해안 #올레7코스

선녀탕 스노클링 "에메랄드색 빛나는 천연 바다풀장"

바위로 둘러싸인 천연 풀장, 선녀탕! 에메랄드 빛 바닷속을 들여다 보는 재미는 물론, 탁 트인 바다를 감상할 수 있는 스노클링의 성지이다. 황우지해안으로 검색하거나 외돌개 정류장에서 동쪽으로 가면 만날 수 있다. (457p E:3)

제주 서귀포시 서홍동 795-5　　　#선녀탕 #스노클링 #황우지해안 #노을 명소

화고 흑돼지 신시가지점 맛집
"묵은지, 꽈리고추에 싸먹는 돼지고기"

돼지고기 구이 전문점. 주인장이 직접 구워주는 두툼한 고기를 묵은지와 꽈리고추에 싸 먹는 맛이 있다. 다시마 넣고 갓지은 밥, 얼큰한 돼지김치찌개, 시원한 김치말이국수도 별미다. 저녁 6시 이후에는 웨이팅이 필요하다. 가격은 숙성흑돼지근고기 60,000원, 숙성제주가브리살 21,000원. 매일 11:00~24:00 (458p C:3) 사진ⓒ한국관광 콘텐츠랩

제주 서귀포시 신서로32번길 20
#돼지고기 #묵은지 #꽈리고추

외돌개 추천 "용암이 식어 만들어진 바위"

외돌개는 용암이 식어 만들어진 바위로, 삼매봉 남쪽 바다에 우뚝 솟은 모습이 특이하다. 대장금 촬영지로 활용되어서 수많은 외국인이 찾고 있는 국제적인 여행지이기도 하다. 외돌개와 해안 절경을 보며 걸을 수 있는 산책길인 올레길 제7코스가 있다. 올레길 7코스는 올레길 중에서도 으뜸으로 손꼽힌다. (459p D:3)

제주 서귀포시 서홍동 791 　　#기암괴석 #대장금 #올레7코스

서귀포자연휴양림법정악전망대 "서귀포가 한눈에 다~ 보여"

정상에 오르면 파노라마 뷰가 펼쳐지는 전망대. 서귀포자연휴양림 내에 있는 법정이오름에 위치하며, 3km 길이의 데크가 전망대까지 깔려 있어 비교적 쉽게 오를 수 있다. 정상에 오르면 서귀포 시내와 서귀포 앞바다가 한눈에 보인다. 섶섬, 지귀도, 문섬, 범섬 등 서귀포 바다의 섬들을 찾아보는 재미도 있다. 서귀포자연휴양림 입장료 성인 1000원. 09:00~18:00 운영, 입장 마감 17:00. (458p B:2)

제주 서귀포시 영실로 226 　　#오름전망대 #서귀포바다뷰

소암기념관
"서귀포에서 태어난 서예의 전설"

20세기 한국 서예 거장 소암 현중화의 삶과 예술을 엿볼 수 있는 무료 전시관. 서귀포에서 태어나 제주를 기반으로 활발한 예술 활동을 했던 일생과 그 작품들이 전시되어 있다. 소암 선생의 작품뿐만 아니라 한국화, 문인화 등 다양한 작품을 감상할 수 있다. 이중섭거리와 가까워 함께 둘러보는 것을 추천. 09:00~18:00 운영, 17:30 입장 마감. 월요일 휴관. (463p E:3)

제주 서귀포시 소암로 15
#서예작품전시 #한국화전시

러디스 카페
"야외테라스에 즐기는 바다와 정원"

제주 올레길 7코스와 연결되어 있다. 스윗 앤 솔티, 우도 땅콩라떼가 시그니처 메뉴. 베이커리 종류가 다양하고, 맥주도 판매한다. 빈티지한 인테리어와 화려한 샹들리에가 멋진 곳. 2층 아치형 창문 너머 아름다운 바다를 감상할 수 있다. 매일 09:30~18:20 영업. (458p C:3)

제주 서귀포시 월드컵로 202
#오션뷰 #별 #애견동반

제주세계성문화박물관

성을 주제로 한 동서고금의 자료들이 다 모여 있는 곳이다. 재미있는 춘화, 적나라한 조각 등 2천 점이 넘는 성 유물들이 전시 중이다. 감추고 숨기는게 아닌, 건강하게 성을 마주보고 이야기할 수 있는 이색적인 공간이다. 특별한 경험을 원하시는 분들께 추천한다. 매일 09:00~20:00 운영, 입장 마감 19:00. 성인 7,000원.(457p D:3)

제주 서귀포시 월드컵로 33
#성문화 #성유물 #춘화

색달식당 `맛집`

"가시걱정없는 순살갈치조림"

먹기 좋은 순살갈치조림 전문점. 매콤하지만 간이 세지 않은 갈치조림에 옥돔구이, 솥밥, 오이냉국, 콘치즈, 밑반찬 등이 푸짐하게 나온다. 내장과 잔가시를 발라주는 갈치구이정식과 반반 주문도 가능. 가격은 순살갈치조림 38,000~ 76,000원(2~ 4인). 매일 10:00~ 21:00 (15:00~ 16:00 브레이크타임, 20:00 라스트오더) (420p C:3)

제주 서귀포시 예래로 255-18
#갈치조림 #갈치구이 #반반주문

서귀포 예래생태마을

"생태학습장 및 휴식공간"

대왕 수천이 흐르는 곳으로, 생태학습장 및 휴식공간으로 활용되고 있다. 2월쯤 방문하면 매화 천국을 만날 수 있다. 내부에는 다양한 문화행사나 체험 프로그램들이 운영 중이다. (458p A:3) 사진ⓒ한국관광 콘텐츠랩

제주 서귀포시 예래로 82
#대왕수천 #생태학습장 #매화

답다니수국밭 "이곳이 수국 맛집"

제주도에서 새로 떠오르는 여름철 수국 명소. 눈이 시릴 정도로 파란 수국 무리가 펼쳐져 있다. 답다니 귤밭과 귤 창고 옆에 수국 공원이 마련되어있다. 공원 입장료를 내면 수국 한 송이와 사진 촬영 서비스를 받을 수 있다. 월평로 50버길 17-34로 이동, 매일 09:00~18:00 영업. (458p B:3)

제주 서귀포시 월평로50번길 17-30 　　　#6,7월 #파란수국 #귤밭 #수국한송이 #사진촬영

예래동 벚꽃길 "벚꽃 드라이브 코스"

조용히 벚꽃놀이를 즐기고 싶다면 예래생태공원을 찾아가 보자. 중문관광단지부터 예래생태공원까지 가는 길목에 멋진 벚꽃 드라이브 코스가 펼쳐진다. 중문관광단지에서 중문관광로, 예래입구사거리, 예래동으로 이어지는 길목에 벚꽃이 가득하다. 네비에 서귀포시 예래로 213을 찍고 이동. (458p A:3)

제주 서귀포시 예래로 82 　　#3,4월 #벚꽃드라이브 #시골마을

월평포구 "낚시 명소"

국내 유일의 선인장 자생지인 월령포구는, 여름이면 선인장의 노란색 꽃이 일렁이는 곳이다. 해안산책로를 따라 벽화를 보는 재미도 있고, 물색도 워낙 예뻐 주변을 걷는 것만으로도 힐링이 되는 느낌이다. 낚시 명소이기도 해서, 전국의 강태공들이 이곳으로 모인다. 4.3사건 당시 청년들이 손수 쌓아올린 포구이기도 하다. (458p B:3)

제주 서귀포시 월평동 665-9   #낚시포인트 #선인장자생지 #4.3사건

아프리카 박물관
"아프리카에 대한 편견을 없애는 곳"

이색적인 건물 만큼이나 볼거리가 다양한 박물관이다. 쉽게 접하기 어려운 아프리카의 독특한 문화를 체험해 보고, 아프리카에 대한 편견을 바로잡을 수 있다. 아프리카 하면 떠오르는 사파리 파크나, 상설전시관, 현대미술전 등이 마련되어 있다. 아프리카의 색이 어떤 것인지 온몸으로 경험해볼 수 있다. 관람객들의 만족도가 높은 원주민 공연은 사전 예약이 필수다. 매일 10:00~18:50 운영, 입장 마감 18:00. 성인 11,000원. (461p E:3)

사진ⓒ한국관광 콘텐츠랩

제주 서귀포시 이어도로 49

#사파리파크 #원주민공연 #아프리카

제주월드컵경기장 "축구 전용 경기장"

2002년 FIFA 월드컵을 위해 만들어진 축구 전용 경기장으로 오름과 분화구를 상징적으로 표현하고 있다. 세계로 힘차게 뻗어 나가는 제주인의 기상을 상징한다. 제프 블래터 전 국제축구연맹 회장이 이곳에 왔을 때 "세계에서 가장 아름다운 경기장"이라고 언급하기도 했다. (458p C:3)

제주 서귀포시 월드컵로 33   #FIFA #세계에서가장아름다운경기장

워터월드 제주

"찜질방이 있는 워터파크"

제주도에서 가장 큰 워터테마파크이다. 파도풀, 유수풀, 바데풀 다양한 풀은 물론, 대형 찜질방과 사우나 등 온 가족이 하루종일 즐길 수 있는 다양한 시설이 갖추어져 있다. 수영 좋아하는 어린 아이부터 스파나 사우나 좋아하실 어른들까지 함께 즐기기 좋다. 약이 되는 제주도의 물을 제대로 느껴볼 수 있다. 매일 10:00~20:00 운영, 입장 마감 19:00. 성인 27,000원. (458p C:3) 사진ⓒ한국관광 콘텐츠랩

제주 서귀포시 월드컵로 33
#워터테마파크 #유수풀 #종합레저공간

제주곰집 `맛집`

"스테이크급 암퇘지 구이 맛집"

SBS 맛슐렝가이드 맛집에 소개된 흑돼지 전문점. 제주산 암퇘지만 취급한다. 스테이크처럼 두툼한 고기가 초벌되어 나와서 먹기 편하다. 파절이, 얼갈이무침, 깻잎나물도 꿀맛. 인근 펜션 차량 픽업 가능. 가격은 흑돼지 오겹살 2인 46,000원(400g), 흑돼지 해산물 모둠 2인 99,000원. 11:00~ 23:00 (21:50 라스트오더) 격주 수요일 휴무. (458p C:3)

제주 서귀포시 이어도로 733
#암퇘지 #흑돼지 #픽드롭

카페텐저린 `카페` "아기자기한 분위기 속 맛있는 브런치"

높고 큰 창이 있는 붉은 색 벽돌 건물과 초록초록한 정원이 어우러진 브런치 카페. 넓은 매장은 다양한 소품과 액자, 그릇 등으로 꾸며져 아기자기 분위기다. 텐저린브런치, 에그인헬 등 건강하고 신선한 재료로 만드는 브런치 메뉴가 인기. 브런치 카페답게 다양한 세트 메뉴도 준비되어 있다. 야외에는 귤밭과 동백나무, 백일홍 등이 있어 가볍게 산책하며 사진을 남기기에 좋다. 주차 가능. 매일 09:00~18:00 영업 (458p C:3)

제주 서귀포시 이어도로 880   #큰창 #정원 #브런치 #산책

카페 오늘의 바다 `카페` "뻥뚫린 바다가 보이는 카페"

탁 트인 오션뷰를 즐길 수 있는 카페, 오늘의 바다! 법환포구 근처에 위치해, 범섬과 문섬까지 볼 수 있다. 통유리로 된 건물 중앙 입구로 들어서면 바다를 향해 시야가 뻥 뚫린다. 정면에 있는 테이블은 바다와 야자수를 한컷에 담을 수 있는 대표적인 포토존! (14p C:3)

제주 서귀포시 이어도로 990   #오늘의바다 #오션뷰 #카페 #범섬

약천사 "약수가 흐르는 사찰"

사계절 내내 약수가 흐르는 사찰이라 하여 약천사라 이름붙여졌다. 커다란 야자수 나무들이 사찰을 찾은 손님들을 맞아준다. 동양 최대 규모의 법당을 자랑하는 데다 바다도 볼 수 있어, 탁 트인 공간만큼이나 무거운 생각을 내려놓기 좋다. 템플스테이도 운영 중인 사찰이라, 몸도 마음도 쉬어가기 참 좋다. (458p B:3)

제주 서귀포시 이어도로 293-28   #약수 #동양최대법당 #하귤

이중섭미술관창작스튜디오
"문화 및 체험프로그램"

이중섭 문화의 거리에 있는 창작 공간. 공예 공방, 전시실, 작업실 등이 있어 미술작가들에게 편리한 작업 여건을 제공하고 방문객은 문화예술을 향유할 수 있다. 이중섭 미술관이 27년 2월까지 확충 공사를 위해 휴관하면서, 현재 이곳에서 대체 전시를 진행하고 있다. 이중섭 관련 서적과 사진 등 아카이브 자료를 전시. 화~일 09:00~18:00 운영, 매주 월요일 휴관. 관람료 무료. (463p E:3) 사진ⓒ한국관광 콘텐츠랩

제주 서귀포시 이중섭로 33
#역사유적 #문화재발굴 #공연

대포주상절리 추천 "6각형의 주상절리를 볼 수 있는 곳"

주상절리는 화산 분출 후 용암 표면이 균등한 수축으로 수직 방향으로 생겨난 돌기둥을 뜻한다. 해안가의 용암이 빠르게 식으면서 생긴 균열이 4~6각형의 기둥을 생성하고, 그 균열로 비와 눈이 들어가 얼고 녹기를 반복하면서 틈이 발생하고 떨어져 나가 대포동 주상절리대가 생성되었다. 매일 09:00~17:30 운영. 성인 2,000원. (461p D:3)

제주 서귀포시 이어도로 36-24   #해안 #돌기둥 #기암괴석

이중섭거주지
"이중섭이 머물던 곳"

한국전쟁 당시, 화가 이중섭과 가족들이 피난 생활을 했던 공간이다. 그의 작품에도 스며있는 이중섭이 머물던 공간이 옛 모습 그대로 복원되어 있다. 서귀포 정방동 매일시장에서 솔동산까지 그의 행적을 따라 천천히 걸어보자. 열악했지만 동시에 따뜻했던 그의 지난 생활이 그려진다. (463p E:3)

제주 서귀포시 이중섭로 29
#이중섭거리 #정방동 #이중섭예술제

카페 귤꽃다락 카페 "귤밭 포토존에서 인생샷을 찍어보자"

귤을 테마로 한 카페. 귤나무와 식물들로 가득 채워진 실내가 푸릇푸릇하다. 통창 너머 보이는 귤나무, 채광이 좋아 감성샷을 찍을 수 있다. 푸른 하늘과 노란 귤이 가득 달린 귤 나무 앞 의자에 앉아 찍는 인증샷이 유명하다. 길을 따라 걸으면 포토존이 가득해 사진을 남기기 좋다. 매일 10:00~18:40 영업. (421p F:3)

제주 서귀포시 이어도로1027번길 34   #귤밭포토존 #감성카페 #귤양갱

숙성도 중문점 맛집 "맛있게 구워주는 흑뼈등심구이"

하루 80인분 한정인 흑뼈등심이 맛있는 집. 2인이라면 흑뼈등심 2인분에 갈치속젓볶음밥을 주문하면 적당하다. 2층 자리는 연기가 올라오고 더우니 가능하면 1층에 자리잡자. 캐치테이블로 예약 가능. 일행 모두 도착 시 입장 가능. 가격은 숙성 흑뼈등심 39,000원(350g), 숙성 뼈목살 38,000원(360g). 매일 11:30~ 22:00 (21:15 라스트오더) (458p A:2) 사진ⓒ한국관광 콘텐츠랩

제주 서귀포시 일주서로 1101   #흑뼈등심 #갈치속젓볶음밥 #웨이팅필요

서귀본향당
"신을 섬기는 신당"

서귀동 이중섭 미술관 위편, 문섬이 내려 보이는 곳에 위치한 신당이다. 서귀본향당의 당신의 이름은 '보름웃님'이다. 마당 한편에 있는 신목의 위풍이 예전 당제의 위엄을 나타내고 있다. 사진ⓒ한국관광 콘텐츠랩

제주 서귀포시 이중섭로23-11
#보름웃님 #신목

숨도, 귤림성 "현무암돌에 자라는 야생초"

숭숭 구멍이 뚫려있는 현무암 사이사이로 야생초가 붙어 자라나는, 제주도에서만 볼 수 있는 석부작을 볼 수 있는 곳이다. 자연이 만든 예술품인 석부작 작품들과 다양한 분재 작품들을 만나볼 수 있다. 제주도의 색채가 물씬 나는 나무들과 산책로가 잘 마련되어 있어 걷는 기쁨이 있는 곳이기도 하다. 매일 08:00~18:00 운영. 성인 6,000원. (459p D:3) 사진ⓒ한국관광 콘텐츠랩

제주 서귀포시 일주동로 8941
#풍란 #야생화 #분재작품

사서책방&1급마크 "사서 출신 책방지기의 큐레이션 서점"

사서 선생님 출신의 주인장님이 오픈한 책방. 큐레이션 책이 많고 파우치, 가방 등 직접 만드신 소품을 구경하는 재미가 쏠쏠하다. 내부 중앙에는 긴 테이블이 있어 책을 읽기 좋다. 책방 곳곳에 고양이 캐릭터가 있으며 고양이 소재의 책이 한쪽에 소개되어 있다. 시 박스가 있어서 원하는 시가 적힌 종이를 가져갈 수 있다. 12:00~17:30 (토, 일 휴무) (458p B:3)

제주 서귀포시 일주서로 313 1층　　#사서 #시박스

테라로사커피 중문 에코라운지 DT점　카페　"모던한 공간에서 즐기는 특별한 커피"

자연과 어우러진 콘크리트. 높은 층고 덕분에 개방감이 느껴지는 모던한 카페다. 1층은 벽면의 작품들 덕분에 마치 미술관에 온 것 같은 분위기다. 책을 판매하고, 읽는 공간인 2층과 야외 테라스도 마련되어 있다. 테라로사답게 다양한 커피 메뉴가 있으며, 제주 돌담 블렌드, 제주 밤바다 디카페인은 오직 제주에서만 즐길 수 있다. 2층은 식음료 반입 금지. 주차 가능, 매일 09:00~20:00 영업.

제주 서귀포시 일주서로 1166
#웅장 #모던 #북카페 #커피

중문고등어쌈밥　맛집
"쌈채소와 먹는 묵은지고등어의 맛"

묵은지 김치와 통통한 고등어를 한상에 주는 정식 전문점. 대표메뉴는 묵은지고등어쌈밥과 전복돌솥밥 세트다. 직접 기른 쌈채소와 반찬이 무한리필이라 든든하게 먹을 수 있다. 오전 방문 시 전복죽 무료. 아이를 위한 돈까스 메뉴도 있다. 가격은 묵은지고등어쌈밥 17,000원, 고등어구이 15,000원. 매일 09:30~ 20:00 (19:00 라스트오더) (420p C:3) 사진ⓒ한국관광 콘텐츠랩

제주 서귀포시 일주서로 1240
#묵은지고등어쌈밥 #전복돌솥밥 #쌈채소

선물가게바나나 제주 소품샵 서귀포중문점
"기념품을 한번에 사기 좋은 규모 있는 소품샵"

제주 기념품과 와인을 구매할 수 있는 노란색 건물의 소품샵. '바나나'는 바라고 나누고 싶은 나의 선물 가게라는 의미이다. 위스키, 와인, 주류 등 술을 판매하며, 제주 디퓨저, 키링, 컵, 엽서, 볼펜 등 굿즈도 구매할 수 있다. 규모가 있어 여행 마지막에 기념품을 한 번에 사러 오기 좋다. 매장 앞 주차 가능. 매일 10:30~21:30 (458p A:3)

제주 서귀포시 일주서로 875   #노란건물 #제주기념품

국수바다 서귀포본점 `맛집`
"자가제면 고기국수 전문점"

식신로드에 출연한 고기국수 맛집이다. 매일 매장에서 직접 뽑는 생면과 12시간 정성 들여 끓인 진한 사골 육수를 사용한다. 세트 메뉴가 있어 고기국수와 돔베고기, 보말성게칼국수 또는 비빔국수를 맛볼 수 있다. 목~화 8:00~21:00 운영. 브레이크 타임 없이 운영되며, 20:30 라스트오더. 매주 수요일 정기 휴무 (458p B:3) 사진ⓒ한국관광 콘텐츠랩

제주 서귀포시 일주서로 580

#고기국수 #비빔고기국수 #자가제면

고집돌우럭 중문점 `맛집`
"매콤한 우럭조림에 밥 비벼먹기"

제주 해산물로 차려진 푸짐한 한상을 먹을 수 있다. 단품 메뉴 없이 런치와 디너, 한 상 차림만 있다. 전복, 우럭, 시래기 등이 들어있는 전복새우우럭조림, 튀긴 듯 바삭한 옥돔 등 맛있는 음식들로 가득하다. 키즈 메뉴가 무료로 제공되어, 아이 동반 가족에게 추천. 중문점 외에도 제주함덕점, 제주공항점도 있다. 매일 10:00~21:30 운영. 15:00~17:00 브레이크 타임. (458p A:3) 사진ⓒ한국관광 콘텐츠랩

제주 서귀포시 일주서로 879

#우럭조림 #가족친화 #중문

제주국제컨벤션센터 "중문면세점 위치"

국내 유일의 리조트형 컨벤션 센터로 국제회의, 강연, 연회, 이벤트, 전시회, 공연 등이 펼쳐진다. 연중 다양한 전시회 및 행사 공연 등이 펼쳐지는 곳으로 제주관광공사 중문 면세점이 위치해있다. (461p D:3)

제주 서귀포시 중문관광로 224   #리조트형컨벤션센터 #전시회 #행사

돈이랑 본점 맛집

"육즙 폭탄 프리미엄 흑돼지구이"

프리미엄 1등급 흑돼지를 사용하는 고깃집. 대표 메뉴는 근고기와 특수부위다. 2인 근고기 세트는 오겹살, 목살, 목덜미살을 한번에 맛볼 수 있다. 보말전복된장찌개와 김치말이국수도 추천한다. 중문 인근 차량 픽업 가능. 가격은 숙성 흑돼지 근고기 11,000원(100g). 매일 11:30~24:00 (15:00~16:00 브레이크타임, 23:10 라스트오더) (458p B:3) 사진ⓒ한국관광 콘텐츠랩

제주 서귀포시 일주서로 953

#프리미엄흑돼지 #육즙폭탄 #픽드롭

제주오성 순살갈치조림 제주도 중문 본점 맛집

"아침식사가 가능한 갈치조림집"

갈치조림 전문점. 아침일찍 문을 열어 아침 식사하기에도 좋다. 오전 10시 전에는 고등어 구이가 무료다. 문어튀김, 해물뚝배기, 전복솥밥도 갈치조림과 함께 먹기 좋은 메뉴. 네이버 예약 가능. 주차장 완비. 가격은 순살갈치조림 2인 30,000원, 전복해물뚝배기 16,000원, 통문어튀김 18,000원. 매일 08:00~21:00 (19:50 라스트오더) 사진ⓒ한국관광 콘텐츠랩

제주 서귀포시 중문관광로 27

#갈치조림 #고등어무료 #아침식사

제주국제평화센터 "제주 방문했던 저명인사의 밀랍인형"

평화의 섬 제주도의 가치와 비전을 체험해볼 수 있는 공간이다. 세계 평화의 중심이자, 동북아 평화의 허브가 되길 꿈꾸는 제주도의 역사가 잘 정리되어 있다. 제주도를 방문했던 세계 각국의 주요 정상들과 유명 인사들의 밀랍인형들도 볼 수 있다. 매일 09:00~18:00 운영, 입장 마감 17:30. 매달 2, 4번째 월요일 정기 휴무. 성인 1,500원. (461p D:2) 사진ⓒ한국관광 콘텐츠랩

제주 서귀포시 중문관광로 227-24   #평화의섬 #주요정상 #밀랍인형

박물관은살아있다 제주 "트릭아트 뮤지엄"

세계에서 가장 규모가 큰 착시 테마파크이다. 착시아트, 오브제아트 등 다섯 가지 테마로 운영되고 있는데, 세계적으로 유명한 미술 작품들 속에 들어가거나 주인공이 되어볼 수 있다. 유명 작품들 속에 직접 들어가 사진을 남겨보자. 유쾌한 추억이 될 것이다. 매일 09:00~19:00 운영. 18:00 입장 마감. 성인 14,000원. 네이버 예매 시 할인. (460p A:1)

제주 서귀포시 중문관광로 42   #착시미술 #체험전시관 #트릭아트

가람돌솥밥 중문관광단지 `맛집`

"해산물 한가득한 솥밥과 뚝배기 요리"

중문관광단지 내에 위치, 아침 식사하기 좋은 곳이다. 양념장과 마가린을 넣고 먹는 전복 돌솥밥이 인기 메뉴. 전복 내장의 감칠맛과 전복의 쫄깃함이 일품이다. 밥을 덜어낸 후, 마가린을 살짝 발라두면 고소한 누룽지를, 물을 부으면 구수한 숭늉을 맛볼 수 있다.매일 8:30~21:00 운영. 16:00~17:00 브레이크 타임. (461p F:1) 사진ⓒ한국관광 콘텐츠랩

제주 서귀포시 중문관광로 332
#전복돌솥밥 #해물뚝배기 #성게한치

소랑아시 소품샵&선물가게 "한정 수량인 만큼 특별한 빈티지 옷"

제주 감성의 소품부터 간식, 의류, 기념품까지 만날 수 있는 소품샵. 빈티지 의류는 한정 수량으로 인기. 중문 관광단지 메인에 위치. 주차장이 넓다. 매일 09:00~20:30

제주 서귀포시 중문관광로 27 1층   #감성소품 #빈티지옷 #중문관광단지내

여미지 식물원 `추천`   "아시아 최대 식물원"

아시아에서 가장 큰 규모의 온실을 자랑하는 식물원이다. 3만 평이 넘는 부지에 2천여 종의 식물을 보유하고 있다. 실내에는 40m에 가까운 커다란 중앙 전망탑이 있고, 다양한 테마의 정원을 만날 수 있다. 외부에는 일본식, 프랑스식 등 동서양의 정원이 마련되어 있다. 생명력 넘치는 식물을 원없이 볼 수 있는 곳이다. 매일 09:00~18:00 운영. 성인 12,000원. (460p B:1) 사진ⓒ한

국관광 콘텐츠랩-김지호

제주 서귀포시 중문관광로 93   #아름다운땅 #동서양정원

초콜릿랜드

"초콜릿 예술작품"

세계 각국의 초콜릿을 만나볼 수 있는 곳이다. 보는 것만으로도 행복한 초콜릿이지만, 직접 만들어볼 수 있는 체험 프로그램도 다양하게 마련되어 있다. 초콜릿, 마카롱, 피자 만들기 등을 체험해 볼 수 있는데, 특히 아이들의 만족도가 높다. 직접 만든 초콜릿은 기념 선물로도 인기가 좋다. 수~월 10:00~18:00 운영, 17:30 입장 마감. 매주 화요일 휴무. 성인 3,000원. (460p B:2)

제주 서귀포시 중문관광로110번길 15
#초콜릿전시장 #포토존 #초콜릿만들기

테디베어뮤지엄 [추천] "실감나는 테디베어"

미국의 26대 대통령인 시어도어 루스벨트의 애칭에서 나온 테디베어는 100년이 넘는 세월 동안 전 세계 어린이들과 수집가들의 사랑을 받고 있는 장난감이다. 전시되어 있는 인형들은 각 씬에 맞게 철저한 고증을 통해 디자이너들이 직접 손으로 제작한 것들이다. 모터 구동으로 살아 움직이는 듯 실감 나는 모습을 즐길 수 있다. 매일 09:00~18:00 운영. 성인 12,000원. 네이버 예매 시 할인. (460p B:1)

제주 서귀포시 중문관광로110번길 31   #테디베어 #모터구동 #수작업인형

아이러니아이보리 [카페] "여유로운 브런치를 즐기고 싶다면"

초록한 숲 뷰, 편안한 분위기에서 다양한 베이커리와 커피, 브런치 메뉴를 즐길 수 있다. 브런치는 전복 파스타, 클램차우더와 마늘 바게트, 대파크림 스프레드가 올라간 라자냐 등 여덟 가지 메뉴가 준비되어 있다. 특히 신선한 전복과 감태 소스가 어우러진 전복파스타가 인기 메뉴. 파르나스 호텔이 바로 옆에 위치, 이 호텔 투숙객 음료 할인 제공, 호텔 지상 주차장 이용. 매일 08:00~19:00 영업. (460p A:2)

제주 서귀포시 중문관광로72번길 100 1층   #숲뷰#브런치#베이커리#전복

솜반천
"한라산의 맑은 물이 계곡을 이뤄"

선반내 라고도 부르는 솜반천은 한라산의 맑은 물이 계곡을 이루고 있다. 한여름에도 물의 차가움이 얼음장 같아 물놀이의 명소로 유명하다. 이곳의 물이 흘러 천지연폭포가 된다고 하니 제주도의 숨은 물놀이 명소 솜반천을 기억해두자. (459p D:3)

제주 서귀포시 중산간동로 8070
#선반내 #물놀이

제주신라호텔 더 파크뷰 [맛집]
"제주에서 먹어 더 맛있는 뷔페"

신라호텔에서 운영하는 뷔페 식당. 가격은 높지만 분위기가 좋고 제주산 해산물이 신선해서 만족스럽다. 스테이크, LA갈비, 양갈비, 랍스터 위주로 공략할 것. 케익, 과일 같은 디저트도 다양한 편이다. 호텔 투숙객은 10% 할인 제공. 가격은 아침/점심 70,000원, 저녁 150,000원. 07:30~ 10:30, 12:00~ 14:30, 18:00~ 21:30 (460p A:2)

제주 서귀포시 중문관광로72번길 75
#호텔뷔페 #가성비 #해산물

중문관광단지 "서귀포 최대의 관광단지"

최고급 호텔들은 물론, 칠선녀들이 내려와 노닐다 간 천제연폭포, 육각형의 돌기둥이 병풍처럼 펼쳐져 있는 주상절리대, 서퍼들의 천국인 중문색달해수욕장 등이 이곳에 모여있다. 이 밖에도 세계 최대의 온실 식물원인 여미지식물원, 테디베어 박물관, 퍼시픽 리솜 등 호텔, 자연경관, 쇼핑 등 여행에 필요한 모든 것이 충족되는 곳이다. (458p A:3)

제주 서귀포시 중문동   #최고급호텔 #자연경관 #쇼핑

스토리캐슬 EP.1 더 신데렐라
"동화속으로 들어가보자"

그림형제의 동화 신데렐라, 작은 빨간모자, 엄지둥이, 헨젤과 그레텔을 미디어아트를 통해 만나볼 수 있다. 원작의 그림들과 설명이 가득해 동화를 쉽게 이해할 수 있다. 포토스튜디오, 체험존에서 동화 속 주인공이 되어볼 수 있다. 실내관광지로 날씨에 상관없이 방문 가능하다. 목~월 10:00~19:00 운영, 입장 마감 18:00. 매주 화,수 정기 휴무. 성인 13,000원. (460p B:1)

제주 서귀포시 중문관광로110번길 32   #그림동화 #미디어아트 #실내관광지

제주 유리박물관
"8000평 공간에 유리작품"

한국에 있는 유일한 유리 박물관이다. 8천 평의 넓은 대지 위에, '유리가 이렇게 아름다웠나' 싶을 정도의 멋진 작품들이 전시되어 있다. 단순히 보는 것에서 나아가, 유리 위에 직접 그림을 그려보는 '나만의 접시' 만들기 체험도 운영 중이다. 아이와 함께 하는 가족이라면 특히 추천할 만한 장소이다. 매일 10:00~18:00 운영, 입장 마감 17:00. 성인 입장료 9,000원, 체험료 별도. 네이버 예매 시 할인. (420p C:3)

제주 서귀포시 중산간서로 1403
#국내유일 #유리작품 #유리블로잉

도순다원 "한라산과 어우러진 녹차밭"

뒤로는 한라산이, 앞으로는 녹차밭이 끝없이 펼쳐져 있고, 녹차밭 너머로는 제주도의 바다가 기다리고 있는 곳이다. 아모레퍼시픽이 직접 개간한 곳으로, 제주도의 자연과 초록의 녹차밭이 평화롭게 공존하고 있다. 천국이 있다면 이런 풍경이 아닐까? 보는 것만으로도 머리와 영혼이 맑아지는 느낌이다. (458p C:2)

제주 서귀포시 중산간서로356번길 152-41   #아모레퍼시픽 #최초의다원 #제다공장

우정회센타2호점 `맛집`

"제철 활어회만 집중공략"

계절별로 제주산 해산물을 다양하게 맛볼 수 있는 가성비 횟집. 고등어회, 참돔회, 딱새우회가 메인이다. 양념장, 상추, 깻잎으로 상차림이 간소해서 회를 많이 먹고 싶은 여행자에게 추천한다. 3명이라면 모듬회 (중)에 초밥을 추가하면 적당하다. 가격은 고등어회 18,000원, 딱새우회 20,000원. 참돔 35,000원. 매일 11:30~ 21:50 (463p D:2)

제주 서귀포시 중앙로54번길 38
#시장횟집 #모듬회 #가성비

제주 운정이네 갈치조림 중문본점 `맛집`

"먹기 좋은 순살갈치조림"

갈치조림과 전복돌솥밥이 맛있는 식당. 뼈째로 부드럽게 발라져 있는 순살갈치조림이 인기가 많다. 함께 나오는 고등어구이, 옥돔구이도 바삭하고 고소하다. 아이가 있으면 돈까스 반찬도 제공한다. 반려동물 출입 금지. 가격은 전복돌솥밥+옥돔구이 12,000원, 순살갈치조림+고등어 13,900원, 운정이 상차림 25,000원(2인이상 주문). 매일 08:30~22:00 (458p A:2)

제주 서귀포시 중산간서로 726
#갈치조림 #순살갈치 #가족식사

한국야구명예전당

"LG 이광환 감독 기증품"

야구팬이라면 입구에서부터 행복할 곳이다. 전 프로 야구팀 감독이었던 이광환 감독이 소장하고 있던 기증품으로 꾸며진 박물관이다. 한국 야구의 지난 역사를 느껴볼 수 있다. 유명 선수들의 유니폼은 물론 트로피, 사인볼 등 다양한 소장품이 전시되어 있다. 화~일 09:00~18:00 운영, 매주 월요일 휴무. 성인 1,000원. (458p C:3) 사진ⓒ한국관광 콘텐츠랩

제주 서귀포시 중산간서로 97-1
#이광환감독 #야구의집 #야구소장품

라바르 `카페` "마음을 씻는 공간, 온천탕을 개조한 이색 카페"

붉은 굴뚝이 포인트, 옛 온천탕을 개조한 독특한 인테리어의 복합문화공간. 전시관과 카페가 같이 있다. 둥근 욕탕과 타일 바닥 등 온천탕의 느낌을 살린 인테리어가 멋스럽다. 흑돼지 잠봉과 생모짜렐라가 들어간 바질 잠봉 샌드위치가 대표 메뉴. 롱블랙, 플랫 화이트 등 커피와 애플 브리치즈 샌드위치, 구운 가지 프로슈토 등 브런치 메뉴도 맛있다. 꾸덕한 브라우니도 인기. 매일 09:00~22:00 영업. (462p C:3)

제주 서귀포시 중앙로 13　　#온천탕#전시#복합문화공간#브런치

천짓골식당 `맛집`
"다양한 부위의 돔베고기 맛보기"

돔베고기 전문점. 부위별로 다양하게 나오는 돔베고기에 술 한잔 곁들이기 좋다. 고기는 소금에만 찍어 먹어도 맛있지만 마늘, 쌈장, 김치를 싸서 먹는 것을 추천한다. 저녁 6시 이후에는 흑돼지 돔베고기는 먹기 어려우니 서두를 것. 가격은 돔베고기 흑돼지 오겹 60,000원(600g), 백돼지 오겹 48,000원(600g). 17:10~ 21:30 일요일 휴무. (462p C:2) 사진
ⓒ한국관광 콘텐츠랩

제주 서귀포시 중앙로41번길 4
#돔베고기 #쌈 #웨이팅

웅담식당 `맛집`
"솥뚜껑에 구워 먹는 극락 오겹살"

먹방 유튜버 쯔양이 픽한 제주 오겹살 맛집. 쫀득한 오겹살과 고추장 볶음밥이 맛있어서 인기가 많다. 신선한 고기를 솥뚜껑 위에 올려 굽는데 파김치와 무생채김치를 곁들이면 더 맛있다. 이른 저녁에는 웨이팅이 없지만 시간이 지나면 늘어난다. 반찬 서비스도 후하고 친절하다. 가격은 오겹살 18,000원(200g). 15:00~ 22:00 일요일 휴무. (462p C:2)

제주 서귀포시 중앙로59번길 5
#솥뚜껑오겹살 #고추장볶음밥 #가성비

용이식당 `맛집`
"다 넣고 볶아볶아 제주식 두루치기"

제주식 두루치기 전문점. 움푹한 솥단지에 빨간 제육을 넣고 어느정도 익으면 파채, 무채, 콩나물, 김치, 마늘을 다 넣고 볶아 먹으면 된다. 이걸 어떻게 다먹나 싶은데 맛있어서 순삭이다. 보리가 섞인 밥과 미역냉국이 함께 나오기 때문에 든든하고 가성비가 높다. 가격은 두루치기 9,000원. 09:00~ 22:00 매월 첫번째, 세번째 수요일 휴무 (462p C:2) 사진ⓒ한국관광 콘텐츠랩

제주 서귀포시 중앙로79번길 9
#두루치기 #솥단지 #가성비

천제연 폭포 추천 "비가 오는 날은 반드시 제1폭포를 보러 가자"

천제연(天帝淵)은 하느님의 못이라는 뜻을 담고 있다. 천제연 폭포는 상, 중, 하로 나뉘는 3단 폭포로 천제교 아래 있다. 그중 비가 와야 구경할 수 있는 최상류의 제1폭포가 으뜸으로 꼽히며, 나무데크로 1폭포부터 3폭포까지 산책로가 이어져 있다. 천제연 폭포 옆 선임교는 오작교 형태의 전설을 담고 있다. 매일 09:00~17:10 운영. 폐장 시간은 일몰 시간에 따라 변경되기도 함. 성인 2,500원. (460p C:1)

제주 서귀포시 천제연로 132   #비오는날 #제1폭포

왈종미술관

"백자 모양의 미술관"

조선 백자 모양의 미술관이자, 이왈종 화백의 작업실이다. 둥근 찻잔 모양의 건물 안에는 이왈종 화백의 작품들이 전시되어 있는데 따뜻하고 밝고 화사한 톤의 작품이 많아, 보는 이로 하여금 마음을 편안하게 한다. 옥상정원에서는 한라산은 물론 문섬, 섶섬, 새섬 등을 볼 수 있고, 아트샵이자 카페에선 휴식을 취할 수 있다. 화~일 10:00~18:00 운영, 매주 월요일 휴관. 성인 10,000원. (459p D:3) 사진ⓒ한국관광 콘텐츠랩

제주 서귀포시 칠십리로214번길 30
#이왈종 #조선백자모양 #아트샵

제주한라국수 맛집 "고기국수, 비빔국수 둘다 맛있다"

잡내없이 깔끔하게 뽑은 육수가 일품인 고기국수 전문집. 매콤한 비빔국수와 아기돼지족발 아강발도 맛있어서 인기. 둘이라면 하나씩 다 주문하는걸 추천한다. 특히 돔베고기 먹을 때 비빔국수는 필수다. 면도, 고기도 많아 든든하다. 아이메뉴, 어른메뉴가 구분되어 있다. 가격은 고기국수, 비빔국수 모두 9,500원. 매일 08:00~ 20:00 (19:30 라스트오더) (461p D:1) 사진ⓒ한국관광 콘텐츠랩

제주 서귀포시 천제연로188번길 17   #고기국수 #비빔국수 #가성비

뿔살집 본점 맛집
"웨이팅 보람이 있는 돼지 특수부위 맛집"

1시간 이상 현장 대기하는 웨이팅 고깃집이다. 돼지고기 특수부위 전문점으로 천겹살, 비단살, 눈썹살, 뿔살, 꽃살, 돈새살 같은 다양한 부위가 세트로 제공된다. 고소한 돼지껍데기와 탱탱한 수제 소세지도 맛있다. 김치찌개, 파김치, 냉면 맛도 기막히다. 가성비도 좋아 인기. 가격은 모듬스페셜 49,000~ 75,000원(중/대). 매일 15:00~ 24:00 (463p D:2)

제주 서귀포시 중정로91번길 41

#흑돼지 #특수부위 #웨이팅

중문수두리보말칼국수 맛집 "수제 반죽한 톳면 보말 칼국수"

톳을 넣고 직접 반죽한 수타면에 보말 100% 육수로 만든 칼국수로 유명한 식당. 보말죽도 맛있으니 2명이라면 칼국수와 보말죽을 하나씩 주문하는 것을 추천한다. 가격, 양, 맛 모두 훌륭해서 웨이팅이 엄청나다. 테이블링으로 예약은 필수. 가격은 수두리보말칼국수 11,000원, 보말죽 13,000원. 08:00~ 16:30 (16:00 라스트오더), 화요일 휴무. (463p D:1)

제주 서귀포시 천제연로 192　　　#보말칼국수 #자가제면 #웨이팅

서귀포항 "우리나라 최남단 항구"

우리나라의 대표적인 해양 관광지이다. 관광 잠수정은 물론, 유람선, 제트보트 등 바다를 즐길 수 있는 레저시설들이 다양하게 운영 중이다. 서귀포항 주변에는 아름다운 섬이 많은데, 특히 문섬 앞바다의 산호는 예쁘기로 유명해 다이버들의 사랑을 한몸에 받고 있다. 일몰 풍경 역시 아름다워 서귀포항을 찾는 사람들이 많다. (459p D:3)

제주 서귀포시 칠십리로72번길 14　　　#해양관광지 #다이버 #일몰

중문향토오일시장

"옛 제주 장터 모습 그대로"

옛 제주 장터의 모습을 그대로 간직한 3일, 8일 열리는 전통시장. 중문향토시장 맞은편에는 중문블란지 야시장이 열린다. '블란지'는 반딧불이의 제주도 사투리로, 저녁 6시부터 영업 시작을 하므로 오일장을 구경하고 들리면 좋다. 볼거리와 먹을거리 모두 풍성하다. (461p D:1)

제주 서귀포시 천제연로188번길 12
#전통시장 #중문블란지야시장 #오일장

정방폭포 입구 동백꽃

"정방폭포로 가는 붉은 동백꽃길"

우리나라 유일의 해안 폭포인 정방폭포. 겨울이 되면 폭포로 향하는 계단 주변에 붉은 동백꽃이 피어나기 시작해 1월 말에서 2월 중순 사이 절정을 이룬다. 계단 위쪽에서 아래로 내려다보며 사진을 찍어 보자. 멋진 인생 사진을 남길 수 있다. 매일 09:00~17:30 입장. (463p F:3)

제주 서귀포시 칠십리로214번길 37
#1,2월#해안폭포#정방폭포#계단#동백

오버더센스 카페 "둑스 커피를 맛볼 수 있는 웰컴키즈, 웰컴펫 카페

호주 3대 커피로 유명한 둑스 커피를 즐길 수 있는 브런치 카페. 둑스아메리카노와 페퍼로니 피자가 이곳의 대표 메뉴다. 매장이 넓고, 채광이 좋아 사진도 잘 나오는 편, 그릇, 액세서리, 옷 등 다양한 소품도 판매한다. 오프리쉬 공간이 세 곳이나 있어 강아지들이 자유롭게 뛰어놀 수 있어 반려동물 동반 여행객에게 추천. 실제 경기 규격의 농구장도 있다. 주차 가능. 주말만 10:00~16:00 영업, 매주 월~금요일 휴무. (459p E:3)

제주 서귀포시 칠십리로 655   #둑스#피자#소품#오프리쉬#농구

중문별장 카페 "고즈넉한 돌집에서 즐기는 커피 오마카세"

어느 회장님의 별장. 귤밭과 야자수가 어우러진 고즈넉한 돌집을 카페로 만들었다. 바리스타의 설명을 들으며 4가지 커피를 즐길 수 있는 디스커버 커피 오마카세가 대표 메뉴. 제주 미숫가루에 에스프레소 샷과 오트밀크를 넣은 코소롱라떼도 인기. 낮에는 다양한 포토존에서 인생샷을 남기고, 저녁에는 반딧불이 숲과 음악을 즐길 수 있다. 커피 오마카세는 사전 예약 필수. 주차 가능. 매일 10:00~22:00 영업. (458p B:3)

제주 서귀포시 천제연로 337   #별장#돌집#바리스타#오마카세

제주곳 서귀포 해물라면 맛집
"해장 원픽 메뉴 문어해물라면"

넉살, 코드쿤스트, 카더가든이 다녀간 해물라면 맛집. 대표메뉴는 문어라면으로 뿔소라, 딱새우까지 들어가 해물탕을 방불케한다. 크림해물라면도 느끼하지 않고 매콤하다. 말고기 육회 유부밥은 하루 30개 한정 별미 메뉴. 가격은 문어라면 15,900원, 크림해물라면 12,900원, 말육회 유부밥 4,500원. 매일 10:00~ 18:00 (17:00 라스트오더)

제주 서귀포시 칠십리로214번길 36
#문어라면 #크림해물라면 #유부밥

테라로사 서귀포점 카페 "핸드드립 커피가 맛있는 로스터리 카페"

강릉에서 가장 유명한 로스팅 카페, 테라로사 체인점. 다양한 핸드드립 커피와 에스프레소, 티를 판매한다. 제주 돌담 블렌드와 땅콩 라떼는 제주에서만 맛볼 수 있다. 따뜻한 분위기의 매장에서 잠시 쉬어가기 좋은 곳. 매일 09:00~21:00 영업. (459p E:3)

제주 서귀포시 칠십리로658번길 27-16   #아메리카노어센틱 #아늑한분위기

천지연 폭포 추천 "운치있는 스테디셀러 폭포"

오래된 스테디셀러 관광지로, 넓은 계곡으로 떨어지는 폭포의 모습이 한편의 동양화 같다. 야간조명시설이 되어 있어 야간에도 오픈한다. 외국의 거대한 폭포도 좋지만, 천지연폭포야말로 운치 있는 폭포로 색다른 아름다움을 준다. 매일 09:00~22:00 운영. 성인 2,000원.(462p A:2)

제주 서귀포시 천지동 666-2   #푸른빛폭포 #필수관광지

세계 조가비 박물관 "1만 5천종의 조가비"

관장이 직접 전 세계를 돌아다니며 40여년간 수집해온 1만 5천 종이 넘는 조가비들을 볼 수 있는 곳이다. 정말 다양한 색상과 모양의 조가비들을 볼 수 있는데, 모두 인공적인 채색 없이 자연 그대로의 모습으로 전시되고 있는 것이다. 조가비, 산호, 동을 이용한 다양한 예술 작품을 선보이고 있다. 방문객들이 직접 무언가를 만들어볼 수 있는 체험 공간도 마련되어 있다. 매일 09:00~18:30 운영. 매표 마감 17:30, 네이버 예약 시 17:00 입장 마감. 성인 7,000원. 네이버 예약 시 할인. (462p A:2) 사진ⓒ한국관광 콘텐츠랩

제주 서귀포시 태평로 284   #조가비 #산호 #진주

진주식당 맛집
"전복뚝배기 먹으러 재방문각"

전복뚝배기가 맛있어서 여러번 방문하게 되는 식당. 전복과 조개를 아끼지 않아 진한 국물 맛이 일품이다. 밑반찬으로 돔베고기와 젓갈도 나온다. 손맛이 좋아 전복돌솥밥, 성게미역국도 맛있다. 골고루 맛보고 싶다면 세트를 주문하면 된다. 실내는 깔끔하고 쾌적. 가격은 전복뚝배기 18,000원, 오분자뚝배기 25,000원. 매일 08:00~20:00 (462p C:3) 사진ⓒ한국관광 콘텐츠랩

제주 서귀포시 태평로 353
#전복뚝배기 #돔베고기 #깔끔쾌적

정방폭포 추천 "해안으로 바로 떨어지는 폭포 아시아에서 찾아보기 쉽지 않을걸?"

천지연, 천제연과 더불어 제주 3대 폭포 중 하나. 해안으로 바로 떨어지는 해안폭포로 아시아에서는 찾아보기 힘든 비경을 자아낸다. 4.3항쟁 직후 제주도민의 학살 터라는 슬픈 역사를 가진 곳이기도 하다. (463p F:3)

제주 서귀포시 칠십리로214번길 37   #해안폭포 #4.3항쟁

법화사지
"10~12세기 추정 사찰터"

제주도 기념물 제13호로 지정된 사찰이다. 언제 지어졌는지는 정확하지 않으나 1269년 무렵으로 추측되고 있다. 발굴 당시 기단 면적이 약 330m²에 이를 정도로 큰 규모를 자랑했던 것으로 보인다. 현재의 대웅전은 1987년에 다시 지어졌으나 이곳에서 발견된 기와조각들은 10~12세기경에 지어진 것으로 추정되고 있다. (458p B:2)

제주 서귀포시 하원북로35번길 15-28
#문화유적지 #사찰 #휴식

소정방 폭포 "폭포를 가까이에서 만질 수 있다는 것!"

정방폭포 동쪽에 있는 아담한 폭포로 폭포수를 매우 가까이서 볼 수 있다. 정방폭포를 축소한 모양이라 하여 '소정방'이라 부른다. 폭포 높이가 7m가량으로 여름철 물맞이 장소로 인기 있다. (459p E:3)

제주 서귀포시 토평동
#폭포 #여름여행지 #물놀이

60빈스 카페 "바질에그 샌드위치가 맛있는 올레길뷰 브런치카페"

꽃과 나무가 가득한 정원, 푸른 바다와 절벽을 감상하며 브런치와 커피를 즐길 수 있는 카페. 실내는 레트로한 인테리어로 아늑한 분위기. 특제 에그샐러드를 넣은 바질 에그 샌드위치와 프랑스식 잠봉햄을 넣은 햄치즈 베이글이 이곳의 인기 메뉴다. 각각 2인 세트로도 주문 가능. 넓은 야외 정원을 가볍게 산책해도 좋다. 제주올레7코스에 위치. 주차 가능, 매일 09:00~18:00 영업. (459p D:3)

제주 서귀포시 태평로120번길 29-2　　　#브런치#올레길뷰#베이글#샌드위치

예래포구
"아담한 항구, 알고보면 뷰 맛집"

제주올레길 8코스 중간의 작은 포구로, 포구 옆 언덕 위 흰색 등대는 산방산과 박수기정을 바다와 함께 한눈에 볼 수 있는 숨은 뷰포인트다. 이곳에서 태어난 김진황씨가 사비를 들여 고향에 세워 '진황 등대'로 불린다. 등대 주변은 낚시 포인트로도 인기다. 포구 옆에는 정자에 앉아 쉴 수 있는 동난드르쉼터도 있다. 화장실이나 별도 편의 시설은 없으니 참고. (456p A:3) 사진ⓒ한국관광 콘텐츠랩

제주 서귀포시 하예동
#흰색등대 #숨은뷰포인트

난드르바당 맛집
"바다보며 제주산 백돼지 굽굽"

바다를 보며 두툼한 돼지고기를 구워먹을 수 있는 식당. 농장에서 직접 키운 백돼지를 써서 고기 퀄리티가 좋다. 불판 양쪽에 계란찜과 콘치즈가 함께 나와 특히 아이들이 좋아한다. 리필도 가능하다. 가격은 백돼지 2인 52,000원(600g), 흑돼지 2인 64,000원(600g). 12:00~ 22:00 (21:00 라스트오더) 목요일 휴무. (397p F:2) 사진ⓒ한국관광 콘텐츠랩

제주 서귀포시 하예하동로16번길 11-1
#백돼지 #콘치즈 #바다뷰

서귀포칠십리시공원
"천지연 폭포 조망"

천지연 폭포를 조망할 수 있는 넓고 푸른 쉼터이다. 외돌개와 해안 올레길을 연결하는 공원이다. 여유롭게 산책하며 쉴 수 있는 곳이다. (462p A:3)

제주 서귀포시 현청로 41-19
#천지연폭포 #쉼터 #산책

속골유원지 "더위를 피해 찾는 제주도민 휴양지"

제주도민들이 더위를 피해 찾는 여름 휴양지이다. 사시사철 물이 솟아 바닷가까지 흐른다. 자연적으로 생긴 야자나무숲과 제주도의 바다가 어우러지는 이국적인 풍경을 자랑한다. 여름철에만 운영하는 계절음식점이 있고, 가을이 오면 아름답기로 유명한 올레 7코스를 트레킹 하는 사람들로 붐빈다. (458p C:3)

제주 서귀포시 호근동 1645　　#올레7코스 #여름휴양지 #계절음식점

호근동 동백길 "시골길에 피어있는 붉은 동백길"

호근동 한적한 시골길에 아담하지만 잘 가꾸어진 동백나무 산책길이 마련되어있다. 동백꽃이 피지 않을 때도 산책하기 참 좋은 곳. 주소는 제주도 서귀포시 호근동 1323-1. 관광지가 아닌 개인 사유지이므로 조용히 방문하고 돌아가는 것이 예의. (458p C:3)

제주 서귀포시 호근동 1323-1　　#11,12,1,2,3월 #시골마을 #사유지 #산책

서귀포 칠십리시공원 매화
"봄을 가장 먼저 알리는 매화꽃 명소"

한라산과 천지연폭포를 볼 수 있는 칠십리시공원. 2월 중순이면 매화가 피어나기 시작해 2월 말에서 3월 초 절정을 이룬다. 이 시기에 방문하면 한라산을 배경으로 피어난 아름다운 매화를 마음껏 감상할 수 있다. 제주올레 7코스, 작가의 산책길, 하영 올레 등 걷기 길이 지나는 곳에 위치. (462p A:3)

제주 서귀포시 현청로 41-19
#2,3월#한라산#천지연폭포#매화

돔베낭골
"아름다운 바다 산책길"

베케 카페 "정원 산책을 마치고 고소한 차콩크림라떼 한 잔"

싱그러운 정원에서 산책할 수 있는 카페. 녹차 라떼에 크림과 콩가루를 올린 차콩크림라떼와 아인슈페너에 돌담을 연상시키는 쿠키와 말차를 올린 돌담슈페너가 시그니처 메뉴. 자연생태 해설가와 함께하는 식물산책 프로그램도 있다. 09:30~17:30 영업, 매주 화요일 휴무. (459p E:2)

제주 서귀포시 효돈로 48　　#차콩크림라떼 #쿠크모카라떼

제주에서 가장 아름다운 바다 산책로로 꼽히는 길. 동백나무를 뜻하는 돔베낭과 골짜기를 뜻하는 골이 합쳐진 말로, 푸른 바다와 아름다운 해안 풍경을 보며 걸을 수 있는 산책길이다. (458p C:3)

제주 서귀포시 호근동 2154
#바다산책로 #돔베낭골 #해안풍경

고요편지
"알코올 기운에 책 읽어본 사람~"

큐레이션된 책(반려책)을 읽으며 차, 커피, 술을 마실 수 있는 책방. 클래스 등 다양한 프로그램이 열린다. 12:00~19:00 (30분 전 마감). 화요일 정기 휴무. (459p E:2)

제주 서귀포시 효돈로 175 불기둥 1층
#큐레이션책 #술책방 #프로그램

액트몬제주점
"온가족이 즐길 수 있는 오락실"

1,000평 규모의 엔터테인먼트 테마파크. 온 가족이 즐겁게 놀 수 있는 오락실이다. 종합이용권으로 게임존+레이져미션+아트랙션 뮤지엄까지 이용이 가능하다. 제주투어패스로 1시간 무료 이용이 가능하다. 매일 10:00~20:00 운영, 18:50 입장 마감. 종합 이용권 성인 14,000~38,000원. (461p D:2)

제주 제주특별자치도 서귀포시 중문관광로 205 코시롱빌딩 B1층
#오락실 #제주투어패스 #아이와함께

서귀포감귤박물관 "감귤의 역사"

제주도를 대표하는 감귤이 언제부터 시작되었는지, 종류는 얼마나 다양한지, 어떻게 재배되는지 등을
자세히 알아볼 수 있는 박물관이다. 박물관 주변에는 감귤을 활용한 다양한 체험 프로그램들이 운영되
고 있다. 매일 09:00~18:00 운영, 입장 마감 17:30. 성인 1,500원. (459p E:2) 사진ⓒ한국관광 콘텐츠랩

제주 서귀포시 효돈순환로 441　　#국내최초공립전문박물관 #감귤따기체험 #아이

서귀포매일올레시장 `추천` "저렴하고 맛있는 회를 사서 숙소로 출발~!"

서귀포에서 가장 큰 아케이드형 시장. 횟감, 감귤 등 각종 토산품 및 선물용품을 살 수 있다. 구입
한 물건은 대부분 육지까지 택배로 부칠 수 있다. 오메기떡, 꽁치 김밥 등 다양한 먹거리도 판매
하는데, 이곳에서 음식을 사서 숙소에서 먹는 여행자들도 많다. 하절기 07:00~21:00, 동절기
07:00~20:00 운영. 연중무휴. (463p D:2)

제주 제주 서귀포시 서귀동 340　　#회 #한라봉 #감귤초콜릿

이중섭거리
"이중섭 거주지와 이중섭 미술관이 있는 곳"

제주도로 피난을 왔던 이중섭이 1년 가까이
지내며 그림을 그렸던 곳이다. (463p D:3)

제주 제주 서귀포시 이중섭로 29
#민중화가 #이중섭 #문화거리

12

남원읍

#큰엉해안경승지 #한반도포토존
#효명사 #천국의문
#고살리숲길 속괴

#돌낭예술원
@jo.asa
#한남사려니오름숲

#물영아리오름
#쇠소깍

#위미리수국길
@hh_yozzin
#서연의집
#516도로

남원
사라오름
단풍
성널오름
(성판악)
신례리
동수악
하례리
이승이오름
이승이오름
벚꽃
휴애리
자연생활공원
수악
휴애리 자연생활공원
귤밭, 동백꽃, 매화,
수국, 핑크뮬리
고살리숲길
담소요
동백포레스트
동백
양금석가옥
동걸세
서귀포시
쇠소깍
512

표선면
마흐니
망리
흐니숲길
물영아리오름
수망리
해비치CC
입구 벚꽃
민오름
여절악
한남리
사려니오름숲
머체왓숲길
신흥리
술원
고이오름
토종흑염소목장
경흥농원
동백
신흥2리마을
동백마을
위미리 3760
(위미리동백 군락지)
남원읍
위미리
자배봉
의귀리
구시물
태흥리
위미1리
어촌체험마을
위미리
수국길
남원리
카페 동박낭
동백꽃
금호리조트
제주아쿠아나
코코몽에코파크
제주점, 대발이파크
위미동백
나무군락
선광사
큰엉해안경승지
위미항
제주동백
수목원
론
집

남원 주요지역
성판악코스 4시간 30분 9.6km
속밭대피소
성판악매표소
5.16도로숲터널
'이상한 변호사 우영우' 촬영지
사려니숲길
삼나무길
왕관바위
진달래밭대피소
(1시까지 도착해야
한라산 등반 가능)
성널오름
사라오름
수망리 마흐니숲길
사람 손길 닿지 않은 순수한 숲
선작지왓
(윗세오름) 철쭉
백록담
사라오름
산정호수
한라산 성판악코스 단풍
가을 등반에는
성판악이지[10,11월]
전망데크
윗세오름
사라오름 단풍
호수전망
단풍[10,11월]
한남사려니오름숲
하루 300명만 입장할 수 있는
제주의 가장 오래된 삼나무 숲.
방문일 최소 3일 전까지 숲나들e
홈페이지에서 선착순 예약.
남벽분기점
한라산
이승악
쭉 뻗은 삼나무숲과 메밀밭으로 유명한 오름
이승악오름 벚꽃
오름에 벚꽃이라니
[3,4월]
위미리 3760
(위미리동백군락지)
토종 동백나무를 볼 수
있는 곳[11,12,1,2,3월]
상효원 백일홍
여름에 볼 수 있는 꽃[6,7,8,9월]
상효원 메리골드
가을에서 겨울까지 볼 수
있는 메리골드[9,10,11월]
효명사
천국의문
고살리 숲길
흐르는 물소리에 마음까지
촉촉해지는 숲길
휴애리 자연생활
공원 핑크뮬리
[9,10,11월]
상효원 동백
한라산 뷰의 상효원
동백꽃[11,12,1,2,3월]
우리들 CC
휴애리 자연생활
공원 수국
[4,5,6,7월]
상효원
수목원
카페델보스케
(한라봉주스, 크로플)
고살리 숲길
속괴
휴애리 자연생활공원 귤밭
[10,11,12,1월]
상효원 튤립
4~5월 개화
튤립이 가득한 세상, 튤립축제
돈내코유원지
숲으로 에워싸인
투명한 청록빛 폭포
휴애리 자연생활공원
실컷 먹고 따고 감귤체험과 사계절
꽃들로 핫한 사진명소
상효원 수국
수국의 아름다움을
느껴봐[6,7월]
쌀오름
휴애리 자연생활공원 매화
[3,4월]
휴애리 자연생활
동백꽃[11,12,1,2,3월]
서귀포 치유의 숲
평균수령 60년 이상의 전국
최고의 편백 숲이 여러 곳에 조성
돈내코로
동백 돌담
레몬뮤지엄(제주레몬
아이스크림, 레몬따기체험)
사우스포레스트
(전복버터리조또)
수란재(돌담)
동백포레스트
동백포레스트 동백
[11,12,1,2,3월]
원앙폭포
두 개의 물줄기가 떨어지는 폭포
사진명소로 유명하다.
가을동화감귤밭
양금석가옥
담소(야외 정원,
카페, 편집샵)
미마파스타
(딱새우파스타)
무량제주(가마솥누룽지 빙수,
CAFE EPL(태왁도시락)
심터체험농장(감귤, 황금향)
윈드1947
카트 테마파크
친봉산장
(봉붉이)
하늘아래
수목원
서귀포시
봉봉감귤체험
농장(귤따기)
뙤미(순대국밥,보말
위미1리 어촌체험장
호근동
동백길
천지연폭포
계곡으로 떨어지는 폭포의 모습이
한편의 동양화 같은 곳
제주 벨롬 리조트
제주화(온실파티룸)
서귀포 감귤박물관
감귤 테마 박물관, 감귤체험
카페미깡감귤밭
(귤따기 체험)
이음새교육농장
라몬블루(제주
애플망고빙수)
씨플로우
프리다이빙
수욕(수영장)
평온(귤밭체험)
하례감귤 체험학습장
공사이도
(야외자쿠지)
카페서연의집
곳곳(귤밭)
제주에인감귤밭
(에이드, 프렌치토스트)
제주흑돈세상수라간
(흑오겹살)
서귀포 올레시장
아케이드 형태의 서귀포에서 가장 큰 시장
쇠소깍 산물 관광농원
감귤체험과 농기구박물관등
즐길거리가 있다.
공천포식당
(한치물회)
모루헌
(독채)
호근모루(가족)
고씨네천지국수(멸고국수)
이중섭문화거리
고요편지(독립서점)
베케(차콩크
림라떼)
하효일
(下孝日)(독채)
쇠소깍
카약
공천포
걸매생태공원 매화
3~4월 개화
아리(튀김우동)
서귀포 다이브센터
(스쿠버다이빙,
스노클링)
식물집
서귀포 하논분화구
중앙통닭
구들민박감귤체험농장
서귀포시 토평동 804
쇠소깍
올레
쇠소깍
해양레저타운
수상보트
서귀포시립기당미술관
세계 조가비 박물관
나원회포차
소정방폭포
폭포높이가 7m가량으로
여름철 물맞이 장소로 인기
정방폭포 동쪽의 아담한 폭포
테라로사
(핸드드립)
효돈천
서귀피안
(오션뷰)
숨도(구석부작
테마공원)
올레삼다정
(갈치)
마정이네 올레시장 본점(매운멸치고추김밥)
오는정김밥
보랜드 베이커스
(맛있는 스콘)
하효쇠소깍해변
보목
마을
하라케케
(말차라떼)
상반천
(물놀이)
연리지
(독채)
네거리식당
(갈치국)
이중섭 미술관
소암기념관
왈종미술관
담소
게스트하우스
오버더센스(뚝스 아메리카노,
페퍼로니 피자)
벙커하우스
동배낭길
삼매봉
서귀포칠십
리시공원
이중섭
거주지
자구리
공원
소천지
올레길 6코스
보목
마을
쇠소깍
지하수와 바닷물이
만나는 곳
게우지코지 카페 (수준급 커피
맛볼 수 있는 오션뷰 카페)
속골(제주도민이
즐겨찾는계곡)
올레길 7코스
선녀탕
서귀포유람선
허니문하우스
(수리남영상지)
서복전시관
(진시황의 명에
제주에온 서복)
보목포구
캡틴호
(놀래기, 우럭, 쥐치가 잘
잡히는 낚시체험장)
법환포구
60빈스
(바질에그 샌드위치)
황우지해안
숨은 명소, 천연 수영장이
펼쳐지는 곳 근처 황우지해안
열두굴(일제 군사용 동굴)
새섬
새연교 일몰
소천지 투영 한라산
제지기 오름
바위산으로 험한 산세를
보이는 오름
두머니물
외돌개
제주에서 가장 아름다운
산책길. 우뚝 솟은 바위,
올레길 7코스
황우지해안
선녀탕 스노쿨링
문섬
서귀포잠수함
서귀포 문섬의 아름다운 연산호를
감상할 수 있는 서귀포 잠수함 체험
정방폭포
해안으로 바로 떨어지는
해안폭포로 아시아에서는
찾아보기 힘든 비경
천지연, 천제연과 더불어
제주 3대 폭포 중에 하나
섶섬
범섬
지귀도
봄날 딸기라떼

D
F
1118
따라비오름 억새
한라산 전망 억새
[10,11,12월]
가시리마을
녹산로 유채꽃 도로
유채꽃은 꽃밭보다 꽃길이지 [3,4월]
따라비오름
쉽게 오를 수 있고 가을
억새풀이 가득한 오름
오늘은 녹차
한잔 동굴샷
무명고택(독채)
김정문알로에
알로에숲
온실 알로에 숲
오늘은녹차한잔
(향긋한 녹차 한잔에
녹차 족욕까지)
오늘은카트
레이싱(카트)
물영아리(오름)
물이 많은 마을, 람사르
습지보호구역
가시리 마을 벚꽃
제주 시골 그리고 벚꽃[3,4월]
가시림수목원
동백꽃, 메타세콰이어길이
있는 작은 수목원
수민문화
(독립서점)
갑선이오름
에드타임(독채)
해비치 CC
돌낭예술원
현무암과 식물이 예술 작품처럼
어우러진 석부작 테마공원.
해비치CC입구 벚꽃
제주 도민만 아는 벚꽃
명소[3,4월]
가시리농어촌체험
(조랑말체험)
가시리 마을에서 운영하는 조랑말
체험공원. 쿠키 만들기 체험을 할 수
있는 카페와 조랑말 박물관도 추천.
포토갤러리 자연사랑미술관
브리드인제주
가시식당(두루치기),
나목도식당(삼겹살, 두루치기)
옷귀마테마
타운(승마)
가시리사무소
스테이
무어
머체왓 숲길
수레국화가 아름다운 한적한
제주숲길, 총 거리 6.7km
2시간 30분
1119
가시리마을
유채꽃 드라이브 코스(녹산로)와
유채꽃 축제로 유명한 마을.
미술관, 카페, 공방, 밥집등이
있는 작은 제주마을
택하다, 스테이
수망다원
(녹차,말차라떼)
가스름식당(토종흑돼지삼겹살),
나목도식당(삼겹살)
열대과일농장 유진팜
(바나나,파파야,귤따기)
소소름
(쇠오름)
머체왓숲길
방문객 지원센터
수망일기
(핸드메이드 인형으로
꾸며진 동화 감성 카페)
한아름식당
(흑돼지 생고기)
보내다제주
(귤따기)
가세오름
단심 : 스테이정연
광동식당
(흑돼지 두루치기)
편백포레스트
염소먹이주기체험, 숲속놀이터,짚라인,클라이밍등
다양한 놀거리가 있어 아이들과 가기좋은 여행지
심플토산
(독채)
1136
동백마을
방문자센터
하례감귤체험농장
(귤 따기 체험)
북살롱 이마고
(독립서점)
제주감성독채숙소
스테이비움
카페멜빌
(멜빌플레이트)
요정의 집
경흥농원 동백
노란 귤밭과 어우러지는
붉은 동백[12,1,2,3월]
신흥2리마을
동백마을
느긋한 시절
몽중정원
부쉬코너
굴림동화(독채)
푸근한곰아저씨
(독립서점)
별하비
스테이
제주 판타스틱버거
(베이직버거)
희애루
자파리 감귤체험장
(감귤, 황금향 체험)
춘식이와옥희
(소품샵)
녹음실 제주
소노캄제주
하토나무
남원읍
자배봉
코스가 짧고 완만해
어린이도 가능.
미깡밭스테이
삼삼은구(독채)
구시물
태흥2리 어촌계횟집
(활어 모듬회, 고등어회)
모카다방
(유기농 재료를 사용한
구움과자가 맛있는 곳)
여기고씨네
(딱새우회, 머리튀김)
우미(크림라떼, 귤라떼)
제주외가(독채)
최남단 체험 감귤농장
(가위물 농촌생태공원)
제주도작은집
(독채)
세러데이아일랜드
(정통 이탈리아식
식음료를 판매하는 곳)
나룽의 고요
(독채)
올레길 4코스
위미리 수국길
코코몽에코파크
가족형 어린이 놀이공원
나룽의 고요
제주파인비치펜션(캠핑장)
쁘띠동백
(소품샵)
큰엉식당 서귀포본점
(갈치조림)
금호리조트
제주아쿠아나
풀목집(돌집)
에어그라운드(캠핑장)
라바북스
(독립서점)
취향의섬
(보리개역커피)
선광사
아주르블루
내노키카페
(스노우푸딩,
귤샷라떼)
소요0617
소요 시그니처 12p 피자
소이연가
(독채)
모노클제주
(아인슈페너,스콘)
모노하
마르레(바베큐)
로빙화
소싯적(독채)
스테이하얀달
밧도제주
제주동백
수목원
범일분식
(순대백반,
순대한접시)
남원
포구
일송회수산
(활어회)
남진호,
착한배낚시
(배낚시)
올레길 5코스
카페 동박낭 동백꽃
애기동백군락과
커피한잔[11,12,1,2,3월]
큰엉해안경승지
큰엉해안 한반도 지형
큰엉 이라는 뜻은 제주 사투리로 '큰 언덕'
큰 바윗덩어리가 많은 1.5km의 해안산책로
한반도 지형의 사진을 찍을 수 있는 사진 명소
위미항
위미동백나무군락
향기 그윽한 붉은색 동백 융단이
깔리는 숲, 1월~4월 만개
태웃개
용천수가 흐르는 노천탕.
'우리들의 블루스'촬영지 스노쿨링 스팟
섬소나이 위미점(짬뽕)
바공식당(가정식백반),
동선제연가(물망국수)
D
E
F

물영아리오름 "물의 수호신이 산다는 분화구속 습지"

물영아리 오름 정상에는 둘레 1키로미터 깊이 40미터의 거대한 분화구가 있다. 이 분화구에 물이고여 오름습지가 형성되어 있다. 오름 초입의 드넓은 초원과 정상 습지의 신비로운 분위기가 유명한 명소이다. (515p D:1)

제주 서귀포시 남원읍 수망리 산188   #물의수호신 #습지오름 #초원

로빙화 맛집
"자연생치즈피자와 흑돼지햄버거"

여행 유튜버 채코제도 와서 먹었다는 피자& 햄버거 전문점. 페페로니와 고기 토핑이 가득 올라간 피자는 상하목장 자연 생 치즈만 사용 한다. 두툼한 햄버거는 제주 흑돼지 프라임 등 급의 패티를 쓴다. 실내는 숲과 바다가 내려 다 보이는 오두막 분위기. 피자 32,000원, 흑 돼지햄버거 18,000원. 매일 10:00~23:00 (22:30 라스트오더) (515p E:2)

제주 서귀포시 남원읍 남태해안로 13
#생치즈 #햄버거 #바다뷰

효명사 천국의문 추천 "초록 이끼로 뒤덮인 신비로운 문"

나무로 둘러싸인 초록의 숲 속에, 신비로운 분위기의 이끼문이 있다. 천국으로 향하는 비밀 의 문 같은 이곳은, 효명사에 들어서서 '극락, 천국, 이끼의 문' 표지판을 따라 가면 만날 수 있 다. 숲인지라 낮이어도 빛이 부족해 사진이 흔들릴 수 있으니 삼각대가 있다면 꼭 활용해 보자 (514p B:2)

제주 서귀포시 남원읍 516로 815-41   #효명사 #이끼의문 #천국의문 #극락의 문

돌낭예술원 "현무암이 이렇게 예뻤나?"

현무암과 식물이 예술 작품처럼 어우러진 석부작 테마공원. 현무암 위에 야생화를 심은 석부작을 다양하게 선보이며, 독특한 돌과 식물이 많아 가볍게 산책하며 구경하기 좋다. 공원 규모는 크지 않지만 내부에 카페가 있어 쉬어갈 수 있고 여름엔 수국이 피어 포토존으로 좋다. 성인 입장료 10000원. 08:30~18:30 운영, 17:30 입장 마감. (515p D:2)

제주 서귀포시 남원읍 서성로 544-35　　#석부작테마공원 #숨은수국명소

태흥2리 어촌계횟집 `맛집` "고등어회가 맛있는 남원 횟집"

택시 기사님들이 추천하는 횟집. 고등어, 다금바리, 뱅에돔 등으로 구성된 제철 모듬회가 맛있기로 유명하다. 둘이서 (소) 사이즈를 시켜도 배가 부를만큼 양이 많다. 특히 고등어회는 두툼해서 먹는 내내 만족스럽다. 전복게우밥, 전복죽, 매운탕도 흠잡을데 없다. 가격은 모듬회 160,000~250,000원(소/중/대). 매일 15:00~ 22:00 (21:00 라스트오더) (515p E:2)

제주 서귀포시 남원읍 남태해안로 509　　#활어회 #모듬회 #택시기사추천

공천포식당 `맛집`

"전복, 한치, 뿔소라 물회 맛집"

전복, 한치, 뿔소라 등 제철 해산물을 넣고 만든 물회가 맛있는 곳. 새콤한 초장 베이스가 아니라 슴슴한 된장 베이스로 맛을 냈다. 계절에 따라 해산물은 생물, 냉동일때가 있으며 주문할 때 알려준다. 겨울에는 갈치조림, 갈칫국이 인기다. 식사시간이나 성수기에는 대기가 있다. 가격은 모두 1만원대. 10:00~15:00, 17:00~19:30 목요일 휴무. (514p C:3) 사진ⓒ한국관광 콘텐츠랩

제주 서귀포시 남원읍 공천포로 89
#물회 #갈치 #웨이팅

세러데이아일랜드 `카페`

"정통 이탈리아식 식음료를 판매하는 곳"

이탈리아에서 사랑받는 오렌지 향 식전주 아페롤 스프리츠를 맛볼 수 있는 유럽 감성 카페. 이탈리아산 부라타 치즈가 들어간 부라따 빠쬬, 크리미한 시칠리아 전통 디저트 카놀리 리코타 등 디저트와 커피도 맛있다. 12:00~18:00(월요일 12:00~17:00) 영업. 매주 화, 수요일 휴무. (515p E:2)

제주 서귀포시 남원읍 남한로21번길 28 1층
#이탈리아 #아페롤스프리츠 #아인슈페너

동백포레스트 "제주 동백 명소하면 여기지"

제주도에서 동백꽃으로 유명한 장소 중에 하나이다. 동글동글하게 거대한 꽃다발을 심어 놓은 듯 화사한 동백 군락지는 가을부터 겨울까지 관광객을 찾게 만든다. 동백이 피는 11월부터 2월 말까지만 운영된다. 매일 09:00~18:00 운영, 입장마감 17:00. 성인 6,000원. (514p C:2)

제주 서귀포시 남원읍 생기악로 53-38　　#동백 #군락지 #봄여행지

편백포레스트 "편백숲에서 흑염소와 뛰어놀자"

편백숲과 오름 하나를 품은 자연친화적 흑염소 농장. 흑염소 먹이주기 체험을 할 수 있다. 아기 흑염소들이 뛰어노는 편백숲 놀이터에는 짚라인과 그네들이 있어 아이들에게 인기다. 매시 정각에는 염소달리기 공연이 열린다. 2가지의 오름 코스가 있어 숲을 즐기기 좋다. ATV를 타고 숲을 둘러보는 체험도 인기다. 매일 10:00~17:00 운영. 입장료 성인 5,000원, ATV 20,000~40,000원. 네이버 예약 시 할인. (515p D:2) 사진ⓒ한국관광 콘텐츠랩

제주 서귀포시 남원읍 서성로 544-97　　#아이와함께 #체험농장 #제주투어패스

수망리 마흐니숲길

"사람 손길 닿지 않은 순수한 숲"

물영아리 오름 건너편의 잘 알려지지 않은 숲길. 사람의 손길이 닿지 않은 빽빽한 삼나무 숲이 있어 자연 원시림을 그대로 느낄 수 있다. 왕복 4시간 30분으로 코스가 길어 초보자에게는 다소 어려우니 주의. '마흐니 숲길'이라고 적힌 노란색 리본이 곳곳에 묶여있어 길을 안내한다. 하절기 16시, 동절기 15시 이후는 출입 제한. 주차는 물영아리 주차장을 이용하는 것을 추천. (514p C:1) 사진ⓒ한국관광 콘텐츠랩

제주 서귀포시 남원읍 수망리 산203
#삼나무원시림 #물영아리근처

머체왓숲길
"지금부터 2시간, 자연 탐방 시작"

넓은 목장 초원과 다양한 오름이 공존하는 숨은 트레킹 명소. 동백나무, 삼나무, 편백나무가 숲을 이루어 자연을 온몸으로 느끼며 걸을 수 있다. 코스에 따라 2시간~2시간 30분 정도 소요되며 홈페이지 예약을 통해 해설사와 동행하는 트레킹, 해먹 명상 등 별도 프로그램도 운영된다. 데크는 없고 흙과 돌길이므로 편한 신발 필수. 입구 카페에서 족욕 체험(약차 포함 12000원)도 가능. (515p D:2)

제주 서귀포시 남원읍 서성로 755
#트레킹명소 #족욕힐링

공천포
"검은 모래 해안과 한적한 마을 거리"

쇠소깍과 위미리 중간에 있는 마을로, 길을 걷다보면 콘크리트 방파제에 몽돌이 붙어 있는데, 이곳에서 사진찍는 사람들이 많다. 공천포 해안에는 검은 모래와 자갈이 있는데, 표면이 부드럽게 깎긴 바위도 볼 수 있다. (514p C:3)

제주 서귀포시 남원읍 신례리 21
#방파제 #몽돌 #포토존

성널오름(성판악) 추천 "성벽처럼 솟아있는 암석이 특이해"

산 중턱의 암벽이 널빤지로 만든 성벽 같이 보인다 해서 성판악이라 불린다. 제주시 조천읍과 남원읍 경계에 있는 오름인데, 한라산의 원시림에 가깝다. 자연 본연의 모습을 잘 간직하고 있는 곳이다. (514p B:1)

제주 서귀포시 남원읍 신례리 산2-1   #고갯마루 #석벽여성판 #성벽

이승악
"삼나무숲길에서 인생샷을 찍어보자"

길게 뻗은 삼나무숲과 메밀밭으로 유명한 오름. 산모양이 살쾡이처럼 생겼다하여 이름이 붙여졌다. 오름 입구 신례리공동목장에서 메밀밭을 감상할 수 있다. 쭉 뻗은 삼나무 숲길에 서서 나무 사이로 들어오는 햇살과 함께 인생샷을 찍을 수 있다. 정상에 오르면 남쪽으로는 바다, 북쪽으로는 한라산을 조망할 수 있다. 길이 험하지 않고 코스가 짧아 아이들과 걷기도 좋다. 제주 숨은 벚꽃 명소로도 알려져 봄에는 사진촬영을 위해 많은 사람들이 방문한다. (514p C:1) 사진ⓒ한국관광 콘텐츠랩

제주 서귀포시 남원읍 신례리 산2-1
#제주오름 #삼나무숲길 #메밀밭

한남사려니오름숲 "딱 300명에게만 허락된 비밀의 숲"

하루 300명만 입장할 수 있는 제주의 가장 오래된 삼나무 숲. 길이 잘 조성되어 있어 걷기 부담스럽지 않고, 예약제라 붐비지 않아 한적한 분위기를 만끽할 수 있다. 총 3개의 구간으로 나뉘며 왕복 40분부터 80분 코스까지 다양하다. 방문일 최소 3일 전까지 숲나들e 홈페이지에서 선착순 예약. 9시와 13시에는 숲 해설을 제공한다. 09:00~17:00 운영. (514p C:1)

제주 서귀포시 남원읍 서성로651번길 235
#예약제숲 #삼나무숲걷기

해비치CC입구 벚꽃
"제주 도민만 아는 벚꽃 명소"

3~4월이 되면 회원제 골프장 해비치CC 가는 길목에 벚꽃 터널이 펼쳐진다. 제주 도민들만 아는 벚꽃 명소로 유명 관광지가 아니라 한적하고 사진 찍기에도 좋다. 새하얀 목련 나무도 함께 심어있어 멋을 더한다. (515p E:1)

제주 서귀포시 남원읍 신흥리 산59-5
#3,4월 #한적 #드라이브 #목련

이음새농장
"감물로 곱게 천연염색을 해볼까?"

주렁주렁 달려있는 감귤을 보는 것은 물론, 감이나 황토 같은 천연재료로 하는 전통 감물 염색 체험과 감귤 수확 체험을 할 수 있는 곳이다. 이밖에도 도자기 체험, 디자인 수업도 체험해 볼 수 있다. 다양한 체험학습이 가능해 아이와 함께 오는 가족들에게 특히 추천한다. 매일 09:00~17:00 운영, 오전 타임 11:00 입장 마감, 오후 타임 16:00 입장 마감. (514p C:2)

제주 서귀포시 남원읍 위미리 4137-1
#감귤따기 #천연염색 #아이체험

5.16도로숲터널 **추천** "제주의 단풍을 즐기기 좋은 드라이브 코스"

제주시와 서귀포를 잇는 도로. 여름에는 시원한 숲길, 가을에는 붉게 물든 단풍길 드라이브 코스로 좋다. 폭이 좁고 길이 구불구불해 정차, 주차가 금지되어 있다.이상한 변호사 우영우 촬영지로 유명하다. (514p C:1)

제주 서귀포시 남원읍 신례리   #단풍여행 #드라이브 #숲터널

사라오름 산정호수 <추천>
"분화구에 고인 물이 만든 호수"

사라오름 단풍
"호수전망 단풍"

한라산 백록담 성판악 탐방안내소에서 백록담 정상으로 가는 길 중간쯤에 있는 단풍 명소. 정상에서 내려다보이는 호수 전망이 무척 아름답다. 등반에 왕복 1시간 정도 소요되므로 아침 일찍 여유롭게 출발하자. 산 길이 다소 험하기 때문에 여행 마지막 날 등반하는 것을 추천. (514p B:1)

제주 서귀포시 남원읍 신례리 산2-1
#10,11월 #백록담 #호수전망 #트래킹

성판악 탐방로를 따라 1시간 반 정도 올라가야 한다. 오름 분화구에 물이 고여 습원을 이루고 있는 곳이 산정호수인데, 비가 온 다음날에 가볼 것을 추천한다. 물이 가득차 있거나, 겨울에 눈이 쌓여있는 모습이 특히 아름답다. (514p B:1)

제주 서귀포시 남원읍 신례리 산2-1
#사라오름 #산정호수 #성판악 #천국

유진팡 수국
"돌담과 수국의 싱그러운 조화"

신기한 열대 과일을 재배하는 유진팡. 싱그러운 초여름이면 수국 정원 돌담 안에 소담한 수국이 피어나 장관을 이룬다. 꽃이 만개할 때쯤 열리는 수국축제에 참여해 보자. 화려한 수국 사이에서 화사한 인생샷을 남길 수 있다. 매일 10:00~18:00 영업, 16:30 입장 마감. (515p E:1)

제주 서귀포시 남원읍 원님로399번길 31-7
#초여름#6,7월#수국정원#수국축제

휴애리 자연생활공원 추천 "한라산 자락 꽃의 향연"

한라산 자락이 보이는 자연생활 체험 공간으로, 매년 4차례 축제가 열린다. 계절마다 핑크뮬리, 동백, 수국 등의 꽃을 볼 수 있다. 꽃 축제 이외에도 감귤체험, 동물 먹이주기 체험, 곤충테마체험등의 프로그램이 있다. 매일 09:00~18:00 운영, 입장마감 하절기(3~9월) 17:30, 동절기(10~2월) 16:30. 성인 13,000원. (514p C:2) 사진ⓒ한국관광 콘텐츠랩

제주 서귀포시 남원읍 신례동로 256   #꽃축제 #감귤체험 #먹이주기체험

위미리 3760(위미리동백군락지) 동백 "토종 동백나무를 볼 수 있는 곳"

날이 쌀쌀해지는 11월부터 제주특별자치도 기념물로 선정된 위미리 동백나무 군락을 만나볼 수 있다. 이곳 동백나무는 우리나라 토종 동백나무 품종이라고 한다. 남원읍 위미리 연화사에 주차 후 동백나무 길을 따라 이동.(514p C:2)

제주 서귀포시 남원읍 위미리 3760　　#11,12,1,2,3월 #토종동백나무 #기념물

여기고씨네 맛집
"달달한 딱새우회와 고소한 머리튀김"

딱새우회와 머리튀김이 맛있는 곳이다. 일일 한정으로 판매하는 딱마카세 세트는 딱새우회, 연어알, 우니, 감태, 무순, 레몬, 락교 등이 골고루 들어있는 대표 메뉴. 고등어회도 인기라 딱새우회와 세트로 많이 주문한다. 주차는 느영나영 게스트하우스 마당에 가능. 포장도 된다. 가격은 딱새우회 43,000원, 딱마카세 2인 세트 49,000원. 매일 13:00~01:00 (515p F:2)

제주 서귀포시 남원읍 신흥로13번길 23
#딱새우회 #고등어회 #포장

담소요
"쉿, 한라산 아래 숨은 정원이야"

한라산 아래 자리한 프라이빗 정원. 야외 정원, 카페, 편집샵으로 구성되어 있으며 탁 트인 정원에서는 한라산 풍경을 가까이 볼 수 있다. 정원 내 연못에는 오리들이 자유롭게 돌아다녀 평화로운 자연을 즐길 수 있다. 정원은 별도 입장료가 없으며 카페 이용할 경우는 1인 1음료 주문 필수. 반려동물 동반 가능. 09:00~17:30 운영. 화요일 휴무. (514p C:2)

제주 서귀포시 남원읍 신례천로 195
#한라산뷰정원 #자연속카페

위미리 수국길 "소담스러운 수국"

초여름부터 위미리에 소담스러운 수국 길이 펼쳐진다. 위미3리 교차로에서 우회전하여 귤 향기 농·수산물 직판장까지 이동, 우회전 후 태위로 방향으로 이동. (지번 주소 서귀포시 남원읍 위미리 668-4) (515p D:2)

제주 서귀포시 남원읍 위미리 4591-71   #5,6,7월 #꽃길산책로 #귤향기농수산물직판장

우미 [카페] "감귤밭뷰 크림라떼 맛집"

직선과 곡선이 조화를 이루는 하얀 건물과 돌담, 정원이 어우러진 깔끔한 카페. 통창 너머로 예쁜 정원이 보여, 달콤한 음료와 디저트를 즐기며 힐링할 수 있다. 시그니처 메뉴인 귤라떼와 딸기라떼는 신선한 과일을 사용 상큼하고 달콤하다. 쫀쫀한 크림과 커피가 어우러진 크림라떼도 인기. 시기에 따라 감귤 따기 체험이 가능해 가족 단위 여행객에게 추천. 체험 가능 여부 사전 확인 필수. 주차 가능. 10:00~18:00 영업, 매주 화요일 휴무. (515p D:2)

제주 서귀포시 남원읍 위미대성로 125-46   #정원#귤라떼#감귤체험#가족여행

위미동백나무군락 [추천]
"탐스럽고 붉은 동백꽃 융단"

제주도 기념불 39호로 지정된 동백나무 군락지 이다. 겨울꽃인 동백나무는 내륙 육지의 동백꽃 보다 더 탐스럽고 붉다. 11월 말부터 다음 해 3월까지 동백꽃 무리를 볼 수 있다. (515p D:2)

제주 서귀포시 남원읍 위미중앙로300번길 15 #붉은동백 #군락지

자배봉
"다 같이 돌자 오름 한 바퀴"

잘 조성된 오름 순환로를 따라 오름 한 바퀴를 돌 수 있는 곳. 정상까지 40분으로 코스가 짧고 완만해 어린이도 쉽게 걸을 수 있다. 순환로를 걷다 보면 선사시대 고인돌과 조선시대 봉화를 피웠던 봉수대가 있어 볼거리를 더한다. 봉수대에서는 서귀포 바다를 감상할 수 있다. 자배봉 정상은 오히려 나무가 우거져 풍경이 잘 보이지 않는 점 참고. 주차장과 화장실은 근처 자배봉 유아숲체험원 이용. (515p D:2)

제주 서귀포시 남원읍 위미리 산133-1 #오름순환로 #서귀포바다뷰

제주동백수목원 "300년 넘는 동백이라 수형이 아름다워"

4대에 걸쳐 관리했다는 제주 동백 수목원은 제주도의 기념물로 지정되어 있다. 동백이 피는 11월에서 2월까지 개방하고 나무를 위해 닫는다고 한다. 300년이 넘는 토종 동백나무를 볼 수 있고, 나이 만큼 나무의 크기도 크다. 일정하게 둥근 형태를 띈 나무 모양이 최근 인스타 촬영지로 유명하다. 매일 09:00~17:00 운영. 성인 8,000원. (515p D:2)

제주 서귀포시 남원읍 위미리 929-2　　　#토종동백 #포토존

위미항 "제주에서 가장 빨리 벚꽃을 만날 수 있는 곳"

제주도에서 가장 먼저 벚꽃이 피는 곳으로 유명한 위미항! 벚꽃 외에도 요트 투어, 배낚시 등 다양한 체험이 가능하다. 또, 이곳에서 보는 일몰은 아름답기로 유명해서, 해 지는 시간에 맞춰 방문해 보길 추천한다. 일몰을 구경하고 활어회 센터에서 맛보는 회의 맛은, 이곳 여행의 덤이다. (515p D:2)

제주 서귀포시 남원읍 위미중앙로196번길 6-13　　#벚꽃 #올레5코스 #일몰

일송회수산　맛집
"갈치회와 고등어회를 한번에!"

갈치회, 고등어회, 각종 해산물로 구성된 세트 메뉴가 인기있는 횟집. 특히 고등어회는 직접 만든 간장부추양파장에 야채를 싸서 먹으면 감칠맛이 최고다. 초밥 추가도 가능. 가격은 모듬회 49,000~ 99,000원(소/중/대), 고등어회 49,000원. 일~금요일 11:00~22:00 (21:00 라스트오더), 토요일 17:00 오픈, 화요일 휴무. (515p D:2)

제주 서귀포시 남원읍 위미중앙로196번길 13
#자연산활어회 #시원한매운탕 #푸짐한밑반찬

제주정돈　맛집
"사장님이 직접 구워주는 흑돼지 맛집"

100% 예약제 흑돼지 구이 전문점. 숯불로 구운 근고기, 오겹살, 목살이 대표 메뉴다. 사장님이 손수 구워줘서 더욱 맛있다. 육즙 터지는 고기와 곁들일 와인도 10여가지 보유하고 있다. 코업시티 바로 앞 포구에 있는 아늑한 식당이다. 가격은 흑돼지 근고기 600g 66,000원, 오겹살 300g 33,000원. 매일 16:30~ 22:00

제주 서귀포시 남원읍 위미해안로 20
#숯불직화 #제주흑돼지 #예약

서연의 집 `카페` "첫사랑의 감성을 느끼고 싶다면, 영화 '건축학개론' 촬영지"

영화 '건축학개론'의 촬영지. 영화와 관련된 소품과 배우들의 핸드프린팅 등 작품 속 추억이 카페 곳곳에 남아 있다. 제주 말차와 에스프레소가 어우러진 사려니 라떼와 얼그레이, 초콜릿머드, 녹차빈 등 다양한 종류의 서연의 집 케이크가 대표 메뉴. 2층으로 올라가는 계단은 영화 속 장면과 대본으로 꾸며져 있다. 영화 속 주인공 서연처럼 바다가 보이는 창가에 앉아 사진을 남겨보자. 주차 가능, 매일 10:00~19:00 영업 (514p C:2)

제주 서귀포시 남원읍 위미해안로 86   #영화#건축학개론#사려니라떼#케이크

신흥2리(동백마을)농촌체험휴양마을
"동백테마 체험을 할 수 있는 마을"

제주 토종 동백나무에서 체취한 동백기름을 체험해 볼 수 있는 곳이다. 300년 가까이 되는 토종 동백의 군락지인 이 마을은, 동백꽃을 보는 것으로도 충분히 좋은 곳이지만 동백기름을 활용해 비누며 음식을 만들어보는 다양한 체험을 제공하고 있다. 약으로, 음식으로, 화장품으로 다양하게 활용되는 동백을 경험해 보자. (515p E:2)

사진ⓒ한국관광 콘텐츠랩

제주 서귀포시 남원읍 중산간동로 5807
#동백기름 #토종동백 #동백체험

모카다방 `카페`
"유기농 재료를 사용한 구움과자가 맛있는 곳"

유기농 밀가루와 설탕으로 만든 케이크, 초콜릿 등 디저트가 맛있는 레트로 감성 카페. 통유리창 밖으로 보이는 덕돌포구 경치가 아름답다. 매일 10:00~19:00 영업. 휴무 시 인스타그램 공지. (515p F:2) 사진ⓒ한국관광 콘텐츠랩

제주 서귀포시 남원읍 태신해안로 125 1층
#광고촬영지 #유기농디저트 #청귤에이드

무량제주 카페 "가마솥에 담아내는 정성, 바삭 달콤한 빙수 맛집"

고즈넉하고 차분한 분위기의 카페. 작은 가마솥에 담겨 나오는 달콤한 가마솥누룽지빙수가 시그니처 메뉴. 오독오독 씹히는 누룽지의 식감이 재미있다. 15가지 한방재료를 가마솥에서 푹 끓여낸 가마솥한방차와 다과세트와 한방차 또는 대추차가 함께 제공되는 무량한상도 인기. 우드톤 인테리어와 고풍스러운 소품들, 정원뷰 큰 창이 있어 사진 찍기에도 좋다. 주차 가능, 평일 11:00~19:00, 주말 11:00~20:00 영업. (514p C:2)

제주 서귀포시 남원읍 일주동로 7747 #가마솥#누룽지#빙수#한방#정성

수망다원 카페 "유기농으로 녹차를 재배하는 다원 카페"

유기농으로 녹차를 직접 재배하는 다원 카페로, 초록초록한 차밭뷰가 매력적인 곳이다. 통창이 시원하게 뚫려 있는 실내는 물론, 야외 좌석도 별도 마련이 되어 있어 날씨 좋은 날 피크닉을 하는 듯한 기분을 만끽할 수 있다. 녹차, 홍차, 말차라떼가 대표 메뉴이며, 홍차, 말차스콘 등도 맛볼 수 있다. 매일 10:00~18:00 영업. (515p D:1) 사진ⓒ한국관광 콘텐츠랩

제주 서귀포시 남원읍 태수로608번길 84 #초록뷰 #녹차밭카페 #말차라떼맛집

경흥농원 동백

"노란 귤밭과 어우러지는 붉은 동백"

무농약 감귤을 재배하는 경흥농원은 겨울철 애기동백과 겹동백꽃 명소로 유명하다. 노란 귤밭과 불긋한 동백꽃이 어우러진 울긋불긋한 풍경이 아름답다. 동백꽃길 무료 개방, 농원은 평일 09:00~17:00 영업, 일요일과 공휴일 휴업.(515p E:2)

제주 서귀포시 남원읍 중산간동로5892 #12,1,2,3월 #애기동백 #겹벚꽃 #무농약감귤 #무료개방

쁘띠동백

"사장님이 한땀한땀 만든 수제 동백꽃"

사장님이 직접 만드신 핸드메이드 동백꽃 소품샵. 동백 파우치, 키링, 지갑 등 판매. 위미동백군락지 내 위미동백수목원 옆에 위치. 내부 사진 촬영 금지. 매일 10:00~19:00 (515p D:2)

제주 서귀포시 남원읍 태위로 278 #동백꽃소품 #위미동백수목원옆

푸근한곰아저씨

"등대가 보이는 오션뷰 노란 무인 책방"

한적한 어촌 마을에 위치한 무인 책방. 노란색 건물이 따뜻한 분위기를 준다. 입장료 현금 5천 원이며, 30분 동안 한 팀만 조용하게 공간을 이용할 수 있다. 등대가 보이는 바닷가를 창문으로 감상할 수 있다. 책 이외에도 굿즈와 소품이 다양하며, 조용한 노래가 흐른다. 책이나 소품을 사면 5천 원을 제외하고 결제할 수 있다. 모카다방 옆 매일 10:00~19:00 (515p F:2)

제주 서귀포시 남원읍 태신해안로 125 2층　　#오션뷰책방 #프라이빗서점 #입장료오천원

라룬블루 `카페`

"제주 구옥에서 즐기는 달콤한 디저트"

구옥을 리모델링한 카페로 정원이 있다. 오래된 서까래와 기둥, 우드톤 인테리어와 초록 식물들이 어우러져 편안하고 차분한 분위기. 제주산 애플망고를 사용한 빙수와 쫄깃한 소금빵 반죽으로 만든 붕어소금빵이 이곳의 대표 메뉴. 특히 붕어소금빵은 겉바속촉, 단짠의 정석이다. 이밖에도 다양한 음료와 빵, 케이크를 판매한다. 주차 가능, 주차장 입구에 토끼 입간판이 서 있으니 찾아볼 것. 11:00~19:00 영업, 격주 화요일 휴무. (514p C:2)

제주 서귀포시 남원읍 태위로 27 1층
#구옥#우드톤#애플망고빙수#붕어소금빵

큰엉식당 서귀포본점 `맛집`

"고사리가 들어가는 칼칼한 갈치조림"

입짧은 사람도, 생선싫다는 사람도 한그릇 뚝딱해치우고 가는 갈치조림 맛집. 칼칼한 양념 위에 얹혀주는 제주산 고사리와 팽이버섯이 치트키다. 고등어구이나 갈치구이를 곁들이는 것도 추천한다. 가격은 조림 48,000원(2~3인분), 58,000원(3~4인분)으로 다른 갈치조림집에 비해 저렴한 편. 매일 11:00~15:30 (15:00 라스트오더) (515p D:2)

제주 서귀포시 남원읍 태위로 276
#갈치조림 #고사리 #가성비

춘식이와옥희 "감귤모자가 인기인 애견용품 소품샵"

제주 애견 동반 소품샵. 감귤 모자, 의류, 가방, 장난감 등 제주 애견 아이템을 찾는다면 방문을 추천한다. 다양한 사이즈가 구비되어 착용 가능하고 강아지 성향에 맞는 용품도 추천해 주신다. 소품샵 맞은편에는 오션뷰 포토존이 있어 강아지와 인생샷을 찍기 좋다. 상주견을 만날 수 있다. 제주 올레 4코스 해안도로에 위치한다. 12:00~18:00 (목요일 휴무) (515p F:2)

제주 서귀포시 남원읍 태신해안로 115　 #감귤모자 #애견용품굿즈

카페 동박낭 동백꽃 "토종 동백나무를 볼 수 있는 곳"

12월부터 다음 해 1월까지, 카페 동박낭에서 함께 운영하는 넓은 정원에서 애기동백 군락을 만나볼 수 있다. 제주시외버스터미널 정류장에서 130-1번 승차, 남원 환승 정류장에서 하차 후 231, 232,510번 버스로 환승하고 세천동 정류장에서 하차, 카페 동박낭까지 약 400m 도보 이동. 매일 09:00~19:00 영업, 연중무휴 (515p D:2)

제주 서귀포시 남원읍 태위로 275-2
#11,12,1,2,3월 #애기동백 #사진촬영

동선제면가 `맛집`

"깊은 맛을 자랑하는 몰망국수"

제주산 생등뼈 고기와 육수에 모자반을 넣고 걸쭉하게 끓여낸 몰망국수(몸국)로 유명한 식당. 흑돼지 고기국수도 맛있는데 국물, 비빔, 냉국수 중에 고를 수 있다. 고기양이 다른 식당의 2배 이상이다. 주문은 키오스크에서 가능. 가격은 고기국수 9,000원, 돔베고기 국수 세트 16,000원. 주차 불가. 09:30~ 16:00 (15:30 라스트오더) 수요일 휴무. (515p D:2)

사진ⓒ한국관광 콘텐츠랩

제주 서귀포시 남원읍 태위로 3
#몸국 #고기국수 #고기넉넉

큰엉해안경승지 추천 "높은 해안 언덕길을 따라 걷는 또 다른 경험"

'큰엉'이라는 뜻은 제주 사투리로 '큰 언덕'이라는 뜻이다. 현무암 해안인 제주 대부분과는 달리 큰엉해안은 큰 바윗덩어리들이 해안가를 둘러쌓고 있다. 1.5km가량 해안 산책로가 갖춰져 있는 관광지이자 한반도 지형의 사진을 찍을 수 있는 사진 명소이기도 하다. (515p D:2)

제주 서귀포시 남원읍 태위로 522-17   #바위언덕 #한반도지형

뙤미 맛집

"1만원으로 즐기는 가성비 밥집"

비빔밥과 보말미역국을 저렴하게 먹을 수 있는 식당. 모든 메뉴가 1만원이라 부담이 없다. 비빔밥은 재료가 신선하고 간이 잘 맞다. 미역국은 미역만 건져먹어도 배가 부를 정도로 양이 많다. 1인석이 있어서 혼밥도 가능. 여름에는 서리태콩국수도 먹을 수 있다. 재료가 소진되면 문을 닫는다. 09:00~ 13:30 (13:20 라스트오더) 일요일 휴무. (514p C:2)

제주 서귀포시 남원읍 태위로 86
#1만원 #가성비 #혼밥

바공식당 맛집

"매주 메뉴가 바뀌는 가정식 백반"

제주도민들이 추천하는 1인 쉐프 식당. 우삼겹볶음, 항정살된장구이, 명엽채무침, 마늘쫑볶음 등 메인 메뉴가 매주 바뀌고 2~3가지 반찬이 더해진다. 카페같이 아늑하고 세련된 분위기. 가격은 13,000원 내외에서 변동. 1일 30인분 한정판매, 2인 이상 주문 가능. 11:00~ 15:00 월요일 및 매월 마지막주 화요일 휴무. (515p D:2) 사진ⓒ한국관광 콘텐츠랩

제주 서귀포시 남원읍 태위로 87
#30인분한정판매 #가정식 #매주메뉴변경

범일분식 맛집

"제주도식 막창찹쌀순대 노포"

테이블이 5개 뿐인 노포. 대표 메뉴는 막창찹쌀 순대다. 큰솥에서 쪄내는 순대만 주문할 수도 있고 들깨가 듬뿍 들어간 순대국으로 먹을 수도 있다. 특히 순대는 깻잎에 싸먹는 게 킥. 순대국은 들깨가 듬뿍 들어가 걸죽한 스타일로 호불호가 있다. 가격은 순대 한접시 11,000원, 순대국 9,000원. 09:00~ 17:00 토요일 휴무.(515p E:2)

제주 서귀포시 남원읍 태위로 658
#찹쌀순대 #들깨순대국 #노포

태웃개 "스노클링을 즐길 수 있는 곳"

스노클링 명소로 유명하다. 바람이 많이 불고 파도가 칠 때는 스노클링을 할 수 없어 날씨를 확인하고 방문하는 것이 좋다. 방파제 사이로 용천수가 나오는 작은 공간은 수심이 얕아 아이들이 놀기 좋다. 푸른 바다와 섶섬과 제지기오름을 볼 수 있는 뷰맛집이다. 만조시간 전 방문 시 물이 찰랑거리는 방파제 위에서 인생샷 남길 수 있다. (515p D:2)

제주 서귀포시 남원읍 태위로398번길 57　　#용천수 #물놀이 #스노쿨링

모노클제주 [카페] "숲속에서 치즈케이크를 맛보자"

숲속 길을 걷는 듯한 길을 지나 카페로 들어가자. 테라스가 넓어 날씨 좋은 날엔 야외에서 넓은 정원을 보며 커피를 즐길 수 있다. 파티시에가 직접 구운 다양한 빵을 맛볼 수 있는 곳. 클래식 뉴욕 치즈케이크가 대표 메뉴. 10:00~17:00 영업, 매주 수, 목요일 휴무. (515p D:2) 사진ⓒ한국관광 콘텐츠랩

제주 서귀포시 남원읍 태위로360번길 30-8　　#블루리본 #베이커리카페 #까눌레

라바북스

"작지만 이색 코너가 있는 독립서점"

서귀포 남원 위미항 근처 책방. 규모는 작으나 책들로 가득 채워져 있다. 10년 넘게 운영 중이며, 제주도 관련 책과 포스터, 엽서, 달력, 에코백 등 굿즈를 구매하기 좋다. 천 원으로 뽑는 한 편의 시, 내가 가져온 책을 캐리어에 넣고, 원하는 책을 가져갈 수 있는 '책들의 여행' 코너가 이색적이다. 사색을 즐기기 좋다. 12:00~18:00 (수요일 휴무) (515p D:2)

제주 서귀포시 남원읍 태위로 87 1층
#위미리책방 #책들의여행 #한편의시

내노키카페 [카페]

"내노키에서 내려놓자, 정성으로 만든 푸딩과 귤음료 맛집"

일본에서 공부한 파티시에의 디저트 카페. 감귤 돌창고를 개조한 곳으로, 아기자기한 분위기다. 첨가물 사용 없이, 좋은 재료로 건강한 푸딩을 만드는 곳. 캬라멜, 말차, 귤 등 스노우 푸딩이 대표 메뉴다. 귤샷라떼, 귤포카토 등 독특한 귤 음료와 휘낭시에, 도넛 같은 디저트도 인기. 모든 손님에게 웰컴 디저트를 제공한다. 감귤 따기 체험은 사전 문의 필수. 주차 가능. 08:30~19:00 영업, 매주 화요일 휴무. (515p E:2)

제주 서귀포시 남원읍 태위로723번길 30-16
파티시에#디저트#푸딩#도넛

쇠소깍 산물 관광농원 "감귤체험과 농기구박물관 등 즐길거리가 있는 농원"

제주에서 귤꽃이 가장 먼저 피는 하례리에 위치. 한라봉을 재배하는 하우스 안에 농기구박물관이 있다. 입구의 경운기부터 실내의 호미, 항아리 등을 볼 수 있다. 부모님과 함께 추억을 이야기하며 관람하기 좋다. 관광농원 입구 왼쪽 감귤밭에서 귤따기 체험을 할 수 있고, 1월 중순부터는 하우스 안 한라봉 따기 체험을 할 수 있다. 월~토 09:00~21:00, 일 09:00~18:00 운영, 영업 종료 30분 전 입장 마감. 카페에서 음료 주문 시 박물관 입장 무료. 귤따기 체험 비용 별도. (514p C:3)

제주 서귀포시 남원읍 하례로 90   #농기구박물관 #쇠소깍 #제주투어패스

선광사(제주)
"큰엉 전망대에 들렀다면 잠깐?"

남원 큰엉 해안 근처에 있는 사찰이다. 고려시대때 만들어진 목판본의 불경을 비롯, 다양한 유적이 보관되어 있는 유서깊은 곳이기도 하다. 고즈넉하고 조용한 곳을 좋아하는 분이라면, 이곳에서 차분하게 마음을 다스려 보아도 좋다. 비 오는 날에 더 어울리는 공간이다. (515p D:2) 사진ⓒ한국관광 콘텐츠랩

제주 서귀포시 남원읍 태위로510번길 42
#사찰 #불교 #힐링

루브린라운지 카페
"동백정원과 감귤밭이 있는 대형카페"

3,500평 규모의 대형카페로 넓은 정원에는 야자수, 분수 등이 있어 이국적인 풍경이 매력적이다. 루프탑은 사방이 뻥 뚫려 있어 개방감을 느끼기 좋으며 날씨가 좋을 때는 한라산을 파노라마뷰로 감상할 수 있다. 11월 말~12월 초에는 동백꽃이 피어있는 정원을 볼 수 있고 감귤밭도 함께 운영한다. 메뉴는 크루아상, 타르트 등 간단한 베이커리와 보스턴슈페너, 말차라떼 등 음료를 즐길 수 있다. 매일 09:00~19:00 영업.

제주 서귀포시 남원읍 태위로360번길 46
#대형카페 #이국적인정원 #정원카페

고살리숲길

"고요하고 신비로운 상록수 숲길"

울창한 숲길을 따라 2km 가량 이어지는 탐방로이다. 숲길을 걷다 보면, 나무 사이로 흐르는 하천이며 자연이 주는 아름다움이 무엇인지 제대로 느낄 수 있다. 특히 탐방로를 걷다 보면 만나는 '속괴'는 사시사철 물이 고여 있는 연못인데, 이곳에서 사진을 찍으면 묘하고 신비로워 인스타 성지이기도 하다. (514p B:2)

제주 서귀포시 남원읍 하례리 산54-2
#힐링 #트레킹 #자연생태우수마을

미미파스타 맛집 "귤밭과 한라산이 보이는 파스타 맛집"

귤밭과 한라산이 보이는 파스타 전문점. 대표메뉴는 딱새우파스타지만 문어필라프, 왕새우파스타, 만조파스타도 인기가 많다. 실내가 아담하고 2명이 운영하고 있어 점심은 최대 6인까지, 저녁은 100% 예약제다. 주말 점심에는 웨이팅이 있다. 가격은 2만원대. 11:00~15:00 (14:00 라스트오더), 17:00~20:00 (19:00 라스트오더) 일요일 휴무. (514p C:2)

제주 서귀포시 남원읍 하례학림로 24   #딱새우파스타 #예약필수 #웨이팅

금호제주리조트 아쿠아나 "바다를 바라보며 신나는 물놀이"

올레길 중 아름답기로 소문난 5코스에 위치하고 있고 해안경승지를 조망할 수 있는 곳이다. 바다를 바라보며 물놀이와 수영을 할 수 있는 실내외 아쿠아풀 등이 있다. 매일 실내 10:00~18:00, 야외 11:00~17:00 운영, 매달 첫 번째 월요일 정기휴무. 성인 25,000원~35,000원. (주중, 주말, 성수기 별 입장료 상이) (515p D:2) 사진ⓒ금호제주리조트

제주 서귀포시 남원읍 태위로 522-12   #올레5코스 #아쿠아풀 #실내사우나

쇠소깍 추천 "잔잔한 물 위에 투명 카약, 수상자전거 체험하러 줄을 서는 곳"

용암이 흐르다 굳어져 만들어진 골짜기이다. 에메랄드빛 물색과 골짜기 주변을 에워싸고 있는 소나무숲이 감동적일만큼 아름답다. 전통배 테우나 카약, 수상자전거 등을 타며 이곳을 둘러봐도 좋고, 산책로를 따라 구경해도 좋다. 제주도에서 산과 바다, 강 모두를 볼 수 있는 드물기에 더 귀한 곳이다. (514p C:3)

제주 서귀포시 쇠소깍로 104   #냇가 #수상스포츠

호빗집 "귀여운 요정이 살고 있을 것 같아"

독특한 포토존을 찾는 분에게 추천! 원래는 감자창고인데, 호빗이 살고 있는 집을 닮았다 하여 요정의, 호빗의 집이라 불린다. 아직 알려지지 않아 기다림 없이 편하게 찍을 수 있다. 사유지인 만큼 뒷정리는 필수! (515p D:2) 사진ⓒ한국관광 콘텐츠랩

제주 서귀포시 남원읍 한남리 1429   #요정의집 #호빗집 #돌창고 #감자창고

534

13
표선면
535

#가시리풍력발전단지
#녹산로유채꽃도로

#따라비오름
#백약이오름
@pyoji_bbeum
#오늘은녹차한잔 #동굴

#표선해비치해변

#성읍민속마을

#팜파스그라스
@ssowhat117
#정석비행장 #벚꽃길
@jung_eun1263
@rhea_bori
#성읍리 #갯무꽃
#보롬왓 #맨드라미
#녹산로

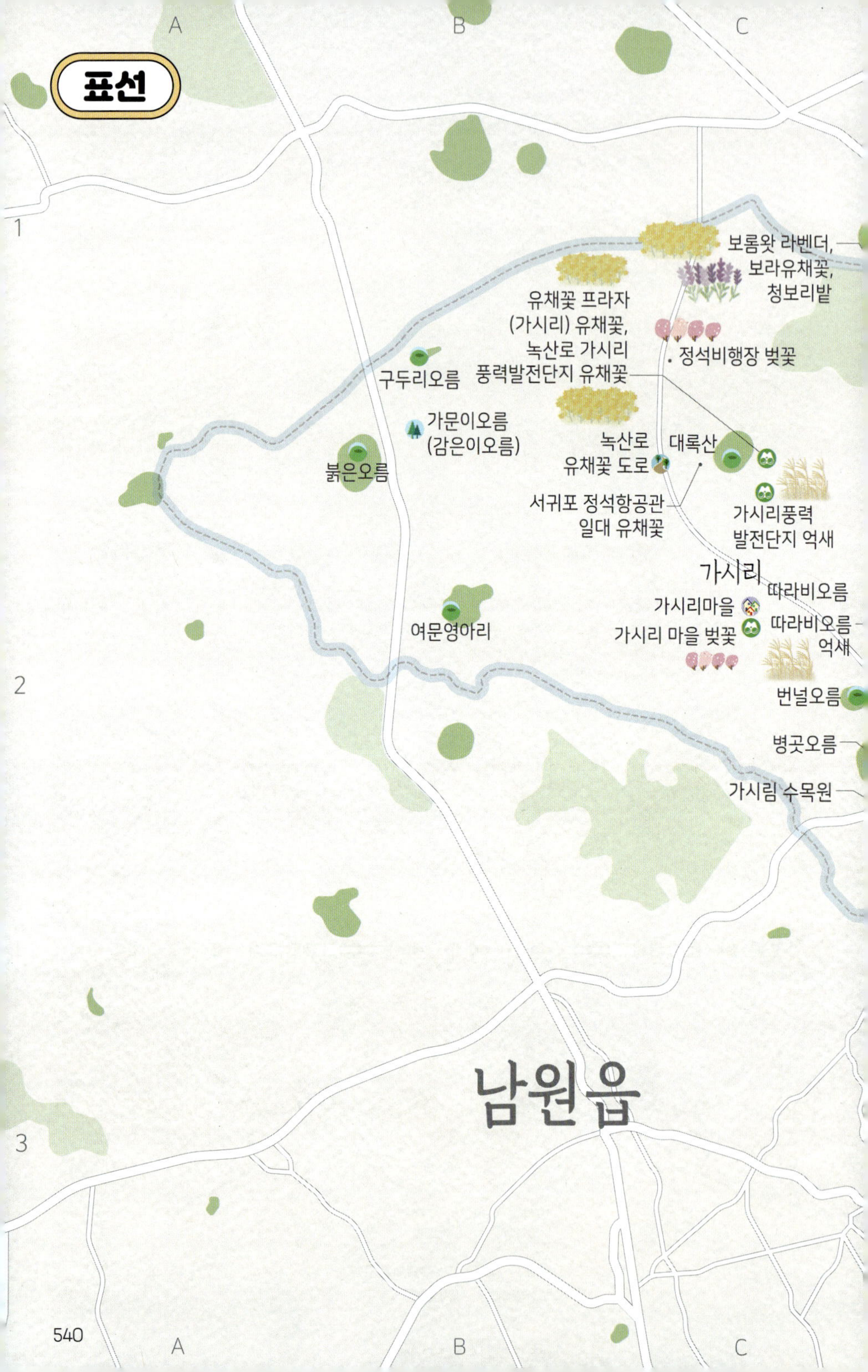

표선
A
B
C
1
보롬왓 라벤더, 보라유채꽃, 청보리밭
유채꽃 프라자 (가시리) 유채꽃, 녹산로 가시리 풍력발전단지 유채꽃
정석비행장 벚꽃
구두리오름
가문이오름 (감은이오름)
붉은오름
녹산로 유채꽃 도로
대록산
서귀포 정석항공관 일대 유채꽃
가시리풍력 발전단지 억새
가시리
따라비오름
가시리마을
가시리 마을 벚꽃
따라비오름 억새
여문영아리
번널오름
2
병곳오름
가시림 수목원
남원읍
3
A
B
C
540

D
E
F
1
2
3
백약이오름 가는 산간 도로
좌보미
좌보미 알오름
백약이오름
개오름
청초밭 동백
와일드오차드
성읍리
팜파스 그라스
영주산
성산읍
모지오름
정의향교,
제주 성읍마을 고창환 고택,
제주 성읍마을 고평오 고택
정의 현성
성읍민속마을
설오름
표선면
포토갤러리 자연사랑미술관
갑선이오름
세계술박물관
하천리
가시리농어촌체험 (조랑말체험)
제석오름
소소름(쇠오름)
가세오름
제주 허브동산
소금막해변
표선 해수욕장
당케포구
토산리
세화리
제주허브동산 허브
표선리
토산봉
제주민속촌
제주민속촌 수국
매오름
541

표선 주요지역
A B C
1 2 3

절물오름
1112번 도로 삼나무 숲길
단연코 우리나라에서 가장 아름다운 길
1112
사려니숲길 입구
샤이니숲길 편백나무길
샤이니 숲길
삼다수숲길
카페갤러리(앤틱 가구로 꾸며진 갤러리형 카페)

갓전시관
성미가든 (닭고기샤브샤브)
삼다마을목장 (목장체험, 썰매)
제주 센트럴파크
갈갈 팜 랜드 (동물 먹이주기 체험)
제주 여누카페 (우도 땅콩 크림라떼)
말로(정원 산책과 포니 먹이주기 체험 할 수 있는 카페)
교래
삼다수마을
전망대
P

렛츠럿팜제주
6~8월 해바라기밭 만으로도 가볼만 한 곳 목장의 예쁜 꽃길에서 인생 사진도 찍을 수 있는 곳
렛츠런팜 해바라기밭

제주오름승마 랜드(승마)
산굼부리
높이는 불과 28m 그런데 구덩이 깊이는 100m 구덩이(굼부리)가 깊은 특이한 오름
산굼부리 억새
낮은 오름과 억새[10,11,12월]

제주동화마을 (지브리 테마 공원)
코리크카페 제주점 (제주 감귤 미니 파운드 케이크)
탐라승마장
카페 글렌코 (스코틀랜드풍 정원)

거슨새미
제주관광 승마(승마)
카페 글렌코 핑크뮬리
[9,10,11월]
송당 무편모루 (인스타 스팟)
카페 글렌코 샤스타데이지
송당승마장(승마)
공간7
블루보틀 제주 카 (놀라플로트)

붉은오름 자연휴양림
P
가문이오름 (감은이오름)
P
사려니숲길 붉은오름 방향 입구

가시리풍력발전단지 억새
가시리 초원의 억새무리. 녹산로 464-78 [10,11월]

서귀포 정석항공관 일대 유채꽃 및 벚꽃
드라이브는 유채꽃과 함께 [3,4월]
녹산로 벚꽃 도로
4월, 유채꽃 뒤편으로 어우러진 벚꽃길
가시리마을
녹산로 유채꽃 도로
유채꽃은 꽃밭보다 꽃길이지 [3,4월]

제주 스카이워터쇼 (가족과 보낼만한 스카이워터쇼)
성불오름
목장카페 드르쿰다
보롬왓 맨드라미
목장카페 밭디
스테이 느릿
보롬왓
"꽃이 지지않는 곳 같아" 메밀꽃밭(5,6,9,10)과 라벤더밭(7,8월) 그리고 청보리밭(4,5월), 보라유채꽃(3,4월) 비밀스러운 수국 길까지 사계절 모습이 다 아름다워

정석항공관
억새밭
큰사슴이오름 (대록산)
대록산
유채꽃프라자
[3,4월] 유채꽃프라자 옆에 조성된 드넓은 유채꽃밭.
포니밸리(승마)
따라비오름 노을 억새
따라비오름 억새
한라산 전망 억새
[10,11,12월]
따라비오름
쉽게 오를 수 있고 가을 억새풀이 가득한 오름

사려니 숲길
물찻오름
사려니숲길 삼나무길
붉은오름
삼나무길을 걸어 계단을 오르면 30분만에 정상 도착
수망리 마흐니숲길
사람 손길 닿지 않은 순수한 숲

1118

물영아리(오름)
물이 많은 마을, 람사르 습지보호구역

해비치 CC
해비치CC입구 벚꽃
제주 도민만 아는 벚꽃 명소[3,4월]

가시림수목원
동백꽃, 메타세콰이어길이 있는 작은 수목원
가시리농어촌체험 (조랑말체험)
가시리 마을에서 운영하는 조랑말 체험공원. 쿠키 만들기 체험을 할 수 있는 카페와 조랑말 박물관도 추천
스테이무어
택하다, 스테이
가스름식당(토종흑돼지삼겹살) / 나목도식당(삼겹살)
소소름 (쇠오름)

한남사려니오름숲
하루 300명만 입장할 수 있는 제주의 가장 오래된 삼나무 숲. 방문일 최소 3일 전까지 숲나들e 홈페이지에서 선착순 예약.

돌낭예술원
현무암과 식물이 예술 작품처럼 어우러진 석부작 테마공원.
옷귀마테마 타운(승마)
머체왓 숲길
수레국화가 아름다운 한적한 제주숲길. 총 거리 6.7km 2시간 30분
머체왓숲길 방문객 지원센터

휴애리 자연생활 공원 핑크뮬리
위미리 3760 (위미리동백군락지)
토종 동백나무를 볼 수 있는 곳[11,12,1,2,3월]
1119
휴애리 자연생활 공원 수국
휴애리 자연생활 공원
동백포레스트
동백포레스트 동백
동백포레스트 창문 프레임
동백정원에서 커피 한잔?[11,12,1,2,3월]
양금석가옥

휴애리 매화
3~4월 개화
편백포레스트
염소먹이주기체험, 숲속놀이터,짚라인, 클라이밍등 다양한 놀거리가 있어 아이들과 가기좋은 여행지
요정의 집
휴애리 자연생활공원 동백꽃
애기동백이 뭐야?[11,12,1,2,3월]
휴애리 자연생활공원 귤밭
내가 직접 따는 감귤맛은 어떨까?[10,11,12,1월]
자배봉
코스가 짧고 완만해 어린이도 가능.
부쉬코너

수망다원 (녹차, 말차라떼)
수망일기 (핸드메이드 인형으로 꾸며진 동화 감성 카페)
경흥농원 동백
노란 귤밭과 어우러지는 붉은 동백[12,1,2,3월]
귤림동화(독채)

열대과일농장 유진팜 (바나나,파파야,귤따기)
보내다제주 (귤따기)
단심 : 스테이정연
하례감귤체험농장 (귤 따기 체험)
심플토산 (독채)
1136
동백마을 방문자센터
신흥2리마을 동백마을
느긋한 시절
별하비스테이

남원읍

자파리 감귤체험장 (감귤, 황금향 체험)
제주외가(독채)
푸른한곰아저씨(독립서점)
춘식이와옥희(소품샵)
모카다방 (유기농 재료를 사용한 구움과자가 맛있는 곳)

미깡밭스테이 삼삼은구(독채)
구시물
우미(크림라떼, 귤라떼)
최남단 체험 감귤농장 (가위물 농촌생태공원)
코코몽에코파크
가족형 어린이 놀이공원
제주도작은집 (독채)

태흥2리 어촌계횟집 (활어 모둠회, 고등어회)
나름의 고요 (독채)
나름의 고요
내노키카페 (스도우푸딩)
풀목집(돌집)
귤샷라떼
올레길 4코스
제주파인비치 펜션(캠핑장)
에어그라운드(캠핑장)

542

D
E
F
아부오름 갯무꽃밭
아부오름
문석이 오름
동거문오름
스누피가든
피너츠의 에피소드를 재현해놓은 자연휴식공간
제주 자연이 주는 느낌과 테마가든에서
성산읍
백약이오름 가는 산간 도로
백약이 오름 가는 산간도로
백약이오름
푸른 초원과 나무계단
꽃을 든 커플사진을 많이 찍는 곳
송당리 메밀꽃밭 [5,6,9,10월] 송당리 산164-4
와일드오차드
120만 평 규모의 유기농 녹차밭. 티 테이스팅, 농장 투어, 차밭 투어
청초밭 동백
[11,12,1,2,3월]
제주아리랑 혼
제주아리랑과 태권뮤지컬 공연장
OK승마장
영주산(오름)
천국의 계단(보랏빛 산수국 계단, 수국철 6~7월)
낙타트래킹
노바운더리 제주
(리조또 파스타)
스테이 연화
정의향교,
고창환 고택,
고평오 고택
성읍칠십리식당
(흑돼지오겹살)
옛날팥죽(새알팥죽)
무명고택(독채)
김정문알로에
알로에숲
오늘은
녹차한잔
오늘은카트
레이싱(카트)
가시리 마을 벚꽃
제주 시골 그리고
벚꽃[3,4월]
수민문화 (독립서점)
갑선이오름
포토갤러리 자연사랑미술관
브리드인제주
가시식당(두루치기),
나목도식당(삼겹살, 두루치기)
표선면
가시리마을
유채꽃 드라이브 코스(녹산로)와 유채꽃 축제로 유명한 마을. 미술관, 카페, 공방, 밥집등이 있는 작은 제주마을
제주허브동산 허브
허브로 할 수 있는 모든것
[9,10,11월]
한아름식당
가세오름
광동식당
(흑돼지 두루치기)
북살롱 이마고
(독립서점)
카페멜빌
(멜빌플레이트)
제주 판타스틱버거
(베이직버거)
몽중정원
녹음실 제주
여기고씨네
(딱새우회, 머리튀김)
지깍
제주허브동산
낮보단 밤에 가봐, 반짝이는
조명작품 사이 향긋한 허브향
제주촌집
(흑돼지오겹살)
제주감성독채숙소
스테이비움
희애루
솔앙수
(스페셜티
핸드드립)
소노캄제주
하트나무
오롤(오션뷰)
제주민속촌
제주민속촌 수국
대장금 촬영지에 수국무리[6,7월]
올레길 4코스
팜파스 그라스
풍성한 느낌의
팜파스[10,11,12,1월]
어라운드폴리(독채)
뷰 제주하늘
다이나믹메이즈
실내 어드벤쳐 스포츠 테마파크
아이 어른 같이하는 미로탈출 게임 등 다수 체험놀이
제주전시컨벤션센터
유건에오름
제주 고사리맛집복돼지식당
(고사리주물럭무한리필)
만덕이네(갈치조림정식,전
복문어흑돼지두루치기)
성읍랜드
승마·카트, ATV, 말당근주기체험 등
즐길거리가 많은 곳
정의현성
초가헌(기름떡,
아메리카노)
남산봉
(망오름)
성읍민속마을
1423년(세종 5년) 현청이 생긴 이후
조선 말기까지 '정의현' 소재지였던 곳
전통 초가 가옥들이 현무암의 돌담
사이에 분포
일출랜드
신비로운 지하동굴 속에서
영감 폭발. 천연동굴 미천굴을
중심으로 한 자연컨셉
테마랜드
통오름
독자봉
미천굴
불특청식당(디너,런치)
고흐의 정원
신풍리 해바라기
돌담과 해바라기[7,8,9월]
(리스본 감성이 느껴지는
에그타르트 맛집)
아줄레주
몽상화(독채)
하이재(독채)
세계술박물관
신풍리 체험
휴양 마을
여름정원
(3단 도시락 브런치,
여름말차샷라떼)
검은여식당
(갈치조림)
오아로(가족여행)
표선여가(독채)
아키아서핑스쿨,
서프포인트(서핑)
당포로나인 돈카츠(왕치즈롤까스)
당케올레국수(보말칼국수)
해미원(모듬회)
표선우동가게(돈까스)
표선수산마트
(광어회,고등어회)
13월의제주
(독채)
김영갑갤러리 두모악
20년간 제주만 사진에 담았던
작가의 미술관, 차분한 정원과
카페에서 쉬어가기
신천목장 귤피밭
제주해양
동물박물관
아일랜드플라워
목장형 동물 체험 카페
성읍리 갯무꽃
1119
베니스랜드
베니스의 축소판,
곤돌라타고 한바퀴
성산 브런치 난산리다방
& 조아가지구 (버섯크림
스프, 브런치)
소게(양옥집)
난산리큰집
(게스트하우스)
제주 성산 난산리 식당
(양식 코스 요리)
올레길 3A 코스
성산 브런치 카페
난산리다방
(버섯크림 감자뇨끼)
카페아오(올디너스,
올디사나문)
마이올 제주 풀빌라
감성숙소(오션뷰)
달리야드(족욕탕)
웨이브
(수제버거)
제주올레
공식안내소
당케포구
다카포(모래놀이할수 있는 카페)
소금막해수욕장
도민이 추천하는 조용한 해변. 수심이 얕고
완만해 주로 서핑 초보들이 파도를 즐기는 곳.
표선해비치 해수욕장
무릎 정도의 해수면이 백 미터 이상 펼쳐지는 얇고 넓은 해수욕장
그래서 수영하지 않는 사람들이 걷기에도 좋고 아이들이 놀기에 딱 좋다.
표선 7부두(부두라떼,포토존),
카페 젠타일스(심휼라떼, 임마누엘라떼)
표선어촌식당
(옥돔지리탕, 물회)
표선칼국수(고기칼국수, 매생이보말전),
표선 돌담칼국수(보말죽칼국수),
자연산전문 해미원회집(다금바리회),
당포로나인(왕치즈롤카츠)
해비치 호텔 & 리조트
감귤랜드귤체험장 스테이묘해
(이국적)
수와키
(독채)
제주커피박물관
Baum
고성오일시장
컬러인제주
빛의 벙커
해저 광케이블 시설이
전시 시설로 재탄생
빛의 벙커
웅장한 공간
대수산봉
성산바다
(갈치조림)
짱구네 유채꽃밭
원형 강귤장석
짱구네 유채꽃밭
산책하기 제격인
[12,1,2,3월]
혼인지
혼인 신화가 전해오는
연못, 전통 혼례 체험
혼인지 수국
연못주변 수국밭[6,7월]
올레길 2코스
온평리
환해장성
온평
포구
온평바다한그릇
(해물라면)
올레돔펜션(독채)
오드리물(자쿠지)
제주 달로와
·풀빌라
표선·세화해안도로
(세화리·민속촌박물관)
올레길 3B 코스
제이아일랜드
(통유리창 밖으로 보이는
멋진 바다전망 카페)
스테이삼달오름
(풀빌라)
신풍
포구
신풍 신천 바다목장
제주올레 3코스에 해당하는 곳으로 해안 옆 목장이 이색적
아름다운 해안가 옆, 말이 뛰는 초원 위를 걷는 기분
관광 목장이 아니므로 지정된 올레길로만 이동
신천아트빌리지
마을 곳곳을 수놓은 51점의
벽화 작품들이 있는 해변 마을
스테이제주이옴
1132
신산·온평 해안도로
표선 해안도로
정의향교
543

영주산 추천 "천국의 계단을 올라 만난 풍경"

천국의 계단이 있는 오름. 정상으로 가는 길에 하늘과 맞닿는 것처럼 보이는 긴 계단이 이어져 있어 '천국의 계단'으로 불린다. 둘레길 코스와 정상 코스가 있으며, 각각 50분씩 소요된다. 정상에 오르면 평지가 나타나며 주변의 오름들과 우도, 성산일출봉까지 볼 수 있다. 풍경이 아름다워 웨딩 스냅 장소로도 인기. 화장실 없음. 영주산 입구 주차 가능. (543p D:1)

제주 서귀포시 표선면   #천국의계단 #웨딩스냅명소

가시리마을 "유채꽃과 벚꽃이 많은 마을"

마을 입구부터 10km(녹산로)까지 유채꽃과 벚꽃이 만개하는 장관을 볼 수 있는 곳이다. 아름다운 자연경관을 따라 비오름, 큰사슴이오름이 있으며 조랑말 체험공원, 흙담 갤러리 등 즐길 거리가 많다. (543p D:2)

제주 서귀포시 표선면 가시로613번길 54-18   #유채꽃 #벚꽃 #조랑말체험

큰사슴이오름(대록산) "알려지지 않은 나만 아는 곳"

큰사슴의 모습(대록산)을 닮았다고 하여 붙여진 이름의 오름이다. 유채꽃프라자를 통해 올라갈 수 있다. 억새로도 유명한 곳이다. 상대적으로 잘 알려지지 않는 오름이라 조용히 제주의 경관을 즐길 수 있는 최적의 장소이다. (542p C:1)

제주 서귀포시 표선면 가시리 산68   #큰사슴 #억새

가스름식당 [맛집]
"솥뚜껑 삼겹살과 두루치기"

솥뚜껑에 구워먹는 삼겹살과 콩나물 두루치기를 먹을 수 있는 식당. 고기 퀄리티가 좋아서 가격이 저렴하게 느껴진다. 두루치기 양념은 자극적이지 않고 간이 잘 맞다. 아침식사로는 몸국베이스의 순대국도 추천. 가격은 두루치기 10,000원, 삼겹살 15,000원. 09:00~20:00 (18:30 라스트오더) 매월 두번째, 네번째 목요일 휴무. (542p C:2)

제주 서귀포시 표선면 가시로565번길 19
#솥뚜껑삽겹살 #두루치기 #순대국

가시리농어촌체험(조랑말체험)
"승마가 처음이어도 괜찮아"

가시리 마을에서 운영하는 조랑말 체험공원. 넓은 들판에서 말을 타는 승마 체험과 먹이 주기 체험을 운영한다. 전문가가 친절하게 지도해주며, 승마 체험 동안 사진과 영상을 찍어줘 추억을 남길 수 있다. 승마가 처음이거나 말을 무서워하는 아이들도 부담 없이 즐길 수 있다. 쿠키 만들기 체험을 할 수 있는 카페와 조랑말 박물관도 있어 함께 둘러보는 것을 추천. 승마 체험 A코스 12000원. (542p C:2)

제주 서귀포시 표선면 녹산로 381-15
#승마체험 #아이들과이색체험

가문이오름(감은이오름)
"삼나무 원시림이 많은 오름"

우거진 삼나무 원시림을 만나볼 수 있는 오름. 화산이 폭발하며 생긴 말발굽을 닮은 커다란 분화구가 남아있다. 근처에 구두리오름과 붉은오름이 있어 함께 들르기 좋다. (542p B:1)

제주 서귀포시 표선면 가시리 산158-2
#삼나무 #원시림 #분화구

갑선이오름
"굼벵이 모양의 오름"

오름 능선이 굼벵이 모양을 닮은 갑선이오름. 맞은편 설오름, 병곳오름에서 보면 굼벵이 모양이 좀 더 잘 보인다. 갑선이오름 이름의 유래가 된 갑선악은 굼벵이 허물이라는 뜻. (543p D:2)

제주 서귀포시 표선면 가시리 산2
#굼벵이 #오름

수민문화
"한 달에 딱 1번의 기회"

한 달에 딱 1번, 주제를 정해 문을 여는 책방.
북스테이 한 달 살이 손님들이 하루 동안 서점
지기로 큐레이션한 책을 소개하고 운영한다.
오픈일은 사전 네이버, 인스타그램 별도 공지
참고. (543p D:2)

제주 서귀포시 표선면 가시로592번길 25
#한달에한번오픈 #북스테이 #큐레이션책

나목도식당 맛집 "가성비 두루치기와 순대국"

허영만의 백반 기행 25회에 에 나온 식당. 매콤하게 양념한 돼지고기와 파채, 콩나물을 넣고 비
빈 두루치기가 대표메뉴다. 쌈채소에 고기를 싸먹고 남은 양념에 밥을 볶아먹는다. 사이드로 순
대국이나 된장국을 선택할 수 있는데 몸국 베이스의 순대국이 인기. 가격은 두루치기, 순대백반
9,000원. 09:00~ 20:00 매월 첫번째, 세번째 수요일 휴무. (542p C:2)

제주 서귀포시 표선면 가시로613번길 60 　　　 #두루치기 #순대국 #허영만

자연사랑미술관
"폐교를 활용한 사진전시"

폐교된 가시리 초등학교를 활용하여 제주의 사
계 풍경과 옛 모습을 사진으로 감상할 수 있는
곳이다. 이외에 희귀한 화산탄, 오래된 카메라,
옛 가시리 초등학교 졸업생 사진들, 소품 등도
전시되어 있다. 비성수기에는 운영시간이 일정
하지 않아 전화문의 후 방문할 것을 추천한다.
성인 3,000원. (543p D:2) 사진ⓒ한국관광 콘텐츠랩

제주 서귀포시 표선면 가시리 1920-2
#가시리초등학교 #사진 #전시

광어다 표선 본점 맛집
"직접 양식한 광어의 신선한 맛"

광어 전문 횟집. 직접 양식한 광어를 사용한
다. 싱싱한 광어를 도톰하게 썰어주는 활어회
한접시가 대표메뉴다. 회가 듬뿍 들어간 물회
와 회국수도 여름 별미. 바삭하게 튀긴 광어
탕수어도 사이드로 추천한다. 가격은 광어탕
수어 26,000원, 회국수, 회덮밥, 물회 모두
13,000원. 10:30~ 20:00 (19:00 라스트오
더) 목요일 휴무.

제주 서귀포시 표선면 민속해안로 73 광해
수산2층
#광어회 #물회 #탕수어

가시식당 맛집
"현지인이 즐겨찾는 두루치기 식당"

두루치기, 몸국, 순대국을 파는 식당으로 대표
메뉴는 두루치기다. 고기가 익으면 무생채, 콩
나물, 파채를 넣고 섞어 먹는다. 양이 많고 가
격도 저렴해서 현지인들이 많다. 모든　재료
가 국내산이다. 가격은 두루치기 11,000원,
몸국/순대백반 10,000원. 08:30~ 20:00
(15:00~ 17:00 브레이크타임) 매월 두번째,
네번째 일요일 휴무. (543p D:2)

제주 서귀포시 표선면 가시로565번길 24
#두루치기 #몸국 #순대국

가시리풍력발전단지 추천 "가시리 초원에 핀 억새무리"

풍력발전기가 놓인 가시리 초원에 가을 손님, 억새 무리가 찾아왔다. 풍력발전기와 은빛 물결 억새밭을 배경으로 운치 있는 사진을 찍어갈 수 있다. 네비에 서귀포시 표선면 녹산로 464-78을 찍고 이동. (542p C:1)

제주 서귀포시 표선면 녹산로 464-65　　#10,11월 #풍력발전기 #포토존

따라비오름 추천 "제주도 오름 중 가을 억새가 가장 볼만한 오름"

3개의 굼부리(구덩이)가 있는 것이 특징인 오름. 이류구가 있는 것으로 보아 최근 분출된 화산에 속한다. 제주 오름 중 가을 억새로 유명하다. (542p C:2)

제주 서귀포시 표선면 가시리 산62
#구덩이 #억새

서귀포 정석항공관 앞 유채꽃길 "드라이브는 유채꽃과 함께"

정석항공관 앞뒤로 녹산로를 따라 이어지는 10km 유채꽃 드라이브 코스. 차도를 중심으로 양편에 유채꽃과 벚꽃이 나란히 펼쳐져 봄을 만끽할 수 있다. 푸른 하늘, 흰벚꽃, 노란 유채꽃의 조화가 아름다워 한국의 아름다운 길 100선에 선정되기도 했다. (542p C:2)

제주 서귀포시 표선면 가시리 산87-15　　#3,4월 #드라이브코스 #삼색꽃길

가시림 수목원 "4천 평에 동백이 한가득"

4천 평 규모의 민간 정원. 제주 토종 자생식물을 비롯해 수국, 팜파스그라스, 동백 등 계절마다 다양한 식물과 꽃을 감상할 수 있다. 정원을 한 바퀴 돌아보면 약 20분 정도 소요되며, 야외 테이블과 유리 온실이 있어 쉬기 좋다. 내부에는 세련된 인테리어의 카페가 있다. 09:30~18:00 운영. 입장 마감 17:00. 수요일 휴무. 성인 6000원. (542p C:2)

제주 서귀포시 표선면 녹산로5번길 171 가시림　　#사계절꽃명소 #민간정원

표선칼국수 맛집
"아침식사로 좋은 보말칼국수"

또간집 풍자가 방문한 칼국수집. 아침 일찍 문을 열어 칼국수와 죽으로 해장하기 좋다. 대표 메뉴인 칼국수는 전복, 보말, 매생이가 들어가 있어 국물맛이 시원하다. 아이가 있다면 사장님이 직접 만든 흑돼지 돈까스도 추천한다. 가격은 전복보말칼국수 12,000원, 흑돼지돈까스 12,000원. 08:00~ 17:00 (16:00 라스트오더) 화요일 휴무. (543p E:3)

제주 서귀포시 표선면 민속해안로 578-3
#보말칼국수 #돈까스 #아침식사

해미원 맛집
"다금바리가 포함된 모듬회"

제주산 최고급 어종인 다금바리를 맛볼 수 있는 곳. 다금바리, 돌돔, 벵에돔, 참돔, 구문쟁이 중심으로 나오는 스페셜 세트가 대표메뉴다. 가이세키 요리처럼 갈치, 고등어, 딱새우같은 제철회도 정갈하게 나온다. 시원한 갈칫국과 칼칼한 매운탕도 별미. 가격은 스페셜(2인/4인) 170,000~ 280,000원. 매일 15:00~ 23:00 (21:30 라스트오더) (543p E:3)

제주 서귀포시 표선면 민속해안로 578-2
#다금바리 #갈치회 #매운탕

붉은오름

오름을 덮은 흙이 붉다고 해서 붉은오름이라 불린다. 사려니숲길 옆으로 울창한 삼나무와 소나무 숲길을 지나 산림욕하며 조용하게 산책하기 좋은 코스이다. 이곳 휴양림은 놀이터가 많고, 어린이 체험에 유리해 가족 단위 방문에 좋은 장소이다. (542p A:2)

제주 서귀포시 표선면 남조로 1487-73   #붉은흙 #산림욕 #가족여행

녹산로 유채꽃 도로 `추천`

조천읍 교래리 서진 관광 승마장 입구부터 정석항공관을 지나 가시리 사거리까지 이어지는 10km의 드라이브 코스. 차도를 따라길게 이어진 유채꽃밭과 벚꽃 무리가 인상적이다. 한국의 아름다운 길 100선에도 선정된 제주도의 대표적인 여행명소. 사진을 찍기 위해 갓길에 정차하는 사람이 많아 운전에 주의해야 한다. (542p C:2)

제주 서귀포시 표선면 가시리 산87-15   #3,4월 #드라이브코스 #아름다운길

솔옆수 `카페`

제주 구옥을 개조한 따뜻하고 서정적인 분위기의 카페 겸 작업실. 마스코트인 사모예드 '순애'가 함께 한다. 스페셜티 핸드드립 커피와 손수 만든 잠봉뵈르 등 정성 가득한 먹을거리가 인기. 사장님의 그림, 사진, 손글씨가 공간 곳곳을 채우고 있어 보는 재미가 있는 곳. 전시된 굿즈는 구매 가능. 11:00~17:00 영업. 매월 마지막 주 다음 달 휴무일을 공지하므로, 방문 전 확인 필수. (543p D:3)

제주 서귀포시 표선면 민속해안로 1
#구옥 #카페 #작업실 #핸드드립

제주 허브동산 "힐링하게 해주는 허브의 힘"

허브향을 맡으며 환상적인 야경을 감상할 수 있는 힐링의 장소. 약 150여 종의 허브와 야생화의 진한 향기로 가득 채워진 정원을 거닐어 보자. 야간에는 쏟아지는 빛의 환상적인 루미나리를 감상할 수 있다. 황금 족욕, 아로마테라피, 비누체험 등 다양한 체험 프로그램이 제공된다. 매일 09:00~21:30 운영. 종일권 (입장권+허브족욕체험+허브티) 성인 20,000원. 조조(09:00~10:30), 야간(19:00~21:30) 시간에는 족욕 체험이 불가능한 대신 입장권 할인. (543p D:3)

제주 서귀포시 표선면 돈오름로 170 　 #허브 #야생화 #루미나리

제주민속촌 "제주의 옛모습 엿보기"

19세기 당시 제주의 전통가옥을 재연해 둔 역사 박물관이다. 옛날 제주 사람의 주생활에 따라 중산간촌, 어촌, 제주 영문에서 제주의 종가 체험을 할 수 있고 절기에 따른 행사와 풍물공연, 민속놀이 체험 등 다양한 프로그램이 있다. 오리, 닭, 돼지 등의 동물들에 먹이주기 체험도 가능하다. 매일 09:30~18:30 운영, 매표 마감 17:30. 성인 15,000원. (543p E:3)

제주 서귀포시 표선면 민속해안로 631-34 　 #전통가옥 #종가체험 #민속놀이

보롬왓 추천 "도깨비 촬영지로 유명한"

청보리, 메밀밭, 라벤더 등 다양한 생태 군락을 접할 수 있는 곳. 초여름이 찾아오면 노란 유채꽃이 아닌 보랏빛 띠는 유채꽃이 만발한다. 9~10월에 방문하면 빨강, 노랑의 맨드라미를, 4월~5월이면 들판이 청보리의 싱그러운 푸른빛으로 물들어 장관을 이룬다. 드라마 도깨비의 촬영지로도 유명하다. 보롬왓 카페도 함께 운영 중이며, 카페 뒤편에 주차할 수 있는 공간이 있다. (542p C:1)

제주 서귀포시 표선면 번영로 2350-104   #4,5월 #전망카페 #도깨비촬영지

목장카페 드르쿰다 `카페` "카페와 체험을 동시에 즐기는 목장형 액티비티 카페"

제주의 넓은 초원과 자연을 배경으로 승마, 레이싱카트, 사격, 파크골프 등 다양한 체험을 즐길 수 있는 액티비티 카페. 제주 보리가루와 흑당이 어우러진 제주 흑당보리샷라떼와 제주 흑당보리라떼가 시그니처 메뉴. 어린이 음료와 말빵, 케이크, 핫도그 등도 준비되어 있다. 쿰다패스를 사용 하면 여러 체험을 가성비 있게 즐길 수 있다. 아이가 있는 가족 여행객에게 추천. 주차 가능. 매일 9:00~18:00 영업. (542p C:1)

제주 서귀포시 표선면 번영로 2454   #초원#승마#체험#제주흑당보리#쿰다패스

목장카페 밭디 `카페`
"승마장, 이색자전거 등 다양한 체험을 할 수 있는 카페"

'밭디'는 제주도 방언으로 '밭에'라는 뜻. 카페, 승마, 말 먹이 주기, 이색 자전거 등 다양한 체험을 할 수 있는 곳이다. 조랑말 타운 승마장과 밭디 놀이터는 별도 요금 지불 후 이용 가능하며, 승마 와 이색 자전거를 함께 체험 시 할인된다. 제주 호지차 크림 라떼, 목장 아이스크림 라떼가 시그 니처 메뉴다. 9:00~18:00 영업, 매주 수요일 휴무. (542p C:1)

제주 서귀포시 표선면 번영로 2486   #이색체험카페 #목장카페 #아기랑가볼만한곳

표선어촌식당 `맛집`
"자리, 쥐치, 한치 물회 전문"

표선해수욕장 근처 횟집. 자리, 쥐치, 한치 물 회 전문이다. 양념이 자극적이지 않고 매콤새 콤하다. 자리물회에는 밥도 함께 나온다. 국물 이 시원한 옥돔지리탕과 바삭한 옥돔구이도 인기메뉴. 제철 해산물을 가성비 있게 즐길 수 있다. 가격은 물회 15,000원, 구이 30,000 원. 09:00~ 20:30 (15:30~ 17:00 브레이크 타임) 수요일 휴무. (543p E:3)

제주 서귀포시 표선면 민속해안로 578-7
#물회 #옥돔지리 #가성비

성읍민속마을 "제주 왔으니 전통가옥쯤은 봐야 하지 않겠어?"

실제 주민이 거주하고 있는 민속 마을. 중요민속문화제 제188호로 지정되어 있다. 전통 초가 가옥들이 현무암 돌담 사이에 분포되어 있고, 마을을 둘러싼 성곽과 관아 향교 등도 남아있다. 국내에 남아있는 몇 안 되는 읍성 중에 하나. 1423년(세종 5년) 현청이 생긴 이후 조선 말기까지 '정의현' 소재지였다. 무료 문화관광해설(10:00~17:00)을 운영한다. 연중무휴. 입장료 무료. (543p D:2)

제주 서귀포시 표선면 성읍리 3294　　　#민속마을 #초가집 #돌담 #읍성

만덕이네 `맛집` "한식대첩 우승 두루치기 전문점"

한식대첩에서 우승한 두루치기 전문 식당. 전복, 문어, 흑돼지가 푸짐하게 들어간 두루치기가 대표메뉴다. 이영자, 허영만도 방문한만큼 맛 검증은 완료됐다. 2인분 이상 주문 가능하다. 갈치조림, 고사리무침 간장게장도 밥도둑 메뉴. 가격은 전복문어흑돼지두루치기 25,000원, 갈치조림정식 24,000원. 매일 08:00~ 21:00 (20:00 라스트오더). (543p D:2) 사진ⓒ한국관광 콘텐츠랩

제주 서귀포시 표선면 서성일로 16　　　#두루치기 #갈치조림 #한식대첩

제주아리랑 혼

"제주아리랑과 태권뮤지컬 공연장"

신명나는 제주아리랑과 환상적인 태권뮤지컬의 조화가 흥미로운 공연으로 2018년 평창동계올림픽 공식 초청 작품이다. 단순히 눈으로만 보는 것이 아닌 좌석을 오가며 상황극을 하고 바로 눈 앞에서 생동감 넘치는 액션이 펼쳐져 재미있다. 한쪽에 선물샵이 있어 아기자기한 소품 구경이 가능하다. 또한 별도 요금 지불 후 국내 유일의 낙타트래킹 및 낙타 먹이주기 체험을 즐길 수 있다. 매일 09:40, 11:00, 14:30 3회 공연. 성인 25,000원. 네이버 예매 시 할인. (543p D:1)

제주 서귀포시 표선면 번영로 2564-21
#제주아리랑 #태권뮤지컬 #낙타트래킹

옛날팥죽 `맛집`

"수제 팥죽의 은은한 단맛"

짚지붕과 흙벽 외관이 소박한 단팥죽 전문점. 인공적인 단맛없이 담백하고 은은한 단팥죽이 대표메뉴다. 입맛에 따라 소금과 설탕으로 간을 더할 수 있다. 쌀알없이 쫀득한 새알만 들어간 새알팥죽은 2인분 이상 주문가능. 깍두기와 고추 반찬 제공. 가격은 단팥죽 7,000원, 새알팥죽 2인 22,000원, 팥칼국수 10,000원. 매일 10:00~ 17:00 (543p D:2)

제주 서귀포시 표선면 성읍민속로 130
#단팥죽 #새알팥죽 #팥칼국수

노바운더리 제주 카페
"넓은 공간에서 경계 없이 즐기는 카페, 편집숍 그리고 갤러리"

약 5천 평 규모 규모의 브런치 카페. 카페, 편집숍, 갤러리로 이루어져 있다. 통창으로 쏟아지는 자연광이 따스한 곳. 노바 빅 블랙퍼스트와 오징어 먹물 리소토 등 브런치 메뉴와 노바라떼가 시그니처 메뉴다. 건물 사이 네모난 연못을 배경으로 감성적인 사진을 남겨 보자. 매일 09:30~18:30 영업. (543p D:1)

제주 서귀포시 표선면 번영로 2610 1층   #브런치카페 #대형카페 #감성사진

검은여식당 맛집 "20년 제주토박이 갈치조림집"

제주토박이가 운영하는 갈치조림 전문점. 짜지 않고 매콤한 시래기갈치조림, 고등어구이, 콘치즈, 성게미역국, 공기밥으로 구성된 해녀한상이 대표메뉴다. 갈치조림과 고등어조림은 1인분 주문도 가능해서 혼밥하기 좋다. 가격은 해녀한상 2인 60,000원, 갈치조림 2인 40,000원, 갈치고등어조림 15,000원. 매일 09:00~ 21:00 (20:00 라스트오더) (543p E:2)

제주 서귀포시 표선면 번영로 3496   #갈치조림 #도민맛집 #혼밥

제주고사리맛집
복돼지식당 맛집
"1인 주문 가능한 주물럭과 오겹살"

100% 예약제 돼지 주물럭 식당. 제주산 고사리를 아낌없이 넣어주기로 유명하다. 오겹살과 삼겹살도 맛있지만 매콤한 주물럭이 인기 메뉴다. 1인분 주문도 가능해 혼밥하기 좋다. 계절에 따라 청귤차와 쑥전 서비스도 제공한다. 가격은 고사리오겹살 27,000원, 고사리주물럭 15,000원, 고사리육개장/고사리비빔밥 7,000원. 매일 09:00~ 19:00 (543p D:1) 사진ⓒ한국관광 콘텐츠랩

제주 서귀포시 표선면 서성일로 63
#고사리 #주물럭 #오겹살

정의향교
"성읍민속마을 안 조선시대 학교"

제주 유형문화재로 지정된 대성전과 제주에서 유일한 전패가 있는 향교. 시기별로 전통 혼례 체험, 전폐례 재현행사, 석전대제 봉행 등 다양한 유교 행사가 열린다. (543p D:2)
사진ⓒ한국관광 콘텐츠랩

제주 서귀포시 표선면 성읍서문로 14
#제주유형문화재 #향교 #전통혼례

백약이오름 추천 "초원을 오르는 나무계단 위, 꽃을 든 커플이 너무 예뻐 보이는 곳"

푸른 초원과 나무계단 그리고 성산일출봉이 보이는 확 트인 전망이 아름다운 오름. 약초가 많다고 하여 백약이라는 이름으로 불린다. 오름 정상으로 올라가는 초원 길이 예전 윈도우 바탕화면을 보는 듯하다. 오름 입구, 나무계단과 초원의 아름다운 배경이 웨딩사진이나 커플 사진의 성지로 알려졌다. 근처에 목장이 있는데 소들이 나무 계단 사이를 유유히 다니기도 한다. (543p D:1)

제주 서귀포시 표선면 성읍리 산1　　#성산일출봉 #나무계단 #초원

백약이오름 가는 산간 도로

"나는 이런 이색적임과 신비로움이 좋더라!"

해안 도로 못지않게 이국적이고 아름다운 산간도로. 성산읍에서 한라산 중간 산 방면(1112번 도로 방면)으로 이어진다. '백약이오름 입구'를 내비게이션 목적지로 찍고 이동. 도로 좌우로 오름과 초원이 펼쳐져 기분 좋게 드라이브를 즐길 수 있다. 우측 사진이 멋지게 나오진 않았지만 드라이브 하면 묘한 신비로움을 느낄 수 있다. (543p D:1)

제주 서귀포시 표선면 성읍리 산1　#초원 #산길 #드라이브

성읍리 갯무꽃 "제주의 봄을 알리는 갯무꽃"

20년 넘게 가꿔온 갯무꽃밭이다. 주차장 앞 낮은 언덕을 넘으면 광활한 갯무꽃밭이 펼쳐진다. 이곳이 천국인가 싶을 정도로 황홀한 갯무꽃을 확인할 수 있다. 4월에 가면 연보랏빛 갯무꽃을 볼 수 있다. 사유지라 입장료가 있다. (543p E:1)

제주 서귀포시 표선면 성읍리24　　　#갯무꽃 #목장 #꽃밭

한아름식당 맛집
"일찍 문닫는 생고기구이 전문점"

솥뚜껑 위에 구워주는 흑돼지 구이집. 오겹살, 목살, 삼겹살은 100% 생고기에 퀄리티가 좋다. 비계도 쫀득하고 소금만 살짝 찍어 먹어도 맛있다. 같이 나오는 묵은지도 킥. 낮에는 12:50, 저녁에는 18:50에 주문이 마감되니 오픈런을 추천한다. 생고기 12,000원 (200g). 매일 11:00~ 20:00 (14:00~ 17:00 브레이크타임) (543p D:3)

제주 서귀포시 표선면 세성로 265 #오겹살 #오픈런 #가성비

청초밭 동백
"아이와 함께 동백꽃 군락"

4코스 동백길이 마련된 표선면 동백 명소 청초밭. 동물농장에서 사슴, 거위, 닭, 토끼 동물 체험도 즐길 수 있다. 가을철 은색 억새 무리도 아름답다. 네비게이션에 서귀포시 표선면 성읍이리로57번길 34를(서귀포시 표선면 성읍리 2497) 찍고 이동. 매일 10:00~18:00 영업, 17:00 입장 마감. (543p D:1)

제주 서귀포시 표선면 성읍이리로57번길 34 #11,12,1,2,3월 #동백꽃길 #산책

소노캄제주 하트나무 "나무프레임이 만들어준 하트"

소노캄제주는 남원 앞바다와 함께, 봄이면 노란 물결의 유채꽃밭을 즐길 수 있는 곳이다. 야외 정원의 숲길로 들어서면 하트나무 포토존을 만날 수 있다. 밑에서 위를 바라봤을 때, 나무가 만들어 놓은 하트 모양의 하늘을 볼 수 있는데, 사진에 하트가 잘 담길 수 있는 포인트를 표시해 두고 있다 (543p D:3)

제주 서귀포시 표선면 일주동로 6347-17　　　#소노캄제주 #하트나무

와일드오차드

"세계 최초 재생유기농인증 녹차밭, 주말에 만나요"

120만 평 규모의 유기농 녹차밭. 자연 그대로의 방식으로 녹차를 키우는 곳으로 제주 최대규모의 단일 차밭이기도 하다. 평상시에 개방 되지 않는 곳, 5월/10월 페스티벌 이외엔 주말 영업을 하는데 인스타그램이나 네이버를 통해 오픈 일정을 확인하고 방문하면 된다. 유기농 녹차 제품, 유기농 우유, 유기농 계란을 판매한다. 티 테이스팅, 농장 투어, 차밭 투어 등 다양한 이벤트와 프로그램을 진행한다. (543p D:1)

제주 서귀포시 표선면 성읍이리로57번길 34　　#유기농녹차밭 #주말이색체험

제주 성읍마을 고평오 고택

"제주 서민주택 엿보기"

제주 성읍민속마을에 대한민국 국가 민속문화재 69호로 지정된 고평오 고택이 있다. 전형적인 제주도 서민주택을 고스란히 간직하고 있다. (543p D:2) 사진ⓒ한국관광 콘텐츠랩

제주 서귀포시 표선면 성읍정의현로34번길 5-3

#민속문화재 #고평오 #서민고택

제주 성읍마을 고창환 고택

"조선시대 제주인들의 삶은"

조선 시대 제주인들의 생활상을 엿볼 수 있는 제주 성읍민속마을에 대한민국 국가 민속문화재 70호로 지정된 고창환 고택이 있다. 이곳은 당시 여관으로 사용되었던 건물로, 헛간과 안채 건물이 남아있다. (543p D:2) 사진ⓒ한국관광 콘텐츠랩

제주 서귀포시 표선면 성읍서문로 4-7

#민속문화재 #고창환 #고택

북살롱 이마고

"제주도의 역사와 일상을 느낄 수 있는 책방"

제주를 기억하고 기록하는 콘셉트를 가진 책방. 제주도의 역사와 관련된 책들이 큐레이션 되어 있다. 제주 토속 상품 등을 활용한 작품들이 전시되어 있으며, 차를 주문할 수 있는 카페가 있다. 유명 관광지가 아닌, 제주의 역사와 일상을 엿볼 수 있는 서점이 궁금하다면 방문 추천. 교육적인 공간으로 아이들과 오기 좋다. 13:00~18:00 (매주 월, 화요일 휴무.) (543p D:3)

제주 서귀포시 표선면 세화강왓로 78
#제주역사책방 #북카페

초가헌　[카페]

"제주 전통 기름떡과 구수한 아메리카노"

한국적인 멋을 담은 고즈넉한 초가집 카페. 고소하고 달콤한 맛이 일품인 제주 전통 떡, 기름떡을 디저트로 판매. 아메리카노와 궁합이 좋다. 화요일만 09:30~17:30까지, 그 외 요일은 09:30~18:00 영업, 격주 화요일 휴무. (543p D:2) 사진ⓒ한국관광 콘텐츠랩

제주 서귀포시 표선면 중산간동로 4628
#초가집카페 #아메리카노 #기름떡

카페멜빌 `카페`
"바삭 촉촉 달콤, 프렌치토스트의 정석"

한적하고 조용한 마을에 위치한 프렌치토스트 맛집. 작은 정원과 하얀 건물. 아기자기한 소품이 가득한 실내 덕분에 따뜻한 분위기. 대표 메뉴 프렌치토스트는 주문 즉시 구워낸다. 겉은 바삭하고 속은 촉촉한 식감이 특징. 브런치 메뉴인 멜빌플레이트와 우유 베이스에 크림이 올라간 멜빌커피도 인기 있다. 반려동물 동반 가능. 11:00~18:00 영업, 매주 화요일 휴무. (543p D:3)

제주 서귀포시 표선면 토산강왓로 7
#정원#소품#프렌치토스트#멜빌플레이트

카페 젠타일스 `카페` "표선 바다와 함께 달콤 쌉싸름한 심휼라떼 한 잔"

통창 너머로 표선 바다가 보이는 대형 오션뷰 카페. 세련되고 깔끔한 우드톤 인테리어로, 이곳만의 특별한 아인슈패너 심휼라떼가 시그니처. 제주 돌담라떼는 흑임자크림라떼, 임마누엘라떼는 말차크림라떼다. 심휼케이크 등 다양한 케이크와 젠타일스샌드위치, 스콘, 휘낭시에 등 구움과자도 인기. 예쁜 머그와 소품을 구경하는 재미도 있는 곳. 미팅룸은 예약제로 운영. 주차 가능. 9:00~21:00 영업, 매주 일요일 휴무. (543p E:3)

제주 서귀포시 표선면 표선당포로 7   #표선#오션뷰#심휼라떼#구움과자#미팅룸

보내다제주 "드넓은 감귤밭에서 느끼는 수확의 즐거움"

드넓은 감귤밭에서 감귤 수확 체험을 즐길 수 있는 곳. '아름다운 호야네' 펜션을 함께 운영 중이다. 반려동물도 입장할 수 있는 곳. 아기자기한 소품으로 꾸며진 포토존이 있어 사진 찍기에도 좋다. 감귤 수확 철 (11~2월) 매일 10:00~18:00 영업. 귤 체험 입장료 7,000원. (542p C:3)

제주 서귀포시 표선면 토산중앙로 487-134   #감귤수확체험 #포토존 #반려동물동반

오늘은녹차한잔 `카페` "향긋한 녹차 한잔에 녹차 족욕까지"

넓은 녹차밭과 동굴 포토존, 녹차 족욕, 카트 레이싱 등 다양한 체험을 즐길 수 있는 이색 카페. 따뜻한 족욕 후 즐기는 향긋한 녹차와 녹차 아이스크림이 맛있는 곳. 매일 09:30~17:30 영업. 녹차 족욕은 11:00~17:00 매시간 정각에 시작하므로 예약할 것. (543p D:2)

제주 서귀포시 표선면 중산간동로 4772   #녹차체험 #녹차족욕 #녹차아이스크림

소금막해변 "찐 도민들은 여기로 간대"

도민이 추천하는 조용한 해변. 수심이 얕고 완만해 주로 서핑 초보들이 파도를 즐기는 곳. 다만 파도가 먼바다 쪽으로 빠르게 돌아가는 이안류가 발생하기도 하므로 바위 근처와 접근 금지 표시가 되어 있는 곳은 다가가지 말 것. 제주올레길 3코스에 속해있어 올레 쉼터와 화장실이 마련되어 있다. 도로변 주차 가능. (543p E:2) 사진ⓒ한국관광 콘텐츠랩

제주 서귀포시 표선면 하천리 87-2   #서핑초보추천 #한적한파도

당포로나인 돈카츠 `맛집`

"치즈 왕창 들어간 돈카츠"

돈카츠 전문점. 건강한 과일 수제 소스를 곁들인 흑돼지 돈카츠와 치즈가 듬뿍 들어간 왕치즈롤카츠가 대표메뉴다. 둘다 맛보고 싶다면 콤보카츠를 주문하면 된다. 재료 소진 시 조기마감. 근처 공영주차장 이용. 제주흑돈카츠 12,000원, 왕치즈롤카츠 16,000원, 치즈콤보카츠 15,000원. 11:00~20:00 (19:30 라스트오더) 일요일 휴무. (543p E:3) 사진ⓒ한국관광 콘텐츠랩

제주 서귀포시 표선면 표선당포로 9
#돈카츠 #치즈카츠 #수제소스

당케포구

"해맞이 명소이자 낚시 포인트"

갯바위 너머 일출, 일몰 풍경이 아름다운 바닷가. 매년 1월 1일 바다 풍경을 배경으로 해맞이하기 딱 좋은 곳이다. 낚시꾼들에게는 다양한 어종이 잡히는 낚시 포인트로도 유명하다. (543p E:3)

제주 서귀포시 표선면 표선리 1-2
#일출 #일몰 #낚시포인트

표선수산마트 맛집

"믿고 먹을 수 있는 고등어회"

1층에서 싱싱한 횟감을 골라 2층에서 식사하는 회센터다. 계절별로 고등어회, 딱새우회, 방어회, 광어회, 뿔소라 등을 가성비 좋게 맛볼 수 있다. 회 위주로 푸짐하게 먹고 싶은 여행자에게 추천한다. 자릿세는 1인당 4천원. 가격은 고등어회 23,000~ 45,000원, 해산물모듬 20,000원. 매일 09:00~ 22:00 (21:30 라스트오더) (543p E:3)

제주 서귀포시 표선면 표선중앙로110번길 3-4
#고등어회 #모듬회 #회센터

제주촌집 맛집

"흑돼지구이에 라면 서비스"

신선한 오겹살, 목살, 생갈비가 맛있는 고깃집. 육즙 좔좔 흐르는 흑돼지 오겹살에 신김치를 사용한 김치찌개와 파무침 양념을 더하면 더 맛있다. 양푼이에 끓여주는 라면 서비스가 하이라이트다. 매장이 넓고 쾌적하다. 웨이팅 필요. 가격은 오겹살(일반/흑돼지) 16,000~ 20,000원. 12:00~ 22:30 (21:30 라스트오더) 화요일 휴무. (543p E:3)

제주 서귀포시 표선면 표선관정로 127-6
#흑돼지 #오겹살 #라면

표선 해수욕장 추천 "수영 말고 그냥 물위를 걷고만 싶다면 여기가 딱이지!"

서귀포시 표선면에 위치한 백사장 길이 200m, 폭 800m가량 되는 아주 넓은 해변으로, 물때를 잘 맞추면 30cm 미만 깊이의 백사장이 100m 이상 펼쳐진다. 그래서 수영하지 않는 사람들이 걷기에도 좋고, 아이들이 놀기에도 안성맞춤이다. (543p E:3)

제주 서귀포시 표선면 표선리 44-4　　#해수욕 #해변산책 #가족

세계술박물관

"야호! 시음도 해볼 수 있다고 해"

전 세계의 모든 술을 한자리에서 감상할 수 있는 박물관. 전통주부터 맥주, 와인까지 다양한 술의 이야기가 있는 곳이다. 관람 후 시음도 해보고 기념품으로 술을 구매해 볼 수 있다. 애주가들의 필수 방문 코스! 매일 09:00~18:00 운영, 17:30 입장 마감. 성인 7,000원. (543p D:2)　사진ⓒ한국관광 콘텐츠랩

제주 서귀포시 표선면 한마음초등로 431
#술 #시음 #애주가

14
성산읍

#광치기해변
#신천목장귤피밭

#성산일출봉
@asy4042
#성산일출봉 정상 전망
#성산일출봉 오르는 계단
위험/DANGER

#글라스하우스
#오조리감상소
@i.lazy_
#신풍리해바라기
@mir0065
#아쿠아플라넷제주

#미천굴
#광치기해변

성산
구좌읍
표선면
A
B
C
1
2
3
수산리
낭끼오름
제주해양
동물박물관
난산리
베니스랜드
제주공룡동물농장
모구리오름
통오름
삼달리
남산봉
(망오름)
김영갑 갤러리
두모악
신풍리
고흐의
정원
신풍리
해바라기
어멍아방
잔치마을
신천리
566

D
E
F
두산봉
시흥리
오조리
성산항
성산포항
시인이생진시비거리
성산리
성산포 해녀물질공연장
고성오일시장
유채꽃재배단지
성산일출봉
광치기해변
드르쿰다 in 성산
빛의 벙커
고성리
제주커피
박물관
Baum
대수산봉
신양마을
구네
채꽃밭
신양 섭지코지 해변
아쿠아 플라넷 제주
신산·신양 해안도로
(신산리-섭지코지)
유민미술관(지니어스 로사이)
섭지코지
서귀포
섭지코지 유채꽃
혼인지
온평리
환해장성
혼인지 수국
온평리
산읍
신천
목장
1
2
3

성산 주요지역

구좌읍

김녕미로공원
길을 잃는 즐거움. 키만큼 큰 나무 벽에 갇히면 하늘이 더 파랗게 보여

오리온 제주용암수
무료로 운영되어 아이와 견학하기 좋은 오리온 제주용암수 홍보관.

아일랜드 라운지
아이보리 매직(독채)

그계절
(식물이 함께하는 싱그러운 카페)

제주흐름
(2인독채)

선흘곶자왈
(제주도 국가지질공원)

선흘 동백동산 (동백나무 10여만 그루가 숲을 이룸)

자드부팡(벽돌빵)

만장굴
유네스코 세계자연유산 땅이 쏙 들어갈걸? 겉옷 필수 세계 최장길이 자연동굴

둔지오름

선흘감리교회
카페 동백(티라미수),
카페 세바(핸드드립)
커피,제주 보리빵)

선흘감리교회
샤스타데이지

비케이브 (비케이브라떼, 비케이브요거트)

선흘림
(불멍)

카페 비케이브
촛불맨드라미

카페 비케이브 백일홍

한울랜드

메이즈랜드 장미

비자림
500~800년된 비자나무 2,500여 그루가 있는 곳 천년을 버텨온 원시림

스테이선흘숲
(안채, 사랑채, 실외 자쿠지)

이공팔오(통 유리창 안으로 들어오는 채광 멋진 카페)

메이즈랜드
미로 박물관도 구경하고 미로 체험도 할 수 있는 곳

제주 오메기파크

월랑소운

로미뮤직하우스
(LP카페, 줄리뱅쇼)

오헬로
(독채)

종종제주(소품샵)

송당나무
(유리온실에서 산책할 수 있는 곳)

다랑쉬오름 일출

다랑쉬오름
둘레가 약 1.5킬로미터, 깊이 115 미터로 원뿔모양의 분화구

월랑봉

제주라프
선흘방주할머니식당 다이나믹한 짚와이어/짚라인
(검정콩국수,콩요리)

동굴의다원 다희연
동굴카페, 녹차밭, 짚라인, 카트투어

섭섭이네
(흑돼지통당커리 흑돼지한입카츠정식)

송당아진
심심주택

풍림다방
(진한 바닐라맛의 커피 풍 림브레붸)

아끈다랑쉬오름

윗밤오름

선흘리 벵뒤굴

우연히,그 곳
(고소한 크림 듬뿍 아인슈페너 맛집)

아끈다랑쉬 오름 억새
억새군락의 끝판왕[9,10,11,12월]

캐릭파크

캔디원

선녀와 나무꾼 테마공원
어릴적 추억의 장소

고사리커피
(고사리커피(굴피차 커피), 쌀 다쿠아즈)

치저스(한치리조또아라치니)

송당미학(독채)

송당일상

송당본향당

동당서림
(독립서점)

디포레카라반 파크(캠핑장)

용눈이오름
환상적인 일몰을 감상하기 좋은 오름 제주에서 가볍게 산책할 수 있는 하나의 오름을 고른다면 바로 이곳

상춘재
(멍게비빔밥)

포레스트 공룡사파리

오름나그네(보말칼국수)

제주 세계자연유산센터

거친오름

체오름

밧돌오름

안돌오름

송당무끈모루 나무사이 포토존

아부오름 갯무꽃밭
제주에서만 볼 수 있는 야생화[5,6,7월]

높은오름
제주 동부에서 가장 높은 오름

용눈이오름 억새
억새군락의 끝판왕 [9,10,11,12월]

거문오름
세계유네스코 자연유산 등재 학술적, 자연유산적 가치가 높은

안돌오름 비밀의숲
삼나무와 편백나무가 빽빽히 들어선 예쁜 숲

안돌오름 백일홍

안돌오름 비밀의숲

새미오름(초보자가 오르기 쉬운 오름.)

송당 무끈모루

안도르(돌땅크라떼,안돌오름)

아부오름
노을 맛집

아부오름

문석이 오름

동거문오름

스누피가든
피너츠의 에피소드를 재현해놓은 자연휴식공간 제주 자연이 주는 느낌과 테마가든에서

탱크야놀자(ATV)
제주오름승마 랜드(승마)

산굼부리
높이는 불과 28m 그런데 구덩이 깊이는 100m 구덩이(굼부리)가 깊은 특이한 오름

제주동화마을
(지브리 테마 공원)

카페 글렌코 핑크뮬리
[9,10,11월]

송당 무끈모루
(인스타 스팟)

송당리 메밀꽃밭
[5,6,9,10월] 송당리 산164-4, 백약이 오름 가는 중간 아부오름도 오르고 메밀꽃밭 사진도 찍고

백약이오름 가는 산간 도로

백약이 오름 가는 산간도로

탐라승마장

코리코카페 제주점
(제주 감귤 미니 파운드 케이크)

카페 글렌코 샤스타데이지

송당승마장(승마)

공간7

블루보틀 제주 카페
(놀라플로트,제주녹차땅콩호떡)

백약이오름
푸른 초원과 나무계단 꽃을 든 커플사진을 많이 찍는 곳

카페 글렌코
(스코틀랜드풍 정원)

제주 스카이워터쇼
(가족과 볼만한 스카이워터쇼)

성불오름

청초밭 동백 포토존

와일드오차드
120만 평 규모의 유기농 녹차밭. 티 테이스팅, 농장 투어, 차밭 투어

청초밭 동백
아이와 함께 동백꽃 군락[11,12,1,2,3월]

베니스랜드
베니스의 축소판, 곤돌라타고 한바퀴

보롬왓 맨드라미

스테이 느릇

보롬왓
"꽃이 지지않는 곳 같아" 메밀꽃밭(5,6,9,10)과 라벤더밭(7,8월) 그리고 청보리밭(4,5월), 보라유채꽃(3,4월) 비밀스러운 수국 길까지 사계절 모습이 다 아름다워

목장카페 드르쿰다
제주흑당보리라떼

팜파스 그라스
풍성한 느낌의 팜파스[10,11,12,1월]

어라운드폴리(독채)

뷰 제주하늘

가시리풍력발전단지 억새
가시리 초원의 억새무리, 녹산로 464-78 [10,11월]

목장카페 밭디

제주아리랑 혼
제주아리랑과 태권뮤지컬 공연장

이어도승마장(승마)

알프스승마장포니(승마)

서귀포 정석항공관 일대 유채꽃 및 벚꽃
드라이브는 유채꽃과 함께 [3,4월]

정석항공관

억새밭

큰사슴이오름

대록산

유채꽃프라자
[3,4월] 유채꽃프라자 옆에 조성된 드넓은 유채꽃밭. 카페에서 유채꽃 보며 커피한잔의 여유

포니밸리
(승마)

낙타트래킹
노바운더리 제주
(리조또,파스타)

OK승마장

영주산(오름)
천국의 계단(보랏빛 산수국 계단, 수국철 6~7월)

제주고사리맛집흑돼지식당
(고사리주물럭무한리필)

녹산로 벚꽃 도로
4월, 유채꽃 뒤편으로 어우러진 벚꽃길

따라비오름 노을 억새

다이나믹메이즈
실내 어드벤처 스포츠 테마파크 아이 어른 같이하는 미로탈출 게임 등 다수 체험놀이

정의향교, 고창환 고택, 고평오 고택

정의현성

일출랜드
신비로운 지하동굴 속에서 영감 폭포. 천연동굴 미천굴을 중심으로 한 자연컨셉 테마랜드

가시리마을

따라비오름 억새
한라산 전망 억새 [10,11,12월]

성읍칠십리식당
(흑돼지오겹살)
옛날팥죽(새알팥죽)

남산봉
(망오름)

녹산로 유채꽃 도로
유채꽃은 꽃밭보다 꽃길이지 [3,4월]

따라비오름
쉽게 오를 수 있고 가을 억새풀이 가득한 오름

성읍랜드
승마,카트, ATV, 말당근주기체험 등 즐길거리가 많은 곳

오늘은 녹차 한잔 동굴샷

김정문알로에 알로에숲
온실 알로에 숲

무명고택(독채)

오늘은녹차한잔
(향긋한 녹차 한잔에 녹차 족욕까지)

오늘은카트 레이싱(카트)

성읍민속마을
1423년(세종 5년) 현청이 생긴 이후 조선 말기까지 '정의현' 소재지였던 곳 전통 초가 가옥들이 현무암의 돌담 사이에 분포

D
E
F
1
2
3
종달리 해안도로
평대리해수욕장
세화해수욕장
구좌 용문사앞 해변
우도산호해변
홍조 단괴 백사장으로 진정한 에메랄드 빛 해변. 남태평양이나 동남아 유명 해안에 와 있는 듯한 느낌
세화포구
명진전복
(전복돌솥밥)
하우스 오브 록록 (펜션)
별방진
왜구를 막기위해 1510년 축성한 방호소
하고수동해수욕장
부드러운 모래와 얕은 수심의 해수욕장
카페한라산
모어모어
(말차수플레)
윤스타 피자앤
파스타(화덕피자)
토끼섬
토끼섬
문주란 자생지
우도꽃길(수제우도 땅콩아이스크림)
블랑로셰(환상적인 뷰와 땅콩크림라떼가 유명)
비양도
제주의 대표적인 캠핑 성지 우도에 딸린 작은 섬
아코제주
인테리어소품
양양돈가스
치즈 흑돼지
돈가스)
제주
해녀박물관
제주 해녀의 역사와 삶을 엿볼 수 있는 장소
하도핑크
(딱새우리조또)
하도카약
우도 토끼섬 전망
파도소리해변촌 (해물칼국수, 보말뿔소라칼국수)
올레길
1-1코스
안녕육지사람
우도땅콩아이스크림
우도마을
임진고택
제주 하도리
철새도래지
하도해변
투명한 물빛과 고운 모래
우도해녀식당
(문어해물전복 칼국수)
카페살레
(우도땅콩아이스크림)
우도 유채꽃
[3,4월] 섬 전체가 노란색으로 물들때. 우도 섬의 1/4이 유채꽃밭
세화만속오일장
끝자리 0일, 5일에 열리는 오일장
종달리 수국길
창밖으로 보이는 수국길[5,6,7월]
꼬스뗀뇨
(꼬스뗀뇨라떼)
하우목동항
우도정원
야자숲. 핑크뮬리등으로 꾸며진 정원
서빈백사
하얀모래
우도 내륙 제주 본섬 뷰
달그리안 (라떼)
검멀레해수욕장
우도봉 아래 협곡에 있는 검은 모래 해변
포멜로 제주
세화 돌담칼국수
(보말죽칼국수, 고기칼국수)
지미봉(지미오름, 정상까지 15분, 올레 21코스)
철새 천연기념물 희귀새도래 및 서식지 (철새도래지, 출사장소)
소금바치 순이네
(돌문어볶음)
Jimmys
(원조 땅콩아이스크림)
밭318(우땅아이스크림)
제주해녀
항일운동기념탑
이스트포레스트
(전복리조또)
종달리전망대
엉불턱우도전망대
해녀의부엌
해녀의 삶을 표현한 공연과 함께 음식도 즐길 수 있다.
천진항
우도짜장맨
우도 등대공원
동안경굴
우도 8경 중 한곳으로 썰물때만 동굴 안으로 들어 갈 수 있다.
두산봉
10분만 오르면 탁 트인 풍경을 볼 수 있는 뷰 포인트. 코스가 짧고 길이 잘 정비되어 있어 아이들도 쉽게 오를 수 있다.
제주풀무질
(독립서점)
종달수다뜰
(13첩 한정식, 갈치조림 백반)
순희밥상
(순희밥상)
해월정(보말칼국수)
소심한책방
(독립서점)
종달리해변
우도와 성산 일출봉을 한눈에. 올레길 21코스
훈데르트윈즈
(보롬에이드)
훈데르트바서파크
훈데르트바서 작품과 우도의 아름다움을 담은 테마파크
올레길 1코스
알오름
종달리 해안도로
브라보비치
성산봉죽칼국수
아일랜드에프(배뉴시), 우도잠수함
말미오름(두산봉,제주도 올레길 1코스 첫 번째 오름)
시흥리
휴일기록(바비큐)
오룐 (곰돌이우유, 오룐라떼)
이브트리
(전동스쿠터)
오조해녀의집
(전복죽, 전복회)
성산항
해일리 카페(해일리 수플레)
시인이생진시비거리
'바다 시인' 이생진 시인을 기리는 의미로 조성된 산책로.
성산읍
제주레일바이크
용눈이 오름 옆. 제주 대자연을 2,3,4인승으로 달릴 수 있는 레일 바이크
제주 올레1코스 안내소
새벽숯불가든 (봄 그리고 가을점) (흑돼지오겹살, 흑돼지목살)
복자씨연탄구이
오조포구 노을 반영샷
성산흑돼지두루치기
카페더라이트
성산마씸(마씸정식)
올레길 1코스
수마포해안
성산바다풍경
(뚝배기)
성산일출봉
182미터 높이의 유네스코 세계자연 유산. 10만 년 전 용암 분출로 만들어진 수성화산. 전망대까지 도보 25분
새벽숯불가든(흑돼지생오겹)
바다의집(백반정식, 고등어구이)
식당봉(바오름, 고도 60미터의 측화산)
섭지코지로(돔베고기정식)
아쁘밍고
(애플망고)
수마
성산포
해녀물질공연장
코코마마
(랍스타
볶음밥)
전망좋은횟집&흑돼지(전망딱고활어회)
고성오일시장
아케이드 천장이 있는 매월 열리는 전통시장. '우리들의 블루스'의 시장 장면 촬영지
유채꽃재배단지
성산일출봉 배경의 유채꽃밭[3,4월]
도렐 제주 본점
(너티 클라우드)
커큐민흑돼지(멜조림, 흑돼지패밀리세트)
광치기해변
성산일출봉을 가장 멋지게 볼 수 있는 곳. 성산일출봉과 섭지코지 사이의 용암 해변
어니스트밀크 본점
(한아름목장 우유로 만든 수제요거트)
스테이묘화
(이국적)
도렐 (도렐모카와너티클라우드)
광치기해변
성산일출봉 배경
감귤랜드귤체험장
부촌(성게미역국)
꽃가람(고기국수)
보령제과(마늘바게트)
어머니닭칼
돈이랑(흑돼지)
호랑호랑 성산카페(수제홍차라떼)
수키
(독채)
제주커피박물관
Baum
컬러인제주
드르쿰다
in 성산
쇠와꽃 승마장
짱구네 유채꽃밭
원형 강귤조각
제주해양
동물박물관
빛의 벙커
해저 광케이블 시설이 전시 시설로 재탄생
빛의 벙커
웅장한 공간
성산바다
(갈치조림)
신양마을
망고레비 필리핀디저트카페
(생망고빙수)
짱구네 유채꽃밭
[12,1,2,3월]
대수산봉
가시아방국수(고기국수)
랜디 커피(성산앞바다 디저트카페)
서귀피안
베이커리
(크로와상)
아쿠아 플라넷 제주
아쿠아리움과 공연. 수중 뮤지컬과 해녀 할머니의 물질시연은 꼭 봐야 해
아일랜드플라워
목장형 동물 체험 카페
제주감성소풍밥 산도록휴
아쿠아플라넷
제주 프리다이빙
제주전시컨벤션센터
신양섭지해수욕장
일출영소
유민 아르누보
뮤지엄
유민 아르누보
서귀포 섭지코지 유채꽃
두말할 필요 없는 유채꽃길[3,4월]
유건에오름
혼인지
혼인 신화가 전해오는 연못, 전통 혼례 체험
온평리
환해장성
아르누보 뮤지엄
안도 타다오 공간
섭지코지
'코지'는 곶(바다로 돌출한 육지)의 제주 방언 3월 중순에는 유채꽃이 만발. 2km의 해안 절경이 각종 드라마 촬영지로 유명
성산 브런치 난산리다방
& 조아가지구 (버섯크림 스프 브런치)
혼인지 수국
연못주변 수국밭[6,7월]
소게(양옥집)
난산리큰집
(게스트하우스)
온평포구
바랑쉬
게스트하우스
제주 성산 난산리 식당
(양식 코스 요리)
온평바다한그릇
(해물라면)
올레돔펜션(독채)
오름
올레길 3A 코스
오드리물(자쿠지)
성산 브런치 카페
난산리다방
(버섯크림 감자뇨끼)
표선·세화해안도로
(세화리-민속촌박물관)
올레길 3B 코스
독자봉
카페아오오(올디너즈, 올디사나뭄)
미천굴
마이올 제주 풀빌라
감성숙소(오션뷰)
제이아일랜드
(통유리창 밖으로 보이는 멋진 바다전망 카페)
고흐의 정원
569

A
B
C
1
2
3
성산오일시장
블루마운틴
호텔
GS25
성산
마을회관
호텔휴안스테이
새한약국
성산포우체국
성산짬뽕
(해물짬뽕)
성산포
자연산회센타
해뜨는식당
(갈치조림,
고등어조림)
CU
WORLD CLASS FISH&CHIPS
제주에서 만나는 영국식 펍
피쉬앤칩스, 세계맥주
고가네
(갈치조림, 전복죽)
성산동 국민학교 옛터
(서북청년회 특별중대 주둔지)
제주 4.3사건 때 성산 주민들이
감금되었던 아픈 역사의 장소
청솔나무집
전기차충전소
성산수산식당
일출봉쑥빵보리빵
(쑥찐빵, 보리찐빵, 오메기떡)
썬라이즈호텔
휴스테이
금호 (호텔)
성산일출봉손칼국수
(보말전복칼국수)
성산일출봉
펜션
일출봉 거북식당
(물회, 회덮밥)
새마을금고
해송갈치
제주성산일출봉점
(왕특대 통갈치조림)
경미네집
해물라면,
성게비빔밥 추천
금박돈
(제주 흑돼지)
제주뚝배기
(오분자기 뚝배기,
전복뚝배기)
성산해오름식당
(통갈치 구이)
돌하르방뚝배기
(전복해물뚝배기)
마농치킨
(마늘치킨)
수마 (우도 바다 전망
감성 넘치는 카페)
성산스쿠버리조트
스쿠버다이빙, 성산읍
성산리 143-4
전망좋은횟집&흑돼지
(전망딱.고.활어회세트)
전망좋은
게스트하우스

D
E
F
1
✝ 성산포교회
어우름 성산흑돼지
(제주흑돼지 모둠구이)
진미식당
(갈치조림, 해물뚝배기)
한성식당
갈치조림, 갈치구이 맛집
용궁민박
꽃담수제버거 성산
(흑돼지버거,
흑돼지새우버거)
청운식당
갈치 요리, 전복죽,
전복뚝배기 맛집
아침식사 가능
스타벅스
제주도 스타벅스에서만
판매하는 음료, MD가 있다
선미식당
(오분자기 뚝배기,
전복뚝배기)
성산포에서
(복권방)
제주애퐁당 성산점
(소품샵)
캘리소프트서브
성산일출봉점
(유기농우유
아이스크림)
동경돌식당
(전복뚝배기,
갈치조림)
전기차충전소
CU
성산일출봉 매표소
매일 07:00 - 15:00
무료구간 07:00-18:00
어른 개인 5,000원,
청소년/군인 개인 2,500원,
어린이 개인 2,500원
*입장료가 필요한 구간
성산일출봉 정상으로 올라가는
등산로와 주요 탐방 구역
*성산일출봉 무료 구간
1.주차장 및 입구 주변
2.해안 산책로
3.성산항 근처
림벅와플
성산 해녀짬뽕
(해녀짬뽕,전복짬뽕)
2
짜장클럽
(해물짬뽕,
해물짜장)
제주호랭이 성산점
(제주레몬도넛,
더블리치초코크림)
세계7대 자연경관
선정기념 인증조형물
안녕성산(소품샵)
P 성산일출봉주차장
전기차
충전소
수마포국수
(고기국수, 돔베고기)
3
코코마마 성산점
(랍스타,파인애플볶음밥)
성산일출봉
182미터 높이의 유네스코 세계자연유산
10만 년 전 용암 분출로 만들어진 수성화산,
전망대까지 도보 25분
D
E
F

성산일출봉 추천 "25분만 투자하면 제주에서 가장 멋진 전망을 보게 될 거야"

유네스코 세계 자연유산에 등재된 182m 높이의 산봉우리. 10만 년 전 바닷속에서 용암이 분출되어 만들어진 수성 화산으로, 정상에 거대한 분화구가 있고 가파른 경사면이 형성되어 있다. 원래 성산일출봉은 화산 섬이었으나 모래와 자갈이 쌓이면서 육지와 연결되었다. 매일 05:00~19:00 운영, 매달 첫 번째 월요일 정기 휴무. 성인 5,000원. (569p F:2)

제주 서귀포시 성산읍 성산리 1   #화산섬 #일출 #유네스코

광치기해변 추천 "성산일출봉을 가장 멋지게 볼 수 있는 곳"

용암이 굳어 생성된 해변으로 성산일출봉을 가장 멋지게 볼 수 있는 장소. 올레길 1코스의 마지막 장소이며 2코스의 시작 부분이다. 성산일출봉과 섭지코지 사이의 해변으로 봄이면 유채꽃이 만발하는 곳이다. (569p F:2)

제주 서귀포시 성산읍 고성리 224-33   #성산일출봉 #전망 #올레1코스

섭지코지 추천 "경치좋은 제주 산책길"

'코지'는 곶(바다로 돌출한 육지)의 제주 방언이다. 섭지코지는 신양해수욕장에서 시작되는 2km가량의 해안 절경이 펼쳐지는 곳으로, 경치가 너무 좋아 제주도에서도 인기가 좋다. 드라마 '올인' 등 각종 영상물이 제작되었던 곳으로도 유명하다. 3월 중순에는 유채꽃이 만발해 더욱더 예쁘다. (569p F:3)

제주 서귀포시 성산읍 고성리 62-4   #해안길 #유채꽃

꽃가람 제주성산일출봉점 맛집

"언제나 깔끔한 국물의 고기국수"

브레이크타임 없이 고기국수를 맛볼 수 있는 식당. 2인 세트는 고기국수, 비빔국수, 돔베고기를 다 맛볼 수 있는 대표 메뉴. 비빔국수 대신 몸국으로 변경 가능하다. 비빔국수는 콩나물이 들어가서 매콤 아삭한 맛. 식사 시간에는 웨이팅 필수. 가격은 고기국수, 몸국 9,000원, 돔베고기 32,000원. 09:30~19:00 (18:30 라스트오더) 월요일 휴무. (569p E:3)

제주 서귀포시 성산읍 고성동서로 73
#고기국수 #비빔국수 #웨이팅

신천목장 귤피밭 "바닥을 가득 채우는 귤빛 융단"

수만 평의 목장 대지 위에, 주황색의 귤 껍질이 꽃처럼 펼쳐진 풍경을 감상할 수 있는 곳. 엄청난 규모의 귤피 앞으로는 바다가 펼쳐져 있고, 뒤로는 말들이 뛰어논다. 이색적인 사진을 남기기 딱인 장소다. (543p F:2)

제주 서귀포시 성산읍   #신천목장 #귤피 #온통주황

유채꽃재배단지 "노란색 물결이 가득해"

3~4월에 방문하면 인생샷 남길 수 있는 유채꽃 스팟. 성산일출봉과 유채꽃을 한눈에 담을 수 있으며 반대쪽으로는 바다도 보여서 어느 방향이든 인생 사진을 찍을 수 있다. 성산일출봉과 가깝고 광치기 해변을 따라 조성되어 있어 당일 일정으로 함께 묶어 계획하는 것을 추천. 입장료와 주차비가 모두 무료이며 주차장이 넓어 편리하다. 공용화장실 있음. (569p E:2)

제주 서귀포시 성산읍 고성리   #유채꽃스팟 #인생샷

신풍리 해바라기 추천 "돌담과 해바라기"

뜨거운 여름을 노랗게 달구는 신풍리 해바라기 농장은 제주도에서 새로 떠오르고 있는 관광명소다. 성인 키보다 크게 자란 울창한 해바라기와 돌담을 배경으로 인생 사진을 남겨가자. 네비에 서귀포시 성산읍 신풍리 1411을 찍고 이동. (543p E:2)

제주 서귀포시 성산읍 남산봉로 235-165
#7,8,9월 #키큰해바라기 #돌담

성산 브런치 난산리다방 & 조아가지구 맛집
"여행작가가 운영하는 귤밭뷰 브런치 가게"

여행작가 겸 사진작가 사장님이 운영하는 브런치 가게. 햇살이 잘 드는 아늑하고 따뜻한 분위기다. 매장 한쪽에 전시된 다양한 카메라를 구경하는 재미도 있는 곳. 맛의 퀄리티를 높이기 위해 음식 종류가 적다. 버섯 크림 스프와 브런치 메뉴가 인기 있으며, 한정 디저트 메뉴인 그래놀라운토마토도 꼭 맛보길 추천. 귤밭뷰 창가 자리가 가장 인기. 콜키지 프리, 주차 가능, 매일 09:30~16:00 영업, 주말은 저녁 영업, 별도 공지 없으면 연중무휴. (569p D:3)

제주전시컨벤션센터
"공룡 좋아하는 아이와 함께"

온 가족이 함께하는 교육형 체험 박물관이다. 공룡관, 화석 원석, 환상의 블랙홀, 샌드 아트, 거울 미로 등 세계적으로도 희귀한 교육용 체험 프로그램이 다양하게 운영 중이다. 중생대 쥐라기 시대 원형 그대로의, 실제 크기로 제작된 공룡 애니메이션을 체험해볼 수 있다. 토~목 10:30~16:30 운영, 16:00 입장 마감. 매주 금요일 휴무. 성인 10,000원. (569p D:3)

제주 서귀포시 성산읍 난산로 293
#교육 #체험박물관 #공룡

제주 서귀포시 성산읍 난산로41번길 39-2 　　#귤밭뷰#브런치#디저트#소품

어머니닭집 맛집

"카레향 솔솔 옛날 통닭"

노부부가 운영하는 옛날 통닭집. 카레향이 살짝 나는 바삭한 후라이드 치킨과 매콤달콤한 양념치킨이 메인 메뉴다. 반반 주문도 가능. 간이 너무 쎄지 않고 적당해서 질리지 않는다. 닭껍질도 따로 튀겨준다. 전화로 예약하면 30분 후에 픽업 가능. 가격은 후라이드치킨 16,000원, 양념치킨 18,000원, 반반 18,000원. 10:00~ 21:00 월요일 휴무.. (569p E:2)

제주 서귀포시 성산읍 고성오조로 13
#옛날통닭 #카레향 #가성비

고성오일시장

"우리들의 블루스 속 장터가 바로 여기"

매월 4, 19, 14, 19, 24, 29일 열리는 전통시장. 현지 시골 장터 느낌으로 청과물, 수산물, 정육점, 생활용품, 농기구 등을 판매한다. 아케이드 천장이 마련되어 있어 비 오는 날도 쾌적하게 구경할 수 있다. 떡볶이, 빙떡, 팥죽 등 먹거리도 다양하다. 드라마 '우리들의 블루스'의 시장 장면 촬영지이기도 하다. 점포 대부분 8시에 문을 열어 14시에 닫는다. 주차 무료. (569p E:2) 사진ⓒ한국관광 콘텐츠랩

제주 서귀포시 성산읍 고성오조로 93
#전통오일장 #로컬느낌

김영갑 갤러리 두모악 추천 "김영갑선생의 미술관"

한라산의 옛 이름인 '두모악'은, 폐교였던 삼달 분교를 개조해 만든 미술관으로 20여 년간 제주도를 사진에 담아온 김영갑 선생의 작품이 전시되어 있다.(주로 제주의 오름) 제주도에 매료되어 열병처럼 앓다가 결국 터를 잡고 왕성한 활동을 했던 김영갑의 소장품과 작품들은 물론, 루게릭 투병을 하던 당시 손수 일군 야외 정원이 관람객들의 많은 사랑을 받고 있다. 화~일 09:30~18:00 운영, 매주 월요일 휴관. 성인 5,000원. (543p F:2) 사진ⓒ한국관광 콘텐츠랩

제주 서귀포시 성산읍 삼달로 137　　#김영갑 #삼달분교 #사진

바다의집 맛집 "정성가득 정갈한 가정식 백반"

메인 요리에 밑반찬, 찌개가 제공되는 가정식 백반집. 일본 가정식처럼 정갈하게 한상 차림으로 나온다. 정식에 곁들이기 좋은 고등어 구이는 화덕에서 구워 담백하고 부드럽다. 혼밥 손님을 위한 전복장정식도 있다. 가격은 소소한상정식 12,000원, 전복장정식 17,000원, 고등어구이 15,000원. 11:00~ 16:00 (15:20 라스트오더) 수요일 휴무. (569p E:2)

제주 서귀포시 성산읍 병문로 236　　#가정식 #백반 #혼밥

베니스랜드

"곤돌라 체험파크"

이탈리아의 베니스를 그대로 옮겨온 듯한 곤돌라 체험파크이다. 곤돌라를 직접 저으며 수로를 이동하는데, 베니스를 상징하는 리알토 다리와 조형물들을 구경할 수 있다. 곤돌라 체험 후엔 오지박물관에서 원주민들의 생활상을 둘러볼 수 있다. 이국적이면서도 이색적인 경험이 될 것이다. 매일 09:00~18:00 운영, 입장 마감 17:00. 성인 21,000원. (입장권, 곤돌라, 박물관, 음료 포함) (568p C:3)

제주 서귀포시 성산읍 난산리 2575
#베니스 #곤돌라체험 #오지박물관

도렐 제주 본점 `카페`

"햇살 아래 여유롭게 즐기는 너티 클라우드 한 잔"

큰 유리창에 층고가 높아 개방감이 느껴지는 쾌적한 공간이 특징. 너티 클라우드, 쑥하리, 체리조가 이곳의 시그니처 메뉴. 차가운 우유, 땅콩크림 위에 에스프레소가 올라간 너티 클라우드는 고소하고 부드러운 맛으로 특히 인기 있는 메뉴. 반려동물 동반 카페 답게 안전한 강아지 메뉴 멍푸치노도 준비되어 있다. '플레이스 캠프 제주' 내에 위치, 투숙객 할인 제공. 주차 가능. 매일 08:00~17:00 영업. (569p E:2) 사진ⓒ한국관광 콘텐츠랩

제주 서귀포시 성산읍 동류암로 20 플레이스 내 LOVE동
#개방감#너티클라우드#쑥하리#멍푸치노

고흐의정원 "디지털로 재해석한 고흐작품"

반 고흐의 작품을, 디지털 기술로 체험할 수 있는 형태로 재해석 해둔 전시관이다. 멀리서 바라만 봐야 했던 기존의 전시관과 달리, 자유롭게 보며 만질 수 있는 참여형 전시이다. 이 전시의 하이라이트는 옥상정원! 올라가면 정원에 새겨진 고흐의 얼굴을 확인할 수 있다. 이밖에도 파충류 체험관, 고흐AR 3D 착시아트관 등이 마련되어 있다. 매일 08:50~18:30 운영, 입장 마감 17:30. 성인 12,000원. (569p D:3) 사진ⓒ한국관광 콘텐츠랩

제주 서귀포시 성산읍 삼달신풍로 126-5   #반고흐 #참여형체험전시 #AR

덴드리 `카페` "감귤 음료와 디저트가 맛있는 그리스풍 카페"

그리스식 건물 외관이 멋스러운 디저트 카페. 귤 체험 농장을 함께 운영한다. 귤밭에서 직접 딴 귤로 만드는 덴드리 귤 에이드, 시원한 커피에 부드러운 크림이 올라간 프레도 카푸치노, 견과류와 크림치즈가 듬뿍 들어간 패스츄리 디저트 바클라바를 추천한다. 10:00~18:30 영업. 매주 목요일 휴무. (15p F:2) 사진ⓒ한국관광 콘텐츠랩

제주 서귀포시 성산읍 삼달로 28-1   #이국적 #디저트카페 #덴드리귤에이드 #바클라바

아일랜드플라워
"목장형 동물 체험 카페"

목장 관리 및 동물 관리가 잘 되어 있는 곳이다. 어린이들과 방문하기 좋게 동물 먹이 주기 체험도 할 수 있고 차 한 잔의 여유도 즐길 수 있다. 매일 10:00~17:30 운영, 입장 마감 16:30. 동물원 입장료 성인 7,000원. 네이버 예약 시 할인을 받을 수 있다. (569p D:3)

제주 서귀포시 성산읍 서성일로 602
#동물체험 #목장 #힐링

부촌 맛집
"1인분 가능한 갈치조림 한상"

가정식 백반처럼 1인분씩 나오고 가격도 저렴해서 제주도민들에게 인기 많은 식당. 뚝배기에 나오는 칼칼한 갈치조림과 바다향이 올라오는 성게 미역국, 간이 잘된 반찬 덕분에 밥 한공기쯤은 순삭이다. 가격은 갈치조림+(성게미역국/전복미역국) 정식 14,000원, 10:30~ 21:00 (15:00~ 17:00 브레이크타임, 20:00 라스트오더) 목요일 휴무.(569p E:2) 사진ⓒ한국관광 콘텐츠랩

제주 서귀포시 성산읍 동류암로 33
#도민추천 #갈치조림 #혼밥

빛의 벙커 추천 "프랑스 몰입형 미디어아트"

거장의 작품과 음악에 완벽하게 몰입할 수 있는 프랑스 몰입형 미디어아트 전시이다. 작품과 내가 하나가 되는 특별한 경험을 선사하는 빛의 벙커는 그 어떤 미술관 보다 공간적 특성을 되살리는 도시 재생의 선례로 주목받는다. 반 고흐전, 폴 고갱전, 모네전 등 세계적인 작품들을 온몸으로 체험해볼 수 있다. 매일 10:00~18:20 운영, 입장 및 발권 마감 17:30. 성인 19,000원. (오디오가이드 포함) (569p D:2)

제주 서귀포시 성산읍 서성일로1168번길 89-17 A동　#몰입형 #미디어아트 #도시재생

제주해양동물박물관 "해양동물 이야기"

제주도의 바닷속에 어떤 해양 동물들이 살고 있는지 체험해 볼 수 있는 박물관이다. 350여종의 해양동물이 전시되어 있는데, 그중엔 멸종위기종인 고래상어며 백상아리 등도 있다. 보는 것 외에도 해양동물과 관련하여 그려보고 만들어보는 다양한 체험 프로그램들도 운영 중이다. 아이들의 오감을 자극시킬 수 있는 재미있는 교육공간이다. 목~화 09:00~18:00 운영, 매주 수요일 휴관. 성인 10,000원. 네이버 예매 시 할인. (569p D:2) 사진ⓒ한국관광 콘텐츠랩

제주 서귀포시 성산읍 서성일로 689-21　#해양동물 #체험 #아이

맛나식당 맛집
"가성비 좋은 밥도둑 조림 식당"

갈치조림, 고등어조림으로 유명한 식당. 2인 기준으로 갈치, 고등어 반반 섞은 조림이 기본이다. 조림 국물이 맛있어서 반찬에 손이 안 갈 정도. 여기에 우도땅콩막걸리까지 곁들이면 화룡점정. 새벽부터 웨이팅이 길다. 가격은 갈치조림 13,000원, 고등어조림 11,000원. 08:30~ 14:30 수요일 일요일 휴무. 사진ⓒ한국관광 콘텐츠랩

제주 서귀포시 성산읍 동류암로 41
#반반조림 #가성비 #웨이팅

가시아방국수 맛집
"고기국수와 비빔국수 둘다 맛남"

수요미식회에 소개된 국수 맛집. 고기국수, 멸치국수, 비빔국수가 인기 메뉴. 커플세트를 주문하면 고기국수, 비빔국수, 돔베고기를 골고루 맛볼 수 있어서 추천. 고기국수는 국물이 진해서 고춧가루를 뿌려 먹기도 한다. 가격은 돔베고기 세트2인 36,000원, 고기국수9,000원. 10:00~ 20:30 (19:50 라스트오더) 수요일 휴무. (569p E:3) 사진ⓒ한국관광 콘텐츠랩

제주 서귀포시 성산읍 섭지코지로 10
#수요미식회 #고기국수 #비빔국수

유민 아르누보 뮤지엄 추천 "유리공예 미술관"

세계적인 건축가 안도 타다오가 설계한, 국내 유일한 아르누보 유리공예 미술관이다. 노출 콘크리트로 지어진 건축물로, 건물과 제주도의 자연이 하나의 작품처럼 조화를 이루는 것으로도 유명하다. 미술관 벽 틈으로 보이는 성산일출봉을, 마치 액자 속 그림처럼 담아낼 수 있다. 제주도의 자연이 더 돋보이는 공간이다. 매일 09:00~18:00 운영, 매표 마감 17:00. 성인 20,000원. (569p E:3)

제주 서귀포시 성산읍 섭지코지로 107   #안도타다오 #노출콘크리트 #아르누보

우도잠수함 "잠수함에서 즐기는 제주 바다의 신비"

잠수함을 타고 수심 깊은 곳으로 들어가 바닷속을 탐험해보는 투어. 제주 자리돔부터 형형색색의 열대어들까지, 우도 바다를 수놓는 예쁜 물고기들과 해초, 산호초들을 구경해볼 수 있다. 아침이나 흐린 날은 바닷속을 더 또렷하게 볼 수 있다고 하니 참고하자. 해저 탐험 증명서와 기념사진도 제공된다. 매일 09:40~15:40 운영. 기간별 운영 시간 달라질 수 있으므로 방문 전 확인. 성인 55,000원, 네이버 예매 시 할인. 해양 공원 입장료 (성인 1,000원) 별도. (569p E:2) 사진ⓒ한국관광 콘텐츠랩

제주 서귀포시 성산읍 성산등용로 112-7 #해저탐험 #산호초 #열대어 #증명서 #기념사진

신양섭지해수욕장

"섭지코지에 있는 수심낮은 해변"

바다 쪽으로 빠져나온 육지를 뜻하는 '코지'는, 그 풍경이 아름다워 영화나 드라마의 촬영지로도 많이 소개 되었다. 해변 역시 물이 깊지 않고 모래 또한 고와서 아이들이 즐기기에 좋아 가족 여행지로도 손꼽힌다. 계절에 따라 유채꽃과 억새가 피어나기도 하는데, 무엇보다 바람이 좋아 윈드서핑의 성지로 유명하다. 해변을 즐기는 가족들, 서핑을 즐기는 사람들로 늘 북적이는 곳이다. (569p E:3)

제주 서귀포시 성산읍 섭지코지로 107
#영화촬영지 #유채꽃 #윈드서핑

성산 고등어쌈밥 김치찜 `맛집`

"성산 맛있는 고등어쌈밥"

고등어쌈밥 전문점. 묵은지를 넣고 뭉근하게 끓인 고등어조림에 싱싱한 쌈채소를 풍성하게 내준다. 양념이 너무 달지도, 짜지도 않아서 호불호 없이 먹을 수 있다. 가지나물과 간장게장은 밑반찬으로 무료지만 추가 시 유료. 고등어쌈밥 18,000원, 흑돼지두루치기 18,000원, 성게미역국 17,000원. 매일 08:00~21:00 (20:00 라스트오더)

제주 서귀포시 성산읍 섭지코지로25번길 122-5
#고등어쌈밥 #묵은지 #고등어찜

아쿠아 플라넷 제주 `추천` "아시아 최대 해양테마파크"

아시아 최대 규모의 프리미엄 해양 테마파크! 단일 수조로는 세계 최대급이며, 500여종 2만 8,000마리의 전시생물을 보유하고 있다. 특히 해녀가 직접 등장해 보여주는 '제주 해녀 물질 시연'의 반응이 뜨겁다. 해녀들이 물질은 물론, 해녀로서의 삶과 이야기를 들려준다. 가족 나들이로는 최고의 명소! 매일 09:30~18:00 운영, 연중무휴. 매표 마감 17:00, 입장 마감 17:30. 성인 44,600원. 네이버 예매 시 할인. (569p E:3)

제주 서귀포시 성산읍 섭지코지로 95   #해양테마파크 #해녀물질시연 #가족나들이

성산항 "우도로 가는 배 출발합니다~"

우도로 가는 배를 탈 수 있는 항구. 성산항에서 배를 타고 15분이면 우도에 도착한다. 오전 8시부터 30분에 한 대씩 운행하며 시기에 따라 정확한 운영 시간은 달라지므로 성산포항종합여객터미널에서 확인 필수. 예약 없이 현장 구매만 가능하며 승선신고서를 작성한 뒤 매표한다. 신분증 지참 필수. 주차는 성산포항공영주차장(유료) 이용. (569p E:2)

제주 서귀포시 성산읍 성산등용로 129-21
#우도배타는곳 #여객터미널

제주커피박물관 Baum 카페 "커피의 역사를 담은 향긋한 공간"

커피를 좋아하는 사람들에겐 아주 반가운 곳이다. 산지별로 다른 원두의 특징부터 커피의 역사와 내리는 방법 등 커피에 관한 다양한 지식을 배울 수 있다. 카페에서는 숲을 바라보며 커피 한 잔을 즐길 수도 있다. 커피를 눈으로, 입으로, 머리로, 마음으로 느낄 수 있는 향긋한 공간이다. 매일 09:00~18:00 운영. 모카포트 체험료 18,000원. (569p E:2)

제주 서귀포시 성산읍 서성일로1168번길 89-17   #나무 #숲 #커피

섭지코지 그랜드스윙

"성산일출봉 전망 이색사진"

성산일출봉을 바라보며 그랜드 스윙에 앉아 사진을 찍어보자. 정면으로 보이는 탁 트인 바다 위 성산일출봉의 풍경을 한눈에 담을 수 있는 그랜드 스윙은 동그란 원형에 높이가 6m에 달한다. 뒤로는 유명한 건축가 안도 타타오가 설계한 글라스하우스를 볼 수 있다. 섭지코지 내에는 자연경관이 아름답고 한가로이 풀을 뜯고 있는 말도 만날 수 있으며 여유롭게 바다를 보며 산책도 즐기고 쉬어갈 수 있는 의자와 포토존이 많다. 그네는 유민 아르누보 뮤지엄 뒤에 있다. (15p F:2)

제주 서귀포시 성산읍 섭지코지로 107
#섭지코지 #그랜드스윙 #성산일출봉

시인이생진시비거리 "바다 한 번 보고, 시 한 번 읽고"

제주 바다에 대한 시를 많이 남긴 '바다 시인' 이생진 시인을 기리는 의미로 조성된 산책로. 바다 옆 아담한 길을 따라 시가 적힌 시비가 늘어서 있어 바다를 배경으로 시를 감상할 수 있다. 성산일출봉과 가까워 풍경을 즐기며 차분하게 산책하기 좋은 곳. 제주올레길1코스에 해당하기도 한다. 성산일출봉 입구에서 도보로 약 9분 거리. 주차는 성산일출봉 주차장 이용. (569p E:2)

제주 서귀포시 성산읍 성산리 305 　　#성산일출봉근처 #산책로추천

김정문알로에 알로에숲 "온실 알로에 숲"

알로에 450여 종을 한곳에서 감상할 수 있는 알로에 식물원이다. 입장료도 무료이며 실내 온실 공간도 있어서 비 오는 날 산책하기 좋다. 직접 재배한 알로에로 알로에 화장품을 생산하며 합리적인 가격으로 구매할 수 있다. 매일 09:30~12:00, 13:00~17:00 운영. 입장료 무료. (568p C:3)

제주 서귀포시 성산읍 성읍정의현로32번길 43 　　#알로에식물원 #비오는날가기좋은

신산·신양 해안도로 (신산리-섭지코지)
"섭지코지 배경의 해안도로"

표선을 지나 신산리에서 신양포구에 이르는 해안 도로. 멀리 섭지코지를 배경으로 서귀포 우측 해안을 보며 이동할 수 있다. (569p E:3)

제주 서귀포시 성산읍 신산리 1130-11
#해안도로 #드라이브

그리운바다성산포 성산본점 맛집
"고등어회, 갈치회, 점심특선 맛집"

비린맛 1도 없는 고등어회, 은갈치회 전문 회식당. 점심특선도 인기. 담백한 고등어돌솥밥에 맑은 한치해장국, 황게장이 맛깔난다. 오후 2시 이내 방문 시 고등어구이 무료. 가격은 점심 한치해장국 12,000원, 점심 고등어 톳 돌솥밥 12,000원, 고등어회 삼합 38,000원, 은갈치회 15,000원. 09:00~21:30 (20:30 라스트오더) 화요일 휴무. 사진ⓒ한국관광 콘텐츠랩

제주 서귀포시 성산읍 성산등용로 94
#고등어회 #갈치회 #점심특선

두산봉 "제주 일출은 이제부터 여기입니다"

10분만 오르면 탁 트인 풍경을 볼 수 있는 뷰 포인트. 코스가 짧고 길이 잘 정비되어 있어 아이들도 쉽게 오를 수 있다. 정상에 오르면 동쪽으로 바다와 함께 성산일출봉과 우도가 한눈에 보인다. 땅 끝에 위치해 말미오름이라고도 부르며, 아침 일찍 방문하면 성산일출봉을 배경으로 일출을 감상할 수 있다. 제주올레길1코스 내에 있으며 주차는 '제주올레1코스 공식 안내소'에 하는 것을 추천. (569p D:2)

제주 서귀포시 성산읍 시흥리 산1-5　　#쉬운오름 #일출명소

서귀피안 베이커리 `카페`
"전 좌석 섭지코지 오션뷰 베이커리 카페"

이국적인 인테리어를 자랑하는, 전 좌석이 섭지코지 오션뷰인 매력적인 곳이다. 음료와 빵 종류가 다양하다. 단, 빵이 나오는 시간이 정해져 있기 때문에 빵 나오는 시간에 맞춰가는 것을 추천한다. 매일 08:00~20:00 영업. (569p E:3) 사진ⓒ한국관광 콘텐츠랩

제주 서귀포시 성산읍 신양로122번길 17 2F
#섭지코지뷰 #이국적인분위기 #빵도맛집

오조포구 `추천` "제주에서 만나는 우유니사막"

오조 해녀의 집에서 산책길을 따라 쭉 걸어가다 보면, 오조리 해안을 만날 수 있다. 이곳의 갯벌은 간조 시간에 바닷물이 빠르게 빠지는데, 바닥이 매끄럽게 드러나면서 바다 위 하늘과 주변 풍경이 바다에 그대로 비치는 황홀한 반영 사진을 얻을 수 있다. 간조 타이밍과 노을 시간이 겹치면 더 신비로운 곳. 제주도에서 우유니사막을 느껴볼 수 있는 기회. (569p E:2)

제주 서귀포시 성산읍 오조리　　#오조포구 #석양스팟 #노을 #반영샷 # 제주우유니

온평리 환해장성
"왜적을 막기 위해 만든"

온평리 하동 해안가에서 신산리 마을 경계에 이르는 2.5km의 성벽을 뜻한다. 환해장성이란 왜적의 침입을 막기 위해 해안선을 따라가며 쌓은 성을 뜻하는데, 현재 14곳이 남아있다. 잔존하는 환해장성 가운데 가장 긴 편에 속하며, 적들의 침입을 막는 바닷가의 성벽 역할도 했지만, 해풍을 막아주어 주민들의 농사에도 도움을 주었다. (569p E:3)

제주 서귀포시 성산읍 온평리 66-2
#성벽 #해안선

오조리 감상소 액자 프레임
"그림같은 풍경이 담긴 창문"

내비에 '오조포구'로 검색하고, 조금 걸어서 들어가다 보면 오조리 감상소가 나온다. 건물 안에 통창이 있는데, 이 창을 액자 프레임처럼 활용해 사진을 찍으면 인생샷을 얻을 수 있다. 통창 앞에 있는 큰 돌 위치에 서면 딱 좋다. (15p F:1)

제주 서귀포시 성산읍 오조리
#오조리감상소 #통창 #액자프레임

신풍 신천 바다목장 추천 "그냥 해변하고는 또 다른 느낌"

제주올레 3코스에 해당하는 곳으로 해안 옆 목장이 이색적이다. 아름다운 해안가를 걷다 보면 말이 뛰는 초원 위를 걷는 기분이 든다. 관광 목장이 아니므로 지정된 올레길로만 이동해야 한다. (543p F:2)

제주 서귀포시 성산읍 일주동로 5417　#바다목장 #바다전망 #올레3코스

짱구네유채꽃밭 추천 "유채꽃 계절 사진촬영 명소"

성산일출봉 가까운 곳에 위치한 유채꽃밭. 여러 포토존 덕분에 제주도만의 감성을 오롯이 담아낼 수 있다. 성산일출봉뿐만 아니라 광치기해변, 섭지코지, 우도와 가까이 있어 제주도 동쪽을 여행하는 사람이라면 함께 둘러보기 좋다. 매일 08:30~17:30 운영하며 운영 시간 변경될 수 있으므로 인스타그램 @jjangguflower 확인 후 방문. 1인 입장료 1,000원. 네이버 지도 상의 주소가 아닌, '성산읍 오조리 334-1'로 내비게이션 입력 후 방문.(569p D:2) 사진ⓒ한국관광 콘텐츠랩

제주 서귀포시 성산읍 오조리 334-1　#유채꽃 #포토존 #동쪽여행

프릳츠 제주성산점 `카페`

통창 너머로 성산일출봉이 한눈에 보이는 멋진 풍경의 카페. 우드톤 인테리어로 편안한 분위기다. 깊은 맛의 커피와 잘 어울리는 산딸기 크루아상과 초코 도나스가 인기 메뉴. 빵 마다 나오는 시간이 다르므로, 원하는 베이커리 메뉴가 있다면 시간 확인 후 방문할 것. 루프탑에 오르면 좀더 시원한 풍경을 감상할 수 있다. 원두와 굿즈를 판매한다. 주차 가능. 매일 08:00~20:00 영업

제주 서귀포시 성산읍 일출로 222
#성산일출봉#커피#베이커리#굿즈

아뽀밍고 `카페` "농장에서 직접 공수한 애플망고로 만든 음료와 디저트"

농장에서 직접 공수해 온 애플망고로 만든 빙수가 대표 메뉴. 달콤한 애플망고 생과일주스와 에이드, 커피 등을 판매한다. 여름 애플망고 철에는 망고를 직접 주문할 수도 있다. 11:00~18:00 영업, 매주 월요일 휴무. (569p E:2)

제주 서귀포시 성산읍 일출로 230 3층   #농장직영 #애플망고주스

경미네집 `맛집`

"해물라면과 성게밥으로 가볍게 한끼"

해물라면과 성게밥으로 유명한 식당. 라면에는 미역과 문어가 들어가 있어 시원하다. 성게밥에는 김가루와 성게만 들었는데도 싹싹 긁어먹게 된다. 저렴하고 맛있어서 가볍게 한끼하기 좋다. 조리과정을 CCTV로 보여줄만큼 위생이 좋다. 제철해산물이나 문어숙회도 주문 가능. 가격은 해물라면 8,000원, 성게밥 15,000원. 08:30~ 16:00 매월 마지막 화요일 휴무. (570p C:3) 사진ⓒ한국관광 콘텐츠랩

제주 서귀포시 성산읍 일출로 259
#해물라면 #성게밥 #가성비

금돗 성산흑돼지 `맛집`

"왕겨로 훈연한 흑돼지"

최상급 인증을 받은 돼지목살과 삼겹살을 왕겨로 훈연한 돼지고기 맛집. 가브리살, 갈매기살도 맛있는데 일일 한정수량만 판매한다. 흑돼지구이에 김치찌개, 계란찜, 공기밥이 포함된 점심 한상은 가성비가 좋다. 가격은 흑돼지 점심한상 2인 52,000원, 흑돼지 66,000원. 매일 11:00~ 22:30 (21:30 라스트오더)

제주 서귀포시 성산읍 성산등용로 17
#왕겨훈연 #흑돼지 #가성비

성산·세화해안도로

"일몰을 볼 수 있는 해안도로"

총 6.5km의 짧은 해안 도로로 제주도의 남동쪽 해안가를 따라 새해 해맞이(일출)와 성산일출봉을 조망할 수 있는 드라이브 코스이다. 특히 이곳은 일몰 감상도 할 수 있는 몇 안 되는 장소 중 하나이다.

제주 서귀포시 성산읍 신산리 49-5
#해맞이 #일몰 #드라이브

식산봉 억새

"식산봉에서 즐기는 은빛 억새와 가을 바다"

작고 낮은 오름이지만 10월~11월 초, 가을이 되면 은빛 억새가 장관을 이룬다. 오름을 걷다 보면 성산일출봉과 우도가 한눈에 들어온다. 잠시 서서 억새밭과 푸른 바다가 어우러진 풍경을 감상해 보자. 해가 질 즈음, 황금빛으로 물드는 억새밭에서 인생 사진을 남겨 보아도 좋다. 제주올레2코스. (569p E:2)

제주 서귀포시 성산읍 오조리 318-4
#10,11월#억새#성산일출봉#우도#식산봉

오조포구 돌다리 "푸른 바다에 떠오른 돌다리"

바다를 건널 수 있는 현무암 돌다리에 서서 사진을 찍어 보자. 돌다리에 앉아 식산봉과 푸른 바다를 배경으로, 제주만의 분위기를 담은 사진을 찍어도 좋다. 이곳은 드라마 '웰컴 투 삼달리'에 등장해 화제가 된 장소. 만조 때에는 바닷물이 차올라 색다른 분위기를 느낄 수 있다. (15p F:1)

제주 서귀포시 성산읍 오조리   #오조포구 #현무암돌다리

미천굴 추천 "용암동굴로 360미터 개방"

제주도를 대표하는 용암동굴이자 관광동굴이다. 일반인들에게 360m 정도만 개방하고 있다. 일출랜드를 대표하는 관광코스이기도 하다. 미천굴은 형형색색의 미디어 아트를 선보이고 있는데, 이는 제주도에서 최초로 진행된 동굴 아트 프로젝트라고 한다. 자연과 예술이 조화를 이루는, 새로운 관광 콘텐츠이다. 일출랜드 내에 위치. 매일 09:00~18:00 운영, 입장 마감 17:00. 연중무휴. 성인 12,000원. 네이버 예매 시 할인. (569p D:3)

제주 서귀포시 성산읍 중산간동로 4150-30   #용암동굴 #동굴아트 #일출랜드

해일리 카페 카페
"보기만 해도 힐링, 오션뷰 수영장 카페"

바다와 절벽이 맞닿은 곳에 위치한 카페. 성산일출봉과 우도의 모습을 감상할 수 있다. 한라봉메리카노와 해일리 라떼가 시그니쳐. 오리지널, 말차, 초코 세 가지맛의 바스크 치즈케이크와 제주 말차라떼도 추천한다. 매일 아침 크루아상, 베이글 등 새로운 빵이 나오며, 치킨과 생맥주도 판매. 매일 09:00~21:00 영업. (569p E:2)

제주 서귀포시 성산읍 한도로 269-37
#성산일출봉 #우도 #치즈케이크 #포토존

오조해녀의집 맛집
"해녀들이 잡은 전복 잔치"

제주 해녀들이 갓 잡아 온 전복으로 요리하는 식당. 국자까지 핥아먹고 싶다는 후기가 있을 정도로 전복죽이 진하고 맛나다. 간이 세지 않고 전복 내장의 감칠맛이 압권이다. 신선한 뿔소라회도 강추. 혼밥도 가능. 가격은 전복죽 12,000원, 전복회 110,000원. 매일 07:00~19:00. (569p E:2)

제주 서귀포시 성산읍 중산간동로 4150-30
#전복죽 #뿔소라회 #해녀

수마 카페
"광치기 해변 전망이 아름다운 감성카페"

광치기 해변 전망을 즐길 수 있는 감성 카페. 아몬드 크림을 올려 고소한 맛을 더한 시그니처 음료 브라운헤이즈와 생강 맛이 그윽한 수마 라떼를 추천한다. 10:00~18:00 영업, 매주 수요일 휴무. (569p E:2)

제주 서귀포시 성산읍 일출로 264-6
#브라운헤이즈 #수마라떼

해송갈치 제주성산일출봉점 맛집

"왕특대 통갈치란 이런 것!"

제주산 왕특대 통갈치에 전복, 새우, 문어가 들어간 스페셜 갈치조림을 먹을 수 있는 곳. 버터전복구이와 갈치회도 포함되어 푸짐하다. 사장님이 직접 잡은 은갈치 구이조림 반반 세트도 인기다. 대왕 특대 통갈치구이는 3인 이상 예약 가능. 가격은 조림 세트 2인 100,000원, 반반 구이 세트 2인 100,000원. 10:00~20:00 (19:00 라스트오더) 월요일 휴무. (570p C:2)

제주 서귀포시 성산읍 일출로 270-2
#왕특대통갈치 #갈치조림 #갈치구이

성산포 해녀물질공연장 "해녀물질 공연을 볼 수 있는"

유네스코 문화유산인 해녀. 제주도의 정신인 해녀가 물질을 하는 모습을 직접 볼 수 있는 곳이다. 성산포에서 매일 두 차례, 해녀들이 공연하듯 물질하는 모습을 볼 수 있다. 해녀분들과 사진을 찍거나 그녀들이 잡아온 해산물을 구입할 수도 있다. 1일 1회 14:00에 진행. 기상상황에 따라 변동 가능. 관람료 무료. (569p E:2)

제주 서귀포시 성산읍 일출로 284-34   #해녀 #물질 #공연장

안녕성산

"성산일출봉 앞에서 찾는 아기자기 소품"

성산일출봉 앞에 있는 소품샵. 파우치, 지갑, 키링 등 제주 로컬 작가들의 다양한 굿즈가 있다. 1층 소품샵, 2층 카페로 운영. 구매 금액별 사은품 증정. 매일 09:00~20:00 (571p D:2)

제주 서귀포시 성산읍 일출로 270-1 2층
#성산일출봉근처 #소품샵 #제주로컬굿즈

꽃담수제버거 성산 맛집

"흑돼지 패티로 만든 수제버거"

제주 흑돼지 수제 버거 맛집. 잡내없이 부드러운 패티에 폭신한 번, 신선한 채소, 치즈, 소스가 조화롭다. 버거 사이즈가 커서 한끼 식사로 든든하다. 새우버거, 치킨버거도 많이 주문한다. 성산일출봉을 바라보면서 식사 가능. 가격은 흑돼지버거세트 14,800원, 흑돼지새우버거 14,900원. 매일 09:00~ 19:00 (16:00~17:00 브레이크타임) (571p E:1)

제주 서귀포시 성산읍 일출로 284-7
#흑돼지버거 #수제버거 #성산일출봉

어니스트밀크 카페

"한아름목장 우유로 만든 건강한 수제요거트"

제주 한아름목장에서 공수해온 우유로 만든 수제 요거트 전문점. 아포가토, 순수 밀크 아이스크림, 제주 청귤 요거트에서 밀크쉐이크, 무무 우유 롤케이크까지 대표 메뉴가 다양하다. 다양한 요거트를 맛볼 수 있는 곳. 택배 주문도 가능하다. 매일 10:00~18:00 영업. (569p D:2) 사진ⓒ한국관광 콘텐츠랩

제주 서귀포시 성산읍 중산간동로 3147-7 2층
#아포가토 #요거트 #택배가능

제주애퐁당 성산점

"네컷 사진 찍고 라봉이 10% 할인받기!"

귀여운 라봉이 굿즈가 있는 성산일출봉 근처 소품샵. 2층 규모로 1층에는 포토존과 인생네컷이 있다. 1층 인생네컷을 찍고 소품을 사면 10% 할인해 준다. 매일 09:30~18:30 (571p D:2)

제주 서귀포시 성산읍 일출로 284-4 2층
#한라봉굿즈 #인생네컷 #소품샵

여름정원 `카페`
"30년 넘은 구옥에서 맛보는 제주 담은 브런치"

자연과 어우러진 포근하고 아늑한 디저트 카페. 30년도 넘은 구옥을 손수 개조해 만들어, 매장 곳곳에 친절한 사장님의 애정이 묻어 있다. 식사부터 샌드위치, 디저트까지 한번에 즐길 수 있는 제주 담은 3단 도시락과 여름 말차샷라떼가 이곳의 대표 메뉴. 여름 한정 메뉴인 복숭아 티라미수도 맛있다. 3단 도시락은 2인 기준이며 네이버 예약 필수. 작은 모래놀이터도 있다. 11:00~18:00 영업, 매주 화, 수, 일요일 휴무. (543p E:2)

제주 서귀포시 성산읍 풍천로192번길 40-5
#디저트#구옥#3단도시락#말차샷라떼

한라전복 성산본점 `맛집`
"정갈하고 맛있는 전복 요리"

고소한 전복돌솥밥과 뿔소리까지 들어간 전복뚝배기로 유명한 식당. 전복 내장과 버터를 가득 넣어 만든 전복돌솥밥은 누룽지까지 싹싹 긁어 먹을 만큼 맛있다. 해산물이 가득 들어간 뚝배기도 가성비가 좋다. 고등어구이도 반찬으로 나온다. 가격은 전복뚝배기 16,000원, 전복돌솥밥 15,000원. 10:00~ 15:00 (14:30 라스트오더) 수요일 휴무.

제주 서귀포시 성산읍 해맞이해안로 2732
#전복돌솥밥 #전복뚝배기 #가성비

일출랜드 `추천` "미천굴 테마파크"

땅 아래로는 미천굴이, 땅 위로는 다양한 테마의 즐길거리가 넘쳐나는 자연 테마파크이다. 7만 평의 넓은 대지 위에 민속촌, 산책로 등 다양한 체험공간이 마련되어 있다. 자연은 지루할 틈이 없다. 초록의 자연이 주는 위로, 여유를 만끽해보자. 매일 09:00~18:00 운영, 입장 마감 17:00. 연중무휴. 성인 12,000원. 네이버 예매 시 할인. (568p C:3)

제주 서귀포시 성산읍 중산간동로 4150-30   #테마파크 #체험공간

호랑호랑 카페
"하얀 배 모양 오션뷰 포토존"

호랑호랑 카페 앞 해변에 사진 찍기 좋은 흰 배 포토존이 있다. 바다를 향해 측면으로 정박해 있는 배 위에 서서 배의 돛 부분까지 잘 나오도록 수직 수평을 맞추어 정면 사진을 찍으면 예쁘다. 수평선이 사진의 1/3 정도를 차지하도록 카메라를 아래로 두고 넓은 하늘이 잘 보이도록 찍는 것이 포인트. (569p E:2)

제주 서귀포시 성산읍 한도로 141-13
#바다전망 #감성적인 #흰배

카페더라이트 `카페` "성산일출봉과 우도 바다 전망을 즐길 수 있는 카페"

성산일출봉과 우도 바다 전망을 모두 즐길 수 있는 오션뷰 카페. 다양한 메뉴에 제주의 자연을 담아냈다. 한라봉 몽키, 현무암 몽키, 일출 초코베이키 등 디저트 메뉴와 시그니처 제주 아이스티 같은 음료가 인기. 09:00~19:00 영업, 매주 일요일 휴무. (569p E:2) 사진ⓒ한국관광 콘텐츠랩

제주 서귀포시 성산읍 한도로 269   #성산일출봉 #자연담은디저트 #아이스티

복자씨연탄구이 성산본점 `맛집`
"바다보며 먹는 흑돼지 연탄구이"

육즙 폭발, 불향 가득한 돼지고기를 맛볼 수 있는 식당. 초벌구이해서 나오는 돼지고기를 익혀 마늘고추짱아찌와 함께 먹으면 꿀맛이다. 김치찌개도 맛있어서 밥과 술이 술술 들어간다. 바다뷰를 보며 식사할 수 있는 것도 장점. 식사시간에는 웨이팅 필수. 가격은 흑돼지근고기 63,000원(600g), 김치찌개 7,000원. 12:00~ 22:00 휴무없음. (569p E:2)

제주 서귀포시 성산읍 해맞이해안로 2764
#육즙폭발 #불향가득 #바다뷰

오른 `카페` "바라만 봐도 좋은 바다가 있는 카페"

오른 라떼와 소금빵이 대표 메뉴. 키즈 메뉴인 곰돌이 우유도 인기. 해안도로에 위치하여 뷰가 좋고, 세련된 인테리어가 인상적이다. 2층에서 바다를 배경으로 인증사진 찍기 좋은 곳. 화장실 인테리어가 독특하고 깔끔하다. 매일 10:30~20:00 영업, 동절기 10:30~19:00 단축 영업. (569p E:2) 사진ⓒ한국관광 콘텐츠랩

제주 서귀포시 성산읍 해맞이해안로 2714
#해안도로카페 #뷰맛집 #오른라떼

제주감성소품샵 산도록휴 "특색있는 핸드메이드 제주 소품샵"

돌담집이 예쁜 소품샵. 제주 바다, 돌고래, 수국 비누 등 수제 비누가 인기. 사장님이 직접 깎은 나무 조각 인형은 이곳의 특별한 기념품이다. 동백꽃 자수를 놓은 부드러운 소창 수건도 시그니처. 이 외에도 제주의 풍경을 그린 엽서, 접시, 컵, 키링 등을 판매한다. 핸드메이드 제주 기념품을 사고 싶다면 방문을 추천한다. 11:00~18:00 (매주 화요일 휴무) (569p E:3)

제주 서귀포시 성산읍 환해장성로 941   #수제비누 #수제나무조각인형

카페아오오 카페
"제주 일몰 조망 카페"

1층에서 주문한 뒤, 2층으로 올라가면 통창으로 오션뷰를 즐길 수 있다. 전 좌석 오션뷰로, 해가 지는 시간에 맞춰가면 노을도 감상할 수 있다. 커피만큼 베이커리류도 맛있는 곳이다. 매일 09:00~19:00 영업. (569p D:3) 사진ⓒ한국관광 콘텐츠랩

제주 서귀포시 성산읍 환해장성로 75
#일몰맛집 #베이커리 #오션뷰

혼인지마을 추천 "계절마다 예쁜 꽃이 피는 연못"

온평리 마을의 숲엔 500평의 큰 연못이 있다. 이 연못엔 탐라국에 얽힌 전설이 내려오는데, 바로 제주도 삼성신화에 나오는 삼신이 이곳에서 혼례를 올렸다는 것이다. 혼인에 얽힌 전설 덕분인지, 전통혼례 체험 행사도 있고 결혼식 장소로도 애용되고 있다. 혼인지는 계절마다 예쁜 꽃이 피는 곳으로도 유명해서, 꽃을 보며 산책하려는 사람들로 발길이 끊이지 않는 곳이기도 하다. (569p E:3)

제주 서귀포시 성산읍 혼인지로 39-14   #전통혼례 #이색결혼식장소 #혼인지축제

15

우도면

#서빈백사해수욕장
#검멀레해변

#우도정원 #버베나
@kimune_0126
@rhee._.hanna
#훈데르트바서파크

#하고수동해변

#동안경굴

#우도봉
#서빈백사해수욕장

우도

우도
깨끗한 물과 해변은 제주 본섬에서 볼 수 없는 풍경
성산항에서 15분, 소가 누운 형상을 한 섬

우도 봉수대
봉수대는 조선 시대에 쓰였던 통신수단
우도 등대와 함께 사진 찍기 좋다

우도망루등대 등대
망루등대

우도자연식당
(해물짬뽕)

우도물들이 해녀의집
(보말죽, 전복죽, 해물라면)

달봉펜션
&카페

우도올레펜션

우도
치안센터

하하호호
(마늘 흑돼지 버거,
땅콩 흑돼지 버거)

파도소리해녀촌
(보말칼국수)

파평
윤씨공원

스테이인우도
(펜션)

볼레낭펜션

물꼬해녀의집
(톳칼국수,문어라면)

안녕육지사람
흑돼지 땅콩 버거가 맛있는
브런치 카페, 직접 만든 우도
땅콩 잼도 판매한다

블랑로쉐
바다 전망 예쁜 카페
땅콩 크림 라떼, 땅콩
아이스크림 추천

비양도
제주의 대표적인
캠핑 성지
우도에 딸린 작은 섬

CU

오봉리사무소

제주올레 1-1코스
우도 전체를 한 바퀴 돌아보는
11.5km, 4시간 거리 올레길

해적 (우도 톳 비빔밥,
해적 테마 식당)

하고수동해수욕장
부드러운 모래와 얕은 수심의
해수욕장

등머울펜션

비양도등대

우도상회
(해물뚝배기,
흑돼지 오겹살)

노을 승마장
바닷길을 따라 승마
체험할 수 있는 곳

우도면 파전리
(꽃게짬뽕라면,
해산물 라면)

초원게스트
하우스

섬소나이
크림짬뽕 백짬과 반죽에
톳을 넣어 만든 피자

카페살레

달콤아재
(땅콩 아이스크림,
한라봉 아이스크림)

우도해광식당
(보말칼국수)

온오프
(바다전망,
돈가스맛집)

머하멘
(돌문어라면,뿔소라라면)

우도사랑
펜션

조일리비양동
마을회관

우도체육관,
우도축구장

오로라식당

해와달그리고섬
유기농 식재료를 사용한

회양과 국수군 (회국수, 해물탕)
우도성당
우도를 가득 메우는 유채꽃과 향연[3,4월]
우도피아펜션
우도다올펜션
로뎀가든 (흑돼지주물럭, 한치주물럭)
하나로마트
우도 내륙 제주 본섬 뷰
영일동포구
우도왕자이야기 (땅콩 아이스크림, 한라봉 아이스크림)
우도정원 버베나
우도정원 백일홍
우도정원 야자수
우도119 지역센터
소섬전복 (전복밥, 전복뚝배기)
봉자게스트하우스
우도해바라기 게스트하우스&펜션
홍조단괴 해수욕장 야영장
헬로우도(우도 땅콩 빙수)
호로락
전복게우밥(내장볶음밥), 해물칼국수 맛있는 곳
밭318(우땅아이스크림)
우도산호해변
홍조 단괴 백사장으로 진정한 에메랄드 빛 해변 남태평양이나 동남아 유명 해안에 와 있는 듯한 느낌
망동산
우도팔경 동굴보트
검멀레 동굴
썰물 때는 걸어서 들어가 볼 수 있는 해식동굴
검멀레해수욕장
우도봉 아래 협객에 있는 검은 모래 해변. 썰물시 고래가 살았다는 전설의 동안경굴 관람 가능
우도 올레보트
서빈백사에서 검멀레 해안까지 이동하는 30분간의 보트 투어
우도파출소
우도 아이스크림 연구소
우도저수지
슈가탱크
맛으로 입소문 난 땅콩 라떼와 땅콩 아이스크림
봉꼬랑
인증 사진 필수인 레인보우 수제버거, 땅콩 버거, 블랙 버거
뽀요요 펜션카페
우도해별 빌리지펜션
우도해녀 항일기념비
등머을레져
스쿠터, 전기자전거 대여해주는 곳
훈데르트윈즈(보롬에이트)
훈데르트바서파크 이국적인 건물
톨칸이해변
우도 등대공원
검멀레 동굴 포토존
우도봉
천진항
땅콩 아이스크림 거리
산호레져
ATV, 스쿠터, 전기자전거 대여해주는 곳
쇠머리오름
우도봉의 가장 높은 봉우리인 쇠머리오름에 오르면 우도 전경을 내려다볼 수 있다
D
E
F

우도 추천 "누운 소를 닮은 또 다른 세계로 들어가보자"

매년 300만 명의 관광객이 찾으며, 인구 1,700여 명이 살고 있는 섬이다. 깨끗한 물과 해변은 제주 본섬에서 볼 수 없는 풍경이다. 소 한 마리가 누워 있는 형상을 한다고 해서 우도라 불린다. 우도봉에 오르면 우도의 풍경은 물론이고 성산일출봉과 제주도 본섬 모습까지 볼 수 있다. (596p C:1)

제주 제주시 우도면 #관광명소 #우도봉 #짜장면

우도 비양도 추천 "우도에 딸린 작은 섬이야. 작은 다리로 연결되어 있지!"

우도에 딸린 작은 섬으로, 우도와 도로가 연결되어 있다. 제주도가 자랑하는 캠핑 성지이기도 하다. 우도 본섬을 약간 벗어난 시선에서 감상할 수 있다. (596p C:2)

제주 제주시 우도면 연평리 9-2   #우도전망 #캠핑

땅콩 아이스크림 거리

우도의 명물 땅콩 아이스크림 맛집들이 위치해 있는 거리이다. 품질 좋은 우도 땅콩으로 만든 땅콩 아이스크림을 먹기 위해 우도를 방문하는 사람들이 있을 정도이다. 가게마다 다양한 맛의 땅콩 아이스크림이 있어서 취향에 따라 선택해서 먹을 수 있다. (596p B:3)

제주 제주시 우도면 연평리 1732-1
#우도 #땅콩 #아이스크림

우도 하고수동 해수욕장 추천 "우도의 해변은 제주 본섬보다 물이 더 맑은 거 알지?"

부드러운 모래와 얕은 수심으로 어린이가 있는 가족 여행객에게 인기 있는 해수욕장이다. 백사장에 조개껍데기가 많이 섞여 있다. (596p B:2)

제주 제주시 우도면 연평리 1200-11   #모래사장 #해수욕 #가족여행

우도 봉수대 "우도의 조선시대 통신시설"

우도 등대 옆에 있는 망루(봉수대)로 조선시대의 군사 통신시설이었던 곳이다. 봉수대에 올라 바다를 바라보며 사진 찍기 좋은 장소이다. (596p B:1)

제주 제주시 우도면 연평리 798   #봉수대 #등대

우도마을

성산포항, 종달항에서 배를 타고 갈 수 있는 제주도에서 가장 큰 섬마을. 산호 해변, 검멀레 해변 등 사방이 탁 트인 해변으로 둘러싸여 있다. 땅콩 아이스크림, 땅콩 막걸리, 짜장면 등 먹거리가 유명하다. (569p F:1) 사진ⓒ한국관광 콘텐츠랩

제주 제주시 우도면 우도비양길 119
#섬마을 #해변 #땅콩

우도 산호해수욕장 추천 "제주와 우도를 통틀어 가장 투명한 느낌의 해변!"

하얀 모래가 펼쳐져 있는 모래사장. 우도 해안의 홍조류가 단괴 된 일명 홍조 단괴 백사장. 진정한 에메랄드빛 해변이 마치 남태평양이나 동남아 유명 해안에 와 있는 듯한 느낌을 준다. 제주도와 우도를 통틀어 가장 투명한 느낌이 나는 해수욕장이다. (596p A:3)

제주 제주시 우도면 연평리 2565-1　　#에메랄드해안 #모래사장

제주 우도 홍조단괴 해빈

"바다에 팝콘이? 희귀한 해변"

일반적인 백사장이 아닌 홍조단괴라는 희귀한 퇴적물로 이루어진 해변. 국내 유일한 홍조단괴 해변으로, 홍조가 퇴적되어 팝콘처럼 굳은 독특한 모양의 알갱이들이 모래 대신 해변을 채우고 있다. 천연기념물로 지정되어 있으므로 해변 밖으로 홍조단괴 돌멩이를 반출하는 것은 금지. 우도 하우목동포구에서 도보 17분 거리. 산호 해변으로도 불린다. (596p A:3) 사진ⓒ한국관광 콘텐츠랩

제주 제주시 우도면 연평리 2215-5
#우도해변 #홍조단괴해변

검멀레 추천 "검은색 모래 가득 해변"

해변의 모래가 전부 검은색이라고 해서 유래된 명칭이다. 응회암이 오랜 세월에 걸쳐 부서져 만들어진 해변이다. 우도 등대에 올라 검은색 모래 해변의 절경을 한눈에 담아보자. 여름이 되면 해수욕도 즐길 수 있는 곳이다. 검벌레 해변의 절벽 배경과 함께 우도 아이스크림 인증샷은 필수! (596p C:3)

제주 제주시 우도면 연평리 317-11　　#검은모래 #등대 #해변

동안경굴 "썰물 때만 들어갈 수 있는 우도 8경 동굴"

우도 8경 중 하나로 검멀레 모래사장 끄트머리 절벽 아래에 있는 동굴이다. 고래가 살았다는 전설이 있는 곳이다. 검멀레 해수욕장의 보트 선착장에서 보트를 타고 동굴로 들어갈 수 있다. (596p C:3)

제주 제주시 우도면 연평리 산 13　#우도여행 #보트체험 #동굴

우도등대공원
"세계의 다양한 모형등대를 볼 수 있어"

우도봉이나 우도 등대에 가는 길에 잠시 들렀다가 가기 좋은 등대가 있는 테마공원. 이곳에서 세계의 아름답고 다양한 모형 등대들의 전시를 관람할 수 있다. (596p C:3)

제주 제주시 우도면 우도봉길 105
#등대 #테마공원

우도봉 추천
"우도의 가장 높은 봉우리"

우도 올레길 1-1 코스에 있는 우도의 가장 높은 봉우리. 정상에 오르면 아름다운 우도의 전경과 탁 트인 바닷가, 한눈에 성산일출봉과 제주 본섬까지 감상할 수 있다. (596p C:3)

제주 제주시 우도면 연평리 산17
#정상 #절경 #올레1-1코스

제주 우도 유채꽃 "우도를 가득 메우는 유채꽃의 향연"

'유채꽃 섬'이라고 불릴 정도로 곳곳에 많은 유채밭이 위치한 우도는 섬 면적의 1/4이 유채꽃밭으로 채워져 있다고 한다. 따뜻한 제주 날씨 덕분에 내륙보다 일찍 유채꽃이 개화되며, 매년 4월경 유채꽃 행사도 진행된다. 제주 올레길 1-1코스를 이용하면 우도의 해안도로를 따라 유채꽃을 감상해볼 수 있다. 우도는 성산항에서 배편으로 이동할 수 있다.(596p B:2)

제주 제주시 우도면 연평리 1737-13 　#3,4월 #꽃길 #올레길 #유채꽃축제

달그리안 `카페` "통창 너머로 보이는 검멀레 해변과 커피"

검멀레 해변 앞에 위치한 카페로, 큰 창 너머 한눈에 보이는 바다가 인상적인 곳이다. 우도 땅콩과 여러 견과류들을 섞어 만든 달그리안 라떼가 대표 메뉴. 우도 땅콩 아이스크림에는 땅콩가루와 볶은 땅콩이 올려져 나온다. 매일 10:00~16:30 영업. (569p F:1)

제주 제주시 우도면 우도해안길 1128 　#통창 #바다뷰 #우도카페

우도짜장맨 `맛집`
"오독오독 자연산 톳짜장면"

우도 중국집. 우도 자연산 톳을 넣어 오독오독한 식감이 독특한 짜장면과 통뿔소라가 들어간 시원한 해물짬뽕이 대표메뉴다. 흑돼지 탕수육도 튀김이 바삭하고 고기가 부드러워 추천하는 메뉴다. 야외테이블 식사 가능. 가격은 톳짜장면 10,000원, 해물짬뽕 16,000원, 흑돼지 탕수육 22,000원, 2인 세트 39,000원. 09:00~ 17:00. 풍랑 시 휴무. (569p F:1) 사진ⓒ한국관광 콘텐츠랩

제주 제주시 우도면 우도해안길 1132
#톳짜장면 #해물짬뽕 #탕수육

소섬전복 `맛집`
"전복 가득한 물회와 뚝배기"

전복이 실하고 간이 잘 맞는 음식으로 인기가 많은 식당. 전복이 가득 들어간 전복물회, 전복죽, 전복밥으로 구성된 세트 메뉴가 가성비 좋다. 간장게장과 게우젓갈을 곁들여 먹으면 밥 한 공기 뚝딱이다. 바다를 보며 식사 가능. 가격은 전복밥+전복뚝배기, 전복성게미역국, 전복물회 모두 18,000원. 매일 09:00~ 20:00 (596p C:3) 사진ⓒ한국관광 콘텐츠랩

제주 제주시 우도면 우도해안길 1158
#전복물회 #전복뚝배기 #간장게장

훈데르트윈즈 카페 "성산 일출봉과 우도 바다가 눈앞에"

미술관을 연상하게 하는 세련된 매장이 인상적인 곳. 공간이 크고 널찍해서 여유롭다. 아이스크림, 아이스크림 라떼, 빵 등 땅콩을 사용한 메뉴가 인기. 한라봉, 고사리, 구좌 당근 등 제주와 관련된 베이커리 메뉴도 다양하다. 굿즈숍이 있어 기념품을 구매할 수 있고 구경하기도 좋다. 매일 09:30~18:00 영업. (596p B:3)

제주 제주시 우도면 우도해안길 32-2 　#땅콩 #베이커리 #기념품

회양과 국수군 맛집
"자연산 제철회로 만드는 물회"

물회와 모듬회 전문 식당. 자연산 제철회 2종, 뿔소라, 전복, 문어, 멍게, 가리비, 위소라, 물회 등으로 구성된 물회가 대표메뉴. 해산물 가짓수에 따라 황제, 영의정으로 구분된다. 자연산 참돔, 벵에돔, 방어, 부시리 회도 신선하고 맛있다. 가격은 황제물회 89,000원, 영의정물회 69,000원, 회국수 2인 24,000원. 매일 10:30~ 21:00 (596p A:2) 사진ⓒ한국관광콘텐츠랩

제주 제주시 우도면 우도해안길 270
#물회 #모듬회 #자연산

우도망루등대

"소원을 빌며 쌓은 봉수대 돌탑"

우도의 까만 돌로 쌓은 봉수대 옆 하얀 망루등대 앞에서 사진을 찍어 보자. 우도의 귀여운 교통수단인 스쿠터를 타고 여행한다면 스쿠터와 함께 등대 앞에서 사진을 찍으면 귀여운 사진을 찍을 수 있다. 우도에 있는 등대 중 망루등대가 가장 인기 있는 포토스팟이다. 이곳은 조선시대 군사 통신시설이었다. (596p B:1)

제주 제주시 우도면 연평리 우도봉수대
#우도#망루등대#등대샷

Jimmys natural icecream 맛집

"우도 땅콩 아이스크림의 원조"

우도에서 가장 유명한 원조 땅콩 아이스크림 전문점. 한라봉·천혜향 아이스크림, 초코토핑 아이스크림도 함께 판매한다. 땅콩 크림으로 만든 라떼도 고소한 맛이 일품이다. 매일 08:00~19:10 영업. (569p F:1)

제주 제주시 우도면 우도해안길 1132
#원조땅콩 #한라봉 #아이스크림

풍원 맛집

"매콤 주물럭 치즈계란 볶음밥"

매콤 달짝한 양념이 맛있는 주물럭 식당. 한치주물럭과 흑돼지 주물럭이 대표메뉴다. 반반 섞어서 주문도 가능하다. 볶음밥도 맛있는데 치즈와 계란을 풀고 밥을 산처럼 쌓아줘서 한라산 볶음밥으로 불린다. 가격은 한치주물럭 20,000원, 흑돼지주물럭 16,000원, 한라산볶음밥 5,000원. 매일 09:30~ 18:00 (17:00 라스트오더) (596p A:2)

제주 제주시 우도면 우도해안길 340
#한치주물럭 #반반주문 #볶음밥

우도해녀식당 맛집

"갓 잡은 해산물 가득한 칼국수"

게, 뿔소라, 전복, 문어 등 푸짐한 해산물이 들어간 칼국수 전문점. 2인 이상이라면 해물칼국수와 보말칼국수를 1인분씩 주문해서 섞어 먹으면 맛있다. 고소함과 얼큰함을 다 느낄 수 있는 조합이다. 남은 국물에 볶아주는 볶음밥도 별미. 죽으로도 변경 가능. 가격은 해물칼국수 14,000원, 보말뿔소라칼국수 13,000원. 매일 08:00~ 20:00 (569p F:1) 사진ⓒ한국관광 콘텐츠랩

제주 제주시 우도면 우도해안길 510
#해물칼국수 #보말칼국수 #볶음밥

훈데르트바서파크 추천

"훈데르트바서파크의 대담하고 경이로운 공간"

오스트리아를 대표하는 화가이자 세계적인 건축가 훈데르트바서를 주제로 한 테마파크이다. 인간과 자연의 상생, 조화를 중시하던 훈데르트바서의 공간답게 수많은 나무와 마음을 밝히는 건축물들이 매력적이다. 그의 작품들을 감상할 수 있고 대담하고 화려한 건축물들을 확인할 수 있다. 매일 09:30~18:00 운영, 입장 마감 17:00. 성인 입장료(카페 음료 1잔 포함) 9,900원. (596p B:3)

제주 제주시 우도면 우도해안길 32-12　　#테마파크 #전시 #우도여행

봉끄랑 카페

"비주얼 최고 이색 버거집"

무지개색 번과 푸짐한 양으로 시선을 사로잡는 수제버거 맛집. 대표메뉴는 치즈 듬뿍 레인보우버거와 베이컨 블랙버거다. 패티는 고기맛과 육즙이 풍부하고 야채가 많이 들어가 아삭거림이 좋다. 요거트맛 스무디도 인기. 성산일출봉이 보이는 뷰맛집. 가격은 레인보우버거 15,000원, 블랙버거 15,000원. 매일 10:00~ 16:30 (16:00 라스트오더) (596p A:3)

제주 제주시 우도면 우도해안길 144 　　#레인보우버거 #구름스무디 #바다뷰

파도소리해녀촌 맛집

"즉석에서 끓여먹는 해물칼국수"

당일 잡은 신선한 해산물로 요리하는 해녀식당. 면이 보이지 않을만큼 싱싱한 해산물이 가득 들어간 칼국수가 대표메뉴. 국물이 시원하고 칼칼하다. 뿔소라, 전복, 멍게 등이 골고루 들어간 해산물모듬도 믿고 먹을 수 있는 메뉴. 바다뷰를 보며 식사 가능. 가격은 문어해물전복칼국수 17,000원, 해산물모듬 50,000원. 매일 08:30~ 18:00 (596p A:1)

제주 제주시 우도면 우도해안길 440
#칼국수 #해산물모듬 #바다뷰

우도해광식당 맛집

"활전복 4마리 짬뽕과 칼국수"

전복, 꽃게, 새우가 가득 들어있는 해물전복짬뽕이 맛있는 집. 활전복이 4마리나 들어있어 국물이 시원하고 면도 푸짐해서 든든하게 먹을 수 있다. 청양고추와 톳가루를 추가하면 더 맛있다. 저녁에는 안주로 옛날통닭도 판매. 가격은 해물전복짬뽕 16,000원, 성게비빔밥 20,000원, 보말전복톳칼국수 14,000원. 09:30~ 20:00 휴무없음.(596p B:2)

제주 제주시 우도면 하고수길 69
#해물짬뽕 #칼국수 #옛날통닭

빛나는산호섬

"바다도 보고 감귤 모자도 보고"

우도 산호사 해수욕장 근처 소품샵. 소품샵 내부에서 바다뷰를 감상하기 좋다. 감귤 모자, 에코백, 가방, 슬리퍼 등 소품이 있다. 문구류부터 우도 땅콩 식료품까지 판매

제주 제주시 우도면 우도해안길 276 1층
#바다뷰 #감귤모자 #우도땅콩간식

우도에서 왔어요

"귤 모자로 살까? 꽃 모자로 살까?"

우도샌드와 같은 건물에 있는 소품샵. 제주 귤, 동백꽃을 디자인으로 한 모자, 키링, 파우치, 마그넷 등 소품이 다양하다. 매일 10:00~18:00

제주 제주시 우도면 우도해안길 780-2
#귤모자 #동백꽃모자 #고양이

물꼬해녀의집 맛집
"해산물 라면과 뿔소라죽"

해산물이 신선해서 믿고 먹을 수 있는 해녀식당. 전복과 문어가 들어가 국물이 시원하고 면발이 꼬들꼬들한 해물라면이 인기메뉴다. 오독오독 뿔소리가 씹히는 뿔소라죽도 맛있다. 전복, 뿔소라, 문어 등으로 구성된 해산물모듬도 추천. 가격은 문어라면/전복라면 13,000원, 뿔소라죽 15,000원, 해산물모듬 30,000원. 매일 08:00~ 20:00 (596p A:1)

제주 제주시 우도면 우도해안길 496
#해물라면 #뿔소라죽 #해산물모듬

밤수지맨드라미 북스토어 "배를 타야 만날 수 있는 특별한 우도 책방"

우도에 가면 꼭 가야하는 독립 서점. 바다가 보이는 뷰가 특징. 책 뿐만 아니라 엽서, 마스킹테이프, 키링 등 굿즈도 구매할 수 있다. 책 구매 시 조용하게 책을 읽을 수 있는 공간으로 입장 가능하다. 가끔 심야 책방 <책 헤는 밤>이 열리니, 인스타그램 확인 필수. 책방 앞 주차 금지로, 주차는 책방 뒤편 주차장에 가능하다. 매일 10:00~17:00

제주 제주시 우도면 우도해안길 530   #우도책방 #심야책방

우도물들이 해녀의집 맛집
"끝내주는 보말톳칼국수와 전복물회"

보말톳칼국수와 시원한 전복물회를 먹을 수 있는 바다뷰 식당. 당근, 부추가 듬뿍 올라간 칼국수에 볶음밥까지 해먹으면 든든하다. 쫄깃한 전복이 가득한 전복물회도 인기메뉴. 여름에는 고소하고 상큼한 비빔국수도 많이 먹는다. 식사 시간 대기 필수. 가격은 보말톳칼국수 13,000원, 전복물회 17,000원, 해산물비빔국수 15,000원. 매일 09:00~ 18:00 (596p A:1)

제주 제주시 우도면 우도해안길 572
#칼국수 #전복물회 #바다뷰

제주규리 "오션뷰 우도의 감성 소품샵"

우도의 감성 소품샵. 바다가 앞에 있으며, 외관에 있는 하트하르방이 포토 스팟이다. 바다, 모래 사장, 제주를 연상하는 목걸이, 반지, 팔찌 등의 예쁜 액세서리를 판매한다. 사장님이 직접 찍은 제주 사진으로 만든 엽서 및 문구류도 만나볼 수 있다. 제주 마그넷 종류가 다양하며 화산석 디퓨저, 자체 제작 향수, 비누 등도 판매한다. 매일 10:30~18:00

제주 제주시 우도면 우도해안길 774   #수제향수 #우도소품샵 #제주감성굿즈

우도정원 [추천] "사계절을 모두 느낄 수 있는 이국적인 정원"

원조우도샌드본점피너트 [카페]

"돌담너머 풍겨오는 고소한 향기!"

돌담 위에 우도샌드와 한라봉 모형이 올라가 있는 힙한 디저트 가게. 매장 내부는 아기자기한 소품들이 가득해 귀여운 분위기다. 땅콩 아이스크림, 우도샌드, 우도 땅콩 버터맥주가 대표 메뉴. 상큼한 한라봉 아이스크림도 인기 있다. 휴양지 느낌 야외에서는 시원한 오션뷰와 함께 예쁜 디저트 사진을 남길 수 있다. 소품샵도 함께 운영하여 구경하는 재미가 있는 곳. 매일 11:00~18:00 영업.

제주 제주시 우도면 우도해안길 788
#우도샌드#땅콩#아이스크림#버터맥주#소품샵

우도의 필수 코스로 야자 숲, 핑크뮬리 등으로 꾸며진 이색적인 정원이다. 12개의 정원으로 이루어져 있는데, 사계절을 한곳에서 느낄 수 있어 매력적인 곳이다. 연인과도 가족과도 방문하기 좋은 이국적인 사진 명소이다. 매일 09:00~17:00 운영. 성인 7,000원. 네이버 예매 시 할인. (569p F:1)

제주 제주시 우도면 천진길 105   #식물원 #수목원 #우도여행

카페살레 카페

"땅콩아이스크림, 당근케이크 주문 필수"

살레는 제주 방언으로 '찬장'을 뜻하는 말로 우도의 특산품 땅콩 아이스크림과 당근케이크가 맛있는 집이다. 이 집 맛의 비법은 직접 재배한 땅콩을 기계가 아닌 손으로 정성껏 로스팅한 것이다. 베이커리류 또한 사장님이 직접 만든다. 바로 앞에는 하고수동 해수욕장이 위치해 뷰 또한 예술이다. 매일 09:30~17:00 영업 (569p F:1)

제주 제주시 우도면 우도해안길 816 1,2층
#땅콩아이스크림 #오션뷰 #당근케이크

섬소나이 우도본점 맛집

"해산물 짬뽕과 땅콩피자"

짬뽕과 피자를 함께 먹을 수 있는 식당. 해산물이 가득 들어간 짬뽕이 대표메뉴다. 강렬한 불맛의 우짬, 크리미한 백짬, 맑은 국물의 땡짬 세 가지 종류다. 면도 꼬들꼬들 식감이 좋다. 톳 도우와 토마토, 땅콩이 들어간 우도 피자도 추천.

우도 i

"땅콩 인형 키링이 인기인 소품샵"

노란색 지붕의 소품샵. 땅콩, 당근, 감귤 등 제주 느낌 가득한 인형 키링이 인기이다. 우도 땅콩 모양의 마그넷도 유명하며, 제주 엽서, 마스킹 테이프, 필기구 등 문구류도 있다. 조개 모양의 접시, 고래 드림캐처, 캔들, 핸드크림, 방향제까지 감성적인 제주 기념품 쇼핑하기 좋은 곳. 주차는 하고수동 해수욕장 앞에 하면 된다. 매일 09:30~17:30

제주 제주시 우도면 우도해안길 792 1층   #우도소품샵 #땅콩인형키링

가격은 빨간짬뽕 15,000원, 크림짬뽕 16,000원, 우도피자 16,000원. 09:30~ 17:00 배 안뜨는 날 휴무. (596p B:2) 사진ⓒ한국관광 콘텐츠랩

제주 제주시 우도면 우도해안길 814
#불맛짬뽕 #피자 #웨이팅

안녕육지사람 맛집

"제주 흑돼지와 우도 땅콩으로 만든 수제버거"

땅콩 흑돼지버거로 유명한 수제 버거 전문점. 제주 흑돼지 패티에 수제 땅콩소스와 땅콩가루를 넣어 고소한 맛이 일품이다. 음료 메뉴인 우도 땅콩 라떼와 감귤 에이드, 디저트인 수제 땅콩잼 토스트도 맛있다. 매일 10:00~21:00 영업. (596p B:2)

제주 제주시 우도면 우도해안길 796
#흑돼지버거 #우도땅콩라떼 #감귤톡톡에이드

16

구좌읍

#코난해변
#비자림

#종달리수국길
#송당무끈모루
@haniszwhale
#고망난돌

#메이즈랜드
#비밀의숲 #안돌오름

#다랑쉬오름
@moonkyo.oh
#아끈다랑쉬
#다랑쉬오름 #월랑봉

구좌
A
B
C
김녕 해안도로(한동리-김녕리)
김녕신비바닷길
구좌 풍력발전기
월정리 해수욕장
김녕 해수욕장
김녕금속공예 벽화마을
금룡사
월정리
월정리카페거리
입산봉
묘산봉
용천동굴
구좌 방파제
김녕사굴
동복리
김녕리
행원리
김녕 미로공원
만장굴[UNESCO 세계자연유산]
한동리
구좌읍
조천읍
둔지오름
한울랜드
비자림
어대오름
메이즈랜드
북오름
돗오름
덕천리
송당본향당
당오름
거친오름
높은오름
밧돌오름
안돌오름
송당리
송당무끈모루
거미오름
거슨세미
아부오름 갯무꽃밭
아부오름
문석이오름
스누피가든
제주 송당리 메밀꽃밭
카페 글렌코 핑크뮬리
민오름
비치미오름
성불오름
614
A
B
C

D
E
F
1
로봇스퀘어
평대리 해수욕장
구좌 용문사 앞 해변
별방진
토끼섬 문주란 자생지
세화 해변
제주 해녀 박물관
평대리
해녀항일 운동기념탑
하도리
하도해수욕장
제주 하도리 철새도래지
종달리 수국길
종달리 전망대
지미봉
2
종달리
종달리 해변
세화리
상도리
종달리 해안도로
다랑쉬오름
아끈다랑쉬
아끈다랑쉬 오름 억새
윤드리오름
용눈이오름
손자봉
용눈이오름 억새
성산읍
3
D
E
F

구좌 주요지역
A B C
서우봉해변 해바라기
해바라기와 함께 감성사진[7,8월]
함덕해수욕장
서우봉에서 바라보는 함덕 해수욕장의 경치는 제주 으뜸. 낮은 수심. 가족단위 여행객들이 즐기기 좋고, 카약을 빌려 카약 체험을 해볼 수 있다.
제주바다체험장
실내체험장으로 낚시,고기잡기등 체험을 즐길 수 있다.아이들과 가기 좋은 곳
김녕 금속공예 벽화마을
그림이 아닌 금속공예작품을 설치
이야기가게 일희일비 (독립서점)
김녕 해안도로
김녕해수욕장
1.우리동네 잠수하는 형 회원제 스쿠버다이빙 체험장
2.함덕잠수함(소형잠수함)
3.국제리더스클럽(패들보드)
제주신흥해수욕장
문개항아리 조천본점 (문어라면)
함덕골목(사골해장국)
글로시맠차(말차스트레이트)
연북정 조천항 (전망 좋은 정자)
섬집오후 바당채(독채)
하루앤하루, 아날로그 우리집
신촌포구
딜레탕트 조천함덕점 (키슈 파이)
평화통일 불사리탑
바모스 애견펜션 (독채)
조천스테이(독채), 2.빈도롱이(독채), 1924서까래(독채), 조천늦잠(돌집)
돌담연가(정원)
무가버거 (수제버거)
마피스
정주항
라라네 함덕 돌핀레저
커피
카페 델문도
해녀김밥
오드랑 베이커리 (마농바게트)
곱들락 함덕흑돼지 (흑돼지)
고집돌우럭 함덕점 (우럭조림, 옥돔구이)
김태화미술관
일평생 제주의 풍경을 그린 화가 김태화의 작품을 전시하는 곳. 2층은 카페로 운영되며, 통창으로 되어 있어 풍경을 감상하며 쉬기 좋다.
방사탑
흑본오겹 함덕점
제주항일 기념관
조천 만세동산
조천비석거리
굴꽃카페 (찹쌀쑥이 와플)
제제댁 (게스트하우스)
백리향(백반 정식, 갈치구이)
서우봉
서우봉 둘레길
정자
북촌포구
북카름(독립서점)
돌하르방공원
곶자왈 숲 속, 각양각색의 돌하르방
북촌
돌하르방공원
서우봉 유채꽃
유채꽃 사진 명소[3,4월]
크라운 CC
동복뚝배기(은갈치조림)
동복해녀식당 구좌본점 (광어 회국수, 활전복 회덮밥)
다려도(제주시 숨은 비경,무인도)
북촌리 창꼼
북촌리 창꼼 바위 포토존
북촌4.3길
아라파파북촌
북카름(독립서점)
북촌리멤버 (독채)
북촌에가면 (사계절 꽃이피는 카페)
돌하르방미술관
숲속에 있는 다양한 돌하르방과 사진찍기 좋은 곳
카페모알보알 제주점 (아메리카노,에그타르트)
안녕 김녕 Sea(게하)
시호루(독채)
오브젝트 제주점 (소품샵)
곰막식당 (성게국수, 회국수)
선연채(독채)
런던베이글뮤지엄 제주점
서울의 인기 베이글 맛집인 런던베이글 뮤지엄의 제주 지점. 감자치즈베이글, 쪽파프레첼베이글 인기
너븐숭이4.3기념관
제주 4.3사건의 희생자들을 기리는 기념관
아난티클럽제주
김녕 서포구
김녕항
동촌스테어 (독채)
서랍(소품샵)
김녕왕발통 (킥보드,바이크)
금룡사
청굴물
물때에 따라 용천수가 나오는 우물이 잠겼다가 나왔다 한다.
김녕 포끌락 카페 (돌하르방아포카토)
세기알 해변
만조 때는 스노클링을, 간조 때는 소라게를 잡을 수 있는 바다.
만장굴
유네스코 세계자연유산 땀이 쏙 들어갈걸? 걸옷 필수 세계 최장길이 자연동굴
선흘곶자왈 (제주도 국가지질공원)
선흘 동백동산 (동백나무 10여만 그루가 숲을 이룸)
자드부팡(벽돌빵)
제주흐름 (2인독채)
제주한가나 (제주전통흑돼지고기국수, 제주보말비빔국수)
선흘감리교회
카페 동백(티라미수 맛집), 카페 세바(핸드드립 커피,제주 보리빵)
선흘림(불멍)
선흘곶 (쌈밥정식)
선흘감리교회 샤스타데이지
비케이브 (비케이브라떼, 비케이브요거트)
카페 비케이브
촛불맨드라미
카페 비케이브 백일홍
조천읍
스테이 대흘(독채)
카페 더 콘테니(감귤 콘테이너 모양의 이색 감귤 카페)
선흘곶
제주소주 코스모스
스테이선흘숲 (안채, 사랑채, 실외 자쿠지)
카페 선흘 (아점으로 딱 좋은 선흘 브런치 세트)
구좌상회 (당근케이크)
오헬로 (독채)
갤러리카페 필연 (커다란 백연꽃과 연잎이 통째로 들어간 연꽃차)
선흘방주할머니식당 (검정콩국수,콩요리)
이공팔오(통 유리창 안으로 들어오는 채광 멋진 카페)
로미뮤직하우스 (LP카페, 줄리뱅쇼)
종종제주(소품샵)
제주라프
다이나믹한 짚와이어/짚라인
동굴의다원 다희연
동굴카페, 녹차밭, 짚라인, 카트투어
윗밤오름
선흘리 벵뒤굴
한울랜드
고사리카페 (고사리커피(굴피차 커피), 쌀 다쿠아즈)
1136
새미동산(동백꽃밭, 감귤체험, 핑크뮬리)
5L2F (크림크레마, 153커피)
조천읍와흘메밀 농촌체험휴양마을
제주 구도(풍경)
사슴책방(독립서점)
조천 스위스마을 (알록달록 사진찍기 좋은 곳)
대흘리 메밀밭
가을이 기다려 진다[10,11월]
1118
제주 레프츠랜드
카트체험, 시간제 탑승
낭뜰에쉼팡 (쌈채,야채비빔밥)
면주막 제주본점 (고기국수, 비빔국수)
당오름
캐릭파크
다양한 국내 캐릭터와 체험
캔디원
수제 캔디 만들기를 체험할 수 있는 곳.예약필수
사근이오름
선녀와 나무꾼 테마공원
어릴적 추억의 장소
치저스(한치리조또아란치니)
송당미학(독채)
제주 김경숙 해바라기 농장
서프라이즈 테마파크 (폐자원을 활용한 예술 '정크아트'전시장)
제주 드론파크 (실내와 야외에서 드론체험)
파파빌레
제주돌문화공원
화산섬 제주의 독특한 돌과 그 돌을 이용한 작품들
에코랜드 라벤더
아이와 함께 하는 라벤더 감상[7,8월]
상춘재 (멍게비빔밥)
포레스트 공룡사파리
오름나그네(보말칼국수)
제주 세계자연유산센터
거문오름
세계유네스코 자연유산 등재 학술적, 자연유산적 가치가 높은
거친오름
체오름
밧돌오름
안돌오름
안돌오름 비밀의숲
삼나무와 편백나무가 빽빽히 들어선 예쁜 숲
송당 무끈모루
안돌오름 백일홍
새미오름
거슨새미
바농오름
에코랜드 CC
에코랜드 테마파크
곶자왈 숲 속을 달리는 미니기차
탱크야놀자(ATV)
제주오름승마 랜드(승마)
제주관광 승마(승마)
카페 글렌코 핑크뮬리
[9,10,11월]
송당무끈모루 (인스타 스팟)
송당승마장(승마)
공간7
블루보틀 제주 카페 (놀라플로트)
큰지그리오름
편백나무숲을 볼 수 있는 오름.
절물자연휴양림
제주교래자연휴양림
전국 유일 곶자왈 생태체험 휴양림 야영 및 숙소 부대시설
플라자 CC
절물오름
갓전시관
성미가든 (닭고기샤부샤부)
산굼부리
높이는 불과 28m 그런데 구덩이 깊이는 100m 구덩이(굼부리)가 깊은 특이한 오름
제주동화마을 (지브리 테마 공원)
카페 글렌코 샤스타데이지
코리코카페 제주점 (제주 감귤 미니 파운드 케이크)
1112번 도로 삼나무 숲길
단연코 우리나라에서 가장 아름다운 길
1112
삼다마을목장 (목장체험, 썰매)
제주 센트럴파크
칼갈 팜 랜드 (동물 먹이주기 체험)
제주 여누카페 (우도 땅콩 크림라떼)
교래 삼다수마을
전망대
산굼부리 억새
낮은 오름과 억새[10,11,12월]
탐라승마장
카페 글렌코 (스코틀랜드풍 정원)
제주 스카이워터쇼 (가족과 볼만한 스카이워터쇼)
97
1136
1117
성불오름
사려니숲길 입구
샤이니숲길 편백나무길
샤이니 숲길
삼다수숲길
말로(정원 산책과 포니 먹이주기 체험할 수 있는 카페)
렛츠럿팜제주
616
A B C

D
E
F
1
2
3
제주밭담 테마공원
제주 전통의 돌담문화를 볼 수 있는 곳. 진빌레 밭담길
월정리해수욕장
에메랄드빛 바다와 수많은 카페 커플 여행자들이 꼭 들렀다 가는 곳!
월정리 해안도로
구좌풍력발전기
1.월정투명카약
2.제주웨이브서핑
3.월정퀵서프
코난해변
수심이 얕고 에메랄드빛의 바다. 스노쿨링으로 유명하다.
월정리 카페거리
그초록 (아보카도 커피)
구좌방파제 어등포해녀촌 (회정식, 우럭정식)
오저여 일몰
구좌읍 우럭튀김 민경이네어등포식당 (우럭정식, 민경이물회)
제주감성자쿠지 독채스테이 그슬
정리이춘옥원조고등어 쌈밥김녕구좌점 (고등어묵은지찜)
큰손상회 (소품샵)
워너비 제주 (소품샵)
세화해수욕장
파란 바다를 배경, 의자 사진 찍는 그곳!
종달리 해안도로
디어브리즈 (소품샵)
용천동굴
월정리갈비밥 (11첩 정식)
아일랜드 라운지
전동휠, 오락실 체험이 가능한 아이들 체험 실내공간
김녕사굴
떡하니 문어떡볶이
비수기애호가 (구좌 당근 케이크)
Avec 0426(독채)
구좌 용문사앞 해변
별방진
왜구를 막기위해 1510년 축성한 방호소
토끼섬
김녕미로공원
길을 잃는 즐거움. 키만큼 큰 나무 벽에 갇히면 하늘이 더 파랗게 보여
오리온 제주용암수
무료로 운영되어 아이와 견학하기 좋은 오리온 제주용암수 홍보관.
말젯문(돌문어크림알밥)
벵디(돌문어덮밥, 뿔소라톳덮밥)
하우스 오브 록록 (펜션)
윤스타 피자앤 파스타 (화덕피자)
토끼섬 문주란 자생지
올레길 21코스
하도카약
우도, 토끼섬 전망
아이보리 매직(독채)
톰톰카레 (치즈톳카레, 시금치카레)
명진전복(전복돌솥밥)
카페한라산
모어모어 (말차수플레)
하도핑크 (딱새우리조또)
하도해변
그계절 (식물이 함께하는 싱그러운 카페)
평대리해수욕장
세화포구
숙자네숯가락젓가락 (갈치조림+통갈치구이)
제주 하도리 철새도래지
구좌읍
둔지오름
모모장
예쁜 바닷가에 시끌벅적 벌어지는 플리마켓. 매월 5일, 20일 11시~2시 사이에 세화 해변 앞 질그랭이 센터에서 반짝 열린다.
포멜로 제주
청파식당횟집(활고동어회)
아코제주 (인테리어소품)
제주 해녀박물관
제주 해녀의 역사와 삶을 엿볼 수 있는 장소
종달리 수국길
창밖으로 보이는 수국길[5,6,7월]
꼬스뗀뇨 (꼬스뗀뇨라떼)
세화민속오일장
"시장 앞 푸른 바다 감상하며 문어꼬치 먹기" 끝자리 0일, 5일에 열리는 오일장
양양돈가스 (치즈 흑돼지 돈가스)
임진고택
세화 돌담칼국수 (보말죽칼국수, 고기칼국수)
철새 천연기념물 희귀새도래 및 서식지 (철새도래지, 출사장소)
지미봉(지미오름, 정상까지 15분, 올레 21코스)
제주풀무질 (독립서점)
종달항
비자림
500~800년된 비자나무 2,500여 그루가 있는 곳 천년을 버텨온 원시림 그리고 피톤치드로 가득한 산림욕 항균효과가 뛰어난 비자 열매, 몸이 건강해지는 여행
제주해녀 항일운동기념탑
이스트포레스트 (전복리조또)
소심한책방 (독립서점)
메이즈랜드 장미
메이즈랜드
미로 박물관도 구경하고 미로 체험도 할 수 있는 곳
비자림의 비자나무
두산봉
10분만 오르면 탁 트인 풍경을 볼 수 있는 뷰 포인트 코스가 짧고 길이 잘 정비되어 있어 아이들도 쉽게 오를 수 있다.
온온종달(독채)
순희밥상 (순희밥상)
해월정 (보말칼국수)
제주 오메기파크
종달수다뜰 (13첩 한정식, 갈치조림 백반)
메이네
송당나무 (유리온실에서 산책할 수 있는 곳)
월랑소운
다랑쉬오름 일출
다랑쉬오름 철쭉
종달차경메 리골드(독채)
송당일상
다랑쉬오름
둘레가 약 1.5킬로미터, 깊이 115미터로 원뿔모양의 분화구
다랑쉬오름 갯무꽃
월랑봉
아끈다랑쉬 오름
올레길 1코스
알오름
종달리해변
종달리 해안도로
섭섭이네 (흑돼지풍당거리)
풍림다방(브레붸)
아끈다랑쉬 오름 억새
억새군락의 끝판왕[9,10,11,12월]
말미오름(두산봉,제주도 올레길 1코스 첫 번째 오름)
보라보비치
우연히,그 곳 (아인슈페너)
제주레일바이크
용눈이 오름 옆, 제주 대자연을 2,3,4인승으로 달릴 수 있는 레일 바이크
휴일기록(바비큐)
송당 본향당
동당서림 (독립서점)
제주 올레1코스 안내소
오룐 (곰돌이우유, 오룐라떼)
아부오름 갯무꽃밭 [5,6,7월]
용눈이오름
환상적인 일몰을 감상하기 좋은 오름 제주에서 가볍게 산책할 수 있는 하나의 오름을 고른다면 바로 이곳
새벽숯불가든 (봄 그리고 가을점) (흑돼지오겹살, 흑돼지목살)
높은오름
제주 동부에서 가장 높은 오름
새벽숯불가든(흑돼지생오겹)
아부오름
노을 맛집
문석이 오름
동거문오름
용눈이오름 억새
억새군락의 끝판왕 [9,10,11,12월]
고성오일시장
아케이드 천장이 있는 매월 열리는 전통시장. '우리들의 블루스'의 시장 장면 촬영지
바다의집 (백반정식, 고등어구이)
아부오름
스누피가든
피너츠의 에피소드를 재현해놓은 자연휴식공간 제주 자연이 주는 느낌과 테마가든에서
어니스트밀크 본점 (한아름목장 우유로 만든 수제요거트)
감귤랜드굴체험장
스테이묘해 (이국적)
부촌(성게미역국) 꽃가람(고기국수)
송당리 메밀꽃밭 [5,6,9,10월]
성산읍
수와키 (독채)
보롬제과(마늘바게트)
어머니닭집
백약이오름 가는 산간로
제주커피박물관 Baum
컬러인제주
백약이 오름 가는 산간도로
짱구네 유채꽃밭 원형 감귤장석
빛의 벙커
해저 광케이블 시설이 전시 시설로 재탄생
성산바다 (갈치조림)
백약이오름
짱구네 유채꽃밭
산책하기 제격인 [12,1,2,3월]
대수산봉
청초밭 동백
아이와 함께 동백꽃 군락[11,12,1,2,3월]
제주해양 동물박물관
빛의 벙커 웅장한 공간
와일드오차드
120만 평 규모의 유기농 녹차밭. 티 테이스팅, 농장 투어, 차밭 투어
아일랜드플라워
목장형 동물 체험 카페
성읍리 갯무꽃
올레길 2코스
혼인지
온평리 환해장성
617

월정리 해수욕장 주변

A
B
C
1
2
3
월정리 해녀식당
성게비빔밥, 전복죽, 갈치 요리
대왕해물짬뽕라면
문어, 가리비, 전복, 꽃게, 딱새우가 들어간 명품 해물라면
월정리 노인회관
월정리에서브런치 2호점
치킨버거, 프렌치토스트, 블루레몬에이드
월정리해안도로
월정리해수욕장
에메랄드빛 바다와 수많은 카페
커플 여행자들이 꼭 들렀다 가는 곳!
엠츄로 (스페인 국민간식 츄로스)
토끼문 (버터스카치 크림라떼)
월정느루
팔롱팔롱빛나는 (제주기념품)
CU
머문(당근 케이크, 오션뷰)
월정리 해안도로
에메랄드 빛 바닷길이 이어지는 해안 드라이브 코스 도로 주변에 바다 전망 카페들이 모여있다.
헬로제주 (기념품 샵)
월정리 호랑아네 (소고기 탕면, 매콤 흑돼지 덮밥)
모래비 커피로스터스 & 베이커리
수준 높은 커피를 선보이는 지중해 감성 카페
월정리 카페거리
우드스탁 (오션뷰 빈티지카페)
스시마씸 월정 (고등어회, 딱새우회)
월정리밥집 (흑돼지 불고기 백반)
문스테이 (게스트하우스)
월정리로와
한라봉 라떼, 한라봉차, 당근 케이크, 초코 봉봉이 맛있는 해변 전망 카페
오늘도화창 (한라봉 에이드, 당근 케이크)
월정타코마씸 (흑돼지 타코, 구아카몰)
달나비민박
월정숲 (독채민박)
월정리갈비밥
흑돼지 양념구이와 딱새우가 올라간 푸짐한 덮밥 (제주흑돼지양념구이, 제주매운흑돼지양념구이)
달자게스트 하우스
카페구할구 제주 (구할구커피, 말차말차)
첼로펜션

월정에비뉴
(풀빌라펜션)
제주올레20코스
김녕 서포구에서 시작해 제주 해녀 박물관까지
이어지는 17km, 5시간 거리 올레길. 풍력발전
기와 해안 전망이 아름답다. 101번 버스를 타고
김녕 환승 정류장에서 하차 후 도보 이동.
아일랜드
전망 카페)
바당지기
(갈치조림,
우럭요리)
월정퀵서프
(서핑)
월정에비뉴
(풀빌라펜션)
세븐일레븐
바다향기
마커스펜션
도민상회
해변 전망 숯불구이
흑돼지 전문점

세화 해수욕장 주변
(파출소)
A   B   C
1
CU
달토끼펜션
와락 게스트하우스
숙자네숯가락젓가락
(갈치조림+통갈치구이)
세화포구
세화그때그집
점심특선으로 판매하는 얼큰한
흑돼지 김치찌개가 끝내주는 곳
흑돼지 구이도 추천
세화리사무소
제주올레 20코스
김녕 서포구에서 시작해 제주 해녀박물관까지
이어지는 17km, 5시간 거리 올레길. 풍력발전
기와 해안 전망이 아름답다. 101번 버스를
타고 김녕 환승 정류장에서 하차 후 도보 이동.
말이
바삭바삭한 튀김과
국물떡볶이
한라산도야지
(제주흑돼지)
다시버시
(고등어조림과
갈치조림)
세화민속오일장
"시장 앞 푸른 바다 감상하며
문어꼬치 먹기"
끝자리 0일, 5일에 열리는
오일장
마음스테어
게스트하우스
재연식당
(제육볶음, 갈치정식)
영희네 우럭명가
(해물 전복 뚝배기, 우럭튀김)
서울국수가게
(고기국수,
호박비빔국수)
모메존흑돼지
(제주흑돼지)
구좌농협
하나로마트
세화카페텐더럽
(제주한라산라떼,
황치즈쿠키)
CU
카페
공작소
돈구어
돌판에 구워 먹는 흑돼지
오일장·
인근 주차장
전기차충전소
2
청파식당횟집
비리지 않고 고소한
활고등어회 전문점
GS25
세화씨문방구
(기념품 샵)
연미정
전복 돌솥밥, 전복죽
다래향
(해물짬뽕)
구좌읍이주여성
가족지원센터
홍성원 (중국집)
구좌신협·
그릉그릉 파스타가게
(흑돼지 파스타)
구좌파출소
제주풀무질
(독립서점)
얌얌돈가스
(치즈 흑돼지
돈가스)
CU
카페 미와
(얼그레이갸또)
세화우체국·
세화교회
중앙한방탕
(목욕탕)
세화초등학교·
인손
(참치회)
세븐일레븐
카카오패밀리
(수제초콜릿,
카카오닙스)
에일린
게스트하우스
3
세화카페마티에르
, matiere
(딸기쇼트케이크,
소품샵)
세화중학교
호자
(돈가스)
아틀리에 아코제주
(인테리어소품)
구좌농협
620
A   B   C

D
E
F
1
2
3
세화해수욕장
파란 바다를 배경, 의자
사진 찍는 그곳! 알지?
M스테이펜션
밸란디 (펜션)
표선~세화해안도로
표선해수욕장부터 세화읍까지 이어지는
12km 길이의 해안도로. 토끼섬 전망대,
하도리 철새도래지 등을 지난다.
일미도
(도다리회,
도다리정식)
갈매기팸 세화본점
(마르게리따, 고르곤졸라)
카페한라산
빈티지한 인테리어가 돋보이는
해변 전망 카페, 당근 케이크 맛집
하도하도3200
세화피크닉
(오마주 비앙코,
페페로니 피자)
마엘드세화
조용히 쉬어가기 좋은
해변 전망 카페
하도바다
펜션
제주일상
(기념품 샵)
달치즈 구좌세화점
(치즈달빵, 돌담느꼈)
세화 돌담칼국수
(보말죽칼국수, 고기칼국수)
제주 해녀박물관
제주 해녀의 역사와 삶을
엿볼 수 있는 장소
벼리
게스트하우스
세화리움
(게스트하우스)
전기차
충전소
제주올레 21코스
제주해녀박물관에서 시작해
종달리까지 이어지는 11km, 4시간
거리 올레길. 제주 해녀박물관,
별방진, 토끼섬 등을 지난다.
낙천주의자들
(민박)
세화1번지
(펜션)
제주해녀
항일운동기념공원
테네시테이블
(내쉬빌 핫 치킨 버거)
제주돌집
탱자싸롱
오늘의감정 오감
(당근케이크, 돌집 인테리어)
제주해녀
항일운동
기념탑
구좌원광
어린이집
맬튼개 갯담
옛 제주 어민들이 멸치를 잡기
위해 쌓아둔 원형 돌담(갯담)
안나앤폴
(게스트하우스)
CU
D
E
F

송당무끈모루 [추천] "푸른 들판 위 나무가 만들어주는 프레임"

웨딩스냅 등 전문 사진작가들이 자주 찾는 배경지. 검색을 하면 두 군데가 나오는데 '제주오석심공예명장관' 방면이 정확한 위치이다. 내비를 활용할 경우 '구좌읍 송당리 2089'로 검색하면 좋다. 나무가 만든 자연스러운 프레임이 멋스럽고 뒤로는 푸른 들판이 펼쳐져 있는 근사한 포토존이다. 사진을 찍으려는 사람들이 줄을 서기에 이른 아침에 방문하길 추천한다. (616p C:3)

제주 구좌읍 송당리 2145   #웨딩스냅배경지 #포토존

말젯문 [맛집] "돌문어와 크림, 알밥의 조화"

뜨거운 돌솥밥에 문어와 크림이 들어간 돌문어크림알밥으로 유명한 식당. 문어 대신 새우, 당근을 고를 수도 있다. 고소하고 크리미한 식감 때문에 비수기 점심에도 웨이팅이 필수다. 대기 등록하면 전화로 연락해 준다. 돌문어크림알밥 18,000원, 새우크림알밥 15,000원, 당근크림덮밥 15,000원. 10:40~16:30 (15:30 대기마감), 일요일 휴무. (617p E:1)

제주 제주시 구좌읍 계룡길 31
#돌문어크림알밥 #당근크림덮밥 #웨이팅

얌얌돈가스 [맛집] "치즈 가득 흑돼지 등심 돈가스"

제주 흑돼지로 만든 돈가스 전문점. 바삭한 등심 돈가스 위로 특제 소스와 치즈가 흘러내리는 치즈 돈가스가 인기 메뉴다. 웨지감자, 샐러드까지 흠잡을데 없이 맛있다. 칼칼한 김치우동도 돈가스와 단짝 메뉴. 세화해수욕장 근처에 있으며 어린이 친화적인 분위기다. 가격은 14,000원 이하. 매일 11:00~15:00, 17:00~20:00 (19:50 라스트오더) (620p B:3)

제주 제주시 구좌읍 구좌로 44
#돈가스 #김치우동 #어린이친화

서랍 "사장님 취향 담은 귀여운 키링"

귀여운 굿즈와 주인장님이 직접 만드신 키링이 있는 소품샵. 매장 앞 도로에 20분 주차 가능. 월, 화, 목, 금 12:00-18:00. 주말 11:00~18:00. 수요일 휴무. (616p C:1)

제주 제주시 구좌읍 김녕로 93 1층
#귀여운굿즈 #수제굿즈

스누피가든 "어른도 아이도 좋아하는 스누피 테마 가든"

개성 넘치는 피너츠의 캐릭터들과 만날 수 있는 '가든 하우스'는 5개의 테마 홀로 나누어져 있고, '일단 오늘 오후는 쉬자'라는 스누피의 대사를 모티프로 꾸며놓은 야외 가든에는 찰리 브라운의 야구장 등 피너츠에 등장하는 에피소드를 활용해 만든 11개의 구역이 있다. 실내외의 엄청난 규모와 매력적인 구성 탓에 하루 종일 있어도 지루할 틈이 없다. 하절기(4~9월) 09:00~19:00, 동절기(10~3월) 09:00~18:00 운영, 연중무휴. 성인 19,000원. (617p D:3)

제주 제주시 구좌읍 금백조로 930　　#스누피 #찰리브라운 #야외가든

청굴물 "치료 효과가 입소문 난 용천수, 청굴물"

용암대지 하부에서 지하수가 솟아나는 곳이다. 김녕 해안 쪽엔 여러 곳의 용천수가 있긴 하지만, 특이 이곳 청굴물은 수온이 차고 병에 치료 효과가 있다고 입소문나면서 많은 사람들이 찾고 있다. 물이 가득 차면 수영을 할 수도 있다. 썰물에 맞춰가면 예쁜 석조물을 볼 수 있다. (616p C:1)

제주 제주시 구좌읍 김녕로1길 75-1　　#제주지질 #제주스러움 #제주명소

세기알 해변 "아직 소문나기 전이야!"

만조 때는 스노클링을, 간조 때는 소라게를 잡을 수 있는 바다. 투명한 에메랄드 바다와 백사장 조합으로 사진 명소로 인기이며 드라마 '웰컴투 삼달리' 촬영지다. 주변 월정리 해수욕장이나 김녕 해수욕장보다 인파가 적고 수심이 얕아 아이들과 물놀이하기 좋다. 주차장, 공중화장실은 협소한 편. 샤워 시설은 없어 도보 7분 거리의 김녕해수욕장 샤워 시설을 이용하는 것을 추천. (616p C:1)

제주 제주시 구좌읍 김녕리 1200-5   #에메랄드바다 #드라마촬영지 #한적한바다

김녕오라이 맛집
"두툼 쫀득한 돔베사시미와 딱새우회"

사시미 맛집. 싱싱한 돔베사시미, 딱새우회가 인기메뉴다. 새우, 뿔소라, 돌문어 등은 먹기 좋게 잘 손질해 준다. 마무리로는 해물라면을 추천한다. 바다 앞에 위치하고 있어 물놀이 후에 들르기 좋다. 리뷰 작성 시 숯불 가마살 구이도 제공한다. 주차가능. 돔베사시미 2~3인분은 6만원대, 딱새우회는 3만원대. 매일 16:00~22:00 (21:40 라스트오더) 사진

ⓒ한국관광 콘텐츠랩

제주 제주시 구좌읍 김녕로21길 21
#딱새우회 #뿔소라 #바다앞

이야기가게 일희일비 "뮤지컬 작가와 희곡 작가가 만났다"

김녕포구 해안 마을 안에 있는 책방. 뮤지컬 작가와 희곡 작가님이 운영하며, 사장님의 책도 만나 볼 수 있다. 귀여운 고양이도 있다. 수-토 12:00~18:00 (일-화 휴무) (616p C:1)

제주 제주시 구좌읍 김녕항3길 26   #책방 #고양이 #작가사장님

김녕 해안도로(한동리-김녕리) "파란 바다와 하얀 풍차가 자아내는 제주만의 풍경"

제주시 구좌읍 김녕리 해안의 김녕해수욕장에서 한동리까지 이어지는 총 길이는 9.5km의 해안 도로. 해맞이 해안 도로라고도 불리는 이곳을 따라 이어지는 흰색의 발전용 풍차들이 장관을 이룬다. 해안에는 용암이 갑작스럽게 식어가는 과정에서 형성된 사각, 오각, 육각형의 암석들이 드라이브의 재미를 더한다. (616p C:1)

제주 제주시 구좌읍 김녕리 6146   #해맞이해안도로 #풍차 #드라이브

동복해녀식당 구좌본점 맛집 "새콤달콤 고소한 광어회국수"

제주 향토음식 경연대회에서 금상을 수상한 식당. 제주 SBS, 일본 NHK 등에도 자주 소개 된 바 있다. 대표메뉴는 참기름 향기 솔솔 나는 광어회국수. 새콤달콤한 특제 감귤 고추장 소스로 맛을 냈다. 국수에 회 1인분을 추가하면 더 든든하다. 두툼한 회로 가득찬 회덮밥도 인기다. 가격은 모두 1만원대. 함덕해수욕장 3분거리에 위치. 10:00~18:30 목요일 휴무. (616p B:1)

제주 제주시 구좌읍 동복로 5   #광어회국수 #회덮밥 #방송맛집

김녕사굴

"유네스코 세계자연유산, 신비로운 동굴"

김녕사굴은 만장굴과 함께 동시에 유네스코 세계문화유산으로 등재된 곳이다. 우리나라 천연기념물 제 98호이기도 하다. 만장굴과 하나의 동굴이었던 것이 천장이 함몰되며 두 개의 동굴로 나뉘었다. 입구는 뱀의 입처럼 크게 벌어져있고, 안으로 들어갈 수록 점점 가늘어지는 것이 뱀을 닮아 '사굴'이라 불린다. (617p D:1) 사진ⓒ한국관광 콘텐츠랩

제주 제주시 구좌읍 김녕리 201-4
#유네스코세계자연유산 #사굴

금룡사(제주)

"제주의 자연과 함께하는 휴식, 템플스테이"

휴식형 템플 스테이가 매주 주말 진행되는 사찰이다. 명상, 108배 체험, 스님과의 대화 등의 프로그램이 있다. 올레길 걷기, 해맞이 등 일반 템플스테이와는 다르게 제주도 템플스테이에서만 할 수 있는 힐링, 휴식을 해볼 수 있다. (616p C:1) 사진ⓒ한국관광 콘텐츠랩

제주 제주시 구좌읍 김녕로 148-11
#템플스테이 #힐링 #명상

런던베이글뮤지엄 제주 `카페` "다정한 스텝이 반기는 대형 베이글 맛집"

바다를 바라보며 다양한 베이글 메뉴들을 맛볼 수 있는 곳. 갓 구운 베이글과 샌드위치, 스프를 판매하며, 베이글과 함께 먹는 크림치즈도 다양해 취향대로 선택할 수 있다. 특히 쪽파가 들어간 메뉴들이 인기. 음료를 주문하면 친절한 직원들이 자리로 가져다 준다. 대부분 웨이팅이 있으므로, 캐치테이블로 예약 후 시간에 맞추어 방문하는 것을 추천. 주차 가능, 매일 08:00~18:00 영업. (616p B:1)

제주 제주시 구좌읍 동복로 85 제2동 1층　　#베이글#크림치즈#샌드위치#쪽파

김녕미로공원 `추천` "초록 미로 속 길 잃는 즐거움"

만장굴과 김녕사굴 중간에 있다. 방향 감각을 잃게 만드는 미로로 이루어져 있는데, 세계적으로 유명한 미로 디자이너인 애드린 피셔의 설계로 만들어져 개방되었다. 세 개의 구름다리와 전망대가 있어 관광객들이 미로를 한눈에 보며 사진을 찍기 좋다. 지도를 잘 보는 사람이라면 5분만에 나갈 수도 있지만 50분이 넘도록 못 나가는 경우도 많을 정도로 흥미로운 공간이다. 매일 09:00~17:50 운영, 17:00 입장 마감. (입장 마감 시간은 계절별로 다를 수 있으니 매표소에서 확인) 성인 8,800원. (617p D:1) 사진ⓒ한국관광 콘텐츠랩

제주 제주시 구좌읍 만장굴길 122　　#미로 #애드린피셔 #전망대

김녕금속공예벽화마을
"바닷가 마을 담벼락에 피어난 따뜻한 그림들"

김녕해변부터 성세기 해변까지는 3km 거리의 아름다운 바닷길이 펼쳐져 있다. 실제 주민들이 살고 있는 마을인데, 이 마을의 담벼락에 10인의 예술가들이 감성을 더했다. 버려지는 금속 제품과 제주의 현무암을 이용해 제주 해녀의 일생을 다룬 조형물을 설치한 '다시 방 프로젝트'. 해녀의 일생을 닮은 29점의 작품을 보며 길을 걷다 보면 따뜻한 마음이 차오른다. (616p C:1)

제주 제주시 구좌읍 김녕항3길 18-16
#제주해녀 #다시방프로젝트 #벽화마을

월정리이춘옥원조고등어쌈밥김녕구좌점 `맛집`
"BTS가 픽한 고등어김치찜"

BTS 정국, 지민, 뷔가 먹고 반한 고등어묵은지찜 식당. 상추, 깻잎 같은 싱싱한 쌈채소에 고등어와 묵은지를 함께 싸먹는다. 튼실한 고등어살과 양념간이 잘 베인 묵은지는 밥도둑이 따로 없다. 사이드로 전복죽도 추천. 오픈시간에 맞추면 웨이팅이 없다. 고등어묵은지찜 2인분 36,000원 09:00~20:00 (19:30 라스트오더) 수요일 휴무 (617p D:1) 사진ⓒ한국관광 콘텐츠랩

제주 제주시 구좌읍 월정중길 19-11 1층
#BTS맛집 #고등어묵은지찜 #쌈채소

코리코카페 제주점 카페 "스튜디오 지브리의 명작 '마녀배달부 키키' 카페"

'마녀배달부 키키'를 모티브로 한 달콤한 디저트 카페. 동화 속 세상처럼 아기자기하다. 우도 땅콩 크림라떼, 별빛 레몬에이드가 시그니쳐 메뉴이며, 제주 특산물을 활용한 한라봉, 구좌 당근, 우도땅콩 미니 파운드케이크는 제주점에서만 맛볼 수 있다. 일부 메뉴는 17시에 마감이므로, 주문 시 확인. '마녀배달부 키키'의 굿즈도 판매하니 키키 덕후라면 구경해 볼 것. 주차 가능. 매일 09:00~18:00 영업. (616p C:3)

제주 제주시 구좌읍 비자림로 1199　　　#지브리#키키#미니파운드케이크#굿즈

김녕 쪼꼴락 카페 카페 "달콤한 돌하르방을 만날 수 있는 이색 카페"

돌하르방 음료와 디저트를 맛볼 수 있는 카페다. 돌하르방에 에스프레소나 초코를 부어 아이스크림과 함께 먹는 돌하르방 아포가토가 대표 메뉴. 돌하르방 초코라떼와 돌하르방 쿠키도 인기. 카페 안은 오래된 가구와 소반, 해녀의 옷 등 빈티지한 물건과 소품, 돌하르방으로 꾸며져 있다. 음료를 바닷가 방향으로 놓고 사진을 찍으면 잘 나온다. 주차 가능. 10:30~18:30 영업, 매주 수요일 휴무. (616p C:1)

제주 제주시 구좌읍 김녕로21길 21　　　#돌하르방#아포가토#해녀#빈티지

제주동화마을

"무료인데 즐길 게 한가득이야"

입장료 무료인 정원. 동백, 핑크뮬리, 샤스타데이지, 수국 등 계절별 꽃을 심어 언제 방문해도 예쁜 풍경을 볼 수 있다. 알록달록한 색깔의 투어 기차(성인 6천원, 어린이 5천원)를 운영하며, 정원 내부에는 스타벅스 리저브, '마녀 배달부 키키' 컨셉의 코리코 카페, 지브리 굿즈 샵 '도토리숲', 기념품 마트가 있다. 09:00~20:00 운영. 주차비 무료. (616p C:3) 사진ⓒ한국관광 콘텐츠랩

제주 제주시 구좌읍 비자림로 1191　　　#사계절정원 #무료입장

구좌읍

카페 글렌코 `카페` "스코틀랜드 감성 정원 딸린 카페"

스코틀랜드 글렌코 지방의 초원을 모티브로 한 정원 딸린 카페. 정원에 핑크뮬리, 수국, 메밀꽃, 유채꽃이 심겨 있어 사진 찍기도 좋고 아이들과 함께 쉬어가기도 좋다. 반려동물 동반 가능. 매일 09:30~18:30 영업. (616p C:3) 사진ⓒ한국관광 콘텐츠랩

제주 제주시 구좌읍 비자림로 1202 　　#핑크뮬리 #수국 #메밀꽃

메이즈랜드 `추천` "세계 최대의 돌로 만든 미로"

메이즈랜드는 세계에서 가장 긴 석재 미로테마파크다. 미로, 정원, 워킹, 박물관, 먹거리 체험까지 다양하게 즐길 수 있다. 유모차나 휠체어를 무료로 대여할 수 있으며, 15kg 미만의 반려견은 케이지나 반려견 유모차를 이용하면 입장 가능하다. 매일 09:00~18:00 운영, 입장마감 17:00. 성인 12,000원. 네이버 예매 시 할인. (617p D:2)

제주 제주시 구좌읍 비자림로 2134-47 　　#미로공원 #테마파크 #반려견가능

동복뚝배기 함덕 `맛집`

"갈치 순살로 만든 이색 조림"

갈치조림&구이 전문점. 갈치살만 발라서 꼬치에 끼워 주는 조림이 대표메뉴다. 1인분 양이 넉넉해서 양념에 밥까지 비벼 먹으면 2명이 먹기에도 충분하다. 통갈치구이, 성게미역국, 전복뚝배기, 흑돼지함박 도 인기. 매장이 깔끔하고 바다가 보인다. 뼈없는 꼬치순살갈치조림 1인 주문가능 19,000원, 통갈치구이(소) 38,000원. 매일 09:00~20:00 (19:00 라스트오더) (616p B:1) 사진ⓒ한국관광 콘텐츠랩

제주 제주시 구좌읍 동복로 30-2
#갈치조림 #순살갈치 #혼밥

곰막식당 `맛집`

"푸짐한 성게국수와 회국수"

성게알과 진한 육수로 맛을 낸 성게 국수와 싱싱한 회, 새콤달콤한 양념을 버무린 회국수가 맛있는 식당. 실내는 널찍하고 바다가 보인다. 키오스크로 주문하고 빠르게 식사할 수 있는 것이 장점. 2시간 무료 주차로, 근처 런던베이글에 다녀와도 무방. 성게국수 18,000원, 회국수 13,000원. 09:30~21:00 (20:00 라스트오더) 목요일 휴무. (616p C:1)

제주 제주시 구좌읍 구좌해안로 64
#성게국수 #회국수 #바다뷰

세화 해변 추천

구좌읍 세화리에 있는 폭 30~40m의 해수욕장. 에메랄드빛 바다와 검은 현무암이 어우러진 아름다운 풍경으로 유명하다. 해안 도로를 따라 감각적인 카페들이 늘어서 있다. 바다 배경의 의자 포토존에서 사진촬영은 세화해변 방문자의 필수 코스 (621p D:2)

제주 제주시 구좌읍 세화리 1477-1   #해수욕장 #카페거리

오브젝트 제주점 "제주 한정 최고심 굿즈샵"

제주 한정 최고심 콜라보 굿즈가 있는 곳. 귤, 돌하르방, 해녀 고심이 인형이 인기. 제주 감성을 담은 스티커, 부적, 와펜 등 비교적 저렴한 기념품을 가볍게 사기 좋다. 와펜을 구매하면 바로 부착해 주는 커스터마이징 서비스도 있다. 매장 주차장이 협소하여 공영주차장에 주차해야 한다. 런던베이글뮤지엄이 옆에 있어 같이 방문하기 좋다. 매일 10:00~18:00 (616p B:1)

제주 제주시 구좌읍 동복로 87   #제주최고심 #한정판굿즈

제주 스카이워터쇼

"심장이 쫄깃해지는 다이빙 쇼"

워터 퍼포먼스와 서커스가 결합된 색다른 공연. 무대 위 분수가 설치되어 있어 시원한 물줄기가 나오며 화려한 공중 퍼포먼스와 다이빙이 하이라이트. 실내 관광지로 가족들과 즐기기 좋다. 공연 중 촬영은 금지되며, 선착순 좌석이라 미리 입장해 중앙 앞자리에 앉는 것이 좋다. 하루 3회(9:30, 11:00, 14:30) 공연. 약 50분 동안 진행. 성인 27000원. (616p C:3) 사진ⓒ한국관광 콘텐츠랩

제주 제주시 구좌읍 번영로 2172-80
#워터서커스 #제주실내관광지

구좌읍

비자림 `추천` "네가 받았던 그동안의 상처, 이곳에서 마법처럼 치유해봐"

500~800년 된 비자나무 2,500여 그루가 있는 곳. 천년을 버텨온 원시림 그리고 피톤치드로 가득한 산림욕을 즐겨보자. 항균효과가 뛰어난 비자 열매로 여행하며 몸까지 건강해지는 효과를 누릴 수 있다. 피톤치드는 피부 자극이 낮은 방향성 천연 무독성 물질로, 살균 효과 탁월하며 스트레스 감소, 중추신경계 흥분 완화, 혈압 저하 효과도 갖고 있다. 매일 09:00~18:00 운영, 입장마감 17:00. 성인 3,000원. (617p D:2)

제주 제주시 구좌읍 비자숲길 55   #비자나무 #고목 #피톤치드

카페한라산 `카페`
"한옥 건물에서 맛보는 당근케이크"

옛 가옥을 개조해 만든 고즈넉한 카페. 제주 당근을 갈아 만든 달콤한 당근케이크가 대표 메뉴. 아메리카노, 한라봉 온차도 인기. 카페 밖으로 펼쳐지는 세화해변 전망이 무척 아름답다. 매일 09:30~21:00 영업. (621p E:2)

사진ⓒ한국관광 콘텐츠랩

제주 제주시 구좌읍 면수1길 48
#한옥카페 #세화해변전망

청파식당횟집 `맛집`
"비린 맛 1도 없는 활고등어회"

싱싱한 고등어회 전문점. 2인이라면 대 사이즈를 주문할 것. 해물라면이나 매운탕 서비스를 받을 수 있는데 해물라면 맛이 기막히다. 웨이팅은 필수. 전화 예약을 권장한다. 포장도 전화로 미리 주문해야 기다리지 않는다. 활고등어회(소) 6만원대, (대) 9만원대. 11:00~15:00 (14:00 라스트오더), 17:00~21:00 (20:00 라스트오더) 일요일 휴무. (620p A:2)

제주 제주시 구좌읍 세평항로 12
#활고등어회 #해물라면 #웨이팅

아끈다랑쉬 추천 "오르기 쉬워, 억새가 예쁜 작은 오름"

아끈다랑쉬는 다랑쉬 오름에 딸려있는 작은 오름으로 높이가 58미터로 낮은 편이다. 동네 뒷산을 오르는 기분으로 가볍게 다녀올 수 있다. 억새풍경으로 특히 유명하다. 주변에 용눈이 오름, 다랑쉬 오름이 있어 오름여행 코스로 다녀와보는 것을 추천한다. (617p E:2)

제주 제주시 구좌읍 세화리 2593　　#작은오름 #억새 #오름여행

치저스 맛집
"부부 운영, 사전 예약 필수"

어렵게 예약한 보람이 느껴지는 이탈리안 식당. 토마토 소스에 새우한치가 들어간 아란치니와 라클렛 치즈가 줄줄 흘러내리는 스테이크가 대표 메뉴다. 새우한치아란치니 15,000원, 라클렛 스테이크 150g 17,000원. 월, 금요일 11:00~16:00 (15:00 라스트오더), 토, 일요일 11:00~15:00 (14:00 라스트오더) 화수목 휴무. (617p D:3)

제주 제주시 구좌읍 비자림로 1785
#예약필수 #새우한치아란치니 #라클렛스테이크

세화해녀민속오일시장
"끝자리 5일, 0일은 여기서 만나"

매달 5, 10, 15, 20, 25, 30일에 열리는 전통시장. 쑥호떡, 빙떡 등 특색 있는 먹거리와 신선한 농산물, 특산품을 판매한다. 보통 8시부터 15시까지 열리지만 먹거리는 12시만 되어도 품절되니 오전에 방문하는 것을 추천. 아케이드가 설치된 내부 공간이 있어 쾌적하고 창문을 통해 세화 해변도 보인다. 시장 남쪽 공영주차장에 무료 주차 가능. (620p C:2) 사진
ⓒ한국관광 콘텐츠랩

제주 제주시 구좌읍 세화리 1500-44
#제주오일장 #전통시장 #바다뷰시장

안도르 카페
"걸음걸음이 포토존인 카페"

빵이며 디저트 종류가 다양하다. 부지가 넓어서 포토존도 많고 카페 앞에는 송당무끈모루 포토존이 있어서, 인생샷을 건질 수 있다. 돌땅크라떼가 시그니처 메뉴. 오후에 가면 빵이 품절되니 이 점 유의하자. 매일 10:00~20:00 영업. (568p B:2) 사진ⓒ한국관광 콘텐츠랩

제주 제주시 구좌읍 비자림로 1647 1층
#인생샷 #사진맛집카페 #넓은카페

구좌읍

거슨새미오름 "평탄한 삼나무 숲길을 걸어보자"

거슨새미는 한라산을 거슬러흐르는 샘이 있다는 뜻을 가졌다. 북쪽의 안돌오름, 남쪽의 민오름까지 연결되어 있다. 오름을 오르는 길은 비교적 평이한 길이라 아이들과 함께 오르기에도 좋은 편이다. 오름에 오르면 비자림 산림욕장이 펼쳐지는데, 풍경과 맑은 공기가 사려니 숲길보다 더 좋다는 평들도 많다. 아직 유명세를 아주 많이 타지 않아, 사려니 숲길보다는 인적도 적은 편.(616p C:3)

제주 제주시 구좌읍 송당리 산145   #비자나무 #산림욕

밧돌오름

"야생화 가득 피는 비밀의 화원"

돌이 많은 오름이라고 해서 밧돌오름이라 한다. 안돌오름과 밧돌오름이 한 세트로 형제오름 이라고도 불리는 곳. 이 두 오름은 철쭉과 야생화가 많이 피는데, 비밀의 화원으로 불리기도 한다. 송당리 사무소에서 출발해 안돌오름과 밧돌오름을 거쳐오는 9.8km의 코스가 (3시간 내외) 인기다. (616p C:3)

제주 제주시 구좌읍 송당리 산66-1
#형제오름 #비밀의화원 #트레킹코스

다랑쉬오름(월랑봉) 추천 "깊게 파인 분화구 풍경에서 보는 일출과 일몰"

'오름의 여왕'이라 할 만큼 우아한 산세를 자랑하는 다랑쉬 오름. 원뿔 모양으로 깊게 파여있으며, 안에는 잡초가 수북히 자라있는 분화구는 한라산 백록담과 비슷한 정도의 깊이다. '다랑쉬'는 '달이 뜨는 곳'이라는 제주말로, 오름에 올라 바라본 달 모양이 동글동글 탐스러워 붙은 이름이다. (617p E:2)

제주 제주시 구좌읍 세화리 산6   #오름의여왕 #월랑봉

아부오름 추천 "낮아서 편안히 오르기 좋은 오름"

점잖게 앉아있는 아버지 모습같다하여 아부오름이라 불린다. 다른 오름들에 비해 높지 않고 분화의 깊이가 넓은 것이 특징이다. 웨딩 촬영지로도, 어린아이들 또는 할머니 할아버지와 함께 하는 가족여행지로도 좋다. (617p D:3)

제주 제주시 구좌읍 송당리 산164-1　　#웨딩스냅 #가족여행지

송당본향당
"간절한 소원들이 나뭇가지에 주렁주렁"

마을 사람들과 마을 땅을 지켜주는 송당 본향신과 그 자손들을 모시고 있는 제주 전통 신당이다. 소원들이 묶여있는 나무사잇길로 산책을 즐길 수 있다. 제주시가 선정한 제주 숨은 비경 31에 꼽혔다. (617p D:3)

제주 제주시 구좌읍 송당리 산199-1
#숨은비경 #제사

당오름 "걷기 좋은 나직한 오름"

당오름은 전체적으로 나직하고 비교적 완만한 사면을 이루는 오름이다. 당오름 북서쪽에 있는 냇가에 제주 전통 신당 건물이 있고, 신당 앞으로는 삼나무와 해송으로 이루어진 울창한 숲이 있다. (616p B:2) 사진ⓒ한국관광 콘텐츠랩

제주 제주시 구좌읍 송당리 산199-1　　#무속신앙 #삼나무 #해송

종달수다뜰 맛집

"제주향토음식을 한상에 담다"

환승연애 제주편에 나온 식당. 갈치구이, 고등어조림, 돔베고기, 전복장, 게장 등이 나오는 13첩 한정식과 갈치조림 백반이 대표메뉴다. 특히 13첩 한정식은 구성이 알차고 정갈해서 어르신들에게 인기가 많다. 갈치조림은 맵지 않고 감칠맛이 좋아 단품으로도 주문이 많다. 가격은 25,000~28,000원대. 매일 09:30~21:00 (20:00 라스트오더) (617p F:2)

제주 제주시 구좌읍 용눈이오름로 8
#한정식 #갈치조림 #제주향토음식

송당나무 카페

"유리온실에서 산책할 수 있는 곳"

1,600평 정원과 유리온실이 딸린 농장형 카페. 카페 이용 고객은 송당나무 야외정원을 산책할 수 있고, 카페 안에서 귀여운 고양이들도 만나볼 수 있다. 매일 10:00~18:00 영업. (617p D:2)

제주 제주시 구좌읍 송당5길 68-140
#농장카페 #유리온실 #야외정원

안돌오름 비밀의숲 추천

"빼곡한 편백나무 사이 민트 트레일러"

쭉 뻗은 편백나무들 사이에서 찍는 사진으로 유명한 곳이다. 울창한 편백나무 사이 뿐만 아니라, 매표소로 활용 중인 민트색 트레일러, 오두막 등 포인트로 활용할 수 있는 다양한 포토존이 있다. '안돌오름'을 검색해서 가면 찾기 어려우니, '송당리 2170'로 치고 가야 한다. (616p C:3)

제주 제주시 구좌읍 송당리 산66-2
#안돌오름 #비밀의숲 #편백나무숲 #자연포토존

제주 용천동굴 "유네스코 세계자연유산으로 뽑힌 아름다운 용암동굴"

유네스코 세계 자연유산으로 등재된 용천동굴은 '세상에서 가장 아름다운 용암동굴'이라 말하곤 한다. 특히 동굴 끝부분에는 길이 800m의 맑고 잔잔한 '천년의 호수'가 있어 신비롭다. 또한 토기 편이 대량 발견되고 있어 고고학적 가치 또한 매우 높은데, 세계적으로 유례없는 희귀한 동굴인 까닭에 훼손 가능성이 커서 일반인들에게는 공개되지 않고 있다. (617p D:1)

제주 제주시 구좌읍 월정리 1837-2   #유네스코세계자연유산 #천년의호수 #미공개

팟타이만 맛집

"팟타이에 밀크티 조합은 극락"

구좌읍에 있는 태국 음식점. 메뉴는 팟타이, 팟씨유, 카오팟&모닝글로리 딱 3개 뿐이다. 식사에 창맥주, 밀크티, 땡모반 같은 음료를 곁들이면 더 맛있다. 종업원 없는 1인 음식점인데다 재료가 금방 소진되므로 오픈런이 유리하다. 가격은 14,000원 내외. 매일 11:30~15:00 (14:30 라스트오더), 17:00~19:30 (19:00 라스트오더)

제주 제주시 구좌읍 월정1길 61
#팟타이 #태국밀크티 #오픈런

디어브리즈

"먹을 수 없는 귀여운 귤이 한가득"

월정리 해수욕장 근처 소품샵. 귤을 콘셉트로 한 모자, 말랑 한라봉 등이 인기이다. 엽서, 키링, 유리컵 등 다양한 소품 판매. 매장 옆 주차 가능. 매일 11:00~18:00 (617p D:1)

제주 제주시 구좌읍 월정3길 42 1층
#귤굿즈 #월정리해수욕장근처 #소품샵

안돌오름 "운이 좋다면 정상에서 한라산을 볼 수 있을지도"

밧돌오름과 나란히 있는 안돌오름은 말 그대로 안쪽에 있어서 안돌오름이라 부른다. 매끈한 생김새 때문인지 간단히 올라갈 수 있을 것처럼 보이지만 경사도가 의외로 높다. 정상에 서면 삼나무 길과 근처 오름의 능선이 한 폭의 수채화 같다. 날씨가 좋을 경우 한라산도 볼 수 있다. (616p C:3)

제주 제주시 구좌읍 송당리 산66-2   #오름능선 #경사높음

월정리카페거리 추천 "아름다운 해변을 바라보는 개성있는 카페들"

'달이 머무는 동네'라는 뜻을 지닌 월정리는 해변이 아름답기로 유명한 곳이다. 아름다운 해변을 바라보며 커피를 즐길 수 있는 예쁘고 개성 넘치는 카페들이 모여있는 이곳은 여행객들의 발길이 끊이지 않는다. 편안하게 앉아 오션뷰를 누릴 수 있는 카페들이 해안 도로를 따라 모여 있다. (617p D:1)

제주 제주시 구좌읍 월정리 652-4   #해변 #카페 #오션뷰

구좌읍

이스트포레스트 `맛집`

"숨은 문어크림파스타 맛집"

맛, 양, 분위기 다 잡은 가성비 파스타 레스토랑. 해산물 오일 파스타, 문어크림파스타, 전복리조 또가 인기 메뉴. 특히 문어크림파스타는 소스가 진하고 맛있어서 접시 바닥까지 싹싹 긁어먹을 정도. 식전빵마저도 완벽하다. 한적한 곳에 숨겨져 있는 감성적인 분위기. 가격은 2만원대 초반. 매일 11:00~15:00, 17:00 ~21:00 (20:00 라스트오더) (617p F:2) 사진ⓒ한국관광 콘텐츠랩

제주 제주시 구좌읍 종달로1길 26-1 1층
#문어크림파스타 #식전빵 #감성적

제주 송당리 메밀꽃밭 `추천` "백약이오름 가는 길에 마주한 하얀 꽃밭"

백약이오름 가는 길목에 있는 메밀꽃밭으로, 주소는 송당리 산164-4. 송당리 메밀꽃밭 근처에 분화구가 지면보다 낮은 아부오름이 있어서 다녀올 수 있다. (617p D:3)

제주 제주시 구좌읍 송당리 산164-4　　#5,6,9,10월 #백약이오름 #흰꽃밭

송당무끈모루 나무사이 포토존

"나무 프레임으로 감싸인 초록 들판"

커다란 나무 사이로 파란 하늘과 초록의 들판, 멀리 보이는 산까지 한 프레임에 담을 수 있는 명소이다. 웨딩스냅 촬영지로도 유명하다. 내비로 찾 아갈 경우, '구좌읍 송당리 2089'로 검색해서 가면 정확하다. (15p E:2)

제주 제주시 구좌읍 송당리2089
#자연액자 #웨딩스냅 #나무액자

제주바다체험장 "손과 입이 즐거운 바다 체험장"

실내 바다 체험장으로 낚시를 직접 체험해 볼 수 있다. 비나 눈이 올 때 아이들과 가기 좋은 곳이다. 네이버 예약 시 할인 가능하며 직접 잡은 해산물을 즉석에서 먹을 수도 있다. 매일 10:00~17:00 운영, 16시 입장 마감. 체험비 성인 15,000원. (616p C:1)

제주 제주시 구좌읍 일주동로 1921　 #바다체험장 #비오는날가기좋음 #아이와가기좋은곳

종달리 수국길 "해안도로를 따라 수국길 걷기"

6~7월이 되면 종달리 크리스마스 리조트부터 소금바치 순이네 식당까지 이어지는 1.7km 도로에 새하얀 수국 무리가 소담스럽게 피어난다. 종달리 해안도로와 함께 수국 경치를 즐길 수 있으니 차를 렌트했다면 꼭 방문해보자. 차량이동 시 일주동로 종달 1교에서 소금바치 순이네 식당까지 이동. (617p F:2)

제주 제주시 구좌읍 종달리 10
#5,6,7월 #크리스마스리조트 #소금바치순이네 #해안도로 #드라이브

오리온제주용암수 "제주에서 솟아난 물, 궁금한 걸?"

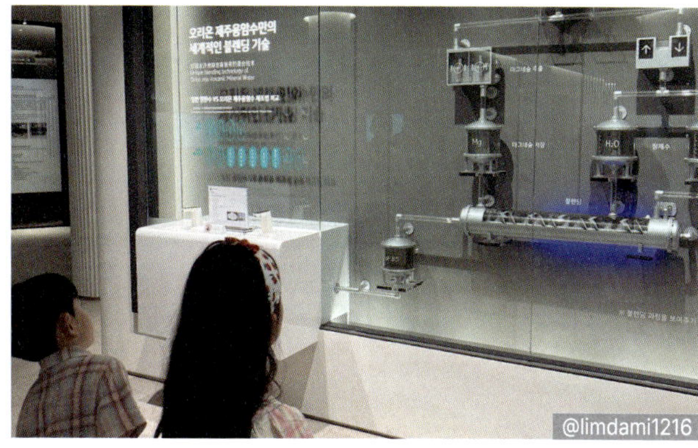

무료로 운영되어 아이와 견학하기 좋은 오리온 제주용암수 홍보관. 약 50분 동안 제주 자연이 만든 용암수에 대한 영상과 전시를 보고, 실제 제조 과정에 대한 설명을 들으며 체험할 수 있다. 날씨가 좋지 않아도 아이와 갈 수 있는 실내 장소로 추천. 평일 하루 3회(10:30, 14:00, 16:00) 운영되며 홈페이지를 통해 사전 예약을 해야 한다. 주말과 공휴일 휴관. (617p D:1)

제주 제주시 구좌읍 일주동로 2706-27   #무료견학 #실내전시관

높은오름
"예술적 전망의 패러글라이딩 명소"

높은 오름은 높이 400m로 이름 그대로 주변 오름들 중에 가장 높다. 주변 경관이 아름다워 패러글라이딩 명소로도 유명하다. 정상에서 다랑쉬오름, 거미오름, 백약이오름 등 주변 오름들이 만들어내는 예술적인 전망을 감상할 수 있다. (617p D:3)

제주 제주시 구좌읍 송당리 산213-1
#패러글라이딩 #봉우리

지미봉 "우도와 성산일출봉을 한눈에"

제주도 동쪽 땅끝에 해발 165.8m의 봉우리를 말한다. 정상에는 조선시대 봉수대 흔적이 있다. 정상에서는 우도와 성산일출봉까지 바라볼 수 있다. 철새들의 보호구역으로 지정되어 있고 도요새와 희귀 조류도 많이 관찰된다. 매년 1월 1일 해돋이 행사가 열리는 곳이기도 하다. (617p F:2)

제주 제주시 구좌읍 종달리 산3-1　　#봉수대 #뷰맛집 #해돋이

소심한책방 "금방 품절되는 숨겨둔 책이 인기인 책방"

책마다 추천 코멘트가 적혀 있는 큐레이션 책방. 종달리에 위치하며, 규모가 크고 주차 공간이 넉넉하다. 책에 대한 힌트와 책을 읽은 마스터의 추천 글을 읽고 구매할 수 있는 숨겨 둔 책이 인기. 베스트셀러, 이달의 작가 소개 코너가 있다. 성산일출봉 뷰의 다락방은 사전 예약 후 입장 가능하다. 미니 엽서, 달력, 스티커 등 판매. 매일 10:00~18:00 (617p F:2)

제주 제주시 구좌읍 종달동길 36-10　　#종달리책방 #큐레이션서점 #숨겨둔책

월정리갈비밥 `맛집`
"직화제육볶음이 맛난 11첩 정식"

직화제육볶음, 해물파전, 전복구이 등이 포함된 11첩 정식을 제공하는 식당. 월정리갈비밥으로 불리는 이곳의 메인 요리는 직화제육볶음. 양념은 간장, 고추장, 반반으로 주문 가능하다. 초2까지 키즈밀을 무료로 제공한다. 기본반찬은 리필 가능. 11첩 정식 19,000원. 매일 11:00~15:00(14:30 라스트오더), 17:00 ~ 19:40(19:10 라스트오더) (618p C:3) 사진ⓒ한국관광 콘텐츠랩

제주 제주시 구좌읍 월정7길 46
#월정리갈비밥 #11첩정식 #무료키즈밀

문석이오름
"아이들과 함께 올라도 수월한 오름"

높은 오름과 거미 오름 사이에 가로누워 있는 오름으로, 오름이 높지 않고 경사가 완만해서 정상까지 10분이면 오를 수 있다. 주변 오름들과 함께 오르기도 좋다. 정상 역시 평평하여 아이들과 동반하기에도 수월한 오름이다. 오름 동쪽에 있는 미나리 못에는 아무리 심한 가뭄에도 절대 물이 마르지 않았다는 전설이 있다. (617p D:3)

제주 제주시 구좌읍 송당리 산234
#평지오름 #가족여행 #미나리못

종달리 해변 "주차하고 그냥 걸어봐. 느낌적인 느낌이 있는 해변"

올레길 21코스의 대미를 장식하는 해변. 고즈넉하고 평화로운 분위기를 즐기기 좋은 해변이다. 탁트인 해변에서 우도와 성산일출봉을 파노라마 뷰로 조망할 수 있는 뷰 포인트. 해안가 주변에는 여름에는 수국이, 가을에는 억새가 어우러져 계절마다 색다른 모습을 감상할 수 있다. (617p F:2)

제주 제주시 구좌읍 종달리 565-72   #올레길 #성산일출봉

종달리 해안도로 추천 "종달항에서 세화포구까지 이어지는 환상적 풍경"

종달항부터 벨롱장으로 유명한 세화포구까지 약 10km가량 이어지는 해안도로이다. 해안도로를 따라가면 우도, 성산일출봉 등 유명한 여행지뿐 아니라, 철새도재리인 용목개와당, 하도해수욕장까지 환상적이고 아름다운 풍경이 차례로 펼쳐진다. (617p F:2)

제주 제주시 구좌읍 종달리 630-1   #풍경 #벨롱장 #세화포구

구좌읍

종달리 고망난돌 "바위 틈 사이로 푸른 바다"

커다란 바위 사이에 반원형의 구멍 사이로 보이는 파란 바다를 담은 사진을 찍어보자. 구멍이라기보다는 안에서 보면 동굴 같은 느낌의 커다란 구멍이 뚫려있다. 바위 위에 앉아 구멍을 액자 삼아 찍으면 인생 샷을 찍을 수 있다. 주변으로 비슷한 바위가 많아 헷갈릴 수 있지만 커다란 바위와 풀 뜯는 소들이 있어 그림 같은 풍경을 볼 수 있다. (15p F:1)

제주 제주시 구좌읍 종달리 112-4　　　#종달리#고망난돌#제주동쪽코스

고사리커피 카페 "통창 너머로 숲이 보이는 청귤향 가득한 카페"

숲이 가득한 통창으로 제주의 자연을 느낄 수 있는 분위기 좋은 카페. 귤피차와 에스프레소가 블렌딩된 고사리 커피가 이곳의 시그니처 메뉴. 제주 수제 청귤청이 들어간 청귤 커피도 인기 있다. 국내산 쌀과 누룽지, 프랑스산 버터 등 좋은 재료를 엄선하여 만든 쌀 다쿠아즈와 누룽지 치즈케이크도 맛있다. 편안한 분위기에서 특별한 커피를 경험해 보고 싶다면 추천. 11:00~18:00 영업, 매주 수요일 휴무. (616p C:2) 사진ⓒ한국관광 콘텐츠랩

제주 제주시 구좌읍 중산간동로 2064　　　#고사리커피 #청귤 #다쿠아즈 #숲뷰

용눈이오름

"오름에서의 멋진 일몰을 보고자 한다면 이곳으로!"

용눈이오름 정상에서 서면 성산 일출봉을 볼 수 있다. 이 정상에서 보는 일몰 풍경으로도 유명한데, 경사가 비교적 완만하여 30분 정도 편안한 산책길을 걷듯이 오를 수 있다. 잔디와 들꽃이 넓게 펼쳐져 있는 아름다운 풍경을 즐겨보자. (617p E:3) 사진ⓒ한국관광 콘텐츠랩

제주 제주시 구좌읍 종달리 산28
#성산일출봉 #전망

우연히,그 곳 카페

"고소한 크림 듬뿍 아인슈페너 맛집"

크림 듬뿍 올라간 고소한 맛 아인슈페너로 유명한 감성 카페. 스콘, 까눌레 등 디저트들도 모두 맛있다. 조용한 분위기 속에서 잠시 쉬어가기 좋은 곳. 11:00~18:00 영업, 매주 목요일 휴무. (617p D:3)

제주 제주시 구좌읍 중산간동로 2250 1층
#커피 #디저트 #조용한

구좌읍

엉불턱우도전망대

"나만 알고 싶은 우도 뷰 명당"

종달리 해맞이해안로에 숨은 전망 명당. 해안을 따라 데크길이 잘 조성되어 있으며 계단을 오르면 넓은 바다와 함께 우도와 성산일출봉이 보인다. 운이 좋으면 바다에서 해녀들이 물질하는 모습을 볼 수도 있다. 차량 10대 정도 세울 수 있는 작은 주차장이 있어, 해안도로 드라이브를 하던 중 잠시 들러 풍경을 감상하고 사진 찍기 좋은 곳이다. (569p E:1)

제주 제주시 구좌읍 종달리 451-3

#우도전망대 #드라이브명소

섭섭이네 맛집

"흑돼지튀김을 곁들인 퓨전인도커리"

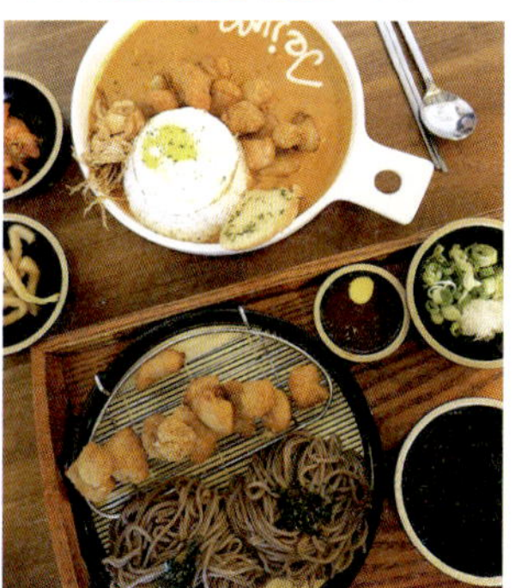

커리와 고기국수를 함께 먹을 수 있는 식당. 대표메뉴인 흑돼지커리는 토마토, 버터, 우유가 들어간 퓨전 인도 커리로 흑돼지 튀김, 계란, 밥이 함께 나온다. 카레 맵기는 신라면 수준. 고기국수도 진하고 담백해서 인기. 아이들과 오기에도 좋은 분위기. 주차 공간이 없어서 도로 옆에 주차해야 한다. 가격은 모두 1만원대 초반. 11:00~16:00 일요일 휴무. (617p D:3)

사진©한국관광 콘텐츠랩

제주 제주시 구좌읍 중산간동로 2261

#흑돼지커리 #고기국수 #가족식사

동당서림 "탐정에 소질 있는 친구에게 선물하기 좋은 '비밀책'"

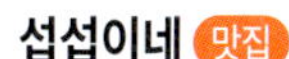

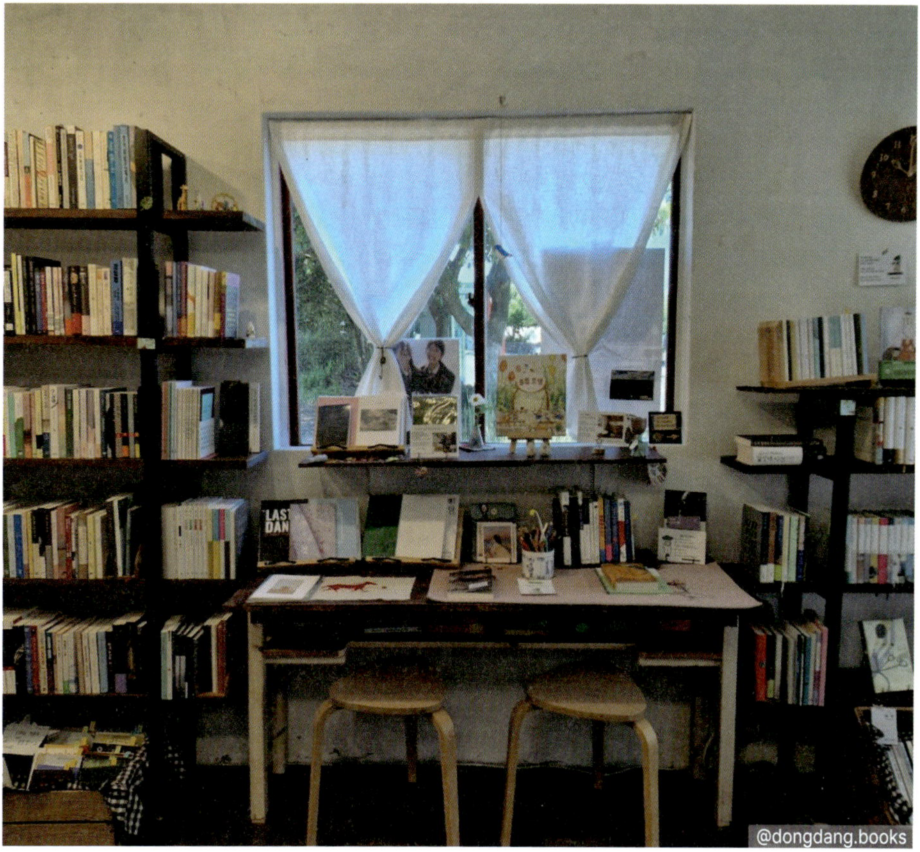

민트색 외관이 귀여운 책방. 큐레이션 책과 엽서, 스티커 굿즈를 판매한다. 키워드, 문장, 힌트만 적힌 비밀책은 선물용으로 좋다. 작지만 알차게 분류되고 큐레이션 된 책 구경으로 편안한 시간을 보내기 좋다. 월-토 11:00~17:00 (일요일 휴무) (617p D:3)

제주 제주시 구좌읍 중산간동로 2262 1층 #민트색건물 #책방 #선물용책

평대 해변 "평대리 마을 궁금하지 않아?"

아기자기한 평대리 마을에 있는, 산책하기 좋은 해변. 그리 크지 않은 아담한 해안가이지만 카페도 많고 물도 깨끗해 한적하게 물놀이와 모래놀이를 즐기기도 좋다. 올레 20코스의 일부이기도 하다. (617p E:2)

제주 제주시 구좌읍 평대리 1994-20　　#해수욕장 #산책 #가족

별방진 "노을을 보며 한적하게 산책할 수 있어"

조선 중종 때 제주목사 장림이 설치한 오늘날의 군부대 같은 기관이다. 왜구에 쌓아두었던 성벽의 흔적이 남아있다. 성벽에 오르면 성벽 바깥쪽으로는 제주도 푸른 바다가 보이고, 안쪽으로는 봄철 유채꽃이 만발하는 꽃밭을 볼 수 있다. 긴 성벽을 따라 산책하듯 거닐어볼 수 있는 조용한 여행지이다. (617p F:2)

제주 제주시 구좌읍 하도리 3354　　#성벽 #유채꽃 #산책

윤스타 피자앤파스타 `맛집`
"쫄깃한 피자와 고사리 오일파스타"

도우가 찰지고 쫄깃한 화덕 피자 전문점. 신선한 토마토 페이스트에 루꼴라가 수북히 올라간 윤스타사랑해요 피자가 대표메뉴다. 제주도 고사리가 한 주먹 올라간 고사리 오일 파스타도 인기. 쉐프가 직접 캐온 제주도 고사리로 만든 시그니처 메뉴. 빠네, 바질 파스타도 호평. 피자는 2만원대 중반, 파스타는 1만원대 후반이다. 매일 11:00~20:00. (617p F:2)

제주 제주시 구좌읍 문주란로1길 74-20(
#화덕피자 #제주산고사리 #파스타

풍림다방 커피로스터즈 송당 `카페`
"진한 바닐라맛의 커피 풍림브레붸"

시그니처 커피 풍림브레붸로 유명한 로컬 카페. 풍림프레붸는 진한 라떼 위에 바닐라빈 크림이 올라와 고소하고 풍부한 맛이 난다. 풍림프레붸의 아이스 버전 카페 타히티도 인기 메뉴. 09:30~18:00 운영. 화요일은 정기휴무. 그 외 휴무일 사전 확인 필수 (617p D:2)

제주 제주시 구좌읍 중산간동로 2267-4
#커피 #디저트

동거문오름
"바다와 우도, 성산일출봉 감상 포인트"

모양새가 독특하여 쌍봉 낙타를 닮았다고도하고, 다리를 쭉 뻗은 거미 같다고도 한다. 정상에서 우도, 성산일출봉, 백약이오름, 다랑쉬오름을 감상할 수 있다. (617p D:3)

제주 제주시 구좌읍 종달리 산70
#낙타모양오름 #절경

제주 해녀박물관
"유네스코 인류무형문화유산 제주도 해녀!"

제주 해녀는 유네스코 인류무형문화유산으로 등재되어 있다. 이러한 소중한 유산을 잘 보전하기위해 박물관을 만들었고, 박물관은 '해녀의 삶', '해녀의 일터', '해녀의 생애'로 구분되어 운영되고 있다. 제주의 이해를 돕는데 매우 유익한 곳으로 세화해변과 가까워 여행 동선에 포함하기 좋다. 화~일 09:00~18:00 운영, 입장마감 17:30. 월요일 휴관. 성인 1,100원. (621p E:2) 사진ⓒ한국관광 콘텐츠랩

제주 제주시 구좌읍 해녀박물관길 26
#유네스코 #인류무형문화유산 #해녀

구좌 용문사앞 해변
"지나가다 잠깐 사진 한 장?"

세화 해변을 멀리서 감상할 수 있는 해변으로 한라산과 오름, 세화해변을 한번에 조망할 수 있다. 제주 동쪽에서도 일몰을 볼 수 있는 숨은 명소. 규모가 작지만 일몰타임에 지나가는 길이라면 들릴 만하다. (617p F:2) 사진ⓒ한국관광 콘텐츠랩

제주 제주시 구좌읍 하도리 3140-3
#세화 #해변 #일몰

그계절 카페 "식물이 함께하는 싱그러운 카페"

푸릇푸릇한 식물들이 반겨주는 싱그러운 카페. 레몬, 라임, 오렌지, 자몽이 들어간 상큼한 에이드 여름방학과 바질 토스트가 인기 메뉴. 바질 토스트는 포장주문도 가능하다. 매일 11:00~17:30 영업, 휴무 시 인스타그램 공지. (617p D:2) 사진ⓒ한국관광 콘텐츠랩

제주 제주시 구좌읍 한동로 119 1동   #건강한맛 #여름방학에이드 #바질토스트

성불오름 추천 "넓은 푸른 초원과 말들"

주변 오름들과 넓은 마목장 경치를 함께 감상할 수 있는 오름이다. 삼나무, 편백나무가 우거져있어 산림욕을 즐기면서 오를 수 있다. (616p C:3)

제주 제주시 구좌읍 중산간동로 2532   #마목장 #삼나무 #편백나무

하도해수욕장
"아이들과 해수욕하기 좋은 곳"

하도해수욕장은 파도가 높이 일지 않고 수심이 얕은 것이 특징이다. 물도 깨끗하고 전망도 좋아 아이들과의 물놀이는 물론, 서핑, 카약 등 다양한 해양스포츠를 즐기기 위한 사람들에게 인기이다. 그중 산호초와 물고기를 볼 수 있는 스노클링이 인기. (617p F:2) 사진 ⓒ한국관광 콘텐츠랩-이범수

제주 제주시 구좌읍 하도리 46-2
#얕은해수욕장 #해양레저 #웨딩촬영지

토끼섬 문주란 자생지
"문주란 자생지로는 국내 유일"

문주란은 7~9월 한여름 수선화를 닮은 하얀 꽃을 피우는, 우리나라의 토종 야생화이다. 연평균 기온이 높은 해안가 모래땅에서 자라는데 우리나라에서는 하도리 해안에서 100미터쯤 떨어진 이 토끼섬에서만 유일하게 자생중이다. 물이 빠지는 간조때에는 걸어서 토끼섬으로 건너갈 수 있다. (617p F:2)

제주 제주시 구좌읍 하도리 산85
#천연기념물 #토끼섬 #문주란

제주해녀항일운동기념탑
"국내 최대 여성 항일운동! 제주 해녀의 힘"

제주해녀들의 항일 운동은 국내 최대의 여성 항일운동으로 평가받는 운동이다. 해녀들의 항일 투쟁정신을 기리기 위해 기념탑과 해녀상을 건립한 것. 기념탑이 세워진 자리는 항일 투쟁시 해녀들이 2차 집결했던 장소이다. (621p E:3) 사진ⓒ한국관광 콘텐츠랩

제주 제주시 구좌읍 해녀박물관길 26
#항일운동 #해녀 #애향정신

명진전복 `맛집` "바다보며 전복돌솥밥 먹기"

탁트인 바다뷰를 가진 전복 요리 전문점. 대표 메뉴는 전복돌솥밥. 싱싱하고 쫄깃한 전복과 야채의 단맛이 잘 어우러진 대표 메뉴다. 솥밥의 누룽지와 숭늉도 예술. 솥밥 양이 부족하다면 전복죽을 추가해도 좋다. 고소한 전복버터구이도 별미. 전복돌솥밥 16,000원, 전복구이(소) 15,000원. 매일 09:30~20:30(20:00 라스트오더) (617p E:2)

제주 제주시 구좌읍 해맞이해안로 1282   #전복요리 #전복돌솥밥 #바다뷰

세화 돌담칼국수 `맛집`
"해수욕 후 꿀맛 보장 칼국수"

보말죽칼국수로 유명한 식당. 고소한 보말죽에 칼국수를 넣은 음식으로 이곳의 대표 메뉴다. 고기칼국수는 고기양이 많고 잡내 없이 부드럽다. 겉절이도 양념이 맛있어서 칼국수와 찰떡. 세화해수욕장 근처에 있어 물놀이하고 식사하기 좋다. 한치물회, 전복전도 별미. 가격은 모두 1만원 초반대로 저렴한

편. 매일 08:00~16:30(16:00 라스트오더)
(621p D:2)

제주 제주시 구좌읍 해녀박물관길 33-1
#보말죽칼국수 #고기국수 #해수욕장근처

모어모어 카페

"돌고래뷰 퐁신퐁신 수플레 맛집"

주문과 동시에 구워 내는 수플레 카페. 수제 프렌치시럽을 뿌려 먹는 프렌치수플레와 진한 말차수플레가 대표 메뉴. 수플레 3피스와 베이컨, 당근라페, 매쉬포테이토 등으로 구성된 브런치수플레, 오전 메뉴인 굿모닝수플레+커피 세트가 있다. 제주 초당옥수수 브륄레빙수도 인기. 바다 앞에 위치해 운이 좋으면 통창 너머로 돌고래를 볼 수 있다. 주차 가능. 09:00~18:00 영업, 매주 목요일 휴무.
(617p F:2)

제주 제주시 구좌읍 해맞이해안로 1616 지하1층 ,1층
#수플레#프렌치#말차#빙수#돌고래

둔지오름

"말굽모양 독특한 오름"

해발 282미터의 말굽 모양의 오름으로 능선 안쪽에는 무덤이 많이 있다. 무덤이 많이 있는 이유는 이곳이 명당으로 소문났기 때문. 이 오름에는 소나무와 삼나무가 군락을 이루고 있고, 둘레길에 탁트인 풍경이 매력적인 곳이다. (617p D:2)

제주 제주시 구좌읍 한동리 산40
#말굽형오름 #명당 #둘레길

꼬스뗀뇨 카페 "여유로운 분위기의 오션뷰 대형 카페"

바다 앞에 위치한 탁 트인 느낌의 대형 카페. 층고가 높고, 자리가 널찍하게 배치되어 있어 조용히 집중하기에도 좋다. 말차 우유에 에스프레소샷을 넣고 블랙 카카오 크림을 올린 꼬스뗀뇨 라떼가 시그니처 메뉴. 아메리카노와 카페 라떼는 원두를 선택할 수 있으며 파운드케이크와 휘낭시에도 함께 판매한다. 카페 앞 포토존에서 인생샷을 찍을 수 있다. 주차 가능. 10:00~18:00 영업, 매주 수요일 휴무. (617p F:2) 사진ⓒ한국관광 콘텐츠랩

제주 제주시 구좌읍 해맞이해안로 2080
#오션뷰#대형카페#꼬스뗀뇨라떼#포토존

해녀의부엌 종달점

"오직 제주에서만 경험할 수 있는 해녀 다이닝"

제주를 대표하는 해녀의 삶이 녹아있는 공연과 함께 식사도 즐길 수 있는 복합 문화 공간이다. 해녀가 직접 잡은 해산물로 요리한 음식도 맛볼 수 있다. 매주 목~일요일 런치 12:00, 디너 17:00 운영. 월요일은 런치만 운영. 화, 수 휴무. 1인(7세 이상) 59,000원. (569p E:1)

제주 제주시 구좌읍 해맞이해안로 2265
#해녀공연 #공연과음식 #제주느낌

톰톰카레 `맛집`
"이효리도 반한 카레 맛집"

이효리가 극찬한 카레 맛집. 자극적이지 않고 건강한 맛이 일품이다. 시그니처 메뉴는 치즈톳카레지만 시금치카레와 야채카레도 인기가 많다. 반반으로도 주문 가능. 가격대는 10,000~13,000원으로 부담없다. 연두색 지붕을 얹은 아담한 주택에 코지한 분위기. 10:00~15:00 (14:30 라스트오더), 17:00~20:00 (19:30 라스트오더) 금요일 휴무(617p E:1) 사진ⓒ한국관광 콘텐츠랩

제주 제주시 구좌읍 해맞이해안로 1112
#치즈톳카레 #시금치카레 #이효리맛집

구좌읍 우럭튀김 민경이네어등포식당 `맛집`
"매콤달콤바삭 미친 맛 우럭튀김"

우럭 한 마리를 통째로 튀겨낸 요리로 유명한 식당. 우럭튀김, 된장찌개, 밥, 반찬이 함께 나오는 우럭정식이 대표 메뉴다. 우럭튀김은 뼈까지 싹싹 발라 먹을만큼 바삭하고 매콤달콤한 양념은 밥도둑이 따로 없다. '나혼자 산다', '한국에 산다' 등 방송에 여러번 나왔다. 우럭정식 18,000원. 2인 이상 주문 가능. 매일 09:00~20:00 (19:20 라스트오더) (617p E:1) 사진ⓒ한국관광 콘텐츠랩

제주 제주시 구좌읍 해맞이해안로 830
#우럭튀김 #우럭정식 #가족식사

비수기애호가 `카페`
"3면으로 바다를 감상할 수 있는 당근케이크 맛집

해녀작업장 건물 2층에 위치한 오션뷰 카페. 3면이 통창으로 되어 있어 어디에 앉아도 바다 풍경을 감상할 수 있다. 구좌 당근으로 만든 고소한 구좌 당근케이크와 시럽이 들어가지 않은 구좌 당근주스가 대표 메뉴. 땅콩 크림라떼도 인기. 아기자기한 소품도 판매한다. 건물 앞에 오토바이가 많이 서 있다면, 해녀들이 물질하는 날이므로 주차는 길 건너편에 한다. 반려동물 동반 가능. 매일 10:00~18:00 영업. (617p E:1)

제주 제주시 구좌읍 해맞이해안로 997 2층
#통창#오션뷰#구좌당근#소품#해녀

김녕 해수욕장 `추천` "조용한 곳을 좋아하는 사람만 모여!"

작은 백사장과 기암괴석이 어우러진 해변에 갓돔, 노래미돔을 잡기위해 갯바위 낚시를 하는 이들이 많다. 조용하고 아담한 해변이어도 각종 해수욕 시설들은 모두 보유하고 있다. (616p C:1)

제주 제주시 구좌읍 해맞이해안로 9   #기암괴석 #해수욕장 #낚시

종달리 전망대
"일출봉을 볼 수 있는 동쪽 끝 바다 전망대"

제주도 동쪽 끝, 종달리 해안에 위치한 전망대는 성산일출봉, 토끼섬, 우도까지 한눈에 볼 수 있는 명소다. 계단으로 올라갈 수 있게 되어 있어서 몇분만에 올라갈 수 있다. 앞쪽으로 주차장도 있어서 접근성도 좋고, 주변 해변을 따라 산책하기에도 매우 좋다. (569p E:1)

제주 제주시 구좌읍 해맞이해안로 2196
#자연명소 #산책로 #바다감상

구좌읍

큰손상회

원하는 대로 키링을 커스텀할 수 있는 월정리 소품샵. 귀여운 굿즈가 많고 오리 콘셉트의 포토존이 있다. 넓은 주차장이 있다. 월~금 11:00~18:00. 주말 11:00~18:30 (617p D:1)

제주 제주시 구좌읍 행원로1길 26-2 1층   #커스텀키링 #오리포토존

월정리 해녀식당
제주구좌김녕세화본점 맛집

"낚시로 잡은 통갈치조림"

갈치 한마리가 통째로 들어간 조림 전문 식당. 낚시로 잡은 제주산 은갈치를 쓴다. 갈치살은 통통하고 조림간도 세지 않다. 문어, 전복, 새우, 우거지, 무우까지 들어가서 푸짐하고 맛있다. 둘이서 간단한 식사를 원하면 은갈치조림을 주문해도 된다. 통갈치조림 (중) 9만원대, 통갈치구이(중) 4만원대. 은갈치조림 (소) 4만원대. 매일 08:00~21:00 (618p A:1)

제주 제주시 구좌읍 해맞이해안로 434
#갈치조림 #은갈치 #해산물

워너비 제주

"바닷가가 떠오르는 특별한 모빌"

민트색 외관이 아기자기한 월정리 소품샵. 사장님표 핸드메이드 소품이 많고, 다른 곳에서 보기 힘든 조개, 유리를 오브제로 한 모빌이 인기이다. 12:00~17:00 (목요일 휴무) (617p D:1)

제주 제주시 구좌읍 행원로9길 8-1
#소품샵 #조개모빌 #핸드메이드소품

모래비 커피로스터스
& 베이커리 카페

"월정리 바다 앞 로스터리 카페"

월정리 바다를 감상하며 커피와 베이커리를 즐길 수 있는 로스터리 카페. 친절한 사장님의 커피에 대한 자부심이 높은 곳. 핸드드립 커피와 스페셜티 커피가 대표 메뉴이며, 크루아상과 케이크도 커피와 어울린다. 핸드드립은 원두가 다양하니 취향에 따라 선택. 1층 실내, 2층 테라스, 3층 루프탑으로 이루어져, 앉는 자리마다 다른 분위기를 느낄 수 있다. 주차 가능. 평일 09:00~18:00, 주말 09:00~19:30 영업.(618p B:2)

제주 제주시 구좌읍 해맞이해안로 462
#로스터리#월정리#핸드드립#스페셜티

오저여 일몰

"풍력발전기와 붉은 노을"

풍력발전기와 제주의 바다, 그리고 빨간 노을이 어우러져 조화를 이루는, 일몰 명소이다. 하늘과 바다를 붉게 물들이는 모습이 정말 아름답다. 오저여 검색으로는 찾기 힘들고 주소로 검색해야 한다. (617p E:1)

제주 제주시 구좌읍 행원리 1-91
#오저여 #일몰 #노을 #풍력발전기

월정리 해수욕장 추천 "에메랄드빛 바다와 일몰이 아름다워"

에메랄드빛 바다와 해 질 녘의 일몰이 아름다운 곳. 수평선을 따라 일정하게 늘어선 풍력발전기가 월정리 해수욕장의 이국적인 분위기를 더 해준다. 일정한 파도와 얕은 수심으로 서핑초보에게도 사랑받는 서핑명소이기도 하다. 다양한 컨셉의 카페와 맛집이 밀집해 있는 카페거리도 꼭 들러보자. (618p C:2)

제주 제주시 구좌읍 해맞이해안로 481 485   #바다전망 #카페거리

코난해변 추천 "스노클링 고수들은 여기로 간대"

물이 맑아 제주 스노클링 포인트로 떠오르는 곳. 규모가 작지만 인파가 적어 프라이빗 해변처럼 즐길 수 있다. 왼쪽은 수심이 낮아 아이들이 놀기 좋고, 오른쪽은 좀 더 깊고 바위가 있어 스노클링을 하며 물고기를 관찰하기 좋다. 화장실, 샤워장 같은 편의시설은 따로 없으니 참고. 해변 옆 장비 대여점 겸 식당 사사키키에서 무료 샤워 가능. 해변 앞 갓길과 공터에 주차. (617p E:1)

제주 제주시 구좌읍 행원리 575-6   #아담한해변 #스노클링스팟

구좌 방파제
"저 멀리 월정리 해안이 멋지게 보여!"

구좌 방파제에서 바라보는 월정리 해안은 매우 이색적으로 보인다. 해안의 경치가 지나가다 한 번쯤은 멈추게 만든다. 올레길 20코스에 있으며, 지나가다 꼭 들러볼만 한 곳이다. (617p D:1)

제주 제주시 구좌읍 행원리 583-1
#올레길20코스 #바다전망

그초록 카페
"바다와 등대를 바라보며 즐기는 고소한 아보카도커피"

고소한 맛 아보카도 커피와 아보카도 샌드위치가 유명한 곳. 루프탑 테라스에서 바다와 등대 전망을 즐길 수 있다. 커피를 못 마신다면 아보카도로 만든 초록 스무디를 즐겨보자. 09:00~20:00 영업, 매주 목요일 휴무. (617p D:1) 사진ⓒ한국관광 콘텐츠랩

제주 제주시 구좌읍 행원로7길 23-16 1층
#고소한맛 #아보카도 #루프탑테라스

17

조천읍

#함덕부근
#창꼼
@a_suhee
@yangeunbae
#비케이브 #촛불맨드라미
#창꼼

#닭머르해안
#함덕서우봉해변

#사이니숲길
#새물깍무지개도로
@lshp
@nul2_
#선흘의자동굴
@dailymilk
@sorisomoonbooks
#소리소문책방
652

#사려니숲길
#1112도로
60

조천
A
B
C
제주신흥해수욕장
제주 항일기념관
조천비석거리
방사탑
닭머르해안길
억새
연북정
산흥리
닭머르 해안
조천만세동산
신흥리
평화통일
불사리탑
신촌리
조천리
김택화미술관
대흘리
새미동산
와흘리
조천읍와흘메밀
농촌체험휴양마을
제주시
서프라이즈
테마파크
파파빌레
바농오름
제주 돌문화공원
큰지그리오름
교래자연휴양림
삼다마을목장
1112도로
삼나무 숲길
삼다수숲길
사려니숲길
교래리
말찻
물찻오름
한라산
성판악
한라산 성판악
코스 단풍
A
B
C
1
2
3

D
E
F
북촌포구
북촌리 창꼼
너븐숭이4.3기념관
북촌리 4.3길
서우봉
서우봉 유채꽃
돌하르방
미술관
서우봉해변
해바라기
북촌리
함덕 해변
함덕리
선흘 동백동산
(선흘곶자왈,
제주도 국가지질공원)
1
조천읍
구좌읍
제주소주
코스모스
알밤오름
대흘리
메밀밭
선흘리
선녀와나무꾼
테마공원
와산리
캐릭파크
선흘리 벵뒤굴
[유네스코 세계자연유산]
다희연
웃밤
우진제비
2
꾀꼬리오름
제주 세계
자연유산센터
포레스트
사파리
에코랜드 테마파크
거문오름
에코랜드
라벤더
민오름
갓전시관
산굼부리
부소악
제주 센트럴
파크
까끄래기오름
교래
삼다수 마을
산굼부리
억새
렛츠런팜 제주
렛츠런팜
해바라기밭
3
D
E
F

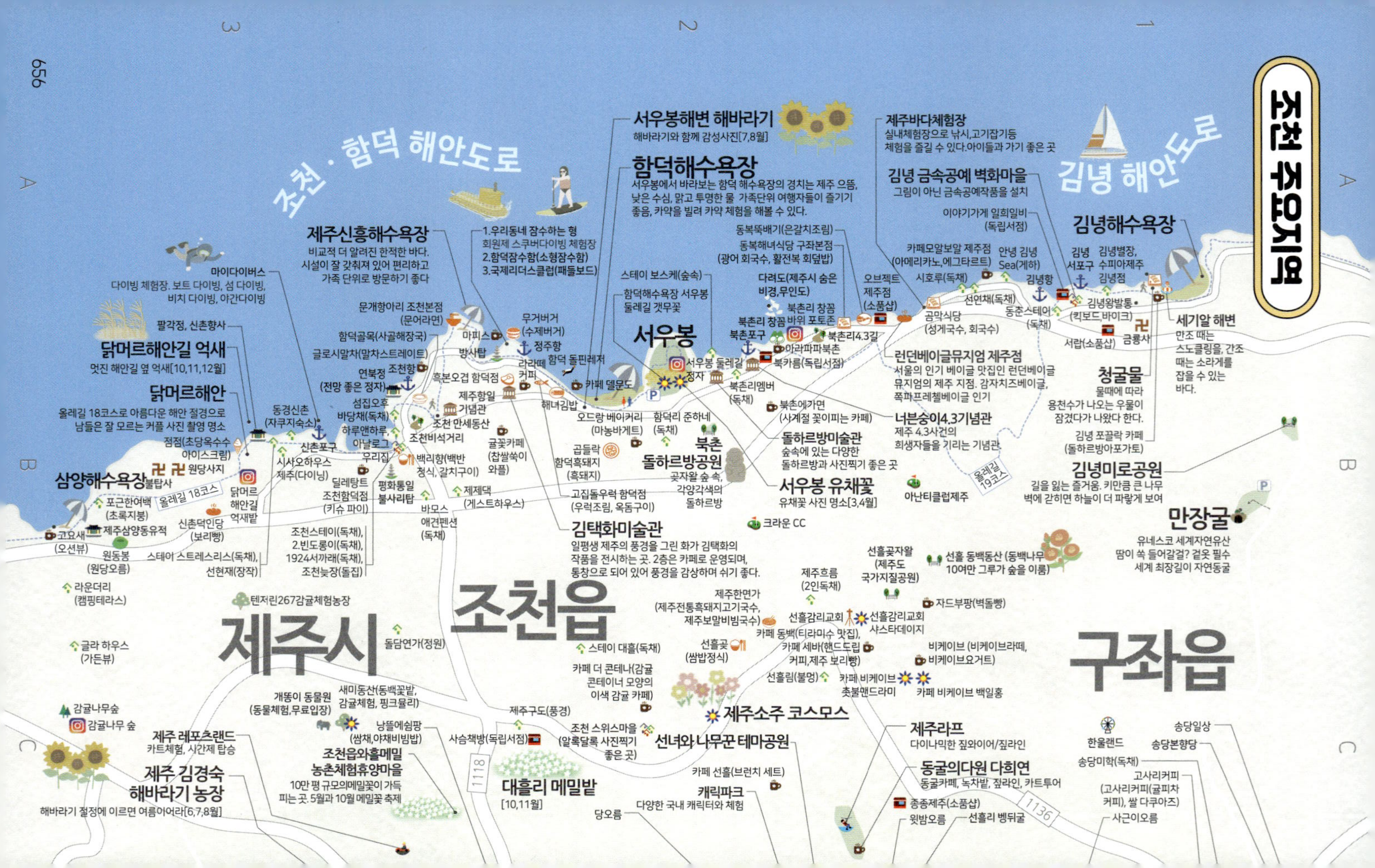

조천 주요지역
조천 · 함덕 해안도로
김녕 해안도로
제주시
조천읍
구좌읍
서우봉해변 해바라기
해바라기와 함께 감성사진[7,8월]
함덕해수욕장
서우봉에서 바라보는 함덕 해수욕장의 경치는 제주 으뜸. 낮은 수심, 맑고 투명한 물 가족단위 여행자들이 즐기기 좋음, 카약을 빌려 카약 체험을 해볼 수 있다.
제주바다체험장
실내체험장으로 낚시,고기잡기등 체험을 즐길 수 있다.아이들과 가기 좋은 곳
김녕 금속공예 벽화마을
그림이 아닌 금속공예작품을 설치
이야기가게 일희일비 (독립서점)
김녕해수욕장
김녕 서포구
김녕별장, 수피아제주
김녕점
안녕 김녕 Sea(게하)
김녕항
카페모알보알 제주점 (아메리카노,에그타르트)
시호루(독채)
선연채(독채)
동춘스테이 (독채)
김녕왕발통 (킥보드 바이크)
서람(소품샵)
금룡사
세기알 해변
만조 때는 스노클링을, 간조 때는 소라게를 잡을 수 있는 바다.
청굴물
물때에 따라 용천수가 나오는 우물이 잠겼다가 나왔다 한다.
김녕 포끌락 카페 (돌하르방아포가토)
김녕미로공원
길을 잃는 즐거움. 키만큼 큰 나무 벽에 갇히면 하늘이 더 파랗게 보여
만장굴
유네스코 세계자연유산 땅이 쑥 들어갈걸? 겉옷 필수 세계 최장길이 자연동굴
올레길 19코스
동복뚝배기(은갈치조림)
동복해녀식당 구좌본점 (광어 회국수, 활전복 회덮밥)
오브젝트 제주점 (소품샵)
다려도(제주시 숨은 비경,무인도)
북촌리 창꼼
북촌리 창꼼 바위 포토존
북촌포구
아라파파북촌
북촌리4.3길
북카름(독립서점)
공막식당 (성게국수, 회국수)
런던베이글뮤지엄 제주점
서울의 인기 베이글 맛집인 런던베이글 뮤지엄의 제주 지점. 감자치즈베이글, 쪽파프레첼베이글 인기
너븐숭이4.3기념관
제주 4.3사건의 희생자들을 기리는 기념관
북촌리멤버 (독채)
북촌에가면 (사계절 꽃이피는 카페)
돌하르방미술관
숲속에 있는 다양한 돌하르방과 사진찍기 좋은 곳
서우봉 유채꽃
유채꽃 사진 명소[3,4월]
아난티클럽제주
크라운 CC
스테이 보스케(숲속)
함덕해수욕장 서우봉 둘레길 갯무꽃
서우봉
서우봉 둘레길
정자
카페 델문도
함덕 돌핀레저
오드랑 베이커리 (마농바게트)
함덕리 준하네 (독채)
북촌 돌하르방공원
곶자왈 숲 속, 각양각색의 돌하르방
곱들락 함덕흑돼지 (흑돼지)
고집돌우럭 함덕점 (우럭조림, 옥돔구이)
김택화미술관
일평생 제주의 풍경을 그린 화가 김택화의 작품을 전시하는 곳. 2층은 카페로 운영되며, 통창으로 되어 있어 풍경을 감상하며 쉬기 좋다.
해녀김밥
라라떼 커피
무거버거 (수제버거)
정주항
마피스
방사탑
흑본오겹 함덕점
제주항일 기념관
조천 만세동산
굴꽃카페 (찹쌀쑥이 와플)
1.우리동네 잠수하는 형 회원제 스쿠버다이빙 체험장
2.함덕잠수함(소형잠수함)
3.국제리더스클럽(패들보드)
제주신흥해수욕장
비교적 더 알려진 한적한 바다. 시설이 잘 갖춰져 있어 편리하고 가족 단위로 방문하기 좋다
문개항아리 조천본점 (문어라면)
함덕골목(사골해장국)
글로시말차(말차스트레이트)
연북정 (전망 좋은 정자)
조천항
섬집오후 바당채(독채)
하루앤하루, 아날로그 우리집
조천비석거리
백리향(백반 정식, 갈치구이)
평화통일 불사리탑
제제댁 (게스트하우스)
바모스 애견펜션 (독채)
딜레탕트 조천함덕점 (키슈 파이)
조천스테이(독채), 2.빈도롱이(독채), 1924서까래(독채), 조천늦장(돌집)
마이다이버스
다이빙 체험장. 보트 다이빙, 섬 다이빙, 비치 다이빙, 야간다이빙
팔각정, 신촌향사
닭머르해안길 억새
멋진 해안길 옆 억새[10,11,12월]
닭머르해안
올레길 18코스로 아름다운 해안 절경으로 남들은 잘 모르는 커플 사진 촬영 명소
동경신촌 (자구지숙소)
신촌포구
점점(초당옥수수 아이스크림)
시사오하우스 제주(다이닝)
원당사지
불탑사
닭머르 해안길 억새밭
삼양해수욕장
포근한여백 (초록지붕)
올레길 18코스
신촌덕인당 (보리빵)
고요새 (오션뷰)
제주삼양동유적
원동봉 (원당오름)
스테이 스트레스리스(독채), 선현재(장작)
라운더리 (캠핑테라스)
텐저린267감귤체험농장
글라 하우스 (가든뷰)
돌담연가(정원)
감귤나무숲
감귤나무 숲
개똥이 동물원 (동물체험,무료입장)
새미동산(동백꽃밭, 감귤체험, 핑크뮬리)
낭뜰에쉼팡 (쌈채,야채비빔밥)
제주 레포츠랜드
카트체험, 시간제 탑승
제주 김경숙 해바라기 농장
해바라기 절정에 이르면 여름이어라[6,7,8월]
조천읍와흘메밀 농촌체험휴양마을
10만 평 규모의메밀꽃이 가득 피는 곳. 5월과 10월 메밀꽃 축제
제주구도(풍경)
사슴책방(독립서점)
1118
대흘리 메밀밭
[10,11월]
당오름
조천 스위스마을 (알록달록 사진찍기 좋은 곳)
카페 더 콘테나(감귤 콘테이너 모양의 이색 감귤 카페)
스테이 대흘(독채)
제주한면가 (제주전통흑돼지고기국수, 제주보말비빔국수)
선흘곶 (쌈밥정식)
제주흐름 (2인독채)
선흘곶자왈 (제주도 국가지질공원)
선흘 동백동산 (동백나무 10여만 그루가 숲을 이룸)
자드부팡(벽돌빵)
선흘감리교회
선흘감리교회 샤스타데이지
카페 동백(티라미수 맛집), 카페 세바(핸드드립 커피,제주 보리빵)
선흘림(불멍)
카페 비케이브 촛불맨드라미
카페 비케이브 백일홍
비케이브 (비케이브라떼, 비케이브요거트)
제주소주 코스모스
선녀와 나무꾼 테마공원
카페 선흘(브런치 세트)
캐릭파크
다양한 국내 캐릭터와 체험
제주라프
다이나믹한 짚와이어/짚라인
동굴의다원 다희연
동굴카페, 녹차밭, 짚라인, 카트투어
종종제주(소품샵)
윗밤오름
선흘리 벵뒤굴
1136
한울랜드
송당일상
송당본향당
송당미학(독채)
고사리커피 (고사리커피(귤피차 커피), 쌀 다쿠아즈)
사근이오름

아침미소목장
송아지 우유주기, 체험목장, 카페
제주 명도암 참살이마을
제주 드론파크
서프라이즈 테마파크
파파빌레
면주막 제주본점 (고기국수, 비빔국수)
캔디원
수제 캔디 만들기를 체험할 수 있다. 예약필수
상춘재 (멍게비빔밥)
제주 세계자연유산센터
거친오름
체오름
송당 무끈모루
아부오름 갯무꽃밭
제주 4.3 평화공원
제주어린이 교통공원
제주돌문화공원
화산섬 제주의 독특한 돌과 그 돌을 이용한 작품들
에코랜드 CC
에코랜드 라벤더[7,8월]
포레스트 공룡사파리
거문오름
세계유네스코 자연유산 등재 학술적, 자연유산적 가치가 높은
안돌오름 비밀의숲
안돌 오름
밧돌오름
새미오름
거슴새미
아부오름 노을 맛집
봉개동 왕벚나무 자생지 벚꽃
노루 생태관찰원
노루를 직접 관찰할 수 있는 곳, 노루먹이 체험
큰지그리오름
제주 교래자연휴양림
전국 유일 곶자왈 생태체험 휴양림 야영 및 숙소 부대시설
갓전시관
성미가든 (닭고기샤브샤브)
제주오름승마 랜드(승마)
제주관광 승마(승마)
카페 글렌코 핑크뮬리 [9,10,11월]
송당 무끈모루 (인스타 스팟)
스누피가든
절물자연휴양림 수국
산책로에서 수국 무리를 감상[5,6,7월]
플라자 CC
제주힐 CC
절물오름
삼다마을목장 (목장체험, 썰매)
교래 삼다수마을
제주 센트럴파크
전망대
제주동화마을 (지브리 테마 공원)
카페 글렌코 샤스타데이지
송당리 메밀꽃밭
[5,6,9,10월] 송당리 산164-4, 백약이 오름 가는 중간 아부오름도 오르고 메밀꽃밭 사진도 찍고
한라생태숲
더시에나CC
제주 여누카페 (우도 땅콩 크림라떼)
산굼부리
높이는 불과 28m 그런데 구덩이 깊이는 100m 구덩이(굼부리)가 깊은 특이한 오름
코리코카페 제주점 (제주 감귤 미니 파운드 케이크)
탐라승마장
제주 스카이워터쇼 (가족과 보난한 스카이워터쇼)
송당승마장(승마)
공간7
블루보틀 제주 카페 (놀라플로트,제주녹 차땅콩호떡)
제주마방목지
한라산 중턱 넓은 초원 그리고 수많은 조랑말. 순수 제주혈통의 조랑말이 있는 이곳은 천연기념물 347호
1112번 도로 삼나무 숲길
단연코 우리나라에서 가장 아름다운 길
1112
말로 (정원 산책과 포니 먹이주기 체험 할 수 있는 카페)
산굼부리 억새
낮은 오름과 억새[10,11,12월]
카페 글렌코 (스코틀랜드풍 정원)
청초밭 동백 포토존
와일드오차드
120만 평 규모의 유기농 녹차밭. 티 테이스팅, 농장 투어, 차밭 투어
성불오름
제동목장
카페갤러리(앤틱 가구로 꾸며진 갤러리형 카페)
사려니숲길 입구
사려니숲길 편백나무길
샤이니숲길
삼다수숲길
보롬왓 맨드라미
스테이 느릿
목장카페 드르쿰다
제주흑당보리라떼
한라생태숲
렛츠런팜제주
6~8월 해바라기밭 만으로도 가볼만 한 곳 목장의 예쁜 꽃길에서 인생 사진도 찍을 수 있는 곳
보롬왓
"꽃이 지지않는 곳 같아" 메밀꽃밭(5,6,9,10)과 라벤더밭(7,8월) 그리고 청보리밭(4,5월), 보라유채꽃(3,4월) 비밀스러운 수국 길까지 사계절 모습이 다 아름다워
제주아 리랑 혼
절물자연휴양림
삼나무 숲을 산책할 수 있는 다양한 시설이 갖춰진 천연림. 절물, '절 옆에 물이 있다'라는 의미
렛츠런팜 해바라기밭
붉은오름 자연휴양림
가시리풍력발전단지 억새
가시리 초원의 억새무리. 녹산로 464-78 [10,11월]
정석항공관
대록산 억새밭 큰사슴이오름 (대록산)
목장카페 밭디
포니밸리 (승마)
초가달빛
낙타트래킹
유채꽃프라자
[3,4월] 유채꽃프라자 옆에 조성된 드넓은 유채꽃밭. 카페에서 유채꽃 보며 커피한잔의 여유
노바운더리 제주 (리조또,파스타)
다이나믹메이즈
실내 어드벤쳐 스포츠 테마파크 아이 어른 같이하는 미로탈출 게임 등 다수 체험놀이
사려니숲길 삼나무길
가문이오름 (감은이오름)
서귀포 정석항공관 일대 유채꽃 및 벚꽃
드라이브는 유채꽃과 함께 [3,4월]
따라비오름 노을 억새
따라비오름 억새
한라산 전망 억새 [10,11,12월]
성읍랜드
승마, 카트, ATV, 말당구주기체험 등 즐길거리가 많은 곳
물찻오름
사려니숲길 붉은오름 방향 입구
녹산로 벚꽃 도로
4월, 유채꽃 뒤편으로 어우러진 벚꽃길
가시리마을
따라비오름
쉽게 오를 수 있고 가을 억새풀이 가득한 오름
성판악코스 4시간 30분 9.6km
성판악매표소
5.16도로숲터널
'이상한 변호사 우영우' 촬영지
사려니숲길
붉은오름
삼나무길을 걸어 계단을 오르면 30분만에 정상 도착
녹산로 유채꽃 도로
유채꽃은 꽃밭보다 꽃길이지 [3,4월]
가시리 마을 벚꽃
제주 시골 그리고 벚꽃[3,4월]
수망리 마흐니숲길
사람 손길 닿지 않은 순수한 숲
성널오름
물영아리(오름)
물이 많은 마을, 람사르 습지보호구역
가시림수목원
동백꽃, 메타세콰이어길이 있는 작은 수목원
수민문화 (독립서점)
해비치 CC
해비치CC입구 벚꽃
제주 도민만 아는 벚꽃 명소[3,4월]
가시리농어촌체험 (조랑말체험)
가시리사무소
갑선이오름
스테이 무어
657
3
2
1
D
E
F

함덕 해수욕장 주변
A
B
C
1
2
3
델문도
바다에 떠있는 듯 이국적이고 아름다운 뷰
함덕해변카약레저
조천읍 함덕리 1008
함덕 돌핀레저
함덕해수욕장
서우봉에서 바라보는 함덕 해수욕장의 경치는 제주 으뜸, 낮은 수심, 맑고 투명한 물 가족단위 여행자들이 즐기기 좋음, 카약을 빌려 카약 체험을 해볼 수 있다.
함덕카페거리
분위기 좋은 바다 전망 카페들이 모여있는 곳
풍경채 (바다전망 콘도)
여기고씨네 제주함덕점 (고등어회+딱새우회)
반디파스타 (돌문어 오일 파스타)
라라떼 커피
생크림과 치즈크림이 들어간 라떼 전문점
해녀김밥 본점
함덕 앞바다가 들여다보이는 전망 좋은 김밥 전문점
오션그랜드 (호텔)
이어돈 (흑돼지)
교촌치킨
함덕 연옥 (섞어조림, 전복솥밥)
오가네전복설렁탕 (전복 설렁탕, 전복 물회)
유탑유블레스 호텔
버거307 (수제버거, 맥주)
유성모텔
다니쉬
하루에 30개만 판매하는 브리오슈 식빵
비치스토리호텔
훈남횟집 (포장해 먹으면 더 저렴한 모둠회 전문점)
함덕고등어쌈밥 (묵은지고등어쌈밥)
함덕농협 하나로마트 중앙점
나도섬이다 (분위기 좋은 생맥주 펍)
저팔계깡통연탄 구이 (흑돼지 연탄구이, 계란찜)
함덕흑돼지 연탄구이 (흑돼지구이, 김치찌개)
갈치옥 (통갈치조림구이세트)
선우수산 (포장횟집)
신한당약국
버드나무집(해물 손칼국수,매생이 굴손칼국수)
덕림사
제주닭집 (시장치킨)
다려도횟집 (회, 생선조림, 전복죽)
유드림마트
친구테이블 (순대곱창 버섯전골)
깡촌흑돼지
쫀득한 돼지껍데기 식감이 살아있는 흑돼지근고기, 빨간마약흑돼지
함덕사이 (게스트하우스)
시골집민박
3
플레이서프 (서핑스쿨)
다람쥐민박
거루굴못 (저수지)
창흥 (제주 가정식)
본원사
함덕오일시장
조용한 게스트하우스
함덕교회
658
A
B
C

D
E
F
함덕해수욕장 서우봉 둘레길 갯무꽃
서우봉
봄에는 유채꽃, 가을에는
코스모스가 만발하는 둘레길
1
사계카페
(바다뷰,
크림아메리카노)
함덕마당
(모둠 생선구이)
수수별장
야호비치하우스
(펜션)
오늘의미미
(미미 오겹살 덮밥)
함덕캠핑스타
카라반
롤러코스트
(레몬 셔벗 카노)
멘도롱장 (시장)
담삭(아롱사태 전골)
제주무지개
하우스 (펜션)
2
함덕해물라면
오빠ZIP
딱새우, 문어, 홍합이
들어간 해물라면
제주필름
(현상 인화)
함덕서우봉해변 야영장
함덕 해변을 바라보며 캠핑을
즐길 수 있는 무료 야영장
함덕포차 끌리면오라
(끌 오코노미야끼)
전이수갤러리
걸어가는 늑대돌
(갤러리 카페)
함덕엽집
(게스트하우스)
해녀김밥 본점
(매오김밥)
카페 요디
(애플유자티)
뜰채횟집
모둠 회, 갈치조림,
고등어조림 맛집
점심특선 추천
오드랑베이커리
빵덕후라면 꼭 먹고 가야
하는 마늘 바게트 마농빵
P
함덕바당
정토사
달사막
(퓨전술집)
백록집 제주함덕점
(고등어화)
함덕찜
한치, 딱새우가 들어간
양념 소갈비찜
플립
(독채펜션)
머라이(펜션)
H 소노벨 제주
엉클프레즐하우스
(에그마요프레즐)
제주산방식당 함덕점
(비빔밀면,수육)
함덕4구
마을회관
제주도게스트하우스
안녕함덕
두툼한고기돈돼지
(흑돼지 오겹살)
만춘서점
(독립서점)
홈리홈
(게스트하우스)
보라지붕
(제주 당근 케이크)
홀리데이홀릭
(브런치, 고사리
들깨크림뇨끼)
제주갈치명가 함덕점
(묵은지 순살은갈치 조림)
3
제주순풍해장국 함덕점
(순풍해장국,육내탕)
대자연가든
전기차충전소
순풍해장국
선자, 콩나물, 당면, 계란 노른자가
들어간 얼큰한 해장국
대명홈마트
바당조배기
(해물수제비,
고등어죽)
D
E
F

659

한라산 성판악 "백록담으로 오를 수 있는 등산 코스"

백록담을 오를 수 있는 코스 중 하나로 한라산 동쪽 코스이다. 한라산 탐방로 가운데 가장 긴 코스이며, 성판악 관리사무실에서 출발해 정상까지 대체로 완만한 경사지만 편도 4시간 30분의 긴 시간이 소요된다. 한라산의 아름다운 경치를 감상하면서 등산하다 보면 정산에 등반하는 짜릿한 경험을 할 수 있다. (657p F:3)

제주 제주시 조천읍 516로 1865　　　#한라산 #동쪽코스 #가장긴코스

렛츠런팜 해바라기밭 추천 "거대한 해바라기밭"

무료입장할 수 있는 말 농장 제주 렛츠런 팜에 예쁜 여름 해바라기가 피어난다. 유모차를 대여하거나 트랙터 마차를 타고 말 농장 곳곳을 둘러볼 수도 있다. 네비게이션에 제주시 조천읍 남조로 1660(교래리 산25-2)을 찍고 이동. (657p E:2)

제주 제주시 조천읍 교래리 산25-4　　　# 6,7,8월 # 말농장 #해바라기 # 무료입장

큰지그리오름
"이 향 뭐지? 편백나무래~"

편백나무숲을 볼 수 있는 오름. 교래자연휴양림으로 입장하면 오름 전망대로 올라갈 수 있다. 정상까지 왕복 3~4시간 소요되는 긴 코스라 초보자에게는 다소 어려우니 주의. 오르다 보면 우거진 편백나무숲과 평상이 있어 쉬어갈 수 있다. 정상에서는 족은지그리오름, 민오름 등 주변의 오름 군락이 보인다. 교래자연휴양림 입장료 성인 1000원. (657p D:3)

제주 제주시 조천읍 교래리
#편백나무숲 #오름군락지

제동목장
"시원한 초록빛 삼나무 길 따라"

거대한 삼나무 가로수길이 이국적인 분위기를 연출하는 곳. 목장 진입 도로 양쪽에 나무들이 빽빽하게 솟아 있다. 길 중간에 서서 길게 뻗은 숲 터널을 배경으로 사진을 남기기에 좋아 인스타 스팟으로 유명. 시원한 초록빛과 대비되는 인물 사진을 찍을 수 있다.(657p E:2)

제주 제주시 조천읍 교래리
#삼나무 #가로수길 #인물사진

제주돌문화공원 "돌과 제주는 떼어낼 수 없는"

돌에 담긴 제주의 역사와 생활, 생태를 확인할 수 있는 박물관이자 생태공원이다. 공원이 넓어 신화의 정원 코스, 돌문화 전시관 코스, 돌한마을 코스까지 3코스로 관람해 볼 것을 추천한다. 훌륭한 자연 전시품을 보면서 천천히 산책하듯 둘러보기 좋다. 화~일 09:00~18:00 운영, 매표마감 17:00. 매주 월요일 휴무. 성인 5,000원. (657p D:2)

제주 제주시 조천읍 교래리 산117 　　#박물관 #생태공원 #전시품

1112도로 삼나무 숲길 추천 "드라이브도 좋지만, 꼭 내려서 걸어봐!"

단연코 우리나라에서 가장 아름다운 삼나무 숲길. 드라이브 코스로도 매우 유명하다. 5.16도로 방향에서 1112번 도로, 사려니 숲 방향으로 이어진다. 쭉쭉 길게 뻗은 삼나무 사이의 도로가 신비로운 느낌을 준다. (657p D:3)

제주 제주시 조천읍 교래리 776-2 　　#삼나무 #드라이브

벵디 맛집

"야들야들 매콤한 돌문어덮밥집"

통창으로 바다를 보며 다양한 문어 요리를 맛볼 수 있는 식당이다. 대표메뉴는 돌문어덮밥. 야들야들 매콤한 문어에 불향이 입혀져서 중독성 있다. 밥알 하나에도 윤기가 흐르고 무료로 제공하는 장국까지 맛있다. 여름에는 시원한 돌문어물회가 인기. 돌문어덮밥 18,000원, 돌문어물회 15,000원. 매일 10:00~19:30 (19:00 라스트오더)

제주 제주시 구좌읍 해맞이해안로 1108
#돌문어덮밥 #문어맛집 #바다뷰

말로 카페

"정원 산책과 포니 먹이주기 체험 할 수 있는 카페"

포니에게 먹이를 주며 교감할 수 있는 디저트 카페. 예쁜 정원이 펼쳐져 있어 산책하기도 좋다. 달달한 초콜릿 음료 말로나 라떼가 이곳의 시그니처 . 당근케이크 등 디저트 메뉴도 인기. 매일 11:00~18:00 영업, 휴무 시 인스타그램 공지. (657p E:2)

제주 제주시 조천읍 남조로 1785-12
#포니 #말로나라떼 #디저트

샤이니숲길 편백나무길 추천 "울창한 편백나무와 붉은 흙길"

비자림로에서 사려니오름에 이르는 총 15km 가량의 숲길. 피톤치드가 가득한 나무가 상쾌한 향기를 뿜어낸다. 편백나무, 삼나무, 때죽나무 등의 다양한 종류의 나무가 가득하며, 완만한 지형으로 산책 다녀오듯 가볍게 다녀올 수 있다. 아주 천천히, 느리게, 걷고 싶은 만큼 걷는, '여행'이라는 건 사실은 이런 것 아닐까? (657p E:2)

제주 제주시 조천읍 교래리 산137-1   #숲길 #여유 #피톤치드

사려니숲길 산수국

"숲길 따라, 산수국 따라"

숲길을 따라 흰색과 하늘색 아름다운 산수국이 피어있는 곳. 싱그러운 숲길을 걸으며 아름다운 꽃을 마음껏 감상할 수 있다. 나무가 만들어주는 시원한 그늘과 맑은 공기가 상쾌해 걷는 것 만으로도 힐링이 된다. 남조로 사려니숲길 정류장 근처에 사려니숲길의 시작점이 있다. (657p F:2)

제주 제주시 조천읍 교래리 산137-1
#숲#산수국#힐링#남조로사려니숲길

삼다수숲길 `추천` "아름다운 숲 대회 수상 숲길"

아름다운 숲 전국대회에서 수상실적을 가진 아름다운 숲길. 교래 곶자왈과 교래 퇴적층 풍경을 감상할 수 있다. 교래리 종합복지 회관 맞은편부터 숲길이 시작된다. 1코스는 도보로 약 1시간 30분, 2코스는 도보로 약 2시간 30분이 걸린다. (657p E:2)

제주 제주시 조천읍 교래리 산70-1　　#아름다운숲 #교래곶자왈 #교래퇴적층

조천읍와흘메밀농촌체험휴양마을 "메밀꽃 필 무렵은 5월과 10월"

매년 봄과 가을마다 메밀꽃이 가득 피는 곳. 10만 평 규모의 메밀밭에 산책로가 마련되어 있어 하얀 꽃을 배경으로 사진을 찍을 수 있다. 입장료와 주차비 무료. 5월과 10월에는 메밀꽃 축제가 열린다. 와흘메밀마을 홈페이지에서 실시간 개화 상황 영상을 CCTV로 상시 제공해, 꽃이 만개했는지 확인한 후 방문할 수 있어 편하다. 09:00~17:00 운영. (656p C:3)

제주 제주시 조천읍 남조로 2455　　#메밀꽃포토존 #메밀꽃축제

바농오름

"편백나무 군락 오름"

142m 높이 편백 군락 숲길이 이어지는 오름. 1코스 기준 15~20분 소요되지만 비교적 경사가 있어 편한 차림으로 등반하는 것을 추천한다. 정상에 오르면 제주 시내 경치가 한눈에 내려다보인다. (616p A:3)

제주 제주시 조천읍 교래리 산108
#편백군락숲길 #경치 #풍경

갓전시관

"어린이 갓 만들기"

조선 시대 갓 문화를 알리는 박물관 겸 전시관. 제주도는 조선 시대 갓 공예의 중심지였다. 여러 가지 갓과 갓 제작 과정을 전시하며, 어린이 갓 만들기 등 체험 프로그램도 운영한다. 화~토 10:00~18:00 운영. 매주 월요일, 일요일 휴무. 관람료 무료. 선비 체험 10,000원. (616p B:3) 사진ⓒ한국관광 콘텐츠랩

제주 제주시 조천읍 남조로 1904
#갓 #박물관 #갓공예

파파빌레

"힐링과 치유의 공간"

현무암 돌담이 유명한 카페 겸 테마공원이다. 자연 음이온을 내뿜는 현무암층을 이용한 치유 프로그램이 운영 중이다. 매일 11:00~16:00 (주말은 17:00까지) 운영. 카페 이용 시 공원 관람료 무료. (657p D:2)

제주 제주시 조천읍 남조로 2185
#현무암 #테마공원 #치유

성미가든 맛집

"제주 현지인 추천 닭샤브샤브"

닭 샤브샤브에 백숙, 녹두죽까지 풀코스로 먹을 수 있는 토종닭 요리 전문점. 배추가 가득 들어간 시원한 채수에 얇게 저민 닭가슴살을 샤브샤브로 먹을 수 있다. 녹두를 넣고 푹 쪄낸 백숙도 부드럽다. 여기에 깍두기, 갓김치까지 곁들이면 더 맛있다. 가격은 샤브샤브/닭도리탕 70,000~ 80,000원. 11:00~ 20:00 매월 두번째, 네번째 목요일 휴무. (657p D:2) 사진ⓒ한국관광 콘텐츠랩

제주 제주시 조천읍 교래1길 2
#샤브샤브 #백숙 #녹두죽

제주 여누카페 카페

"편안하고 행복한 공간에서 즐기는 고소한 우도 땅콩 크림라떼"

'편안하고 행복한 공간'이라는 뜻의 이름처럼 자연 속에서 휴식하며 쉬어갈 수 있는 카페로 '제주 연우스테이'라는 숙도와 함께 운영 중이다. 복층 구조로 층고가 높은 실내는 아기자기한 소품과 따뜻한 조명이 어우러져 아늑한 느낌. 시그니처 메뉴는 고소한 우도 땅콩 크림라떼와 제주 감귤라떼. 얼그레이 케이크, 아몬드 크루아상도 맛있다. 기념품숍, 프라이빗룸 운영. 주차 가능. 매일 07:00~19:00 영업. (657p D:2)

제주 제주시 조천읍 남조로 1842 1층
#땅콩크림라떼#프라이빗룸#연우스테이

교래자연휴양림 "천연 원시림으로..."

제주의 천연 원시림이 잘 보존된 곳에 위치한 국내 유일의 곶자왈 생태체험 자연휴양림. 난대수종과 온대수종이 공존하는 생태숲을 관찰, 체험할 수 있는 곳이다. 생태체험 지구, 산림욕 지구, 숲속의 초가, 야영지구로 나누어져 조성되어 있고 자연친화적이라 힐링하기 좋다. 매일 09:00~18:00 운영. 성인 1,000원. (657p D:2)

제주 제주시 조천읍 남조로 2023   #천연원시림 #생태숲 #자연휴양림

삼다마을목장 추천 "썰매는 겨울에만 타는 게 아니야"

사계절 내내 날씨 상관 없이 썰매를 탈 수 있는 곳. 입장 티켓 구매 시 썰매를 무제한으로 이용할 수 있다. 양, 토끼, 말, 염소 등 다양한 동물에게 먹이를 주는 체험도 진행. 목장 내 카페에서 동물 먹이체험용 건초와 간식을 판매(2000원)한다. 간단한 음료, 핫도그, 라면도 구매 가능. 09:00~17:00 운영. 수요일 휴무. 성인 10000원. 성인 2인 입장 시 소인 1인 무료. (657p D:2)

제주 제주시 조천읍 남조로 1883   #사계절썰매 #먹이주기체험

비케이브 `카페` "드넓은 꽃밭을 바라보며 아이스크림 라떼 한 잔"

선흘 의자 동굴과 계절마다 아름다운 꽃이 피어나는 넓은 꽃밭 등 다양한 야외 포토존을 갖춘 카페. 직접 양봉한 벌꿀, 꽃가루 화분, 땅콩가루가 어우러진 아이스크림 라떼, 비케이브 라떼가 시그니처. 창가에 앉으면 제주 특유의 감성을 느낄 수 있다. 10:00~18:00 영업, 매주 화요일 휴무. (656p C:2)

제주 제주시 조천읍 동백로 122 1층 #아이스크림라떼 #꿀맛집 #포토존

선흘감리교회 샤스타데이지 "샤스타 데이지의 하얀 꽃 물결"

규모가 크진 않지만 하얗고 감성적인 교회와 샤스타데이지가 어우러진 꽃밭이다. 개인 사유지이므로 관광 에티켓을 지키자. (656p C:2)

제주 제주시 조천읍 동백로 15 #샤스타데이지 #작은정원

서프라이즈 테마파크
"로봇에서 마블까지, 멋진 조형물이 한가득"

늦게까지 운영하는 야간 명소 테마파크이다. 넓은 야외 전시장에는 폐부품에서 재탄생한 공룡, 로봇, 마블 시리즈 등의 멋진 조형물을 감상할 수 있다. 테마파크 중앙에는 거대한 철로 만든 돌하르방이 있다. 로봇을 좋아하는 아이라면 꼭 방문해 보길 추천한다. 낮과 다른 밤의 다른 즐길거리를 느낄 수 있다. 매일 09:00~18:30 운영, 입장 마감 17:30. 성인 12,000원. 야간개장 영업시간 09:00~21:00 (657p D:2) 사진ⓒ한국관광 콘텐츠랩

제주 제주시 조천읍 남조로 2243
#마블 #로봇 #조형물

세미오름 "아이 데리고도 갈 수 있어"

초보자가 오르기 쉬운 오름. 비자나무, 삼나무, 편백나무가 햇빛을 막아주고 숲길이 잘 조성되어 걷기 편하다. 중간중간 데크가 있어 쉬어갈 수 있으며 정상에서는 주변의 안돌오름, 민오름 등이 보인다. 정상 근처에서는 작은 샘물도 있으니 동쪽 입구로 들어가 정상까지 오른 후 샘물을 보며 내려오는 동선을 추천. 대체로 완만하고 오름 정상 부분만 가파른 편이다. 약 2시간 소요. 입구에 주차장과 화장실 있음.(616p C:3)

제주 제주시 조천읍 대흘리 산27-1
#초보자용오름 #비자나무숲

대흘리 메밀밭 "가을이 기다려진다"

가을을 맞은 대흘리에 동화 속에 나올듯한 알록달록한 건물 앞으로 하얀 메밀밭이 펼쳐진다. 건물과 메밀밭을 배경으로 인물사진 찍기좋은 곳. 네비에 조천읍 대흘리 2787-15를 찍고 이동, 주차장이 마련되어 있지 않으니 미리 갓길에 주차하자. (656p C:2)

제주 제주시 조천읍 대흘리 2787-15
#10,11월 #하얀꽃 #갓길주차

카페 동백 `카페`

"창 너머 펼쳐지는 아름다운 들판 풍경"

통유리창 밖으로 보이는 넓은 들판 풍경이 아름다운 감성 카페. 옥수수 팬케이크인 콘프리터가 대표 메뉴. 달콤한 프렌치토스트와 에스프레소 향 가득한 티라미수, 쫀득한 치즈케이크가 인기 있다. 10:00~17:00 영업, 매주 일, 월요일 휴무. (656p C:2) 사진ⓒ한국관광 콘텐츠랩

제주 제주시 조천읍 동백로 68
#들판풍경 #콘프리터 #티라미수

면주막 제주본점 `맛집` "현지인 추천 고기국수"

고기국수 전문점. 돼지사골을 12시간 이상 고아낸 국물은 잡내없이 진하고 면은 매끈하게 입안으로 쪽쪽 빨려들어간다. 고기도 양이 많아 든든하다. 아삭한 야채와 함께 먹는 비빔국수는 끝맛이 꽤 매콤하다. 36개월 이하 아기에게는 아기용 고기국수가 무료다. 네이버 예약 가능. 가격은 국수류 10,000원. 09:00~ 15:00 (14:30 라스트오더) (657p D:2)

제주 제주시 조천읍 번영로 1143　　#고기국수 #비빔국수 #현지인맛집

너븐숭이4.3기념관
"아픈 역사를 기리는 곳"

제주 4.3사건의 희생자들을 기리는 기념관. 당시 북촌리에서 벌어진 학살에 대한 전시를 통해 4.3사건의 역사를 볼 수 있다. 탐구관에서는 인터뷰 영상, 다큐멘터리를 감상할 수 있으며 영상이 상시 재생되기 때문에 시간 구애 없이 누구나 볼 수 있다. 묵상의 방에서 희생자들을 추모할 수 있다. 입장료 무료. 09:00~18:00 운영, 매월 2,4번째 월요일 휴관. (656p B:2)

제주 제주시 조천읍 북촌3길 3
#제주4.3사건 #무료전시관

아라파파북촌 카페
"시그니처 커피와 소금빵 한입"

커피도 빵도 모두 맛있는 베이커리 카페. 수제 밀크티와 크림, 에스프레소가 어우러진 아라파파 커피가 시그니처. 소금빵, 바질 치즈 치아바타 등의 담백한 빵과 스콘, 파이류를 함께 판매한다. 매일 10:00~19:00 영업. (656p A:2)

제주 제주시 조천읍 북촌15길 60
#아라파파커피 #소금빵 #치아바타

북촌포구
"다양한 물고기를 낚고 싶다면"

바다 너머 섬 다려도가 들여다보이는 제주의 숨은 명소. 낚시 마니아들에게는 다양한 물고기가 잘 낚이는 곳으로 더 유명하다. 제주 4.3 대학살의 아픈 역사를 담은 공간이기도 하다. (656p B:2)

제주 제주시 조천읍 북촌9길 26-1
#숨은명소 #낚시포인트 #4.3사건

에코랜드 테마파크 추천 "곶자왈을 기차타고 탐방"

제주에서 아이들과 함께 가족 단위로 가장 많이 방문하는 테마파크. 신비의 숲 곶자왈 생태계를 기차를 타고 탐방할 수 있다. 총 4개 간이역에 내려서 사진을 찍고, 배를 타고, 숲과 정원을 둘러보는 등 다양한 체험과 관람을 할 수 있다. 30만 평 규모의 테마파크로 하루에 다 볼 수 없으니 2개 역 정도 둘러보기를 추천한다. 매일 08:30~18:10 운영. 월~수 17:20, 목~일 17:10 입장 마감. 연중무휴. 성인 19,000원. (657p D:2)

제주 제주시 조천읍 번영로 1278-169　　　#가족여행 #테마파크 #곶자왈

북카름 "고양이가 반겨주는 아늑한 동네 책방"

레고 등 주인장님의 취향이 담긴 빈티지 북카페이자 서점. 독서 공간은 1인 1만 원(음료 포함)에 즐길 수 있다. 시간당 최대 6인까지 사용 가능하며, 네이버 예약 가능하다. 3시간 전체 대관도 가능하다. 시골집 같은 아늑한 책방 분위기로 고양이(탄이)가 있다. 화 14:00~18:00. 수, 금-일 11:00~18:00, 매주 목요일 정기 휴무 (656p B:2)

제주 제주시 조천읍 북촌9길 17　　　#북카페 #고양이

북촌리 4.3길 "슬픈 기억 아픈 현대사"

돌하르방미술관 "돌하르방과 함께 찰칵"

제주하면 떠오르는 돌하르방을 원 없이 볼 수 있는 미술관이다. 다양한 종류의 돌하르방, 돌로 만들어진 고양이, 귀여운 조각상 등이 볼거리를 더한다. 야외미술관으로, 곶자왈에 전시된 다양한 예술작품을 산책하듯 관람할 수 있다. 매일 09:00~18:00 운영. 성인 7,000원. 네이버 예매 시 할인. (656p B:2) 사진ⓒ한국관광 콘텐츠랩

제주 제주시 조천읍 북촌서1길 70
#돌하르방 #미술관 #산책하기좋은곳

제주한면가 맛집

"사골국물이 남다른 고기국수"

돼지사골을 자체 비법으로 푹 고아서 다른 고기국수와는 국물맛이 다르다. 깔끔하고 슴슴한 맛이 중독성 있다. 고기양도 많은 편. 국수와 돔베고기 1인 세트도 있어 혼밥하기 좋다. 가격은 흑돼지 고기국수 10,000원, 보말 비빔국수 12,000원, 돔베고기 22,000원. 10:30~15:30 (15:00 라스트오더) 수요일 휴무. (656p C:2)

제주 제주시 조천읍 북선로 373
#고기국수 #돼지사골 #혼밥

제주 4.3 대학살의 안타까운 흔적을 따라가는 북촌리 둘레길. 현기영 작가의 소설 '순이 삼촌'의 배경이 된 곳이기도 하다. 북촌너븐숭이 4.3 기념관부터 서우봉 학살 터(몬주기알)-환해장성-가릿당-북촌포구-낸시빌레-꿩동산을 거쳐 약 6km를 이동한다. 북촌마을은 4.3사건 당시 주민 418명이 사망한 아픈 현대사를 간직한 곳이다. (656p A:2) 사진ⓒ한국관광 콘텐츠랩

제주 제주시 조천읍 북촌리 4-3
#4.3사건 #둘레길 #순이삼촌

산굼부리 추천 "오름 높이는 불과 28m, 구덩이 깊이는 100m"

산(오름)에 있는 구덩이(굼부리). 오르는 높이는 수직 28m에 불과하지만, 구덩이는 100m로 백록담보다도 넓고 깊다. 화산 폭발로 제주가 형성될 때 폭발하지 못한 구덩이가 산굼부리가 되었다. 구덩이의 위치에 따라 다양한 식물이 자생하여 천연기념물 263호로 등록되어 있다. 학술적으로도 연구 가치가 높은 이곳은 사유지이기 때문에 따로 입장료를 받고 있다. 3~6월, 9~10월 09:00~18:40 운영(입장 마감 18:00), 7~8월, 11~2월 09:00~17:40 운영(입장 마감 17:00). 연중무휴. 성인 7,000원. (657p D:2)

제주 제주시 조천읍 비자림로 768　　#화산 #구덩이 #천연기념물

제주 센트럴파크

"짧은 시간에 즐기는 세계 일주"

우리나라 최초의 미니어처 테마파크이다. 세계 유명 건축물이나 문화유산을 축소하여 전시하고 있다. 짧은 시간에 세계 일주를 하는 즐거움을 주는 곳이다. 나만의 작품을 만들어 보는 체험공간도 있다. 고카트를 타며 관람할 수 있어 더욱 특색 있다. 매일 09:00~18:00 운영, 17:00 입장 마감. 카트 운영 마감은 16:30. 성인 10,000원. 네이버 예매 시 할인. (657p D:2)

제주 제주시 조천읍 비자림로 606
#미니어처 #테마파크 #세계일주

북촌리 창꼼 바위 포토존 "바위에 난 구멍이 만든 천연 액자"

창을 뚫어놓은 듯한 바위의 큰 구멍이, 액자의 프레임 같은 곳이다. 현무암 구멍 사이에 서서 찍으면, 뒤로 보이는 푸른 바다 배경까지 더해져 제주도만의 독특한 감성의 사진을 얻을 수 있다. 빨간색 화살표 안내판을 따라 가면 된다. (656p A:2)

제주 제주시 조천읍 북촌리 403-9 #북촌리 #창꼼 #바위구멍 #바위액자

선녀와나무꾼테마공원 "70년대 감성 명소"

1970년대 모습을 재현해 놓은 추억의 명소이다. 아이들에게 옛날 물건을 보면서 설명해 주기 좋고, 옛날 교복을 대여해 입을 수도 있다. 부모님과 함께 해도 모두가 즐거울 장소이다. 수국철에는 야외에서 만개된 수국을 감상할 수 있다. 매일 09:00~17:30 운영. 성인 13,000원, 교복 대여료 7,000원. 네이버 예매 시 할인.(656p C:2) 사진ⓒ한국관광 콘텐츠랩

제주 제주시 조천읍 선교로 267 #1970년대 #추억 #수국

카페 선흘 `카페`

"아점으로 딱 좋은 선흘 브런치 세트"

브런치 즐기기 좋은 카페 레스토랑. 오믈렛, 파니니, 칠리 스튜, 파스타 등 다양한 메뉴가 준비되어 있다. 대표 메뉴 선흘 브런치 세트에는 치아바타, 해시 브라운, 달걀, 소시지와 치즈 퐁듀, 커피 또는 주스까지 모두 포함되어 푸짐한 한 끼를 즐길 수 있다. 10:00~20:00 영업, 매주 수요일 휴무. (656p C:2)

제주 제주시 조천읍 선교로 198
#선흘브런치세트 #파니니 #푸짐한한끼

캔디원

"나만의 수제 캔디 만들기"

캔디를 직접 만들어볼 수 있다. 옛날 사탕 만드는 기계, 다른 나라의 사탕들도 볼 수 있게 되어 있다. 선물용 캔디도 판매한다. 주의할 점은 120cm 이상, 8세부터 15세까지 체험할 수 있고 성인은 체험이 불가하다는 것. 예약은 필수다. 매일 09:00~18:00 운영. 체험료 8,000~25,000원. (체험프로그램별 상이) (657p D:2) 사진ⓒ한국관광 콘텐츠랩

제주 제주시 조천읍 선교로 384
#제주체험 #캔디만들기 #아이들체험

종종제주 "유니크한 캐릭터 굿즈 총집합!"

선흘리 알밤오름 앞에 위치한 조천 소품샵. 위트 있는 문구가 적힌 엽서, 스티커, 개성 넘치는 캐릭터 소품이 가득하다. 피즈 인형 키링, 캐릭터 '땡땡이의 모험' 시리즈, 서커스 보이밴드 '피규어 편의점' 시리즈 등 흔치 않은 굿즈들이 모여 있다. 유명 작가들의 핸드메이드 작품들도 많아 구경하는 재미가 쏠쏠하다. 전용 주차장이 있다. 매일 10:30~18:00 (656p C:2)

제주 제주시 조천읍 선교로 66 1층　　　#캐릭터소품샵 #유니크소품샵

거문오름 "유네스코 세계자연유산 등재 오름"

제주도의 수많은 오름들 중, 유일하게 세계 자연유산(UNESCO)에 지정된 곳으로, 반드시 가봐야 할 곳이다. 용암동굴 구조의 근원지로 천연기념물 제444호로도 지정되어 있다. 이름은 우거져 있는 숲이 검게 보이는 것에 유래했으며, 소수 정예(1일 450명)로 최소 하루 전 예약을 해야 하며 1시간~3시간 30분 코스 중 하나를 선택하여 해설사와 함께 탐방할 수 있다. 수~월 09:00~13:00 운영, 매 30분 간격 출발. 매주 화요일 휴무. 성인 2,000원. (657p D:1) 사진ⓒ한국관광 콘텐츠랩

제주 제주시 조천읍 선교로 569-36　　　#세계자연유산 #천연기념물 #사전예약

제주 세계자연유산센터
"제주도는 어떻게 만들어졌을까?"

제주도의 생성 과정과 생태계 등 제주도의 자연을 공부할 수 있는 곳이다. 상설/기획전시관, 4D영상관, VR 체험까지 실감 나는 체험을 할 수 있어 교육적으로 유익한 공간이다. 거문오름 탐방의 출발지이기도 하다. 매일 09:00~17:50 운영, 매표 마감 17:20. 매월 첫 번째 화요일 휴관. 관람료 성인 3,000원. (657p D:2) 사진ⓒ한국관광 콘텐츠랩

제주 제주시 조천읍 선교로 569-36
#자연 #교육 #거문오름

캐릭파크
"우리 아이, 오늘 밤 꿀잠 예약"

다양한 캐릭터와 함께 액티비한 체험을 할 수 있는 아이들의 놀이 천국! 로봇 탑승, 다양한 오락게임, 대형 에어바운스, 숲속 바이크 체험까지 아이들 에너지를 소모시키는데 최적의 장소이다. 매일 10:00~18:00 운영. 성인 11,000원. (656p C:2) 사진ⓒ한국관광 콘텐츠랩

제주 제주시 조천읍 선교로 266
#캐릭터 #놀이천국 #액티비티

닭머르 해안 추천 "숨어있던 커플 사진 촬영 명소"

올레길 18코스로, 아름다운 해안 절경을 감상할 수 있는 조천읍의 숨은 명소이다. 닭이 흙을 파헤치고 안에 들어앉은 모습이라 이런 이름이 붙었다. 해가 질 무렵 일몰이 아름다운 장관을 연출하는 사진 촬영 명소이다. (656p B:3)

제주 제주시 조천읍 신촌리 2318-2　　#올레18코스 #낙조

카페 세바 카페
"카푸치노와 구수한 제주 보리빵의 조화"

푸릇푸릇한 자연에 둘러싸인 카페. 앤틱한 분위기가 특징이다. 친절한 사장님이 직접 내려 주는 커피가 맛있는 곳. 오븐에 구워 만든 담백한 제주 보리빵은 카푸치노와 잘 어울린다. 11:00~18:00 영업, 매주 화~목요일 휴무. (656p C:2)

제주 제주시 조천읍 선흘동2길 20-7
#식물카페 #카푸치노 #보리빵

선흘 동백동산(선흘곶자왈)
"사철 마르지 않는 동백동산"

제주 생태체험관광의 또 다른 명소. 용암이 식을 때 부서지지 않고 판형 형태로 남을 경우 물이 빠져 내려가지 않고 고여있게 되는데, 이런 형태의 지형은 동백동산이 유일하다. 옛날 주민들은 이곳에서 식수를 구했는데, 주변 연못만 100여 곳에 이르기 때문이다. 사시사철 마르지 않는 동백동산의 습지는 다양한 생물이 서식하는 생명의 보고이다. 매일 09:00~18:00 운영. 입장료 무료. (656p B:2) 사진ⓒ한국관광 콘텐츠랩

제주 제주시 조천읍 선흘리 산12
#람사르습지 #생명의보고 #생태체험

딜레탕트 조천함덕점 카페
"키슈와 커피의 기분 좋은 만남"

창밖에 펼쳐진 제주를 바라보며 커피와 디저트를 즐길 수 있는 카페. 매장은 깔끔한 가구와 곳곳에 배치된 소품과 조명이 잘 어우러져 모던하고 아늑한 분위기. 대표 메뉴 키슈는 프랑스 로렌지방에서 시작된 달걀 파이를 제주 특산물을 사용하여 재해석한 것으로 커피와 잘 어울린다. 두바이 모찌쫀득쿠키 등 다른 디저트도 인기. 꼭 원하는 메뉴가 있다면 예약 후 방문. 주차 가능. 11:00~17:00 영업, 매주 토요일 휴무. (656p B:3)

제주 제주시 조천읍 신북로 144 1층, 2층
#모던 #커피 #프랑스 #키슈 #디저트

고집돌우럭 함덕점 맛집

"시래기가 들어간 우럭조림"

우럭조림 전문점. 매콤한 우럭조림은 사이드 구성에 따라 A, B, C 세트로 나뉜다. 옥돔구이와 뿔소라미역국이 포함된 세트가 인기. 가족 여행자에게 안성맞춤. 평일에도 웨이팅 있다. 가격은 런치 24,000~ 35,000원, 디너 33,000 ~63,000원. 매일 10:00~21:30 (15:00~17:00 브레이크 타임, 14:50, 20:20 라스트오더) (656p B:2)

제주 제주시 조천읍 신북로 491-9
#우럭조림 #옥돔구이 #함덕맛집

흑본오겹 함덕점 맛집

"생갈비살과 아구살 맛집"

갈빗대가 붙은 양념하지 않은 생갈비와 특수부위 아구살이 맛있는 고깃집. 숯불에 직접 구워준다. 두부 한모를 통째로 넣은 제주콩 된장찌개도 필수 주문 메뉴. 사이드로 제주보리김치, 메밀국수도 추천한다. 가격은 생갈비 20,000원, 꽃목살 23,000원, 흑돼지 오겹살 22,000원. 13:00~ 22:00 (21:00 라스트오더) 월요일 휴무. (656p B:2) 사진ⓒ한국관광 콘텐츠랩

제주 제주시 조천읍 신북로 454
#생갈비 #아구살 #된장찌개

포레스트 공룡사파리

"공룡 좋아하는 사람?"

공룡을 좋아하는 아이라면 꼭 방문해봐야 할 곳! 공룡 사파리존, 포토존, 힐링 존, 동물 먹이주기 체험존, 페인팅 존, 실내놀이존 등 아이들이 즐거워할 놀이 천국이다. 특히 공룡이 실제로 움직이고 소리도 나서 생동감 넘치는 경험을 할 수 있다. 매일 09:00~17:30 운영, 입장 마감

백리향 맛집 "1인분 주문되는 고등어, 갈치정식"

고등어구이와 갈치구이에 밥과 반찬이 나오는 가정식 백반집. 1인분씩 주문할 수 있어서 가볍게 한끼하기 좋다. 제육도 같이 나오는데 달달해서 아이들이 먹기에도 좋다. 야채와 밑반찬은 원하는 것만 골라 담으면 되고 무한리필이다. 가격은 고등어정식 9,000원, 갈치구이 16,000원. 08:30~ 20:00 (19:20 라스트오더), 일요일 휴무. (656p B:3)

제주 제주시 조천읍 신북로 244   #고등어구이 #갈치구이 #혼밥

16:00. 성인 12,000원. 네이버 예매 시 할인. (657p D:2)

제주 제주시 조천읍 선교로 474-1
#공룡 #체험 #아이

선흘리 벵뒤굴 (유네스코 세계 자연유산)

"복잡한 미로 용암동굴"

거문오름의 용암이 흘러나와 생성된 천연동굴 중 하나. 세계 자연유산(UNESCO)에 지정되어 있고, 천연기념물 제490호로 보호되고 있다. 제주의 용암동굴 중 가장 복잡한 미로 구조를 가졌다. 이곳은 일반인에게 미공개나 '세계유산 축전' 기간에 특별 탐험대를 통해 미지의 세계를 방문할 수 있다. (656p C:2)

제주 제주시 조천읍 선흘리 365-1
#거문오름용암동굴 #세계자연유산 #천연기념물

선흘곶 맛집

"돔베고기와 고등어구이 쌈밥"

돔베고기와 고등어구이가 맛있는 식당. 돔베고기나 고등어를 선택하면 신선한 쌈채소와 나물반찬이 정식처럼 따라나온다. 깔끔한 상차림과 정갈한 맛이 인기비결이다. 신김치는 적당히 맵고 시어서 구이요리와 잘 어울린다. 실내는 모던하고 통창뷰가 멋지다. 가격은 쌈밥정식 17,000원. 10:00~ 18:00 (16:00 라스트오더) 화요일 휴무. (656p B:2) 사진ⓒ한국관광 콘텐츠랩

제주 제주시 조천읍 선흘서2길 22
#돔베고기 #고등어구이 #쌈밥

제주 항일기념관
"제주 항일운동의 역사를 기록"

제주의 항일운동 역사적 사실을 재조명하고 관련 자료와 유물이 전시되어 있는 곳. 일제의 만행을 다시 한번 되새길 수 있다. 아이들에게 역사를 알려줄 수 있는 교육적인 장소이다. 매일 09:00~18:00 운영, 17:30 입장 마감. 관람료 무료. (656p B:3) 사진ⓒ한국관광 콘텐츠랩

제주 제주시 조천읍 신북로 303
#항일운동 #역사 #교육

조천읍도서관
"다양한 교육 행사가 열리는 곳"

독서 교실, 서예전, 인문학 프로그램 등 다양한 교육 행사가 열리는 공공 도서관이다. 1층에 어린이도서관이 있어 비 오는 날 아이와 실내에서 시간을 보내기 좋다. 토~목 09:00~22:00 운영. 매주 금요일 휴관. 사진ⓒ한국관광 콘텐츠랩

제주 제주시 조천읍 신흥로1길 16-9
#공공도서관 #교육행사

신촌향사
"제주도 옛 공공기관"

제주도 유형문화재 8호로 지정된 옛 제주도 공공기관. 당시 신촌리 지역의 공무를 보았던 건물로 쓰였다. 일제강점기에 개축되어 원형이 많이 남아있지 못한 점이 아쉽다. (656p B:3) 사진ⓒ한국관광 콘텐츠랩

제주 제주시 조천읍 신촌5길 27
#유형문화재 #일제강점기

함덕회춘 맛집
"한옥에서 먹는 제주식 9~12첩 반상"

제주 향토음식과 남도음식을 섞어 9~12첩 반상으로 제공하는 식당. 돔베고기, 고등어구이, 남도식 반찬, 국, 밥으로 구성된 9첩 반상과 흑돼지떡갈비 같은 요리가 추가된 12첩 반상이 대표메뉴다. 실내는 한옥으로 차분한 분위기. 가격은 9첩반상 16,500원, 12첩반상 30,000원. 10:30~ 21:30 (15:00~ 17:00 브레이크타임) 월요일 휴무. 사진ⓒ한국관광 콘텐츠랩

제주 제주시 조천읍 신북로 489
#9첩반상 #12첩반상 #한옥

김택화미술관 "한라산 소주 라벨, 이분이 그렸어"

일평생 제주의 풍경을 그린 화가 김택화의 작품을 전시하는 곳. 제주 소주로 유명한 '한라산 소주'의 라벨 속 한라산 그림을 그린 작가로, 원화를 이곳에서 볼 수 있다. 아담한 규모에 비해 작품 수가 많다. 2층은 카페로 운영되며, 통창으로 되어 있어 풍경을 감상하며 쉬기 좋다. 성인 15000원. 10:00~18:00 운영, 목요일 휴관. (656p B:2)

제주 제주시 조천읍 신흥로 1   #아담한미술관 #제주그림

새물깍무지개도로 "알록달록 무지개 난간"

알록달록 귀여운 정사각형의 무지개 난간 위에 앉아 사진을 찍어보자. 네 개의 구멍이 뚫려 있어 멀리서 보면 주사위를 놓아놓은 듯 보이는 커다란 정사 각의 난간은 색색별로 하나씩 사진을 찍어도 예쁘게 나온다. 무지개 도로는 다른 곳 보다 난간의 높이가 높으므로 그 위에 앉아 사진을 찍을 때 주의가 필요하다. 새물깍 주변의 마을로 들어가는 도로 양옆으로 무지개 난간이 설치되어 있다. 주차는 신흥리 복지 회관이나 인근 무료주차 이용. (15p D:1)

제주 제주시 조천읍 신흥리 59-9　　#새물깍#무지개도로#주사위도로

5L2F 카페
"동화 속 주인공이 된 기분"

조용한 마을에 위치한 동화 속 산장 느낌의 예쁜 카페. 원두도 직접 고를 수 있고, 친절한 사장님이 직접 로스팅한 커피를 맛볼 수 있다. 시그니처 메뉴 153 커피와 바닐라빈 크림라떼 크림크레마를 추천. 10:00~18:00 영업, 매주 일, 월요일 휴무. (616p A:2) 사진ⓒ한국관광 콘텐츠랩

제주 제주시 조천읍 와흘상길 30
#크림크레마 #동화속느낌 #조용한마을

어반정글 그레이밤부 카페 카페 "대나무 숲길과 패들보드 체험"

함덕해수욕장 앞에 마련된 어반정글 그레이밤부 카페는 대나무로 된 외벽과 소품들로 발리 휴양지처럼 꾸며져 있다. 카페 안쪽에 커다란 유리 통창이 있고, 그 밖으로 흰 패들보드와 우드톤 테이블, 체어, 파라솔 등이 비쳐 보인다. 창문 안쪽에서 정면에 있는 기다란 스툴에 앉은 인물을 찍으면 예쁘게 나온다. 창문 위쪽 대나무 천장에 매달린 목제 실링팬이 살짝 보이도록 찍어도 감성적이다. (15p D:1)

제주 제주시 조천읍 일주동로 1611　　#발리느낌 #유리통창 #오션뷰

제주신흥해수욕장 "여기 꼭 프라이빗 해변 같아"

비교적 덜 알려진 한적한 바다. 주변의 함덕, 김녕 해수욕장보다 아담하지만 주로 도민들이 찾는 곳이라 크게 붐비지 않는다. 작은 규모에도 화장실, 샤워실, 탈의실 등 물놀이에 필요한 시설이 잘 갖춰져 있어 편리하다. 해수욕장 운영 기간에는 안전 요원이 상주하며 파라솔 대여도 가능하다. 물이 얕은 편이라 아이들과 가족 단위로 방문하기 좋다. 매점에서 아이스크림, 음료, 라면 판매. (656p A:3)

제주 제주시 조천읍 조함해안로 273-35 #한산한바다 #해수욕장시설

평화통일 불사리탑
"아름다운 노을전망을 볼 수 있는 곳"

해 질 녘 아름다운 노을 전망으로 유명한 사찰. 독특한 사원 건물에는 제주 4.3사건에서 희생된 이들의 넋을 기리고 평화통일을 기원하는 뜻이 담겨있다고 한다. 사찰 3층에 오르면 조천 바다와 한라산을 배경으로 멋진 노을 전망을 즐길 수 있다. (656p B:3) 사진ⓒ한국관광 콘텐츠랩

제주 제주시 조천읍 일주동로 884
#노을 #사찰 #4.3사건

조천만세동산
"애국선열의 뜻을 담아"

3.1 독립운동의 배경이 되었던 애국선열의 뜻을 담은 장소. 동산 내부에 제주항일 기념관, 삼일 독립운동 기념탑 등이 있고, 매년 삼일절이면 이곳에서 독립운동 기념행사가 열린다. (656p B:3)

제주 제주시 조천읍 조천리 1142-1
#3.1운동 #독립운동 #애국선열

연북정
"유배당한 마음을 알까?"

'북쪽에 있는 임금님을 그리워한다'라는 뜻을 담은 연북정. 이곳에 유배 온 사람들이 한양에 있는 임금을 그리워하며 충정을 지킨다 하여 이 같은 이름이 붙었다. 연북정이 있는 조천포구는 예로부터 육지와 제주를 잇는 주요한 바닷길이었다고. (656p B:3) 사진ⓒ한국관광 콘텐츠랩

제주 제주시 조천읍 조천리 2690
#유배 #충정 #조천포구

함덕골목 `맛집`
"대기필수 해장국과 내장탕"

해장국·내장탕 전문점. 해장국은 소고기 아롱사태, 선지, 우거지, 당면, 콩나물, 배추가 들어가 푸짐하다. 내장탕에는 신선한 양, 내장, 무, 당면이 들어간다. 멜젓에 마늘과 청양고추를 넣어 쌈장을 만든 다음 양과 내장을 깻잎에 싸먹는 맛이 기막히다. 캐치테이블 예약 가능. 가격은 해장국 11,000원, 내장탕 12,000원. 07:00~ 13:30 목요일 휴무.(656p B:3)

제주 제주시 조천읍 조천북6길 62
#해장국 #내장탕 #깻잎쌈

함덕 해변 `추천` "서우봉에서 바라보는 해변의 모습, 이곳이 하와이는 아닐까?"

낮은 수심의 해변으로 물이 맑고 깨끗하여 가족 단위의 여행자들이 즐기기 좋다. 카약을 빌려 카약 체험도 해볼 수 있다. 함덕 서우봉에서 바라보는 함덕해수욕장은 하와이를 잊게 한다. (658p C:2)

제주 제주시 조천읍 조함해안로 525　　#이국적 #카약

문개항아리 조천본점 `맛집`
"푸짐한 해물라면과 튀김"

문어, 조개, 새우, 우삼겹이 푸짐하게 들어간 칼국수와 라면 맛집. 식사 테이블 위 길다란 냄비에 해산물과 면을 넣고 즉석에서 끓여준다. 해물튀김도 큼직하고 실하다. 가격은 우삼겹 통칼국수 통라면 반반 24,000원, 문어튀김 26,000원, 한치,새우튀김 18,000원. 09:30~19:50 (15:00~ 16:00 브레이크타임) 목요일 휴무. (656p A:3) 사진ⓒ한국관광 콘텐츠랩

제주 제주시 조천읍 조함해안로 217-1
#해물칼국수 #해물라면 #문어튀김

글로시말차 `카페` "초록 풍경을 바라보며 즐기는 진한 말차의 풍미"

큰 창 너머로 해안도로와 바다가 보이는 말차 전문 카페. 제주 말차 고유의 풍미를 즐길 수 있는 메뉴로 구성되어 있다. 진한 말차향이 느껴지는 제주, 오름이 이곳의 시그니처. 토스트, 크로플 등 디저트도 인기. 식물과 책이 어우러진 그린&화이트&우드 인테리어로 좌석이 여유롭게 배치되어 편안한 분위기다. 매장 내 실내화 착용. 2층은 공유 사무 공간이다. 주차 가능. 매일 10:30~18:30 영업. (656p B:3)

제주 제주시 조천읍 조함해안로 112　　#오션뷰#해안도로#말차#디저트#실내화

조천읍

갈치옥 맛집

"해수욕장 바로 앞 갈치조림과 구이"

통갈치조림과 구이, 전복물회, 돔베고기, 미역국, 공기밥으로 구성된 세트 메뉴가 실속있다. 조림과 구이는 뼈를 다 발라줘서 먹기 편하다. 물회와 죽도 슴슴하고 간이 잘 맞다. 해수욕장 뷰를 바라보며 식사 가능. 가격은 통갈치조림구이세트 69,000~ 139,000원, 10:00~ 21:30 (20:30 라스트오더) 휴무없음. (658p C:2)

제주 제주시 조천읍 조함해안로 530
#통갈치조림 #갈치구이 #바다뷰

사슴책방

"아이들과 가기 좋은 그림책방"

아기자기한 조천 서점. 일반 서점과 달리 외국에서 들여온 그림책, 아트북, 팝업북이 다양하다. 붉은 벽돌의 건물과 마당의 꽃, 나무가 아름다운 곳. 규모가 크며, 2층 카페는 책 구매 후, 음료 주문 시 이용 가능하다. 음료 외에도 당근 케이크, 마들렌 등 디저트를 즐길 수 있다. 아이들과 방문하여 책을 고르기 좋은 서점이다. 매일 11:00~18:00 (656p C:2)

제주 제주시 조천읍 중산간동로 698-73 1층
#그림책방 #아이와가기좋은 #북카페

전이수갤러리 걸어가는늑대들 카페 "따뜻한 메시지를 느낄 수 있는 갤러리 옆 카페"

전이수 작가의 그림을 전시하는 갤러리와 함께 있는 카페다. 창밖 바다와 그림이 어우러진 차분한 분위기. 이곳에서도 전이수 작가의 작품을 감상할 수 있다. 시그니처 메뉴는 달콤한 사탕수수와 차가운 우유, 진한 에스프레소가 어우러진 위로커피. 작품을 담은 텀블러, 키링, 파우치 등 굿즈도 판매한다. 갤러리 관람 후 티켓 지참 시, 음료 할인. 아이 동반 가족에게 추천. 11:00~17:00 영업, 휴무 시 인스타그램 공지. (659p E:2)

제주 제주시 조천읍 조함해안로 556   #전이수 #갤러리 #그림 #위로커피 #굿즈

새미동산 추천 "사계절 꽃을 볼 수 있는 정원"

핑크뮬리, 코스모스, 백일홍, 팜파스 등 사계절 다양한 꽃을 볼 수 있는 정원. 특히 6~7월에는 파란 수국이 군락을 이룬다. 꽃밭 옆 작은 농장에서는 알파카와 양에게 먹이 주기 체험 가능. 7월 말에서 1월 말까지는 감귤 혹은 청귤 따기 체험도 운영한다. 주차장 앞 카페에서 입장권과 음료 판매. 09:00~18:00 운영. 성인 6,000원. (음료 주문 시 입장료 2,000원 할인) (656p C:3)

제주 제주시 조천읍 종인내길 133   #수국포토존 #감귤따기체험

함덕고등어쌈밥 맛집
"바다뷰 묵은지고등어쌈밥집"

해수욕장 뷰가 아름다운 묵은지고등어조림 식당. 쌈채소에 고등어살, 묵은지, 쌈장, 밥을 넣고 싸먹는 맛이 일품이다. 반찬도 정갈하고 간장게장은 감칠맛이 좋아 밥도둑이 따로없다. 전복솥밥은 밥맛이 고소하고 누룽지도 구수해 인기가 많다. 가격은 묵은지고등어쌈밥2인/묵은지돼지김치찜2인 36,000원, 간장게장 45,000원. 매일 09:00~ 21:30 (658p C:2)

제주 제주시 조천읍 조함해안로 530
#묵은지고등어 #쌈밥 #바다뷰

함덕 연옥 맛집 "갈치와 고등어, 고민하지 말자"

갈치와 고등어를 반반씩 섞은 조림 요리가 맛있는 곳. 전복솥밥에 섞어조림 양념을 비벼 먹으면 맛있다. 고등어구이는 살이 통통하고 고소한 기름이 좔좔 흐른다. 1인분씩 주문 가능. 바다뷰 식당. 가격은 섞어조림 16,000원, 전복솥밥 17,000원. 매일 09:00~ 20:20 (16:00~ 17:00 브레이크타임, 15:30, 19:50 라스트오더) (658p C:2)

제주 제주시 조천읍 조함해안로 528   #섞어조림 #고등어구이 #전복솥밥

훈남횟집 훈남농수산마트 맛집 "바다뷰 가성비 고등어회"

양식으로 키운 고등어로 신선한 회를 제공하는 식당. 싱싱하고 가성비 좋은 고등어회를 먹을 수 있어 인기다. 갈치, 제트방어, 연어, 참돔과 모듬회로 먹는 것도 좋은 선택이다. 바다를 보며 식사 가능. 웨이팅 있음. 가격은 고등어회 30,000원, 모듬회(소/중/대) 35,000~ 75,000원. 12:00~ 23:30 (15:00~ 17:00 브레이크타임). (658p C:2)

제주 제주시 조천읍 함덕13길 7   #고등어회 #모듬회 #바다뷰

카페 더 콘테나 제주 카페
"감귤 콘테나 모양의 이색 감귤 카페"

감귤을 담는 플라스틱 상자, 콘테나를 닮은 이색적인 창고형 카페. 주문한 음료를 도르래로 배달하는 방식도 독특하다. 감귤 농장을 운영하는 청년 농부가 운영하는 카페로, 감귤 체험 프로그램도 진행한다. 10:30~18:00 영업, 매주 수요일 휴무, 그 외 휴무 시 인스타그램 공지.(656p C:2) 사진ⓒ한국관광 콘텐츠랩-이범수

제주 제주시 조천읍 함와로 513
#이색카페 #도르래배달 #감귤주스

서우봉 추천 "꽃 만발 일출명소"

함덕해수욕장과 연결되어 있는 오름으로 유채꽃이 만발하는 일출 명소이다. 산책로와 둘레길이 잘 조성되어 있어서 가볍게 산책하기 좋다. 유채꽃과 바다와 함께 인생샷도 찍어보자! 보석 같은 에메랄드빛 바다를 감상하는 눈이 즐거운 장소이다.(659p F:1)

제주 제주시 조천읍 함덕리 169-1   #함덕해수욕장 #유채꽃 #일출 #유채꽃

보라지붕 카페

"고양이가 살고 있는 보라색 구옥 카페"

제주 구옥을 리모델링한 카페로 귀여운 고양이가 살고 있다. 이름 그대로 보라색 지붕이 시선을 사로잡는 곳. 방으로 나누어진 공간은 각각 다른 분위기를 내며, 날씨 좋은 날에는 야외 테이블에 앉아 즐기기 좋다. 보라 크림라떼와 제주 말차숲이 이곳의 시그니처. 제주 당근케이크, 바스크 치즈케이크도 인기. 이 두 가지 케이크는 홀케이크로 예약 주문할 수 있다. 주차 가능. 10:00~18:00 영업, 매주 일요일 휴무. (659p D:3)

제주 제주시 조천읍 함덕19길 6
#구옥 #리모델링 #고양이 #케이크

만춘서점 *"어른도 아이도 가기 좋은 함덕 서점"*

제주 함덕 해수욕장 근처 독립 서점. 붉은 벽돌 건물의 본관과 하얀 건물의 별관으로 나눠져 있다. 1호점은 무인, 2호점은 사장님이 운영하시며 규모가 크다. 나무 책장에 꽂힌 책들과 책을 읽을 수 있는 테이블이 있다. 다양한 주제의 책들이 큐레이션되어 있으며, 잔잔한 음악이 들린다. 별관에 아동 서적이 많아 아이들과 가기 좋다. 매일 11:00~18:00 (659p E:3)

제주 제주시 조천읍 함덕로 9 제1동호, 제2동호　　#함덕서점 #아이와가기좋은서점

백록집 제주함덕점 맛집 *"함덕해수욕장 근처 고등어횟집"*

함덕 해수욕장 근처 노포 횟집. 고등어회, 딱새우회를 포함해 광어, 도미, 전복, 멍게, 해삼 등으로 알차게 구성한 모듬회를 제공한다. 미나리와 딱새우머리구이도 내준다. 고소한 갈치튀김도 회와 잘 어울리는 인기 메뉴. 가격은 모듬회 79,000원, 고등어회/딱새우회 39,000원, 갈치튀김 21,000원. 매일 17:00~ 23:00 (22:00 라스트오더) (659p E:2)

제주 제주시 조천읍 함덕로 24　　#고등어회 #모듬회 #갈치튀김

곱들락 함덕흑돼지 맛집

"주물불판에 구워주는 흑돼지목살"

흑돼지 고깃집. 질좋은 고기는 물론 4대 장인이 만든 안성주물불판, 광명유기그릇, 영국황실 말돈소금을 사용하는 것이 이곳의 자랑이다. 인기메뉴는 목살. 식사로는 갈치속젓볶음밥이나 비빔쫄면을 꼭 시켜먹자. 캐치테이블 예약가능. 가격은 흑돼지 2인 60,000원, 목살 36,000원, 오겹살 36,000원. 매일 12:00~ 22:00 (21:00 라스트 오더) (656p B:2)

제주 제주시 조천읍 함덕18길 19
#목살 #볶음밥 #고기맛집

해녀김밥 본점 맛집

"바다뷰보며 먹는 김밥은 꿀맛"

김밥 전문점. 대표메뉴는 매콤하게 무친 톳과 꼬막을 갈아 오징어먹물에 볶아낸 해녀김밥이다. 비트 밥에 딱새우와 양배추절임을 넣은 김밥도 인기다. 둘다 매콤한 편. 전복김밥은 맵지 않아 아이들이 먹기에 좋다. 3층 테라스석에 앉으면 바다뷰를 볼 수 있다. 주차불가. 가격은 해녀김밥, 전복김밥 8,500원, 딱새우김밥 9,500원, 09:00~ 15:00 일요일 휴무. (659p D:2)

제주 제주시 조천읍 함덕로 40
#해녀김밥 #딱새우김밥 #바다뷰

스위스마을 "유럽 감성 컬러풀한 건축물"

빨강 주황 쨍한 색감의 건물을 배경으로 사진을 찍어보자. 날씨가 맑은 날은 건물의 색감이 진하게 보여 더욱 멋진 사진을 찍을 수 있다. 건물 하나를 정해놓고 한 개의 색만 나오게 사진을 찍어도 멋진 사진이 된다. 스위스 마을의 건물은 모두 숙소로 운영되고 있고 스위스 대표 화가 파울 클레의 영감을 받아 건물에 색을 입혔다. (656p C:2)

제주 제주시 조천읍 함와로 566-27   #스위스마을#알록달록

홀리데이홀릭 카페
"차분한 분위기에서 맛보는 특별한 브런치"

붉은 벽돌 건물에 초록색 문과 창문, 한눈에 들어오는 빈티지한 외관을 가진 카페. 실내는 화이트&우드톤으로 꾸며저 차분한 느낌이다. 창문이 액자처럼 바깥 풍경을 담아내고, 곳곳에 놓인 초록 식물들이 편안한 분위기를 만든다. 쉬림프 에그 오픈샌드위치와 트리플치즈 토스트가 대표 브런치 메뉴. 제주산 고사리가 들어간 고사리 들깨크림 뇨끼도 맛있다. 케어 키즈존. 10:00~18:00 영업, 휴무 시 인스타그램 공지. (659p E:3)

제주 제주시 조천읍 함덕로 9 초록창문 1층
#식물#브런치#샌드위치#토스트#고사리뇨끼

조천비석 거리

"떠나는 관리들을 기리며"

당시 목사, 판관 등 관리들이 화북이나 조천 포구를 이용하여 제주도를 오갔는데, 이들에 대한 치적과 석별의 뜻을 담아 비석을 세웠다. 이 거리를 통칭하여 비석거리라 부른다. 제주도 기념물 제31호로 지정되었다 (656p B:3)

제주 제주시 조천읍 조천리 2681-2
#조천포구 #석별 #비석

선흘의자동굴 추천 "신비로운 분위기의 의자 포토존"

의자에 앉아 머리 위 동굴 사이로 들어오는 빛을 바라보며 요정이 된 듯 사진을 찍어 보자. 이곳은 유아의 '숲의 아이'라는 뮤직비디오에 등장해 신비로운 분위기를 자랑하던 곳이다. 선흘 의자 동굴은 탱귤탱꿀이라는 양봉장에서 팻말을 따라가다 보면 수풀로 둘러싸인 동굴 입구로 갈 수 있다. 좁은 동굴 입구를 들어가서 왼쪽 동굴이 의자가 놓여있는 포토존이다. 주차장에서부터 100미터 정도 걸린다. 주차는 탱귤탱꿀 주차장이나 인근 공터에 한다. (15p E:1)

제주 조천읍 선흘리 161-1
#선흘의자동굴#유아숲의아이#뮤직비디오

해녀김밥 본점-681
해녀의부엌 종달점-645
해미원-548
해변횟집-322
해비치CC입구 벚꽃-520
해성도뚜리-321
해송갈치 제주성산일출봉점-587
해일리 카페-586
해지개-318
행기소 그네-420
향사당-288
헬로키티아일랜드-445
협재굴-359
협재섬바다-349
협재포구-364
협재해녀의집-360
협재해수욕장-364
협재흑돼지더꽃돈본점-360
형제섬-428
형제섬보말칼국수 제주산방산 본점-407
형제해안도로-432
호근동 동백길-504
호떡골목-261
호랑호랑 카페-588
호정이네-409
호텔샌드-358
혼인지마을-590
혼저 협재흑돼지-356
홀리데이홀릭-682
화고 흑돼지 신시가지점-483
화북비석거리-282
화순곶자왈생태탐방숲길-446
화조원-313
환상숲곶자왈공원-377
황금굴-359
황우지 해안-483
황우지해안열두굴-482
황우치해안-431
황해식당-285
회양과 국수군-603
효명사 천국의문-516
훈남횟집 훈남농수산마트-679
훈데르트바서파크-604
훈데르트윈즈-603
훈도 애월흑돼지 본점-316
휴애리 자연생활공원-522
휴일로-421
흑돼지거리-261
흑본오겹 함덕점-673
흙붉은오름-274

ABC
BISTRO 낭-446
Jimmys natural icecream-604
TONKATSU서황-325